DVD

超值多媒体光盘

大容量、高品质多媒体教程

实例工程文件

- ✓ 总结了作者多年UG教学心得
- ✓ 全面讲解UG NX 7/7.5的要点和难点
- ✓ 包含大量机械设计典型实例
- ✓ 提供丰富的实验指导和习题
- ✓ 配书光盘提供了多媒体语音视频教程

UG NX 7

中文版 标准教程

■ 张瑞萍 孙晓红 等编著

清华大学出版社

北 京

内 容 简 介

本书以UG NX最新版本UG NX 7/7.5中文版为操作平台，全面介绍使用该软件进行产品设计的方法和技巧。全书共分为11章，重点详细讲解UG/CAD模块进行产品设计的方法，主要内容包括草绘图形、建模、曲面设计和创建工程图，覆盖了使用UG NX设计各种产品的全部过程。书中在讲解软件功能的同时，安排了丰富的“典型案例”，提供了大量的上机练习，以帮助解决读者在使用UG NX 7过程中所遇到的大量实际问题。本书配套光盘附有多媒体语音视频教程和大量的图形文件，供读者学习和参考。

全书内容丰富，结构安排合理，适合作为UG软件的培训教材，也可以作为CAD/CAM/CAE工程制图人员的重要参考资料。

图书在版编目（CIP）数据

UG NX 7中文版标准教程/张瑞萍，孙晓红等编著. —北京：清华大学出版社，2011.10
ISBN 978-7-302-26317-3

Ⅰ. ①U…　Ⅱ. ①张…　②孙…　Ⅲ. ①工业产品–计算机辅助设计–应用软件，UG NX 7.0–教材　Ⅳ. ①TB472-39　②TP391.72

中国版本图书馆CIP数据核字（2011）第150016号

责任编辑：冯志强
责任校对：徐俊伟
责任印制：何　芊
出版发行：清华大学出版社　　**地　址**：北京清华大学学研大厦A座
http://www.tup.com.cn　　**邮　编**：100084
社 总 机：010-62770175　　**邮　购**：010-62786544
投稿与读者服务：010-62795954，jsjjc@tup.tsinghua.edu.cn
质 量 反 馈：010-62772015，zhiliang@tup.tsinghua.edu.cn
印 刷 者：清华大学印刷厂
装 订 者：三河市新茂装订有限公司
经　销：全国新华书店
开　本：185×260　**印　张**：22　**插　页**：1　**字　数**：550千字
附光盘1张
版　次：2011年10月第1版　　**印　次**：2011年10月第1次印刷
印　数：1～5000
定　价：39.80元

产品编号：042202-01

前　　言

UG NX 是一款集 CAD/CAM/CAE 于一体的 3D 参数化软件，是当今世界最先进的计算机辅助设计、分析和制造软件。它涵盖了产品设计、工程和制造中的全套开发流程，为客户提供了全面的产品全生命周期解决方案，是当今最先进的产品全生命周期管理软件之一。该软件不仅是一套集成的 CAX 程序，而且已远远超越了个人和部门生产力的范畴，完全能够改善整体流程，以及该流程中每个步骤的效率，因而广泛地应用于航空、航天、汽车、通用机械和造船等工业领域。

UG NX 7.5 是 UG NX 最新版本，与以前的版本相比较，UG NX 7/7.5 软件通过将精确描述 PLM 引入产品开发，利用集成了 CAD、CAE 和 CAM 解决方案的强大套件，重新定义了产品开发中的生产效率。UG NX 7.5 充分利用 PLM 精确描述技术框架的优势，改进了整个产品开发流程中的决策过程。此外，UG NX 7.5 在性能和功能方面都有较大的增强，同时保证与低版本完全兼容。

1．本书内容介绍

本书以理论知识为基础，以机械设备中最常见的零部件和典型的建筑模型为训练对象，带领读者全面学习 UG NX 7/7.5 软件，从而达到快速入门和独立进行产品设计的目的，全书共分 11 章，具体内容如下。

第 1 章　主要介绍 UG NX 7 软件的特点和功能，以及基础建模模块的功能和使用方法，另外详细讲解文件操作和图层管理的基本方法。

第 2 章　主要介绍坐标系的设置、视图的布局、相关一些基本的操作工具和编辑操作等内容，并详细讲解使用相关工具的方法和操作技巧。

第 3 章　主要介绍 UG NX 中草图的基本环境、草图的绘制和约束，以及草图的操作等内容。

第 4 章　详细介绍曲线的绘制方法，包括各类基本曲线和特殊曲线等，以及曲线的各种编辑操作方法。

第 5 章　主要介绍创建基准特征的作用、基本特征的创建、设计特征的创建，并详细介绍三维实体建模的操作方法和操作技巧。

第 6 章　主要介绍在 UG NX 中有关特征操作和特征编辑所包括的各种工具的操作方法和使用技巧。

第 7 章　主要介绍自由曲面的概念及有关编辑曲面的操作方法和操作技巧，并分别通过以点构面、以线构面和以面构面 3 种不同方式全面介绍曲面造型的创建和编辑方法。

第 8 章　主要介绍 UG 编程的基本操作及相关加工工艺知识，并详细介绍使用 UG NX 7 进行数控加工设计的方法和技巧。

第 9 章　重点介绍 UG 工程图的建立和编辑方法，具体包括工程图的参数预设置、图纸操作、视图操作和标注工程图等内容。

第 10 章　主要介绍注塑模具的工艺流程，以及初始化设置和分型前的准备操作，并通过介绍分型和分模的设计等诸多操作来讲述整个模具的设计过程。

第 11 章　主要介绍机械装配设计知识，包括自底向上装配、自顶向下装配、设置装配关联条件、组件编辑等。

2. 本书主要特色

全书是指导初级和中级用户学习 UG NX 7/7.5 中文版绘图软件的基础图书，全书全面系统地介绍了使用该新版软件中进行产品设计的方法，主要体现以下特色。

❑ **内容系统性和直观性**

本书内容强调系统性和直观性，特别是对在使用 UG NX 7 软件过程中容易造成失误的很多细节作了细致的阐述。各章节均附有大量来自实践的工程设计案例，以帮助读者将所学理论知识应用于工程实际。

此外，在专业内容的安排上也进行细化，对于较为简单、通俗易懂的知识点使用较短的篇幅简要介绍，而对于在设计中不容易掌握的内容则加大篇幅进行详细介绍。

❑ **案例的实用性和典型性**

为提高读者实际绘图能力，在讲解软件专业知识的同时，安排了丰富的典型案例和上机练习来辅助读者巩固知识，这样安排可快速解决读者在学习该软件过程中所遇到的大量实际问题。

各个典型案例和上机练习的挑选都与工程设计紧密联系在一起，详细介绍这些典型模型的结构特征、应用场合、设计产品过程需要注意的重点难点，同时附有简洁明了的步骤说明，使用户在制作过程中不仅巩固知识，而且通过这些练习建立产品设计思路，在今后的设计过程中达到举一反三的效果。

3. 随书光盘内容

为了帮助更好地学习和使用本书，本书专门配带了多媒体学习光盘，提供了本书实例源文件、最终效果图和全程配音的教学视频文件。使用之前需要首先安装光盘中提供的 tscc 插件才能运行视频文件。两个文件夹的具体内容介绍如下。

❑ example 文件夹提供了本书主要实例的全程配音教学视频文件。

❑ downloads 文件夹提供了本书实例素材文件。

4. 本书适用的对象

本书是真正面向实际应用的 UG NX 7/7.5 进行产品设计的基础图书，全书可安排 26～30 个课时，并配有相应的典型案例和上机练习，可以作为高校、职业技术院校机械、机电、数控加工、模具等专业的初、中级培训教程，能够使教师在组织授课时灵活掌握。

参与本书编写的除了封面署名人员外还有王敏、马海军、祁凯、孙江玮、田成军、刘俊杰、赵俊昌、王泽波、张银鹤、刘治国、何方、李海庆、王树兴、朱俊成、康显丽、崔群法、孙岩、倪宝童、王立新、王咏梅、辛爱军、牛小平、贾栓稳、赵元庆、郭磊、杨宁宁、郭晓俊、方宁、王黎、安征、亢凤林、李海峰等。由于时间仓促，水平有限，疏漏之处在所难免，欢迎读者朋友登录清华大学出版社的网站 www.tup.com.cn 与我们联系，以帮助我们改进提高。

编者

2011 年 5 月

目　录

第1章

UG NX 7入门

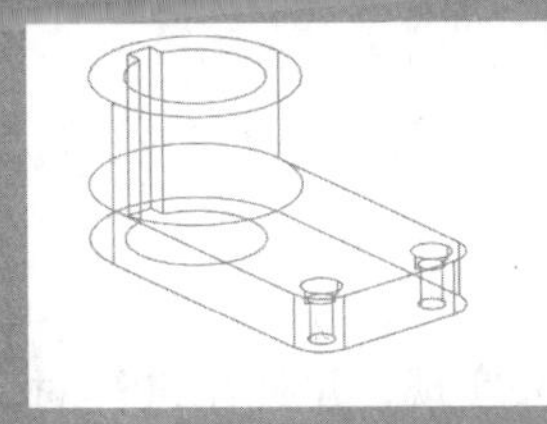
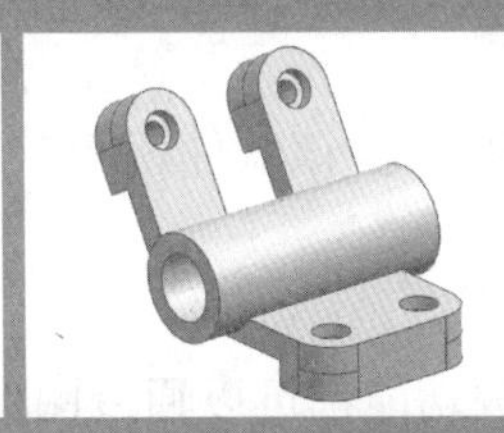
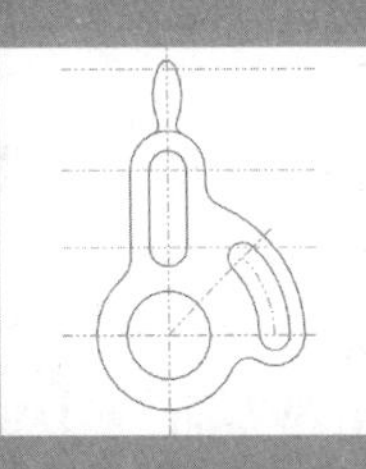
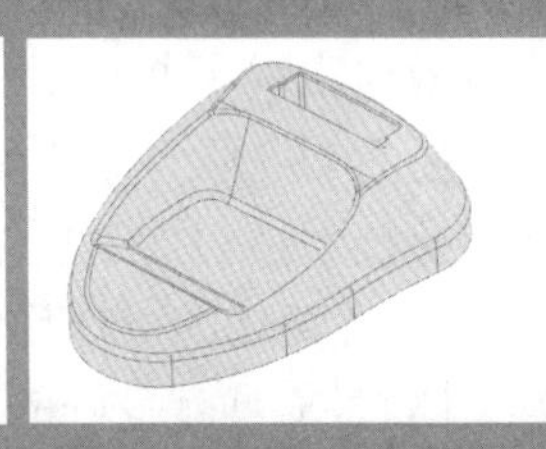

UG NX是一款集CAD/CAM/CAE于一体的3D参数化软件，是当今世界最先进的计算机辅助设计、分析和制造软件。它涵盖了产品设计、工程和制造中的全套开发流程，为客户提供了全面的产品全生命周期解决方案，是当今最先进的产品全生命周期管理软件之一。该软件不仅是一套集成的CAX程序，而且已远远超越了个人和部门生产力的范畴，完全能够改善整体流程，以及该流程中每个步骤的效率，因而广泛地应用于航空、航天、汽车、通用机械和造船等工业领域。

本章主要介绍UG NX 7/7.5软件的特点和功能，并详细讲解文件管理的基本操作方法和图层的设置等内容。

本章学习要点：

- 了解UG软件主要技术特点
- 了解UG软件各模块的特点
- 熟悉UG NX 7软件的工作界面
- 掌握文件操作和图层设置的方法

1.1 UG NX 概述

同以往国内使用最多的 AutoCAD 等通用绘图软件比较，UG NX 软件直接采用了统一数据库、矢量化和关联性处理，以及三维建模同二维工程图相关联等技术，大大节省了用户的时间，提高了工作效率。

1.1.1 UG 技术特点和 NX 7.5 的新特点

UG NX 软件系统提供了一个基于过程的产品设计环境，使产品的开发从设计到加工真正实现了数据的无缝集成，从而优化了企业的产品设计与制造。

1. UG 技术特点

UG 面向过程驱动的技术是虚拟产品开发的关键技术，在面向过程驱动技术的环境中，用户的全部产品及精确的数据模型能够在产品开发全过程的各个环节保持相关，从而有效地实现了并行工程。

随着 UG 版本不断地更新和功能不断地扩充，该软件朝着专业化和智能化方向发展，其主要技术特点如下所述。

❑ **智能化的操作环境**

UG NX 具有良好的用户界面，绝大多数功能都可以通过图标来实现，并且在进行对象操作时具有自动推理功能。同时，在每个操作步骤中，绘图区上方的信息栏和提示栏中将提示操作信息，便于用户做出正确的选择。

❑ **建模的灵活性**

UG NX 是以基于特征（如孔、凸台、型胶、槽沟、倒角等）的建模和编辑方法作为实体造型的基础，类似于工程师传统的设计方法，可以用参数驱动，并且该软件具有统一的数据库，真正实现了 CAD/CAE/CAM 等各模块之间无数据交换的自由切换，可实施并行工程。

该软件采用复合建模技术，可将实体建模、曲面建模、线框建模、显示几何建模与参数化建模融为一体；并且在曲面建模的设计领域中，曲面设计采用非均匀有理 B 样条作基础，可用多种方法生成复杂的曲面，体现了 UG NX 极大的优越性。

❑ **集成的工程设计功能**

UG NX 出图功能强，可以十分方便地从三维实体模型生成二维工程图；并且可以按照 ISO 标准和国标标注尺寸、形位公差和汉字说明等；此外，还可以直接对实体做旋转剖、阶梯剖和轴测图挖切生成的各种剖视图，增强了绘制工程图的实用性。

❑ **开放的产品设计功能**

以 Parasolid 为实体建模核心，实体造型功能处于领先地位。目前著名 CAD/CAE/CAM 软件均以此作为实体造型的基础。此外，该软件还提供了界面良好的二次开发工具 GRIP（Graphical Interactive Programing）和 UFUNC（User Function），并可以通过高级语言接口使 UG 的图形功能与高级语言的计算功能紧密地结合起来。

2. NX 7.5 的新特点

UG NX 7.5 软件通过将精确描述 PLM 引入产品开发，利用集成了 CAD、CAE 和 CAM 解决方案的强大套件，重新定义了产品开发中的生产效率。UG NX 7.5 充分利用 PLM 精确描述技术框架的优势，改进了整个产品开发流程中的决策过程。

UG NX 7.5 为工程师们提供了理想的工作环境，不仅帮助其成功地完成任务，以直观的方式提供信息，而且能够验证决策以全面提升产品开发的效率。UG NX 7.5 主要提升了以下方面的效率。

❑ **设计开发效率**

NX 7.5 以其独特的三维精确描述（HD3D）技术及强大的全新设计工具实现了 CAD 效率的革新，它们能够提升设计效率，加速设计过程，降低成本并改进决策。

❑ **仿真分析效率**

NX 7.5 通过在建模、模拟、自动化与测试关联性方面整合一流的几何工具和强大的分析技术，实现了模拟与设计的同步、更迅速的设计分析迭代、更出色的产品优化和更快捷的交付速度，重新定义了 CAE 生产效率。

❑ **加工制造效率**

NX 7.5 以全新工具提升生产效率，包括推出两套新的加工解决方案，为零件制造赋予了全新的意义。NX 涡轮叶片加工用于编程加工形状复杂的叶盘和叶轮，在确保一流品质的同时还可将加工时间缩短一半；数控测量编程可以帮助用户自动利用直观的产品与制造信息（PMI）模型数据。

另外，在 NX 7.5 中还添加了本地化软件工具箱：GC 工具箱。该工具箱不仅包含标准化的 GB 环境，还含有标准辅助工具，标准检查工具，制图、注释、尺寸标注工具和齿轮设计工具等，帮助用户在进行产品设计时大大提高标准化程度和工作效率。

1.1.2 UG 软件的功能模块

UG NX 软件将 CAD/CAM/CAE 三大系统紧密集成，用户在使用 UG 强大的实体造型、曲面造型、虚拟装配及创建工程图等功能时，可以使用 CAE 模块进行有限元分析、运动学分析和仿真模拟，以提高设计的可靠性；根据建立起的三维模型还可由 CAM 模块直接生成数控代码用于产品加工。

UG NX 功能非常之强大，涉及到工业设计与制造的各个层面，是业界最好的工业设计软件包之一，其各功能是靠各种模块来实现的，利用不同的功能模块可实现不同的用途，从而支持强大的 UG NX 7.5 三维软件。UG NX 整个系统由大量的模块所构成，可以分为以下几大模块。

1. 基本环境模块

基本环境模块即基础模块，它仅提供一些最基本的操作，如新建文件，打开文件，输入/输出不同格式的文件、层的控制和视图定义等，是其他模块的基础。

2. CAD 模块

UG 的 CAD 模块拥有强大的 3D 建模能力，这早已被许多知名汽车厂家及航天工业界各高科技企业所肯定。CAD 模块又由以下许多独立功能的子模块构成。

❑ 建模模块

建模模块作为新一代产品造型模块，提供实体建模、特征建模、自由曲面建模等先进的造型和辅助功能。如图 1-1 所示的实体模型就是使用建模工具获得的。

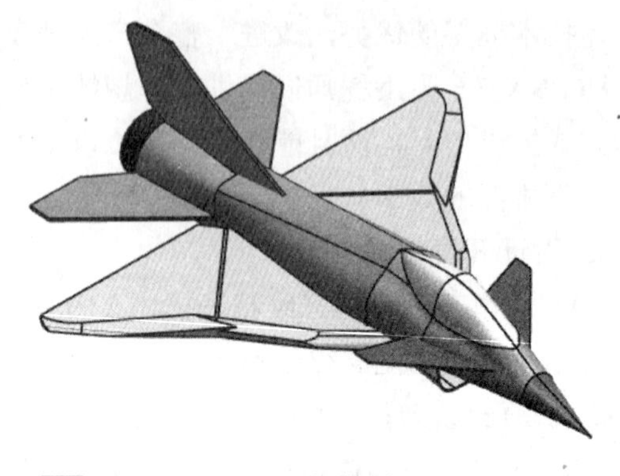

图 1-1 玩具飞机模型

❑ 制图

UG 工程制图模块以实体模型自动生成平面工程图，也可以利用曲线功能绘制平面工程图。3D 模型的任何改变会同步更新工程图，从而使二维工程图与 3D 模型完全一致，同时也减少了因 3D 模型改变而更新二维工程图的时间，如图 1-2 所示就是使用该模块绘制的箱体工程图。

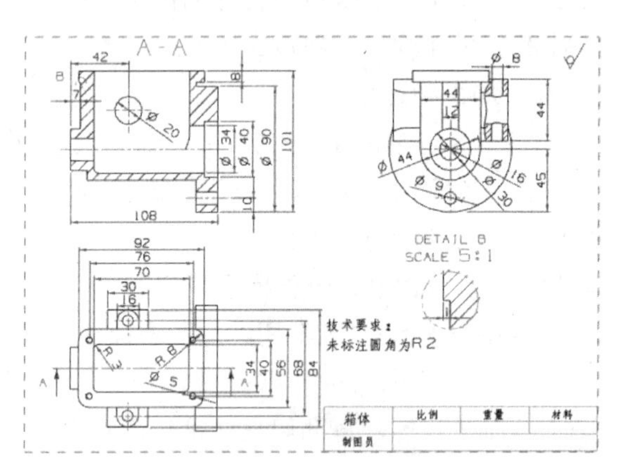

图 1-2 绘制工程图

此外，视图包括消隐线和相关的模截面视图。当模型修改时也是自动地更新的，并且可以利用自动的视图布局能力提供快速的图纸布局，从而减少工程图更新所需的时间。

❑ 装配建模

UG 装配建模是用于产品的模拟装配，支持“由底向上”和“由顶向下”的装配方法。装配建模的主模型可以在总装配的上下文中设计和编辑，组件以逻辑对齐、贴合和偏移等方式被灵活地配对或定位，改进了性能和减少了存储的需求，如图 1-3 所示就是在模块中创建的合盖结构装配效果。

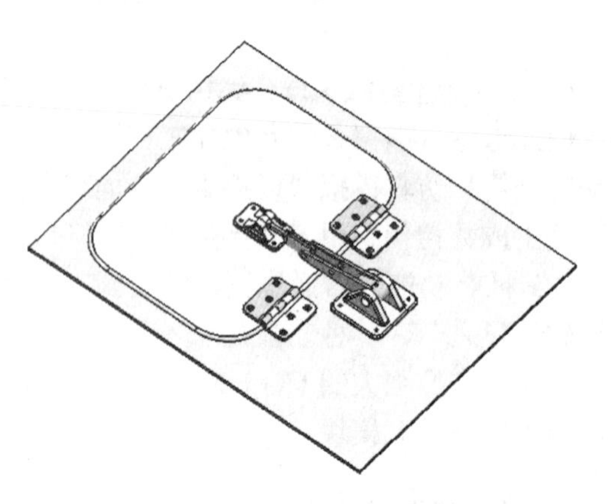

图 1-3 合盖结构装配

❑ 模具设计

Mold Wizard 是 UGS 公司提供的运行在 UG 软件基础上的一个智能化、参数化的注塑模具设计模块。该模块的最终目的是生成与产品参数相关的、可用于数控加工的三维模具模型。此外，3D 模型的每一改变均会自动地关联到型腔和型芯，如图 1-4 所示就是使用该模块进行模具设计的效果。

3. CAM 模块

使用加工模块可以根据建立起的三维模型生成数控代码，用于产品的加工，且其后处理程序支持多种类型的数控机床。加工模块提供了众多的基本模块，如车削、固定轴铣削、可变轴铣削、切削仿真、线切割等。如图 1-5 所示就是使用铣削功能创建的仿真刀具轨迹。

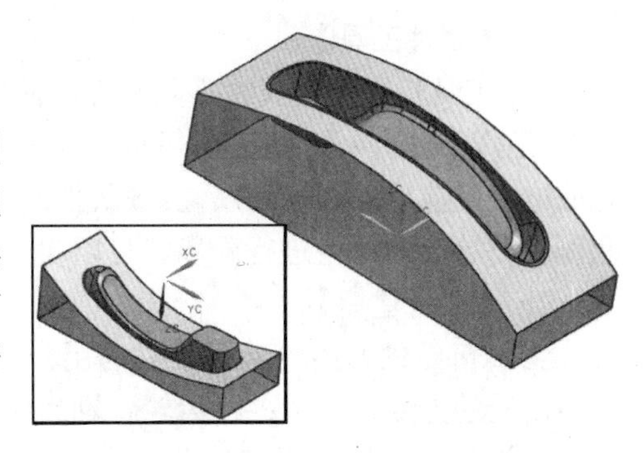

图 1-4 电话机下壳模具效果

4. CAE 模块

UG NX CAE 功能主要包括结构分析、运动和智能建模等应用模块，是一种能够进行质量自动评测的产品开发系统，提供了简便易学的性能仿真工具，使任何设计人员都可以进行高级的性能分析，从而获得更高质量的模型。如图 1-6 所示就是使用结构分析模块对带轮部件执行有限元分析的效果。

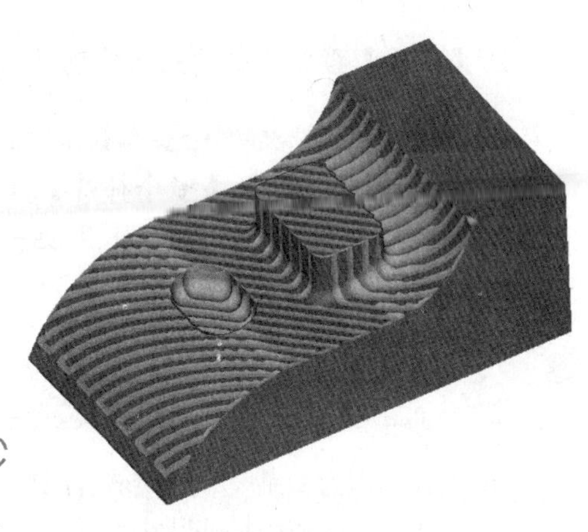

图 1-5 仿真刀具轨迹

1.1.3 UG NX 7.5 新增功能

UG NX 7.5 在各个模块中对应的多个操作工具功能都具有不同程度的增强。例如在建模模块中新增加了“自动约束”和“设为对称”功能；绘制曲线之后系统会自动生成相应的尺寸标注；【编辑】菜单栏下新增了“对齐”功能等。另外，UG NX 7.5 软件新增了【GC 工具箱】菜单栏。

图 1-6 带轮有限元分析

1. GC 工具箱

GC 工具箱（GC Toolkits）为用户提供了一系列的工具，用于帮助用户提升模型质量、提高设计效率，其内容覆盖了【质量检查工具】、【属性工具】和【齿轮建模】。

❑ **质量检查工具**

工具箱提供的检查工具是在 NX check-Mate 的基础之上根据客户的具体需求定制的检查工具，其内容包含【模型检查】、【二维图检查】和【装配检查】。用户可以通过菜单栏或工具条快速执行检查，如图 1-7 所示。

运行之后，系统将在【HD3D 工具】窗口的资源栏中显示验证结果，用户可以动态地察看问题，效果如图 1-8 所示。

图 1-7 【质量检查工具】菜单

❑ 【属性工具】

GC 工具箱提供的属性工具有【属性填写】和【属性同步】，适用于建模和制图应用环境，且【属性填写】用于编辑或增加当前工作部件的属性；【属性同步】用于对主模型和图纸间的指定属性进行同步，可以实现属性的双向传递。

❑ 【齿轮建模】

工具箱提供的齿轮建模工具为用户提供了生成以下类型的齿轮的方法，包括：柱齿轮、锥齿轮、格林森锥齿轮、奥林康锥齿轮、格林森准双曲线齿轮和奥林康准双曲线齿轮，如图 1-9 所示。

图 1-8 【HD3D 工具】窗口资源栏

2. 【编辑】菜单中的“对齐”功能

在【编辑】下拉菜单中选择【对齐】选项将显示 3 个子选项：【点集到点集】、【多个补片】和【最合适】。分别选择各个子选项将打开相应的工具对话框，如图 1-10 所示。这些工具用于将操作的对象加以约束。

1.2 UG 基本操作

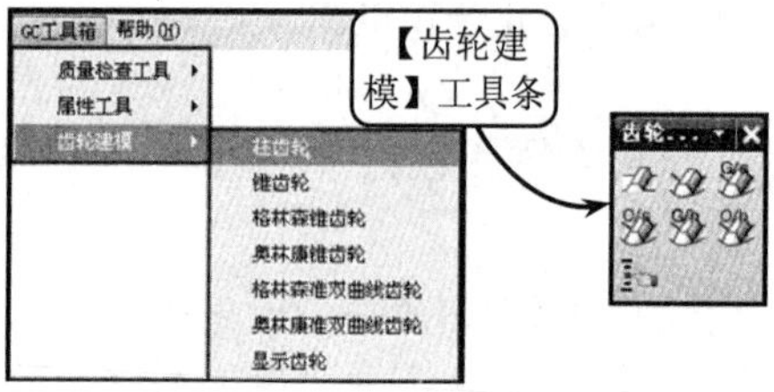

图 1-9 【齿轮建模】菜单及工具条

UG NX 7 作为专业化的图形软件具有其他软件所不同的特点和使用要求，其中包括熟悉工作界面、快速选取对象和选择过滤器等。作为 UG 软件的初学者，掌握这些基本操作方法是学好该软件的关键，也是进一步提高作图能力的关键。

1.2.1 初识 UG NX 工作界面

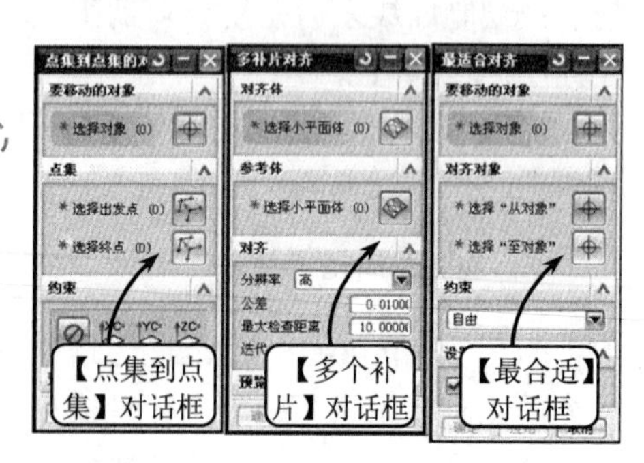

图 1-10 “对齐”功能各个对话框

要使用 UG NX 7.5 软件进行工程设计，首先必须要进入该软件的操作环境。用户可以通过新建文件的方法进入操作界面，或者通过打开文件的方式进入操作界面。

UG NX 7.5 中文版的操作界面设置使用视窗风格，简单明快，用户可以方便快捷地找到所需要的工具按钮，其工作界面如图 1-11 所示。

该界面主要由绘图区、菜单栏、提示栏、状态栏、工具栏和资源栏组合而成，如下所述。

1. 菜单栏

菜单栏包含了 UG NX 7 软件所有主要的功能，位于主窗口的顶部。菜单栏是下拉式的，系统将所有的指令和设置选项予以分类，分别放置在不同的下拉式菜单中。选择其中任何一个菜单时将会弹出下拉菜单，同时显示出该功能菜单中所包含的有关指令。

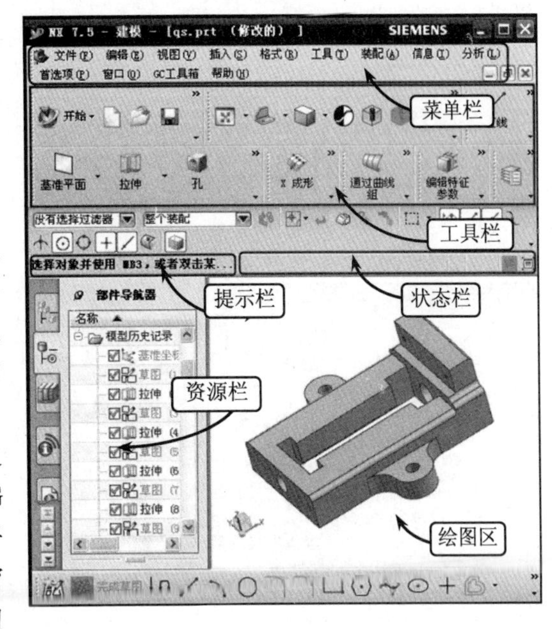

图 1-11　UG NX 7.5 的工作界面

2. 工具栏

工具栏在菜单栏的下面，它以简单直观的图标来表示每个工具的作用。UG 具有大量的工具栏供用户使用，只要单击工具栏中的图标按钮就可以启动相应的功能。

在 UG 中，几乎所有的功能都可以通过单击工具栏上的图标按钮来启动。UG 的工具栏可以按照不同的功能分成若干类，且可以以固定或浮动的形式出现在窗口中，如果将鼠标指针停留在工具栏按钮上将会出现该工具对应的功能提示。

3. 绘图区

绘图区是 UG NX 7 的主要工作区域，以窗口的形式呈现，占据了屏幕的大部分空间，用于显示绘图后的效果、分析结果和刀具路径结果等。在 UG NX 7 中还支持以下操作方法。

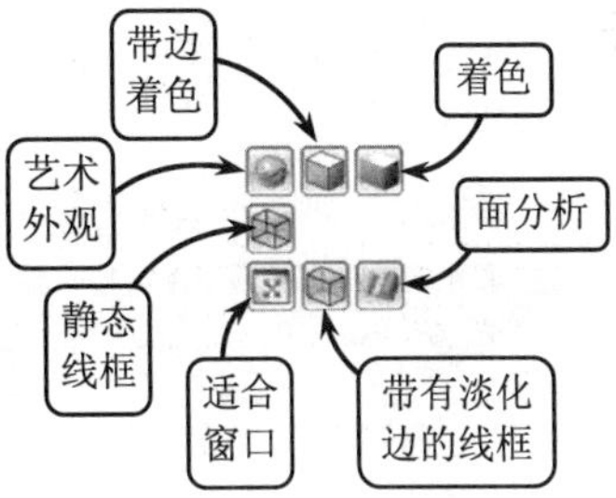

❑ 挤出式按钮

在绘图区按住鼠标右键不放将打开新的挤出式按钮。同样可以选择多种视图的操作方式，如图 1-12 所示。

图 1-12　挤出式按钮

❑ 小选择条和视图菜单

在绘图区的空白处右击将打开如图 1-13 所示的小选择条和视图菜单，可以在该视图菜单中选择视图的操作方式.

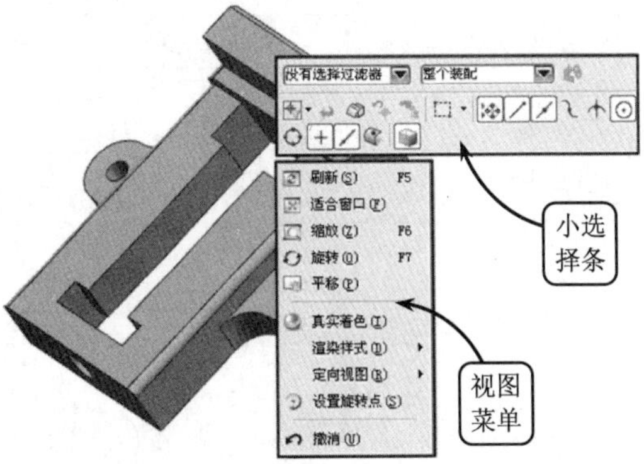

图 1-13　小选择条和视图菜单

4. 提示栏和状态栏

提示栏位于绘图区的上方，用于提示使用者操作的步骤。在执行每个指令步骤时，系统均会在提示栏中显示使用者必须执行的动作，或提示使用者下一个动作。

状态栏固定于提示栏的右方，其主要用途是显示系统及图素的状态。当鼠标停留在某曲面上时状态栏将显示当前曲面的特征，如图 1-14 所示。

5. 资源栏

资源栏是用于管理当前零件的操作及操作参数的一个树形界面，如图 1-15 所示。

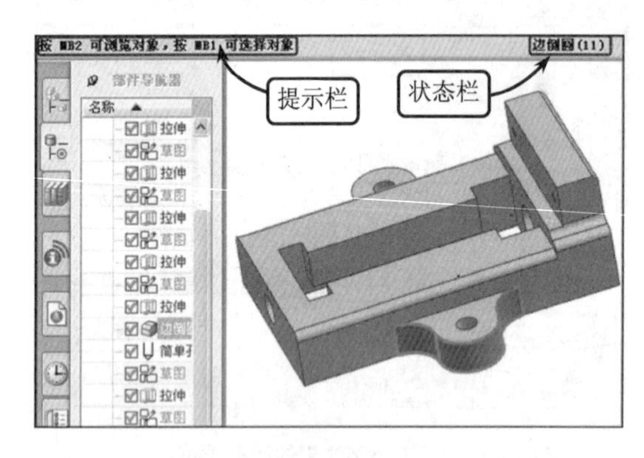

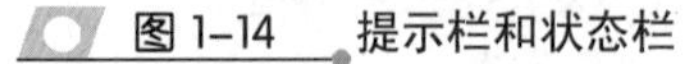

图 1-14 提示栏和状态栏

图 1-15 资源栏

该资源栏的导航按钮位于屏幕的左侧，如装配导航器和部件导航器等。该资源栏的主要导航器按钮含义如表 1-1 所示。

表 1-1 资源栏主要导航器按钮含义

导航器按钮	按 钮 含 义
装配导航器	用来显示装配特征树及其相关操作过程
部件导航器	用来显示零件特征树及其相关操作过程，即从中可以看出零件的建模过程及其相关参数。通过特征树可以随时对零件进行编辑和修改
重用库	能够更全面地浏览 Teamcenter Classification 层次结构树，并提供了对分类对象的直接访问权。此外还可将相关 NX 部件的任何分类对象拖动到图形窗口中
Internet Explorer	可以在 UG NX 7 中切换到 IE 浏览器
历史记录	可以快速地打开文件，此外还可以单击并拖动文件到工作区域打开该文件
系统材料	系统材料中提供了很多常用的物质材料，如金属、玻璃和塑料等，可以单击并拖动需要的材质到设计零件上，达到给零件赋予材质的目的

1.2.2 预选加亮和快速拾取

当系统提示选择对象时，鼠标在绘图区中的形状将变成球体状。当选择单个对象时，该对象将改变颜色，如图 1-16 所示；当选择多个对象时，将鼠标在屏幕上框选对象即可。

若需要选择的对象位于多个对象中，将鼠标移至要选择的对象上，直至光标变为⊹。

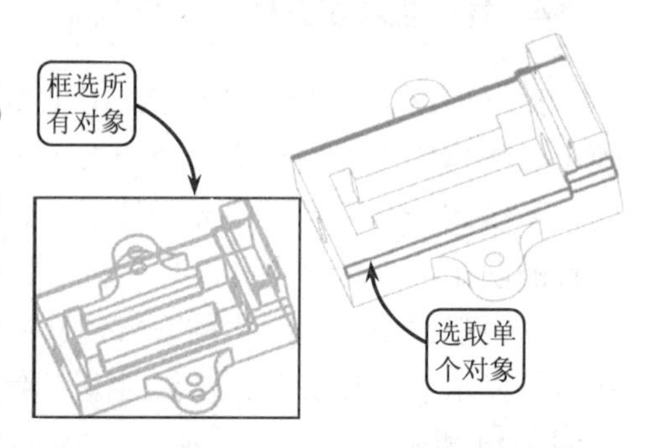

图 1-16 预选加亮效果

然后单击，将打开【快速拾取】对话框。接着在列表中选择某一对象即可，效果如图 1-17 所示。

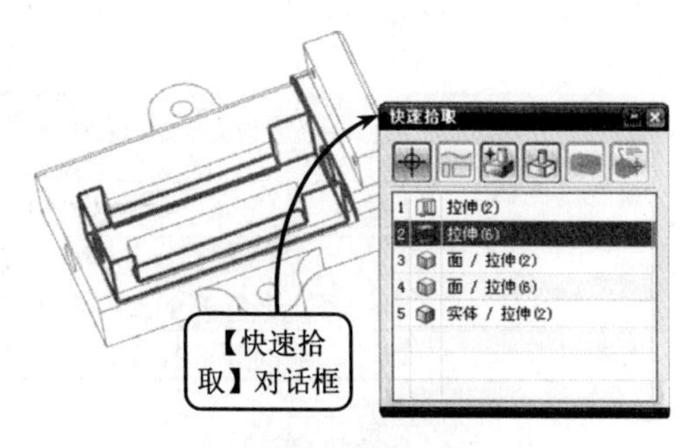

图 1-17 快速拾取效果

1.2.3 选择过滤器

过滤器实际上是指类选择器，使用该选择器可以通过某些限定条件选择不同种类的对象，从而提高工作效率。特别是创建大型装配实体时该工具应用最为广泛。

要执行类选择设置，可以选择【信息】|【对象】选项，打开如图 1-18 所示的【类选择】对话框。

在该对话框中，根据具体需要可以通过【过滤器】面板中的 5 种过滤器来限制选择对象的范围，然后通过合适的选择方式来选择对象，所选对象将会在绘图工作区中以高亮的方式显示。该对话框中各选项含义及设置方法如表 1-2 所示。

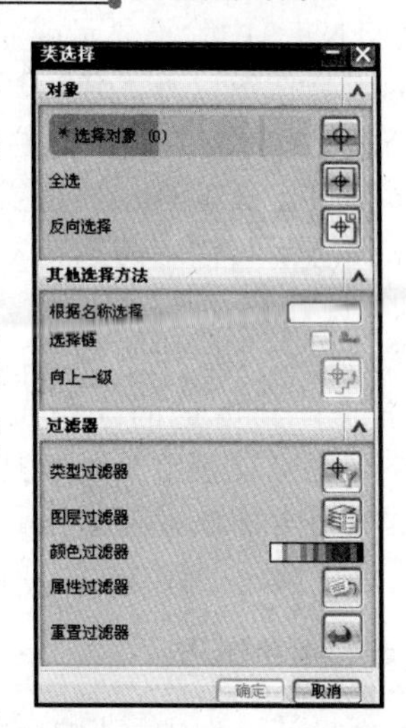

图 1-18 【类选择】对话框

1.2.4 定制工具

为了方便用户操作，在 UG 软件中除了下拉菜单和快捷键外，系统还提供了大量的工具栏按钮，其主要作用是加速菜单项的选择操作。每个工具栏的按钮都对应着菜单中的一个命令。在 UG NX 7 任意操作模块中都可以根据自身喜好拖动、定制或改变工具显示方式，从而达到自定义工具按钮的目的，更快捷、方便地实现设计效果。

表 1-2 【类选择】对话框各选项含义及设置方法

选　项	含义及设置方法
选择对象	当选择该选项时，可以选择图中任意对象，然后单击【确定】按钮完成选取
全选	当选择该选项时，可以选取所有符合过滤条件的对象。如果不指定过滤器，系统将选取所有处于显示状态的对象
反向选择	该选项用于选取在绘图区中未被选中并且符合过滤条件的所有对象
根据名称选择	通过在该文本框中输入预选对象的名称进行对象的选择
选择链	该选项用于选择首尾相接的多个对象。其使用方法是：先单击对象链中的第一个对象，然后再单击最后一个对象，此时系统将高亮显示该对象链中的所有对象。如选择正确，单击【确定】按钮即可完成该选择操作
向上一级	该选项用于选取上一级的对象。选取了位于某个组的对象后此项才会激活，然后单击该按钮，系统将会选取该组中包含的所有对象
类型过滤器	该选项可以通过指定对象的类型来限制对象的选择范围。单击按钮将打开【根据类型选择】对话框。在该对话框中可以设置对象选择中需要的各种对象类型
图层过滤器	该选项可以指定所选对象所在的一个或多个图层，指定后只能选择这些层中的对象。单击按钮，在打开的【根据图层选择】对话框中进行图层设置

续表

选　项	含义及设置方法
颜色过滤器	通过指定对象的颜色来限制选择对象的范围。单击该选项右侧的颜色块后将打开【颜色】对话框。在该对话框中设置对象的颜色
属性过滤器	通过指定对象的共同属性来限制对象的范围。单击按钮将打开【按属性选择】对话框。在打开的对话框中指定属性选择的对象
重置过滤器	取消之前的类选择操作。单击按钮可以重新进行类选择设置

1. 自定义工具栏按钮

在 UG NX 7 中除了显示或隐藏当前模块所需的工具按钮以外，还可以拖动各工具栏至任意位置并自定义工具栏按钮。

要执行自定义工具栏按钮操作，用户可以右击任意工具栏中的按钮，选择【定制】选项，打开【定制】对话框，如图 1-19 所示；然后拖动菜单栏中的选项或工具栏中的按钮放置到指定的任意工具栏中即可。另外，还可以新建一个工具栏，将常用的工具按钮全部放置在该工具栏中，使其辅助用户更快速、准确地完成创建任务。

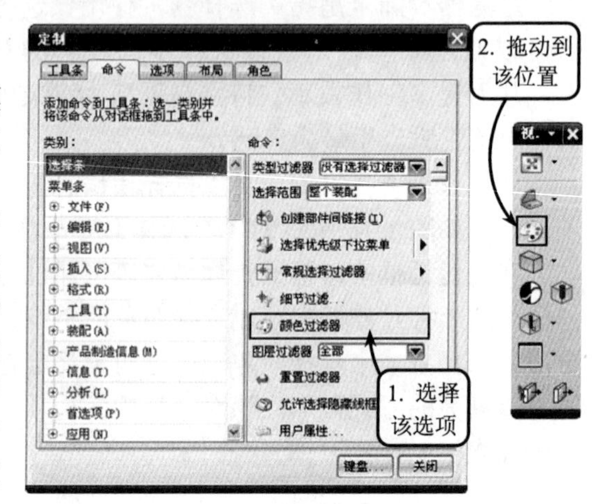

图 1-19　自定义工具按钮

2. 定制菜单选项

在工程设计过程中，根据设计的需要对 UG NX 7 中的菜单选项进行定制设置，可向菜单栏的选项中添加新的菜单项。

要执行定制菜单操作，可以选择【定制】对话框中的【命令】选项卡，选择要添加的命令，利用左键将其拖动到菜单栏选项中间即可，如图 1-20 所示。

要删除某菜单栏选项，可在打开【定制】对话框后将鼠标移至指定的选项并右击，选择【删除】选项即可将该选项删除。

图 1-20　添加菜单栏选项

1.3　文件操作

在文件菜单中，常用的命令是文件管理指令（新建/打开/保存/另存为），即用于建立新的零件文件、开启原有的零件文件、保存或者重命名现行零件文件。本节将主要介绍文件管理的基本操作方法。

1.3.1　新建和打开文件

在进行 UG NX 7 工程设计时，可以通过新建文件或打开已创建的文件进入操作环境。其设置方法是：利用【新建】工具，选择各类型的模板进入指定的操作环境；同样，可以利用【打开】工具直接进入与之相对应的操作环境中。

1. 新建文件

要创建新文件，可以选择【文件】|【新建】选项，或者在【标准】工具栏中单击【新建】按钮，打开【新建】对话框，如图 1-21 所示。

由图 1-21 可以看出，该对话框包括了 5 类选项卡。其中【模型】选项卡包含了执行工程设计的各种模板；【图纸】选项卡包含了执行工程设计的各种图纸类型；【仿真】选项卡包含了仿真操作和分析的各个模板。

图 1-21 【新建】对话框

提 示

新建文件时注意要指定文件的路径与文件名。文件的命名可按计算机操作系统建立的命名约定（UG 不支持中文名称，包括路径中也不能有中文)。此外，UG 的扩展名（如*.prt）是自动添加的，用于定义文件类型。

2. 打开文件

要打开指定文件，可以选择【文件】|【打开】选项，或者在【标准】工具栏中单击【打开】按钮，打开【打开】对话框，如图 1-22 所示。

在该对话框中单击需要打开的文件，或者直接在【文件名】下拉列表框中输入文件名，在【预览】图形框中将显示所选图形。如果没有图形显示，则需要启用右侧的【预览】复选框进行查看，最后单击 OK 按钮即可打开指定文件。

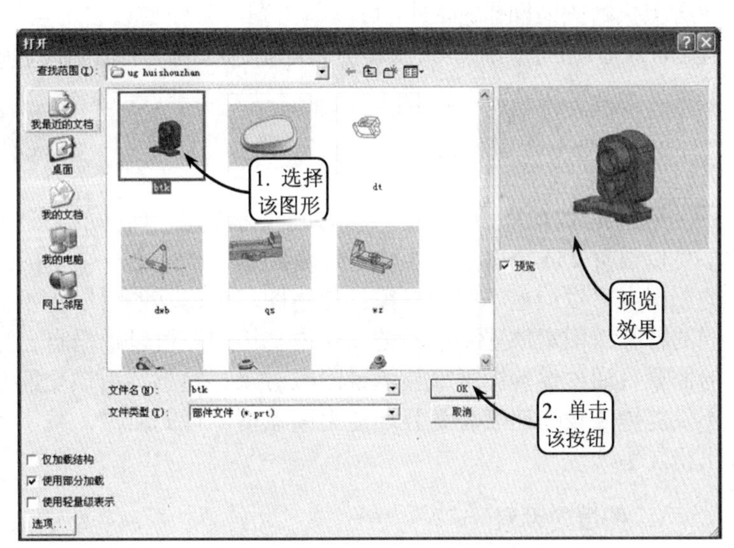

图 1-22 打开文件

提 示

在 UG NX 中包含文件转换接口可以将其他格式的文件导入转换为 UG 图形文件，也可以将 UG 格式图形转换为其他格式文件。例如，可以选择【文件】|【导入】选项，在打开的【导入】子菜单中选择对应类型并设置导入方式即可获得 UG 对应图形；选择【文件】|【导出】选项，使用相似方法可以导出 UG 文件。

1.3.2 保存和关闭文件

要保存文件，可以选择【文件】|【保存】选项，或者在【标准】工具栏中单击【保存】按钮，即可将文件保存到原来的目录；如果需要将当前图形保存为另一个文件，可以选择【文件】|【另存为】选项，打开【另存为】对话框，如图 1-23 所示。在【文件名】下拉列表框中输入保存的名称，并指定保存的类型，然后单击 OK 按钮即可。

提 示

UG 软件不支持中文的文件名，在文件及文件所在的文件夹路径中都不能含有中文字符。如果需要更改保存的方式，可以选择【文件】|【选项】|【保存选项】选项，在打开的【保存选项】对话框中指定新的保存方式。

图 1-23 【另存为】对话框

❑ 关闭文件

如果需要关闭文件，可以选择【文件】|【关闭】选项，在打开的子菜单中选择适合的选项执行关闭操作。此外，可以单击图形工作窗口右上角的按钮关闭当前工作窗口，且 UG NX 7 在退出时，系统将会自动提示是否要保存改变的文件。

1.4 UG 工作图层管理

图层是用于在空间使用不同的层次来放置几何体的一种设置。在整个建模过程中最多可以设置 256 个图层。用户可以将图层理解为由一个个的透明层叠加而成的，在不同的图层上可以构建不同的对象。使用图层管理功能可以将不同的特征或图素放置到不同的图层中，用户还可以根据自己的需要，通过设置图层来显示或隐藏对象。熟悉运用该功能不仅能提高设计速度，而且还能提高模型零件的质量，减小出错几率。

1. 图层的设置

在一个部件的所有图层中，只有一个图层是当前工作层。要对指定层进行设置和编辑操作，首先要将其设置为工作图层，因而图层的设置即是对工作图层的设置。

要执行图层设置操作，可以选择【格式】|【图层设置】选项，或者单击【图层设置】按钮，打开【图层设置】对话框，如图 1-24 所示。

图 1-24 【图层设置】对话框

该对话框中包含多个选项，各主要选项的含义及设置方法如表 1-3 所示。

表 1-3 【图层设置】对话框各选项含义及设置方法

选　项	含义及设置方法
工作图层	用于输入需要设置为当前工作图层的层号。在该文本框中输入所需的工作层层号后，系统会将该图层设置为当前的工作层
Select Layer By Range/Category	主要用来输入范围或图层种类的名称以便进行筛选操作。输入种类的名称并按 Enter 键后，系统自动将所有属于该种类的图层选中，并改变其状态
Category Filter	该选项右侧的文本框中默认的“*”符号表示接受所有的图层的种类；下部的列表框用于显示各种类的名称及相关描述
显示	用于控制图层的显示类别。其下拉列表中包括 4 个选项：其中“所有图层”是指图层状态列表中显示所有的层；“含有对象的图层”是指图层列表中仅显示含有对象的图层；“所有可选图层”是指仅显示可选择的图层；“所有可见图层”是指显示所有可见的图层
信息	用于查看零件文件所有图层和所属种类的相关信息，选择该选项将打开【信息】窗口
显示前全部适合	用于在更新显示前吻合所有过滤类型的视图。启用该复选框，使对象充满显示区域

2．图层的类别

划分图层的范围、对其进行层组操作有利于分类管理，提高操作效率，快速地进行图层管理、查找等。选择【格式】|【图层类别】选项，打开【图层类别】对话框，如图 1-25 所示。

在【类别】文本框内输入新类别的名称，单击【创建/编辑】按钮，在弹出的【图层类别】列表框中的【范围或类别】文本框内输入所包括的图层范围，或者在图层列表框内进行选择。例如创建 Sketch 层组，如果在【图层】列表框内选中 1～15（可以按住 Shift 键进行连续选择），单击【添加】按钮，则图层 1～15 就被划分到了 Sketch 层组下。此时若选择 Sketch 层组时图层 1～15 被一起选中，利用过滤器下方的层组列表可以快速地按类选择所需的层组。

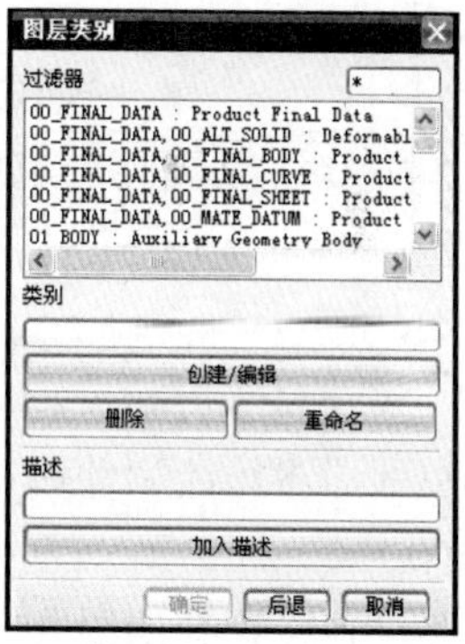

图 1-25 【图层类别】对话框

3．图层的其他操作

在创建实体时，如果在创建对象前没有设置图层，或者由于设计者的误操作而将一些不相关的元素放在了一个图层，此时就需要用到本节所介绍的移动和复制图层功能。

1）移动至图层

移动至图层用于改变图素或特征所在图层的位置。在创建实体时，利用该工具可以将对象从一个图层移动至另一个图层。

要移动图层，可以单击【移动至图层】按钮，打开【类选择】对话框。选取某个对象后，单击【确定】按钮，打开【图层移动】对话框。在该对话框的【目标图层或类别】文本框中输入层名后，单击【确定】按钮，所选择的对象将移动至指定的层中，如

图 1-26 所示。

如果还需要移动别的对象，可以单击【选择新对象】按钮，此时将返回到【类选择】对话框，具体的操作方法同上所述。

2）复制至图层

利用该工具可以将对象从一个图层复制到另一个图层。其操作方法和【移动至图层】的操作方法相同，这里就不再赘述。其两者的不同点在于：利用该工具复制的对象将同时存在于原图层和目标图层中。

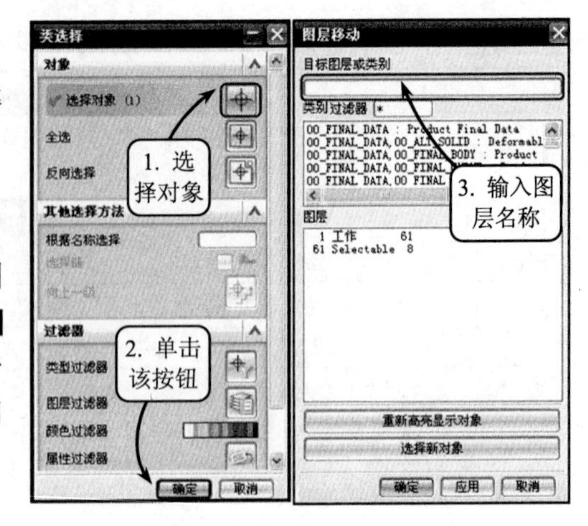

图 1-26 【图层移动】对话框

1.5 思考与练习

一、填空题

1. UG NX 软件直接采用了统一数据库、________，以及三维建模同二维工程图相关联等技术，大大节省了用户的实际时间，提高了工作效率。

2. __________模块是 UG NX 软件所有模块的基本模块，是启动该软件运行的第一个模块，并且该模块为其他模块提供统一的数据库支持和交互环境。

3. 提示栏位于绘图区的上方，用于提示使用者操作的步骤；状态栏固定于提示栏的右方，其主要用途是________。

4. 在文件菜单中，常用的命令是________，即用于建立新的零件文件、开启原有的零件文件、保存或者重命名现行零件文件。

5. 使用________可以将不同的特征或图素放置到不同的图层中，用户还可以根据自己的需要，通过________来显示或隐藏对象。

二、选择题

1. __________模块作为新一代产品造型模块，提供实体建模、特征建模、自由曲面建模等先进的造型和辅助功能。

A．建模　　B．装配
C．制图　　D．注塑模

2. __________是用于管理当前零件的操作及操作参数的一个树形界面。

A．工具栏　　B．状态栏
C．提示栏　　D．资源栏

3. 选择【文件】|【新建】选项，打开【文件新建】对话框，该对话框包含多个选项卡，下面__________选项卡不属于该对话框。

A．模型　　B．图纸
C．装配　　D．仿真

4. 图层是用于在空间使用不同的层次来放置几何体的一种设置。在整个建模过程中最多可以设置__________个图层。

A．128　　B．256
C．512　　D．1024

三、问答题

1. 简述 UG 的技术特点及 UG NX 7 软件的新特点。

2. 简述 UG NX 7 软件包括哪几大基本功能模块。

3. 简述 UG NX 7 软件的工作界面的组成。

4. 常用的文件管理命令有哪些？

四、上机练习

定制工具栏按钮

为巩固以上章节介绍的定制工具栏按钮，可

首先将当前模块切换至【基本环境】模块，并右击工具栏中任意按钮，选择【定制】选项，在打开的对话框中新建一个工具栏，并将如图 1-27 所示的常用菜单按钮和工具栏按钮放置在该工具栏中。

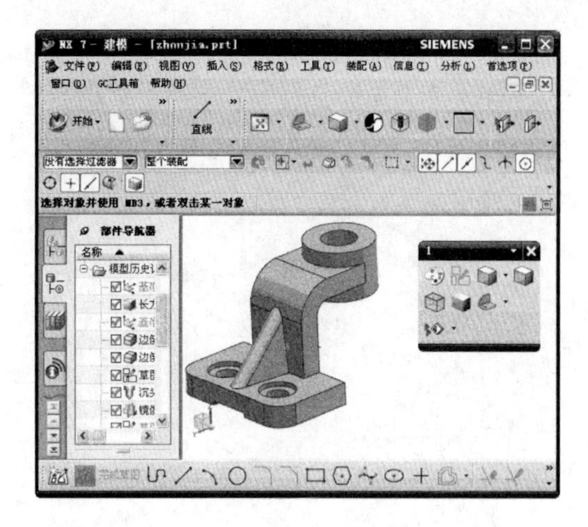

图 1-27　定制工具栏按钮

第 2 章

UG 建模基础知识

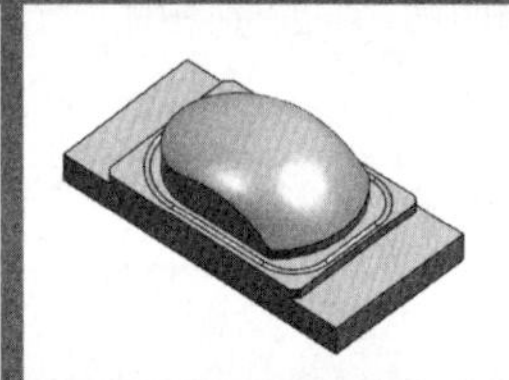
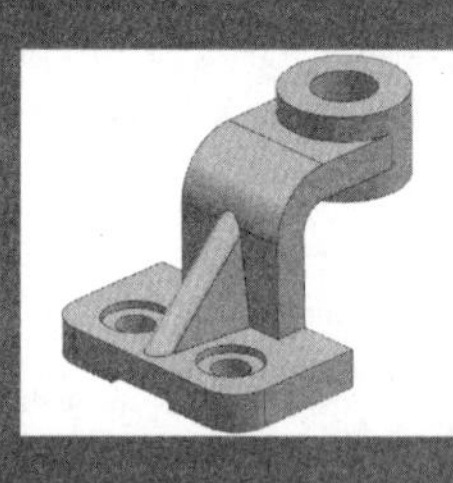
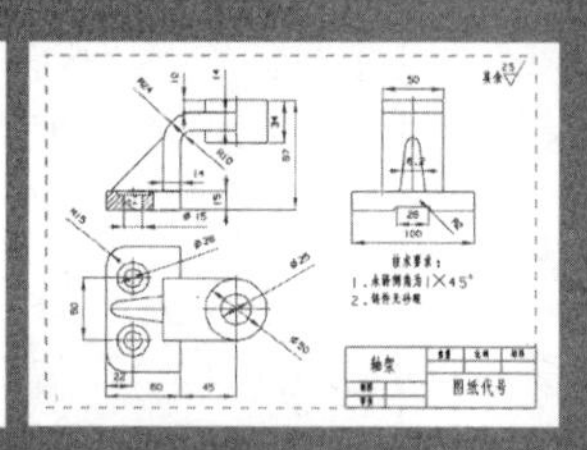

UG NX 7 作为专业化的绘图软件，具有其他软件所不同的特点和操作要求。作为 UG 软件的初学者，首要的工作就是灵活掌握该软件的各种相关知识和基本操作方法，也为以后进一步提高绘图能力打下坚实的基础。

本章主要介绍坐标系的设置、视图的布局、相关一些基本的操作工具和编辑操作等内容，并通过细致地讲解使用相关工具的方法和操作技巧使用户对 UG NX 7 的建模环境有进一步的清晰了解。

本章学习要点：

- 掌握坐标系的设置方法
- 熟悉视图布局的方法和相关操作
- 熟练掌握点和矢量构造器的定义方法
- 掌握定位功能的使用方法和技巧

2.1 坐标系

在 UG 绘图软件中，坐标系是用于确定实体模型在空间中位置和方向的参照物，同时也是进行视图变换和几何变换的基础。或者说，视图变换和几何变换的本质都是坐标系的变换。在 UG NX 7 中，用户可以根据需要对坐标系进行灵活的移动和旋转调整，使得相对于坐标系输入数据参数更为方便，提高设计和操作的效率。

2.1.1 坐标系的基本概念

三维坐标系统是确定三维对象位置的基本手段，是研究三维空间的基础。在建模过程中，通常使用的坐标系为世界坐标系（即笛卡尔坐标系），该坐标系采用右手定则确定坐标系的各个方向。以下将详细介绍 UG 坐标系的几个基本概念。

1. 右手定则

在三维坐标系中，Z 轴的正轴方向是根据右手定则确定的。其一般方法是：将右手靠近屏幕，使大拇指沿着 X 轴正方向延伸，食指沿着 Y 轴的正方向延展，此时向下弯曲其余手指，这 3 个手指的弯曲方向即为 Z 轴的正方向，如图 2-1 所示。

使用右手定则既可以决定坐标系各轴之间的关系和方向，也可以确定三维空间中任一坐标轴的正旋转方向，其方法是：使大拇指沿坐标轴正方向延展，然后将其余 4 指弯曲，则弯曲方向即为坐标轴的正旋转方向。

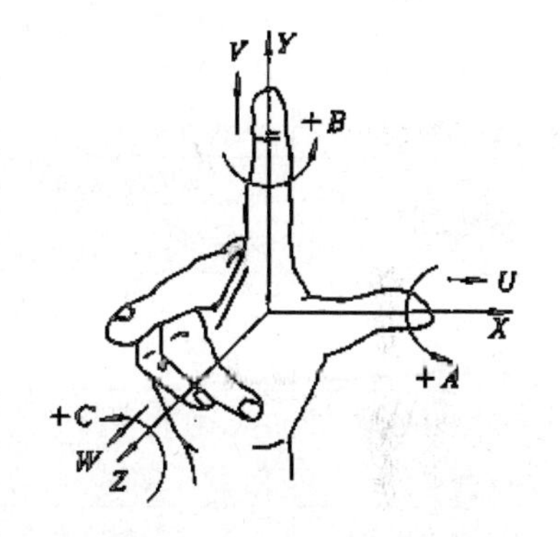

图 2-1 右手笛卡尔定则

2. 坐标系类别

在 UG NX 系统中包括绝对坐标系（ACS）、工作坐标系（WCS）、机械坐标系（MCS）3 种坐标系。这 3 种坐标系都符合右手法则，且绝对坐标系是系统默认的坐标系，其原点位置和各坐标轴线的方向永远保持不变，是固定坐标系，该坐标系可以作为零件和装配的基准；工作坐标系是系统提供给用户的坐标系，用户可以根据需要任意移动其位置；机械坐标系一般用于模具设计、加工和配线等向导操作中。

其中，工作坐标系是建模过程中最常用的。用户可以根据实际需要对其进行构造、偏置、变换方向或者对坐标系本身保存、显示和隐藏等操作，以下将详细介绍工作坐标系的使用方法。

- ❑ 在默认情况下，WCS 所指的角度都是指同工作平面上 XC 轴之间的夹角，投影方向指相对于 ZC 轴的投影。
- ❑ 在进行曲线操作时，默认情况下都是指在工作平面上，或者平行于工作平面的平面上的操作。
- ❑ 在工作坐标系中工作时，用户可以随时返回绝对坐标系。单击【实用工具】工具栏中的【设置为绝对 WCS】按钮，当前图形对象将返回绝对坐标系。
- ❑ 工作坐标系不能够删除，但可以执行隐藏/显示等操作。

2.1.2 工作坐标系的创建

在一个图形文件中可以存在多个坐标系，然而它们中只有一个可以是工作坐标系。利用【基准 CSYS】工具，用户可以根据不同的需要在创建图纸的过程中创建新的坐标系，并利用新建的坐标系在原有的实体模型上创建相应的实体特征。

要构造坐标系，可以在【特征】工具栏中单击【基准 CSYS】按钮，打开【基准 CSYS】对话框，如图 2-2 所示。

在该对话框中，可以通过选择【类型】下拉列表中的任一选项来选择构造新坐标系的方法，各种构造坐标系的方法如表 2-1 所示。

图 2-2 【基准 CSYS】对话框

表 2-1 构造坐标系的方法

坐标系类型	构造方法
动态	用于对现有的坐标系进行任意的移动和旋转。选择该类型，坐标系将处于激活状态。此时拖动方块形手柄可任意移动，拖动极轴圆锥手柄可沿轴旋转，拖动球形手柄可旋转坐标系
自动判断	根据选择对象构造属性，系统智能地筛选可能的构造方式，当达到坐标系构造的唯一性要求时系统将自动产生一个新的坐标系
原点，X 点，Y 点	用于在视图区中确定 3 个点来定义一个坐标系。第一点为原点，第一点指向第二点的方向为 X 轴的正向，从第二点到第三点按右手定则来确定 Y 轴正方向
X 轴，Y 轴，原点	用于在视图区中确定 3 个点来定义一个坐标系。第一点为 X 轴的正向，第一点指向第二点的方向为 Y 轴的正向，从第二点到第三点按右手定则来确定原点
Z 轴，X 轴，原点	用于在视图区中确定 3 个点来定义一个坐标系。第一点为 Z 轴的正向，第一点指向第二点的方向为 X 轴的正向，从第二点到第三点按右手定则来确定原点
Z 轴，Y 轴，原点	用于在视图区中确定 3 个点来定义一个坐标系。第一点为 Z 轴的正向，第一点指向第二点的方向为 Y 轴的正向，从第二点到第三点按右手定则来确定原点
平面，X 轴，点	指定 Z 轴的平面和该平面上的 X 轴方向，并指定该平面上的原点来定义一个坐标系
三平面	通过指定的 3 个平面来定义一个坐标系。第一个面的法向为 X 轴，第一个面与第二个面的交线方向为 Z 轴，3 个平面的交点为坐标系的原点
绝对 CSYS	利用该方法可以在绝对坐标(0、0、0)处定义一个新的工作坐标系
当前视图的 CSYS	利用当前视图的方位定义一个新的工作坐标系。其中 XOY 平面为当前视图的所在平面，X 轴为水平方向向右，Y 轴为竖直方向向上，Z 轴为视图的法向向外的方向
偏置 CSYS	通过输入 X、Y、Z 坐标轴方向相对于圆坐标系的偏置距离和旋转角度来定义坐标系

2.1.3 工作坐标系的编辑

在三维实体的创建过程中，如遇到较为复杂的模型，为了方便各部位的创建，用户可以对新建的或原有的坐标系进行原点位置的平移、旋转和各极轴的变换，以及隐藏、显示或者保存每次建模的工作坐标系等一系列操作。

要执行这些操作，用户可以选择【格式】|WCS 选项，在打开的子菜单中选择各指定选项即可执行相应的各种操作。

1. 编辑坐标系

一个坐标系的确定是由两个因素决定的：坐标原点的位置和各坐标轴的方向。在 UG NX 中，变换坐标系是编辑坐标系的主要方法。用户可以通过移动或旋转坐标系原点、枢轴，以及坐标系的工作平面将坐标系放置在指定的位置处。

❑ **动态**

该方法是改变坐标系最常用，也是最灵活的工具。它可以直接在图形区中拖拉旋转球，或在【角度】文本框中输入数值来确定旋转角度和旋转平面。

➢ **移动坐标**

通过拖拉 X、Y、Z 这 3 个方向上的平移柄，精确地定位 XC、YC、ZC 3 个方向的增量。

➢ **旋转坐标**

与上节介绍的【动态】工具不同之处在于：使用拖动球形手柄的方法旋转坐标系时，角度以 45°为步阶转动，而【动态】工具则是以 5°为步阶转动。

❑ **原点**

该方法是通过定义当前工作坐标系的原点来移动坐标系的位置的，并且移动后的坐标系不改变各坐标轴的方向。要执行该操作，用户可以通过单击【点】对话框中的【点位置】工具指定新的原点，或者通过在【坐标】面板中各坐标文本框的设置进行新坐标原点的定位。

❑ **旋转**

该方法是通过定义当前的工作坐标系绕其某一旋转轴旋转一定的角度来调整的。选择该选项将打开【旋转 WCS 绕…】对话框，然后指定相应的旋转方式并输入角度参数即可，如图 2-3 所示。

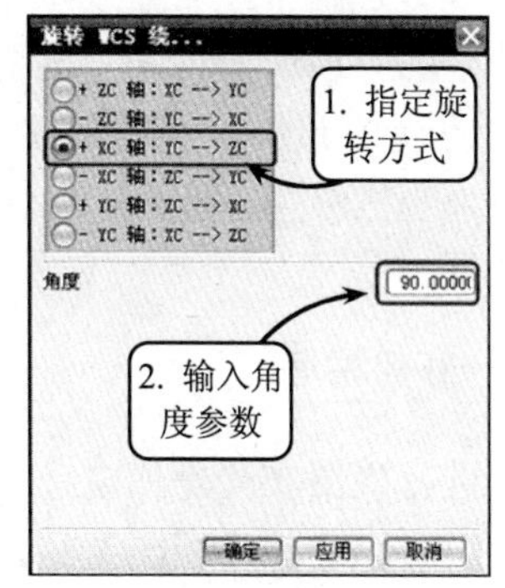

图 2-3 【旋转 WCS 绕…】对话框

❑ **定向**

该方法通过指定 3 点位置的方式将视图中的 WCS 定位到新的坐标系。具体操作同上节介绍的【原点，X 点，Y 点】工具的方法相同，这里不再赘述。

❑ **改变方向**

【更改 XC 方向】和【更改 YC 方向】这两个工具的作用是通过改变坐标系中 X 轴或 Y 轴的位置重新定位 WCS 的方位。

选择任一选项将打开【点】对话框。选取一个对象特征点，系统将以原坐标点和该点在 XC-YC 平面内的投影点的连线作为新坐标系的 XC 方向或 YC 方向，而原坐标系的 ZC 轴的方向保持不变。如图 2-4 所示即为改变 XC 轴的方向效果图。

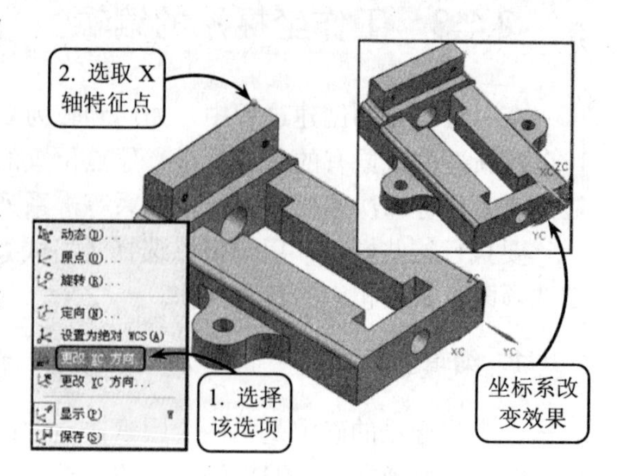

图 2-4 【更改 XC 方向】效果

2. 坐标系的显示或隐藏

【显示】选项用以显示或隐藏当前的工作坐标系。执行该操作后，当前工作坐标系的显示或隐藏与否取决于当前工作坐标系的状态。如果当前坐标系处于显示状态，执行该操作后则转换为隐藏状态；如果当前坐标系已处于隐藏状态，执行该操作后则显示当前的工作坐标系。

3. 坐标系的保存

一般对经过平移或旋转等变换后创建的坐标系需要及时地保存。因为这样不仅便于区分原有的坐标系，同时便于用户在后续的建模过程中根据需要随时调用。

要存储 WCS，可以选择【保存】选项，系统将保存当前的工作坐标系，且保存后的坐标系将由原来的 XC 轴、YC 轴和 ZC 轴变成对应的 X 轴、Y 轴和 Z 轴，效果如图 2-5 所示。

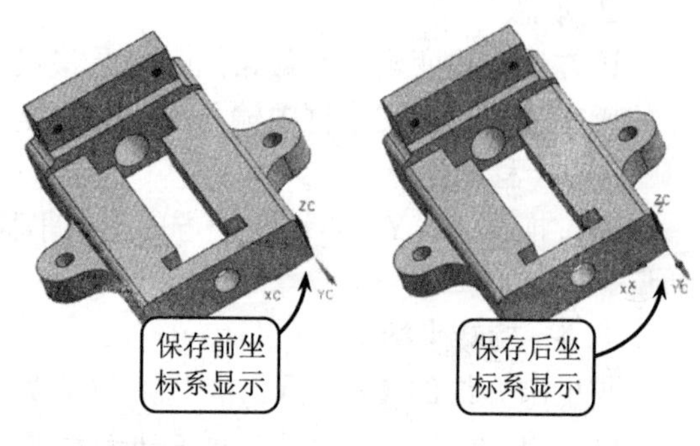

图 2-5 【保存】效果

2.2 视图布局

在设计过程中经常需要从不同的视点观察物体模型。设计者从指定的视点观察沿着某个特定的方向所看到的平面图就是视图，视图也可以认为是指定方向的一个平面投影。而所谓的视图布局就是使用多个窗口以多个不同的视图方向来观察模型，便于用户对绘制的对象有全景的理解和把握。

1. 新建布局

在进行视图布局操作之前，首先要新建一个视图布局。用户可以选择【视图】|【布局】|【新建】选项，打开【新建布局】对话框，如图 2-6 所示。

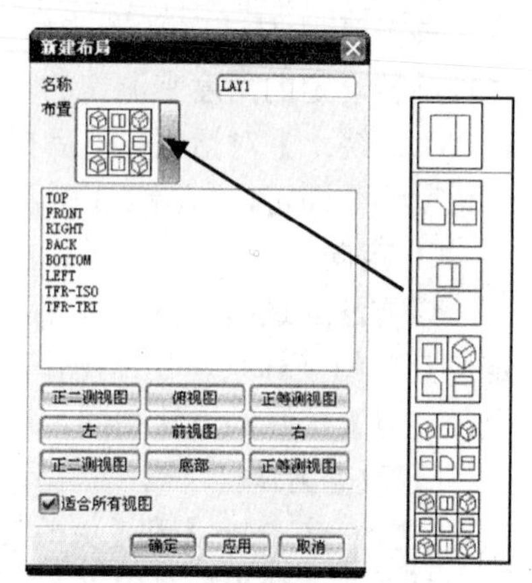

图 2-6 【新建布局】对话框

在该对话框的【名称】文本框中输入新建布局的名称，然后在【布置】下拉列表中选择相应的布局形式。系统提供 6 种格式，最多可以布置 9 个视图来观察模型。

选择完相应的布局形式后，位于该对话框下部的布局类型按钮将被激活。此时，指定需要创建的布局类型并单击【应用】按钮即可完成布局的新建。如图 2-7 所示即为新建的视图布局。

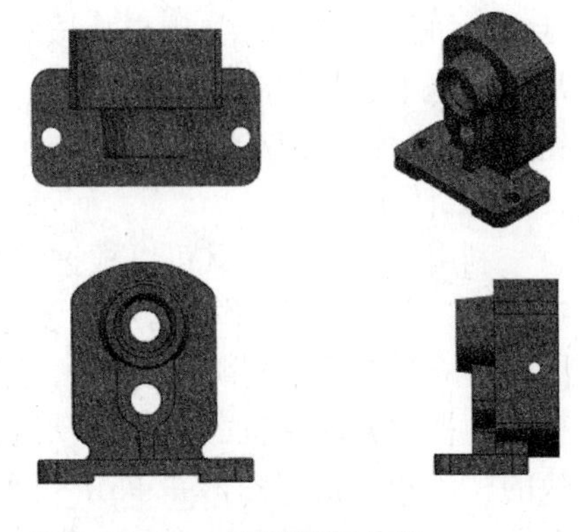

图 2-7　新建视图布局

2. 保存布局

为了便于调用创建的视图布局，建立了一个新的布局之后可以将其保存起来。保存布局有两种方式：一种是按照布局原名保存；另一种是以其他名称保存，即另存为其他布局名称。

对于第一种保存方式来说，直接选择【布局】子菜单中的【保存】选项即可；对于后一种保存方式来说，可以选择该子菜单中的【另存为】选项，打开【保存布局为】对话框。在该对话框的【名称】文本框中输入新的布局名称，并单击【确定】按钮即可，如图 2-8 所示。

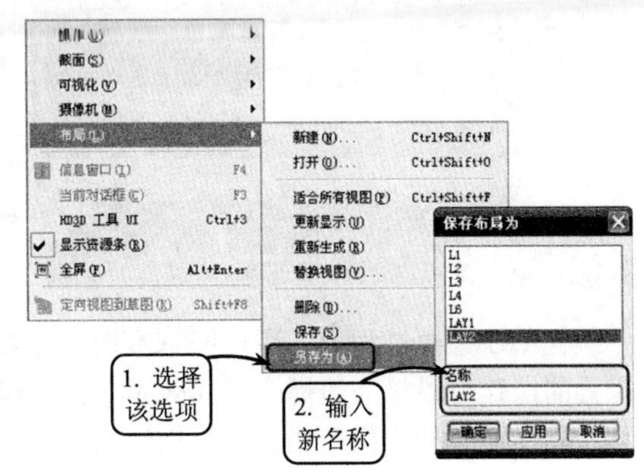

图 2-8　保存布局

3. 打开布局

创建新的布局并保存后，用户可以根据需要重新调用相关的视图布局，这就是打开布局操作。

选择【视图】|【布局】|【打开】选项后将打开【打开布局】对话框，如图 2-9 所示，在其列表框中显示了已存在的所有布局名称。选择所需布局的名称，并单击【应用】按钮即可完成打开布局的操作。

4. 编辑布局

为了更好地满足设计者的设计要求，用户可以对原先创建的视图布局进行必要的编辑和调整。常见的几种编辑布局的方式如下所述。

图 2-9　【打开布局】对话框

1）更新显示

用户对相应视图进行旋转和比例更改等操作后，由于系统内部等原因，视图内容的显示将发生一定变化，造成显示效果的不精确，甚至以原始的模式显示。

选择【布局】子菜单下的【更新显示】选项，系统将自动对进行实体修改的视图进行更新操作，使每一幅视图完全实时显示。

2）重新生成

选择【布局】子菜单下的【重新生成】选项，系统将重新生成视图布局中的每个视图，从而擦除临时显示的对象并更新已修改几何体的显示。

3）删除

在 UG NX 7 中，用户可以根据设计的需要删除多余的布局。其设置方法是：选择【布局】子菜单下的【删除】选项，打开【删除布局】对话框，如图 2-10 所示。用户从该对话框的当前文件布局列表框中选择相应的视图布局，并单击【确定】按钮即可删除该视图布局。

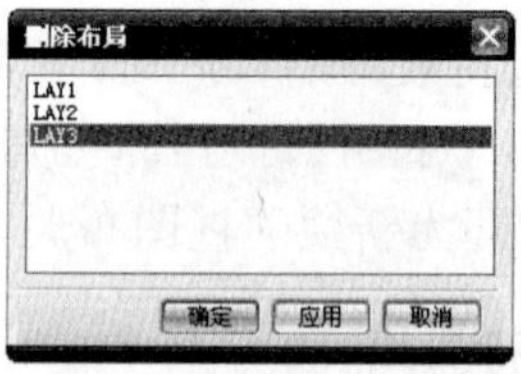

图 2-10 【删除布局】对话框

4）替换视图

利用替换视图工具可以根据需要替换布局中的任意视图。要执行该操作，用户可以选择【视图】|【布局】|【替换视图】选项，打开【要替换的视图】对话框。然后依次选择要替换的视图和替换视图，并单击【确定】按钮即可，效果如图 2-11 所示。

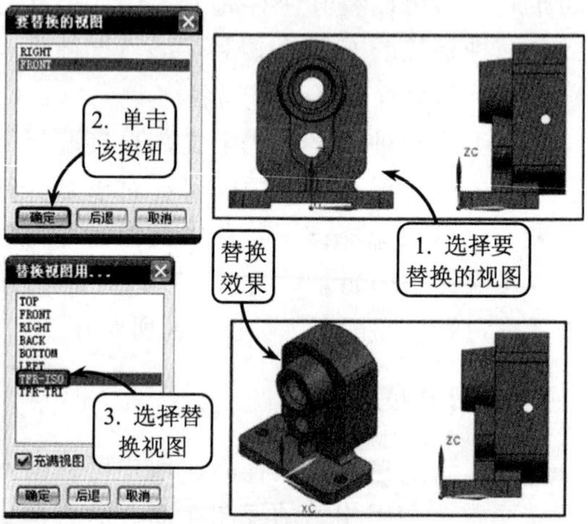

技 巧

另外，在多个视图布局的环境中，用户可以在需要更换的窗口内右击，打开快捷菜单，然后在该快捷菜单的【定向视图】子菜单中选择替换视图的列表项即可。

图 2-11 替换视图

2.3 基本操作工具

在 UG 建模过程中，有一些基本操作工具需要大量地使用。熟练掌握这些常用基本工具的操作可以极大地提高工作效率，为后续的复杂建模打下良好的基础。这些基本操作工具主要包括点构造器、矢量构造器和定位工具等。

2.3.1 点构造器

在三维建模过程中，一项必不可少的任务是确定模型的尺寸与位置，而点构造器就是用来确定三维空间位置的一个基础和通用的工具。使用该工具，用户可以根据需要捕捉已有的点或创建新的点。点构造器实际上是一个对话框，常根据建模的需要自动出现。当然点构造器也可以独立使用，直接创建一些独立的点对象。

在一般情况下，使用【捕捉点】工具栏可以满足捕捉要求。如果需要的点不是对象的捕捉点而是空间的点，则可以使用【点】对话框来定义。要执行该操作，选择【信息】|【点】选项，打开【点】对话框，如图 2-12 所示。

图 2-12 【点】对话框

该对话框包含了两种进行点位置指定的方式，下面将详细介绍这两种点的指定方式。

1. 捕捉定义点

在【点】对话框的上部是点的创建类型，即利用点的智能捕捉功能自动捕捉对象上的现有点（例如终点、交点和象限点等），或者根据需要创建新的点，如光标位置和现有点等。其捕捉和创建点的类型主要通过在【类型】下拉列表框中选择相应的方式确定，各选项创建点的方法如表 2-2 所示。

表 2-2　点的类型和作用

点　类　型	创建点的方法
自动判断的点	根据光标所在位置，系统自动捕捉对象上现有的关键点（如终点、交点和控制点等），它包含了所有点的选择方式
光标位置	该捕捉方式是通过定位光标的当前位置来构造一个点的
现有点＋	在某个已存在的点上创建新的点，或通过某个已存在点来规定新点的位置
终点	在用鼠标选择的特征上所选的端点处创建点。如果选择的特征为圆，那么终点为零象限点
控制点	以所有存在直线的中点和终点，二次曲线的端点，圆弧的中点、终点和圆心，或者样条曲线的终点、极点为基点创建新的点或指定新点的位置
交点	以曲线与曲线，或者线与面的交点为基点创建一个或者指定新点的位置
圆弧中心/椭圆中心/球心⊙	该捕捉方式在选取圆弧、椭圆或球的中心处创建一个点或指定新点的位置
圆弧/椭圆上的角度	在与坐标轴 XC 正向成一定角度的圆弧或椭圆弧上构造一个点或指定新点的位置
象限点	该选项是在圆或椭圆的四分点处创建点或指定新点的位置
点在曲线/边上	通过在特征曲线或边缘线上设置 U 参数来创建点
点在面上	通过在特征面上设置 U 参数和 V 向参数来创建点
按表达式	使用该类型将通过表达式创建点

2. 输入参数值定义点

在使用点构造器类型定义点时，选择不同的类型，对应点的定义方式各不相同。例如使用【现有点】方式指定点位置时，可以在【坐标】面板中输入坐标值确定点位置；使用【圆弧/椭圆上的角度】方式指定点位置时，在如图 2-13 所示的下拉列表框中设置角度参数值即可确定该点位置。

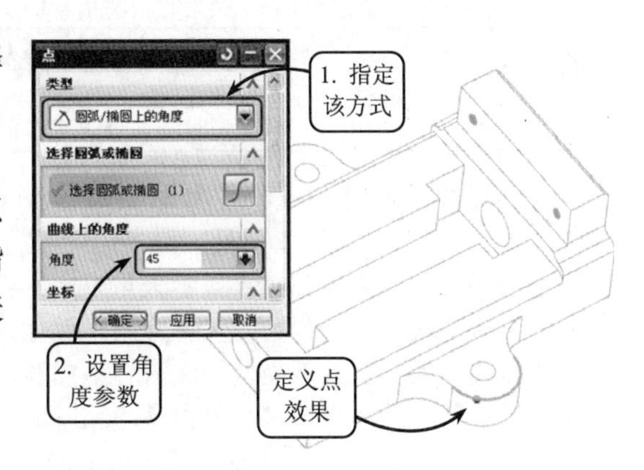

图 2-13　输入坐标值定义点

2.3.2 矢量构造器

在 UG 建模过程中经常用到矢量构造器来构造矢量方向。例如创建实体时的生成方向、投影方向和相关特征的生成方向等，都离不开矢量构造器。矢量构造器用来构造一个单位矢量，其上的各坐标分量只用于确定矢量的方向，不保留其幅值大小和矢量的原点。

矢量构造功能并非是一个单独的命令，而是其他功能中的一个子功能。在特征创建过程中，当需要指定特征的构造方向时，单击相应对话框中的【矢量构造器】按钮将打开【矢量】对话框，如图 2-14 所示。

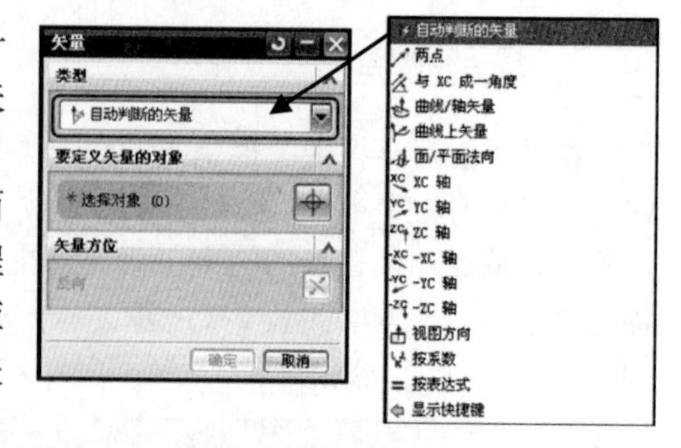

图 2-14 【矢量】对话框

各方式的具体指定矢量方法如表 2-3 所示。

表 2-3 【矢量】对话框指定矢量方法

矢 量 类 型	指定矢量的方法
自动判断的矢量	根据所选的几何对象不同，自动推测一种方法定义一个矢量，推测出的方法可能是曲线切线、表面法线、平面法线或基准轴
两点	通过两个点构成一个矢量。矢量的方向是从第一点指向第二点。这两个点可以通过被激活的【通过点】面板中的【点对话框】或【自动判断的点】工具进行确定
与 XC 成一角度	用以确定在 XC-YC 平面内与 XC 轴成指定角度的矢量，该角度可在激活的【角度】文本框中输入
曲线/轴矢量	根据现有的对象确定矢量的方向。如果对象为直线或曲线，矢量方向将从一个端点指向另一个端点。如果对象为圆或圆弧，则矢量方向为通过圆心的圆或圆弧所在平面的法向方向
曲线上矢量	当使用该矢量类型时，可在创建与某一曲线相切的矢量时提供一个点。如果该点不在曲线上，则将用最短可能距离投影到该曲线
面/平面法向	在使用该矢量类型时，可在创建垂直于非平面的矢量时提供一个通过点。如果该点不在面上，则将用最短距离投影到该面
正向矢量、、	分别指定 XC、YC、ZC 轴正方向矢量方向
负向矢量、、	分别指定 XC、YC、ZC 轴反方向矢量方向
视图方向	当使用该矢量类型时，将用新的实体方向来创建从视图平面派生的矢量
按系数	该选项可以通过【迪卡尔坐标系】和【球坐标系】两种类型设置矢量的分量确定矢量方向
按表达式	使用该矢量类型时将通过表达式创建矢量

该对话框中的【矢量方位】面板用于改变矢量的方向。单击按钮后，系统在当前约束下可能的矢量方向中循环显示矢量方向，以便用户从中选择一个合适的矢量方向。例如选择【曲线上矢量】矢量类型，选取边界曲线并设置参数值，然后单击【备选解】按钮，以切换 3 种矢量方向，效果如图 2-15 所示。

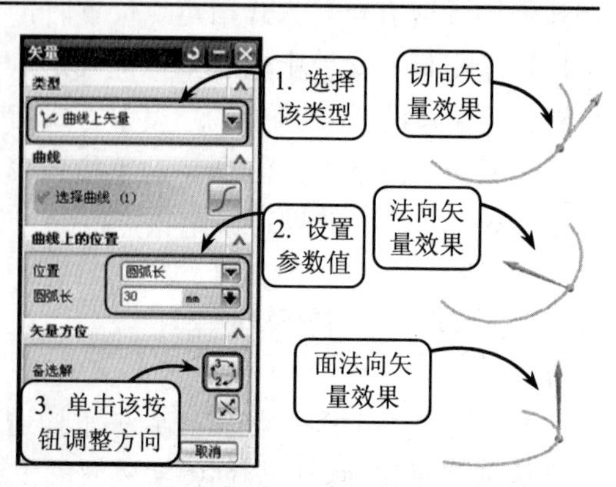

图 2-15 改变矢量方向

2.3.3 定位功能

在特征建模过程中或完成相关特征的创

建后，用户可以通过对某些特征进行定位，即相对于其他几何对象确定特征在模型放置面上的位置，来满足新的设计要求。

特征定位一般通过【定位】对话框实现。要执行定位操作，单击【编辑位置】按钮，在打开的【编辑位置】对话框中选取要定位的对象，并单击【确定】按钮，打开【定位】对话框，如图 2-16 所示。

图 2-16 【定位】对话框

提 示

该定位功能不是适用于任何特征的，只有使用成型工具创建的特征才会在【编辑位置】对话框中显示，才可以通过相应的定位工具进行位置编辑。一般情况下，基础成型工具包括【凸台】、【腔体】和【垫块】等工具。

在【定位】对话框中包含常用的 9 种定位方法，现分别介绍如下。

❑ 水平

选择该方式可以在两点之间生成一个与水平参考对齐的定位尺寸来定位特征。在【定位】对话框中单击【水平】按钮，然后按照如图 2-17 所示的步骤即可完成该操作。

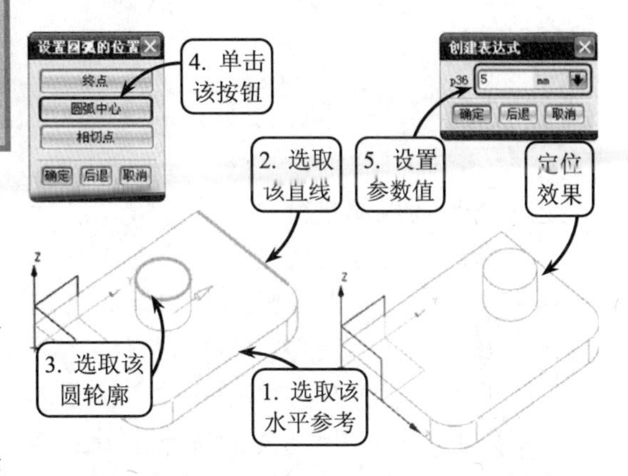

图 2-17 水平定位

提 示

水平参考用来作为矩形状特征的长度方向参考或水平定位距离的水平参考方向，在已存在的实体或基准上指定。水平参考方向的设置需要用户自己定义。

❑ 竖直

选择该方式可以在两点之间生成一个与竖直参考对齐的定位尺寸来定位特征。在【定位】对话框中单击【竖直】按钮，然后按照如图 2-18 所示的步骤即可完成该操作。

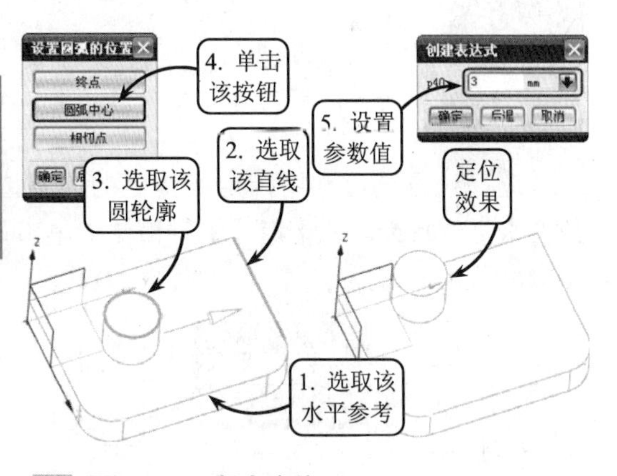

图 2-18 竖直定位

提 示

竖直参考类似于水平参考，用来作为矩形状特征的宽度方向参考或竖直定位距离的竖直参考方向，在已存在的实体或基准上指定。竖直参考方向的设置也需要用户自己定义。

❑ 平行

选择该方式可以生成一个约束两点之间距离的定位尺寸，且该距离沿平行于工作平面的方向测量。在【定位】对话框中单击【平行】按钮，然后按照如图 2-19 所示的步骤即可完成该操作。

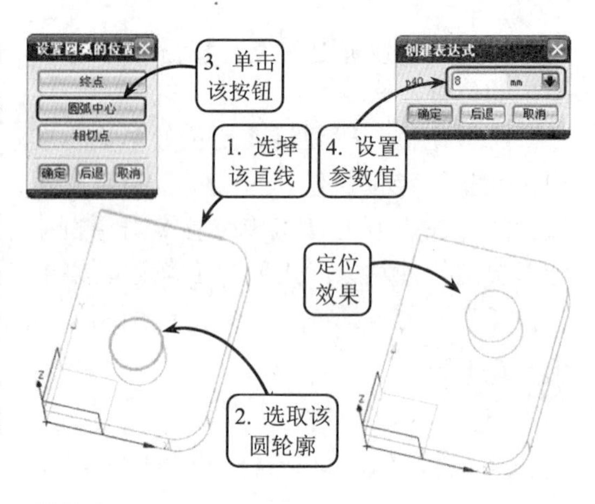

图 2-19 平行定位

❑ 垂直

选择该方式可利用指定实体上的一条边缘线与特征上一点的定位尺寸来定位特征，该定位尺寸为指定点到边缘线之间的距离。在【定位】对话框中单击【垂直】按钮，然后按照如图 2-20 所示的步骤即可完成该操作。

提 示

该方法是孔和凸台特征的默认定位方法，可以直接在对话框中编辑定位尺寸。

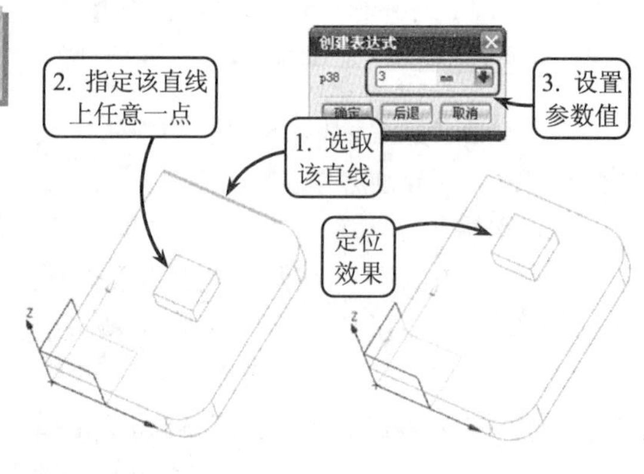

图 2-20 垂直定位

❑ 按一定距离平行

选择该方式可利用指定实体上一条边缘线和特征上一条边缘线之间的距离来定位特征，该定位尺寸是这两条平行直线之间的最短距离。在【定位】对话框中单击【按一定距离平行】按钮，然后按照如图 2-21 所示的步骤即可完成该操作。

提 示

使用该方式指定的两条直线必须是平行的。

❑ 角度

选择该方式可利用指定实体上的一条边缘线与需定位的特征上一条边缘线之间的角度来定位特征。在【定位】对话框中单击【角度】按钮，然后按照如图 2-22 所示的步骤即可完成该操作。

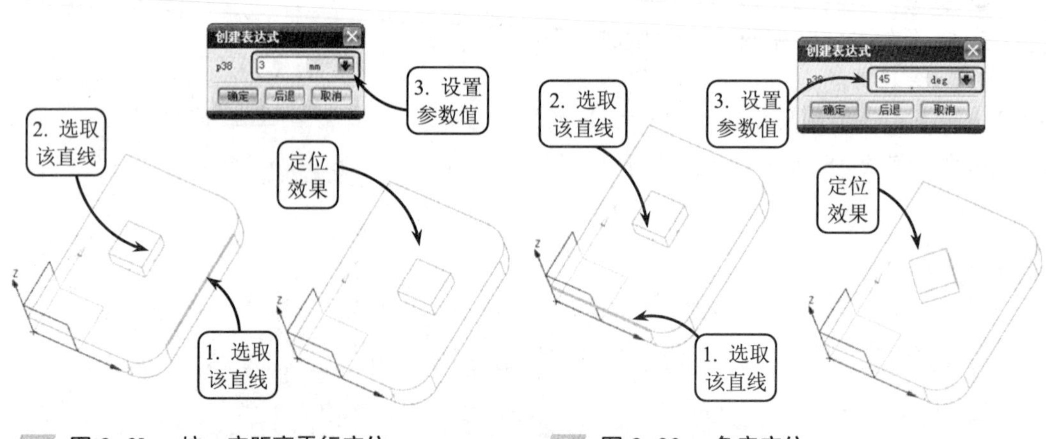

图 2-21 按一定距离平行定位

图 2-22 角度定位

提　示

定位的角度与选择直线时的选取位置有关。

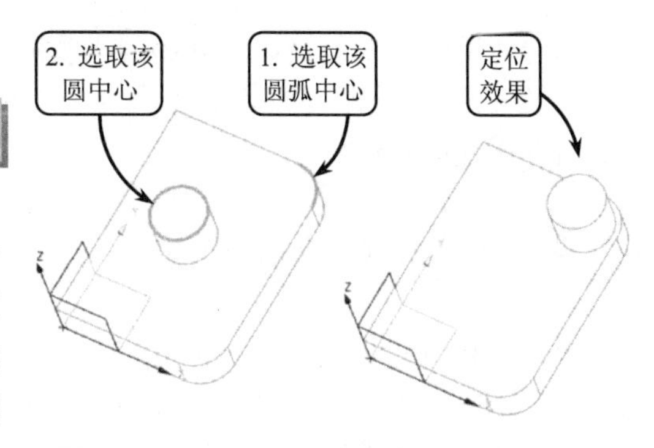

图 2-23　点到点定位

❑ 点到点

选择该方式可利用需定位特征上的一点和实体上的一点重合来定位特征。在【定位】对话框中单击【点到点】按钮，然后按照如图 2-23 所示的步骤即可完成该操作。

提　示

该定位方式与平行定位方式类似，只是两点之间的固定距离值为零。

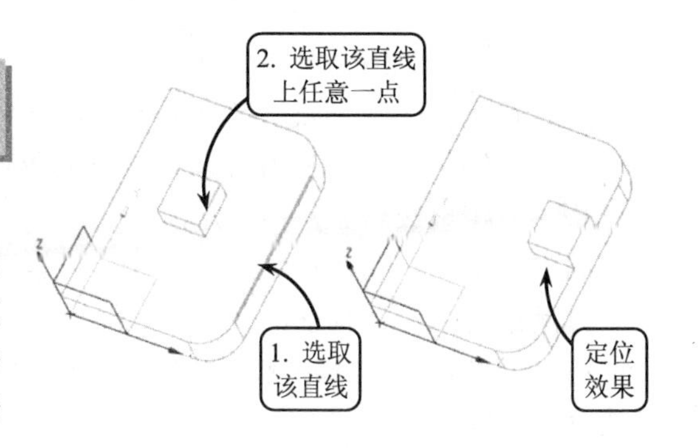

图 2-24　点到线定位

❑ 点到线

选择该方式可利用将需定位特征上的一点与其在实体某一直线上的一投影点重合来定位特征。在【定位】对话框中单击【点到线】按钮，然后按照如图 2-24 所示的步骤即可完成该操作。

提　示

该定位方式与垂直定位方式类似，只是边或曲线与点之间的距离值为零。

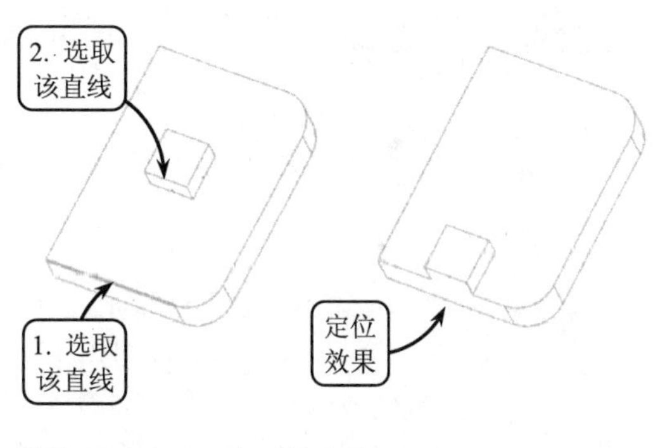

图 2-25　线到线定位

❑ 线到线

选择该方式可利用需定位特征上的一条直线和实体上的一条直线重合来定位特征。在【定位】对话框中单击【线到线】按钮，然后按照如图 2-25 所示的步骤即可完成该操作。

提　示

该定位方式与按一定距离平行定位方式类似，只是平行的的距离值为零。

在定位特征时，对于一些复杂的特征往往是难以通过一次定位就完成的。此时，用户需要灵活地使用上述方法才能起到良好的效果。

一般情况下，在定位特征时应选取特征和对象上的一些关键特征来定位。例如将凸台定位到圆柱体中央时，一般应选择点到点方式，即将凸台圆心与圆柱体圆心重合来定位；而若将凸台定位到长方体上时，则可以选择按一定距离平行方式或其他方式。

2.4　编辑操作

为了更快地适应 UG 软件的工作环境，提高工作效率及绘图的准确性，用户可以根据不同的使用习惯或相关规定设置一些系统默认的控制参数。本节通过讲解对象相关参数的设置和显示/隐藏设置等操作内容来使用户对对象的编辑操作有更加清晰的认识。

2.4.1 对象显示设置

用户可以通过对对象显示的相关编辑来修改对象的颜色、线型、宽度和透明度等属性。该操作特别适用于在创建复杂实体模型时对各部分的观察、选取，以及分析修改等。

选择【编辑】|【对象显示】选项将打开【类选择】对话框。在工作区中选取所需对象并单击【确定】按钮后将打开如图 2-26 所示的【编辑对象显示】对话框。该对话框中各主要选项的作用及用法介绍如下。

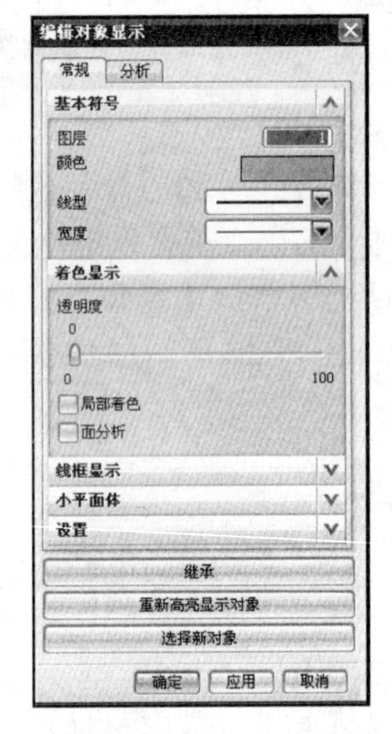

图 2-26 【编辑对象显示】对话框

该对话框包括两个选项卡，在【分析】选项卡中可以设置所选对象各类特征的颜色和线型，一般情况下不予修改。表 2-4 具体介绍【常规】选项卡中的各主要选项含义。

表 2-4 【常规】选项卡各主要选项含义

类　型	含义及设置方法
图层	该文本框用于指定对象所属的图层，一般情况下为了便于管理常将同一类对象放置在同一个图层中
颜色	该选项用于设置对象的颜色。对不同的对象设置不同的颜色有助于图形的观察及对各部分的选取及操作
线型和宽度	通过这两个选项可以根据需要设置实体模型边缘、曲线或曲面的边缘等线型和宽度
透明度	通过该选项的设置可以调整实体模型的透明度。默认情况下透明度为 0，即不透明；向右拖动滑块，透明度将随之增加
局部着色	该复选框用于控制模型是否进行局部着色。禁用状态时表示不能进行局部着色；启用状态时则可以进行局部着色。且为了增加模型的层次感，可以为模型实体的各个表面设置不同的颜色
面分析	该复选框可以用来控制是否进行面分析。禁用，表示不进行面分析；启用，则表示进行面分析。通过面分析可以帮助用户了解面的曲率信息
线框显示	该选项用于曲面的网格化显示。当所选择的对象为曲面时，该选项将被激活，此时可以通过【显示极点】和【显示结点】复选框控制曲面极点和结点的显示状态；可以通过 U、V 文本框控制曲面 U 和 V 两个方向上的网格数
继承	该工具可以将所选对象的属性赋予正在编辑的对象上。单击该按钮将打开【继承】对话框。然后在工作区中选取一个对象并单击该对话框中的【确定】按钮，系统即将所选取对象的属性赋予正在编辑的对象，同时回到【编辑对象显示】对话框

2.4.2 显示和隐藏对象

在创建较复杂的实体模型时，由于此模型包含多个对象特征，容易造成用户在大多数的观察角度上无法看到被遮挡的特征对象。此时，用户就可以利用该工具将当前不进行操作的对象暂时隐藏起来，在完成相应的特征操作后，根据需要将隐藏的对象重新显示即可。

选择【编辑】|【显示和隐藏】|【显示和隐藏】选项，或者在【实用工具】工具栏中单击【显示和隐藏】按钮，打开【显示和隐藏】对话框，如图 2-27 所示。该对话框可以用于控制工作区中所有图形元素的显示或隐藏状态。

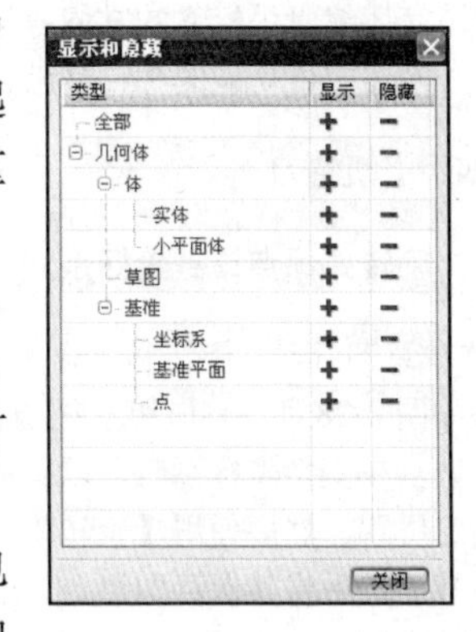

图 2-27 【显示和隐藏】对话框

在该对话框的【类型】列中罗列出了当前图形中所包含的各类型名称。通过单击类型名称右侧的【显示】列中的按钮或【隐藏】列中的按钮即可以控制该名称类型所对应图形的显示和隐藏状态。

2.5 思考与练习

一、填空题

1. 在 UG 绘图软件中，________是用于确定实体模型在空间中位置和方向的参照物，同时也是进行视图变换和几何变换的基础。

2. 在 UG NX 系统中包括绝对坐标系、________和机械坐标系 3 种坐标系。这 3 种坐标系都符合右手法则，且________是系统默认的坐标系。

3. 在三维建模过程中，点构造器就是用来确定三维空间位置的一个基础和通用的工具。其实际上是一个对话框，常根据建模的需要自动出现。该对话框包含了________和________两种进行点位置指定的方式。

4. 在特征建模过程中或完成相关特征的创建后，用户可以对某些特征进行定位。然而定位功能不是适用于任何特征的，只有使用________创建的特征才会在【编辑位置】对话框中显示，才可以通过相应的定位工具进行位置编辑。

5. 在创建较复杂的实体模型时，由于模型包含多个对象特征，容易造成用户在大多数的观察角度上无法看到被遮挡的特征对象。此时，可以利用________工具使用户更清晰明了地完成相应的特征操作。

二、选择题

1. 在 UG 中，________是系统默认的坐标系，其原点位置和各坐标轴线的方向永远保持不变，是固定坐标系，且该坐标系可以作为零件和装配的基准。

A．绝对坐标系　　B．工作坐标系
C．机械坐标系　　D．特征坐标系

2. 在进行视图布局时，系统提供了________种格式来新建布局，最多可以布置________个视图来观察模型。

A．4、7　　B．5、8
C．6、9　　D．7、10

3. 在【定位】对话框中包含 9 种定位方法，其中________方式是利用指定实体上一条边缘线和特征上一条边缘线之间的距离来定位特征的，且该定位尺寸是这两条平行直线之间的最短距离。

A．水平
B．平行
C．按一定距离平行
D．点到线

4. 利用鼠标观察对象，将鼠标置于绘图界面中，滚动鼠标滚轮就可以对视图进行缩放或者按住鼠标的滚轮的同时按住________键，然后上下拖动鼠标以对视图进行缩放。

A．Ctrl　　B．Shift
C．Tab　　D．Alt

三、问答题

1. 列举构造坐标系的多种方法。

2．简述编辑坐标系的常规方法。

3．简述定位功能的9种常用方法。

四、上机练习

1．旋转并保存钳身坐标系

本次练习移动、旋转和保存坐标系操作，对比效果如图2-28所示。该钳身结构相对复杂，为方便观察，在变换坐标系时可以首先将坐标系移动到指定位置，然后使用【旋转坐标系】功能旋转坐标系，最后将其保存即可。

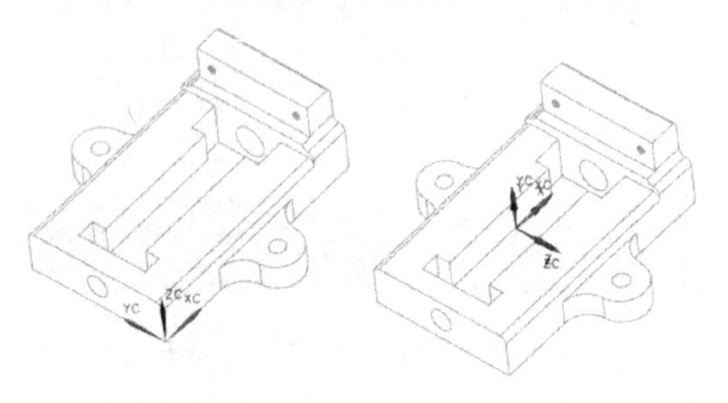

图 2-28　旋转并保存坐标系

2．泵体壳视图布局

本次练习泵体壳实体的布局设置，效果如图2-29所示。利用视图布局操作新建一个名为L4的布局，并将其3个基本视图设置为带有隐藏边的线框显示，而轴测图设置为着色显示。

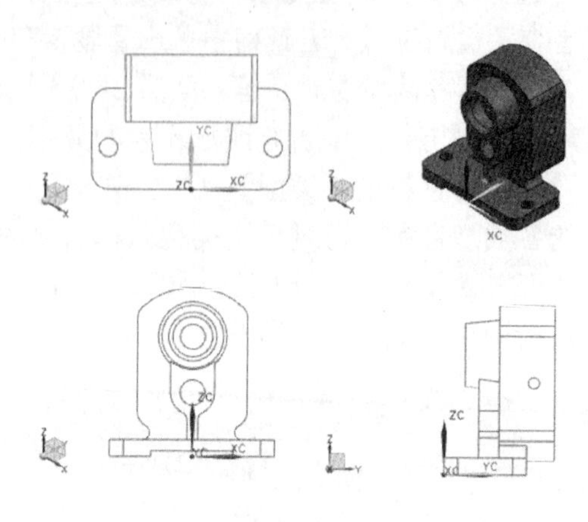

图 2-29　设置视图布局

第3章 草绘图形

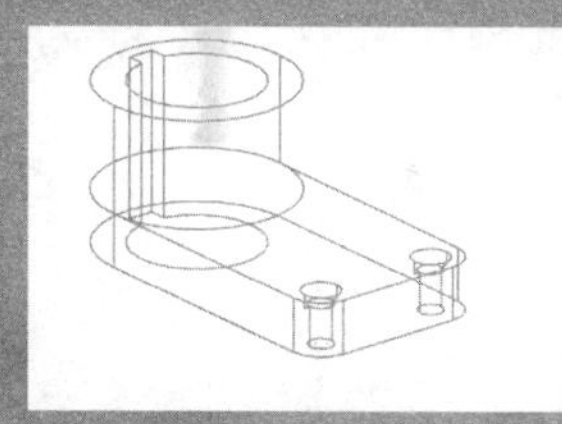
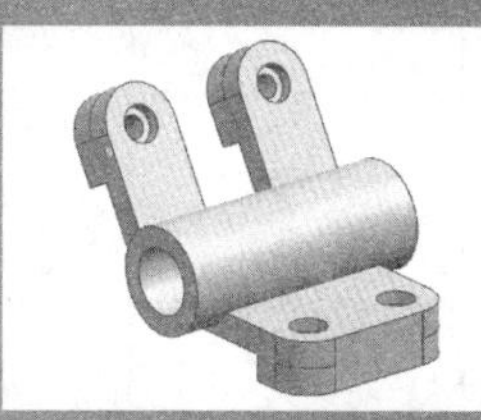
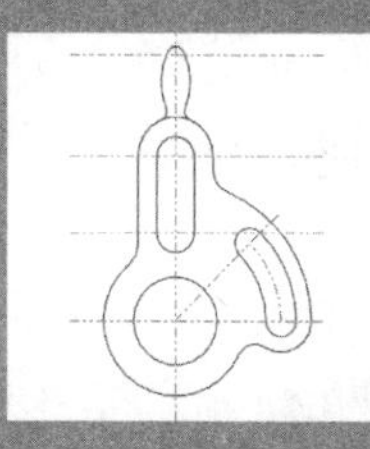
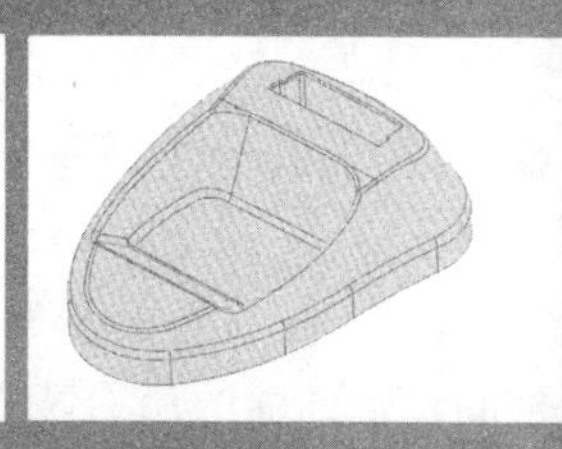

绘制草图是创建三维实体模型并实现UG软件参数化特征建模的基础。通过它可以快速绘出实体的大概形状，并添加相关尺寸和约束完成轮廓的设计。该方法能够较好地表达设计意图，并且绘制的草图和其生成的实体是相关联的，当需要优化修改时，仅修改草图上的尺寸和替换线条就可以很方便地更新最终的设计，特别适用于创建截面复杂的实体模型。

本章主要介绍UG NX中草图的基本环境、草图的绘制和约束，以及草图的操作等内容。

本章学习要点：

- 熟练掌握草图平面的创建
- 熟练掌握草图的基本绘制和约束功能
- 熟练掌握草图的常用操作

3.1 草图概述

草图是指与实体模型相关联的二维图形，是在某个指定平面上的二维几何元素的总称。一般情况下，三维建模都是从创建草图开始的，即先利用草图功能创建出特征的形状曲线，再通过拉伸、回转或扫描等操作创建相应的参数化实体模型。绘制二维草图是创建三维实体模型的基础和关键。

3.1.1 进入草图环境

绘制草图的基础是草图环境，该环境提供了草图的绘制、编辑操作，以及添加相关约束等与草图操作有关的工具。

在【特征】工具栏中单击【草图】按钮，系统将进入草图环境，并打开【创建草图】对话框，通过该对话框可以创建草图工作平面，如图 3-1 所示。

图 3-1 【创建草图】窗口

3.1.2 创建草图平面

绘制草图的前提是创建草图的工作平面，要创建的所有草图几何元素都将在这个平面内完成。草图平面的使用频率比较高，也是草图绘制中最重要的特征之一。在 UG NX 中提供了如下两种创建草图工作平面的方法。

1. 在平面上

该方式是指以平面为基础来创建所需的草图工作平面。在【平面方法】下拉列表中，UG 提供了以下 3 种指定草图工作平面的方式。

❑ **现有平面**

选择该选项可以指定坐标系中的基准面作为草图平面，或选择三维实体中的任意一个面作为草图平面。

通常，在【创建草图】对话框中选择【平面方法】下拉列表中的【现有平面】选项；然后在绘图区选择一个已有平面，如图 3-2 所示，以此来作为草绘的工作平面。

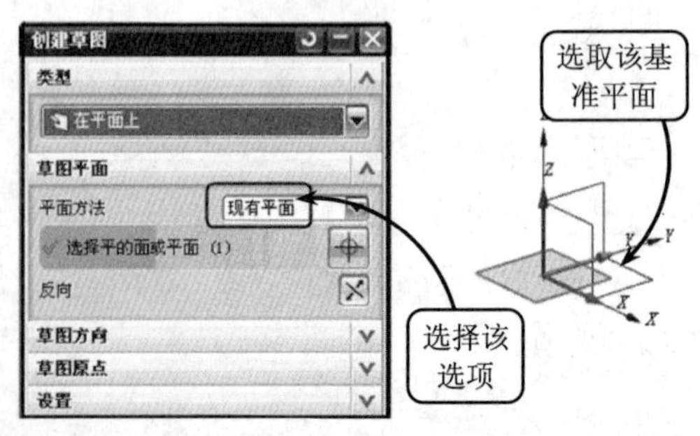

图 3-2 选择基准平面为草图平面

❑ **创建平面**

该选项可以借助现有平面、实体及线段等元素为参照，创建一个新的平面，然后用此平面作为草图平面。

在【草图平面】面板中单击【平面对话框】

按钮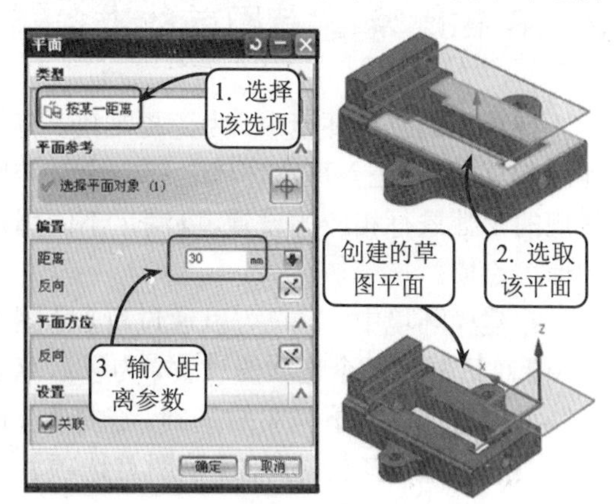，利用打开的【平面】对话框创建出所需的草图工作平面。如图 3-3 所示即选择【按某一距离】的方式，并选取钳身的上表面为参照面设置距离参数，创建草图工作平面。

图 3-3 创建草图工作平面

❑ 创建基准坐标系

利用该选项创建草图时需要创建的一个新坐标系，然后通过选择新坐标系中的基准面来作为草绘工作平面。

在【草图平面】面板中选择【平面方法】下拉列表框中的【创建基准坐标系】列表项，并单击【创建基准坐标系】按钮，打开【基准 CSYS】对话框；然后利用该对话框创建出所需的基准坐标系；接着选取该新建基准坐标系的基准面创建草图工作平面。如图 3-4 所示是利用【原点，X 点，Y 点】的方法创建的基准坐标系。

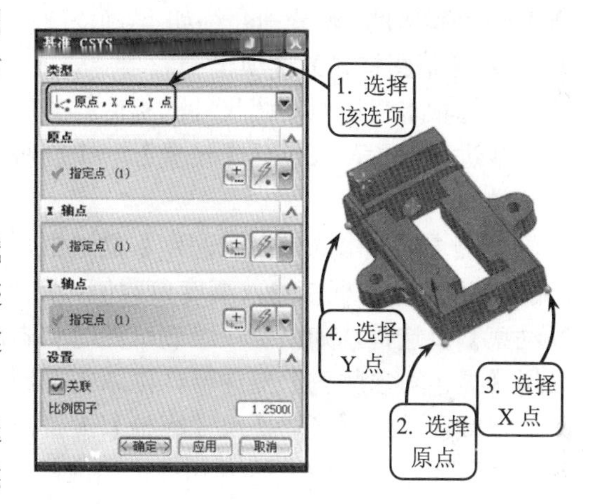

图 3-4 创建基准坐标系

2. 在轨迹上

该方式是指以现有直线、圆、实体边线和圆弧等曲线为基础，通过选择与曲线轨迹成垂直或平行等各种不同关系的平面创建为草图工作平面。

利用该方式创建草图工作平面，首先选择【类型】面板中的【在轨迹上】选项。然后选择路径（即曲线轨迹），并设置平面位置与平面方位，即可获得草图工作平面。如图 3-5 所示是以实体的一条边为轨迹创建的草图工作平面。

为了获得需要的放置效果，当完成草图工作平面的创建后，用户还可以对草图的放置方位进行准确的设置。其方法是：在【草图方向】面板中选择【参考】列表框中的列表项进行草图的定位。如图 3-6 所示就是当选取的草图工作平面为实体的上表面时，选择【参考】列表框中的选项分别为【水平】和【竖直】时的效果。

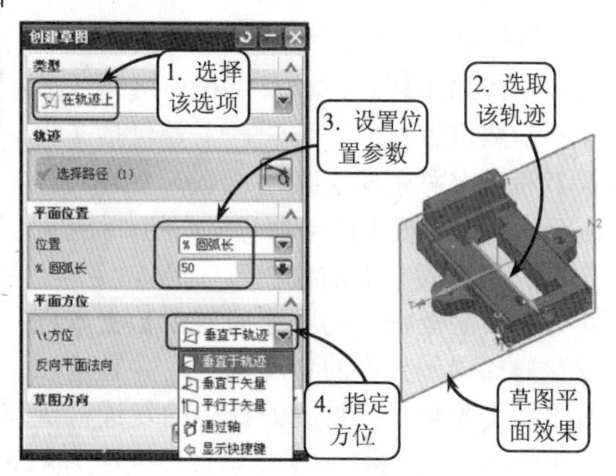

图 3-5 在轨迹上创建草图平面

提 示

当选择在轨迹上的类型创建草图平面时，绘图区内必须存在可供选取的线段、圆、实体边等曲面轨迹。

3.1.3 创建草图前的准备

在草图的工作环境中，为了更准确、有效地绘制草图，在进入草图环境之前需要对一些常规的参数进行相应的设置，以满足不同用户的使用习惯。

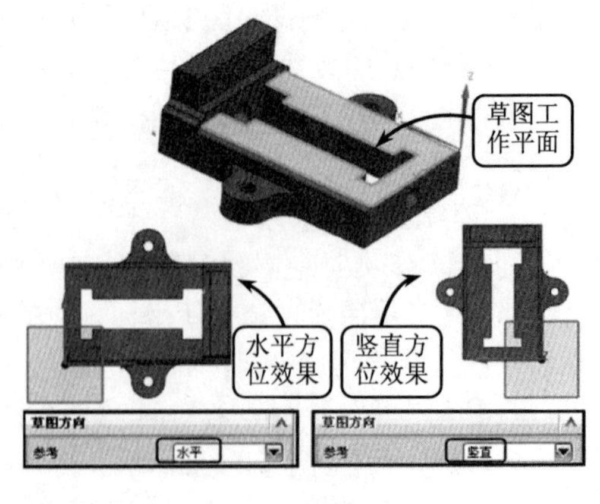

图 3-6 水平和竖直时的效果

在建模环境中，用户可以通过对【草图首选项】对话框中各个选项的设置，为以后草图绘制得更为准确打下坚实的基础。选择【首选项】|【草图】选项，打开【草图首选项】对话框，如图 3-7 所示。

该对话框包含【草图样式】、【会话设置】和【部件设置】3 个选项卡，现分别介绍如下。

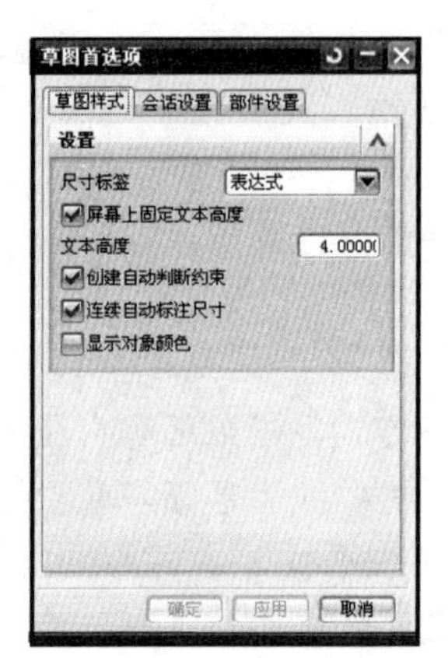

图 3-7 【草图首选项】对话框

❑ **【草图样式】选项卡**

该选项卡可以对草图尺寸的标注样式和文本高度等基本参数进行设置，只包括【设置】一个面板，其选项意义介绍如下。

启用【屏幕上固定文本高度】复选框，可以在下面的【文本高度】文本框中输入高度参数值；启用【创建自动判断约束】复选框，则系统在绘制草图时将自动判断约束；启用【显示对象颜色】复选框，则系统在绘制草图时将显示对象颜色。通过选择【尺寸标签】下拉列表的 3 个选项可以对草图中尺寸的表达方式进行相应的设置，如图 3-8 所示。

❑ **【会话设置】选项卡**

该选项卡可以对绘制草图时的捕捉精度、草图显示状态，以及名称前缀样式等基本参数进行相应的设置，主要包括【设置】和【名称前缀】两个面板，如图 3-9 所示。各个面板中的选项意义介绍如下。

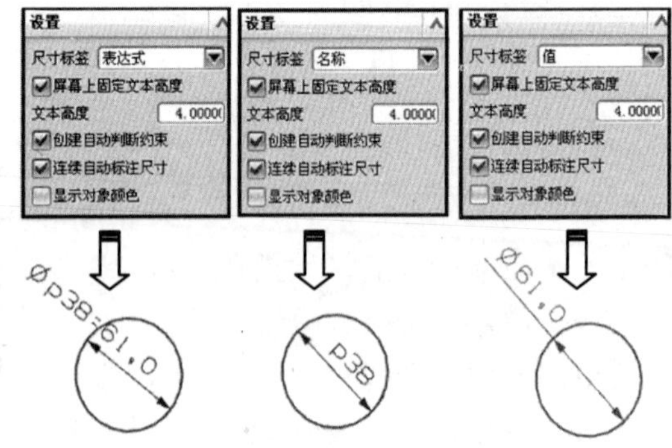

图 3-8 设置尺寸的不同表达方式

➢ **【设置】面板**

在该面板中，利用【捕捉角】文本框设置捕捉误差允许的角度范围，并且可以通过启用和禁用该设置面板中的复选框进行相应的设置。其中，【显示自由度箭头】复选框用于控制是否显示草图的自由度箭头；【动态约束显示】复选框用于控制当几何元素的尺寸较小时是否显示约束标志；【更改视图方位】复选框是比较常用的，当该复选框处于启用状态时，在完成草图切换到建模界面时视图方向将发生改变，禁用该复选框时，完成草图切换到建模界面时建模界面视图方向将与草图方向保持一致；【保持图层状态】复选框用于控制工作层是否在草图环境中保持不变或者返回其先前的值；另外，利用【背景】下拉列表框的两个下拉列表项可以设置背景色的种类。

➢【名称前缀】面板

通过该选项组中的各文本框可以根据需要设置对话框中所列出的各草图元素名称的前缀。

❑ 【部件设置】选项卡

该选项卡可以对草图中各几何元素，以及尺寸的颜色进行相关的设置，如图 3-10 所示。

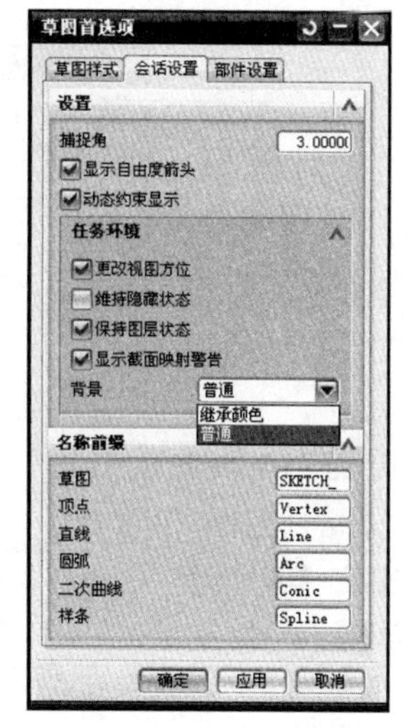

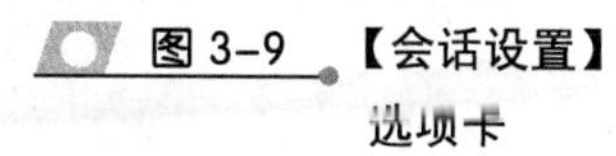
图 3-9 【会话设置】选项卡

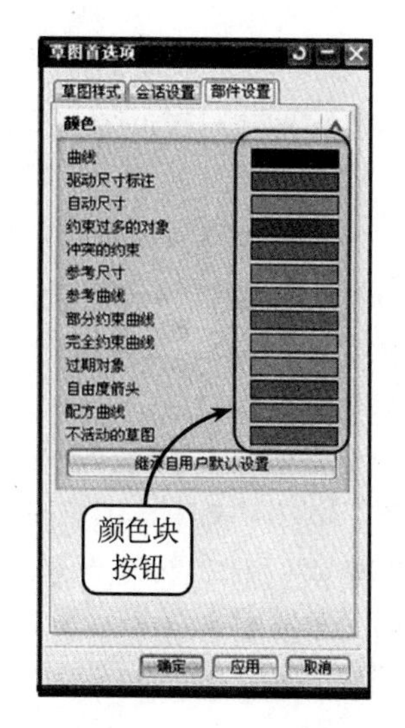

图 3-10 【部件设置】选项卡

在该选项卡中单击各类曲线名称后面的颜色块按钮将打开相应的【颜色】对话框，从中选择所需颜色即可。此外，单击【继承自用户默认设置】按钮可以将各曲线的颜色恢复为系统默认的颜色，以便于重新设置。

设置好绘制草图的各个选项后就可以进入草图环境绘制草图。绘制完成后，在草图环境界面内右击，在弹出的快捷菜单中选择【完成草图】选项即可退出草图环境，如图 3-11 所示。

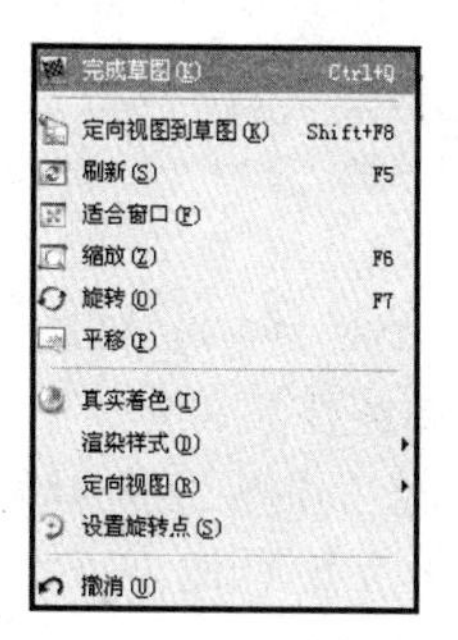

图 3-11 退出草图环境

3.2 绘制草图

绘制草图是本章的重要内容，也是创建实体模型的基础和关键。通过绘制的二维轮廓，并添加相关的约束，构建出实体或截面的轮廓，再利用拉伸、回转或扫掠等操作生成与草图对象相关联的实体模型。在参数化建模时，灵活地应用绘制草图功能会给设计带来很大的方便。

3.2.1 点

在绘制草图过程中，点是最小的几何构造元素，也是草图几何元素中的基本元素。创建的草图对象都是由控制点控制的，且该控制点称为草图点。在 UG 中，用户可以通过控制草图点来控制草图对象，如通过两点可以创建直线；通过定义曲面的极点来直接创建自由曲面；还可以通过大量的点的云集创建面和点集等特征。

单击【特征】工具栏中的【点】按钮 +，打开【点】对话框，如图 3-12 所示。在该对话框中包括如下几个面板：【类型】面板用来选择点的捕捉方式，系统提供了端点、交点、象限点等多种方式；【坐标】面板用于设置点在 XC、YC、ZC 方向上相对于坐标原点的位置；【偏置】面板用于设置点的生成方式。【设置】面板用于设置点的关联属性。

3.2.2 轮廓

在绘制草图的过程中，用户可以利用该工具连续绘制直线和圆弧轮廓线，特别适用于需要绘制的草图对象中包含直线与圆弧首尾相接的情况。

单击【轮廓】按钮将打开【轮廓】对话框，并且在绘图区中将显示光标的位置信息。单击该对话框中的【直线】和【圆弧】按钮，在绘图区内绘制需要的草图，效果如图 3-13 所示。

图 3-12 【点】对话框

提 示

利用轮廓工具绘制的草图对象各个线段是首尾相接的，不需要再次设置首尾相接的约束，这样有利于提高绘图的效率和绘图质量。

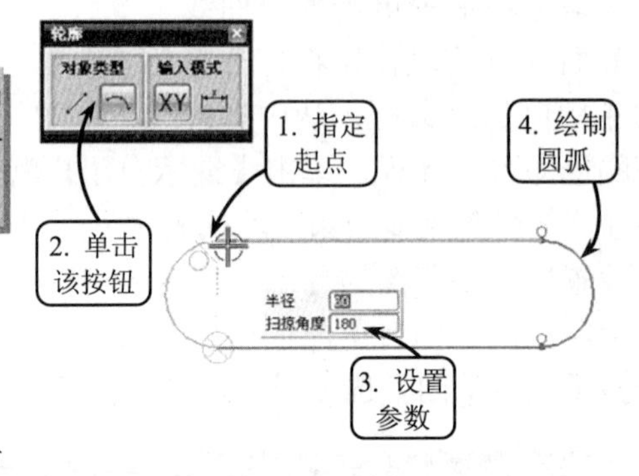

图 3-13 利用轮廓工具绘制草图

3.2.3 圆和圆弧

圆和圆弧都是曲线，利用圆和圆弧工具可以在草图环境中绘制圆与圆弧的轮廓线。其中圆和圆弧的绘制方法都各有两种，具体介绍如下。

1. 圆

圆是指在平面上到定点的距离等于定长的所有点的集合。在 UG NX 中，该工具通常用于创建基础特征的剖截面，由它生成的实体特征包括多种类型，如：球体、圆柱体、圆台和球面等。

在【直接草图】工具栏中单击【圆】按钮将打开【圆】对话框。此时可以利用指定圆心和直径定圆与指定 3 点定圆两种方法绘制圆轮廓。

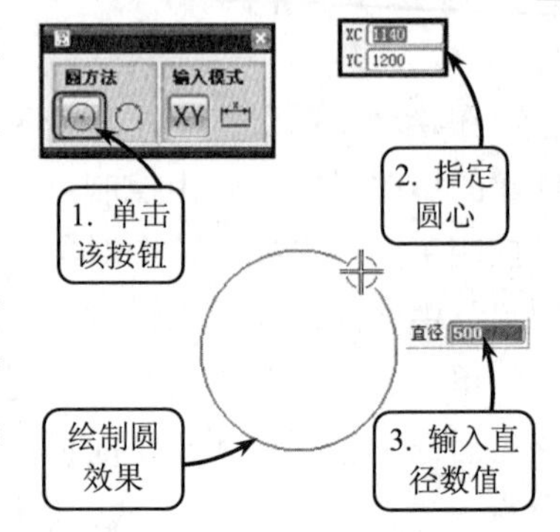

图 3-14 圆心和直径绘制圆

❑ **圆心和直径定圆**

该方法通过指定圆的圆心和直径来绘制圆。单击【圆】对话框中的【圆心和直径定圆】按钮，并在绘图区指定圆心，然后输入直径数值即可完成绘制圆的操作，效果如图 3-14 所示。

❑ **3 点定圆**

该方法通过依次选取草图几何对象的 3 个点作为圆通过的 3 个点来绘制圆；或者通过选取圆上的 2 个点，并输入直径数值来绘制圆。

单击【三点定圆】按钮，依次选取图中的 3 个点，并输入直径数值即可完成圆的绘制，效果如图 3-15 所示。

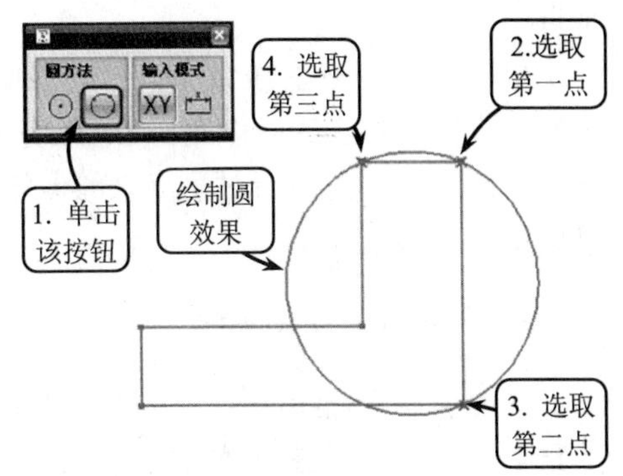

图 3-15　3 点绘制圆

2. 圆弧

圆上任意两点间的部分称作圆弧。在 UG NX 中，利用圆弧工具可以绘制圆弧曲线或扇形，还可以用作放样物体的放样截面。由于圆弧是圆的一部分，会涉及到起点和终点的问题，因此在绘制过程中既要指定其半径和起点，又要指出圆弧所跨的弧度大小。

在【草图工具】工具栏中单击【圆弧】按钮，打开【圆弧】对话框。此时同样可以利用指定圆弧中心与端点和指定 3 点这两种方法来绘制圆弧轮廓。

❑ 3 点定圆弧

该方法通过依次选取的 3 个点分别作为圆弧的起点、终点和圆弧上一点来绘制圆弧。另外，也可以选取 2 个点和输入直径来完成圆弧的绘制。

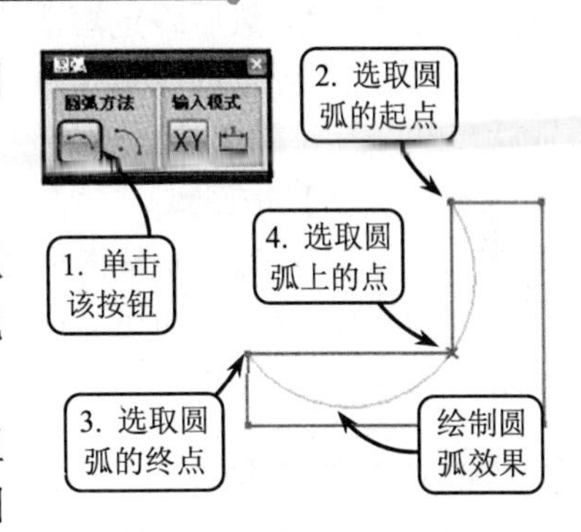

图 3-16　3 点绘制圆弧

单击【圆弧】对话框中的【三点定圆弧】按钮，依次选取起点、终点和圆弧上一点即可完成圆弧的绘制，效果如图 3-16 所示。

❑ 指定中心和端点定圆弧

该方法通过将依次选取的 2 个点分别作为圆弧的圆心和端点，并输入扫掠角度来绘制圆弧。另外还可以通过在文本框输入半径数值确定圆弧的大小。

单击【中心和端点定圆弧】按钮，依次指定圆心、端点和扫掠角度即可完成圆弧的绘制，效果如图 3-17 所示。

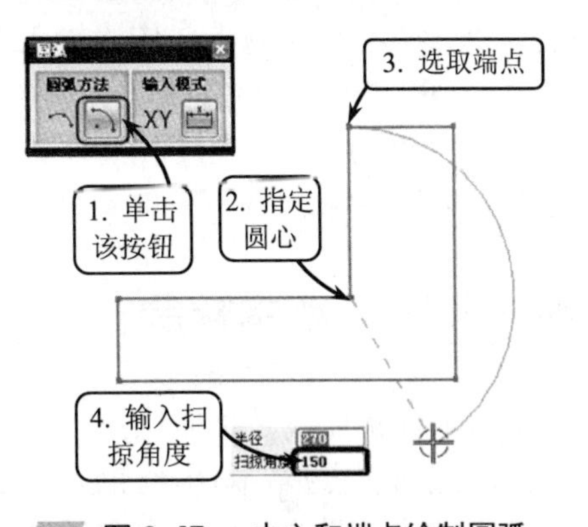

图 3-17　中心和端点绘制圆弧

3.2.4 矩形

在绘制草图过程中，矩形可以用来作为特征创建的辅助平面，也可以直接作为特征生成的草绘截面。利用该工具既可以绘制与草图方向垂直的矩形，也可以绘制与草图方向成一定角度的矩形。

单击【草绘工具栏】中的【矩形】按钮将打开【矩形】对话框。该对话框提供了以下 3 种绘制矩形的方法。

1. 利用两点绘制矩形

该方法通过选取一点作为矩形的一点，另一点作为矩形的对角点或指定第一点后在文本框中输入宽度和高度数值的方法来绘制矩形。此方式创建的矩形只能和草图的方向垂直。

单击【用两点】按钮，在绘图区任意选取一点作为矩形的一个角点，输入宽度和高度数值确定矩形的另一对角点来绘制矩形，效果如图 3-18 所示。

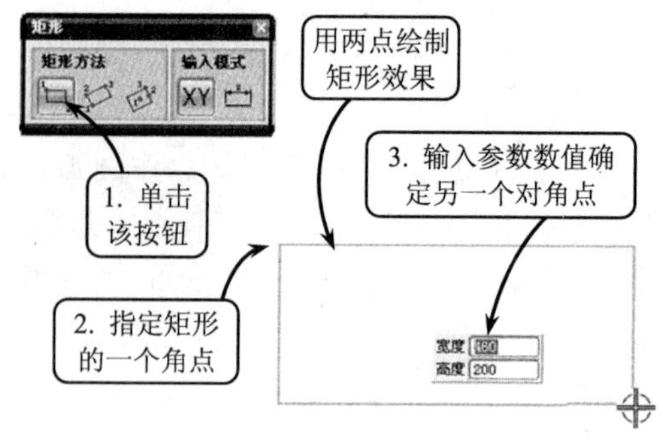

图 3-18 利用两点绘制矩形

2. 利用 3 点绘制矩形

该方法与两点绘制矩形方法的区别是：该工具可以绘制与草图的水平方向成一定倾斜角度的矩形。其具体创建方法是先指定矩形的一个端点、倾斜角度，然后确定矩形的高度和宽度进行矩形的绘制；也可以指定矩形的一个端点、高度和宽度后，确定该矩形的倾斜角度。

单击【按三点】按钮，并在绘图区指定矩形的一个端点。然后分别输入所要创建矩形的宽度、高度和角度数值即可完成矩形的绘制，如图 3-19 所示。

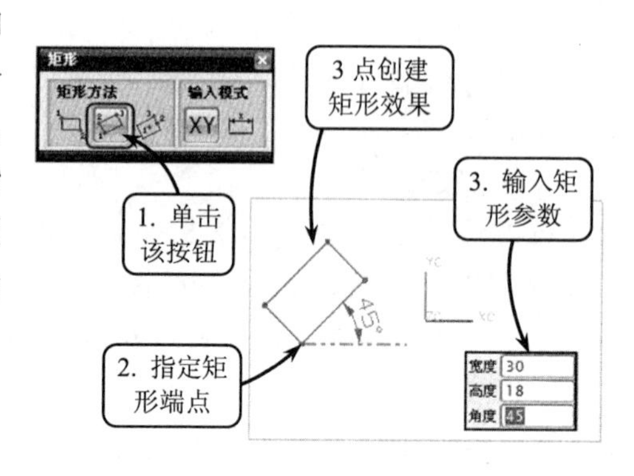

图 3-19 利用 3 点绘制矩形

3. 从中心绘制矩形

该方法通过选取一个点为矩形的中心点，然后以该中心点为基点，依次输入矩形的宽度、角度和高度来绘制矩形。如图 3-20 所示就是选取正方体侧面的中心点为矩形的中心点，然后输入宽度、角度和高度数值完成的矩形的绘制。

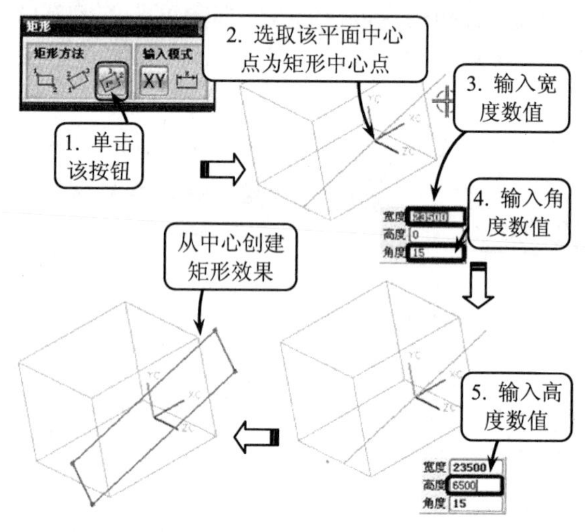

图 3-20 从中心绘制矩形

3.2.5 艺术样条

艺术样条曲线是指通过拖放定点和极点，并在定点指定斜率约束来绘制的关联或者非关联的曲线。在实际设计过程中，艺术样条多用于数字化绘图或动画设计。相比较一般样条曲线而言，它由更多的定义点生成，并且可以指定相应定义点的斜率，还可以进行拖动样条定义点或者极点的操作。

单击【艺术样条】按钮将打开【艺术样条】对话框，如图 3-21 所示。在该对话框中包含了以下两种绘制艺术样条曲线的方式。

1. 通过点

该方式用交互式和动态反馈的方法，由定义点建立相关或非相关的样条。整个建立过程和参数设置都是在同一对话框中进行的。该方式主要用于建立通过指定点，并可自由控制其形状的任意曲线。与样条中的【通过点】的方式相比，该方式建立曲线更容易，且在建立过程中可以自由地控制样条的形状。

单击【通过点】按钮，然后在对话框中设置样条曲线有关参数后，直接在绘图区指定点并单击【确定】按钮即可，效果如图 3-22 所示。

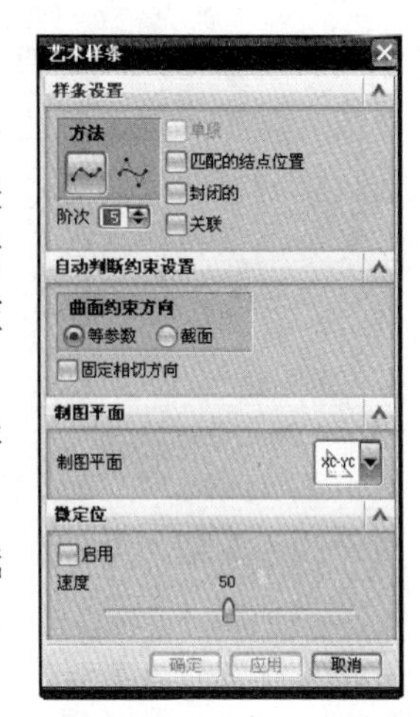

图 3-21 【艺术样条】对话框

2. 根据极点

该方式用交互式和动态反馈的方法，由极点建立相关或非相关的样条曲线。利用该方式生成的样条曲线的原理与绘制一般样条曲线中【通过极点】的方式相类似。不同之处在于：利用该方式绘制样条曲线时，只是在曲线定义的同时在绘图区中动态显示不确定的样条曲线，同时还可以交互地改变定义点处的斜率、曲率等参数。

由于利用该方式绘制样条曲线与通过点方式的操作步骤类似，这里不再详细介绍操作过程，其绘制艺术样条曲线的效果如图 3-23 所示。

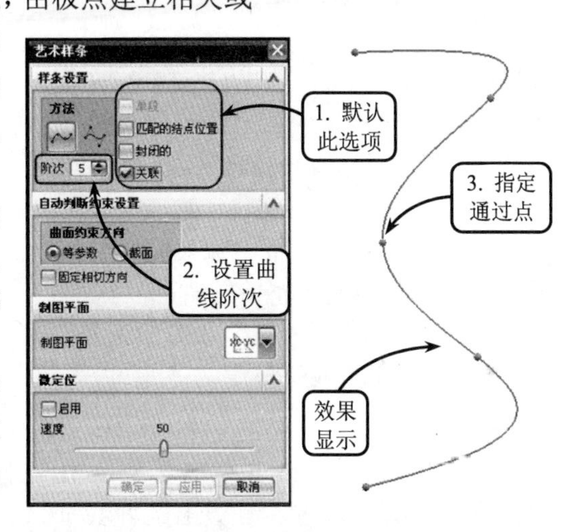

图 3-22 利用【通过点】方式绘制艺术样条曲线

3.2.6 派生的线条

使用派生直线工具可以根据现有的参考直线在两条平行直线中间绘制一条与两条直线平行的直线，或者在两条不平行直线之间绘制一条角平分线，并且还可以对某一条直线进行偏置操作。

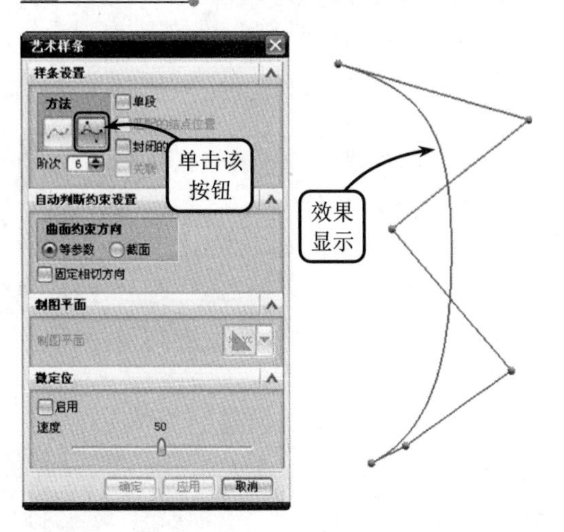

图 3-23 利用【通过极点】方式绘制样条曲线

1. 绘制平行直线之间的直线

该方式可以绘制两条平行直线中间的直线，并且该直线与这两条平行直线均平行。在创建派生线条过程中需要通过输入长度数值来确定直线长度。

单击【派生直线】按钮，并依次选取第一条直线和第二条直线。然后在文本框中输入长度数值即可完成绘制，效果如图 3-24 所示。

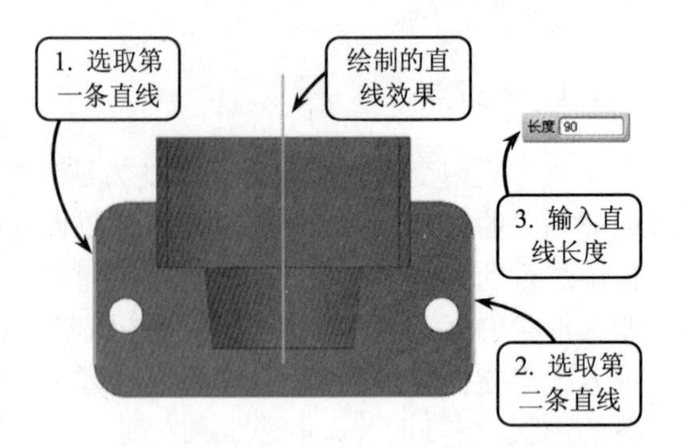

图 3-24 绘制平行直线之间的直线

2. 绘制两不平行直线的平分线

该方式可以绘制与两条不平行直线所形成角度的平分线，并通过输入长度数值确定平分线的长度。

单击【派生直线】按钮，并依次选取第一条直线和第二条直线。然后在文本框输入长度即可完成绘制，效果如图 3-25 所示。

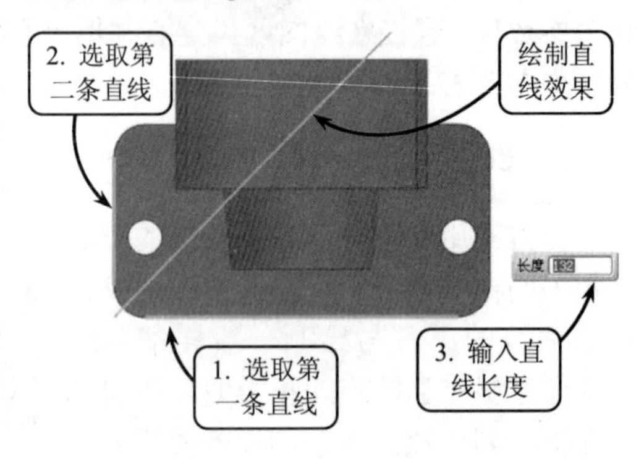

图 3-25 利用派生直线工具绘制平分直线

3. 偏置直线

该方式可以绘制现有直线的偏置直线，并通过输入偏置值来确定偏置直线与原直线的距离。产生偏置直线后，原直线依然存在。

单击【派生直线】按钮，并选取所需偏置的直线。然后在文本框中输入偏置值即可完成绘制，效果如图 3-26 所示。

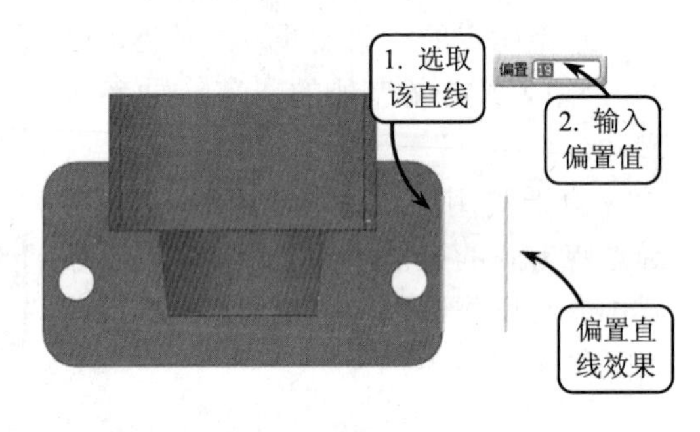

图 3-26 利用派生直线工具偏置直线

3.2.7 快速修剪

快速修剪工具用于修剪草图对象中由交点确定的最小单位的曲线。该工具可以利用单独修剪、统一修剪和边界修剪 3 种方法对草图元素进行修剪，具体介绍如下。

1. 单独修剪

该方式通过依次选取要修剪的曲线，由系统将根据被修剪曲线与其他曲线的分段关系自动完成修剪操作。

单击【快速修剪】按钮，打开【快速修剪】对话框。然后依次选取要修剪的曲线，效果如图 3-27 所示。

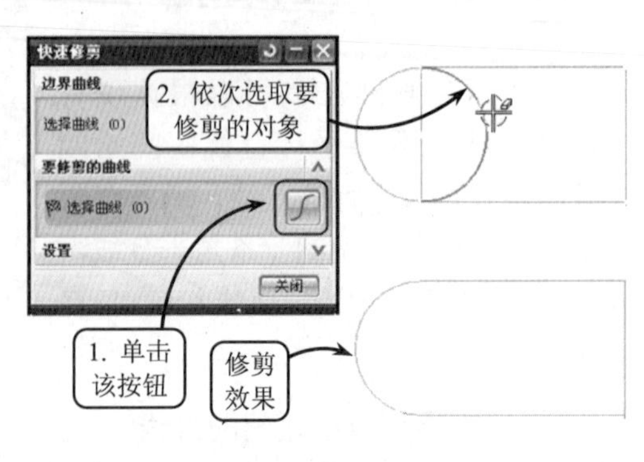

图 3-27 单独修剪方式

2. 统一修剪

统一修剪可以绘制出一条曲线链，然后将与曲线链相交的曲线部分全部修剪。利用该工具可以快速地一次修剪多条曲线。

单击【快速修剪】按钮将打开【快速修剪】对话框。然后按住鼠标左键不放，划过需要修剪的曲线，则系统将自动地将被划过的曲线修剪到最近的交点，效果如图 3-28 所示。

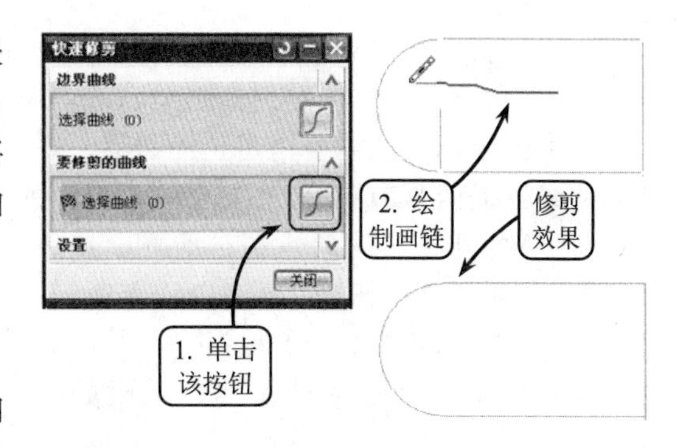

图 3-28　统一修剪方式

3. 边界修剪

边界修剪可以选取任意曲线为边界曲线，被修剪对象在边界内的部分将被修剪，而边界以外的部分不会被修剪。

单击【快速修剪】按钮将打开【快速修剪】对话框；然后依次选取边界，并单击【要修剪的曲线】按钮；接着选取需要修剪的对象即可完成操作，效果如图 3-29 所示。

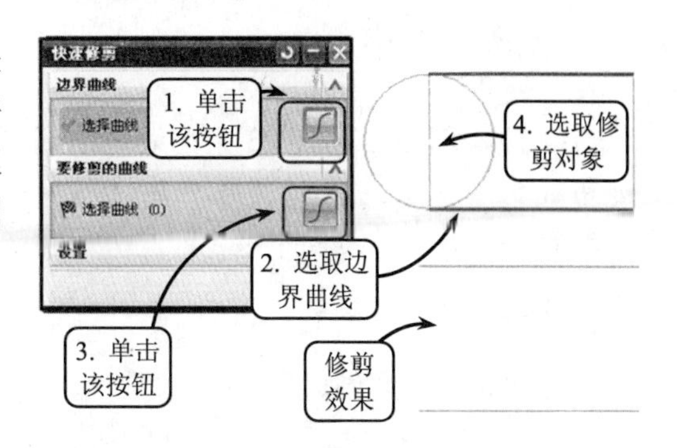

图 3-29　边界修剪方式

3.2.8　快速延伸

快速延伸工具可以将曲线延伸到它与另一条曲线的实际交点或虚拟交点处。快速延伸工具与快速修剪工具的使用方法相似，延伸方式可以分为以下 3 种。

1. 单独延伸

该方式是直接选取要延伸的曲线，此时系统将根据需要延伸的曲线与其他曲线的距离关系自动判断延伸方向，并完成延伸操作。

单击【快速延伸】按钮将打开【快速延伸】对话框。然后选取要延伸的曲线，效果如图 3-30 所示。

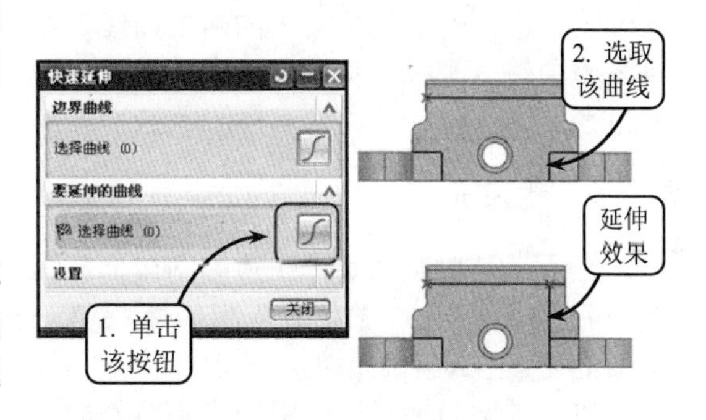

图 3-30　单独延伸方式

2. 统一延伸

该延伸方法可以通过画链的方式同时延伸多条曲线。该方式与【统一修剪】方式类似，所不同的是该方式可以一次将多条曲线同时延伸。

单击【快速延伸】按钮将打开【快速延伸】对话框，然后按住鼠标左键划过需要延伸的曲线即可完成延伸操作，效果如图 3-31 所示。

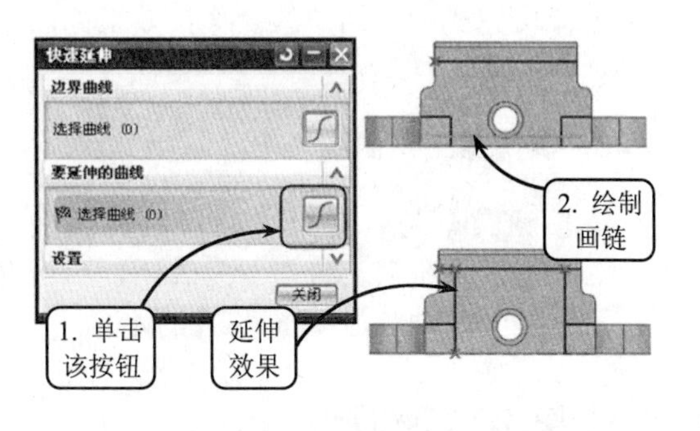

图 3-31　统一延伸方式

3. 边界延伸

使用该延伸方法需要指定延伸边界，被延伸曲线将延伸至边界处。单击【快速延伸】按钮将打开【快速延伸】对话框；然后单击【边界曲线】按钮，并选取边界曲线；接着单击【要延伸的曲线】按钮，并选取需要延伸的对象即可完成操作，效果如图3-32所示。

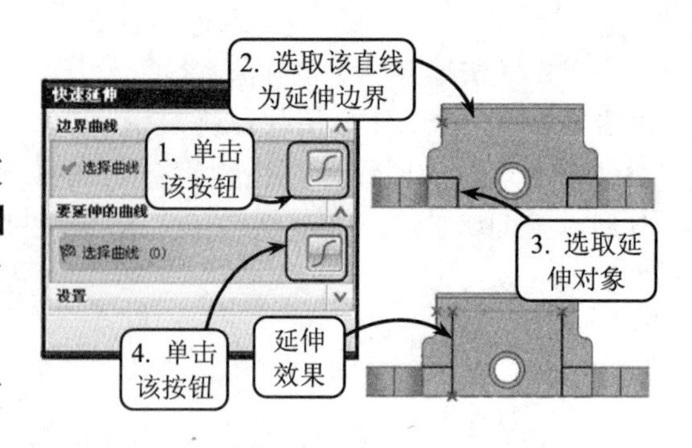

图 3-32 边界延伸方式

3.2.9 圆角

圆角工具可以在2条或3条曲线之间创建圆角。利用该工具进行倒圆角包括精确法、粗略法和删除第三条曲线3种方法。

1. 精确法

该方法可以在绘制圆角时精确的指定圆角的半径。单击【圆角】按钮将打开【圆角】对话框，然后单击该对话框中的【修剪】按钮，依次选取要倒圆角的两条曲线，在文本框中输入半径并按 Enter 键，效果如图3-33所示。

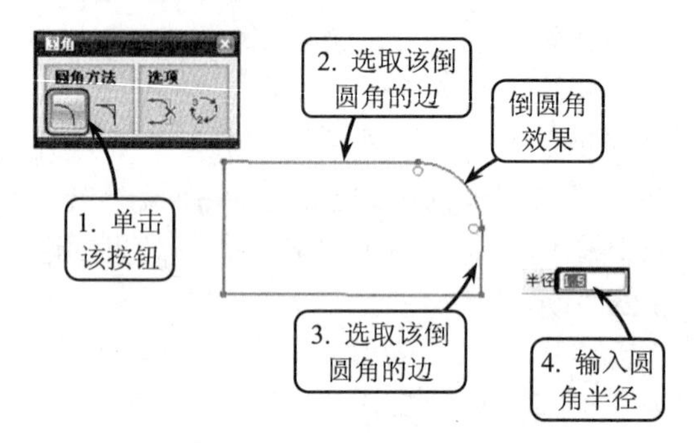

图 3-33 精确法绘制圆角

2. 粗略法

该方法可以利用画链快速倒圆角，但圆角半径的大小由系统根据所画的链与第一元素的交点自动判断。

单击【圆角】对话框中的【修剪】按钮，然后按住鼠标左键从需要倒圆角的曲线上划过即可完成创建圆角的操作，效果如图3-34所示。

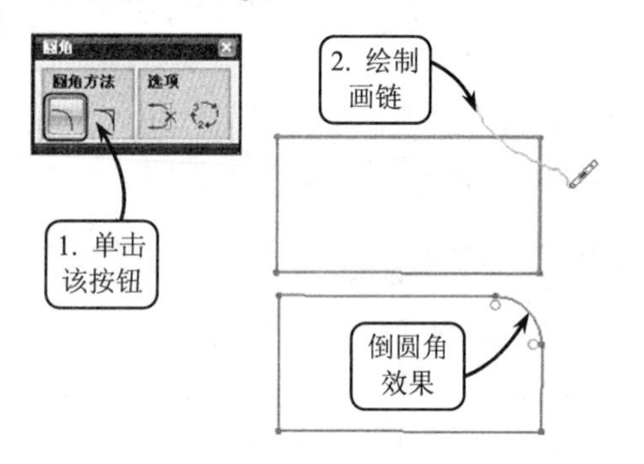

图 3-34 粗略法绘制圆角

3. 删除第三条曲线

该按钮具有是否启用"删除第三条曲线"的功能，系统默认状态下为关闭，单击该按钮则打开此功能，如图3-35所示。

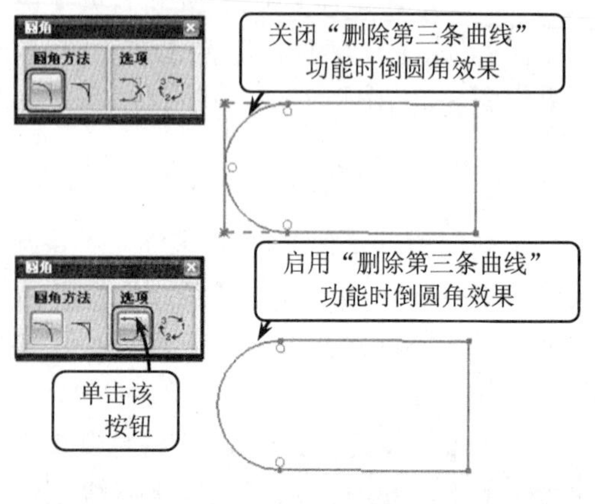

图 3-35 删除和未删除对比效果

3.2.10 椭圆

椭圆是指与两定点的距离之和为一指

定值的点的集合。在 UG NX 中，椭圆是机械设计过程中最常用的曲线对象之一，与其他的曲线不同之处就在于该类曲线 X、Y 轴方向对应的圆弧直径有差异，如果直径完全相同则形成规则的圆轮廓，因此可以说圆是椭圆的特殊形式。利用椭圆工具可以绘制椭圆和椭圆弧两种曲线，并且还可以将椭圆或椭圆弧旋转。

1. 绘制椭圆

该方式是利用椭圆工具，通过在绘图区指定一点作为椭圆的中心点，并设置椭圆的大半径(即椭圆长半轴）和小半径（即椭圆短半轴）的参数绘制椭圆的。

单击【椭圆】按钮将打开【椭圆】对话框；然后指定椭圆中心位置，并在【椭圆】对话框中输入相关参数；接着启用【限制】面板中的【封闭的】复选框，则创建的为封闭完整的椭圆，效果如图 3-36 所示。

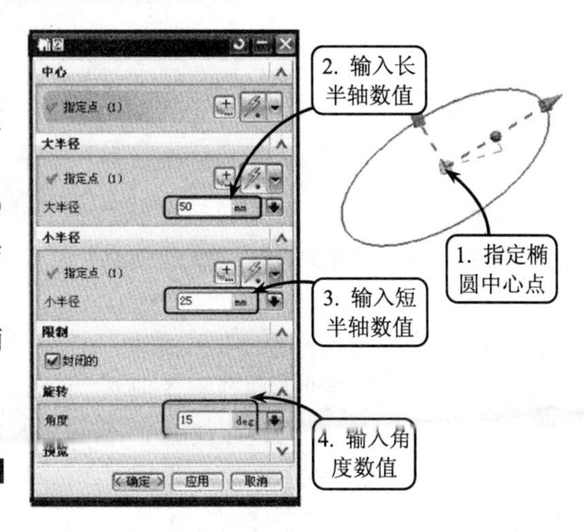

图 3-36 绘制椭圆

2. 绘制椭圆弧

椭圆上任意两点间的部分称为椭圆弧，因此，可以说椭圆弧是椭圆的一部分。利用椭圆工具设置起始角度与终止角度即可绘制椭圆弧。

单击【椭圆】按钮将打开【椭圆】对话框；然后指定椭圆中心位置，并在【椭圆】对话框中输入相关参数；接着禁用【封闭的】单选框，输入椭圆弧的起始角度，即可绘制需要的椭圆弧，效果如图 3-37 所示。

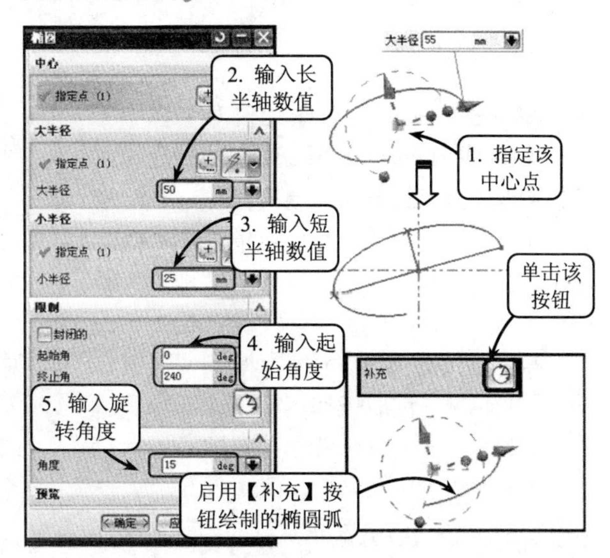

图 3-37 绘制椭圆弧

3.3 曲线操作

在曲线的创建过程中，由于大部分的曲线属于非参数性曲线类型，在空间中具有很大的随意性和不确定性，所以通常曲线创建完成后并不能满足用户的要求，往往需要借助各种曲线操作工具来不断调整。曲线操作就是对已经存在的曲线进行几何运算处理，例如投影曲线、偏置曲线和对曲线进行镜像等操作，来满足设计要求。

1. 投影曲线到草图平面

利用投影曲线工具可以将二维曲线、实体或片体的边沿着某一个方向投影到已有的曲面、平面或参考平面上。

单击【投影曲线】按钮将打开【投影曲线】对话框；然后选取要投影的曲线；接着选取要投影的对象，并指定投影方向；最后单击【确定】按钮，即可将曲线对象投影到草图中并成为草图对象，效果如图 3-38 所示。

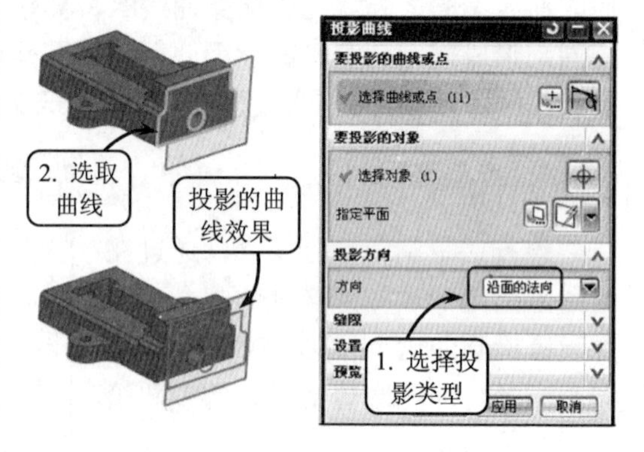

图 3-38 投影曲线效果

2. 偏置曲线

偏置曲线是指对草图平面内的曲线或曲线链进行偏置，并对偏置生成的曲线与原曲线进行约束。创建的偏置曲线与原曲线具有关联性，即当对原草图曲线进行修改变化时，所偏置的曲线也将发生相应的变化。

单击【偏置曲线】按钮将打开【偏置曲线】对话框；然后在绘图区选取要偏置的曲线或曲线链，并在【偏置】面板中设置距离、副本数等参数；接着单击【确定】按钮即可完成偏置操作，效果如图 3-39 所示。

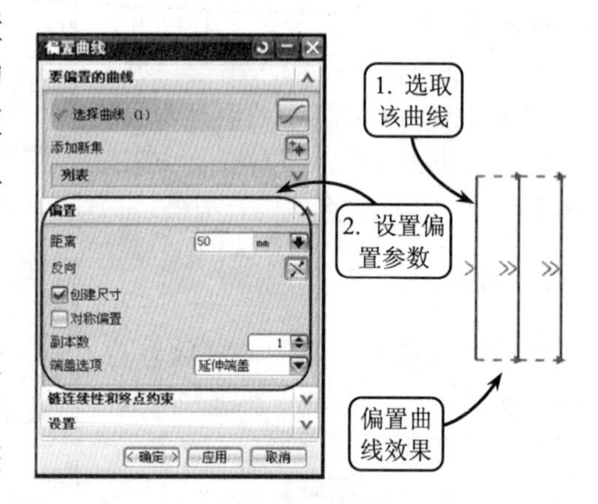

图 3-39 偏置曲线效果

3. 镜像曲线

镜像曲线是指将草图几何对象以指定的一条直线为对称中心线镜像复制成新的草图对象。镜像的对象与原对象形成一个整体，并且保持关联性。当所绘的草图对象为对称图形时，使用该工具可以极大地提高绘图效率。

单击【镜像曲线】按钮将打开【镜像曲线】对话框；然后依次选取镜像对象和镜像中心线，并单击【应用】按钮即可完成镜像操作，效果如图 3-40 所示。

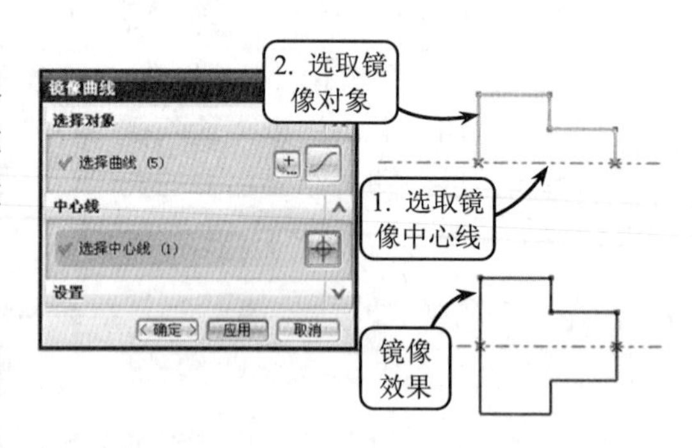

图 3-40 镜像曲线效果

3.4 草图约束

完成草图绘制后，为了对草图的形状和大小进行精确地控制，并方便用户修改，需要对草图进行相应的约束管理。草图约束就是设置约束方式，确定草绘曲线在工作平面的位置。利用草图约束工具可以对草图元素进行基本尺寸或几何形状的精确设置，显示/不显示草图中的几何约束，显示/移除几何约束，以及转换至/自参考对象等操作。

1. 尺寸约束

草图的尺寸约束用于控制一个草图对象的尺寸或两个对象间的关系，相当于对草图进行尺寸标注。与尺寸标注不同之处在于尺寸约束可以驱动草图对象的尺寸，即根据给定尺寸驱动、限制和约束草图对象的形状和大小。

单击【草图约束】工具栏的任何一种约束类型按钮都可以打开【尺寸】对话框。在该对话框中单击【草图尺寸对话框】按钮即可打开如图 3-41 所示的【尺寸】对话框。

该对话框主要包括约束类型选择区和尺寸表达式设置区。在约束类型区选择约束类型，对几何体进行相应的约束设置；而在尺寸表达式设置区则可以修改尺寸标注线和尺寸值。

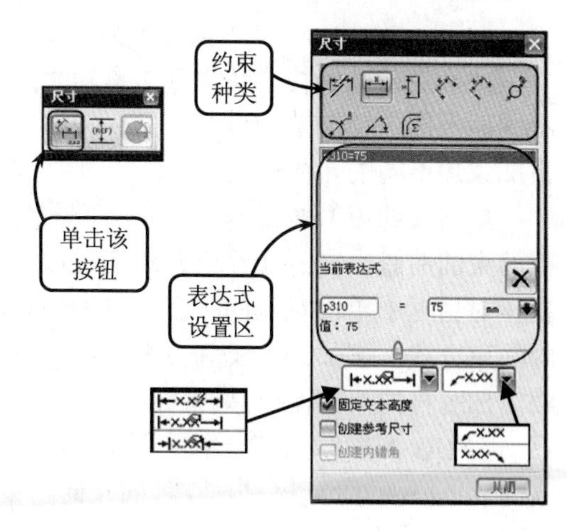

图 3-41 【尺寸】对话框

1）约束类型

在【尺寸】对话框中提供了 9 种约束类型。当需要对草图对象进行尺寸约束时，直接单击所需尺寸类型按钮即可进行相应的尺寸约束操作。对话框中的各种约束类型及作用具体介绍如表 3-1 所示。

表 3-1 尺寸约束类型和作用

约束类型	约束的作用
自动判断	根据鼠标指针的位置自动判断约束类型
水平	约束 XC 方向数值
竖直	约束 YC 方向数值
平行	约束两点之间的距离
垂直	约束点与直线之间的距离
直径	约束圆或圆弧的直径
半径	约束圆或圆弧的半径
成角度	约束两条直线的夹角度数
周长	约束草图曲线元素的周长

2）尺寸表达式设置区

该区的列表框中列出了当前草图约束的表达式。利用列表框下的文本框或滑块可以对尺寸表达式中的参数进行设置。另外还可以单击按钮将列表框表达式和草图中的约束删除。

3）尺寸表达式引出线和放置位置

该选项组用于设置尺寸标注的放置方法和引出线的放置位置。其中尺寸的标注包括自动放置、手动放置且箭头在内、手动放置且箭头在外 3 种放置方法。指引线位置包括从左侧引来和从右侧引来两种。另外还可以通过启用文本框下的复选框，以执行相应操作。

2. 几何约束

几何约束用于定义草图对象的几何特性（如直线的长度）和草图对象之间的相互关

系（如两条直线垂直或平行，或者几个圆弧有相同的半径等）。各种草图元素之间，通过几何约束得到需要的定位效果，可以说几何约束是绘制所需的草图截面并进行参数化建模所必不可少的工具。在 UG NX 7 草绘环境中包括以下几何约束方式。

1）手动约束

此类型的几何约束随所选取草图元素的不同而不同。绘制草图过程中可以根据具体情况添加不同的几何约束类型。

单击【约束】按钮，分别拾取需要创建约束的曲线，打开【约束】对话框；然后在该对话框中单击对应的按钮即可添加相应的约束方式。例如单击【垂直】按钮即可完成添加垂直约束的操作，效果如图 3-42 所示。

图 3-42　垂直约束效果

在 UG NX 草图环境中，根据各草图元素间的不同关系可以分为 20 种的几何约束，各种几何约束的含义如表 3-2 所示。

表 3-2　草图几何约束的种类和含义

约 束 类 型	约 束 含 义
固定	将草图对象固定到当前所在的位置。一般在几何约束的开始需要利用该约束固定一个元素作为整个草图的参考点
完全固定	添加该约束后，所选取的草图对象将不再需要任何约束
重合	定义两个或两个以上的点互相重合，这里的点可以是草图中的点对象，也可以是其他草图对象的关键点（端点、控制点、圆心等）
同心	定义两个或两个以上的圆弧或椭圆弧的圆心相互重合
共线	定义两条或多条直线共线
中点	定义点在直线或圆弧的中点上
水平	定义直线为水平直线，即与草图坐标系 XC 轴平行
竖直	定义直线为竖直直线，即与草图坐标系 YC 轴平行
平行	定义两条曲线相互平行
垂直	定义两条曲线相互垂直
相切	定义两个草图元素相切
等长	定义两条或多条曲线等长
等半径	定义两个或两个以上的圆弧或圆半径相等
恒定长度	定义选取的曲线元素的长度是固定的
恒定角度	定义一条或多条直线与坐标系的角度是固定的
曲线的斜率	定义样条曲线过一点与一条曲线相切
均匀比例	定义样条曲线的两个端点在移动时保持样条曲线的形状不变
非均匀比例	定义样条曲线的两个端点在移动时样条曲线形状改变
点在曲线上	定义选取的点在某条曲线上，该点可以是草图的点对象或其他草图元素的关键点（如端点、圆心）
镜像	定义对象间彼此成镜像关系，该约束由镜像工具产生

2）自动约束

使用自动约束功能，系统会首先分析当前草图中的图形，然后在可以添加约束的地方自动添加相应的约束。该方式可以同时设置多个约束，主要用于所需添加约束较多并且已经确定位置关系的草图元素。

单击【自动约束】按钮将打开【自动约束】对话框；然后选取要约束的草图对象，并在【要应用的约束】面板中启用所需约束的复选框；接着在【设置】面板中设置公差参数，并单击【确定】按钮完成自动约束的操作，效果如图 3-43 所示。

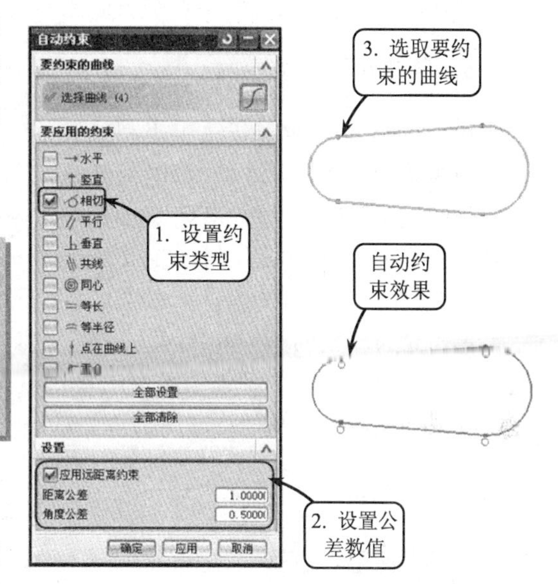

图 3-43 【自动约束】对话框

提 示

在草图元素之间添加几何约束后可能导致草图对象的移动。移动的规则是：如果所约束对象之前没有约束，则以先创建的草图对象为基准；如果所约束的对象已存在其他约束，则以先添加的约束对象为约束基准。

3. 显示所有约束

在通常情况下，有一些对曲线添加的约束是不显示的（如“固定约束”等），即从曲线上无法看出是否有添加约束，很容易出现重复添加约束的情况。使用该工具的作用就是显示所有草图对象的约束类型，以便对约束的正误进行判断。

单击【显示所有约束】按钮，该草图对象中的所有约束类型便会显示，效果如图 3-44 所示。

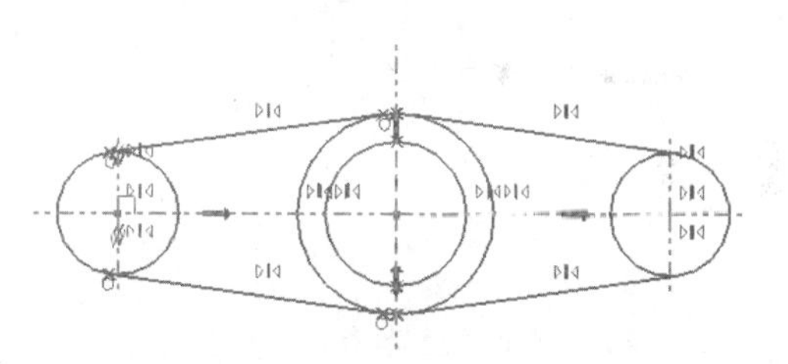

图 3-44 显示草图中的所有约束

4. 显示/移除约束

利用该对话框可以查看草图对象所应用几何约束的类型和约束的信息，也可以对不必要的几何约束进行删除。

单击【显示/移除约束】按钮将打开【显示/移除约束】对话框。在该对话框的【约束列表】选项组中可以利用 3 个单选按钮根据对象类型显示约束。通过【约束类型】下拉列表选择具体的显示约束类型。在【显示约束】列表框中显示了所有符合要求的约束，从中选择一个约束后，单击【移除高亮显示的】按钮即可删除指定的约束。单击【移除所列的】按钮可删除列表中所有的约束。如图 3-45 所示，即为移除直线与矩形垂直约束的效果。

5. 转换至/自参考约束

利用该工具可以将草图中的曲线或尺寸转化为参考对象，或者将参考对象再次激活。该工具经常用来将直线转化为参考的中心线。

单击【转换至/自参考对象】按钮将打开【转换至/自参考对象】对话框；然后选取绘图区要转化的对象即可完成参考对象的转换，效果如图 3-46 所示。

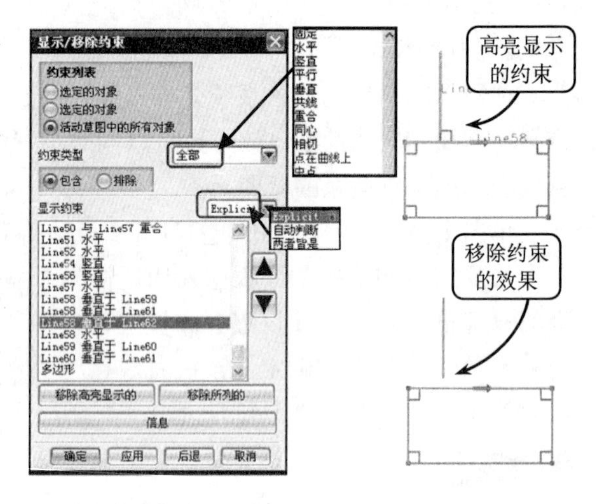

图 3-45 删除选定的约束

6. 自动判断约束

用户通过对自动判断约束类型的设置可以控制哪些约束在构造草图曲线过程中被自动判断并添加，从而减少在绘制草图后添加约束的工作量，提高绘图效率。

单击【自动判断约束和尺寸】按钮将打开【自动判断约束和尺寸】对话框。通过启用和禁用该对话框中各约束类型的复选框即可控制绘制草图过程中自动创建约束的类型，效果如图 3-47 所示。

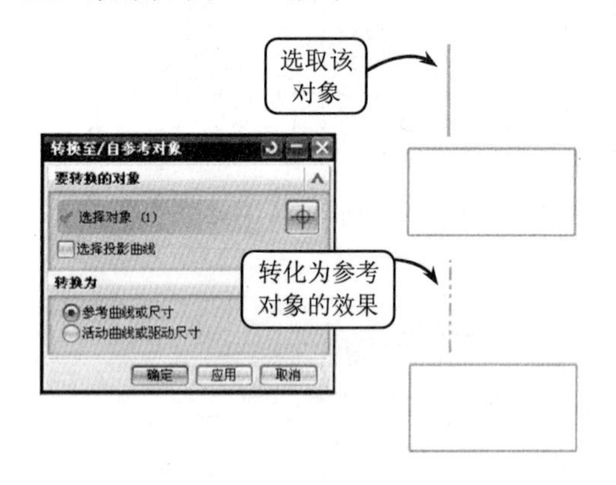

图 3-46 【转换至/自参考对象】对话框

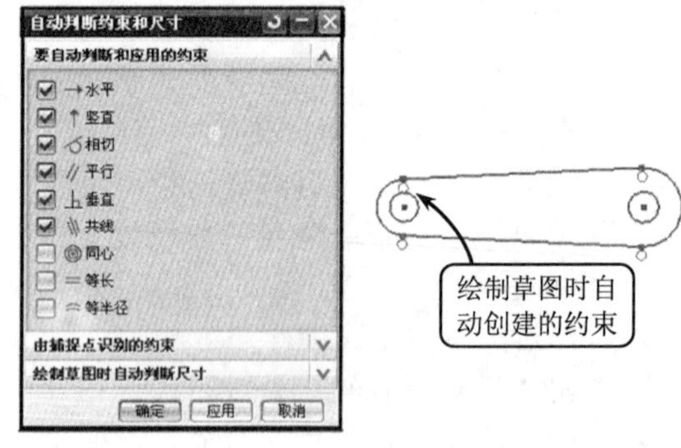

图 3-47 自动判断的约束效果

提 示

在对【自动判断约束和尺寸】对话框设置完成后，还需要启用【草图约束】工具栏中的【创建自动判断约束】按钮才能在绘制草图过程中自动创建所需约束。

3.5 典型案例 3-1：绘制安全阀

本例绘制安全阀零件，效果如图 3-48 所示。安全阀又称溢流阀，在系统中起安全保护作用，被称为压力容器的最终保护装置。阀体零件在机械设备中应用广泛。该安全阀主要由阀座、阀瓣（阀芯）和加载结构三部分组成。该安全阀图形主要由正方形、圆和正多边形组成。

由于该安全阀平面图形状规则，因此在绘制该零件图时可以采用从外向里的绘图方法。首先利用直线工具绘制中心线；然后利用圆工具绘制定位圆；接着利用多边形、圆和快速修剪工具绘制其内部结构，注意要多次利用快速修剪工具修剪图形；最后利用直线工具绘制阀体上部结构即可完成安全阀的绘制。

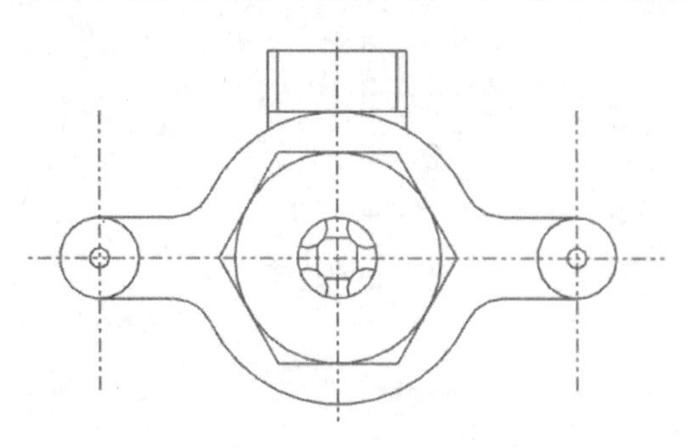

图 3-48　安全阀平面效果

操作步骤

1 新建一个名称为“AnQuanfa.prt”的文件。然后单击【草图】按钮，打开【草图】对话框。此时选取XC-YC平面为草图平面，进入草绘环境后，单击【直线】按钮，按照如图3-49所示绘制辅助中心线。

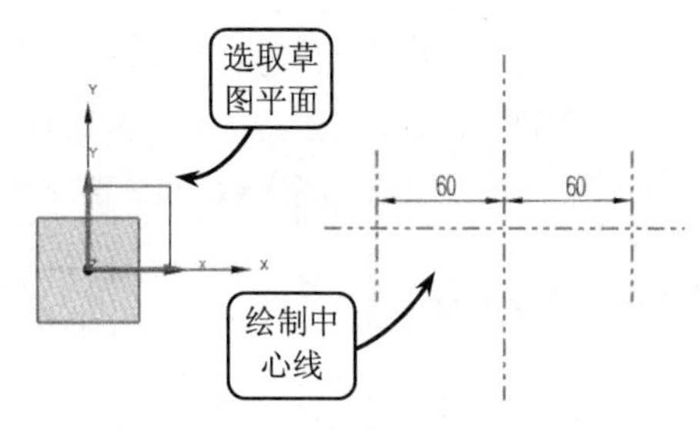

图 3-49　绘制中心线

2 单击【圆】按钮，选取如图3-50所示中心线的交点为圆心，分别绘制为Φ20、Φ52和Φ70的3个圆。

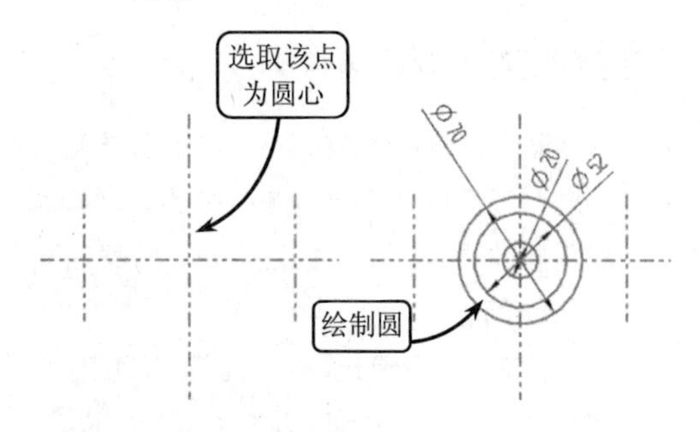

图 3-50　绘制圆

3 利用圆工具选取如图3-51所示中心线的交点为圆心，分别绘制为Φ5和Φ20的两个圆。继续利用圆工具在另一侧绘制相同尺寸的两个圆。

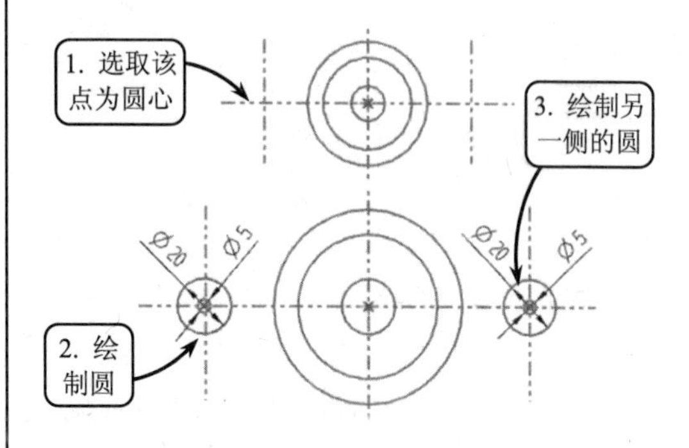

图 3-51　绘制圆

4 利用直线工具选取左侧Φ20的圆与竖直中心线的交点为起点，向右侧Φ20的圆绘制一条切线。然后利用相同的方法绘制另一条切线，效果如图3-52所示。

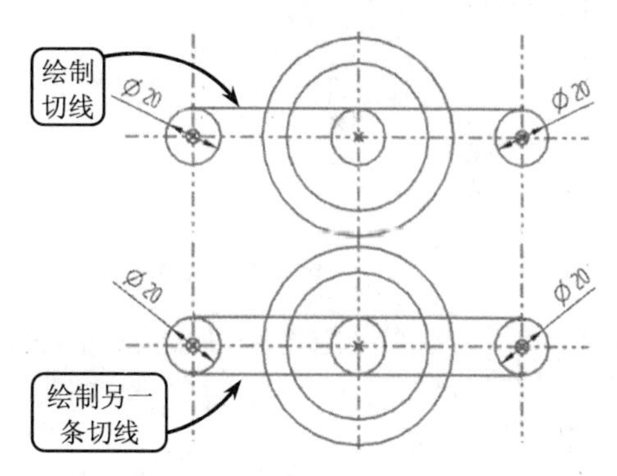

图 3-52　绘制切线

5 单击【快速修剪】按钮，选取Φ70的圆为边界曲线，并选取上一步绘制的两条切线为要修剪的曲线，修剪这两条切线，效果如图3-53所示。

6 继续利用快速修剪工具选取修剪后的切线为边界曲线，并选取Φ70的圆为要修剪的曲线，修剪该圆，效果如图3-54所示。

7 单击【圆角】按钮，输入圆角半径为R10，并选取如图3-55所示的直线和曲线为倒圆角对象，绘制圆角。继续利用圆角工具绘制其他 3 个相同尺寸的圆角。

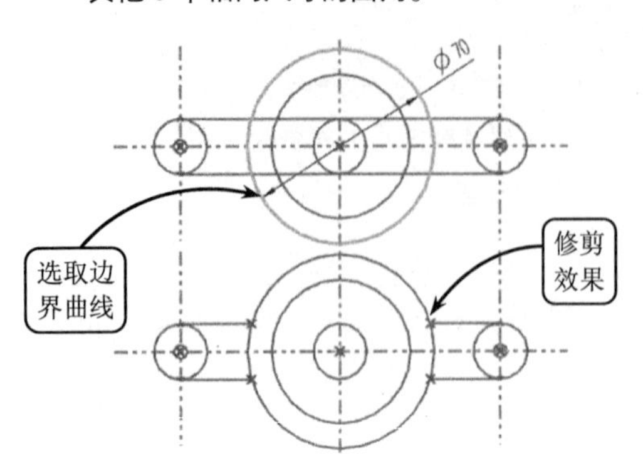

图 3-53 修剪切线

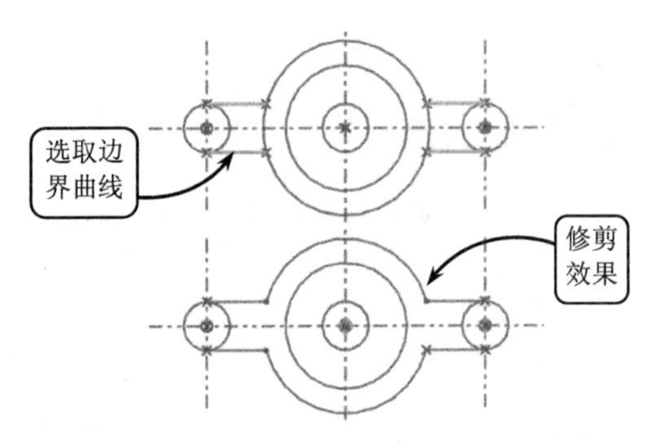

图 3-54 修剪圆

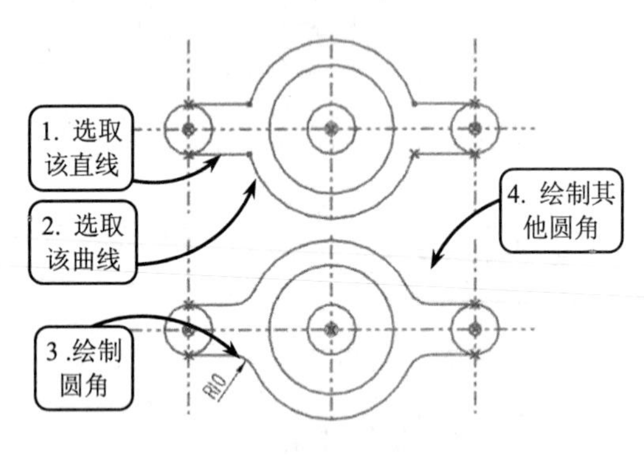

图 3-55 绘制圆角

8 单击【多边形】按钮，指定阀体中心为中心点，并设置多边形边数为 6，然后按照如图 3-56 所示设置多边形的参数，绘制正六边形。

9 利用多边形工具指定阀体中心为中心点，并设置多边形边数为 4，然后按照如图 3-57 所示设置多边形的参数，绘制正方形。

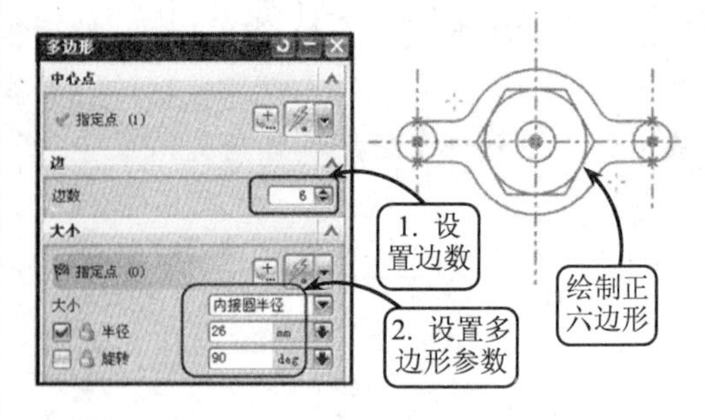

图 3-56 绘制正六边形

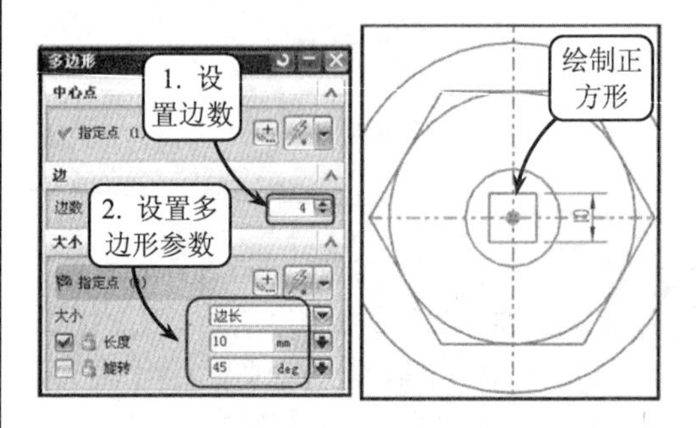

图 3-57 绘制正方形

10 继续利用多边形工具指定阀体中心为中心点，并设置多边形边数为 4，然后按照如图 3--58 所示设置多边形的参数，绘制正方形。

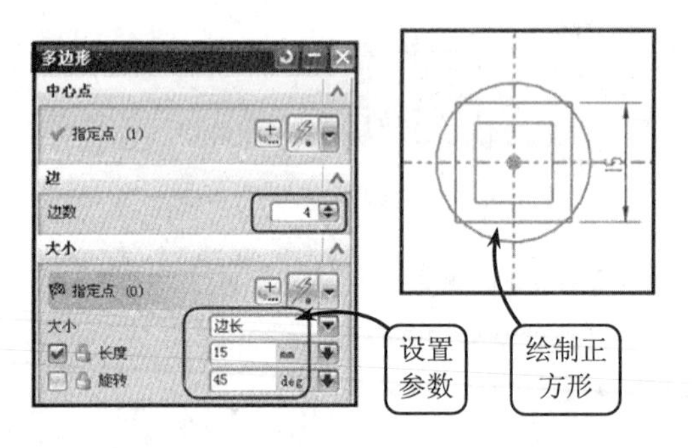

图 3-58 绘制正方形

11 利用圆工具分别选取边长为 15 的正方形 4 个端点为圆心，绘制 4 个直径均为 10 的圆。然后删除边长为 15 的正方形，效果如图 3-59 所示。

12 利用快速修剪工具选取 4 个直径均为 10 的圆为边界曲线，并选取边长为 10 的正方形为要修剪的曲线，修剪该正方形，效果如图 3-60 所示。

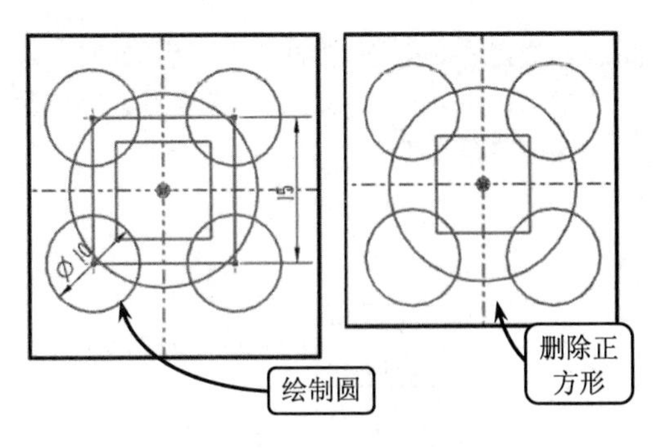

图 3-59 绘制圆并删除正方形

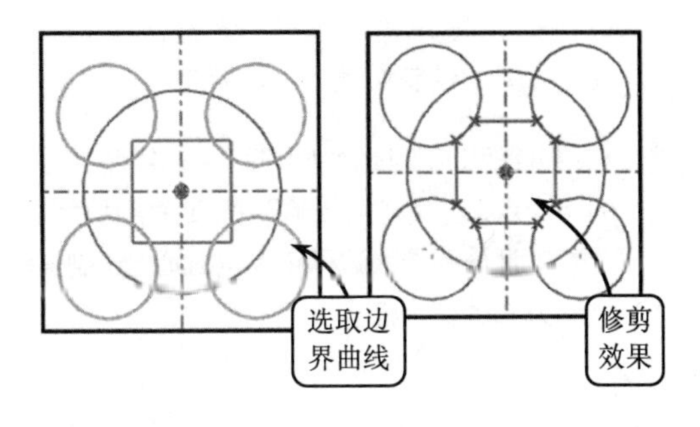

图 3-60 修剪正方形

13 继续利用快速修剪工具选取直径为 20 的圆为边界曲线，并选取 4 个直径均为 10 的圆为要修剪的曲线，修剪这 4 个圆，效果如图 3-61 所示。

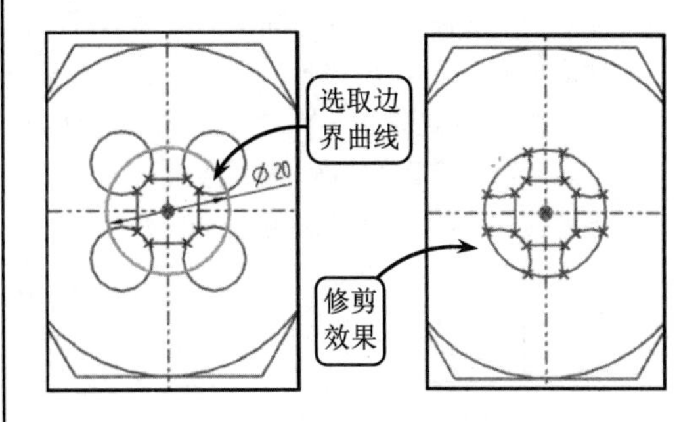

图 3-61 修剪圆

14 利用直线工具按照如图 3-62 所示的尺寸要求绘制草图，然后单击【完成草图】按钮退出草绘环境，完成该安全阀零件的绘制。

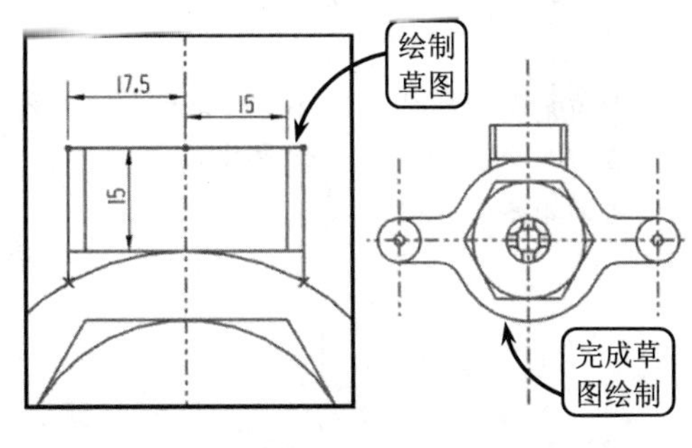

图 3-62 绘制草图

3.6 典型案例 3-2：绘制定位板草图

本例绘制定位板零件，效果如图 3-63 所示。该定位板在机械装配系统中应用广泛，主要起定位和固定的作用。其主要结构由连接板、空心圆柱体和定位槽所组成。其中，连接板上的两个空心圆柱体与轴配合，用于固定与之配合的零件；连接板上的定位槽起定位作用；连接板则起到加强各个空心圆柱体之间连接刚性的作用。

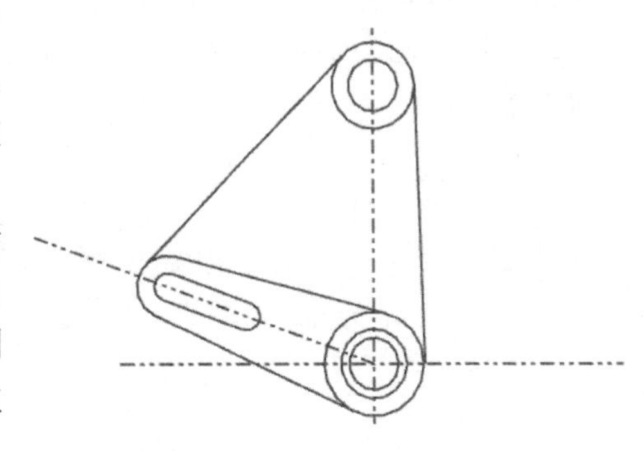

图 3-63 定位板平面效果

绘制该定位板时，首先利用直线工具绘制 3 条辅助中心线；然后利用圆、直线和点工具绘制定位圆轮廓，并利用直线工具绘制切线；接着利用直线、点和圆工具绘制定位槽轮廓，并利用快速修剪工具修剪该定位槽；最后利用直线工具绘制切线即可。

操作步骤

1 新建一个名称为“DingWeiban.prt”的文件，然后单击【草图】按钮，打开【草图】对话框。此时选取XC-YC平面为草图平面，进入草绘环境后，单击【直线】按钮，按照如图3-64所示绘制3条辅助中心线。

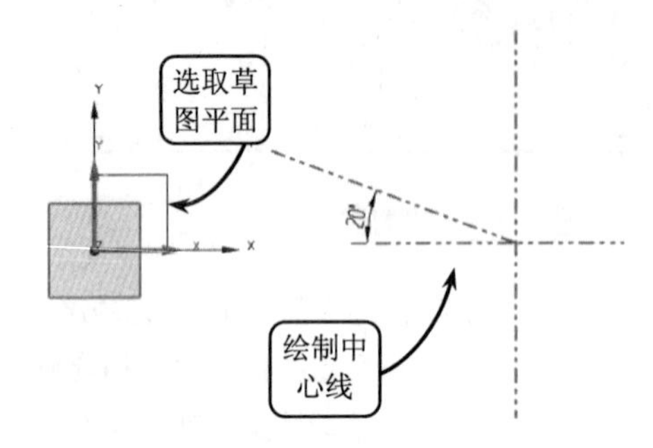

图 3-64 绘制中心线

2 单击【圆】按钮，选取中心线的交点为圆心，分别绘制Φ15、Φ20和Φ30的3个圆，效果如图3-65所示。

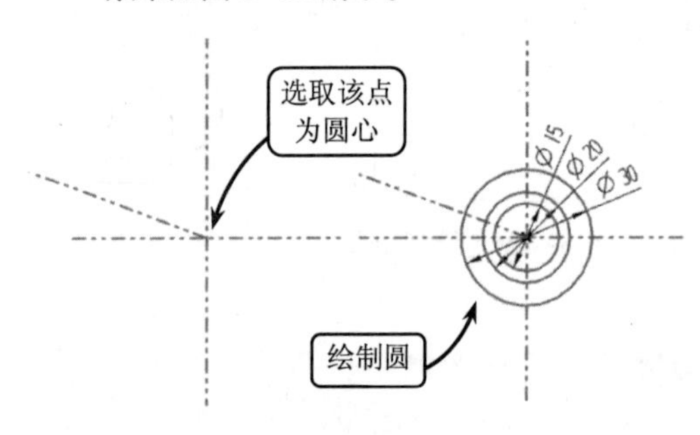

图 3-65 绘制圆

3 利用直线和点工具绘制如图3-66所示尺寸的点，并删除绘制的直线。然后利用圆工具选取该点为圆心，分别绘制Φ15和Φ25的两个圆。

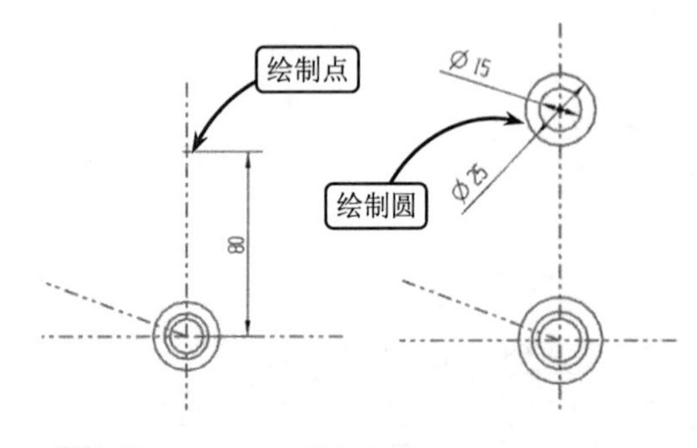

图 3-66 绘制点和圆

4 利用直线工具选取如图3-67所示的交点为起点，向Φ25的圆绘制一条直线，使该直线与该圆相切。

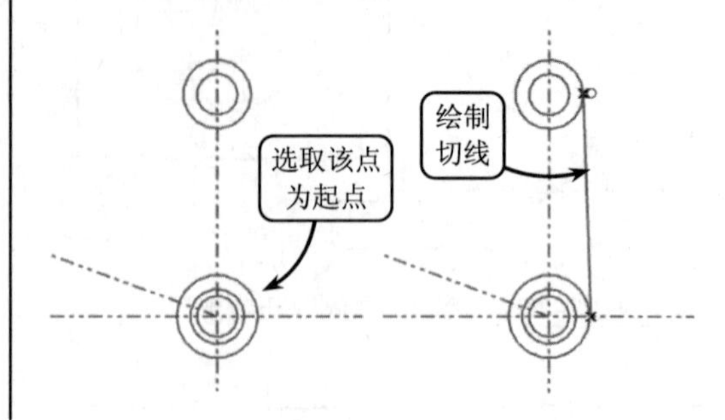

图 3-67 绘制切线

5 利用直线和点工具绘制如图3-68所示尺寸的两个点，并删除绘制的两条直线。然后利用圆工具分别选取这两个点为圆心，绘制直径均为8的两个圆。

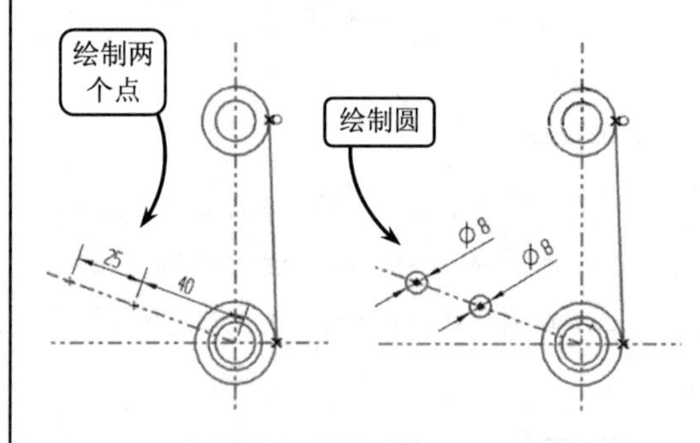

图 3-68 绘制点和圆

6 利用直线工具选取如图3-69所示Φ8圆上的一点为起点，绘制一条直线，使该直线与上一步绘制的两个圆均相切。然后利用相同的方法绘制另一条切线。

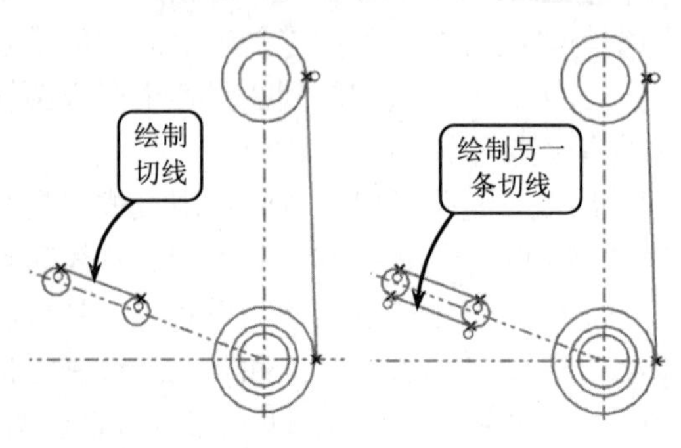

图 3-69 绘制切线

7 单击【快速修剪】按钮，选取上一步绘制的两条切线为边界曲线，并选取直径均为 8 的两个圆为要修剪的曲线，修剪圆轮廓，效果如图 3-70 所示。

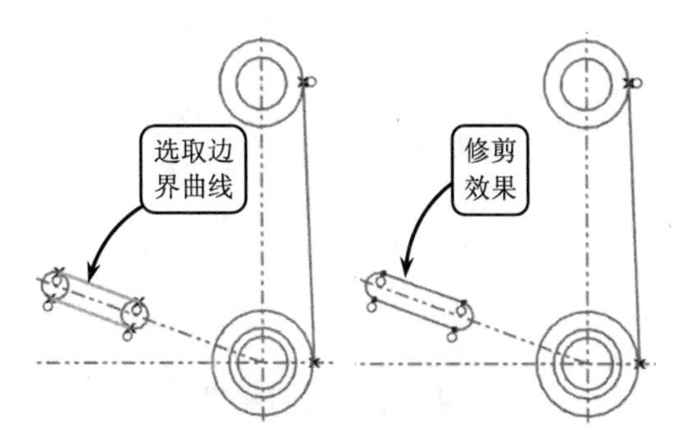

图 3-70 修剪圆

8 利用圆工具选取Φ8 圆的圆心为圆心，绘制Φ18 的圆；然后利用直线工具选取该圆上的一点为起点，绘制一条与Φ30 的圆相切的直线；接着利用相同的方法绘制另一条切线，效果如图 3-71 所示。

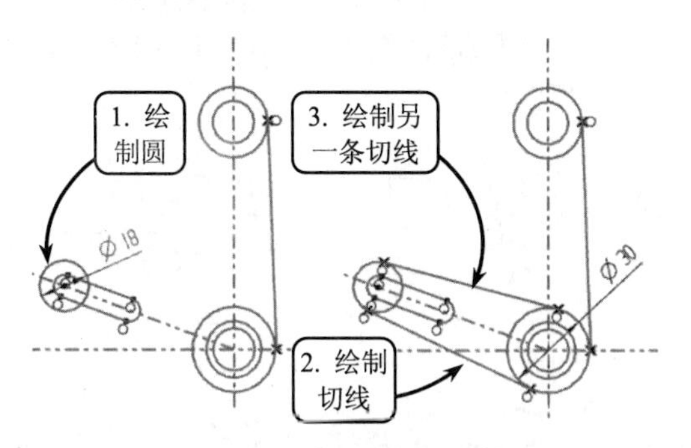

图 3-71 绘制圆和切线

9 利用快速修剪工具选取上一步绘制的两条切线为边界曲线，并选取Φ18 的圆为要修剪的曲线，修剪圆轮廓，效果如图 3-72 所示。

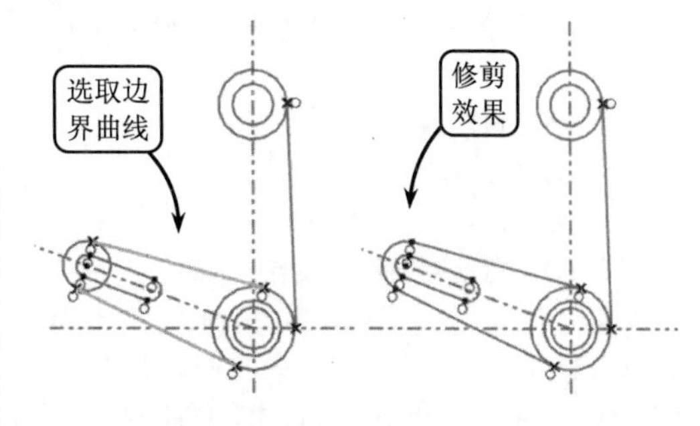

图 3-72 修剪圆

10 利用直线工具选取Φ25 圆上的一点为起点，绘制一条与上一步修剪后的圆相切的直线；然后单击【完成草图】按钮退出草绘环境，效果如图 3-73 所示。

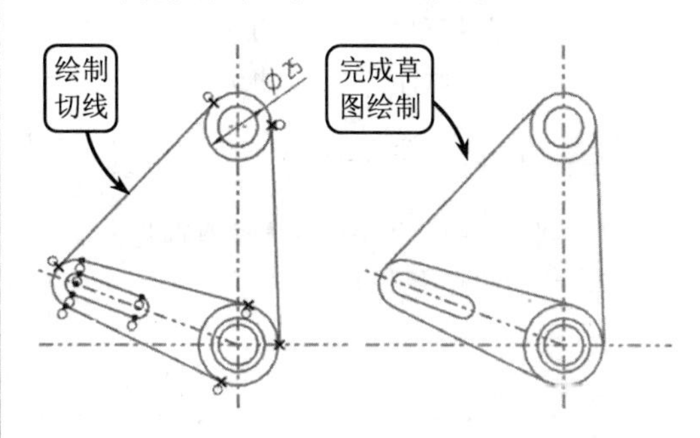

图 3-73 绘制切线

3.7 思考与练习

一、填空题

1. __________是指与实体模型相关联的二维图形，是在某个指定平面上的二维几何元素的总称。

2. 在绘制草图过程中，__________是最小的几何构造元素，也是草图几何元素中的基本元素。

3. __________是指通过拖放定点和极点，并在定点指定斜率约束来绘制关联或者非关联的曲线。

4. 完成草图绘制后，为了对草图的形状和大小进行精确地控制，并方便用户修改，需要对草图进行相应的__________。

二、选择题

1. 利用__________工具可以将二维曲线、实体或片体的边沿着某一个方向投影到已有的曲面、平面或参考平面上。

A. 镜像曲线　　B. 投影曲线

C. 偏置曲线　　D. 添加现有曲线

2. __________方式可以绘制出一条曲线链，

然后将与曲线链相交的曲线部分全部修剪。利用该工具可以快速地一次修剪多条曲线。

A. 单独修剪　　B. 统一修剪
C. 边界修剪　　D. 删除

3. __________用于控制一个草图对象的尺寸或两个对象间的关系，相当于对草图进行尺寸标注。

A. 自动约束
B. 尺寸约束
C. 显示/移除约束
D. 自动判断约束设置

4. __________可以根据现有的参考直线，在两条平行直线中间绘制一条与两条直线平行的直线，或者在两条不平行直线之间绘制一条角平分线，并且还可以对某一条直线进行偏置操作。

A. 派生直线　　B. 偏置曲线
C. 配置文件　　D. 直线

5. 使用__________方法需要指定延伸边界，且被延伸曲线将延伸至边界处。

A. 单独延伸　　B. 统一延伸
C. 边界延伸　　D. 拖动

三、问答题

1. 创建草图工作平面的方法有哪几种？
2. 绘制圆有哪几种方式？
3. 简述草图的几何约束方式。

四、上机练习

1. 绘制垫片草图

本练习是绘制垫片草图，如图 3-74 所示。在机械部件中的垫片主要起到密封、缓冲，以及绝缘的作用。该垫片由外部的圆弧轮廓和内部的 3 个圆孔组成，其中圆孔可以用于穿过轴类零件或螺栓。

在绘制该垫片草图时，可以先利用圆、圆弧、圆角等工具绘制其一侧的轮廓线，然后利用镜像工具镜像出另一侧的轮廓线，并添加所需约束即可。

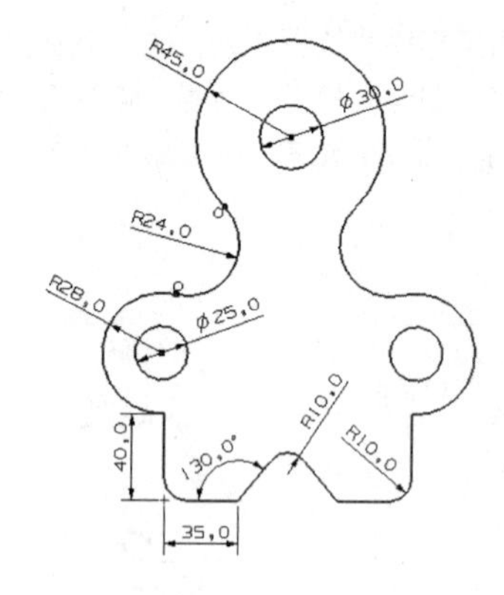

图 3-74　垫片草图

2. 绘制定位支架草图

本练习是绘制定位支架草图，效果如图 3-75 所示。该定位支架主要用于固定传送带的预热装置，它是一个管状结构，管壁上开有小孔，管两侧通过螺栓将其固定在定位支架的活口槽内，通过圆弧过渡的活口槽可以微调预热装置的前后左右位置，从而保证传送带在各个方向受热均匀，此类装置的配套使用一定程度上可以延缓传送带的使用寿命。

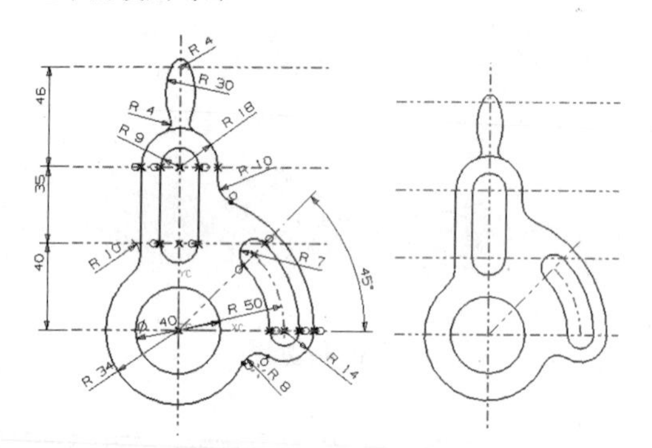

图 3-75　定位支架草图

该定位支架的正面投影轮廓为圆弧段的组合，其中内部的特征轮廓比较简单，可以直接通过圆和圆弧工具实现，而外部的圆弧段组合需要在绘制圆弧基础上，通过圆角、偏置曲线，以及相切约束等工具逐步细化每一步特征轮廓才能完成草图的创建。

第 4 章

UG 曲线建模基础

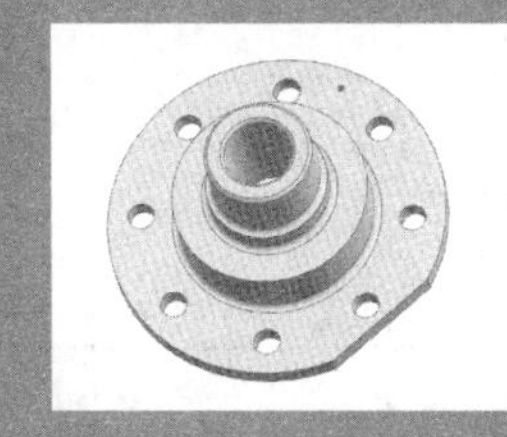
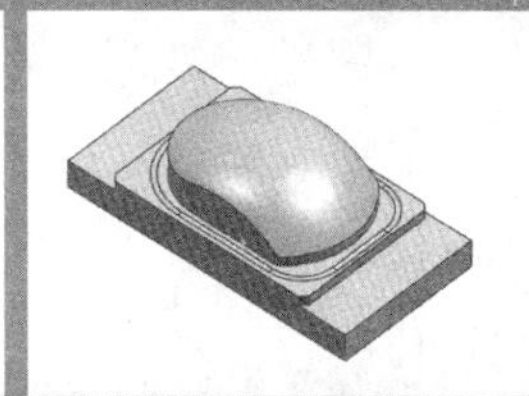
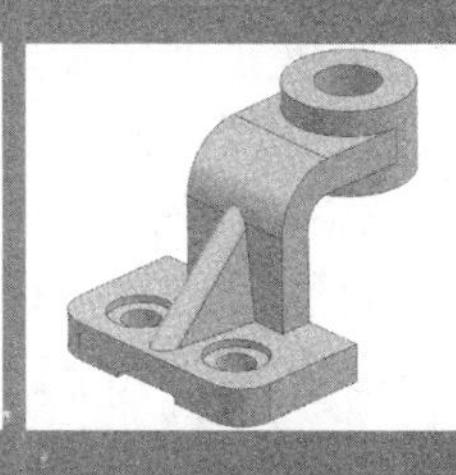
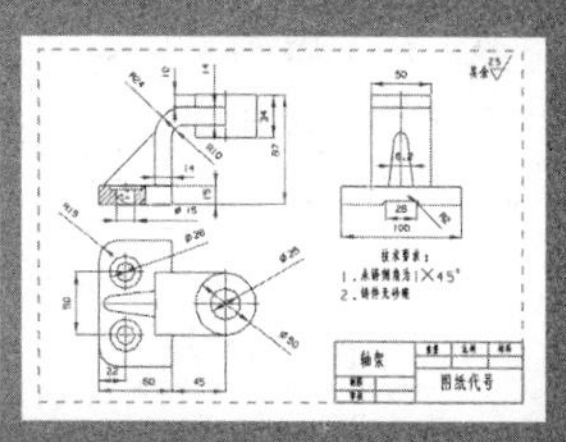

在 UG NX 中，曲线是构建模型的基础，任何三维模型的建立都要遵循从二维到三维，从线条到实体的过程，因此曲线在三维建模过程中有着不可替代的作用。在机械设计过程中，由于大多数曲线属于非参数性曲线的类型，具有较大的随意性和不确定性，所以在利用曲线构建曲面时，　次性构建出符合设计要求的曲线特征比较困难，用户还需要通过各种编辑曲线特征的工具进行相应的操作。

本章将详细介绍曲线的绘制方法，包括各类基本曲线和特殊曲线等，以及曲线的各种编辑操作方法。

本章学习要点：

- 掌握各种曲线的绘制方法
- 掌握曲线的各种编辑操作方法
- 掌握各种编辑曲线参数的方法

4.1 基本曲线

基本曲线是形状规则、简单的曲线，包括点、直线、圆和圆弧等。它作为一种基本的构造图元，是非参数化建模中最常用的工具。基本曲线不仅可以作为三维实体特征或曲面的截面，也可以作为建模特征的辅助参照来帮助准确定位或定形。

4.1.1 创建点和点集

点是最小的几何构造元素，它不仅可以按一定次序和规律来构造直线、圆和圆弧等基本图元；还可以通过定义点、极点，以及点云来构造曲面等特征。点集是点集合的统称，可以利用点集直接构成曲线、曲面，并加以很好地控制。本节将详细介绍点和点集的创建方法。

1. 点

在 UG NX 中，点可以建立在任何位置，许多操作功能都需要通过定义点的位置来实现。它不仅可以用来创建通过两点的直线特征，还可以通过矩形阵列的点或定义曲面的极点来直接创建自由曲面特征。单击【曲线】工具栏中的【点】按钮+将打开【点】对话框，如图 4-1 所示。在该对话框中包括了创建点的 4 个面板，分别介绍如下。

图 4-1 【点】对话框

❑ **类型**

该面板用来选择点的捕捉方式，系统提供了终点、交点、象限点等 13 种捕捉点的方式。这里仅介绍几种常用的点的捕捉方式。

- **自动判断的点** 选择该选项后，可以利用鼠标在绘图区任意点取位置，系统自动推断创建所选直线的端点、中点、圆弧或圆的圆心等特征点。
- **光标位置** 选择该选项后，可以使用光标在屏幕上任意位置创建一个点，即鼠标在工作平面上所选定的任意位置。
- **现有点** 选择该选项后，可以利用鼠标捕捉或选定已经存在的点，从而在现存的点上创建一个点。它是将某个图层的点复制到另一图层最快捷的方式。
- **终点** 选择该选项后，可以在直线、圆弧、二次曲线及其他曲线的端点上创建一个点。它不是独立的，必须依赖直线或曲线而存在。
- **控制点** 选择该选项后，可以在几何对象的控制点（特征点）上创建一个点。控制点与几何对象类型有关，它可以是存在点、直线的中点或端点、不封闭圆弧的端点或中点、圆心、二次曲线的端点或其他曲线的端点等特征点。
- **象限点** 选择该选项后，可以在一个圆弧、椭圆弧的四分点处创建一个点。注意，四分点位置是指处于绝对坐标系下时圆弧或椭圆上的象限点位置，它不随坐标系的转换而改变。
- **点在曲线/边上** 选择该选项后，可以在选择的曲线或者实体面的边缘上根据给出的参数创建点。

❑ **坐标**

该面板用于设置点在X、Y、Z方向（或XC、YC、ZC方向）上相对于坐标原点的位置。

❑ **偏置**

该面板是通过指定偏移参数的方式来确定点的位置的。在操作过程中可以先利用点的捕捉方式确定偏移的参考点，再输入相对于参考点的偏移参数（其参数类型取决于选择的偏移方式）来创建点。该面板中包括5种偏置方式。

- **矩形** 该方式是利用直角坐标系进行偏移的。偏移点的位置相对于所选参考点的偏移值由直角坐标值来确定。在捕点后，输入相对的偏移量（即在XC-增量、YC-增量、ZC-增量后的文本框内输入相应的偏移量）。
- **柱面副** 该方式是利用圆柱坐标系进行偏移的，偏移点的位置相对于所选参考点的偏移值由柱面坐标值来确定。在捕点后，输入偏移点的半径、角度和ZC方向上的增量就确定了偏移点的位置。
- **球形** 该方式是利用球坐标系进行偏移的，偏移点的位置相对于所选参考点的偏移值由球坐标值来确定。在捕点后，输入偏移点的半径、角度1和角度2的值就确定了偏移点的位置。
- **沿矢量** 该方式是利用矢量进行偏移的，偏移点相对于所选参考点的偏移值由向量方向和偏移距离来确定。
- **沿曲线** 该方式是沿所选取的曲线进行偏移的，偏移点相对于所选参考点的偏移值由偏移弧长或曲线总长的百分比来确定。

❑ **设置**

该面板用于设置点的关联属性。若禁用【关联】复选框，则可以切换【相对于WCS】和【绝对】坐标方式的选择。

注 意

XC、YC、ZC坐标值是相对于工作坐标系而言的。该坐标系可以任意移动和旋转，而点的位置与工作坐标系相关；X、Y、Z的坐标值是绝对坐标值，它是相对于绝对坐标系的。该坐标系是系统默认的坐标，其原点与轴的方向永远保持不变。

在【点】对话框中提供了3种点的创建方式，即：直接输入坐标值创建点、选取点类型创建点和利用偏置方式来指定一个相对于参考点的偏移点。这里只介绍常用的前两种创建点的方法。

❑ **直接输入坐标值创建点**

在【点】对话框中，【坐标】面板用于设置点在X、Y、Z方向上相对于坐标原点的位置。在坐标值文本框中可以直接输入点的坐标值，设置后系统会自动完成点的定位与生成，其坐标系统必须由下方的单选按钮进行设置。另外，如果用户定义了偏移方式，此选项的文本框标识也会随着改变，效果如图4-2所示。

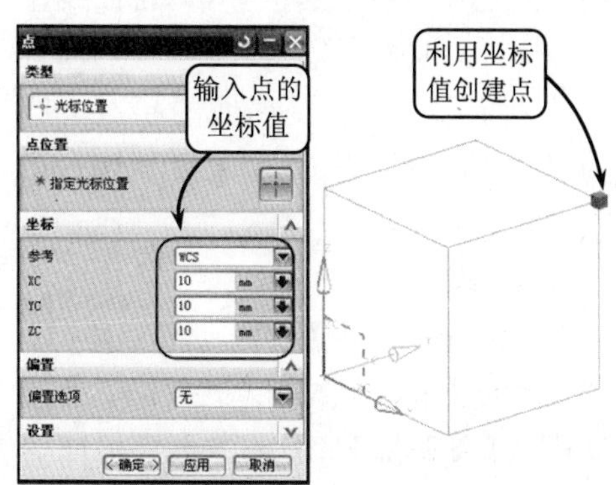

图4-2 利用WCS坐标创建点

❑ 选取点的类型创建点

该方式通过选取点捕捉的方式来自动创建一个新点。例如要创建圆锥底面圆心上的一点；在【类型】面板中选择【圆弧中心/椭圆中心/球心】选项，选择圆锥的底面，则自动创建出圆心，效果如图 4-3 所示。

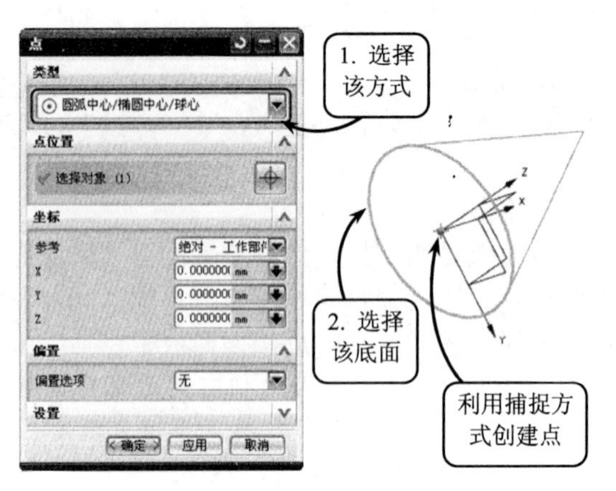

图 4-3　选取点类型创建点

2. 点集

点集一般通过存在的已知曲线生成一组点。它可以是曲线上现有点的复制，也可以通过已知曲线的某种属性来生成其他的点集。在【曲线】工具栏中单击【点集】按钮将打开【点集】对话框，如图 4-4 所示。在【类型】面板中包括了 3 种创建点集的方式：曲线点、样条点，以及面的点。

图 4-4　【点集】对话框

❑ 曲线点

它主要用于在曲线上创建点群。在【点集】对话框中选择【曲线点】选项，则该对话框中的【子类型】面板中有 7 种创建点集的方式，如图 4-5 所示。下面将详细介绍几种常用的创建点集的方式。

➢ 等圆弧长

该方式在点集的起始点和结束点之间按点间等圆弧长来创建指定数目的点集。用户首先需要选取要创建点集的曲线，然后确定点集的数目，接着输入起始点和结束点在曲线上的位置(即占曲线长的百分比，如起始点输入 0，结束点输入 100 就表示起始点就是曲线的起点，结束点就是曲线的终点)，效果如图 4-6 所示。

图 4-5　【子类型】面板中的 7 种创建点集方式

➢ 等参数

在利用【等参数】方式创建点集时，步骤基本与【等圆弧长】方式相同。不同之处在于【等参数】创建点集时会以曲线的曲率大小来分布点群的位置。曲率越大，产生点的距离越大，反之则越小，效果如图 4-7 所示。

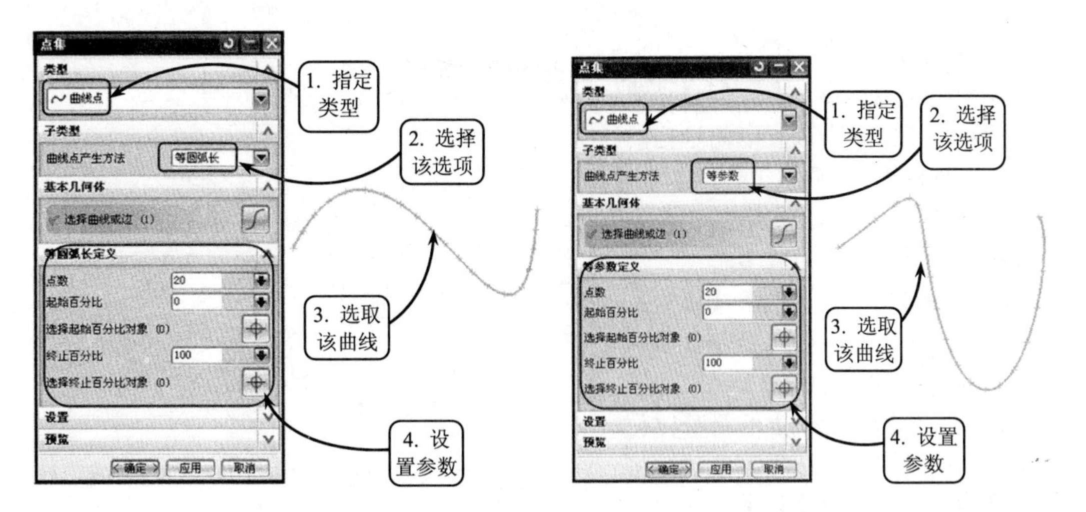

图 4-6 利用【等圆弧长】方式创建点集　　图 4-7 利用【等参数】方式创建点集

➢ 几何级数

在利用【几何级数】方式创建点集时，对话框中会多一个比率的文本框。在设置完其他参数的值后还需要指定一个比率值。该比率值用来确定点集中彼此相邻的后两点之间的距离与前两点距离的倍数，效果如图 4-8 所示。

➢ 弦公差

在利用【弦公差】方式创建点集时需要给出弦误差的大小。在创建点集时系统会根据该弦误差的值来分布点集的位置。弦误差值越小，产生的点数越多；反之则越少，效果如图 4-9 所示。

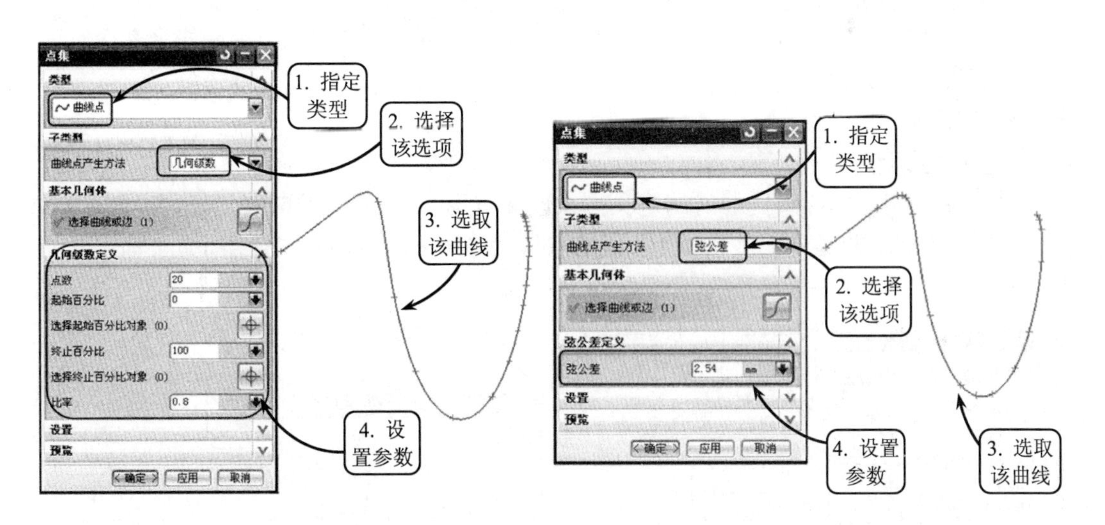

图 4-8 利用【几何级数】方式创建点集　　图 4-9 利用【弦公差】方式创建点集

➢ 增量圆弧长

在利用【增量圆弧长】方式创建点集时，用户需要给出弧长的大小。在创建点集时系统会根据该圆弧长大小的值来分布点集的位置，而点数的多少则取决于曲线总长及两点间的弧长，效果如图 4-10 所示。

➢ 投影点

在利用【投影点】方式创建点集时需要用一个或多个放置点向选定的曲线作垂直投影，在曲线上生成点集。选择该选项后，利用点构造器工具先在曲线的周围放置一个或多个点，然后选取曲线对象，接着单击【确定】按钮即可，效果如图 4-11 所示。

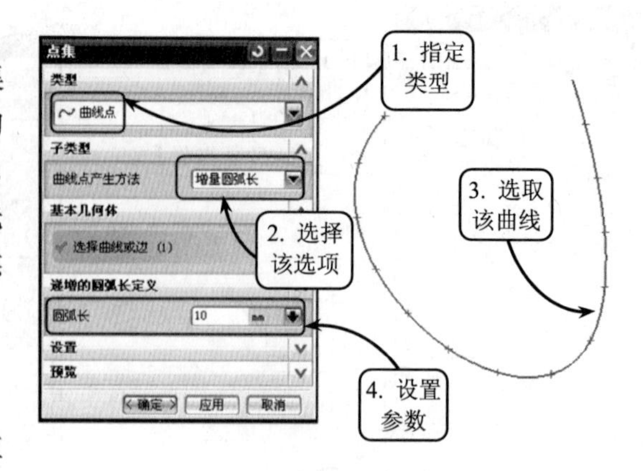

图 4-10 利用【增量圆弧长】方式创建点集

➢ 曲线百分比

该方式是通过曲线上的百分比位置来确定一个点的。选择该选项后将打开【曲线参数百分比定义】面板，然后在该面板中设置百分比参数，并在绘图区中选取曲线，接着单击【确定】按钮即可，效果如图 4-12 所示。

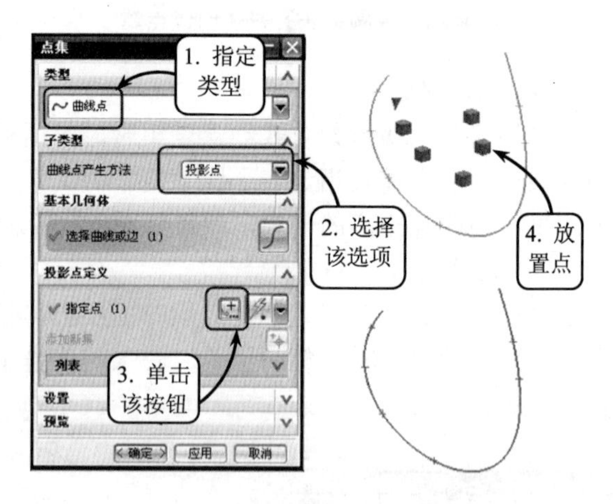

图 4-11 利用【投影点】方式创建点集

❑ 样条点

该类型是通过已知样条线的定义点、结点或极点来创建点集的。定义点是指绘制样条线时所需要定义的点；结点是指连续样条的端点，它主要针对多段样条，单段样条线只有两个结点；样条的极点取决于样条线是由多少个点形成的，拖动样条线的极点可以改变该极点的位置，从而改变样条线的形状。

➢ 定义点

该方式利用绘制样条曲线时的定义点来创建点集。其操作方法是：当绘制样条曲线时，预先输入一些点绘制曲线，然后在创建点集时将原来的点调出来使用，效果如图 4-13 所示。

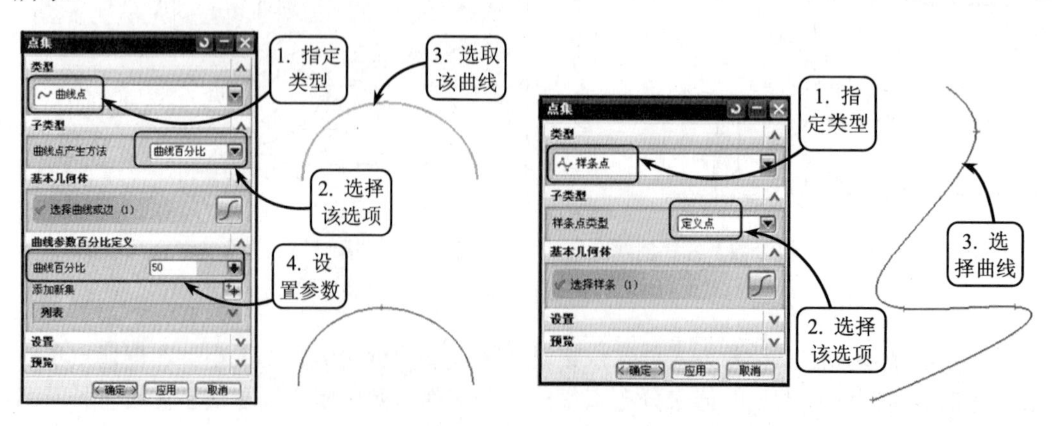

图 4-12 利用【曲线百分比】方式创建点集 图 4-13 利用【定义点】方式创建点集

> ➢ **结点**

该方式是利用样条曲线的结点来创建点集的。选择【结点】选项，并根据【结点】选项选取曲线来创建结点的。该方式与【定义点】方式类似，但其效果不同，如图 4-14 所示。

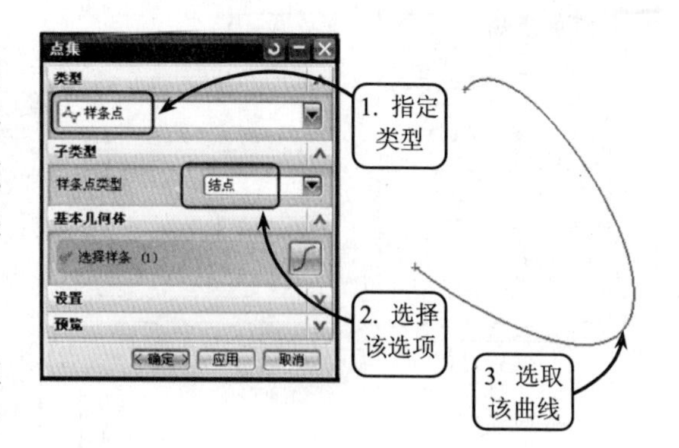

图 4-14 利用【结点】方式创建点集

> ➢ **极点**

该方法利用样条曲线的极点来创建点集。选择该选项后，系统会提示用户选取曲线，然后根据这条样条曲线的极点来创建点集。其操作方法与上两种方式类似，效果如图 4-15 所示。

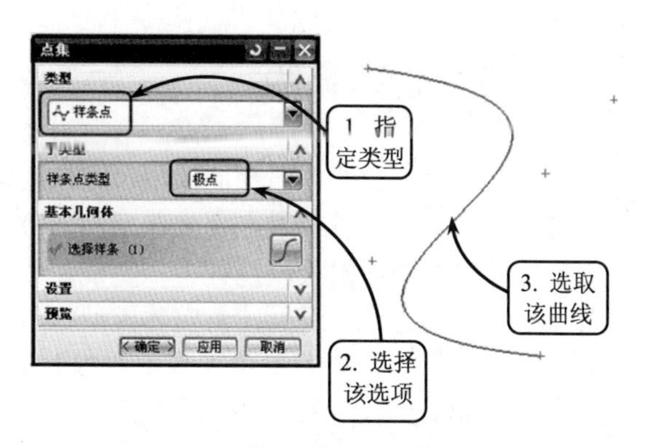

图 4-15 利用【极点】方式创建点集

❑ **面的点**

该类型是通过现有曲面上的点或该曲面的控制点来创建点集的。其中曲面的范围包括平面、一般曲面、B-曲面，以及其他自由曲面等类型。选择该选项后，其对话框中的【子类型】面板将会出现 3 种创建点集的方式：即图样、面百分比，以及 B 曲面极点，以下将详细介绍这 3 种创建点集的方法。

> ➢ **图样**

该方式是通过现有的曲面来创建点集的。选择该选项后，选取曲面，接着设置【图样定义】面板参数，以及【图样限制】面板参数，并单击【确定】按钮，效果如图 4-16 所示。

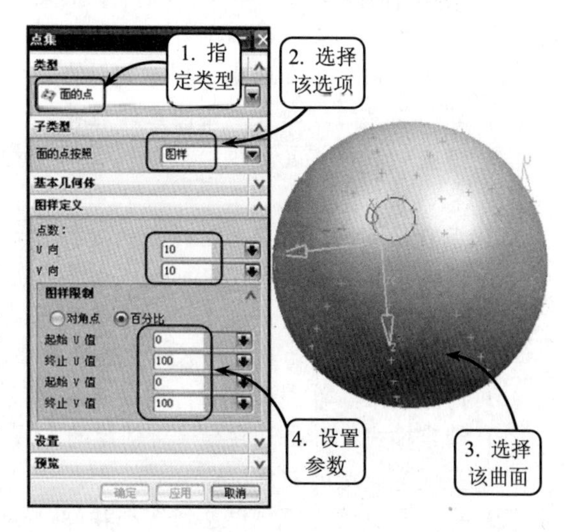

图 4-16 利用【图样】方式创建点集

> ➢ **面百分比**

该方式是以曲面上表面的参数百分比的形式来限制点集的分布范围的。选取该选项，然后选取曲面，并在（U、V 方向上的最小和最大百分比）文本框中分别输入相应的数值来设定点集相对于选定表面 U、V 方向的分布范围，效果如图 4-17 所示。

> ➢ **B 曲面极点**

该方式是根据表面（B 曲面）极点的方式来创建点集的。选择【B 曲面极点】选项，并根据提示选取 B 曲面，然后单击【确定】按钮即可，效果如图 4-18 所示。

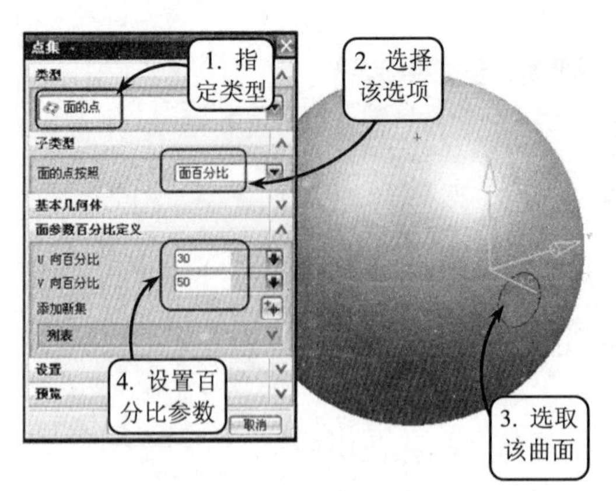

图 4-17 利用【面百分比】方式创建点集

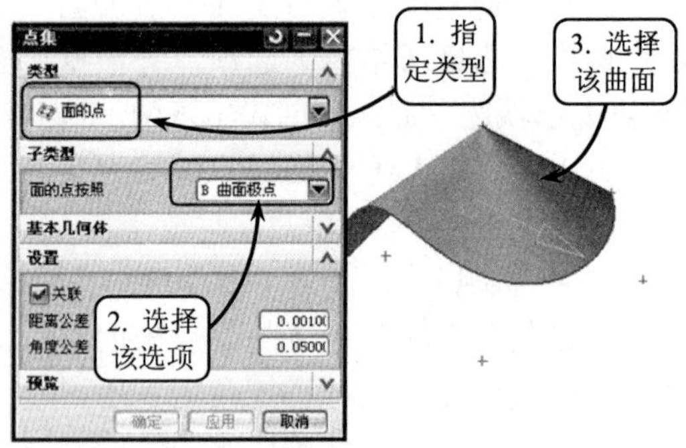

图 4-18 利用【B 曲面极点】方式创建点集

4.1.2 创建直线

直线是指点在空间内沿相同或相反方向运动的轨迹。在 UG NX 中，直线是指通过空间的两点产生的一条线段。直线在空间的位置由它经过的点，以及它的一个方向向量来确定。在平面图形的绘制过程中，直线作为基本要素无处不在，例如在两个平面相交时可以产生一条直线，通过棱角实体模型的边线也可以产生一条直线。

在【曲线】工具栏中单击【基本曲线】按钮将打开【基本曲线】对话框，如图 4-19 所示。该对话框中包括创建直线、圆弧、圆形和倒圆角等 6 种曲线功能。

图 4-19 【基本曲线】对话框

在【基本曲线】对话框中系统默认的是【直线】面板，其常用选项的含义如下。

- **无界** 启用该复选框，则创建的直线将沿着起点与终点的方向直至绘图区的边界。
- **增量** 启用该复选框，则系统会以增量的方式来创建直线。
- **点方法** 该选项用来选择点的捕捉方式，以确定创建直线的端点（包括起点和终点）。
- **线串模式** 启用该复选框，系统则以首尾相接的方式连续画曲线。若想终止连续线串，则可单击对话框中的【打断线串】按钮。
- **打断线串** 单击该按钮，则创建的线段是独立的个体，线段之间彼此不连接。
- **锁定模式** 单击该按钮，新创建的直线平行或垂直于选定的直线，或者与选定的直线有一定的夹角。
- **平行于** 该选项组中包括 3 个按钮，通过单击这些按钮可分别建立平行于 XC、YC、ZC 的直线。先在平面上选择一点，然后单击 XC 按钮或 YC、ZC 按钮，则可以生成平行于 XC 轴或 YC、ZC 轴的直线。
- **按给定距离平行** 该选项组作平行线时使用，共有【原始的】和【新的】两个单选按钮。当选择【原始的】单选按钮时，则绘制的曲线参照原来的曲线生成一条平行线；当选择【新的】单选按钮时，则会参照新生成的曲线生成一条平行线，这样可以生成多条平行线。

- **角度增量** 该文本框用于设置角度增量值，从而以角度增量的方式来创建直线。可以创建的直线有多种。
- **对话框跟踪条** 该跟踪条用于指定基本曲线的形状和位置参数。显示和输入建立直线、圆和圆弧曲线时的形状和位置参数，且建立不同的曲线有不同的参数，如图 4-20 所示。

图 4-20 【基本曲线】对话框跟踪条

技 巧

如果跟踪条被关闭，则用基本曲线方式先在绘图区单击一个曲线的端点，然后将鼠标移动到基本曲线上右击，并在打开的菜单中选择【从列表中选择】选项，接着在打开的【快速拾取】对话框中选择任意一个选项，即可重新打开【对话框】跟踪条。

利用【基本曲线】对话框可以创建的直线有很多种，以下将介绍 3 种常用的创建直线的方法。

1. 绘制空间任意两点直线

该方式是绘图过程中最为常见的一种方法，通过在【点方法】下拉列表框中选择点的捕捉方式，自动在捕捉的两点之间绘制直线。

要绘制任意两点直线，在【基本曲线】对话框中的【点方法】下拉列表中选择【控制点】选项，然后在绘图区任意选择两点即可完成直线的绘制，效果如图 4-21 所示。

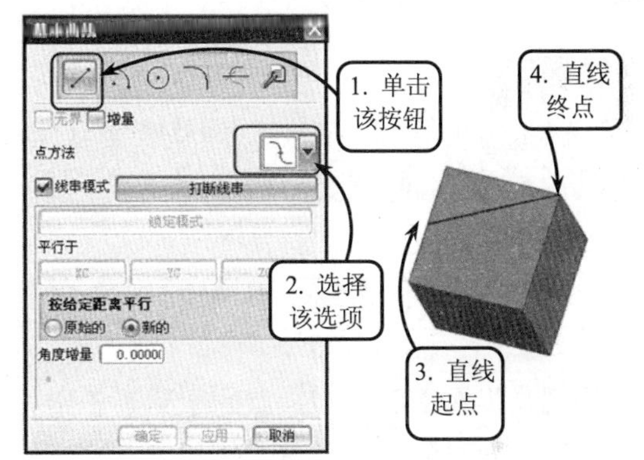

图 4-21 绘制空间任意两点直线

提 示

这里的控制点一般是指曲线的特征点、曲线的端点、中点、样条拟合点等。直线的终点是控制点的一种特殊类型。另外，绘制完直线后，单击【取消】按钮关闭对话框即可。

2. 绘制成角度的直线

在创建基准平面时，常常用到与某直线、某基准轴或某平面等成一定角度的直线，这就用到本节所介绍的绘制与某一参照成一定角度的直线的方法。现以绘制与 YC 轴成一定角度的直线为例，介绍其具体的操作方法。

首先在绘图区选取一点作为直线的起点，然后在【角度增量】文本框中输入所需直线的角度，并将鼠标沿着 YC 轴方向拖动，接着单击即可完成直线的绘制，效果如图 4-22 所示。

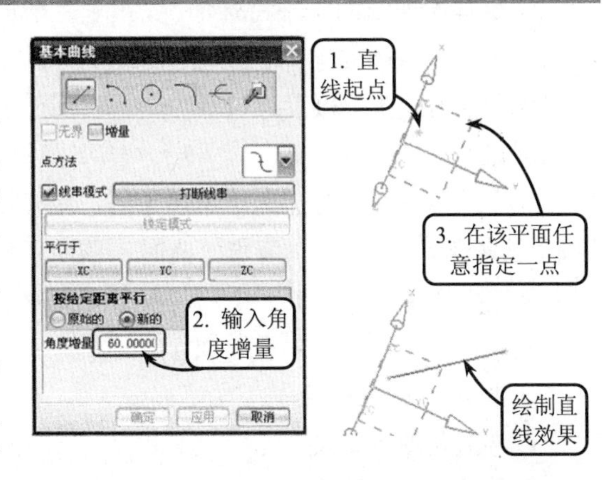

图 4-22 绘制与 YC 轴成一定角度的直线

3．绘制与坐标轴平行的直线

在创建复杂曲面时，常常需要绘制与坐标轴平行的直线作为辅助线。创建方式包括3种：与XC轴平行、与YC轴平行和与ZC轴平行。

这里仅以与XC轴平行为例来介绍其具体的操作方法。首先在【基本曲线】对话框中单击【直线】按钮，然后在绘图区拾取一点作为直线的起点，并单击【平行于】选项组中的XC单选按钮。此时只能绘制平行于XC轴的直线，接着单击，并关闭该对话框即可，效果如图4-23所示。其他两种与之类似，这里不再介绍。

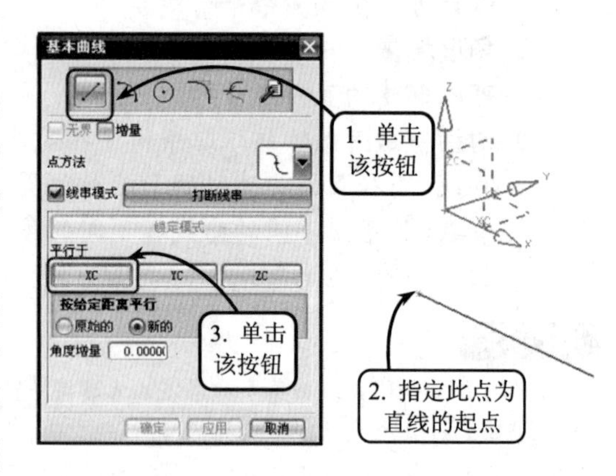

图4-23 绘制与XC轴平行的直线

技 巧

在绘制直线时，也可以利用打开的【跟踪条】对话框，并在其对应的文本框内设置点坐标、直线距离和角度等参数来快速绘制直线。

4.1.3 创建圆和圆弧

圆是指在平面上到定点的距离等于定长的所有点的集合，圆上任意两点间的部分就是圆弧。圆弧创建方法与圆的创建方法类似，两者的区别是：由于圆弧是圆的一部分，在创建过程中会涉及到起点和终点的问题，因此既要指定其半径和起点，又要指出圆弧所跨的弧度大小；而在创建圆时，只需要指定圆心和半径或直径即可。

1．圆

圆是基本曲线的一种特殊情况，由它生成的实体特征包括多种类型，例如球体、圆柱体、圆台、球面，以及多种自由曲面等。在机械设计过程中，它常用于创建基础特征的剖截面。

在【基本曲线】对话框中单击【圆】按钮，切换至【圆】选项卡，如图4-24所示。此时，该面板中只有【增量】复选框和【点方法】下拉列表框处于激活状态。该选项面板中提供了以下两种创建圆的方式。

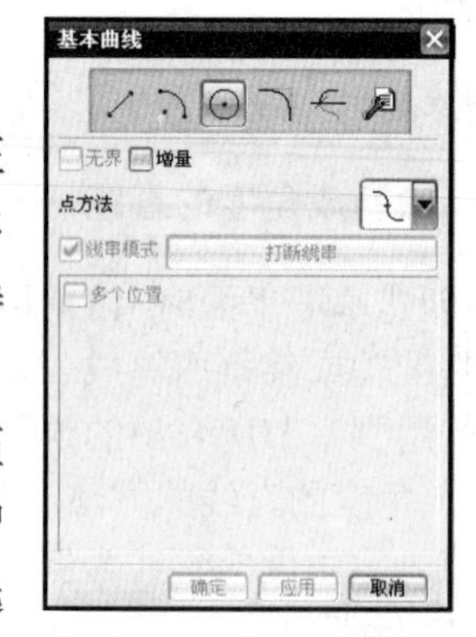

图4-24 【圆】设置面板

- **圆心、圆上的点**

该方式是通过捕捉一点作为圆心，另一点作为圆上一点以确定半径来创建圆的。系统一般默认生成的圆在XC-YC平面内或平行于该平面。

利用该方式绘制圆时，可在【点方法】下拉列表框中选择【自动判断的点】选项，然后在绘图区选择一点作为圆心，接着指定一点作为圆上的点即可，效果如图 4-25 所示。

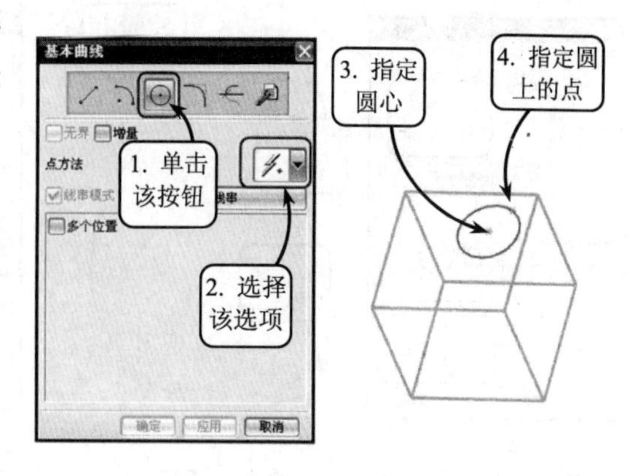

图 4-25 利用【圆心、圆上的点】绘制圆

❑ **圆心、半径或直径**

该方式是完全利用对话框的【跟踪条】参数设置来绘制圆的。用户可以在对话框的【跟踪条】中输入圆心坐标值、半径值或直径值等参数，并按 Enter 键绘制圆轮廓，效果如图 4-26 所示。

技 巧

在实际绘图过程中，可以结合这两种方法快速绘制圆：利用点捕捉方式选取圆心，然后在【跟踪条】对话框中设置圆的直径或半径，按 Enter 键确认，则创建出所需的圆。

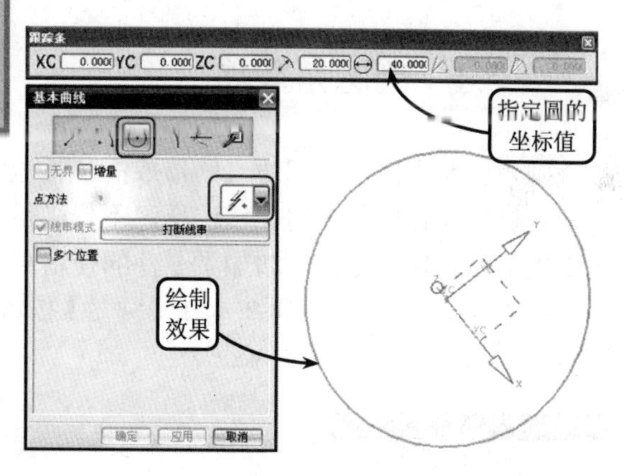

图 4-26 利用【圆心、半径或直径】绘制圆

2．圆弧

圆弧是圆的一部分，不仅可用来创建圆弧曲线和扇形，还可以作为放样物体的放样截面。在 UG NX 中，圆弧的创建是参数化的，能够根据鼠标的移动来确定所创建圆弧的形状和大小。

在【基本曲线】对话框中单击【圆弧】按钮，切换至【圆弧】选项卡，如图 4-27 所示。该选项面板中提供了以下两种创建圆弧的方式。

图 4-27 【圆弧】设置窗口

❑ **起点，终点，圆弧上的点**

该方式是通过依次选取的 3 个点作为圆弧的起点、终点和弧上一点来创建圆弧的。单击【起点，终点，圆弧上的点】单选按钮，然后依次选取 3 个点作为圆弧的起点、终点和弧上一点，系统会自动生成圆弧，效果如图 4-28 所示。

❑ **中心点，起点，终点**

该方式是通过依次选取的 3 个点作为圆心、起点和终点来创建圆弧的。在【圆弧】选项面板中单击【中心点，起点，终点】单选按钮，然后依次选取 3 个点作为圆弧的圆心、起点和终点，系统会自动生成圆弧，效果如图 4-29 所示。

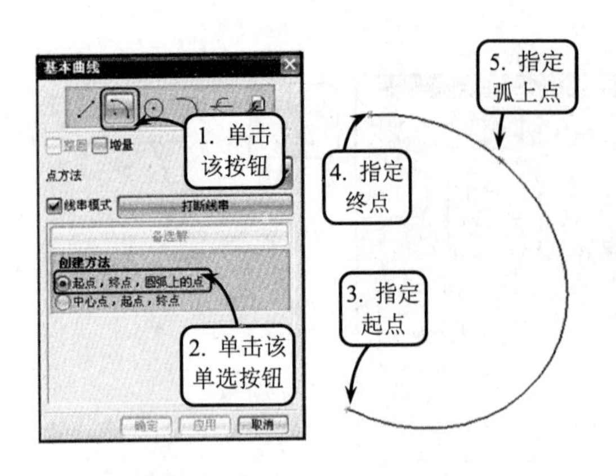

图 4-28　利用【起点，终点，圆弧上的点】方式绘制圆弧

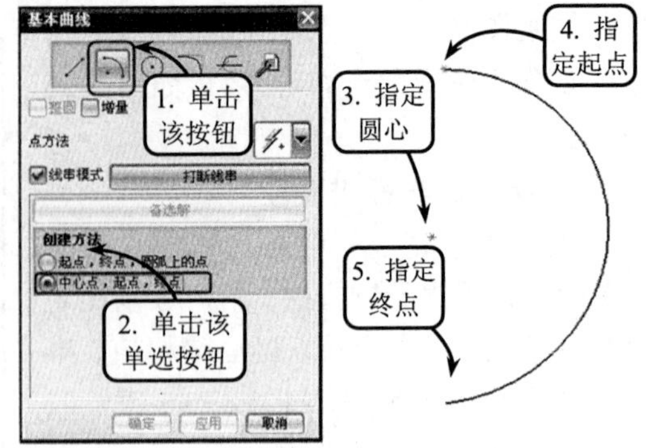

图 4-29　利用【中心点，起点，终点】方式绘制圆弧

4.1.4　倒圆角操作

圆角就是在两个相邻边之间形成的圆弧过渡，且产生的圆弧相切于相邻的两条边。圆角在机械设计中的应用非常广泛，不仅满足了生产工艺的要求，还可以防止零件应力过于集中以致损害零件，增加了零件的使用寿命。

在【基本曲线】对话框中单击【圆角】按钮将打开【曲线倒圆】对话框，如图 4-30 所示。

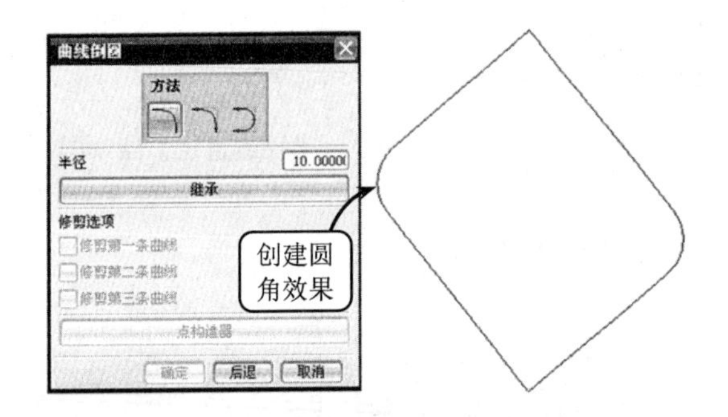

图 4-30　【曲线倒圆】对话框

该对话框中包括了创建圆角的主要功能选项，介绍如下。

- **半径**　该方式用来指定圆角的默认半径。对于【修剪第三条曲线】圆角，该设置无效。
- **继承**　该方式用来继承已有的圆角半径。
- **修剪第一条曲线**　只有选择第二种或第三种倒圆角的方式时，该复选框才会被激活。启用该复选框倒圆角时将会修剪选择的第一条曲线；反之，则不会修剪第一条曲线。
- **修剪第二条曲线**　选择第二种倒圆角方式时，此选项为修剪第二条曲线；选择第三种倒圆角方式时，此选项为删除第二条曲线。启用该复选框，则在倒圆角时将修剪或删除选择的第二条曲线。
- **修剪第三条曲线**　只有选择第三个倒圆角方式时该复选框才会被激活。启用该复选框，则在倒圆角时系统将修剪选择的第三条曲线。

在该对话框的【方法】选项组中提供了如下 3 种倒圆的方式。

1. 简单圆角

该方式仅用于在两共面但不平行的直线间进行倒圆角的操作，在 UG NX 中是最常用也是最简单、快捷的一种倒圆角的方式。

利用该方式倒圆角时，可首先在【半径】文本框中输入圆角半径值，然后用光标选择球移至两条直线交点处，接着单击即可创建圆角，效果如图 4-31 所示。

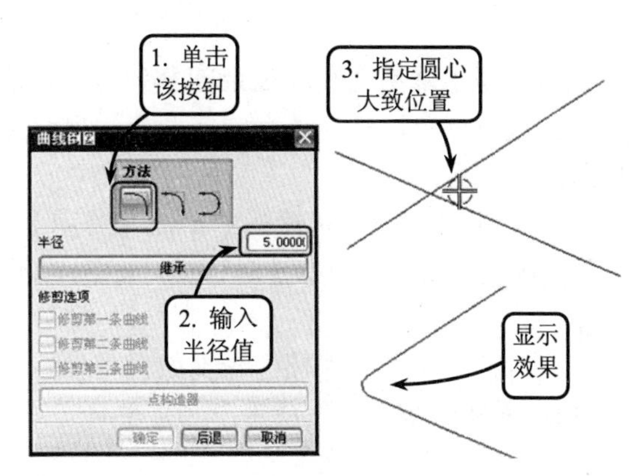

图 4-31　创建简单圆角

注　意

在确定光标的位置时，需要注意选取的光标位置不同所创建的圆角也不相同。此外，也可以在对话框中单击【继承】按钮，然后选取一个已经存在的圆角为基础圆角进行创建圆角的操作。

2. 两曲线圆角

该方式是指在空间任意两相交直线、曲线或直线与曲线间进行倒圆角的操作，它比简单倒圆角的应用更加广泛。在【曲线倒圆】对话框中单击【2 曲线圆角】按钮，并在【半径】文本框中输入圆角半径值，默认其他选项设置。然后依次选取第一条曲线和第二条曲线，并单击确定圆心的大致位置，创建该类型的圆角特征，效果如图 4-32 所示。

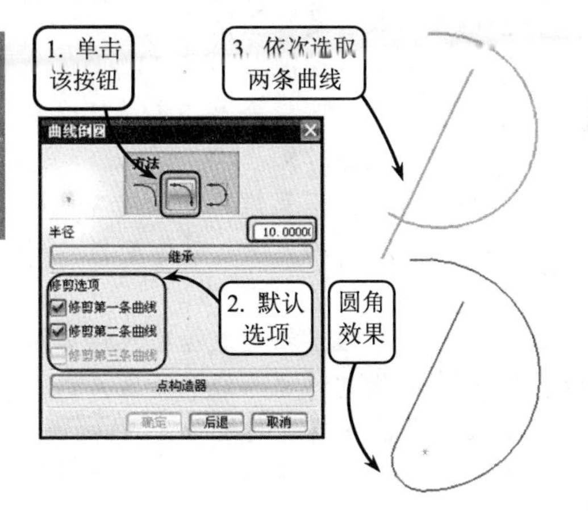

图 4-32　创建两曲线圆角

3. 三曲线圆角

该方式是指在同一平面上任意相交的 3 条曲线之间进行倒圆角的操作，其中 3 条曲线交于一点的情况除外。

在【曲线倒圆】对话框中单击【3 曲线倒圆】按钮，依次选取图形对象中的 3 条曲线，然后单击确定圆角半径的大致位置即可，效果如图 4-33 所示。

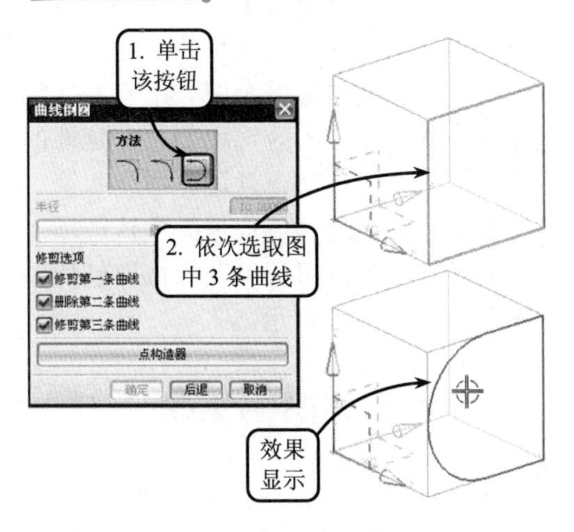

图 4-33　创建三曲线圆角

4.1.5 修剪操作

修剪是指修剪曲线的多余部分到指定的边界对象，或者延长曲线一端到指定的边界对象。该方式可以指定一个或者两个边界对象，同时完成对边界对象的修剪（或延长）操作。

在【基本曲线】对话框中单击【修剪】按钮将打开【修剪曲线】对话框，如图 4-34 所示。

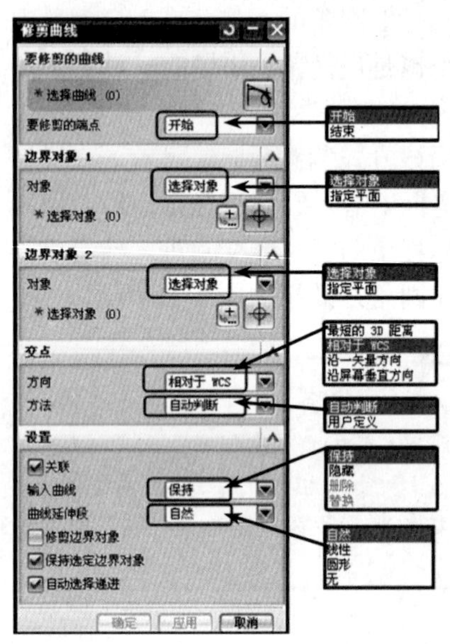

图 4-34 【修剪曲线】对话框

该对话框中主要选项的含义如下。

- **选择曲线** 该选项用于指定要修剪或延长的曲线。
- **边界对象 1** 该选项组用于指定第一条边界曲线，是必须指定的参数。
- **边界对象 2** 该选项组用于指定第二条边界曲线，不完全要指定，可以只有第一个边界对象。
- **方向** 该下拉列表框用于指定查找修剪或延长交点的方法，具体包括 4 种方法。
- **输入曲线** 该下拉列表框用于修剪操作结束后指定对原曲线的处理方式，该列表框内共有 4 种处理方式。
- **曲线延伸段** 该下拉列表框用于对样条曲线进行延伸时指定延长曲线段的延长方法，共有 4 种延长方法，可以根据设计需求进行选择。

下面以修剪延伸圆弧为例介绍其具体的操作方法。首先在绘图区选取要修剪延伸的曲线，然后依次选取第一条边界曲线和第二条边界曲线，并指定其他选项为默认选项。接着单击【确定】按钮即可获得修剪延伸圆弧的效果，如图 4-35 所示。

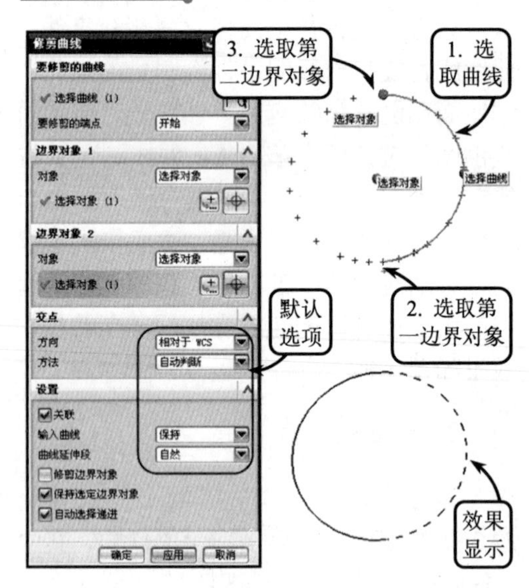

图 4-35 修剪延伸圆弧

4.1.6 编辑曲线参数

编辑曲线参数即通过对曲线的参数值进行相应的编辑来改变曲线的长度、形状，以及大小。利用编辑曲线参数工具可以对直线、圆/圆弧和样条曲线 3 种类型进行相关的编辑，从而创建出理想的曲线。

在【基本曲线】对话框中单击【编辑曲线参数】按钮将切换至【编辑曲线参数】

选项卡，如图 4-36 所示。

在该选项卡中有两种编辑曲线参数的方式。若选择【参数】单选按钮，然后选取图形对象，此时可以在对话框跟踪条中输入相关的参数对曲线进行编辑，效果如图 4-37（a）所示。若选择【拖动】单选按钮，并选取编辑对象，此时可以利用鼠标拖动编辑对象大小，效果如图 4-37（b）所示。

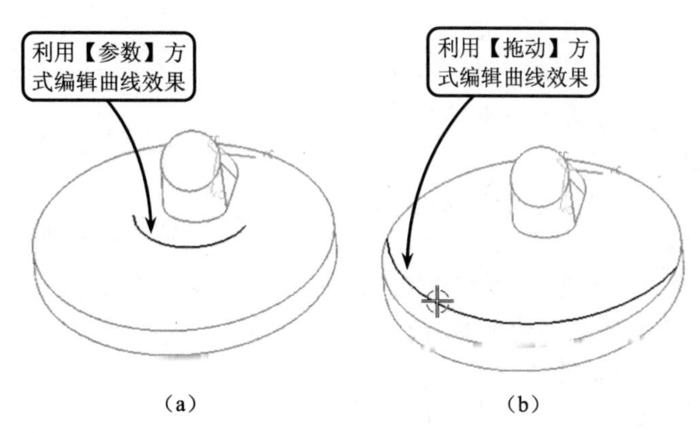

图 4-36 【编辑曲线参数】选项卡

图 4-37 利用【参数】和【拖动】两种方式编辑曲线

4.1.7 创建矩形

矩形是有直角的特殊平行四边形。在 UG NX 建模环境中，矩形是使用频率相对较高的一种曲线类型。它不仅可以作为特征创建的基准平面，也可以直接作为特征生成的草绘截面。

要绘制矩形，可以在【曲线】工具栏中单击【矩形】按钮，打开【点】对话框。此时，在绘图区中选取一点作为矩形的第一个对角点，然后拖动鼠标指定第二个对角点即可完成矩形的绘制，效果如图 4-38 所示。

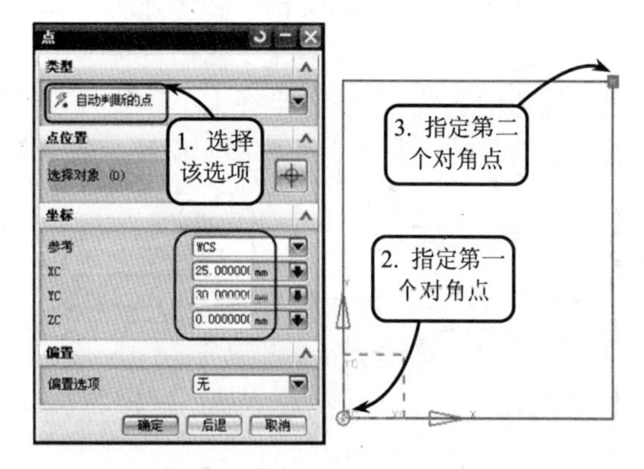

图 4-38 绘制矩形

4.1.8 创建正多边形

多边形是指在同一平面内，由不在同一条直线上的 3 条或 3 条以上的线段首位顺次连接所组成的封闭图形。多边形一般分为规则多边形和不规则多边形。其中规则多边形就是正多边形。正多边形是指所有内角都相等，且所有棱边都相等的特殊多边形。它的应用比较广泛，在机械领域中通常用来制作螺母、冲压锤头、滑动导轨等各种外形规则的机械零件。

要创建正多边形，可在【曲线】工具栏中单击【多边形】按钮，打开【多边形】

对话框，如图 4-39 所示。该对话框包含以下 3 种多边形创建方式。

图 4-39 【多边形】对话框

❑ 内接圆半径

该方式主要通过内接圆来创建正多边形。选择该选项后，在绘图区指定圆的圆心为要创建的正多边形的中心。然后设置正多边形的边数，并输入半径大小和旋转角度的值即可完成正多边形的创建，效果如图 4-40 所示。

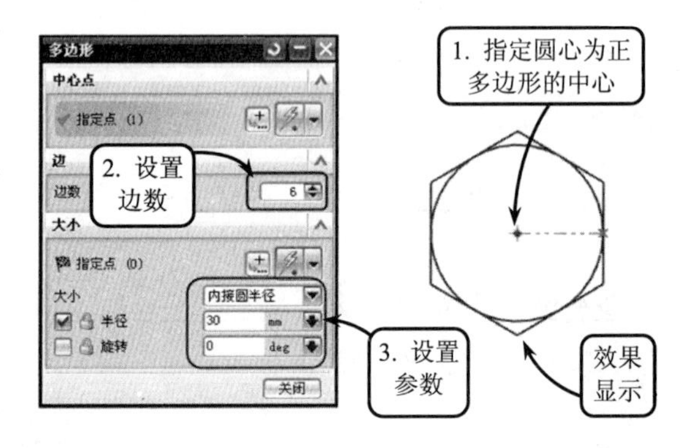

图 4-40 利用【内接圆半径】方式创建正多边形

❑ 边长

该方式是通过给定多边形的边长来创建多边形。选择该选项后，在绘图区指定一点为要创建的正多边形的中心。然后设置正多边形的边数，并输入边长大小和旋转角度的值即可完成正多边形的创建，效果如图 4-41 所示。

❑ 外接圆半径

该方式是利用外接圆创建多边形。选择该选项后，在绘图区指定圆的圆心为要创建的正多边形的中心。然后设置正多边形的边数，并输入半径大小和旋转角度的值即可完成正多边形的创建，效果如图 4-42 所示。

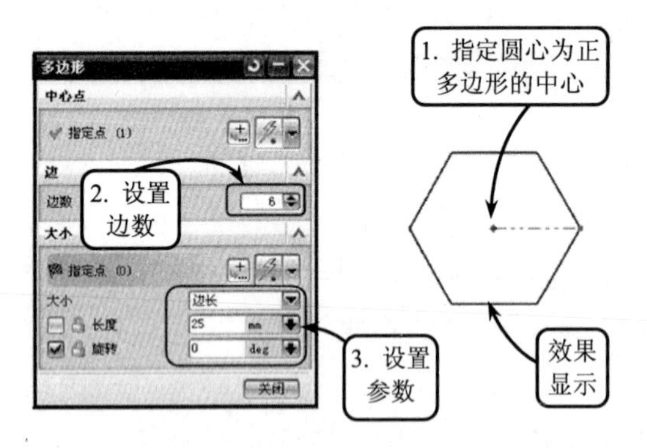

图 4-41 利用【边长】方式创建正多边形

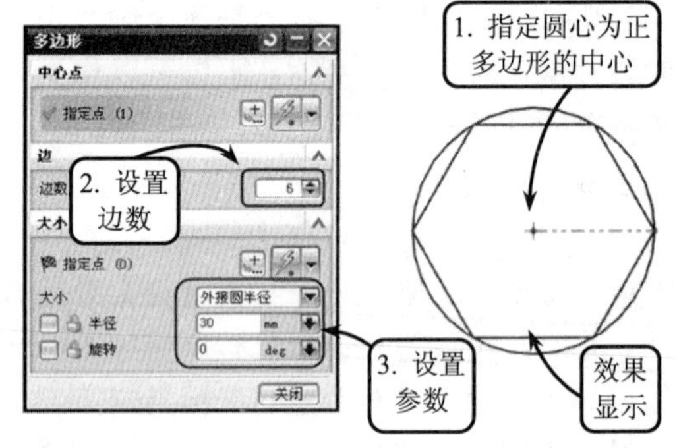

图 4-42 利用【外接圆半径】方式创建正多边形

4.2 特殊曲线

曲线作为构建三维模型的基础，在三维建模过程中有着不可替代的作用。在创建高质量、高难度的三维模型时，由于使用基本曲线构造远远达不到设计的要求，此时就需要利用 UG NX 中提供的高级建模曲线来作为建模基础，具体包括抛物线、双曲线、样条曲线和螺旋线等。

4.2.1 绘制抛物线

抛物线是指平面内到一个定点和一条定直线的距离相等的点的轨迹线。在绘制抛物线时需要定义的参数包括焦距、最小 DY 值、最大 DY 值和旋转角度。其中焦距是焦点与顶点之间的距离；DY 值是指抛物线端点到顶点的切线方向上的投影距离。

在【曲线】工具栏中单击【抛物线】按钮，然后在绘图区指定一点作为抛物线的顶点，接着在打开的【抛物线】对话框中设置相关的各种参数，最后单击【确定】按钮即可完成抛物线的绘制，效果如图 4-43 所示。

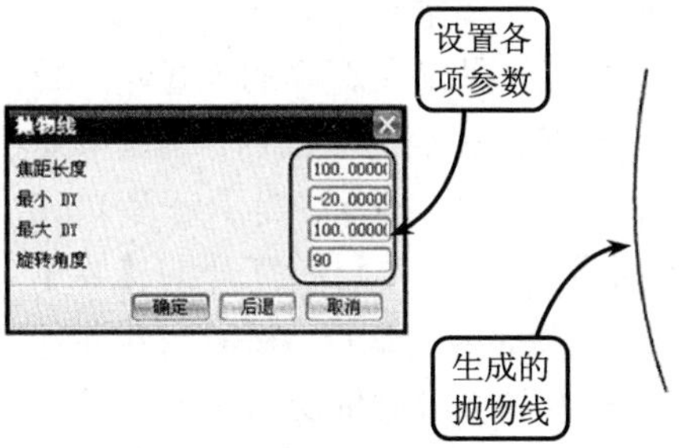

图 4-43　绘制抛物线

4.2.2 绘制双曲线

双曲线是指一个动点移动于一个平面上，与平面上两个定点的距离的差始终为一定值时所形成的轨迹线。在 UG NX 中，创建双曲线需要定义的参数包括实半轴、虚半轴、DY 值等。其中实半轴是指双曲线的顶点到中心点的距离；虚半轴是指与实半轴在同一平面内的垂直方向上的虚点到中心点的距离。

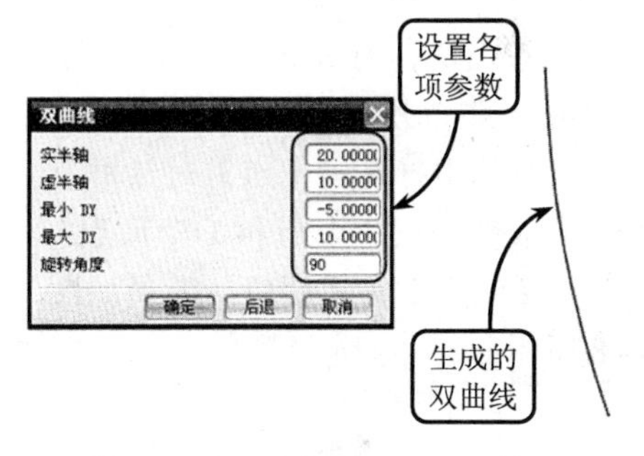

图 4-44　绘制双曲线

在【曲线】工具栏中单击【双曲线】按钮，然后在绘图区指定一点作为双曲线的顶点，接着在打开的【双曲线】对话框中设置相关的各种参数，最后单击【确定】按钮即可完成双曲线的绘制，效果如图 4-44 所示。

4.2.3 绘制一般二次曲线

一般二次曲线是指通过使用各种放样二次曲线方法或者一般二次曲线方程来建立的二次曲线截面。根据输入数据的不同，曲线的构造点结果可以为圆、椭圆、抛物线和双曲线。但是一般二次曲线的绘制方法比椭圆、抛物线和双曲线的绘制方法更加灵活。

在【曲线】工具栏中单击【一般二次曲线】按钮将打开【一般二次曲线】对话框，如图 4-45 所示。

图 4-45　【一般二次曲线】对话框

该对话框提供了 7 种生成一般二次曲线的方式，现以常用的几种绘制一般二次曲线的方式为例介绍其具体的操作方法。

❑ 5 点

该方式是利用 5 个点来生成二次曲线的。选择该选项，然后根据【点】对话框中的提示依次在绘图区中选取5个点，最后单击【确定】按钮即可，效果如图4-46所示。

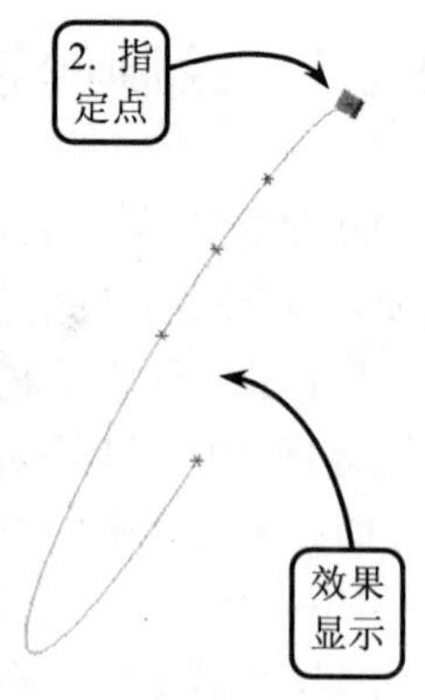

图 4-46 利用【5点】方式绘制一般二次曲线

❑ **4点，1个斜率**

该方式可以通过定义同一平面上的4个点和第一点的斜率绘制一般二次曲线，且定义斜率的矢量不一定位于曲线所在点的平面内。选择该选项，然后根据系统的提示逐步单击【确定】按钮，并利用打开的【点】对话框设定第一个点，接着再设定第一点的斜率。最后依次设定其他3个点，便可生成一条二次曲线，效果如图4-47所示。

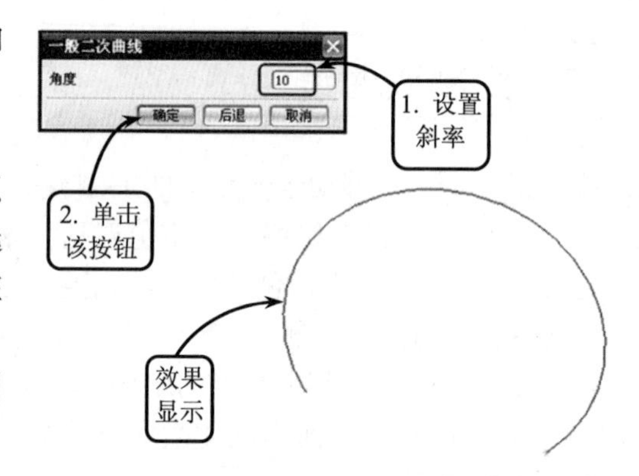

图 4-47 利用【4点，1个斜率】方式绘制一般二次曲线

❑ **3点，顶点**

该方式是利用3个点和1个顶点来生成一般二次曲线的。选择该选项，然后利用打开的【点】对话框在绘图区依次选取3个点和1个顶点，并单击【确定】按钮即可，效果如图4-48所示。

4.2.4 绘制样条曲线

样条曲线是指给定一组控制点而得到的一条光滑曲线，其大致的形状由这些点控制。样条曲线是一种用途广泛的曲线，它不仅能够自由描述曲线和曲面，而且还能够精确地表达包括圆锥曲线曲面在内的各种几何体。在UG NX中，样条曲线包括一般样条曲线和艺术样条曲线两种类型。

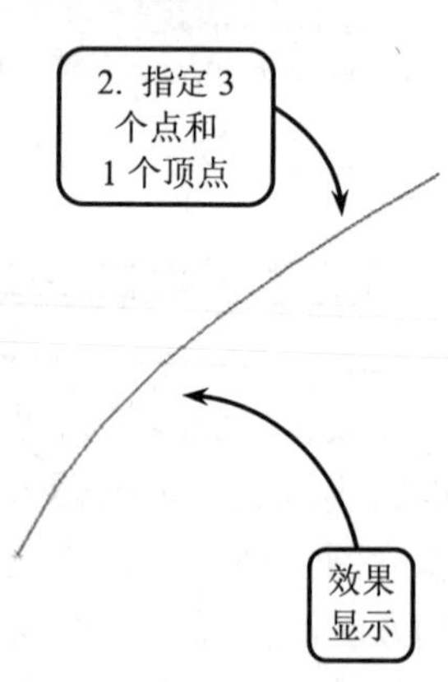

图 4-48 利用【3点，顶点】方式绘制一般二次曲线

1. 一般样条曲线

一般样条曲线是建立自由形状曲面（或片体）的基础。它拟合逼真、形状控制方便，能够满足绝大部分产品的设计要求。一般样条曲线主要用来创建高级曲面，广泛应用于汽车、航空，以及船舶等制造行业。

在【曲线】工具栏中单击【样条】按钮～将打开【样条】对话框，如图 4-49 所示。该对话框提供了 4 种生成一般样条曲线的方式。

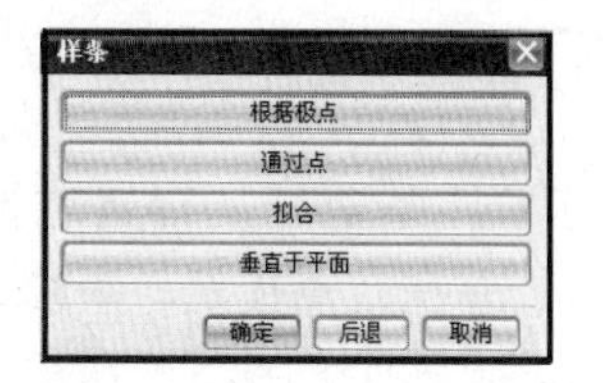

图 4-49 【样条】对话框

❑ 根据极点

该选项是利用极点绘制样条曲线的，即用点建立的控制多边形来控制样条曲线的形状，且绘制的样条曲线只通过两个端点，不通过中间的控制点。

选择该选项，在打开的对话框中选择生成的曲线类型。然后在【曲线阶次】文本框中输入曲线的阶次，并根据【点】对话框在绘图区指定一点使其生成样条曲线，效果如图 4-50 所示。

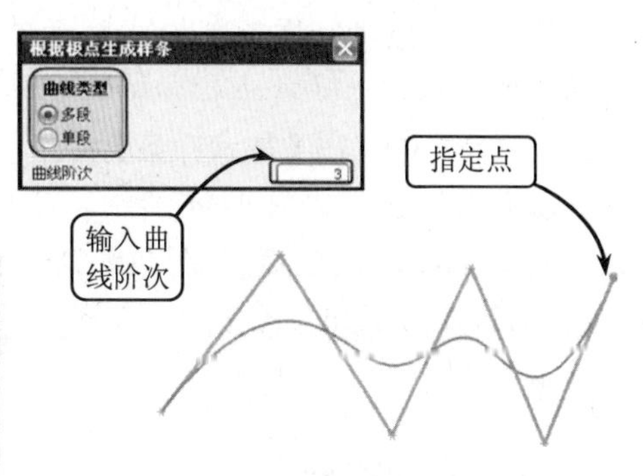

图 4-50 利用【根据极点】方式绘制样条曲线

提 示

在利用【根据极点】方式生成样条曲线时，可以在【根据极点生成样条】对话框中选择【文件中的点】选项，然后根据打开的【点文件】对话框选择相应的点文件来绘制样条曲线。

❑ 通过点

该选项是通过设置样条曲线的各定义点生成一条通过各点的样条曲线的。它与以极点生成曲线的最大区别在于生成的样条曲线通过各个控制点。利用【通过点】方式绘制曲线和【根据极点】方式绘制曲线的操作方法相似，这里不再赘述，绘制的样条曲线效果如图 4-51 所示。

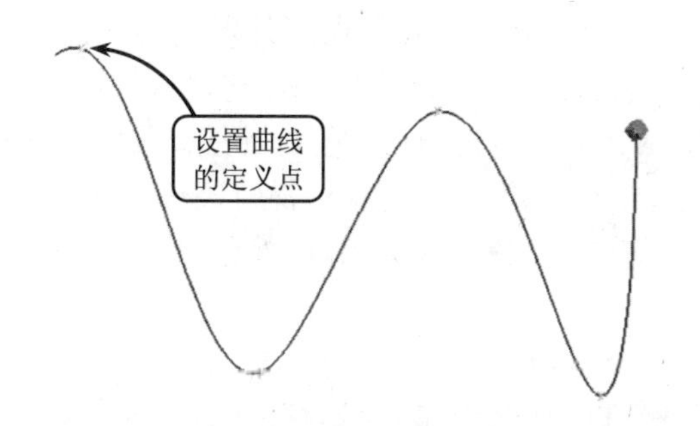

图 4-51 利用【通过点】方式绘制样条曲线

❑ 拟合

该选项是利用曲线拟合的方式确定样条曲线的各中间点的，只精确地通过曲线的端点，对于其他点则在给定的误差范围内尽量地逼近。其操作步骤与前两种方式类似，这里不再赘述，绘制的样条曲线效果如图 4-52 所示。

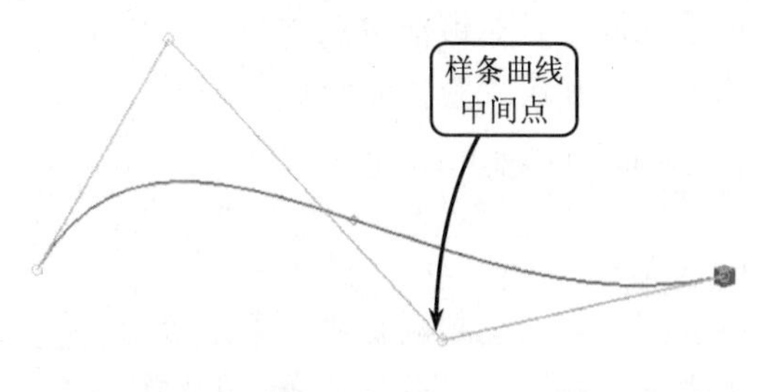

图 4-52 利用【拟合】方式绘制样条曲线

❑ 垂直于平面

该选项是通过正交于平面的曲线生成样条曲线的。选择该选项，首先选择或通过面创建功能定义起始平面，并选择起始点，然后选择或通过面创建功能定义下一个平面且定义绘制样条曲线的方向，接着继续选择所需的平面，完成之后单击【确定】按钮即可。系统会自动生成一条样条曲线，生成的样条曲线效果如图 4-53 所示。

2. 绘制艺术样条

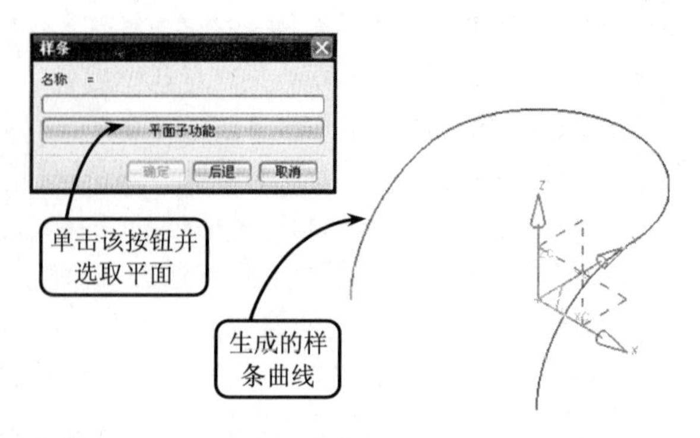

图 4-53 利用【垂直于平面】方式绘制样条曲线

艺术样条曲线是指通过拖放定点和极点，并在定点指定斜率约束来绘制关联或者非关联的曲线。在实际设计过程中，艺术样条多用于数字化绘图或动画设计。相比较一般样条曲线而言，它由更多的定义点生成，并且可以指定相应定义点的斜率，还可以进行拖动样条定义点或者极点的操作。

在【曲线】工具栏中单击【艺术样条】按钮将打开【艺术样条】对话框，如图 4-54 所示。该对话框包含了艺术样条曲线的通过点和通过极点两种绘制方式。其具体的操作方法和草图中艺术样条的绘制方法一样，这里不再赘述。

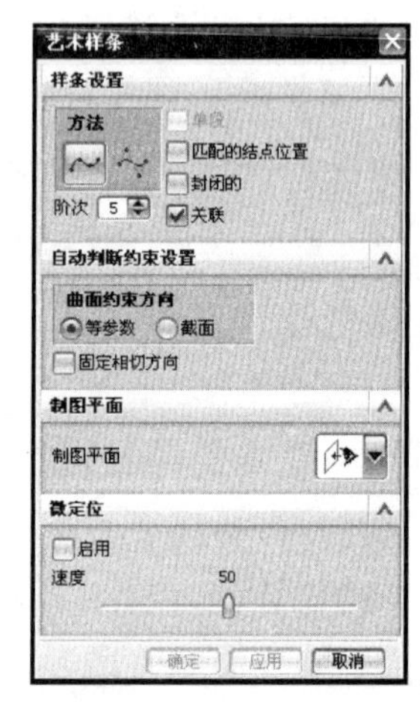

图 4-54 【艺术样条】对话框

4.2.5 绘制螺旋线

螺旋线是指一个固定点向外逐圈旋绕而形成的曲线，是一种特殊的规律曲线。它是具有指定圈数、螺距、弧度、旋转方向和方位的曲线。其应用比较广泛，主要用于螺旋槽特征的扫描轨迹线。如机械上的螺杆、螺帽、螺钉和弹簧等零件都是典型的螺旋线形状。

在【曲线】工具栏中单击【螺旋线】按钮将打开【螺旋线】对话框，如图 4-55 所示。

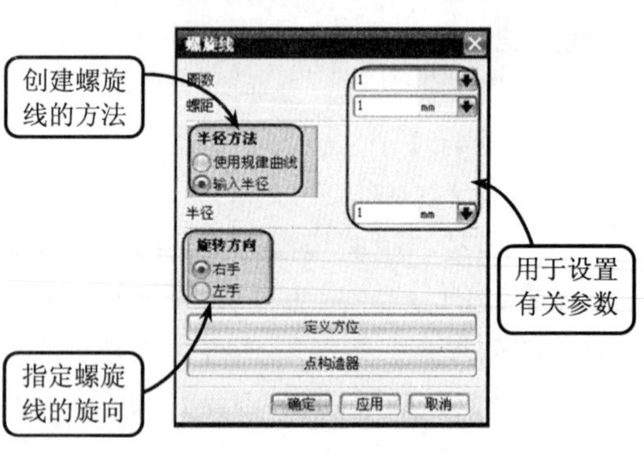

图 4-55 【螺旋线】对话框

在【螺旋线】对话框中包含以下两种绘制螺旋线的方式。

1. 使用规律曲线

该方式通过设置螺旋线的半径按一定的规律法则变化来绘制螺旋线。单击该单选按钮后系统将打开如图 4-56 所示的对话框。该对话框提供了 7 种变化规律方式来控制螺旋半径沿轴线方向的变化规律。

图 4-56 【规律函数】对话框

❑ 恒定

此方式用来生成固定半径的螺旋线。单击【恒定】按钮，在【规律值】文本框中输入规律值的参数并单击【确定】按钮。然后在打开的【螺旋线】对话框相应的文本框中输入螺旋线的螺距和圈数，并单击【确定】按钮，效果如图 4-57 所示。

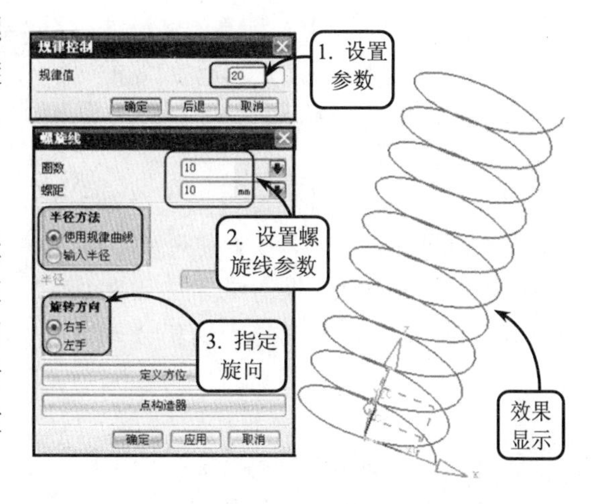

图 4-57 利用【恒定】方式绘制螺旋线

❑ 线性

此方式用来设置螺旋线的旋转半径为线性变化。单击【线性】按钮，在【起始值】及【终止值】文本框中输入相应的参数值，并在打开的【螺旋线】对话框相应的文本框中输入螺旋线的圈数和螺距，然后单击【确定】按钮即可。若螺旋线的起始值为 40，终止值为 1，圈数为 15，螺距为 2，则绘制的螺旋线效果如图 4-58 所示。

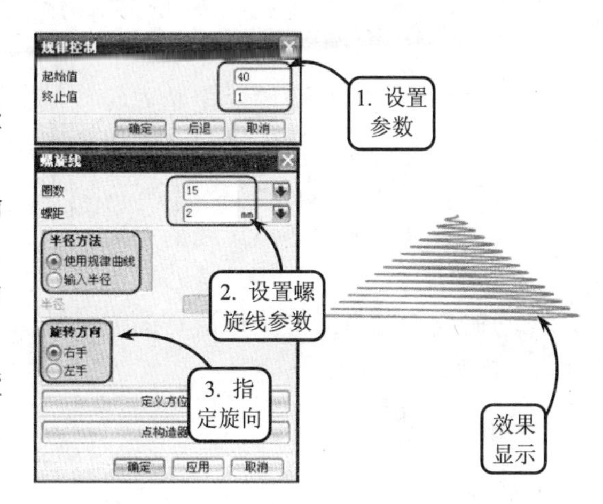

图 4-58 利用【线性】方式绘制螺旋线

❑ 二次

此方式用来设置螺旋线的旋转半径为三次方变化。单击【三次】按钮，在【起始值】及【终止值】文本框中输入相应的参数值，并单击【确定】按钮。然后在打开的【螺旋线】对话框相应的文本框中输入螺旋线的相关参数即可。这种方式生成的螺旋线与线性方式比较相似，只是在螺旋线的形式上有所不同，绘制的螺旋线的效果如图 4-59 所示。

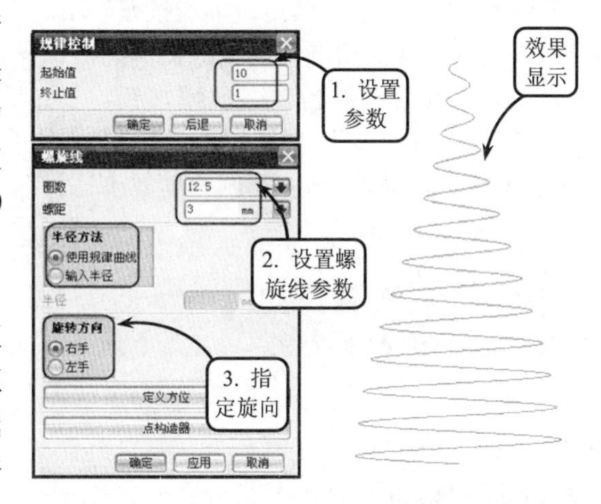

图 4-59 利用【三次】方式绘制螺旋线

❑ 沿着脊线的值—线性

此方式用来生成沿脊线变化的螺旋线，其变化形式为线性的。单击【沿着脊线的值—线性】按钮，根据系统提示，先选取一条脊线，再利用点创建功能指定脊线上的点，并确定螺旋线在该点处的半径值即可，效果如图 4-60 所示。

❑ 沿着脊线的值—三次

此方式是通过脊线和变化的规律值来绘制螺旋线的。单击【沿着脊线的值—三次】按钮，选取脊线，让螺旋线沿此线变化。然后选取脊线上的点，并输入相应的半径值即可。这种方式和上一种创建方式最大的差异就是螺旋线旋转时半径变化的方式：上一种是按线性变化，而这种方式是按三次方变化，绘制的螺旋线效果如图 4-61 所示。

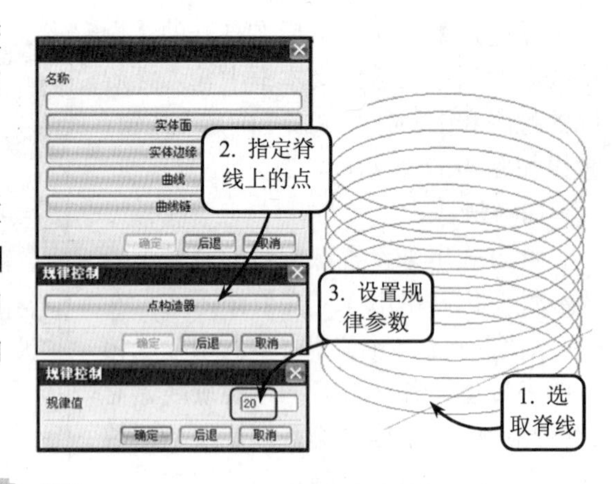

图 4-60 利用【沿着脊线的值—线性】方式绘制螺旋线

❑ 根据方程

利用该方式可以绘制通过指定运算表达式控制的螺旋线。单击【根据方程】按钮，根据提示指定 X 轴上的变量和运算表达式，然后依次完成 Y 轴和 Z 轴上的设置即可。

注 意

在利用该方式之前，首先要定义参数表达式。选择【工具】|【表达式】选项，在打开的【表达式】对话框中可以定义相关的表达式。

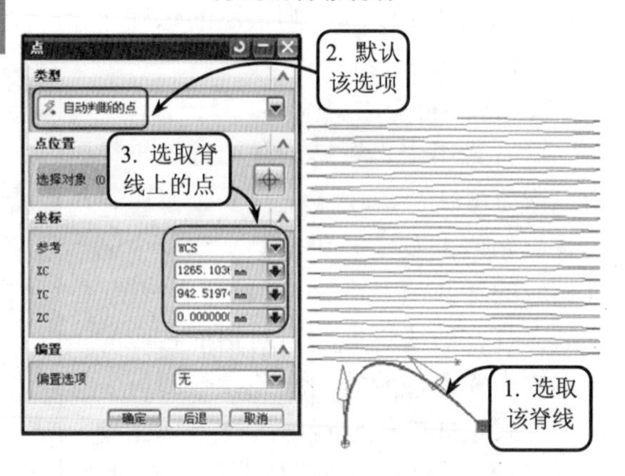

图 4-61 利用【沿着脊线的值—三次】方式绘制螺旋线

❑ 根据规律曲线

此方式是通过规则曲线决定螺旋线的旋转半径来绘制螺旋线的。单击【根据规律曲线】按钮，选取一条规则曲线，然后选取一条脊线来确定螺旋线的方向即可。生成螺旋线的旋转半径将会依照所选的规则曲线并且由工作坐标原点的位置确定。

2. 输入半径

此方式是通过输入螺旋线的半径为一定值来绘制螺旋线的，且螺旋线每圈之间的半径值大小相同。单击该单选按钮，然后在【螺旋线】对话框中的相应文本框内设置参数。接着单击【点构造器】按钮，在绘图区指定一点作为螺旋线的基点，最后单击【确定】按钮即可，绘制的螺旋线效果如图 4-62 所示。

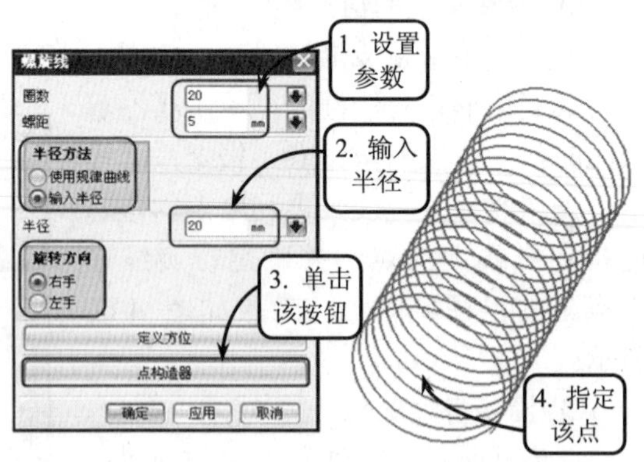

图 4-62 利用【输入半径】方式绘制螺旋线

4.3 曲线操作

在曲线的创建过程中，由于大部分的曲线属于非参数性曲线类型，在空间中具有很大的随意性和不确定性。通常曲线创建完成后并不能满足用户的要求，这就需要调整曲线的很多细节，通过调整这些细节可以使曲线更加光滑、美观。曲线的操作具体包括：偏置曲线、桥接曲线、相交曲线、镜像曲线，以及抽取等编辑操作方式。

4.3.1 偏置曲线

偏置曲线是通过现有曲线按照一定的方式进行偏置生成的新曲线。可选取的偏置对象包括共面或共空间的各类曲线和实体边，但主要用于对共面曲线（开口或闭口）进行偏置。创建的偏置曲线与原曲线具有关联性，即当对原草图曲线进行修改变化时，所偏置的曲线也将发生相应的变化。

在【曲线】工具栏中单击【偏置曲线】按钮将打开【偏置曲线】对话框，如图 4-63 所示。该对话框中包含了 4 种偏置曲线的修剪方式。

图 4-63 【偏置曲线】对话框

❑ 距离

该方式是按给定的偏置距离进行偏置曲线的操作的。选择该选项，然后在【距离】和【副本数】文本框中分别输入偏移的距离和生成偏移曲线的数量，并指定矢量方向，接着设置其他参数并单击【确定】按钮即可，效果如图 4-64 所示。

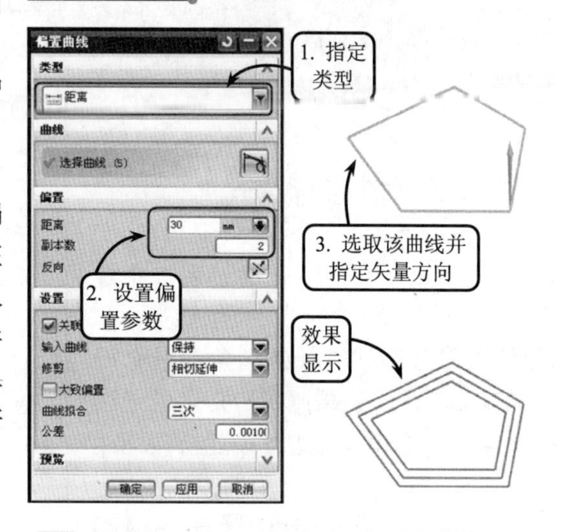

图 4-64 利用【距离】方式偏置曲线

❑ 拔模

该方式是将曲线按指定的拔模角度偏移到与曲线所在平面相距拔模高度的平面上。拔模高度为原曲线所在平面和偏移后所在平面的距离，拔模角度为偏移方向与原曲线所在平面的法线的夹角。选择该选项，然后在【高度】和【角度】文本框中分别输入拔模高度和拔模角度的值，并指定偏置矢量的方向，接着设置其他参数并单击【确定】按钮即可，效果如图 4-65 所示。

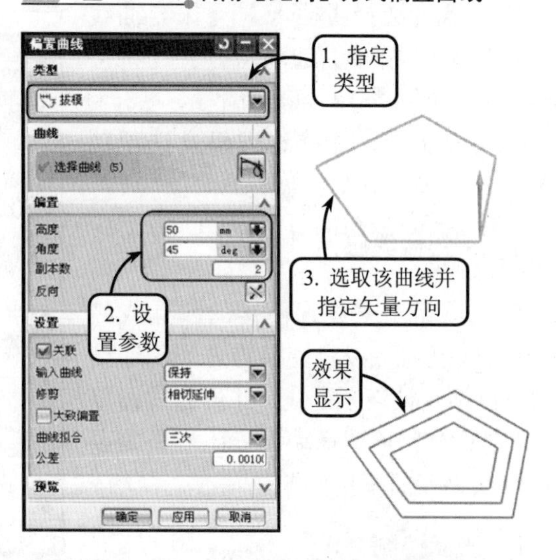

图 4-65 利用【拔模】方式偏置曲线

❑ 规律控制

该方式是按照规律控制偏移距离进行偏移曲线的操作的。选择该选项，从【规律类型】下拉列表框中选择相应的偏移距离的规律控制方式，然后选取要偏置的曲线且指定偏置的矢量方向即可，效果如图 4-66 所示。

❑ **3D 轴向**

该方式是以轴矢量为偏置方向进行偏置曲线的操作的。选择该选项，然后选取要偏置的曲线，并在【距离】文本框中输入偏置距离的值。接着指定偏置的矢量方向，并单击【确定】按钮即可，效果如图 4-67 所示。

提 示

此外，在该对话框中除了偏置曲线外，还可以通过【输入曲线】选项组设置原始曲线的保留方式，通过【修剪】选项组设置偏移曲线的修剪方式。

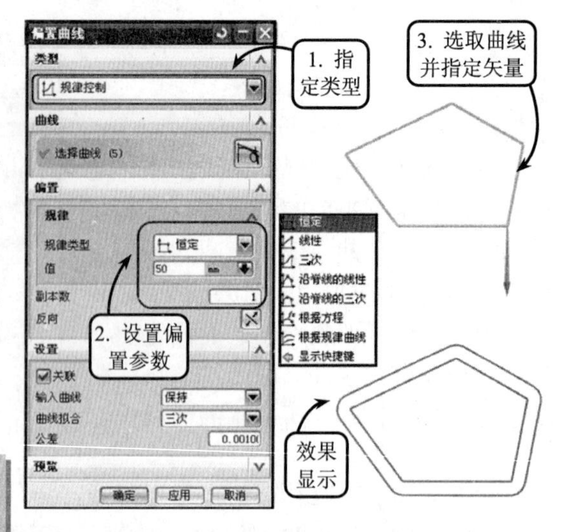

图 4-66 利用【规律控制】方式偏置曲线

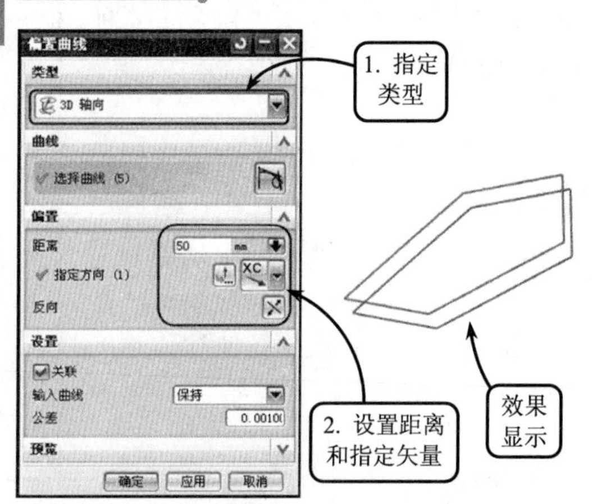

图 4-67 利用【3D 轴向】方式偏置曲线

4.3.2 桥接操作

桥接曲线即在曲线上通过用户指定的点为两条不同位置的曲线（包括实体和曲面的边缘线等）进行倒圆角或融合操作。在 UG NX 中，按照用户指定的连续条件、连接部位和方向进行创建桥接曲线的操作是曲线连接中最常用的方法。

在【曲线】工具栏中单击【桥接曲线】按钮，或者选择【插入】|【来自曲线集的曲线】|【桥接】选项将打开【桥接曲线】对话框，如图 4-68 所示。

该对话框中的主要选项组及选项功能如下。

1. 桥接曲线属性

该选项组用来设置桥接的起点或终点的位置、方向，以及连接点之间的连续方式，包括 4 种连续方式，并可通过设置 U、V 向百分比值或拖动百分比滑块来设定起点或终点的桥接位置。

2. 形状控制

该选项组主要用于设置桥接曲线的

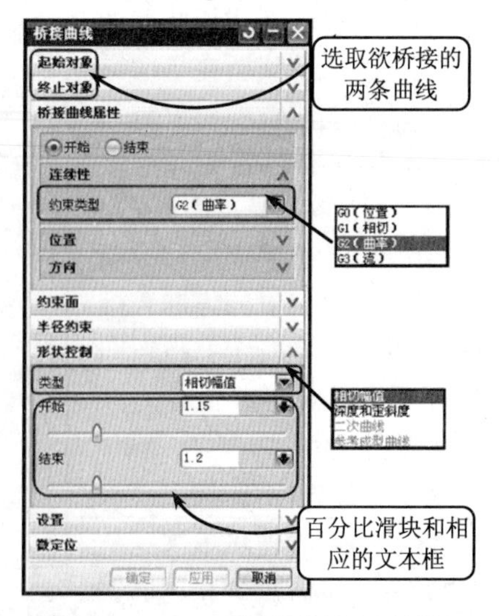

图 4-68 【桥接曲线】对话框

形状控制方式。桥接曲线的形状控制方式有以下 4 种，选择不同的方式，其下方的参数设置选项也有所不同。

❑ **相切幅值**

该方式是通过改变桥接曲线与第一条曲线或第二条曲线连接点的切矢量值控制曲线的形状的。要改变切矢量值，可以通过拖动【开始】或【结束】选项组中的滑块，也可以直接在其右侧的文本框中分别输入相应的切矢量值改变曲线的形状，效果如图 4-69 所示。

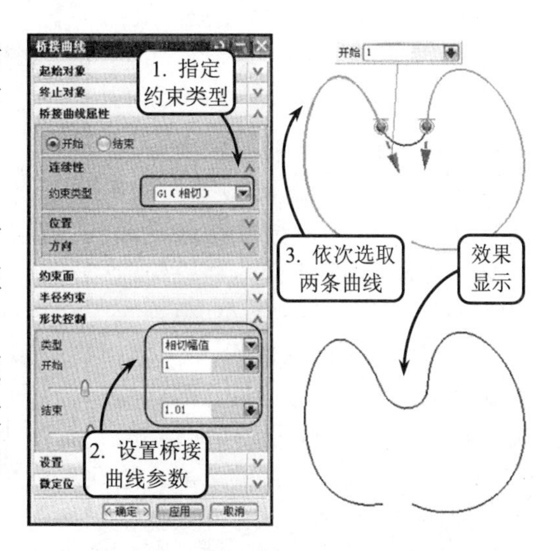

图 4-69　利用【相切幅值】方式桥接曲线

❑ **深度和歪斜度**

该方式通过改变曲线峰值的深度和倾斜度值控制曲线的形状。其使用方法和相切幅值方式一样，可以通过输入深度值或拖动滑块改变曲线的形状，效果如图 4-70 所示。

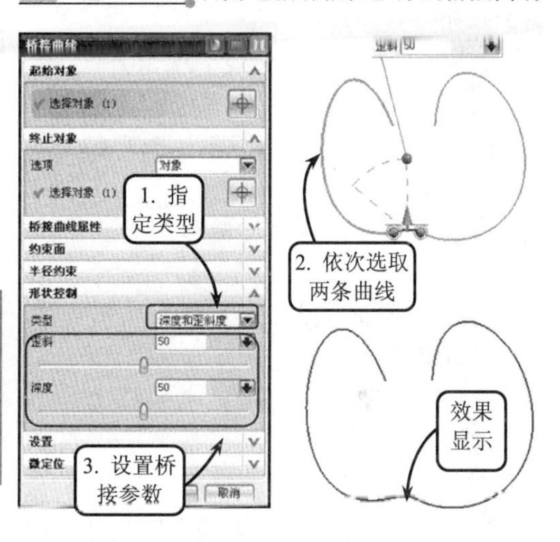

图 4-70　利用【深度和歪斜度】方式桥接曲线

提　示

【深度】是指桥接曲线峰值点的深度值，即影响桥接曲线形状的曲率百分比；【歪斜】是指桥接曲线峰值点的倾斜度，用来设定沿桥接曲线从第一条曲线向第二条曲线度量时峰值的百分比。

❑ **二次曲线**

该方式仅在相切连续方式下才有效。选择该形状控制方式后，可通过改变桥接曲线的 Rho 值来控制桥接曲线的形状。可以在 Rho 的文本框中输入 0.01～0.99 范围内的数值，也可以拖动滑块来控制曲线的形状。Rho 值越小，过渡曲线越平坦，Rho 值越大，曲线越陡峭，效果如图 4-71 所示。

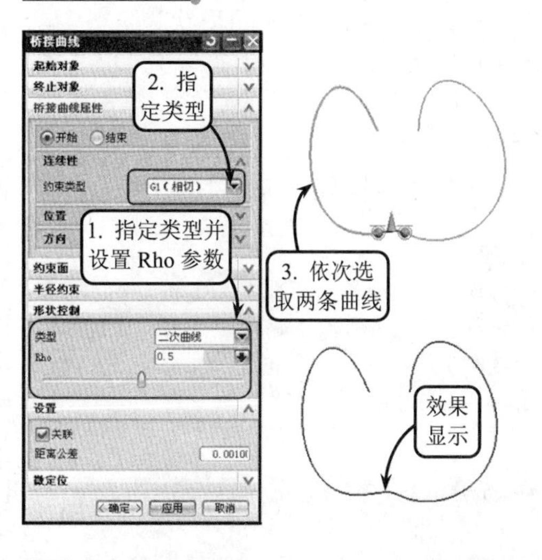

图 4-71　利用【二次曲线】方式桥接曲线

❑ **参考成型曲线**

选择该选项，依次在绘图区选取第一条曲线和第二条曲线，然后选取参考的成型曲线。此时，系统会自动生成开始和结束曲线的桥接曲线，效果如图

4-72 所示。

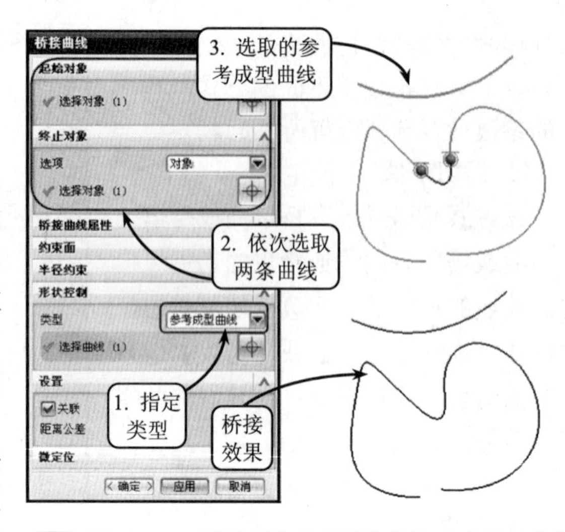

图 4-72　利用【参考成型曲线】方式桥接曲线

4.3.3　简化操作方法

简化曲线以一条最合适的逼近曲线来简化一组选择的曲线，它将这组曲线简化为圆弧或直线的组合，即将高次方曲线降低成二次或一次曲线。

单击【曲线】工具栏中的【简化曲线】按钮将弹出【简化曲线】对话框，如图 4-73 所示。简化曲线的一般方法为：选择原曲线的保留方式，并选择原曲线，然后选择简化曲线的方式，单击【确定】按钮即可。

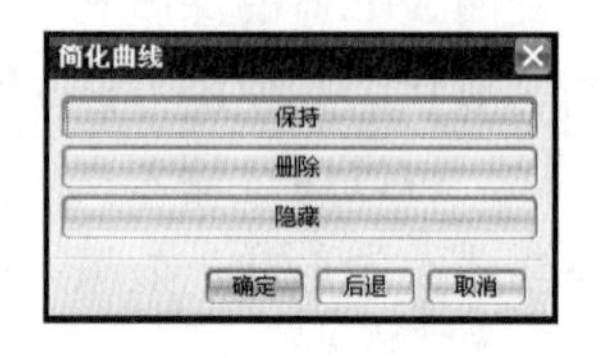

图 4-73　【简化曲线】对话框

该对话框中包括 3 种曲线的保留方式，介绍如下。

- ❑ **保持**　单击该按钮，简化后原曲线保持原样不变。
- ❑ **删除**　单击该按钮，简化后的原曲线被删除。
- ❑ **隐藏**　单击该按钮，简化后的原曲线被隐藏。

例如，单击【删除】按钮，并依据【选择要逼近的曲线】对话框的提示选取要简化的曲线。若要简化的曲线彼此首尾连接，可单击【成链】按钮，并单击【确定】按钮即可，如图 4-74 所示。

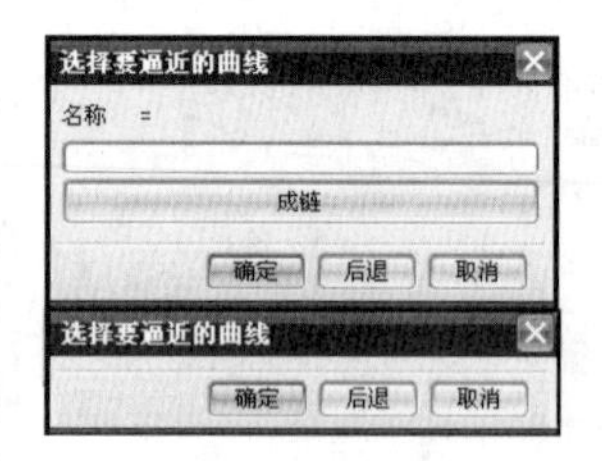

图 4-74　【选择要逼近的曲线】对话框

如果想了解简化后曲线的形状和阶数，可以选择【信息】|【对象】选项，将弹出【类选择】对话框。选择简化后的曲线，单击【确定】按钮，通过弹出的【信息】文本框了解简化后的曲线数目和阶数，如图 4-75 所示。

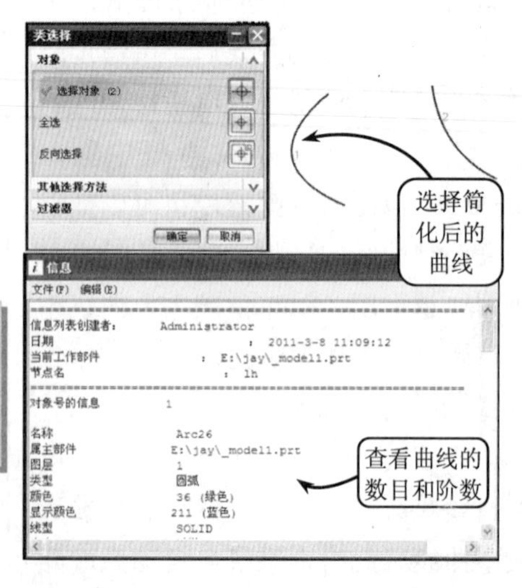

图 4-75　查看曲线的数目和阶数

提　示

选取曲线时，一次最多可以选取 512 条曲线。若多条简化曲线首尾彼此连接，也可以单击【成链】按钮，然后选取第一条曲线和最后一条曲线，并同时选取期间彼此相连的一组曲线即可。

4.3.4　连结曲线操作

连结曲线可将一系列曲线或边连结到一

起，以创建单条 B 样条曲线。该 B 样条曲线是与原先的曲线链近似的多项式样条曲线，或者是确切表示原曲线链的一般样条曲线。

若选取的曲线是封闭的样条曲线，且样条的起点和终点不是相切连续的，则创建的曲线为一个开放样条曲线。若封闭样条在起点和终点的相交处相切连续，则最终的样条也会在起点和终点的连结处相切连续，并且是周期性的。如果在曲线之间没有间隙，并且所有曲线都是相切连续的，则使用连结曲线将创建选定曲线链的精确表示形式，但是如果存在大于距离公差的间隙，则无法连结曲线。

在【曲线】工具栏中单击【连结曲线】按钮将打开【连结曲线】对话框，如图 4-76 所示。该对话框中主要选项的含义及功能如下。

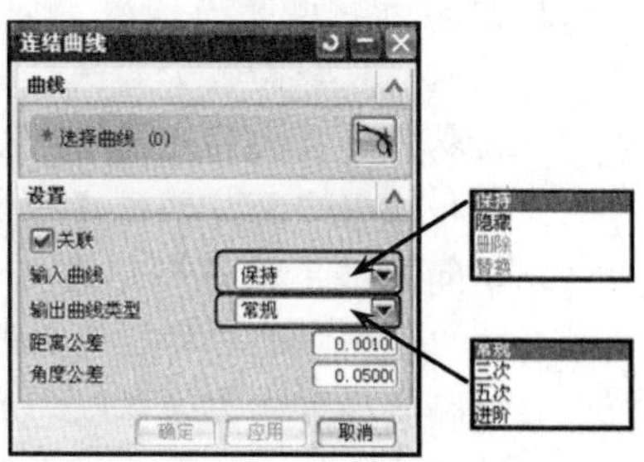

图 4-76 【连结曲线】对话框

- ❑ **关联** 该复选框用于创建与输入曲线相关联的样条曲线。
- ❑ **输入曲线** 该列表框用于指定对原始输入曲线的处理，如隐藏、删除、替换等，这些选项的可用性取决于【关联】复选框的设置。
- ❑ **输出曲线类型** 该列表框包括如下 4 种方式。
  - ➢ **常规** 将每条原始曲线转换为样条曲线，如有必要，则转换为有理样条曲线，然后将它们连结成单个样条。常规选项可以创建比三次或五次类型创建更高阶次的高次曲线。
  - ➢ **三次** 通过用多项式样条曲线逼近原始曲线。使用【三次】选项生成的曲线在用于构建自由曲面特征时可以将结点爆炸、最小化。
  - ➢ **五次** 该选项通过五次多项式样条曲线逼近原始曲线。
  - ➢ **进阶** 该选项使用最高阶次和最大段数来创建连结曲线逼近原始曲线。

利用【连结曲线】对话框，连续选取要连结的曲线，并将对话框中其他选项设置为默认，然后单击【确定】按钮，其最终效果如图 4-77 所示。

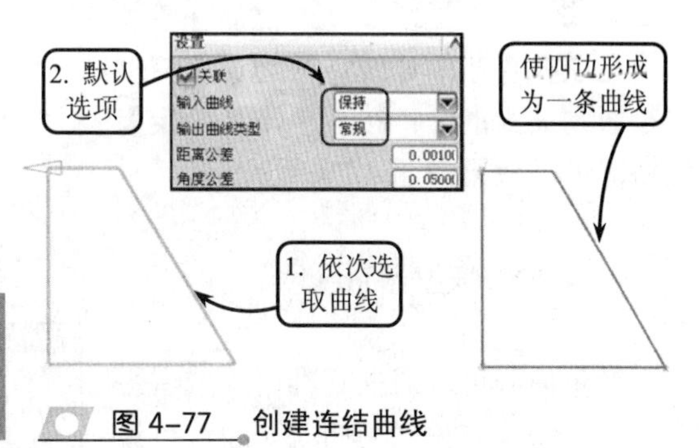

图 4-77 创建连结曲线

提 示

在利用【连结曲线】对话框选取曲线时，如果不希望输出样条与输入曲线关联，则可以禁用【关联】复选框。

4.3.5 投影曲线

投影曲线可以将曲线、边和点投影到片体、面和基准平面上。在投影曲线时可以指定投影方向、点或面的法向的方向等。投影曲线在孔或面边缘处都要进行修剪，投影之后可以自动连结输出的曲线成一条曲线。

在【曲线】工具栏中单击【投影曲线】按钮将打开【投影曲线】对话框，如图 4-78 所示。

该对话框的【方向】列表框中包括 5 种投影方向，投影方向的不同决定了创建投影曲线效果的不同，如下所述。

- ❑ **沿面的法向** 该选项沿所选投影面的法向向投影面投影曲线，选取的面可以是基准平面、其他实体表面或封闭的整体图形等类型。
- ❑ **朝向点** 该选项从原定义曲线朝着一个点向选取的投影面投影曲线。其一般操作方法为：选取投影指向的点，然后依次选取要投影的曲线和投影平面，单击【确定】按钮即可。
- ❑ **朝向直线** 该选项沿垂直于选取直线或参考轴的方向向选取的投影面投影曲线。其一般方法是：选取投影指向的直线或参考轴，然后再依次选取投影曲线和投影片面即可。
- ❑ **沿矢量** 该选项用于沿设定的矢量方向向选取的投影面投影曲线。该操作方法简单，如果选取的矢量方向同投影曲线所在的平面垂直，其效果与沿面的法向投影效果相同。
- ❑ **与矢量成角度** 该选项沿与设定矢量方向成一角度的方向向选取的投影面投影曲线。其中角度值的正负是以原始曲线的几何中心点为参考点来设定的。如果设置为负值，则投影曲线向参考点方向收缩；反之，则投影曲线扩大。

图 4-78 【投影曲线】对话框

现以【沿面的法向】方式为例介绍其具体创建投影曲线的操作方法，其他方式与之类似，这里不再赘述。

单击【投影曲线】按钮，并指定投影方向为【沿面的法向】；然后在绘图区中选取要投影的曲线，并选取要将曲线投影到其上的面；接着单击【确定】按钮即可，效果如图 4-79 所示。

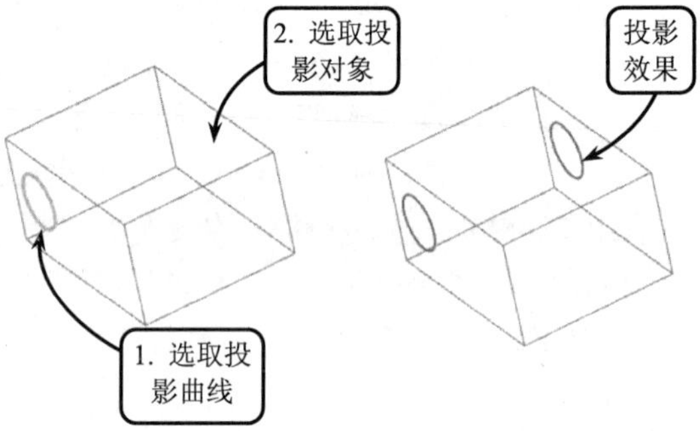

图 4-79 利用【沿面的法向】方式投影曲线

4.3.6 镜像曲线

镜像曲线可以通过基准平面或者平面复制关联或非关联的曲线和边。可镜像的曲线包括任何封闭或非封闭的曲线，选定的镜像平面可以是基准平面、平面或者实体的表面等类型。

在【曲线】工具栏中单击【镜像曲线】按钮将打开【镜像曲线】对话框。然后选取要镜像的曲线，并选取基准平面即可完成镜像曲线的创建，效果如图 4-80 所示。

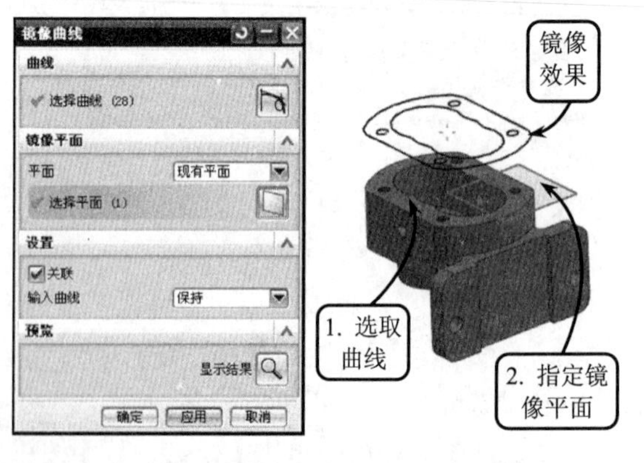

图 4-80 镜像曲线

4.3.7 求交操作

图 4-81 【相交曲线】对话框

相交曲线用于生成两组对象的交线，各组对象可分别为一个表面（若为多个表面，则必须属于同一实体）、一个参考面、一个片体或一个实体。创建相交曲线的前提条件是：打开的现有文件必须是两个或两个以上的相交的曲面或实体，反之将不能创建求交曲线。

在【曲线】工具栏中单击【相交曲线】按钮将打开【相交曲线】对话框，如图 4-81 所示。

该对话框包括了创建相交曲线的两个重要选项组和常用选项，如下所述。

- ❑ **第一组** 该选项组用于选取欲生成交线的第一组对象。
- ❑ **第二组** 该选项组用于选取生成交线的第二组对象。
- ❑ **保持选定** 该复选框用于设置单击【应用】按钮后重复选取第一组和第二组对象。
- ❑ **公差** 该文本框用于设置距离公差。

单击【相交曲线】按钮，选取图中的正方体上表面作为第一组相交曲面，然后选取圆柱体的曲面作为第二组相交曲面，接着单击【确定】按钮即可完成操作，效果如图 4-82 所示。

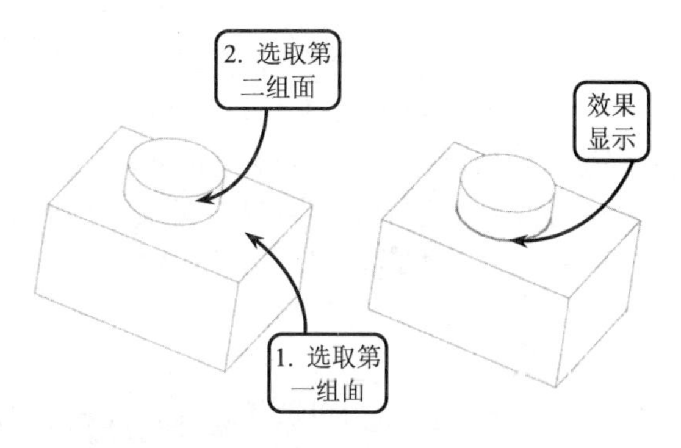

图 4-82 创建相交曲线

4.3.8 创建截面

截面曲线用来将设定的平面与选定的曲线、平面、表面或者实体等对象相交，生成相交的几何对象。如果是平面与曲线相交，可以得到一个点；如果是面与面相交，则得到截面曲线。在创建截面曲线时，同创建相交曲线一样，也需要打开一个现有的文件，且该文件中的被剖切面与剖切面之间必须在空间是相交的，否则将不能创建截面曲线。

单击【截面曲线】按钮将打开【截面曲线】对话框，如图 4-83 所示。该对话框提供了以下 4 种创建截面曲线的方法。

图 4-83 【截面曲线】对话框

- ❑ **选定的平面** 该方式通过选取某平面作为截交平面来生成截面曲

线。选取的平面是单一平面，可以是基准平面和实体的表面等类型。

- ❑ **平行平面** 该方式通过设置一组等间距的平行平面作为截交平面来生成截面曲线。等间距的平面是假设的平面，由各参数定义。
- ❑ **径向平面** 该方式通过设定一组等角度扇形展开的放射平面作为截交平面来生成截面曲线。
- ❑ **垂直于曲线的平面** 该方式通过设定一个或一组与选定曲线垂直的平面作为截交平面来生成截面曲线。

下面以【选定的平面】方式为例介绍其具体的操作方法。首先选取圆柱体为要剖切的对象，然后根据提示选取创建的基准平面为剖切平面，接着单击【确定】按钮即可完成截面曲线的创建，效果如图 4-84 所示。

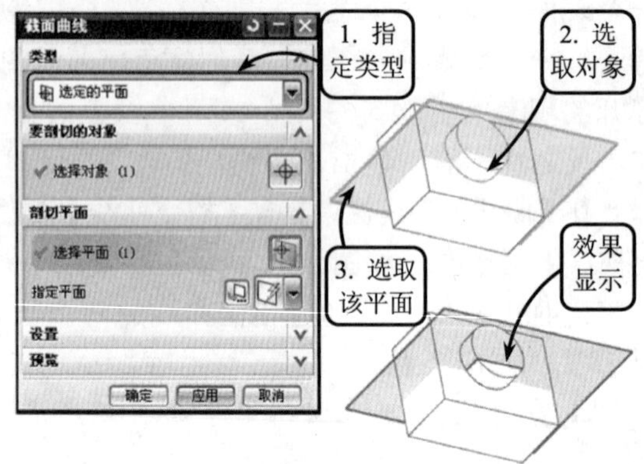

图 4-84 创建截面曲线

4.3.9 抽取操作创建曲线

抽取曲线通过一个或者多个选定对象的边缘和表面生成曲线（直线、弧、二次曲线和样条曲线等），抽取的曲线与原对象无关联性。此方法是在已经存在的实体上提取曲线的，可以利用现有的实体快速生成曲线。

在【曲线】工具栏中单击【抽取曲线】按钮将打开【抽取曲线】对话框，如图 4-85 所示。该对话框中包括了 6 种抽取曲线的类型，分别介绍如下。

图 4-85 【抽取曲线】对话框

❑ **边曲线**

该按钮用于指定由表面或实体的边缘抽取曲线。

❑ **等参数曲线**

该按钮用于在表面上指定方向，并沿着指定的方向抽取曲线。

❑ **轮廓线**

该按钮用于从轮廓被设置为不可见的视图中抽取曲线。此方法适用于抽取无边缘线的表面上的侧面轮廓线（如球面、圆柱面的侧面）。

❑ **工作视图中的所有边**

该按钮用于对视图中的所有边缘抽取曲线，此时产生的曲线将与工作视图的设置有关。

❑ **等斜度曲线**

该按钮用于利用定义的角度与一组表面相切产生等斜线。

❑ **阴影轮廓**

该按钮用于对选定对象的可见轮廓线产生抽取曲线。

在上述的 6 种方式中，主要利用了已知实体的边缘线来产生抽取曲线，以下将以【等参数曲线】和【等斜度曲线】方式为例介绍其具体的操作方法。其他选项的操作类似，这里不再一一做详细介绍。

1．等参数曲线

在【抽取曲线】对话框中单击该按钮将打开【等参数曲线】对话框，如图4-86所示。该对话框中的各个选项用法如下所述。

图4-86 【等参数曲线】对话框

- **U恒定与V恒定** 该单选按钮用于设置曲线产生的方向。指定表面后，系统将会暂时出现U/V的方向坐标，选择某一方向将决定抽取曲线的产生方向。
- **曲线数量** 该文本框用于设置生成抽取曲线的数目。
- **百分比** 该选项组用于设置曲线在表面上的百分比位置，用来控制生成等参数曲线的区域。
- **选择新的面** 该按钮用于选择要抽取曲线的表面。

例如，在【等参数曲线】对话框中选择【U恒定】单选按钮，并设置曲线数量为“3”；然后选取图中长方体上表面为抽取对象；接着单击【确定】按钮即可，效果如图4-87所示。

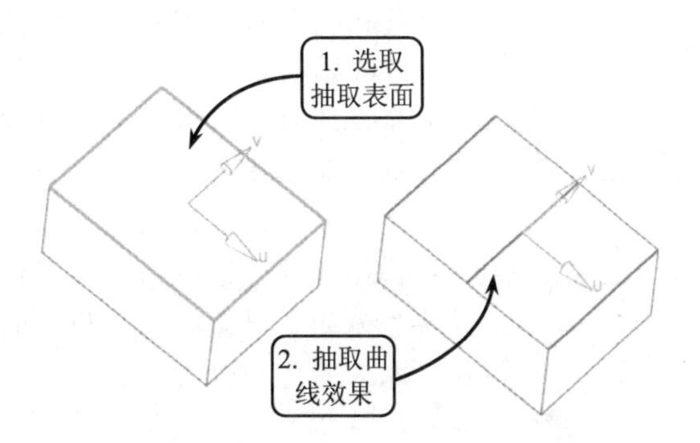

图4-87 利用【等参数曲线】方式抽取曲线

2．等斜度曲线

在【抽取曲线】对话框中单击【等斜度曲线】按钮将打开【矢量】对话框。然后选取一个矢量，并单击【确定】按钮。此时，将打开【等斜度角】对话框，如图4-88所示。

图4-88 【等斜度角】对话框

在该对话框中，如果选择【单个】单选按钮，【角度】文本框就会被激活，系统将会在选定的表面上按照指定的角度产生一条单一的抽取曲线；如果选择【族】单选按钮，除【角度】以外的其他文本框将被激活。此时，系统会在选定的表面上按照指定的角度范围和角度间隔产生相应的等斜度曲线。

4.4 曲线编辑

在UG NX中，由于大多数曲线属于非参数性自由曲线，在空间具有较大的随意性和不确定性，很难一次性构建出符合设计要求的曲线特征。这就需要利用本节介绍的编辑曲线的工具，通过对曲线特征的相关编辑来创建出符合设计要求的曲线，其具体的编辑方法包括参数编辑、修剪曲线、修剪拐角，以及分割曲线等。

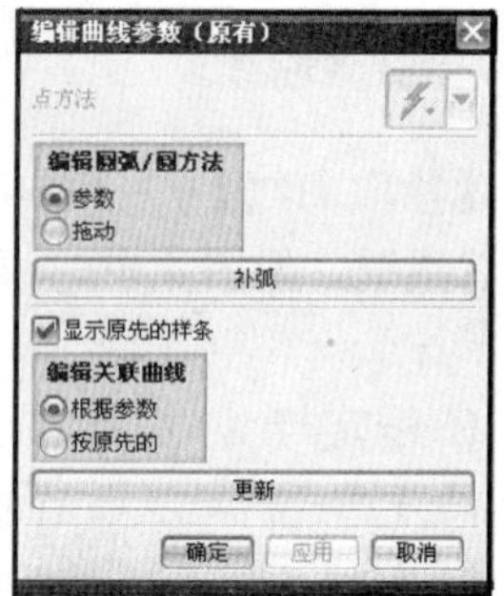

图 4-89 【编辑曲线参数（原有）】对话框

4.4.1 参数编辑

参数编辑是指通过重定义曲线的参数以对曲线的形状和大小进行精确的修改。选择【编辑】|【曲线】|【参数（原有的）】选项将打开【编辑曲线参数（原有）】对话框，如图 4-89 所示。其对话框中主要选项如下。

- ❑ **点方法** 该列表框用于设置系统在绘图区捕捉点的方式，设置某一方式后，系统可以捕捉特定的点。
- ❑ **参数** 若单击【参数】单选按钮，在选取了圆弧或圆后则可在对话框跟踪条的参数文本框中输入新的圆弧或圆的参数值。
- ❑ **拖动** 若选择的是圆弧的端点，则可利用拖动的功能或辅助工具栏来定义新的端点的位置；若选择的是圆弧的非控制点，则可利用拖动的功能改变圆弧的半径及起、止圆弧角，还可以通过拖动功能改变圆的大小。
- ❑ **补弧** 该按钮用于单击【参数】单选按钮时，如果在选取了圆弧后单击【补弧】按钮，则系统会显示该圆弧的互补圆弧。
- ❑ **显示原先的样条** 该复选框用来设置编辑关联曲线后曲线间的相关性是否存在；若单击【按原先的】单选按钮，原来的相关性将会被破坏；若单击【根据参数】单选按钮，原来的相关性仍然存在。
- ❑ **更新** 单击该按钮可以恢复前一次的编辑操作。

要编辑参数的曲线有多种类型，可以是直线、圆弧/圆，也可以是样条曲线。根据选取对象的不同，可以分为以下 3 类曲线参数的编辑。

1. 编辑直线参数

在进行曲线编辑过程中，如果选择的对象是直线，则可以编辑直线的端点位置和直线参数（长度和角度）。在【编辑曲线参数（原有）】对话框中选择【参数】单选按钮，并选取要编辑的直线。然后在【跟踪条】文本框中设置相关的参数，并按 Enter 键即可，效果如图 4-90 所示。

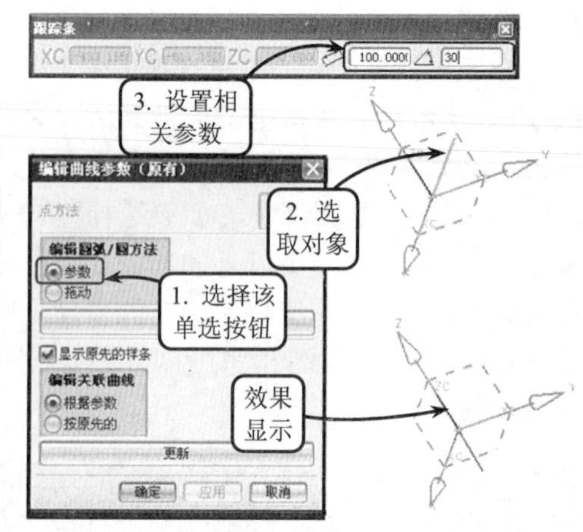

图 4-90 编辑直线参数

2. 编辑圆/圆弧

编辑曲线时，若选择的对象是圆或者圆弧，则可以修改圆或者圆弧的半径、起始及终止圆弧角的参数。编辑圆弧或圆有 4 种方式：移动圆弧或圆、互补圆弧、参数编辑和拖动，如下所示。

- ❑ **移动圆弧或圆**

如果选取的对象是圆弧或圆的圆心，则可以通过在绘图区中移动圆心的位置或在【跟踪条】的 XC、YC 和 ZC 文本框中输入圆心的坐标值来移动整个圆弧或圆，效果如图 4-91 所示。

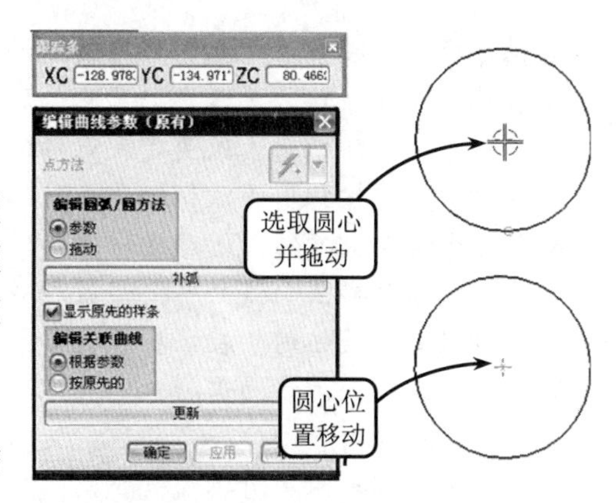

图 4-91　移动圆弧或圆

- ❑ **互补圆弧**

在绘制曲线时，选择【参数】单选按钮，并在绘图区选取圆弧。然后单击【补弧】按钮，系统会显示该圆弧的互补圆弧，效果如图 4-92 所示。

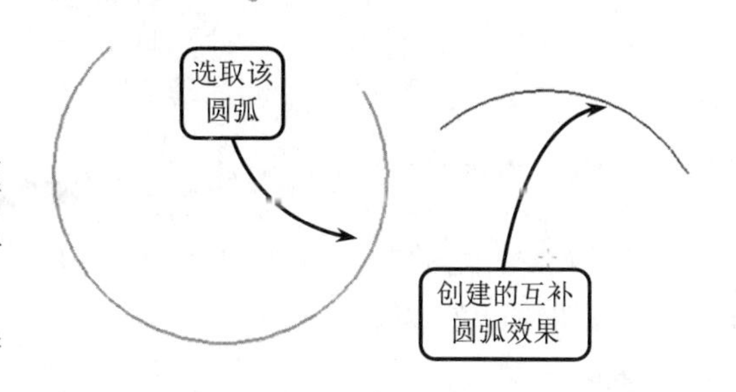

图 4-92　创建圆弧的互补圆弧

- ❑ **参数编辑**

在【编辑曲线参数（原有）】对话框中选择【参数】单选按钮，然后选取圆弧或圆，则可在如图 4-93 所示【跟踪条】的参数文本框中输入新的圆弧或圆的参数值，接着按 Enter 键完成编辑操作。

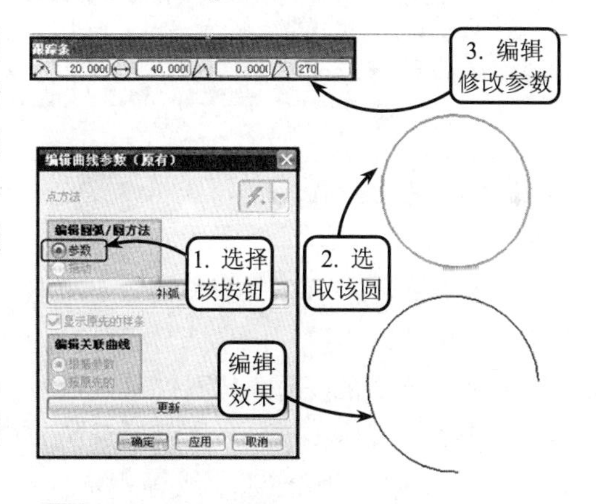

图 4-93　编辑圆

- ❑ **拖动**

若选取的是圆弧的端点，则可以利用拖动的功能或【跟踪条】文本框来定义新端点的位置；若选择的是圆弧的非控制点，则可以利用拖动的功能改变圆弧的半径及起、止圆弧角，也可以通过拖动功能改变圆的大小。

3. 编辑样条曲线参数

如果选择的编辑对象是样条曲线，则可以修改样条曲线的阶数、形状、斜率、曲率和控制点等参数。用户选取样条曲线后将打开【编辑样条】对话框，如图 4-94 所示。

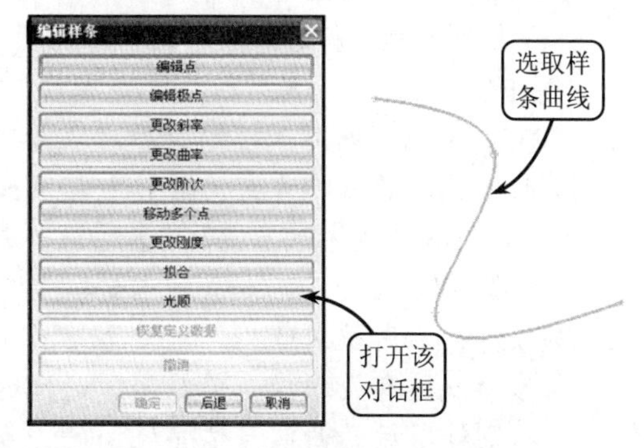

图 4-94　【编辑样条】对话框

该对话框提供了样条曲线的 9 种编辑方式：编辑点、编辑极点、更改斜率、更改曲率、更改阶次、移动多个点、更改刚度、拟合、光顺。另外对话框中还有两个选项：恢复定义数据和撤销。

- ❑ **编辑点**　该按钮用于移动、增加或移去样条曲线的定义点，以改变样条曲线的形状。

- ❑ **编辑极点** 该按钮用于编辑样条曲线的极点。
- ❑ **更改斜率** 该按钮用于改变定义点的斜率。
- ❑ **更改曲率** 该按钮用于改变定义点的曲率。
- ❑ **更改阶次** 该按钮用于改变样条曲线的阶次。
- ❑ **移动多个点** 该按钮用于移动样条曲线的一个节段，以改变样条曲线的形状。该按钮可以修改样条曲线的一个节段但并不影响曲线的其他部分。
- ❑ **更改刚度** 该按钮用于在保持原样条曲线控制点数不变的前提下，通过改变曲线阶次来修改样条曲线的形状。
- ❑ **拟合** 该按钮用于修改样条曲线定义所需的参数，以改变曲线的形状。不过在利用拟合编辑样条曲线时不能改变曲线的曲率。
- ❑ **光顺** 该按钮用于使样条曲线变得较为光滑。

下面以【光顺】方式为例，介绍样条曲线编辑的操作方法。单击该按钮将打开【光顺样条】对话框。然后设置【源曲线】和【约束】选项，并在【阈值】和【分段】文本框中分别输入各阶点所允许的最大移动量和要改变的阶段数。接着单击【逼近】按钮更新样条曲线的节段数，最后单击【光顺】按钮即可，效果如图 4-95 所示。

提 示

在利用【更改刚度】方式编辑样条曲线时，增加阶数，样条曲线会增加刚性；减少阶数，样条曲线会降低刚性。

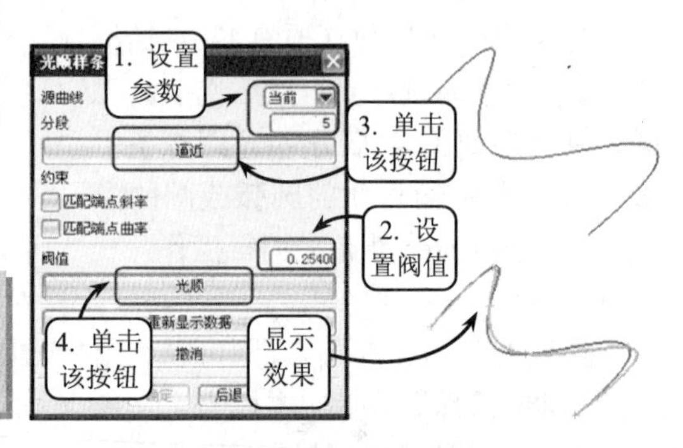

图 4-95 利用【光顺】方式编辑样条曲线

4.4.2 修剪曲线

修剪曲线是根据选择的边缘实体（如曲线、边缘、平面、点或光标位置）和选择的要修剪的曲线段来调整曲线的端点的操作。其不仅可以通过设定的边界对象来调整曲线的端点，也可以延长或修剪直线、圆弧、二次曲线或样条曲线等。

在【编辑曲线】工具栏中单击【修剪曲线】按钮将打开【修剪曲线】对话框，如图 4-96 所示。该对话框中的主要选项如下。

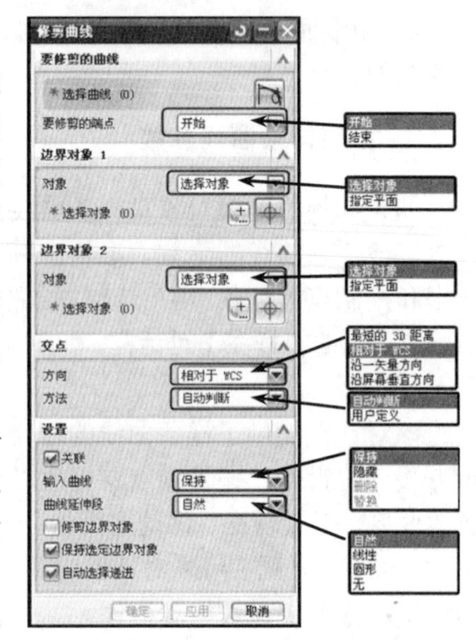

图 4-96 【修剪曲线】对话框

- ❑ **方向** 该列表框用于确定边界对象与待修剪曲线交点的判断方式。具体包括【最短的 3D 距离】、【相对于 WCS】、【沿一矢量方向】，以及【沿屏幕垂直方向】4 种方式。
- ❑ **关联** 如启用该复选框，则修剪后的曲线与原曲线具有关联性，若改变原曲线的参数，则修剪后的曲线与边界之间的关系自动更新。

- **输入曲线** 该列表框用于控制修剪后的原曲线保留的方式。共包括【保持】、【隐藏】、【删除】和【替换】4种方式。
- **曲线延伸段** 如果要修剪的曲线是样条曲线并且需要延伸到边界，则利用该列表框设置其延伸方式，包括【自然】、【线性】、【圆形】和【无】4种方式。
- **修剪边界对象** 如启用该复选框，则在对修剪对象进行修剪的同时，边界对象也被修剪。
- **保持选定边界对象** 启用该复选框，单击【应用】按钮后使边界对象保持被选取状态，此时如果使用与原来相同的边界对象修剪其他曲线，不用再次选取。
- **自动选择递进** 启用该复选框，系统将按照选择的步骤自动地进行下一步操作。

以下将以如图4-97所示的图形对象为例，详细介绍其操作方法。单击【修剪曲线】按钮，并选取圆为修剪对象，然后选取直线 *a* 为第一边界对象，并选取直线 *b* 为第二边界对象。接着接受系统默认的其他设置，并单击【确定】按钮即可。

提 示

在利用修剪曲线工具修剪曲线时，选择边界线的顺序不同，修剪结果也会得到不同的效果。

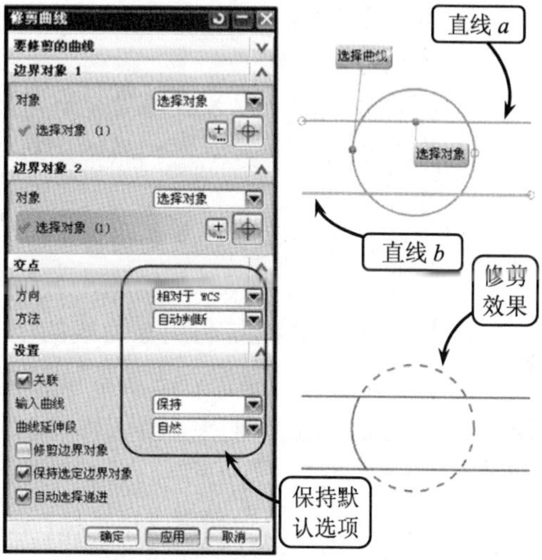

图4-97 修剪曲线

4.4.3 修剪拐角

修剪拐角是指将两条曲线裁剪到它们的交点，从而形成一个拐角，且生成的拐角依附于选择的对象。这两条曲线是指两条不平行的曲线，包括已相交的或将要相交的情况。

在【编辑曲线】工具栏中单击【修剪拐角】按钮将打开【修剪拐角】对话框。此时，用鼠标同时选取欲修剪的两条曲线（选择球的中心位于欲修剪的角部位），并单击确认，两曲线的选中拐角部分会被修剪。然后关闭【修剪拐角】对话框即可，效果如图4-98所示。

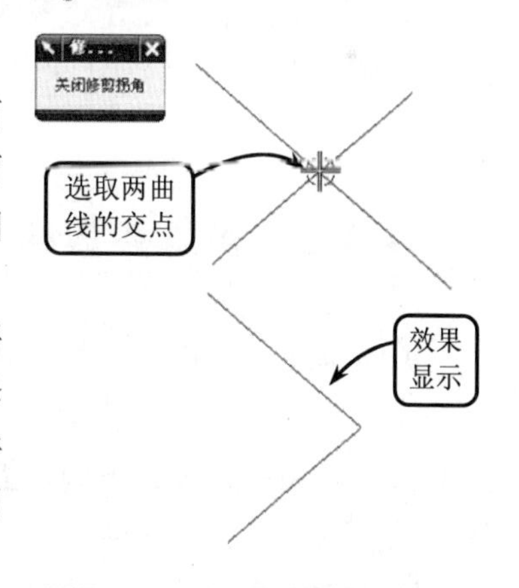

图4-98 修剪拐角

提 示

在修剪拐角时，若选取的曲线中包含样条曲线，系统会打开警告信息，提示该操作将删除样条曲线的定义数据，需要用户给予确认。

4.4.4 分割曲线

分割曲线是指将曲线分割成多个节段，各节段都成为一个独立的实体，并被赋予和原先的曲线相同的线型。能分割的曲线类型几乎不受限制，除草图以外的线条都可以执行该操作。

在【编辑曲线】工具栏中单击【分割曲线】按钮将打开【分割曲线】对话框，如图 4-99 所示。该对话框提供了以下 5 种分割曲线的方式。

图 4-99 【分割曲线】对话框

- ❑ **等分段** 该方式以等长或等参数的方法将曲线分割成相同的节段。
- ❑ **按边界对象** 该方式利用边界对象来分割曲线。
- ❑ **圆弧长段数** 该方式通过分别定义各阶段的弧长来分割曲线。
- ❑ **在结点处** 利用该方式只能分割样条曲线，它在曲线的定义点处将曲线分割成多个节段。
- ❑ **在拐角上** 该方式是在拐角（即一阶不连续点）处分割样条曲线（拐角点是样条曲线节段的结束点方向和下一节段开始点方向不同而产生的点）。

以上 5 种方式都是利用原曲线的已知点来分割曲线的，操作方法基本相同。现以【等分段】方式为例来介绍分割曲线的具体操作方法。

单击【分割曲线】按钮，并选择【等分段】选项。然后选取要分割的曲线，并在相应的文本框中设置等分参数。接着单击【确定】按钮即可，效果如图 4-100 所示。

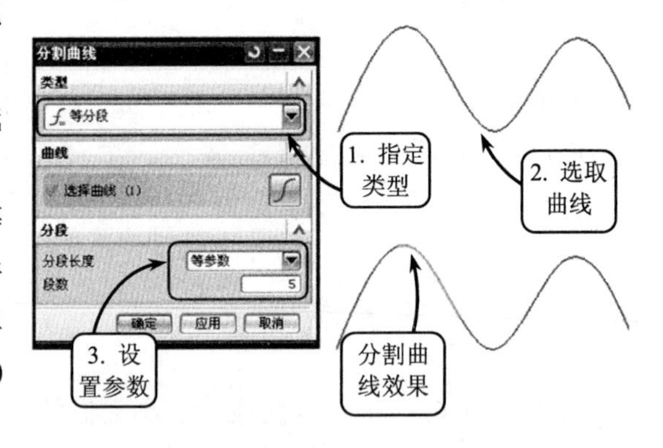

图 4-100 利用【等分段】方式分割曲线

4.4.5 圆角参数编辑

编辑圆角是对已存在的圆角进行修改，使之可以达到设计需求的效果。在【编辑曲线】工具栏中单击【编辑圆角】按钮将打开【编辑圆角】对话框，如图 4-101 所示。该对话框包含了以下 3 种编辑圆角的方式。

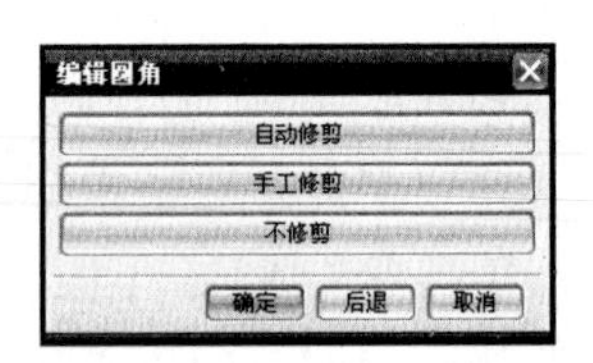

图 4-101 【编辑圆角】对话框

- ❑ **自动修剪** 选择该方式，系统将自动根据圆角来修剪其连接曲线。
- ❑ **手工修剪** 该方式用于在用户干预下修剪圆角的两连接曲线。选择该方式后，可根据系统提示设置对话框中的相应参数。然后确定是否修剪圆角的第一条连接曲线，若修剪，则选定第一条连接曲线；接着确定是否修剪圆角的第二条连接曲线，若修剪，则选定第二条连接曲线即可。
- ❑ **不修剪** 选择该方式，则不修剪圆角的两连接曲线。

4.4.6 拉长曲线

图 4-102 【拉长曲线】对话框

拉长曲线主要用来移动几何对象，并可以拉伸对象。如果选取对象的端点，其功能是拉伸该对象；如果选取对象端点以外的位置，其功能是移动该对象。在【编辑曲线】对话框中单击【拉长曲线】按钮将打开【拉长曲线】对话框，如图 4-102 所示。

该对话框中各个选项的含义及用法分别介绍如下。

❑ **重置值**

单击该按钮后，分别在【XC 增量】、【YC 增量】、【ZC 增量】文本框中输入对象沿 XC、YC、ZC 坐标轴方向移动或拉伸的位移，效果如图 4-103 所示。

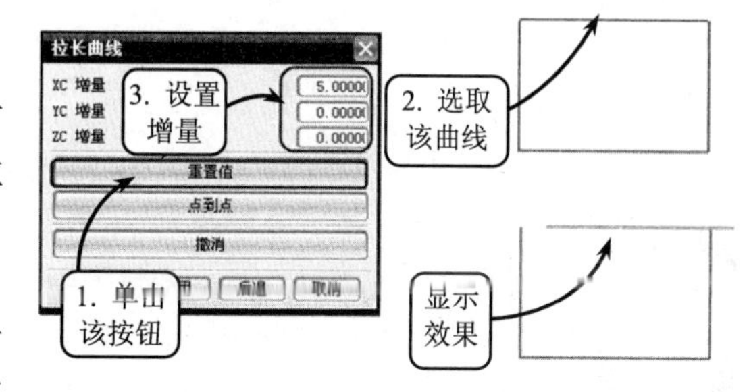

图 4-103 利用【重置值】按钮拉长曲线

❑ **点到点**

单击该按钮后，首先设定一个参考点，然后设定一个目标点，则系统将以该参考点至目标点的方向和距离来移动或拉伸对象。接着单击【确定】按钮即可，效果如图 4-104 所示。

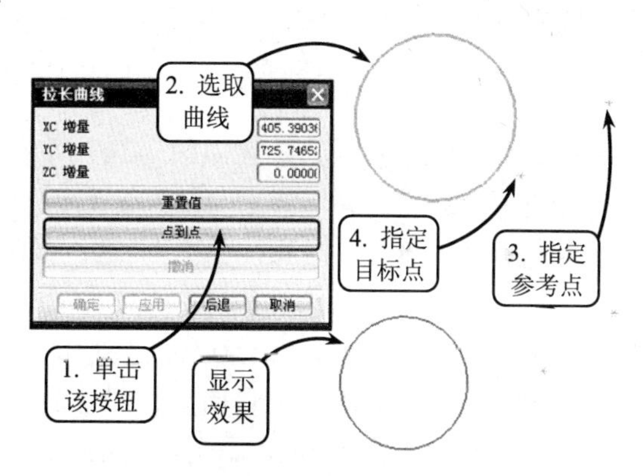

图 4-104 利用【点到点】按钮拉长曲线

4.4.7 曲线长度

执行曲线长度操作可以通过指定弧长增量或总弧长的方式以编辑原曲线的长度。该工具同样具有延伸弧长或修剪弧长的双重功能。利用曲线长度的编辑功能可以在曲线的每个端点处延伸或缩短一段长度，或使其达到一个双重曲线的长度。

在【编辑曲线】工具栏中单击【曲线长度】按钮将打开【曲线长度】对话框，如图 4-105 所示。该对话框的主要选项及含义如下所述。

图 4-105 【曲线长度】对话框

❑ **长度** 该下拉列表框用于设置弧长的编辑方式，包括【增量】和【全部】两种方式。如选择【全部】是以给定总长来编辑选取曲线的弧长；如选择【增量】则是以给定弧长增加量或减少量来编辑选取曲线的弧长。

- **侧**　该下拉列表框用来设置修剪或延伸的方式，包括【起点和终点】和【对称】两种方式。【起点和终点】是从选取曲线的起点或终点开始修剪及延伸；【对称】则是从选取曲线的起点和终点同时对称地修剪或延伸。
- **方法**　该下拉列表框用于设置修剪和延伸的类型，包括【自然】、【线性】和【圆形】3 种类型。
- **限制**　该面板主要用于设置从起点、终点或起点和终点修剪或延伸的增量值。

要延伸曲线的长度，首先要选取曲线，然后在【延伸】面板中接受系统默认的设置，并在【开始】和【结束】文本框中分别输入增量值，接着单击【确定】按钮即可，效果如图 4-106 所示。

提　示

在延伸曲线长度时，【曲线长度】对话框中的【开始】和【结束】文本框指的是曲线绘制的开始和结束的顺序。

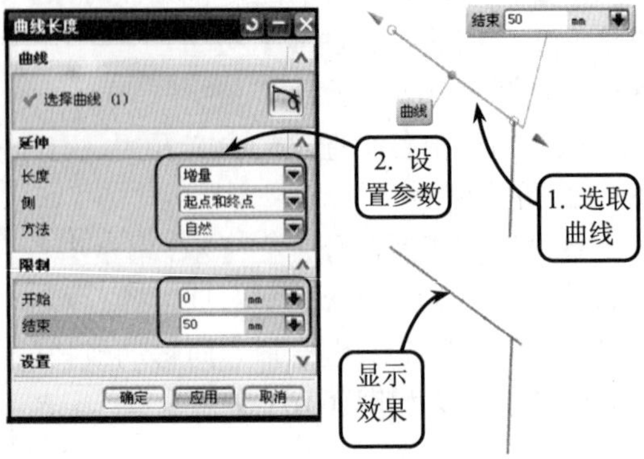

图 4-106　延伸曲线长度

4.5　典型案例 4-1：绘制垫铁线框

本例绘制垫铁零件，效果如图 4-107 所示。该垫铁零件通常放于其他机械零件下面，具有减振和支撑的作用。其主要结构由底板和支撑板组成，其中底板与其他零件相配合，起到定位找平的作用；而支撑板上的轴孔与轴类零件相配合，起到横向支撑的作用。

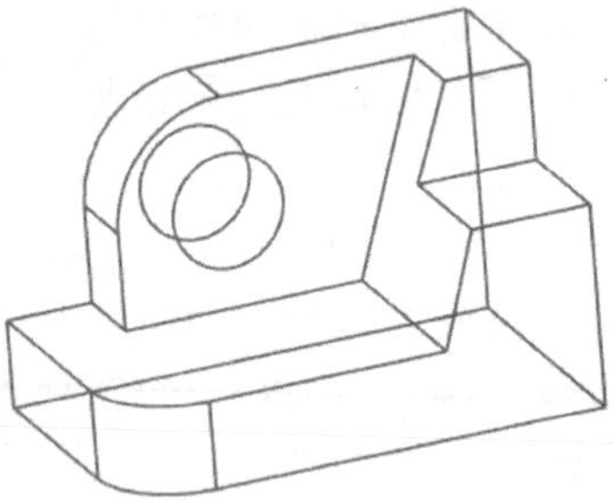

绘制该垫铁零件时，由于该图主要由圆弧和直线构成，因此在绘制过程中大量用到直线工具。首先利用矩形和圆角工具绘制垫铁零件的底面轮廓。然后利用基准平面和相应绘图工具绘制支撑块轮廓。接着利用轮廓、点和圆工具绘制支撑板轮廓，并利用偏置曲线工具创建支撑板特征。最后连接相应的各点即可完成该垫铁零件线框图的绘制。

图 4-107　垫铁零件线框图效果

操作步骤

1 新建一个名称为“DianTie.prt”的文件。然后单击【草图】按钮，选取 XC-YC 平面为草图平面。进入草绘环境后，单击【矩形】按钮，并选取原点为起点，绘制宽度为 56、高度为 35 的矩形，效果如图 4-108 所示。

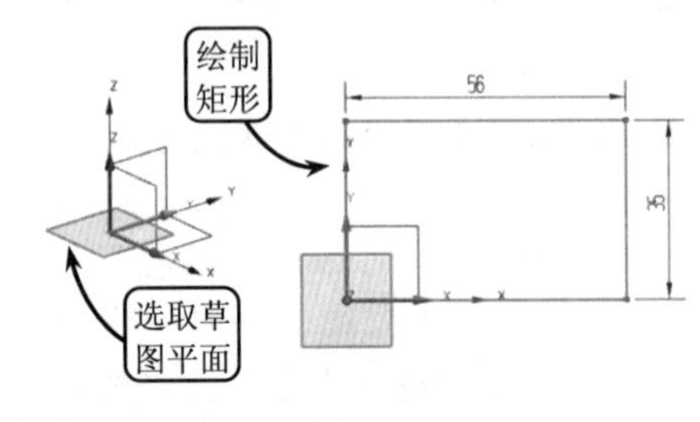

图 4-108　绘制矩形

2 单击【圆角】按钮，输入圆角半径为"R10"，并选取如图 4-109 所示的两条边为要倒圆角的边，绘制圆角。接着单击【完成草图】按钮退出草绘环境。

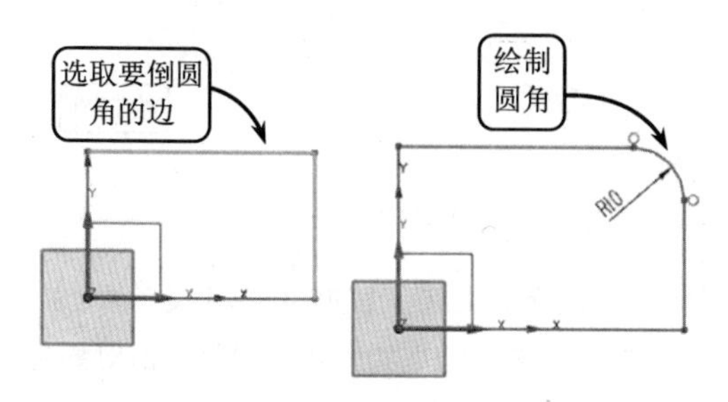

图 4-109 绘制圆角

3 单击【基准平面】按钮将打开【基准平面】对话框。然后指定创建类型为"按某一距离"，并选取 XC-YC 平面为参考平面。接着输入偏置距离为"10"，并单击【确定】按钮创建基准平面，效果如图 4-110 所示。

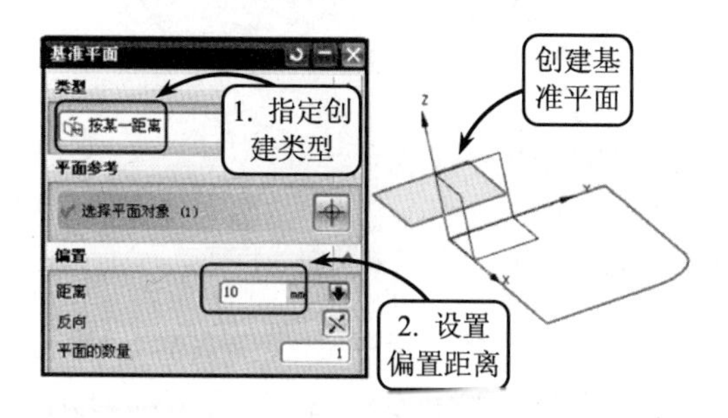

图 4-110 创建基准平面

4 利用草图工具选取创建的基准平面为草图平面。进入草绘环境后，利用点和直线工具绘制如图 4-111 所示尺寸的草图。

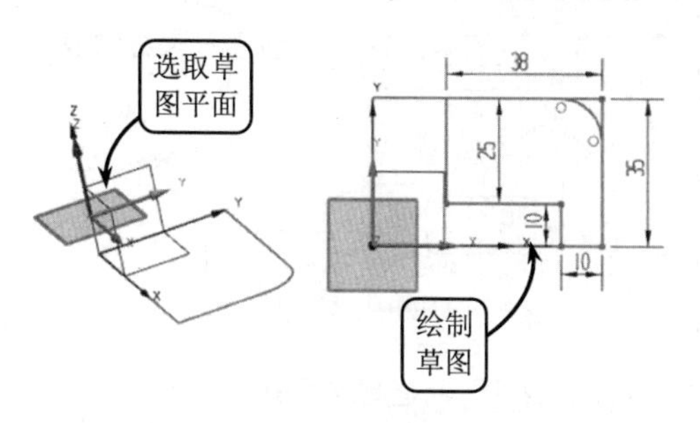

图 4-111 绘制草图

5 利用圆角工具并输入圆角半径为"R10"。然后选取如图 4-112 所示的两条边为要倒圆角的边，绘制圆角。接着单击【完成草图】按钮退出草绘环境。

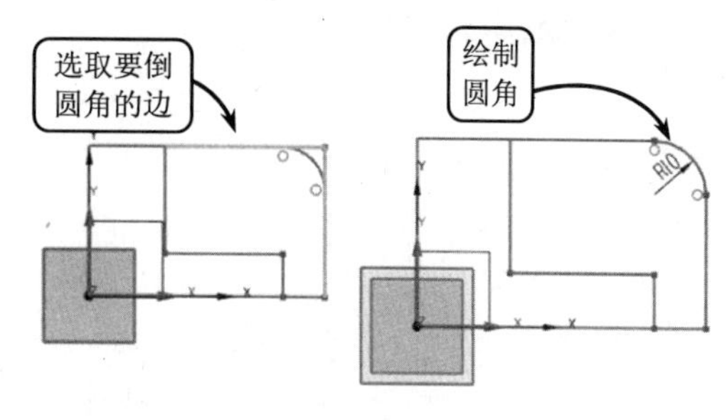

图 4-112 绘制圆角

6 利用基准平面工具并指定创建类型为"按某一距离"。然后选取 XC-YC 平面为参考平面，并输入偏置距离为"23"。接着单击【确定】按钮创建基准平面，效果如图 4-113 所示。

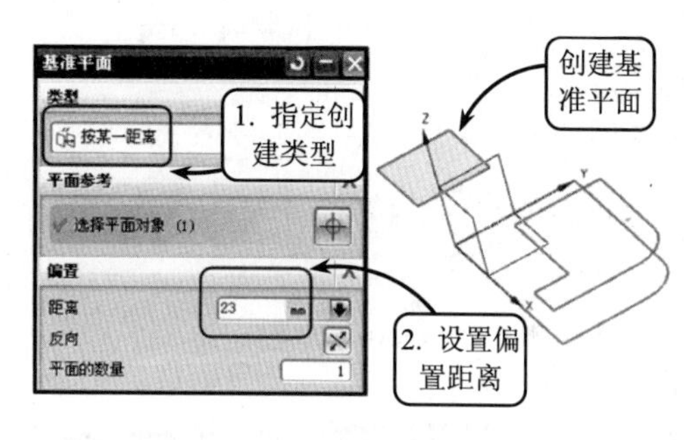

图 4-113 创建基准平面

7 利用草图工具选取创建的基准平面为草图平面。进入草绘环境后，利用矩形工具绘制宽度为 14、高度为 16 的矩形。接着单击【完成草图】按钮退出草绘环境，效果如图 4-114 所示。

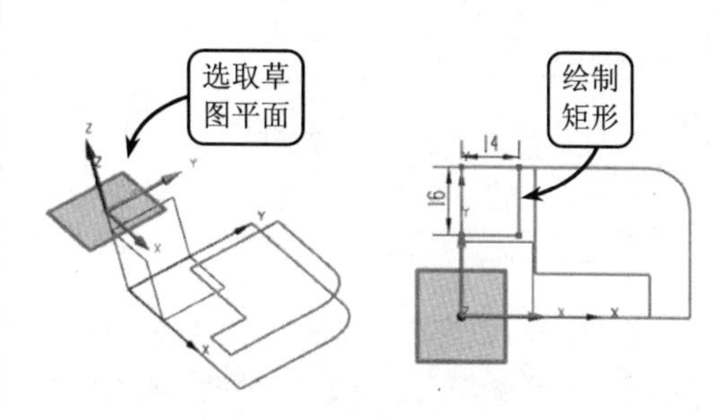

图 4-114 绘制矩形

8 利用草图工具选取 XC-ZC 平面为草图平面。进入草绘环境后，单击【轮廓】按钮，选取原点为起点，绘制一条封闭的多段线，效果如图 4-115 所示。

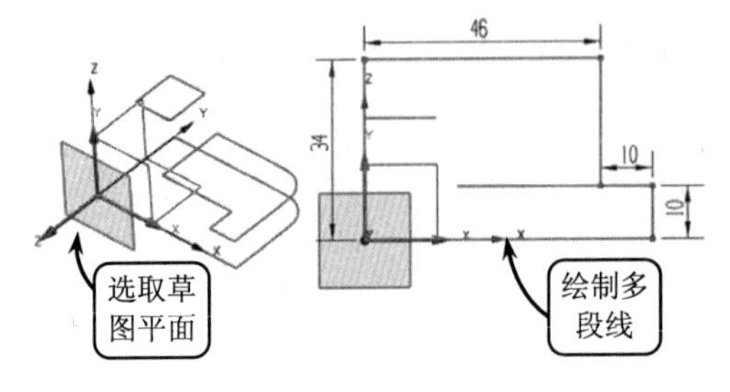

图 4-115 绘制多段线

9 利用圆角工具并输入圆角半径为“R10”。然后依次选取如图 4-116 所示的两条边为要倒圆角的边，绘制圆角。

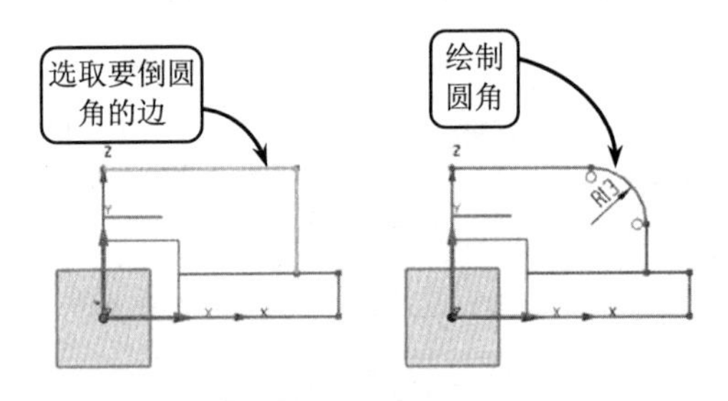

图 4-116 绘制圆角

10 单击【点】按钮，设置要绘制圆的圆心坐标。然后单击【确定】按钮绘制圆心，效果如图 4-117 所示。

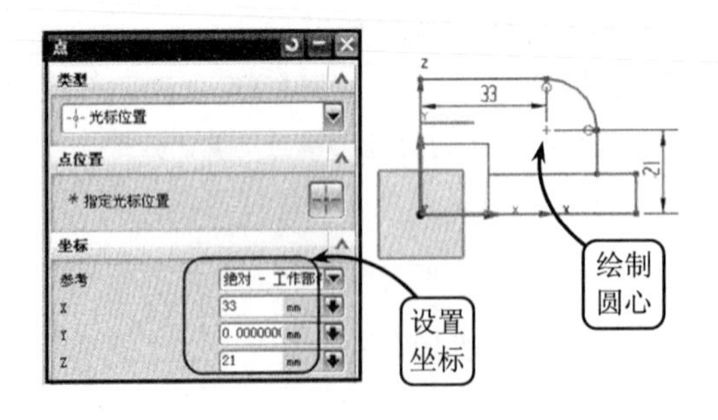

图 4-117 绘制圆心

11 单击【圆】按钮，选取上一步绘制的点为圆心，绘制半径为“R6.5”的圆。然后单击【完成草图】按钮退出草绘环境，效果如图 4-118 所示。

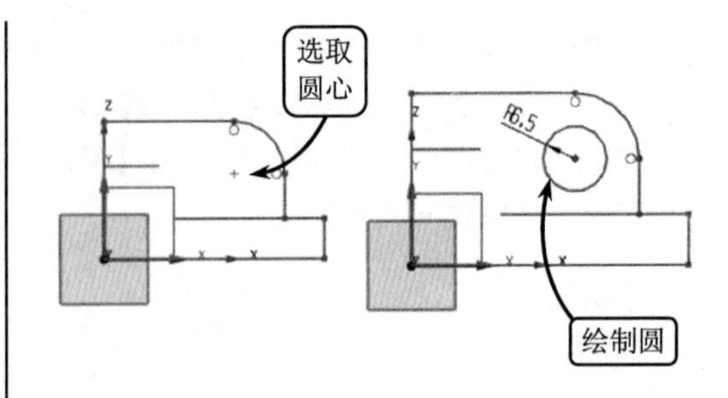

图 4-118 绘制圆

12 单击【偏置曲线】按钮，指定类型为“3D 轴向”。然后选取如图 4-119 所示的对象为要偏置的曲线，并输入偏置距离为“10”。接着选择 YC 轴为指定方向，创建偏置曲线特征。继续利用该工具选取上一步绘制的圆为要偏置的曲线，创建偏置曲线特征。

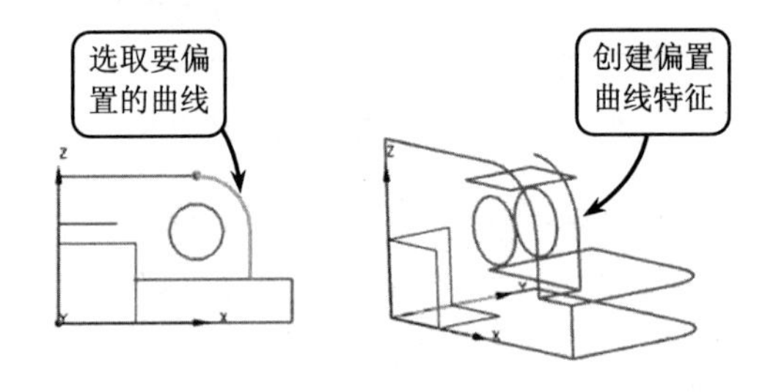

图 4-119 创建偏置曲线特征

13 利用基准平面工具并指定创建类型为“按某一距离”。然后选取 XC-YC 平面为参考平面，并输入偏置距离为“34”。接着单击【确定】按钮创建基准平面，效果如图 4-120 所示。

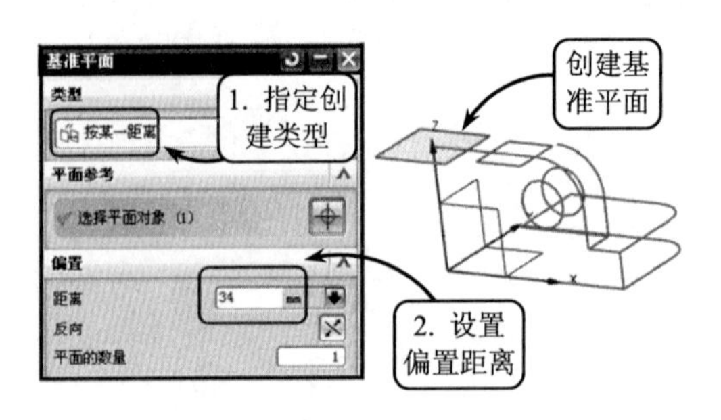

图 4-120 创建基准平面

14 利用草图工具选取上一步创建的基准平面为草图平面。进入草绘环境后，利用轮廓工具绘制如图 4-121 所示尺寸的草图。然后单击【完成草图】按钮退出草绘环境。

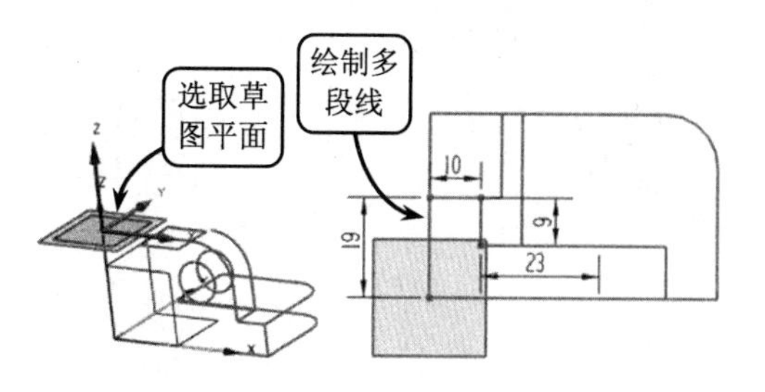

图 4-121 绘制多段线

15 单击【直线】工具，选取如图 4-122 所示的轮廓上相应的点为起点和终点，依次连接，完成该垫铁零件的线框图绘制。

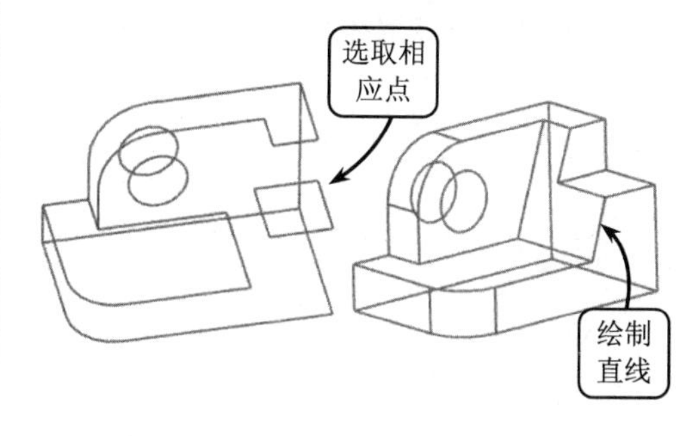

图 4-122 绘制直线

4.6 典型案例 4-2：绘制机床尾座线框

本例绘制机床尾座零件，效果如图 4-123 所示。该尾座主要用于放置机床顶尖，其结构主要由底部燕尾槽、轴孔和固定通孔组成。其中底部的燕尾槽起到控制尾架滑动的作用；支撑板上的轴孔用于放置顶尖；而尾座上的通孔则起到固定的作用。

绘制该尾座零件时，首先利用矩形、直线和快速修剪工具绘制尾座零件的一侧端面轮廓。然后利用偏置曲线和直线工具创建燕尾槽和尾座主体部分特征。接着利用基准平面和圆工具绘制固定通孔轮廓，并利用点和直线工具创建通孔特征。最后利用相应的绘图工具创建支撑板特征即可完成该尾座零件线框图的绘制。

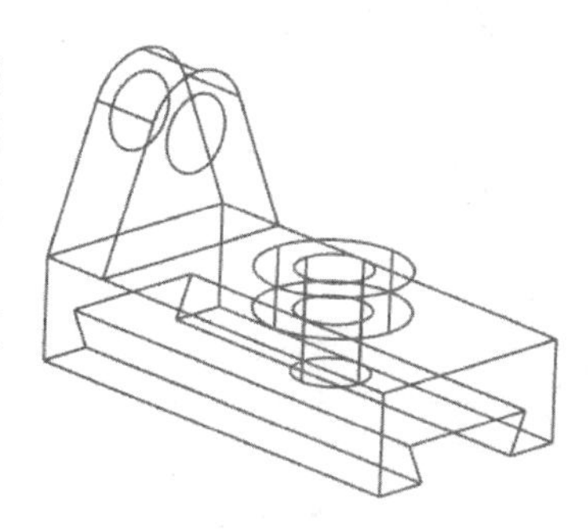

图 4-123 尾座零件线框图效果

操作步骤

1 新建一个名称为“WeiZuo.prt”的文件。然后单击【草图】按钮，选取 XC-ZC 平面为草图平面。进入草绘环境后，单击【矩形】按钮，并选取原点为起点，绘制宽度为 45、高度为 20 的矩形，效果如图 4-124 所示。

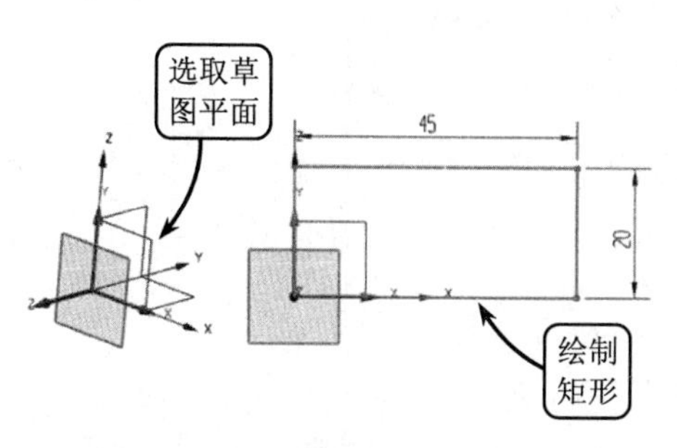

图 4-124 绘制矩形

2 单击【偏置曲线】按钮，选取如图 4-125 所示的边为要偏置的曲线，并输入偏置距离为“7.5”和“11”，绘制偏置曲线。继续利用该工具选取相应的边为要偏置的曲线，绘制其他偏置曲线。

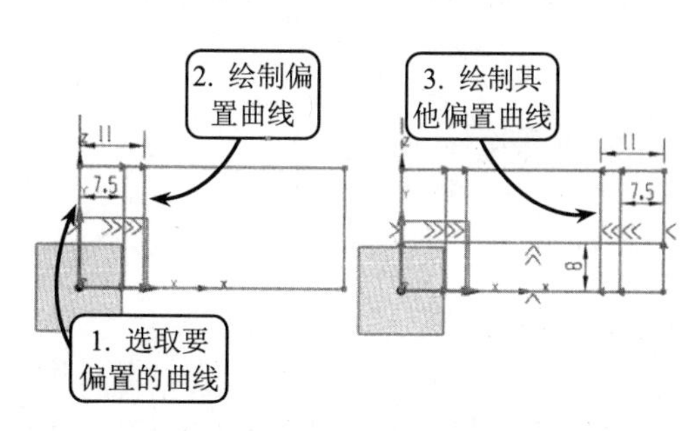

图 4-125 绘制偏置曲线

3 单击【直线】按钮，选取如图4-126所示的点为起点和终点绘制斜线。继续利用该工具绘制另一条斜线。

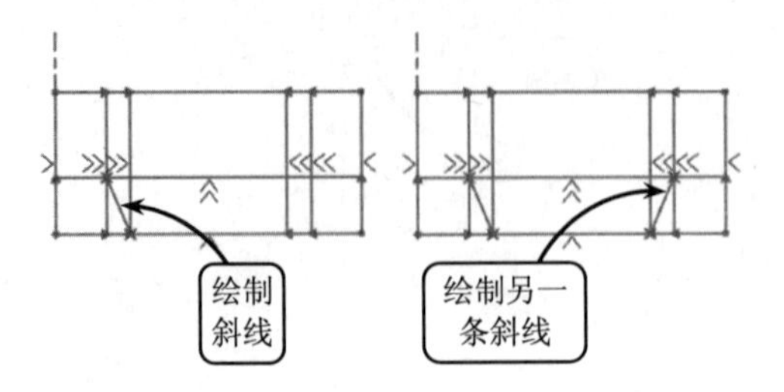

图4-126 绘制斜线

4 删除多余的偏置直线。然后单击【快速修剪】按钮，选取上一步绘制的斜线为边界曲线，修剪相应的直线。接着单击【完成草图】按钮退出草绘环境，效果如图4-127所示。

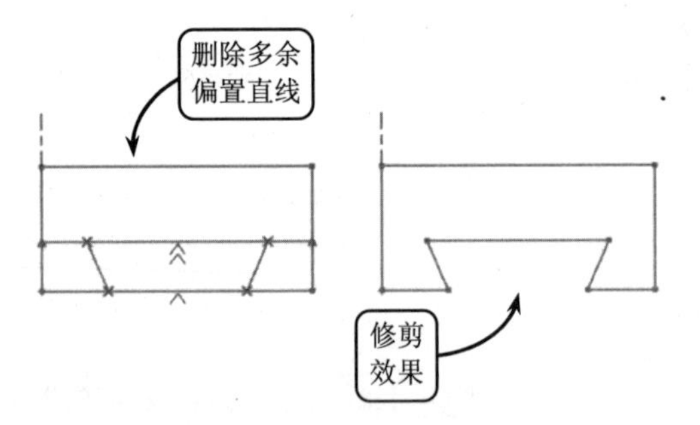

图4-127 修剪直线

5 单击【偏置曲线】按钮，指定类型为“3D轴向”。然后选取如图4-128所示的直线为要偏置的曲线，并输入偏置距离为“90”。接着选择“YC轴”为指定方向，创建偏置曲线特征。继续利用该工具依次选取相应的直线为要偏置的曲线，创建其他偏置曲线特征。

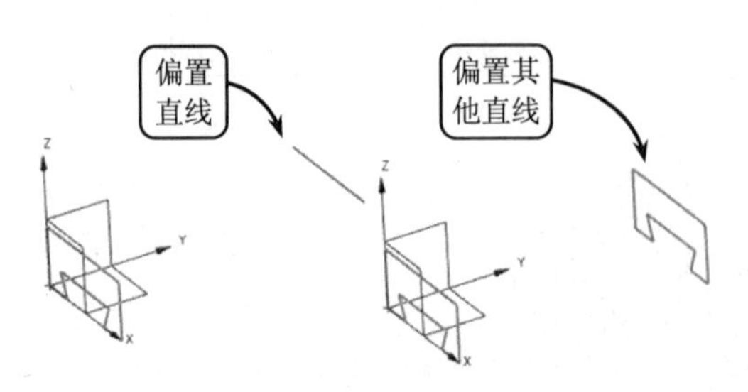

图4-128 创建偏置曲线特征

6 单击【直线】工具，依次选取如图4-129所示的轮廓上相应的点为起点和终点，分别连接，绘制直线。

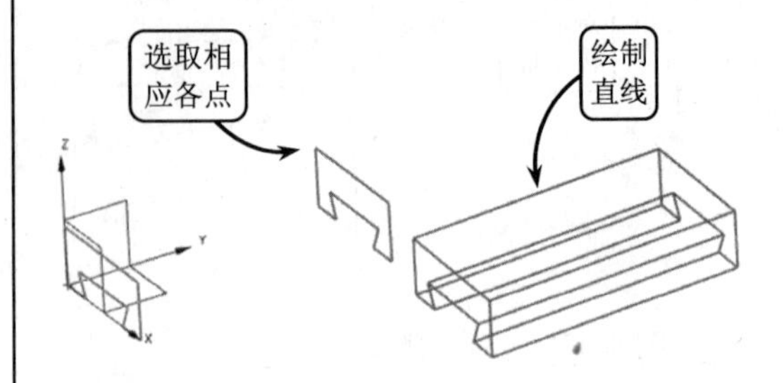

图4-129 绘制直线

7 单击【基准平面】按钮将打开【基准平面】对话框。然后指定创建类型为“按某一距离”，并选取XC-YC平面为参考平面。接着输入偏置距离为“20”，并单击【确定】按钮，创建基准平面，效果如图4-130所示。

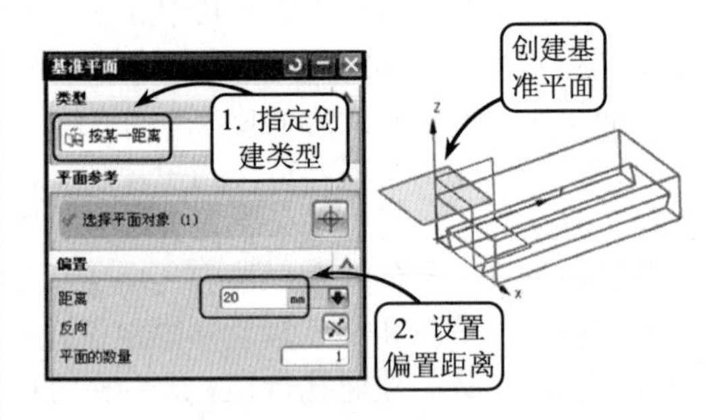

图4-130 创建基准平面

8 利用草图工具选取上一步创建的基准平面为草图平面。进入草绘环境后，单击【点】按钮，设置要绘制圆的圆心坐标。然后单击【确定】按钮绘制圆心，效果如图4-131所示。

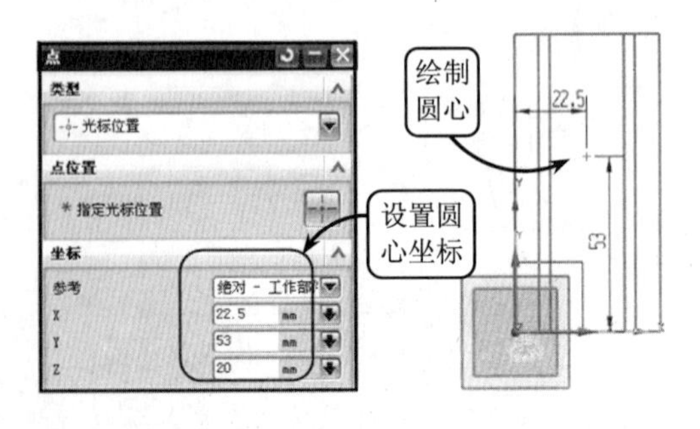

图4-131 绘制圆心

9 单击【圆】按钮，选取上一步绘制的点为圆心，绘制半径为“R7.5”的圆。继续利用圆工具选取相同的圆心，绘制半径为“R15”的圆。然后单击【完成草图】按钮退出草绘环境，效果如图 4-132 所示。

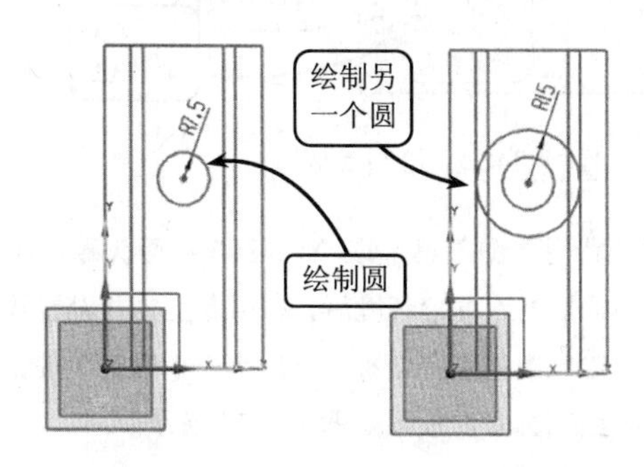

图 4-132 绘制圆

10 利用偏置曲线工具并指定类型为“3D 轴向”。然后依次选取上一步绘制的两个圆为要偏置的曲线，并输入偏置距离为“8”。接着选择“ZC 轴”为指定方向，创建偏置曲线特征，效果如图 4-133 所示。

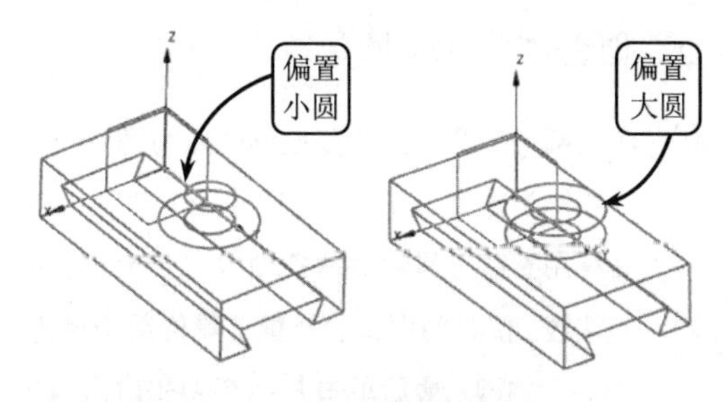

图 4-133 创建偏置曲线特征

11 继续利用偏置曲线工具并指定类型为“3D 轴向”。然后选取半径为“R7.5”的圆为要偏置的曲线，并输入偏置距离为“12”。接着选择“-ZC 轴”为指定方向，创建偏置曲线特征，效果如图 4-134 所示。

12 利用基准平面工具并指定创建类型为“按某一距离”。然后选取 XC-ZC 平面为参考平面，并输入偏置距离为“53”。接着单击【确定】按钮创建基准平面，效果如图 4-135 所示。

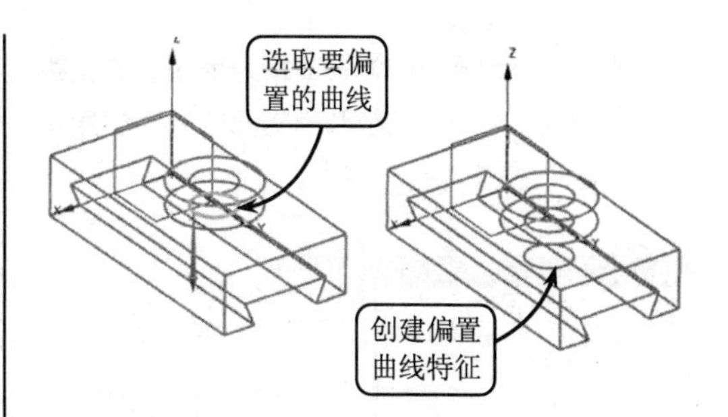

图 4-134 创建偏置曲线特征

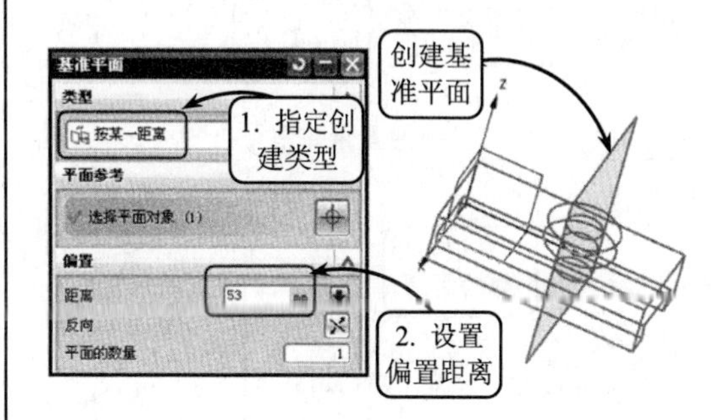

图 4-135 创建基准平面

13 单击【点】按钮，指定创建类型为“交点”。然后选取上一步创建的基准平面为平面，选取如图 4-136 所示的偏置曲线为要相交的曲线，创建交点特征。继续利用相同的方法创建其他 3 个交点特征。

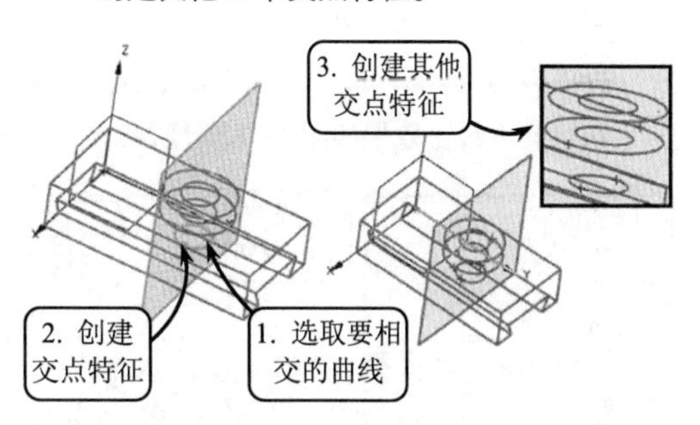

图 4-136 创建交点特征

14 利用基准平面工具并指定创建类型为“按某一距离”。然后选取 YC-ZC 平面为参考平面，并输入偏置距离为“22.5”。接着单击【确定】按钮创建基准平面，效果如图 4-137 所示。

15 利用点工具并指定创建类型为“交点”。然后选取上步创建的基准平面为平面，选取如

图 4-138 所示的偏置曲线为要相交的曲线创建交点特征。继续利用相同的方法创建其他 3 个交点特征。

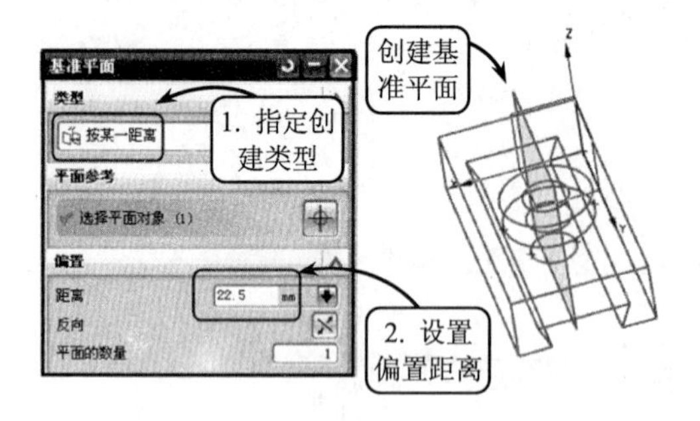

图 4-137　创建基准平面

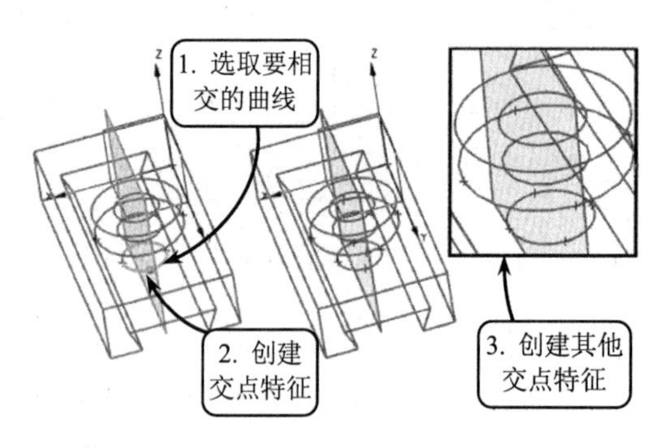

图 4-138　创建交点特征

16 利用直线工具并依次选取小圆上创建的交点为起点，输入长度值为“20”。然后指定终点方向为“ZC 沿 ZC”，单击【应用】按钮绘制直线，效果如图 4-139 所示。

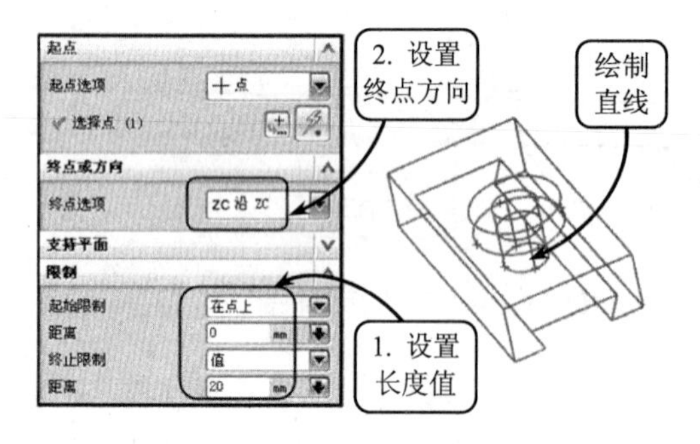

图 4-139　绘制直线

17 继续利用直线工具并依次选取大圆上创建的交点为起点，输入长度值为“8”。然后指定终点方向为“ZC 沿 ZC”，单击【应用】按钮绘制直线，效果如图 4-140 所示。

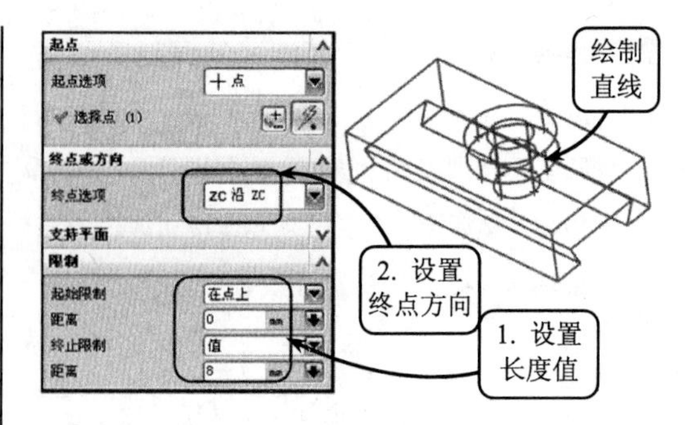

图 4-140　绘制直线

18 利用草图工具选取 XC-ZC 平面为草图平面。进入草绘环境后，利用点工具并设置要绘制圆的圆心坐标。然后单击【确定】按钮绘制圆心，效果如图 4-141 所示。

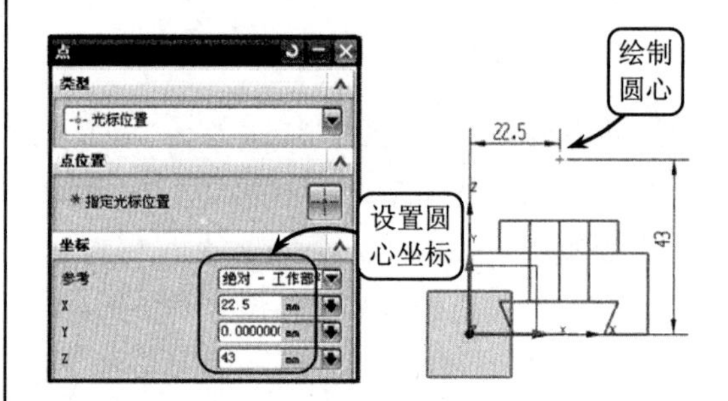

图 4-141　绘制圆心

19 利用圆工具选取上一步绘制的点为圆心，分别绘制半径为“R7.5”和“R12”的圆。然后利用直线工具绘制两条如图 4-142 所示的切线。接着利用快速修剪工具修剪半径为“R12”的圆。最后单击【完成草图】按钮退出草绘环境。

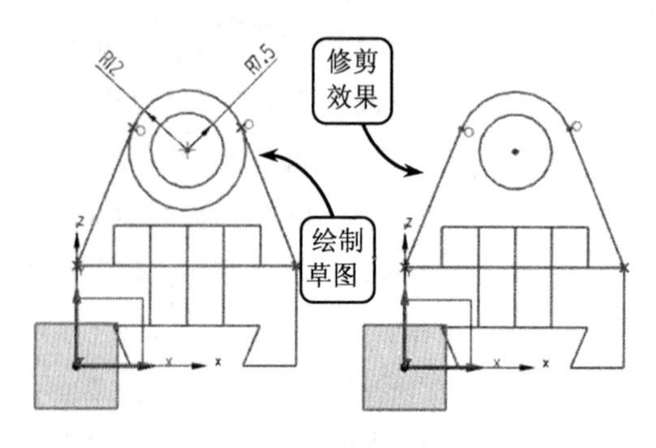

图 4-142　绘制草图并修剪

20 利用偏置曲线工具并指定类型为“3D 轴

向"。然后依次选取上一步绘制的切线为要偏置的曲线，并输入偏置距离为"15"。接着选择"YC 轴"为指定方向，创建偏置曲线特征。继续利用相同的方法创建其他偏置曲线特征，效果如图 4-143 所示。

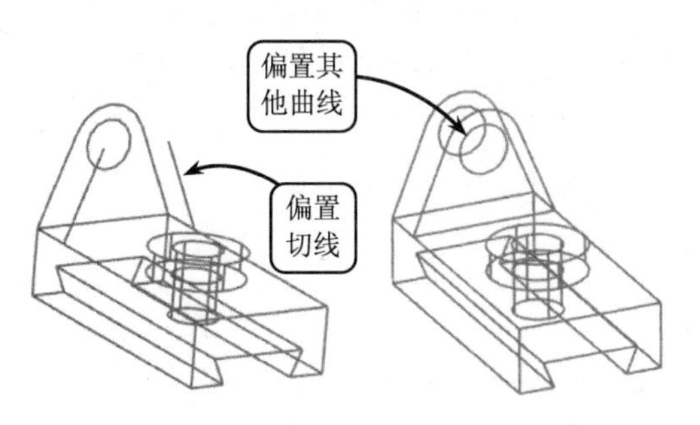

图 4-143 创建偏置曲线特征

21 利用直线工具并选取如图 4-144 所示的轮廓上相应的点为起点和终点，依次连接，完成该尾座零件的线框图绘制。

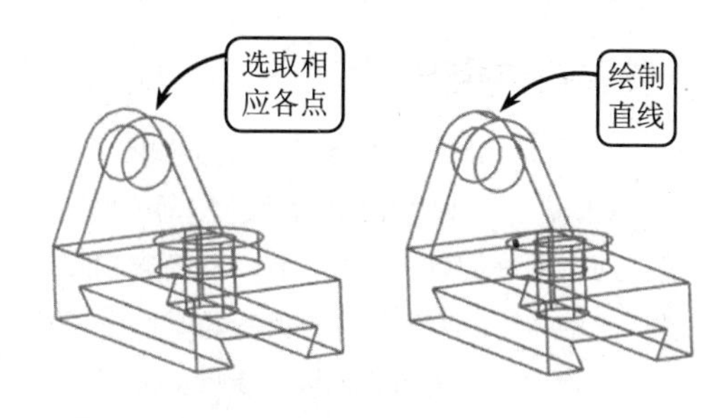

图 4-144 绘制直线

4.7 思考与练习

一、填空题

1. __________是通过对曲线的参数值进行相应的编辑来改变曲线的长度、形状，以及大小的。

2. 多边形是指在同一平面内，由不在同一条直线上的 3 条或 3 条以上的线段首位顺次连接所组成的封闭图形。多边形一般分为__________和__________。

3. __________是指一个动点移动于一个平面上，与平面上两个定点的距离的差始终为一定值时所形成的轨迹线。

4. 桥接曲线是在曲线上通过用户指定的点，为两条不同位置的曲线（包括实体和曲面的边缘线等）进行__________或__________操作。

5. __________用来将设定的平面与选定的曲线、平面、表面或者实体等对象相交，生成相交的几何对象。

二、选择题

1. 在利用__________方式创建点集时，需要用一个或多个放置点向选定的曲线作垂直投影，在曲线上生成点集。

A. 等参数　　B. 几何级数
C. 投影点　　D. 弦公差

2. __________是指平面内到一个定点和一条定直线的距离相等的点的轨迹线。在绘制时，需要定义的参数包括焦距、最小 DY 值、最大 DY 值和旋转角度。

A. 抛物线
B. 双曲线
C. 一般二次曲线
D. 螺旋线

3. 抽取曲线通过一个或者多个选定对象的边缘和表面生成曲线（直线、弧、二次曲线和样条曲线等），抽取的曲线与原对象__________。

A. 有关联性
B. 无关联性
C. 存在父子关系
D. 不存在父子关系

4. 执行__________操作可以通过指定弧长增量或总弧长的方式以编辑原曲线的长度。利用其编辑功能可以在曲线的每个端点处延伸或缩短一段长度，或使其达到一个双重曲线的长度。

A. 曲线长度　　B. 修剪曲线
C. 拉长曲线　　D. 修剪拐角

三、问答题

1. 简述创建多边形的 3 种操作方法。
2. 简述创建一般样条曲线的常见方法。

3．简述拉长曲线和曲线长度操作的不同之处。

四、上机练习

1．绘制底座线框图

本练习绘制底座的线框模型图，如图 4-145 所示。底座是一种兼固定与支撑双重作用的零件。该底座可以用来约束零件的位置，从而起到固定其他零件的作用。它通过定位螺栓将其固定于夹具上一起使用，主要用于机械的底盘部分。

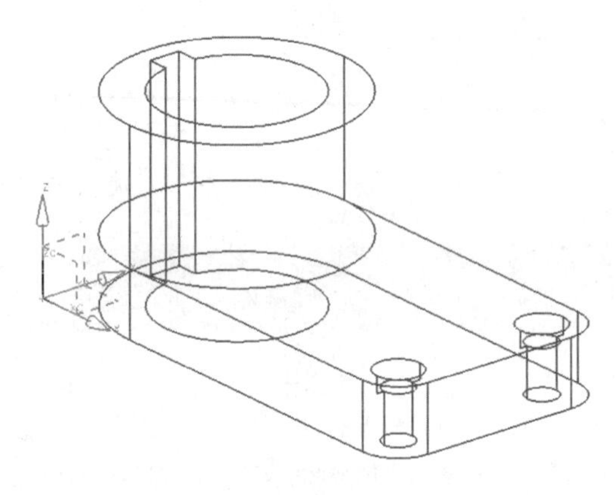

图 4-145 底座线框

在利用曲线绘制该底座线框时，应首先利用矩形工具、圆角曲面工具并结合偏置曲线工具绘制一个圆角长方体。通过圆及偏置曲线并结合投影曲线等操作来完成其他线框操作。

2．绘制垫块线框图

本练习绘制一个垫块零件模型的线框图，如图 4-146 所示。垫块多用于支撑轴套组合体，主要起组合体与组合体之间的定位与支撑作用。分析该组合体的结构特征，分别由底座和支撑架两部分组成，其中底座部分加工上矩形槽是为了固定该组合体，两侧倒角处可减轻组合体重量。

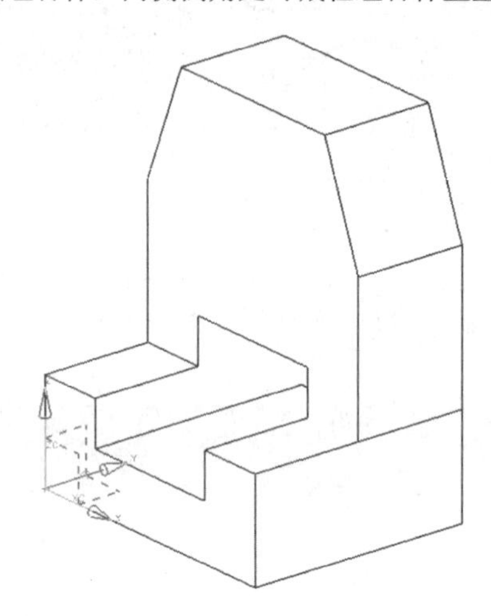

图 4-146 垫块模型线框图

该垫块模型线框从外形上看线条较少并且主要由直线组成，绘制起来比较简单。在绘制该线框时，可以通过矩形、直线等工具，并结合偏置曲线、投影曲线、修剪曲线，以及分割曲线等编辑操作来完成垫块线框的绘制。

第5章

三维实体建模

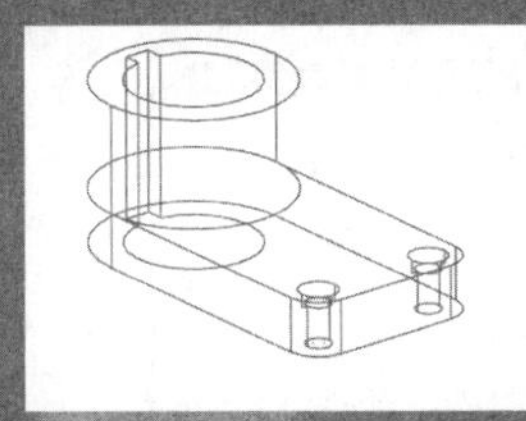

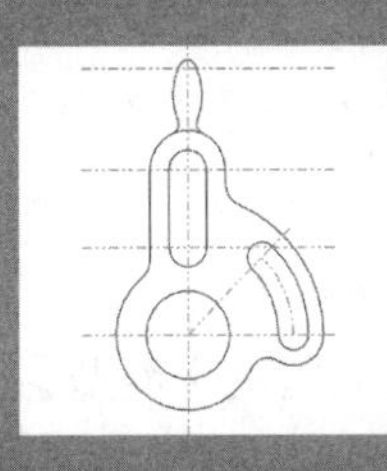
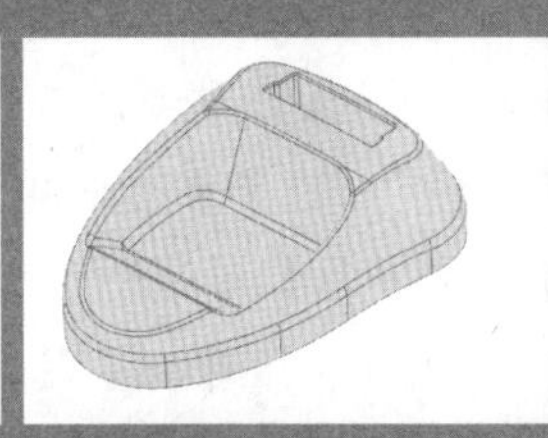

UG NX 作为一款专业化的、以三维实体建模为主的三维图形设计软件，与其他一些实体造型的 CAD 软件系统相比较，在三维实体建模的过程中能够获得更大、更自由的设计空间，减少了在建模操作上花费的时间，从而提高了设计效率。通常使用两种方法创建三维实体模型：一种方法是利用草图工具绘制曲线的外部轮廓，然后通过扫描特征工具生成实体效果；另一种方法是直接利用基本特征工具创建实体。

本章将主要介绍创建基准特征的作用、基本特征的创建、设计特征的创建，并详细介绍三维实体建模的操作方法和操作技巧。

本章学习要点：

- 了解创建基准特征的作用
- 掌握基本特征的创建
- 掌握设计特征的创建
- 掌握扫描特征及其他特征的创建

5.1 基准特征

基准特征是构造工具，是一种不同于实体或其他曲面的特征。在创建三维实体模型时，主要用来作为创建模型的参考，起辅助设计的作用。特别是在创建曲面特征时，基准特征起到至关重要的作用。而在装配过程中，使用两个基准平面进行定向可以产生某些比较特殊的装配形状。总之，基准特征是创建三维实体模型的基础。在 UG NX 中，基准特征可以分为基准平面、基准轴和基准坐标系 3 种类型。

5.1.1 基准平面

基准平面是一个无限大且实际并不存在的面，没有任何重量和体积。在三维建模过程中，基准平面可以作为其他特征的参考平面。在 UG NX 的基准特征中，基准平面是一个非常重要的特征，无论是在零件设计还是在其装配过程中都将使用到基准平面。

要创建基准平面，可以选择【插入】|【基准/点】选项，或者单击【特征】工具栏中的【基准平面】按钮，打开【基准平面】对话框，如图 5-1 所示。

图 5-1 【基准平面】对话框

在【基准平面】对话框内的【类型】面板中，系统提供了 15 种基准平面的创建方式。其中最基本的创建方式有 4 种，其他方式都是在这 4 种方式的基础上演变出来的，现分别介绍如下。

1．自动判断

默认情况下系统将选择该方式。利用该方式可以通过多种约束方式来完成该操作。例如，可以选择三维模型上的面，也可以选择三维模型的边，还可以选择其顶点等来约束基准平面。同时，创建的基准平面可以与参照物重合、平行、垂直、相切、偏置或者成一个角度，也可以利用“点对话框”功能选择 3 个夹点来创建基准平面，效果如图 5-2 所示。

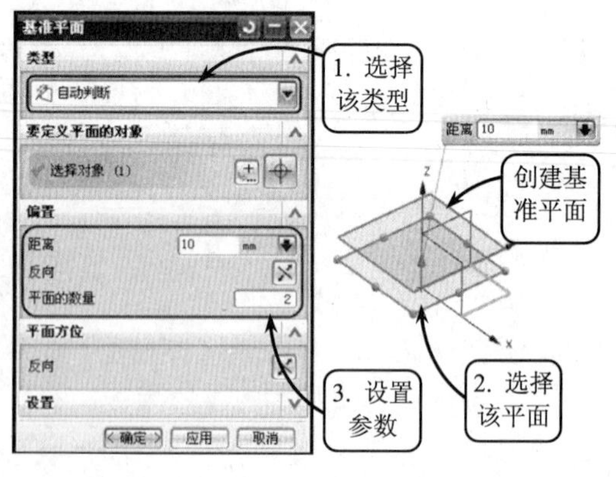

图 5-2 使用【自动判断】方式创建基准平面

2．点和方向

该方式是通过在参照模型中选择一个参考点和一个参考矢量来创建基准平面的。要使用该方式，可以在【基准平面】对话框中选择【点和方向】选项，即切换到【点和方向】方式，效果如图 5-3 所示。

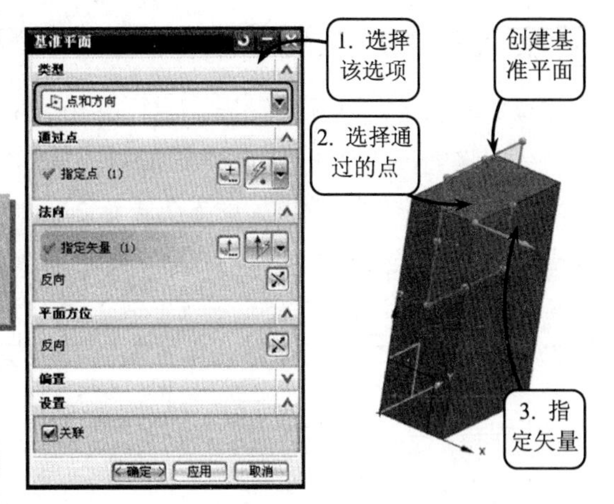

图 5–3 使用【点和方向】方式创建基准平面

技 巧

在选择点或者矢量时，用户可以在对话框中单击【点构造器】按钮和【矢量构造器】按钮来确定选择点或者矢量的类型。

3. 在曲线上

启用该方式可以选择一条参考曲线建立基准平面，所创建的基准平面将垂直于该曲线某点处的切矢量或法向矢量，效果如图 5-4 所示。

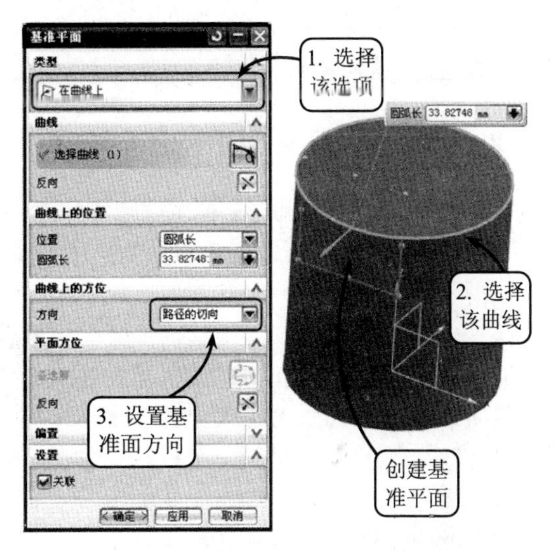

图 5–4 以曲线为参照创建基准平面

4. YC-ZC 平面、XC-ZC 平面、与 XC-YC 平面

这 3 种方式都是以系统默认的基准平面为参照来创建新的基准平面的，即以 YC-ZC 平面、XC-ZC 平面和 XC-YC 平面为参照平面。这 3 种方式的操作方法相同，这里就不再详细介绍，效果如图 5-5 所示。

基准平面的使用非常广泛，因此掌握基准平面的创建方法是学习 UG NX 的重要内容之一。

5.1.2 基准轴

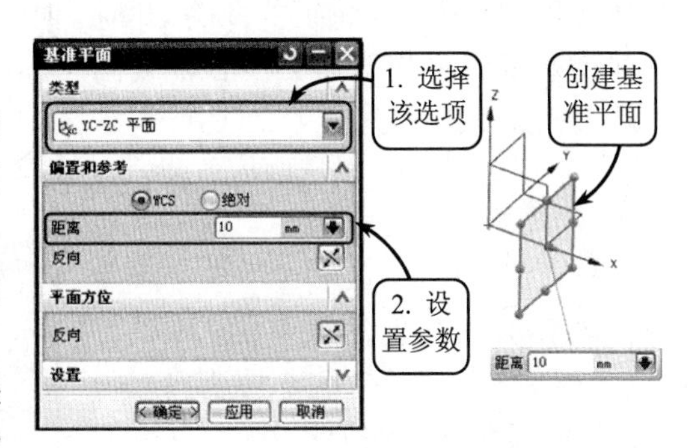

图 5–5 以 YC-ZC 面为参照面创建基准平面

在 UG NX 中，基准轴同基准平面的作用是一样的，是一条用作创建其他特征的参考中心线，可以作为创建基准平面，装配同轴放置项目，以及径向和轴向阵列操作时的参考。

在 UG NX 中，创建基准轴可以选择【插入】|【基准/点】|【基准轴】选项，或者单击【特征】工具栏中的【基准轴】按钮，打开【基准轴】对话框，如图 5-6 所示。

在【基准轴】对话框中提供了 9 种创建基准轴的方式，但总地来说可分为如下 7 种操作方法。

1. 自动判断

该方式是系统默认的创建方式。利用该方式可以通过多种约束完成基准轴的创建。例如，选择三维模型上的面、边或各顶点等参考元素，并根据所选参考元素之间的相互关系来定义基准轴，效果如图 5-7 所示。

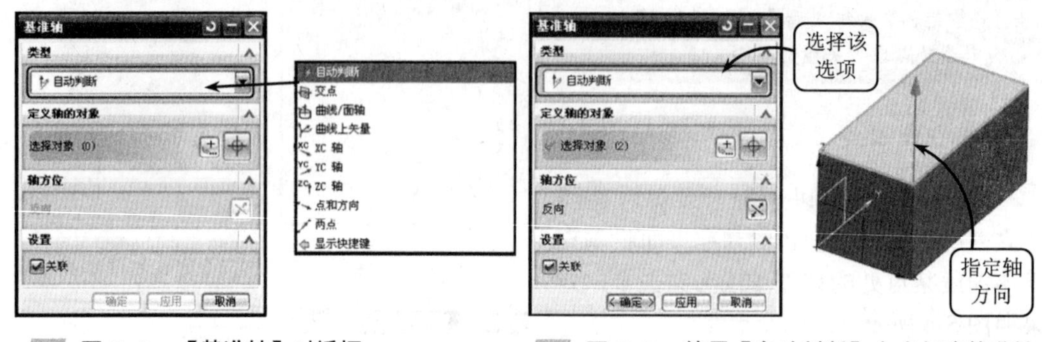

图 5-6 【基准轴】对话框

图 5-7 使用【自动判断】方式创建基准轴

2. 交点

使用该方式后，可以选取三维图形中不平行的两个面作为参考面，并以两面的交线定义基准轴的位置，以交线的方向定义基准轴的方向，效果如图 5-8 所示。

3. 曲线/面轴

利用该方式可以选取实体模型的曲线、曲面或工作坐标系的各矢量为参照来指定基准轴。当选择曲线时，该曲线可以是实体的边线或具有圆弧特征曲面的中心线，但必须都是直线，此时所创建的基准轴将与该曲线同线；当选择为曲面时，该曲面必须是具有圆弧特征的曲面，此时所创建的基准轴将与该曲面中心轴线同线，效果如图 5-9 所示。

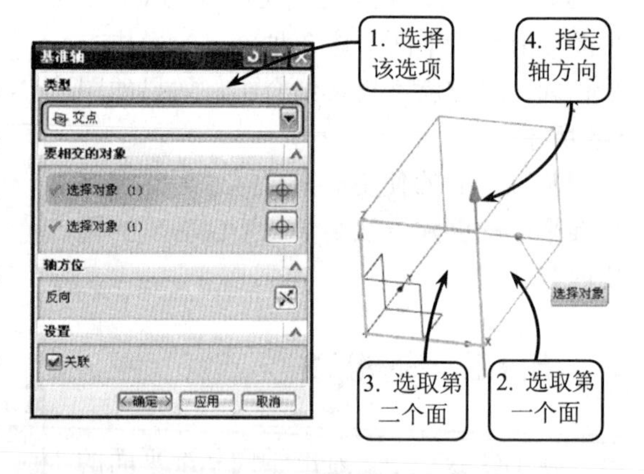

图 5-8 以两面【交点】方式创建基准轴

4. 曲线上矢量

选择该选项后，可以通过一条参照曲线来创建基准轴。所创建的基准轴可以通过【\t 方位】下拉菜单中的 5 种选项来确定在该曲线指定点上的矢量方向，效果如图 5-10 所示。

5. XC 轴、YC 轴、ZC 轴

这 3 种方式都是以工作坐标系的 3 个矢量为参照创建新的基准轴的。这 3

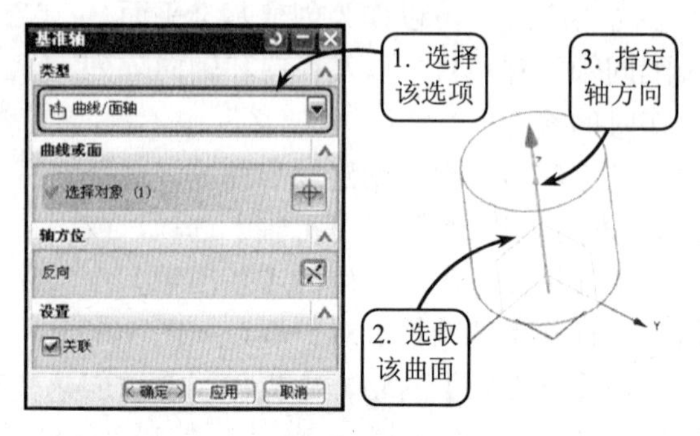

图 5-9 选取曲面创建基准轴

种方式的操作方法比较简单，这里就不再详细介绍，效果如图 5-11 所示。

6. 点和方向

选择【点和方向】选项后，可以通过选择一个参考点和一个矢量的方法创建基准轴。所创建的基准轴通过该点且与所选择的参考矢量平行或垂直，效果如图 5-12 所示。

7. 两点

该方法通过选取两个点来定义基准轴。所选取的点可以是视图中的现有点，也可以是通过“点对话框”功能创建的点，且所创建基准轴的方向由第一点指向第二点，效果如图 5-13 所示。

提 示

本节介绍的各种方法所创建的基准轴都可以利用对话框中的【反向】按钮对其矢量方向进行反向操作，并可以通过【关联】复选框设置其是否具有关联性。

5.1.3 基准坐标系

在三维实体建模中，基准坐标系的作用与前面所介绍的基准平面和基准轴是相同的，都是用来定位实体模型在空间上的位置的。在 UG NX 中，要创建基准坐标系可以选择【插入】|【基准/点】|【基准 CSYS】选项，或者单击【特征】工具栏中的【基准 CSYS】按钮，打开如图 5-14 所示的【基准 CSYS】对话框。

构造坐标系的方法与前面章节中介绍过的构造坐标系的方法类似，这里不再详细介绍。

技 巧

创建的基准坐标轴会作为实体特征显示在【部件导航器】列表中，并可以对其进行修改。

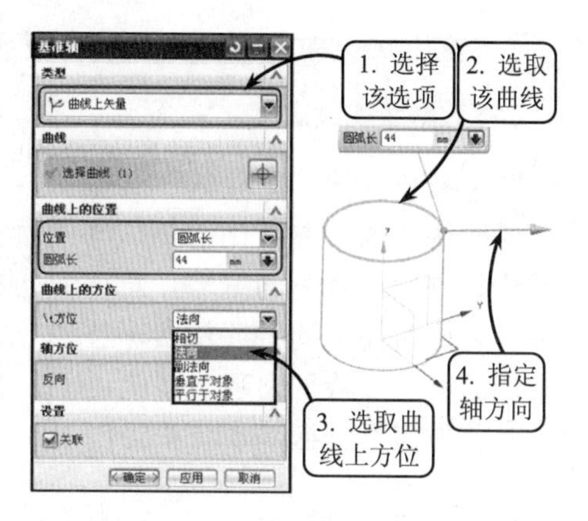

图 5-10 利用【曲线上矢量】方式创建基准轴

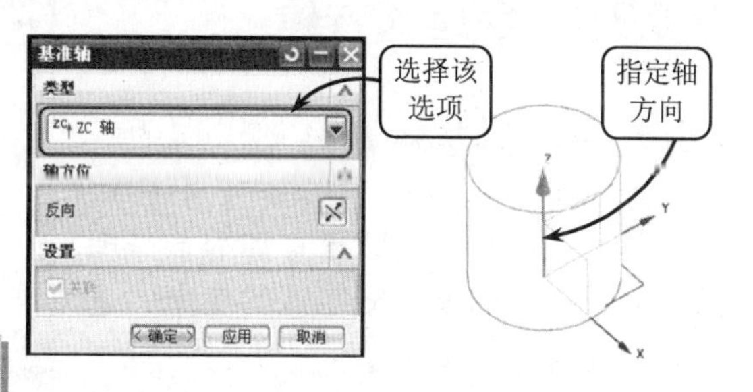

图 5-11 利用【ZC 轴】方式创建基准轴

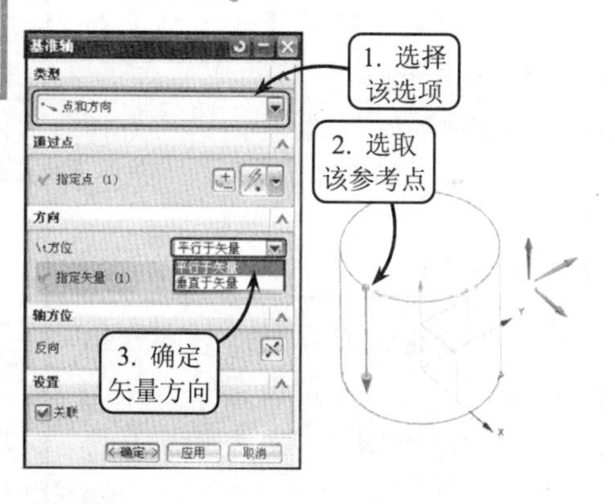

图 5-12 利用【点和方向】方式创建基准轴

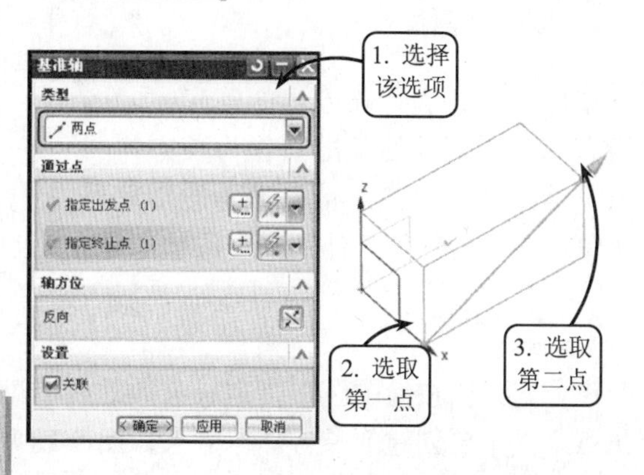

图 5-13 利用【两点】方式创建基准轴

5.2 基本特征

基本特征包括长方体、圆柱体、锥体和球体等，这些特征均被参数化定义，可对其大小及位置进行尺寸驱动编辑。此类基本特征都具有比较简单的特征形状，且一般作为模型的第一个特征出现。因此进行特征建模时首先需要掌握基本特征的创建方法。

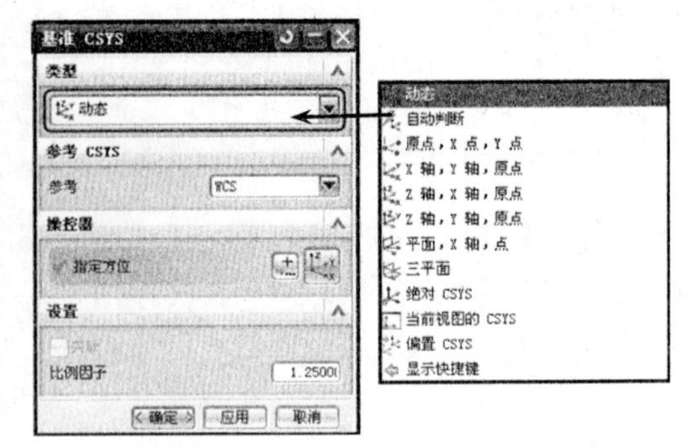

图 5-14　【基准 CSYS】对话框

5.2.1 创建长方体

长方体是三维实体建模中使用最为广泛，也是最基本的基本特征之一。利用长方体工具可创建长方体或正方体等一些规则的实体模型，例如机械零件的底座、建筑墙体及家具等。

在 UG NX 中，单击【特征】工具栏中的【长方体】按钮将打开【长方体】对话框，如图 5-15 所示。

图 5-15　【长方体】对话框

该对话框提供了如下 3 种创建长方体的方式。

1．原点和边长

利用该方式创建长方体时，只需先指定一点作为原点，然后分别设置长方体的长、宽、高即可完成创建，效果如图 5-16 所示。

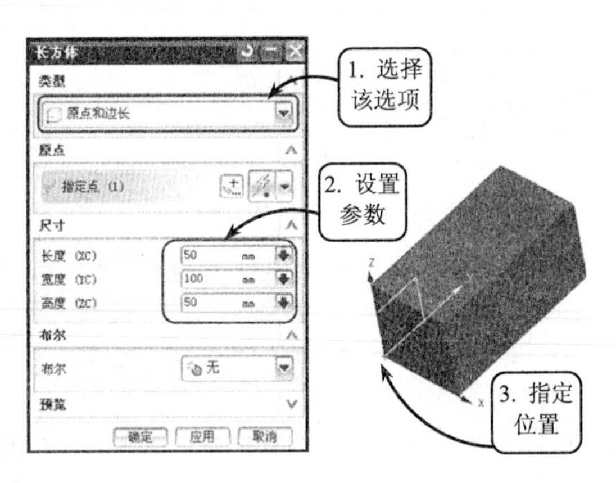

图 5-16　利用【原点和边长】方式创建长方体

2．两点和高度

使用该方式进行长方体的创建时，选取现有基准坐标系的基准点作为长方体的原点。然后利用“点对话框”功能指定另一对角点，并设置长方体的高度参数即可完成创建，效果如图 5-17 所示。

3．两个对角点

该方式只需在绘图区中指定长方体的两个对角点，即处于不同的长方体面上的两个对角点来确定要创建的长方体，效果如图 5-18 所示。

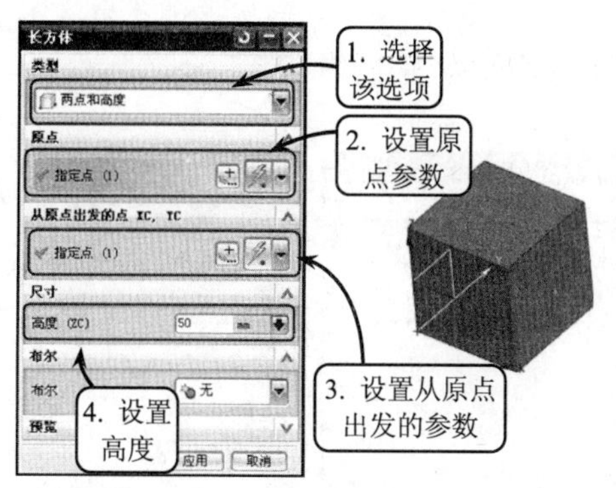

图 5-17 利用【两点和高度】方式创建长方体

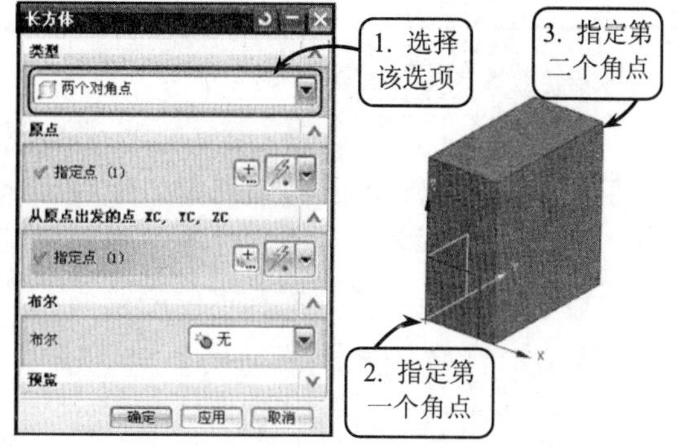

图 5-18 利用【两个对角点】方式创建长方体

提 示

在【布尔】下拉列表中有 4 种布尔运算方式：【无】、【求和】、【求差】、【求交】。当绘图区中不存在实体模型时，只能选择【无】，当绘图区中存在两个或更多实体时，可选择其他运算方式，此时目标实体工具将被激活，利用它可以选取要进行布尔运算的目标实体。

5.2.2 创建圆柱体

圆柱体是以圆为底面和顶面，具有一定高度的实体模型。圆柱体是生活中随处可见的实体。例如，轴类零件、机械上的连杆等。

在【特征】工具栏中单击【圆柱体】按钮将打开如图 5-19 所示的【圆柱】对话框。该对话框提供了如下两种创建圆柱体的方式。

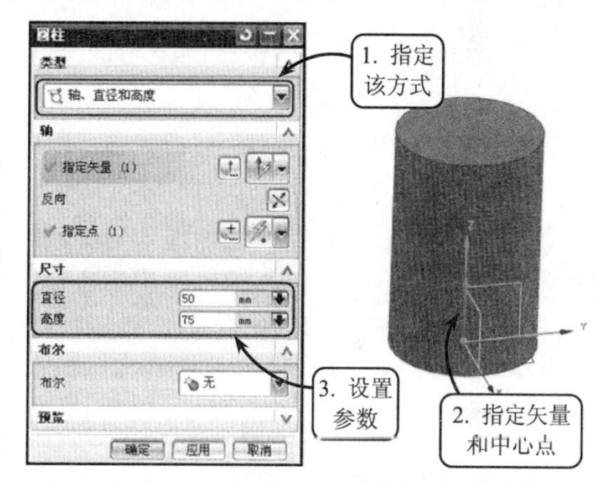

图 5-19 利用【轴、直径和高度】方式创建圆柱体

1. 轴、直径和高度

使用该方式创建圆柱体时，需要先指定圆柱体的矢量方向和底面的中点位置，然后设置其直径和高度即可，效果如图 5-19 所示。

2. 圆弧和高度

使用该方式创建圆柱体时，需要先在绘图区中绘制一条圆弧曲线，然后以该圆弧曲线为所创建圆柱体的参照曲线，并设置圆柱体的高度，即可完成圆柱体的创建，效果如图 5-20 所示。

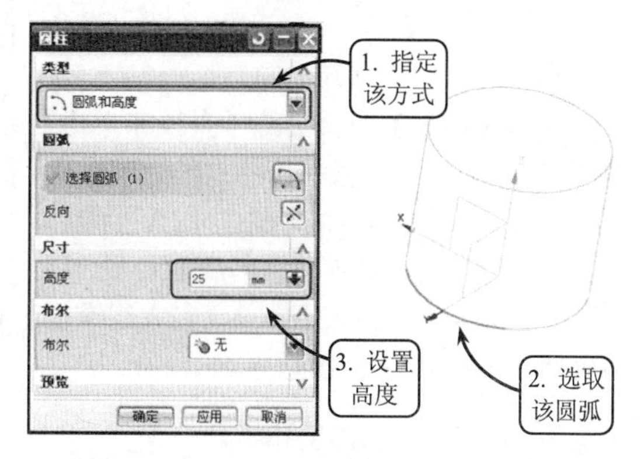

图 5-20 利用【圆弧和高度】方式创建圆柱体

5.2.3 创建圆锥

圆锥体是以圆为底面，按照一定角度向上或向下展开，最后交于一点，或交于圆平面而形成的实体。使用圆锥工具不仅能够创建圆锥体，还可以创建锥台实体模型，因此广泛应用于各种三维实体建模中。

要进行圆锥体的创建，可以在【特征】工具栏中单击【圆锥】按钮，打开如图5-21 所示的【圆锥】对话框。该对话框提供了 5 种创建圆锥体的方式，具体介绍如下。

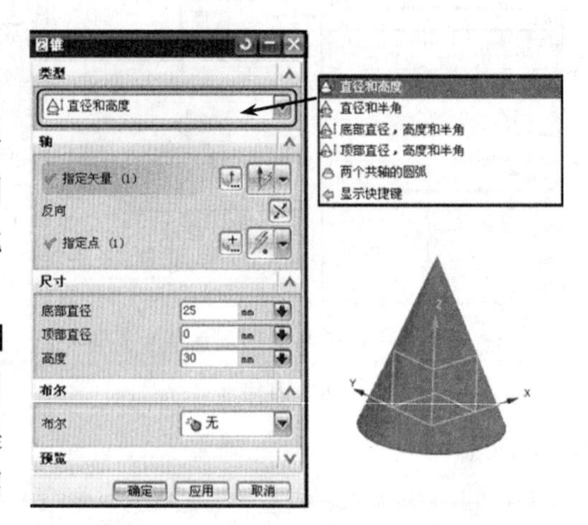

图 5-21 【圆锥】对话框

1. 直径和高度

该方式是通过指定圆锥体的中心轴、锥体底面的中心点、底面直径、顶面直径、高度及生成方向来创建圆锥体的。

选择【类型】面板中的【直径和高度】选项，选取现有坐标系的基准点作为圆锥底面的中心点，并选择“ZC 轴”作为圆锥体的指定矢量。然后设置圆锥体的尺寸参数，即可完成圆锥体的创建，效果如图 5-22 所示。

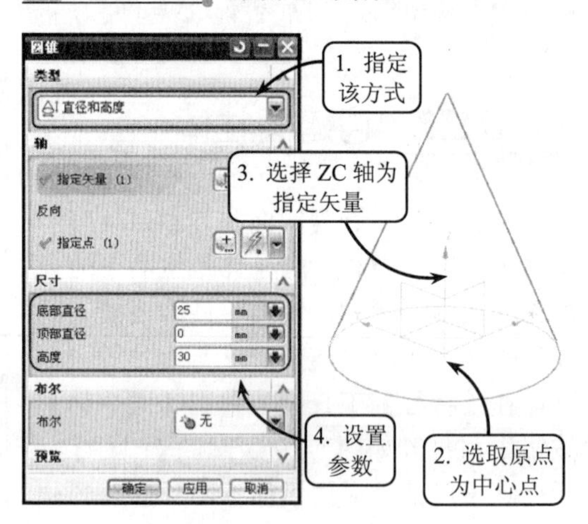

图 5-22 利用【直径和高度】方式创建圆锥体

2. 直径和半角

该方式是按指定圆锥体的中心轴、锥体底面的中心点、底面直径、顶面直径、半角及生成方向来创建圆锥体的。

选择【类型】面板中的【直径和半角】选项，选取现有坐标系的基准点作为圆锥底面的中心点，并选择“ZC 轴”作为圆锥体的指定矢量。然后设置圆锥的底面直径、顶面直径和半角角度的参数，即可完成圆锥体的创建，效果如图 5-23 所示。

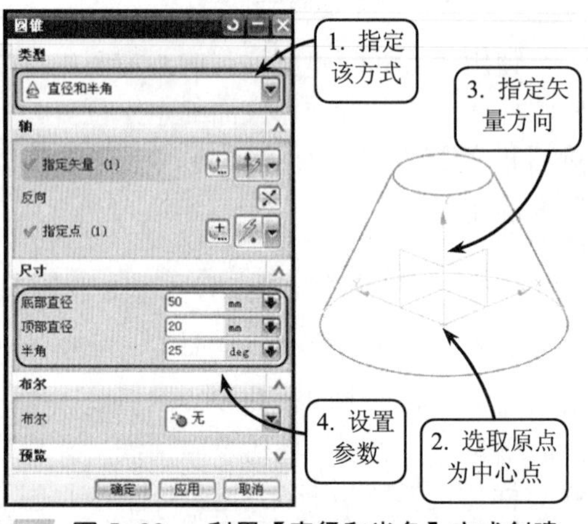

图 5-23 利用【直径和半角】方式创建圆锥体

3. 底部直径，高度和半角

该方式通过指定圆锥体中心轴、锥体底面的中心点、底面直径、高度数值、半角角度及生成方向来创建圆锥体。

选择【类型】面板中的【底部直径，高度和半角】选项，选取现有坐标系的基准点作为圆锥底面的中心点，并选择“ZC 轴”作为圆锥体的指定矢量。然后设置圆锥底面直径、高度，以及半角角度的参数，即可完成圆锥体的创建，效果如图 5-24 所示。

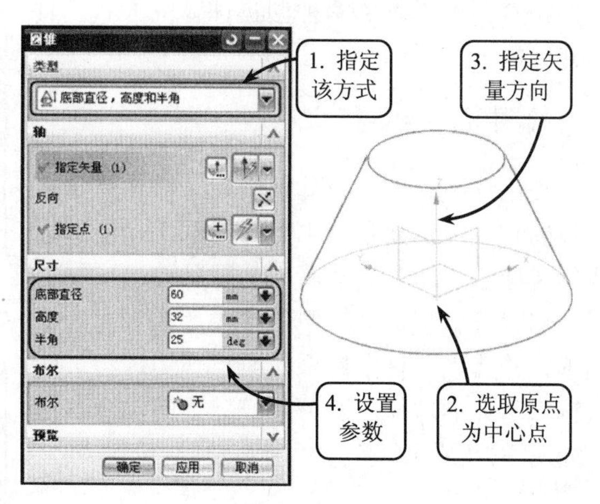

图 5-24 利用【底部直径，高度和半角】方式创建圆锥体

4. 顶部直径，高度和半角

该方式通过指定圆锥体的中心轴、锥体底面的中心点、顶面直径、高度数值、半角角度及生成方向来创建圆锥体。

选择【类型】面板中的【顶部直径，高度和半角】选项，选取现有坐标系的基准点作为圆锥底面的中心点，并选择“ZC 轴”作为圆锥体的指定矢量。然后设置圆锥的顶面直径、高度，以及半角角度的参数，即可完成圆锥体的创建，效果如图 5-25 所示。

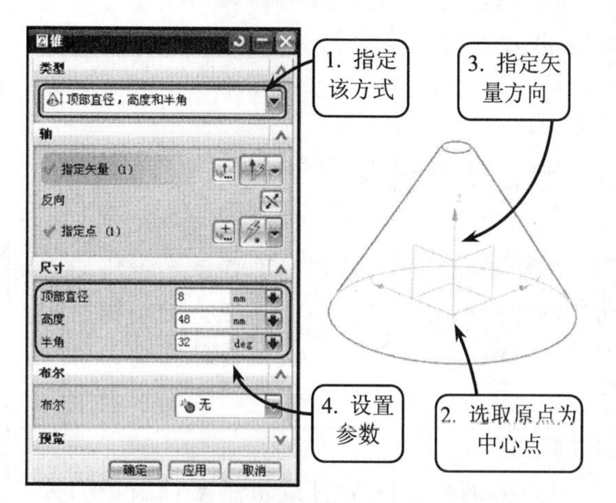

图 5-25 利用【顶部直径，高度和半角】方式创建圆锥体

5. 两个共轴的圆弧

利用该方式创建圆台实体时，只需在视图中指定两个同轴的圆弧即可创建出以这两个圆弧曲线为大端和小端圆面参照的圆台体。

选择【类型】面板中的【两个共轴的圆弧】选项，并依次选取绘图区两个共轴的圆弧，即可完成圆台实体的创建，效果如图 5-26 所示。

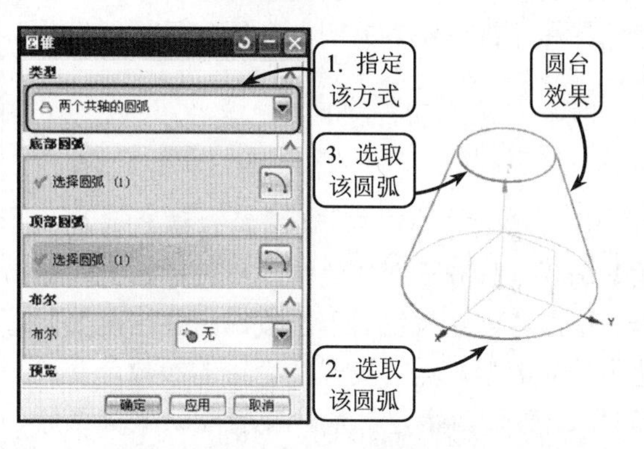

图 5-26 利用【两个共轴的圆弧】方式创建圆台实体

5.2.4 创建球体

球体是三维空间中到一个点的距离相等的所有点的集合所形成的实体。其广泛应用于机械、家具等结构设计中，例如创建档位控制杆、家具拉手等。

在【特征】工具栏中单击【球】按

钮，打开【球】对话框，如图 5-27 所示。

该对话框提供了两种创建球体的方式，具体介绍如下。

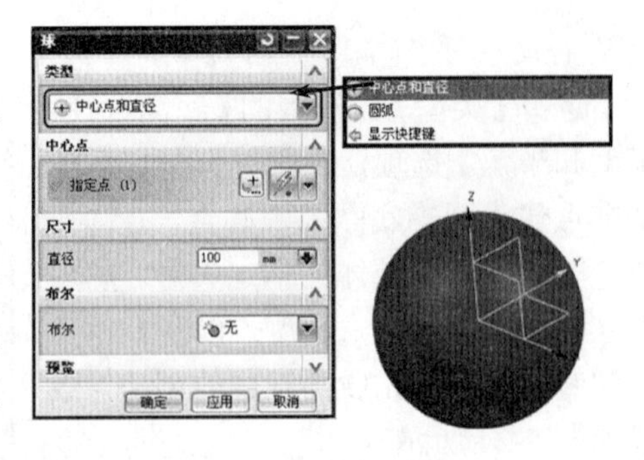

图 5-27 【球】对话框

1. 中心点和直径

使用该方式创建球体特征时，需要先指定球体的球径，然后利用“点对话框”功能选取或创建球心，即可创建所需的球体模型。

选择【类型】面板中的【中心点和直径】选项，并选取现有坐标系的原点作为球心。然后输入球体的球径，即可完成球体的创建，效果如图 5-28 所示。

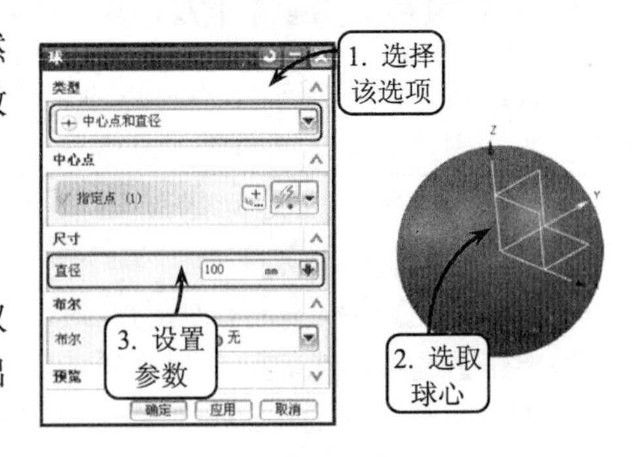

图 5-28 利用【中心点和直径】方式创建球体

2. 圆弧

利用该方式创建球体时，只需在图中选取现有的圆或圆弧曲线为参考圆弧即可创建出球体特征，效果如图 5-29 所示。

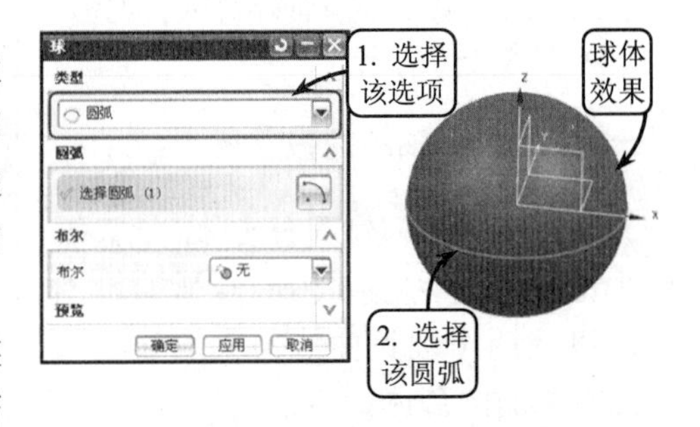

图 5-29 利用【圆弧】方式创建球体

5.2.5 创建齿轮

齿轮是轮缘上有齿，且能连续啮合传递运动和动力的机械元件。由于其独特的结构性和工艺性，被广泛地应用于机械传动和动力传递过程中。例如发电站中的涡轮转动和手表中的指针转动等。

在 UG NX 7 中，软件提供了多种齿轮的类型，例如柱齿轮、锥齿轮等，用户可以根据需求选择创建相应类型的齿轮。现以常用的【柱齿轮】和【锥齿轮】为例，介绍其具体的操作方法。

1. 柱齿轮

选择【GC 工具箱】|【齿轮建模】|【柱齿轮】选项将打开【渐开线圆柱齿轮建模】对话框。单击【创建齿轮】单选按钮，并指定要创建齿轮的类型。然后设置柱齿轮的参数，并选择“ZC 轴”为指定矢量。接着默认坐标系原点为参考点，并单击【确定】按钮，完成柱齿轮的创建，效果如图 5-30 所示。

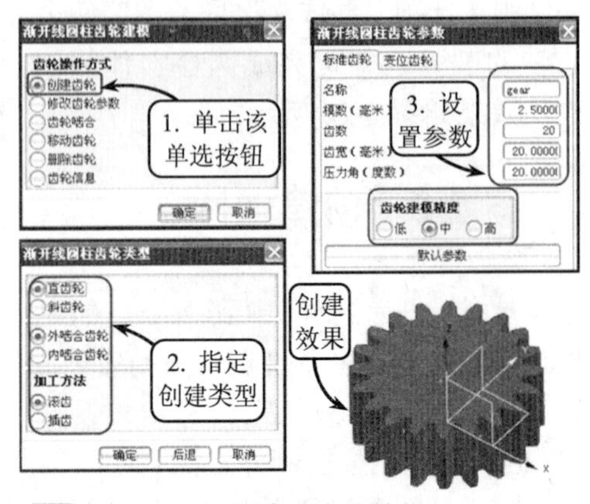

图 5-30 创建柱齿轮特征

2．锥齿轮

选择【GC 工具箱】|【齿轮建模】|【锥齿轮】选项将打开【圆锥齿轮建模】对话框。单击【创建齿轮】单选按钮，并指定要创建齿轮的类型。然后设置锥齿轮的参数，并选择“ZC 轴”为指定矢量。接着默认坐标系原点为参考点，并单击【确定】按钮，完成锥齿轮的创建，效果如图 5-31 所示。

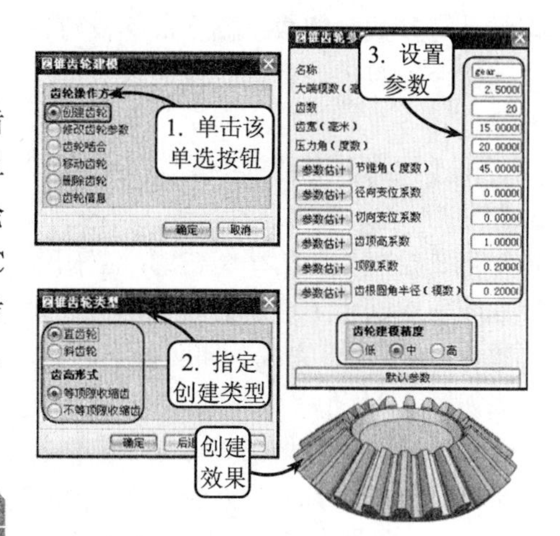

图 5-31 创建锥齿轮特征

5.3 扫描特征

扫描特征是将二维图形沿一定的轨迹创建三维实体的过程。此方法将前面所介绍的草图轮廓创建为拉伸、回转、沿引导线扫掠和管道扫掠 4 种类型的实体特征。其中拉伸特征和回转特征都可以看作是扫描特征的特例，拉伸特征的扫描轨迹是垂直于草绘平面的直线，而回转特征的扫描轨迹则是圆周。

1．拉伸特征

拉伸就是将拉伸对象沿矢量方向拉伸到某一指定位置所形成的实体。拉伸对象可以是草图、曲线等二维几何元素，并且可以同时选取不同类型的对象进行拉伸操作。

图 5-32 【拉伸】对话框

在【特征】工具栏中单击【拉伸】按钮将打开如图 5-32 所示的【拉伸】对话框。在该对话框中可以进行如下两种方式的拉伸操作。

1）曲线

此方式生成的实体不是参数化的数字模型，所生成的实体模型只可以修改拉伸参数，而无法修改截面参数。

利用该方式创建拉伸实体时要先绘制出拉伸对象。然后单击【拉伸】按钮，并选取该拉伸对象。接着指定矢量方向，并设置拉伸参数，即可完成创建拉伸实体的操作，效果如图 5-33 所示。

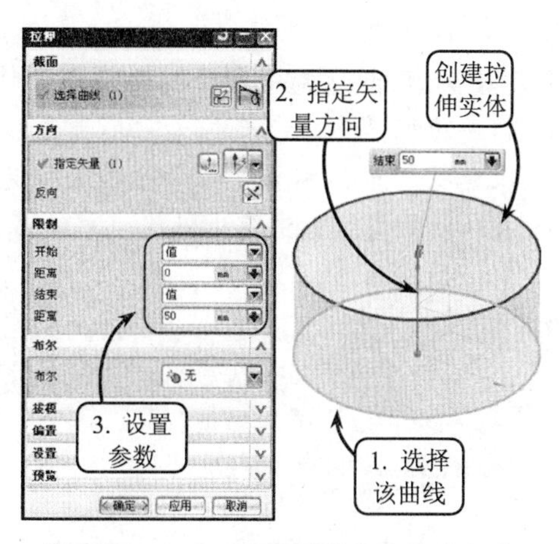

图 5-33 利用【曲线】方式创建拉伸实体

2）绘制截面

利用【绘制截面】拉伸方式创建的实体模

型是具有参数化的数字模型，不仅可以修改拉伸参数，还可以对截面参数进行修改。

在【拉伸】对话框中单击【绘制截面】按钮，系统将进入草图工作空间。根据需要绘制相应的草图轮廓，草图绘制完成后返回至【拉伸】对话框，并设置拉伸参数，即可完成拉伸实体的创建，效果如图 5-34 所示。

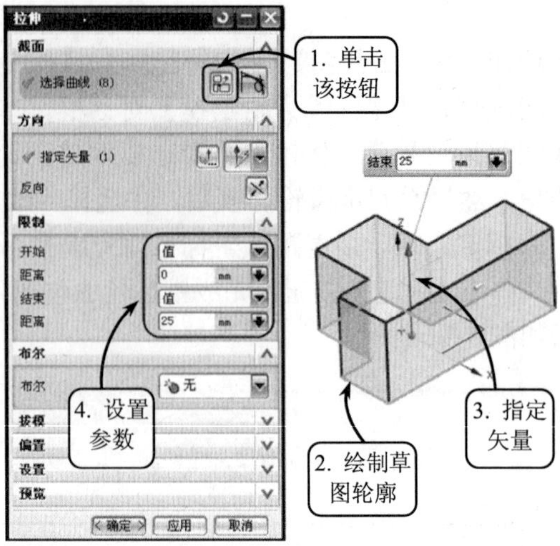

图 5-34　利用【绘制截面】方式创建拉伸实体

在【拉伸】对话框的【限制】面板中可以在【开始】下拉列表中选择相应的选项来设置拉伸方式。其各选项的含义介绍如下。

- **值**　特征将从草绘平面开始单侧拉伸，并通过所输入的距离定义拉伸时的高度。
- **对称值**　特征将从草绘平面往两侧均匀拉伸。
- **直至下一个**　特征将从草绘平面拉伸至曲面参照。
- **直至选定对象**　特征将从草绘平面拉伸至所选的参照。
- **直到被延伸**　特征将从草绘平面拉伸到所选的参照对象。
- **贯通**　特征将从草绘平面并参照拉伸时的矢量方向穿过所有曲面参照。

在【拉伸】对话框的【拔模】选项组中可以设置拉伸特征的拔模方式。该选项组只有在创建拉伸实体特征时才会被激活，其各选项的含义介绍如下。

- **从起始限制**　特征以起始平面作为拔模时的固定平面参照，向模型内侧或外侧进行偏置。
- **从截面**　特征以草绘截面作为拔模时的固定平面参照，向模型内侧或外侧进行偏置。
- **从截面-不对称角**　以草绘截面作为固定平面参照，并可以分别定义拉伸时两侧的偏置量。
- **从截面-对称角**　以草绘截面作为固定平面参照，并且两侧定义的偏置量相同。
- **从截面匹配的终止处**　以草绘截面作为固定平面参照，且偏置特征的终止处与截面相匹配。

提　示

如果选择的拉伸对象不封闭，拉伸操作将生成片体；如果拉伸对象为封闭曲线将生成实体。

2．回转特征

回转操作与拉伸操作类似，不同点是：回转操作是将草图截面或曲面等二维图形对象相对于旋转中心旋转而生成实体模型。例如齿轮轴、圆形盖体和垫圈等。

在【特征】工具栏中单击【回转】按钮将打开【回转】对话框。然后绘制回转的截面曲线或直接选取现有的截面曲线，并选取旋转中心轴和旋转基准点。接着设置旋转角度参数，即可完成回转特征的创建。如图 5-35 所示即是以基准坐标系的 ZC 轴为旋转中心轴，以原点为旋转基准点而创建的回转体特征。

该【回转】对话框中同样也包括【绘制截面】和【曲线】两种方式，其操作方法和拉伸工具的操作方法类似，不同之处在于：当利用回转工具进行实体操作时，所指定的矢量是该对象的旋转中心，所设置的旋转参数是旋转的起点角度和终点角度。

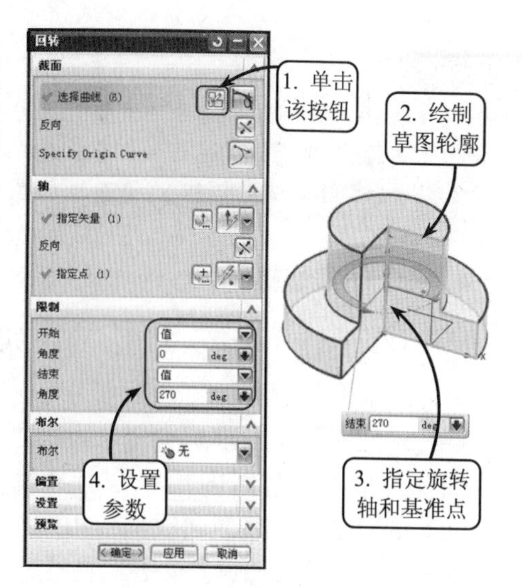

图 5-35 创建回转实体

3. 扫掠

扫掠与前面介绍的拉伸和回转相似，也是将一个截面图形沿着引导线运动创建的实体，但其中的引导线可以是直线、圆弧或样条等曲线。该工具在创建扫描特征时的应用最为广泛和灵活。

在【特征】工具栏中单击【扫掠】按钮将打开【扫掠】对话框。在该对话框中需要指定扫掠的截面曲线和扫掠的引导线，其中截面曲线只能选择一条，而引导线最多可以指定 3 条。当截面曲线为封闭的曲线时，生成的扫掠实体特征如图 5-36 所示。

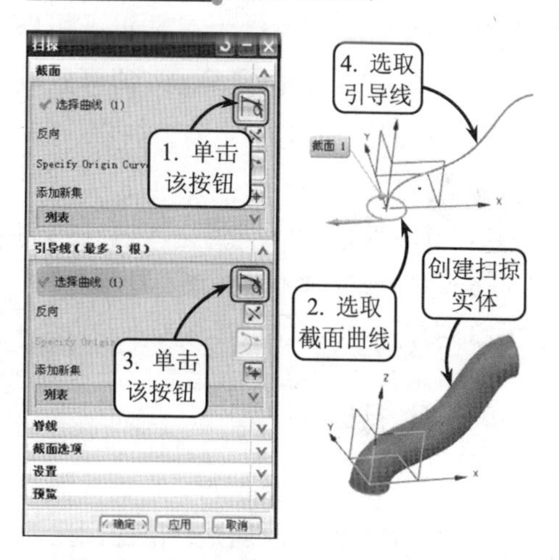

图 5-36 创建扫掠实体特征

当截面曲线为不封闭的曲线时，扫掠生成曲面特征。依次选取图中的两条曲线分别作为截面曲线和引导曲线创建扫掠曲面特征，效果如图 5-37 所示。

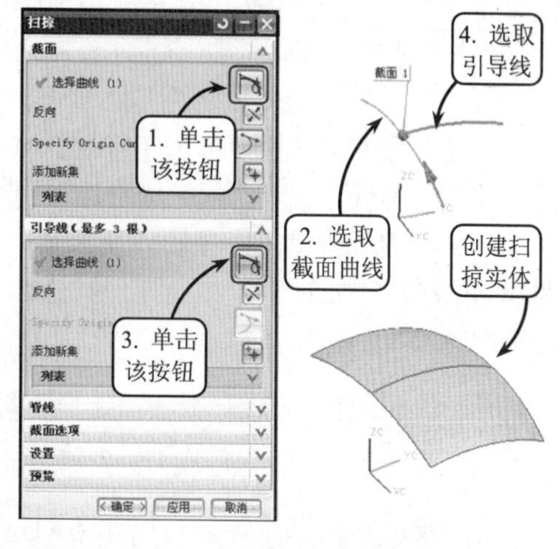

图 5-37 创建扫掠曲面特征

扫掠操作与拉伸操作既有相似之处，也有差别：利用扫掠和拉伸工具拉伸对象结果完全相同，只不过扫掠的轨迹线可以是任意的空间链接曲线，而拉伸轴只能是直线；拉伸既可以从截面处开始，也可以从起始距离处开始，而扫掠只能从截面处开始。所以，轨迹线为直线时最好采用拉伸方式；轨迹线为圆弧时扫掠操作相当于旋转操作，旋转轴为圆弧所在轴线，从截面开始，到圆弧结束。

注　意

在创建扫掠特征时，引导线可以是光顺的，也可以是有尖锐角的；引导线中的直线部分，系统采用拉伸的方法创建，引导线中弧线的部分采用回转的方法创建；引导线中两条相邻的直线不能以锐角相遇，否则会引起自相交的情况；引导线中的弧半径的尺寸相对于截面曲线尺寸不能太小。

4．沿引导线扫掠

沿引导线扫掠是将实体表面、实体边缘、曲线或者链接曲线沿着一定的引导线进行扫描拉伸生成实体或者片体。

该方式同【扫掠】方式类似，不同之处在于该方式可以设置截面图形的偏置参数。并且扫掠生成的实体截面形状与引导线相应位置法向平面的截面曲线形状相同。

单击【沿引导线扫掠】按钮将打开【沿引导线扫掠】对话框。然后依次选取图中的曲线分别作为扫掠截面曲线和扫掠引导曲线，并设置偏置参数，即可完成扫掠操作，效果如图 5-38 所示。

注　意

设置的偏置数值都是相对于扫掠对象的曲线边界而言的，二者之差的绝对值为扫掠物体的厚度。

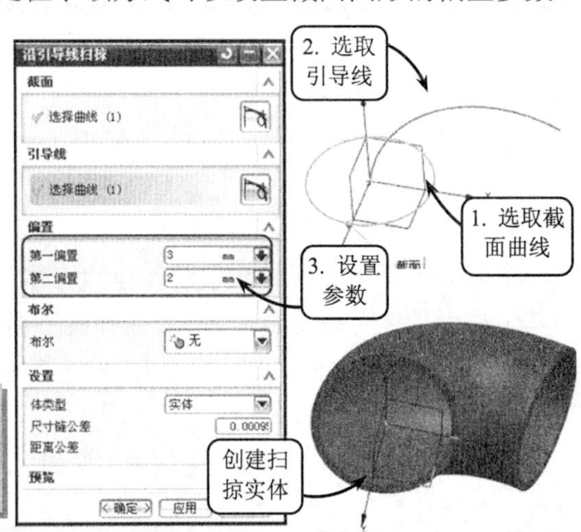

图 5-38　沿引导线扫掠

5．管道扫掠

管道是扫掠的特殊情况，它的截面只能是圆。管道的创建原理是：剖面图形沿一条引导线运动扫掠得到三维实体，引导线可以由多个线段组成，但必须是连续的。管道生成时需要输入管子的外径和内径，若内径为零，所生成的为实心管道。

在【曲面】工具栏中单击【管道】按钮将打开【管道】对话框。然后选取引导线，并设置好管道的内径和外径参数，即可完成管道的创建，效果如图 5-39 所示。

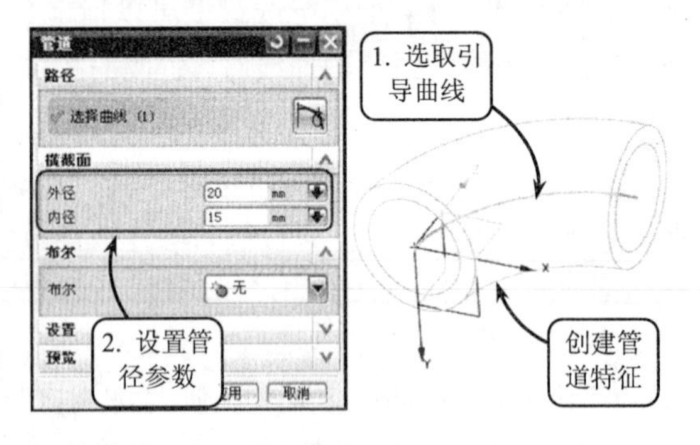

图 5-39　创建管道特征

5.4　设计特征

前面所介绍的基本特征可以作为创建三维模型的第一个特征出现，但本节所介绍的设计特征必须是以现有模型为基础而创建的特征。利用该类工具可以直接创建出更为细致的实体特征，例如在一个实体上创建孔、凸台、腔体和沟槽等，这些特征都是设计特征，并且设计特征的生成方式都是参数化的，编辑特征参数即可得到新的特征。

1．孔加工特征

孔特征是指在模型中去除部分实体，该实体可以是圆柱、圆锥或同时存在这两种特征的实体。孔特征的创建在实体建模时经常使用，如创建螺孔的底孔、箱体类零件的轴孔和定位孔等。

单击【孔】按钮将打开【孔】对话框。该对话框提供了5种孔的类型，如图5-40所示。其中【常规孔】最为常用，该孔特征包括以下4种成形方式。

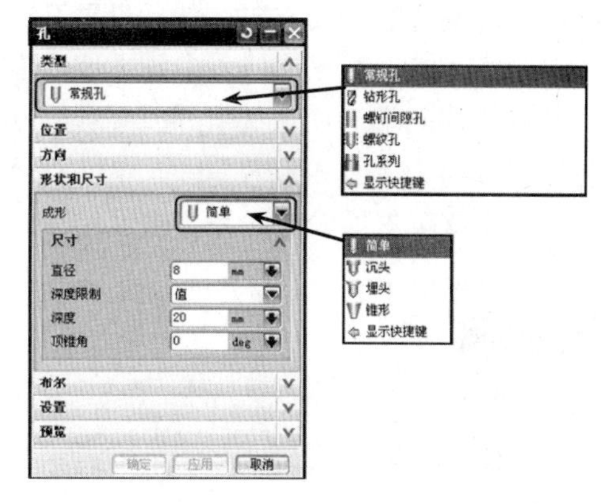

图 5-40 【孔】对话框

1）简单孔

该方式通过指定孔表面的中心点，并指定孔的生成方向，然后设置孔的参数，完成孔的创建。

选择【成形】下拉列表中的【简单】选项，并选取圆柱的端面中心为孔的中心点，指定孔的生成方向为垂直于圆柱端面。然后设置孔的参数，以及布尔生成方式为“求差”，即可创建简单孔特征，效果如图5-41所示。

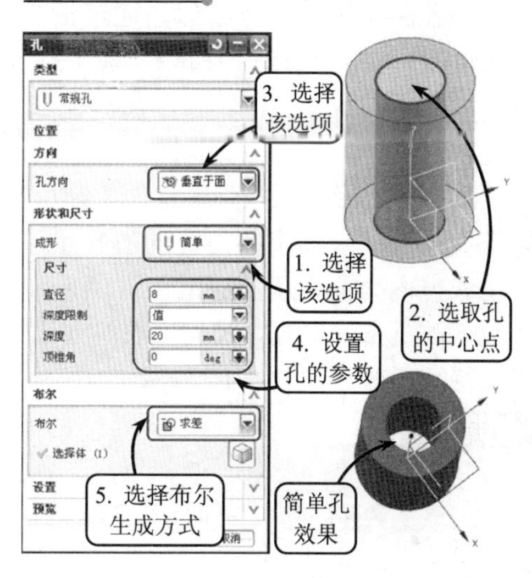

图 5-41 创建简单孔特征

2）沉头孔

沉头孔是指将紧固件的头部完全沉入的阶梯孔。该方式通过指定孔表面的中心点，并指定孔的生成方向，然后设置孔的参数，完成孔的创建。

选择【成形】下拉列表中的【沉头】选项，并选取圆柱的端面中心为孔的中心点，指定孔的生成方向为垂直于圆柱端面。然后设置孔的参数，以及布尔生成方式为“求差”，即可创建沉头孔特征，效果如图5-42所示。

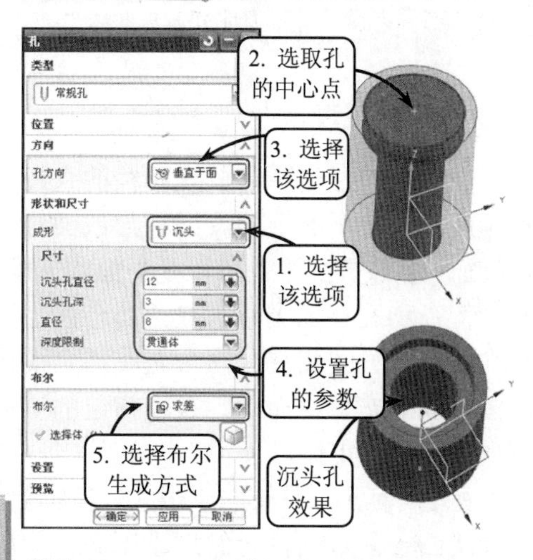

图 5-42 创建沉头孔特征

提 示

沉头孔直径必须大于它的孔直径，沉头孔深度必须小于孔深度，顶锥角必须在0°～180°之间。

3）埋头孔

埋头孔是指将紧固件的头部不完全沉入的阶梯孔。该方式通过指定孔表面的中心点，并指定孔的生成方向，然后设置孔的参数，完成孔的创建。

选择【成形】下拉列表中的【埋头】选项，并选取圆柱的端面中心为孔的中心点，指定孔的生成方向为垂直于圆柱端面。然后设置孔的参数，以及布尔生成方式为“求差”，即可创建埋头孔特征，效果如图 5-43 所示。

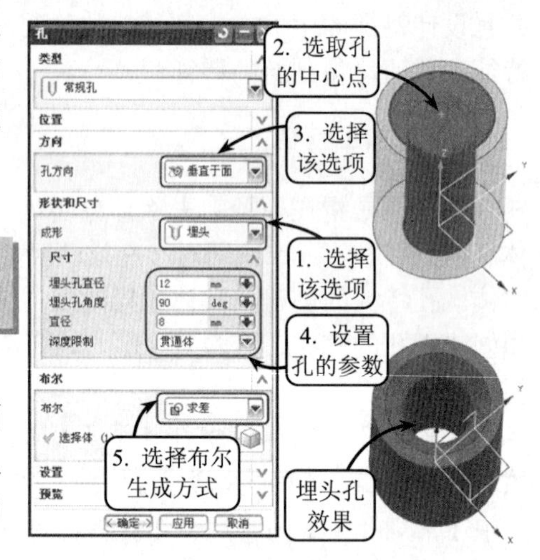

图 5-43　创建埋头孔特征

提　示

埋头孔直径必须大于它的孔直径，埋头孔角度必须在 0°～180°之间，顶锥角必须在 0°～180°之间。

4）锥形孔

该孔类型与简单孔相似，通过指定孔表面的中心点，并指定孔的生成方向，然后设置孔直径、锥角，以及孔深度参数，完成该孔的创建。

选择【成形】下拉列表中的【锥形】选项，并选取圆柱的端面中心为孔的中心点，指定孔的生成方向为垂直于圆柱端面。然后设置孔的参数，以及布尔生成方式为“求差”，即可创建锥孔特征，效果如图 5-44 所示。

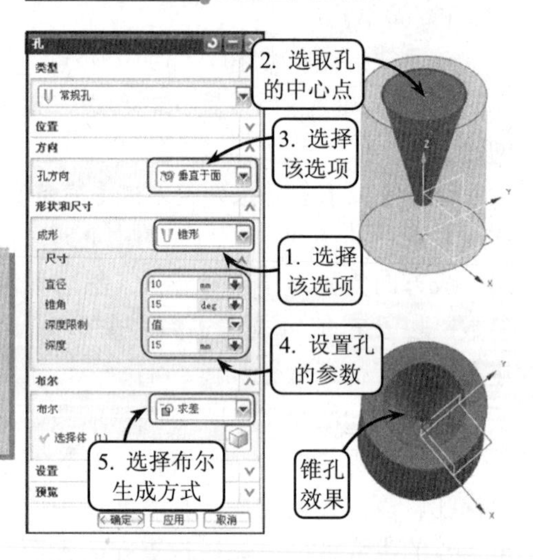

图 5-44　创建锥孔特征

提　示

沉头孔和埋头孔可以大致看作是由两个孔径不等的简单孔组成的孔，它们的尺寸由两部分构成，沉头孔的直径和深度（或埋头孔的直径和角度），以及孔的总深度、直径和顶锥角。当孔为通孔时，顶锥角和深度不需要设置，只需要贯通面即可完成孔的创建。

2. 创建凸台

凸台是指通过指定放置圆柱的直径、锥角和高度值，在平面上构造圆柱形或圆锥形的实体特征，且放置的平面可以是平面或基准平面。凸台特征和孔特征类似，只是凸台的生成方式和孔的生成方式相反。凸台是在指定实体面的外侧生成的实体，而孔则是在指定的实体面内侧去除指定的实体。

在【特征】工具栏中单击【凸台】按钮将打开【凸台】对话框。然后设置凸台的相关参数，并在主窗口中指定参照对象。接着在【定位】对话框中对其进行准确定位，即可完成凸台特征的创建，效果如图 5-45 所示。

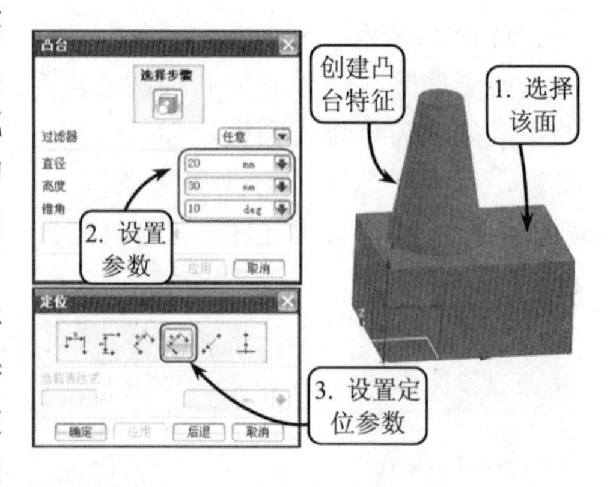

图 5-45　创建凸台特征

提 示

创建凸台的锥角为 0°时，创建出来的凸台是一个圆柱体；当为正值时，则为一个圆台体；当为负值时，凸台为一个倒置的圆台体。该角度的最大值是当圆柱体的圆柱面倾斜为圆锥体时的最大倾斜角度。

3．放置腔体

利用该工具可以从实体中去除具有圆柱形、矩形或常规特征的材料。单击【腔体】按钮将打开【腔体】对话框，如图 5-46 所示。

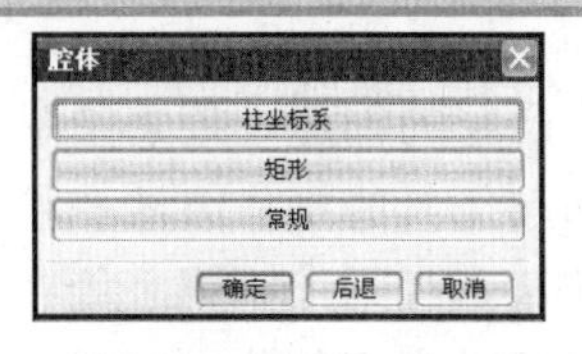

图 5-46 【腔体】对话框

该对话框提供了 3 种特征按钮，各选项的操作方法基本相似，这里以【柱坐标系】按钮为例介绍其操作方法。在【腔体】对话框中单击【柱坐标系】按钮，并在图形对象中选取一个参考面。然后进行圆柱体参数的设置，并对所创建腔体的位置做相应的约束，即可完成腔体的创建，效果如图 5-47 所示。

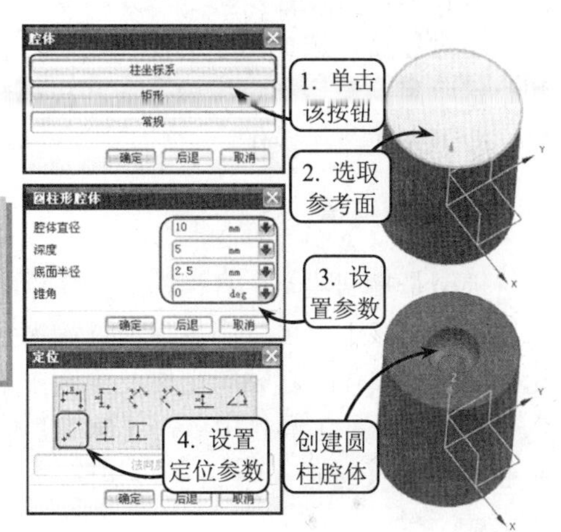

图 5-47 创建圆柱腔体特征

提 示

在设置圆柱形腔体的参数时，【底面半径】文本框用于设置圆柱形腔体底面的圆弧半径，必须大于等于 0，且小于深度值；【锥角】文本框用于设置圆柱形腔体的倾斜角度，必须大于等于 0。

4．创建垫块和凸起

利用垫块和凸起工具可以在指定的实体表面上创建任意指定形状的实体特征，该实体的截面形状可以是任意曲线或草图对象，具体介绍如下。

1）垫块

利用该工具可以在实体表面创建"矩形"和"常规"两种类型的实体特征。该工具与凸台工具的区别是：利用凸台工具只能创建圆柱形或圆台形的实体特征，而垫块的截面形状可以是任意形状的曲线，所以利用垫块工具可以创建任意形状的实体特征。

单击【垫块】按钮，依次选取放置面和轮廓曲线，并设置锥角角度和顶面距放置面的距离参数即可创建垫块特征。如图 5-48 所示为利用【常规】方式创建的垫块特征。

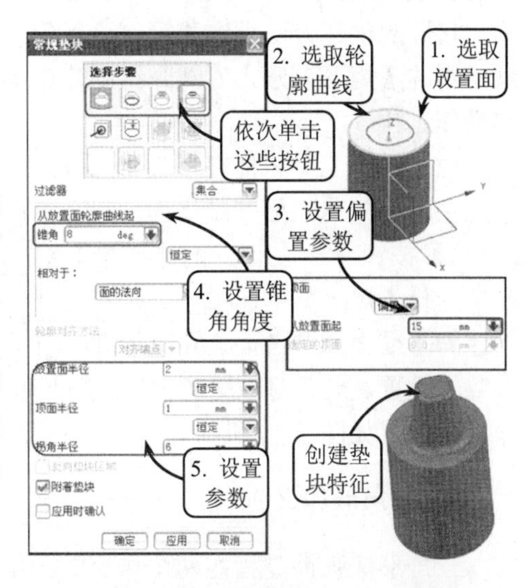

图 5-48 利用【常规】方式创建垫块特征

2）凸起

利用该工具不仅可以选取实体表面上现有的曲线特征，而且还可以进入草图工作环境，绘制所需截面的形状特征。

在【特征】工具栏中单击【凸起】按钮将打开【凸起】对话框。然后依次选取凸起截面曲线和要凸起的面，并指定凸起方向，以及设置有关的凸起参数后，即可完成凸起的创建，效果如图 5-49 所示。

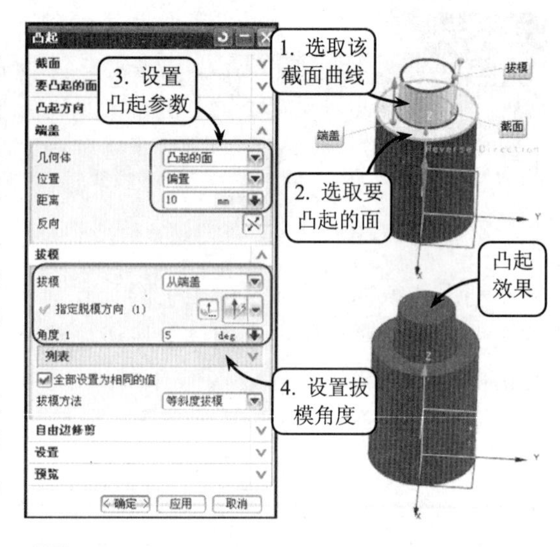

图 5-49 创建凸起特征

凸起工具的操作方法和拉伸工具的操作方法基本相同，不同之处在于使用拉伸工具时可以直接创建出图形的第一特征，并且设置具体参数时不存在有关拔模的设置。而在使用凸起工具时，图形中必须存在参考实体。其操作步骤一般是：确定凸起截面对象后，选择凸起的面、凸起方向和凸起距离，最后指定拔模方向和拔模角度，即可完成凸起操作。

5. 创建键槽

键槽是指创建一个直槽的通道穿透实体或通到实体内，在当前目标实体上自动执行求差操作。该工具可以满足建模过程中各种键槽的创建。在机械设计中主要用于轴、齿轮、带轮等实体，起轴向定位及传递扭矩的作用。

在【特征】工具栏中单击【键槽】按钮将打开【键槽】对话框，如图 5-50 所示。

图 5-50 【键槽】对话框

该对话框提供了 5 种类型的键槽，所创建的键槽既可以是通槽也可以是非通槽。它们的创建方法大致相同，这里仅以最常用的【矩形】方式为例介绍创建键槽的操作过程。

由于键槽工具只能在平面上操作，所以应在图中先建立好基准平面。然后单击【键槽】按钮，在打开的【键槽】对话框中选择【矩形】单选按钮。接着选择所创建的基准面和参考面，并进行键槽有关参数的设置。最后对键槽的位置进行定位即可，效果如图 5-51 所示。

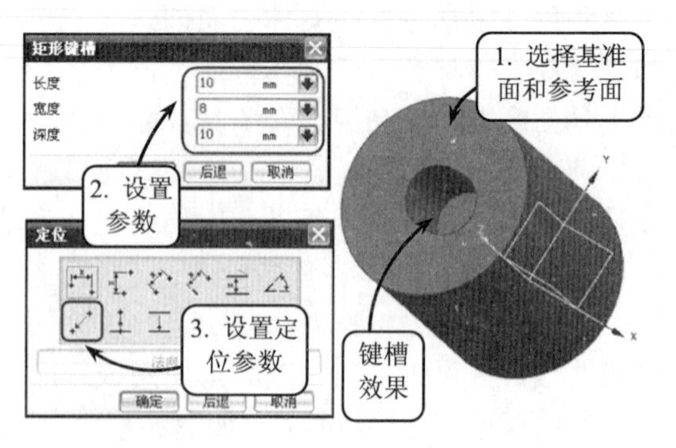

图 5-51 创建矩形键槽特征

6. 三角形加强筋

三角形加强筋是指在两个相交的面组上创建带拔模的加强筋特征，该工具主要用于机械设计中支撑肋板的创建。要启用该工具，可以在【特征】工具栏中单击【三角形加强筋】按钮，打开【三角形加强筋】对话框，如图 5-52 所示。

在该对话框的【方法】下拉列表中列出了【沿曲线】和【位置】两个选项，选择【沿曲线】选项时，可以指定加强筋位于平面相交曲线的位置或百分比；选择【位置】选项时，可以通过指定加强筋的绝对坐标值确定其位置。

一般情况，第一种选项比较常用。其操作方法是：先通过对话框中的【第一组】和【第二组】按钮指定需创建加强筋的两个相交面，然后设置其位置，最后设置好加强筋的有关参数即可，效果如图 5-53 所示。

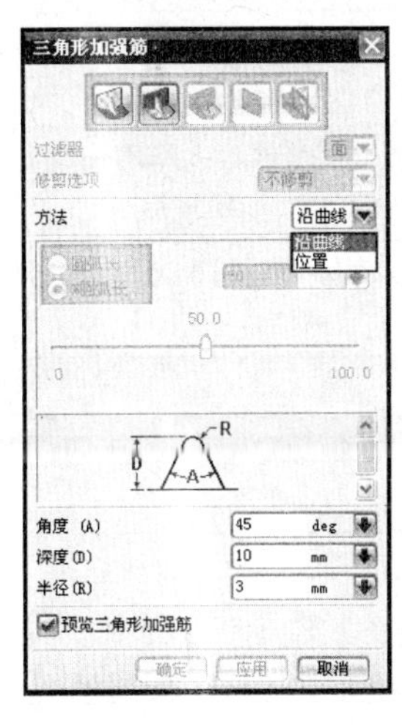

图 5-52 【三角形加强筋】对话框

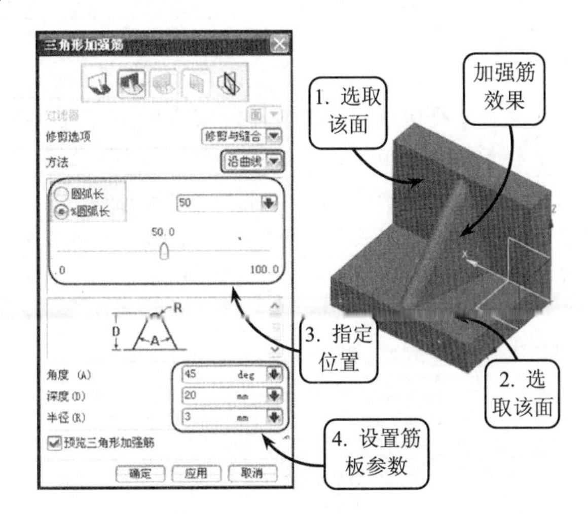

图 5-53 利用【沿曲线】方式创建三角形加强筋

7. 创建螺纹

螺纹是指在旋转实体表面上创建的连续的凸起或凹槽特征，且该特征沿螺旋线形成，具有相同的剖面。用户可以根据需要选择螺纹类型，再在绘图区中选择要创建螺纹的实体。在设置螺纹参数时，既可以手工指定各螺纹参数，也可以从螺纹参数列表中选取某螺纹参数。设置参数后，系统则在所选择的实体表面上创建相应的螺纹特征。

要使用螺纹工具，可在【特征】工具栏中单击【螺纹】按钮，打开【螺纹】对话框，如图 5-54 所示。该对话框提供了两种创建螺纹的方式：即【符号】螺纹方式和【详细】螺纹方式。

图 5-54 【螺纹】对话框

1）符号

该方式用于创建符号螺纹。符号螺纹用虚线表示，并不显示螺纹实体，在工程图中可用于表示螺纹和标注螺纹。这种螺纹由于只产生符号而不生成螺纹实体，因此生成螺纹的速度快，一般创建螺纹时都选择该类型。

在【螺纹】对话框中选择【符号】单选按钮，并选取实体中的螺纹对象，该对话框中的选项被激活，表 5-1 介绍了对话框中各选项的含义。

表 5-1 【螺纹】对话框各选项的含义

选项和按钮	含　义
大径	用于设置螺纹的最大直径。默认值根据所选圆柱面直径和内外螺纹的形式查找参数获得
小径	用于设置螺纹的最小直径。默认值根据所选圆柱面直径的内外螺纹的形式查找螺纹参数获得
螺距	用于设置螺距，其默认值根据选择的圆柱面查螺纹参数表取得。对于符号螺纹，当不选取手工输入选项时，螺距的值不能修改
角度	用于设置螺纹牙型角，其默认值为螺纹的标准角度 60°。对于符号螺纹，当不选取手工输入选项时，角度的值不能修改
标注	用于螺纹标记，其默认值根据选择的圆柱面查螺纹参数表取得，如 M10_X_0.75。当选取手工输入选项时，该文本框不能修改
螺纹钻尺寸	用于设置外螺纹轴的尺寸或内螺纹的钻孔尺寸
Method	用于指定螺纹的加工方法。其中包含 Cut（车螺纹）、Rolled（滚螺纹），Ground（磨螺纹）和 Milled（铣螺纹）4 个选项
From	用于指定螺纹的标准。其中包含统一螺纹、公制螺纹、梯形螺纹、英制螺纹、粗短英制螺纹、公制粗螺纹、锯齿螺纹、火花塞螺纹、标准锥管螺纹、软管配对螺纹和消防接头螺纹等多种标准。当选取手工输入选项时，该选项不能更改
螺纹头数	用于设置螺纹的头数，即创建单头螺纹还是多头螺纹
锥形	用于设置螺纹是否为拔模螺纹
完整螺纹	启用该复选框，则在整个圆柱上攻螺纹，螺纹伴随圆柱面的改变而改变
长度	用于设置螺纹的长度
手工输入	用于设置是从手工输入螺纹的基本参数还是从螺纹列表框中选取螺纹
从表格中选择	单击该按钮打开新的【螺纹】对话框，提示用户通过从螺纹列表中选取合适的螺纹规格
包含实例	用于创建螺纹阵列。选取该复选框，当选择了阵列特征中的一个成员时，则该阵列中的所有成员都将被创建螺纹
旋转	用于设置螺纹的旋转方向，其中包含【右手】和【左手】两个选项
选择起始	用于指定一个实体平面或基准平面作为创建螺纹的起始位置

要创建符号螺纹，首先需要在绘图区指定螺钉实体上要创建螺纹的部分，在圆柱端将显示螺纹方向的箭头，如图 5-55 所示。

然后单击【从表格中选择】按钮，打开新的【螺纹】对话框。在该对话框中选择螺纹参数项，连续单击【确定】按钮，即可获得如图 5-56 所示的符号螺纹效果。

2）详细

该方式用于创建详细螺纹。这种类型的螺纹显示得将更加真实，如图 5-57 所示。但由于这种螺纹几何形状的复杂性，使其创建和更新的速度减慢，一般情况下不建议使用。该操作方法与【符号】方式完全相同，这里不再赘述。

在该对话框中可以进行多种参数设置来定义螺纹特征，例如修改螺纹长度和旋向即可获得新的螺纹特征，效果如图 5-58 所示。

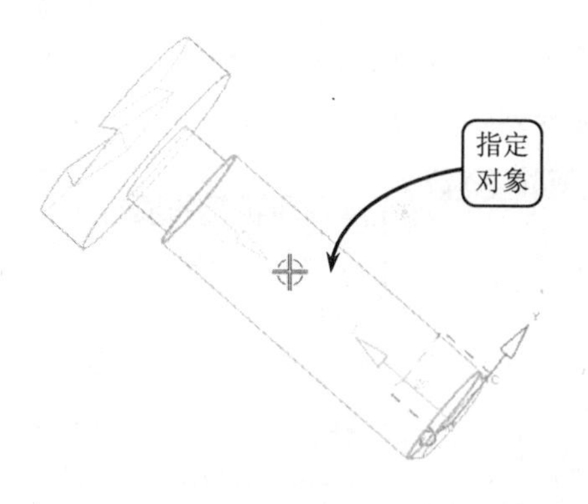

图 5-55 指定要创建螺纹的对象

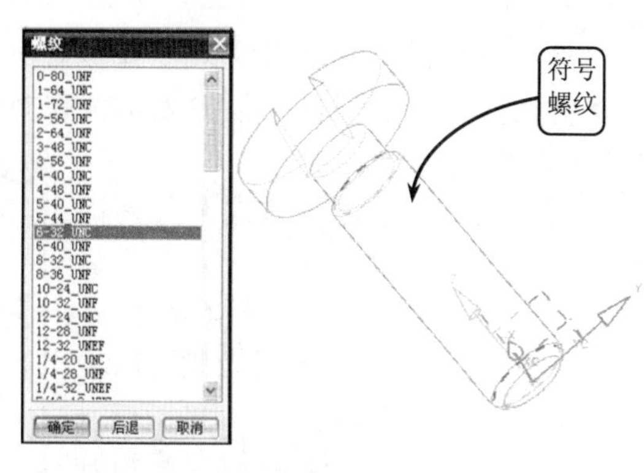

图 5-56 创建符号螺纹

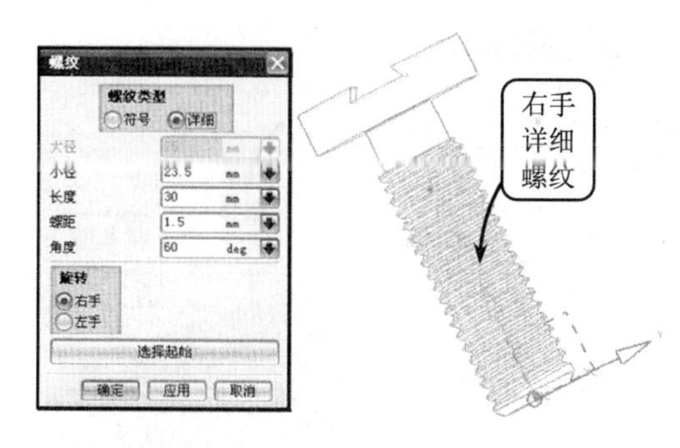

图 5-57 创建右手详细螺纹

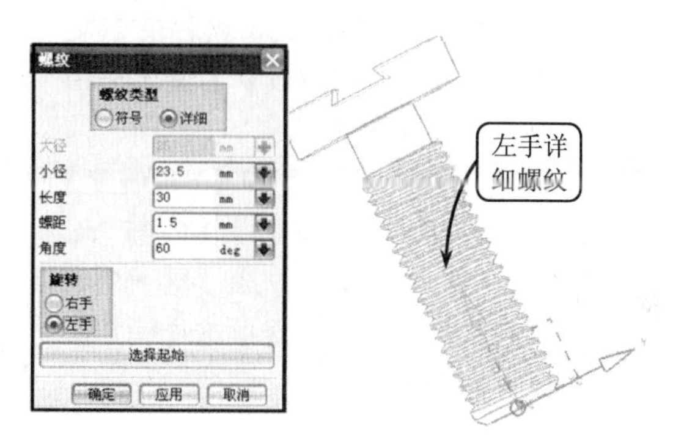

图 5-58 创建左手详细螺纹

5.5 特征操作

在实际的操作过程中，仅仅依靠特征建模是远远不够的，还需要利用相应的特征操作工具对简单的实体模型进行更细一步的编辑，从而创建出更为复杂的实体模型，以符合设计要求。

1. 实例特征

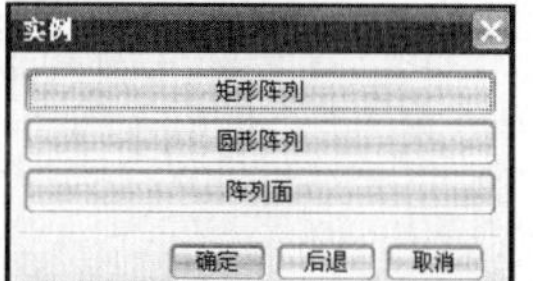

图 5-59 【实例】对话框

实例特征是指对已经存在的特征进行阵列复制操作。利用该工具可以避免对单一实体的重复性操作，且便于修改，节省了大量的设计时间。由于 UG 软件是通过参数化来驱动的，各个实例特征具有关联性，如果对一个实例特征进行了修改，其他所有的特征也将随之改变。

在【特征】工具栏中单击【实例特征】按钮将打开【实例】对话框，如图 5-59 所示。在该对话框中可以创建如下 3 种类型的阵列特征。

1）矩形阵列

矩形阵列方式用于以矩形阵列的形式来复制所选的实体特征，该阵列方式使阵列后的特征成矩形（行数×列数）排列。

在【实例】对话框中单击【矩形阵列】按钮将打开新的【实例】对话框，如图 5-60

所示。选择列表框中可供阵列的特征选项后，单击【确定】按钮。此时，将打开【输入参数】对话框，该对话框提供了 3 种方式来创建矩形阵列。

❑ 常规

该方式用于以一般的方式来阵列特征。由于其阵列形式以执行布尔运算为基础，并对所有的几何特性进行合法性验证。因此执行该操作时阵列的范围可以超过原始实体的表面范围，其阵列可以和一表面的边相交，也可以从一个面贯穿到另一个面，效果如图 5-61 所示。

图 5-60 【输入参数】对话框

选择【常规】阵列方式，然后在【XC 向的数量】和【YC 向的数量】文本框中分别设置阵列特征在 XC 与 YC 方向上的复制个数；在【XC 偏置】和【YC 偏置】文本框中分别设置阵列特征沿 XC 与 YC 方向的间距，它们是从一个成员至下个成员相同点测量的距离。接着单击【确定】按钮，即可完成矩形阵列的创建。

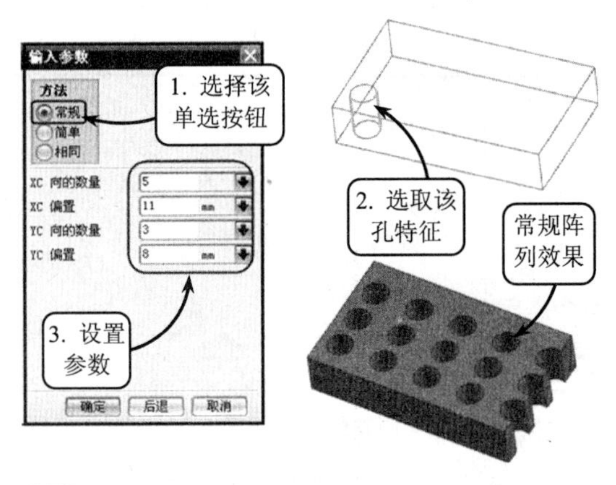

图 5-61 常规阵列

❑ 简单

该方式用于以简单的方式来阵列特征。该选项的计算方式与【常规】选项相类似，但不进行合法性验证和数据优化操作，因此其创建速度更快，效果如图 5-62 所示。

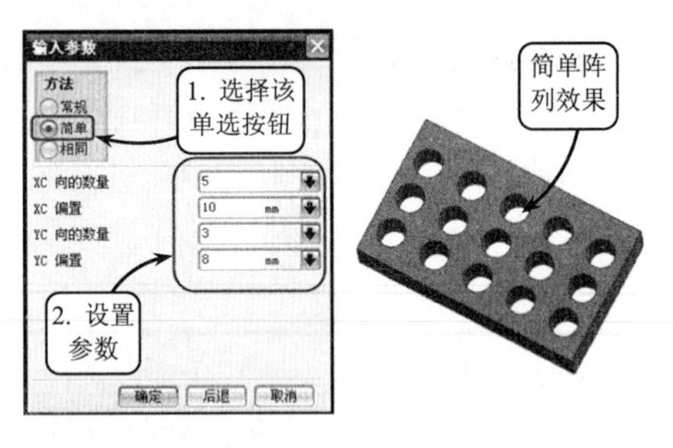

图 5-62 简单阵列

❑ 相同

该方式用于以相同的方式来阵列特征。该方式不执行布尔运算，是在尽可能少的合法性验证下复制和转换原始特征的所有面和边。因此每个阵列的成员都是原始特征的一个精确的复制。在阵列特征较多，以及能确定它们完全相同的情况下可用此选项。这种方式创建速度最快，效果如图 5-63 所示。

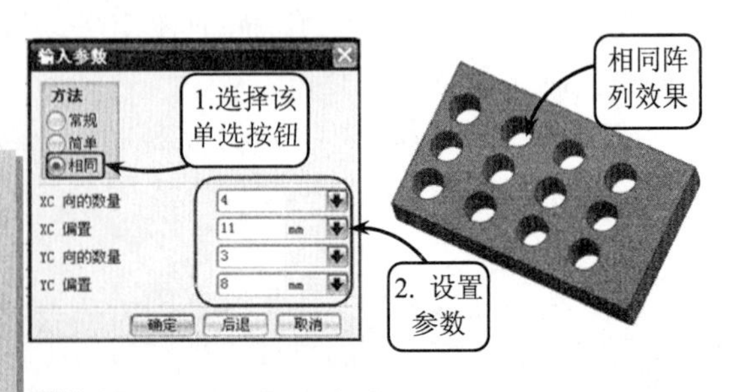

图 5-63 相同阵列

注 意

矩形阵列操作必须在 XC-YC 坐标系平面或平行于 XC-YC 坐标系平面上进行。因此，在执行矩形操作之前需要先调整好坐标系的方位。此外应特别注意，在执行阵列操作时必须确保阵列后的所有成员都能与目标特征所在的实体接触。

2）圆形阵列

圆形阵列方式用于以环形阵列的形式来复制所选的实体特征，该阵列方式使阵列后的成员特征呈圆周排列。

要使用圆形阵列工具，可在【实例】对话框中单击【圆形阵列】按钮，打开新的【实例】对话框。在该对话框中选择指定的实体特征，然后单击【确定】按钮，再次打开新的【实例】对话框，如图 5-64 所示。

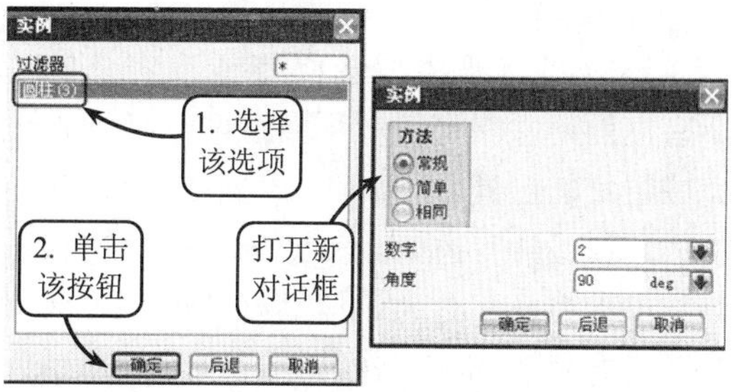

图 5-64 【实例】对话框

创建圆形阵列的操作方法与矩形阵列类似。不同之处是：圆形阵列方式需要指定阵列的数量和角度值，并且要指定基准轴或点和方向，使指定的实例特征沿其进行圆形阵列，如图 5-65 所示是一圆柱体沿 YC 轴进行圆形阵列的效果。

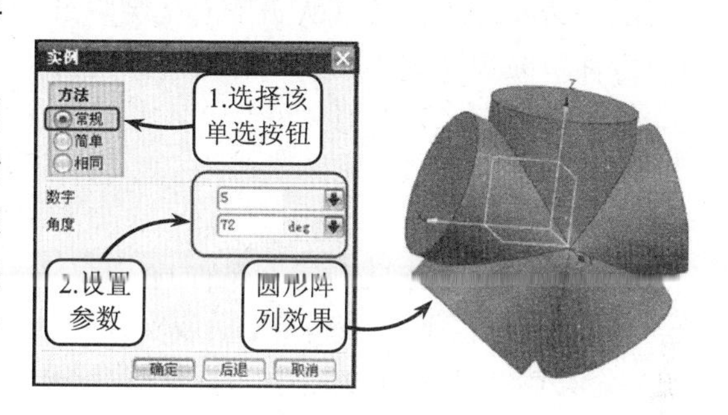

图 5-65 圆形阵列效果

提 示

圆形阵列【实例】对话框中【方法】选项的 3 种阵列方式与矩形阵列中介绍的用法相同。【数字】文本框用于设置沿圆周上复制特征的数量。【角度】文本框用于设置圆周方向上复制特征之间的角度。

3）阵列面

阵列面阵列方式比起前面所述的阵列方式更加灵活，它将选择一组表面而不是某些实体特征作为阵列对象，既可以创建矩形阵列，也可以创建圆形阵列，还可以创建镜像特征。

要启用【阵列面】命令，可在【实例】对话框中单击【阵列面】按钮，打开【阵列面】对话框，如图 5-66 所示。该对话框中各个方式的含义分别介绍如下。

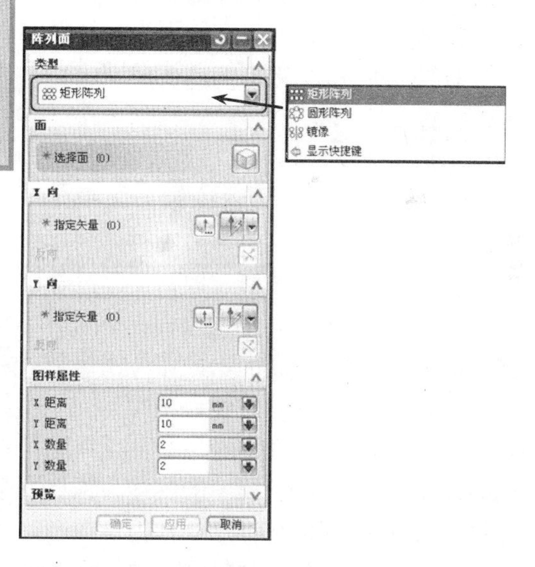

图 5-66 【阵列面】对话框

❑ **矩形阵列**

该方式与【矩形阵列】的设置类似，需要执行选取特征或实体的所有曲面、指定 XC 轴方向和 YC 轴方向，以及设置图样参数这 4 个步骤来完成阵列特征的创建。

❑ **圆形阵列**

该方式与【圆形阵列】方式相似，需要选择面、指定矢量和指定点，以及设置图样参数。

❑ 镜像

该方式需要执行选取特征或实体的所有曲面，并指定镜像平面这两个步骤来完成特征的创建。

现以【矩形阵列】方式为例，介绍其具体操作方法。首先选取圆柱体的上表面和圆柱面两个面为实例特征，然后分别指定 XC 轴方向和 YC 轴方向为阵列的矢量方向。接着设置图样参数，并单击【确定】按钮，即可完成阵列的操作，效果如图 5-67 所示。

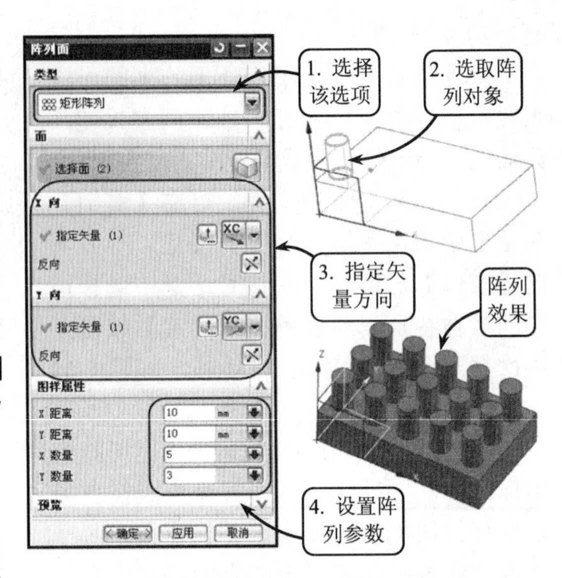

图 5-67 利用【矩形阵列】方式创建阵列特征

2. 镜像特征

镜像特征就是复制指定的一个或多个特征，并根据平面（基准平面或实体表面）将其镜像到该平面的另一侧。

单击【镜像特征】按钮将打开【镜像特征】对话框。然后选取图中的圆柱体为特征，并选取创建的基准平面为镜像平面，创建镜像特征，效果如图 5-68 所示。

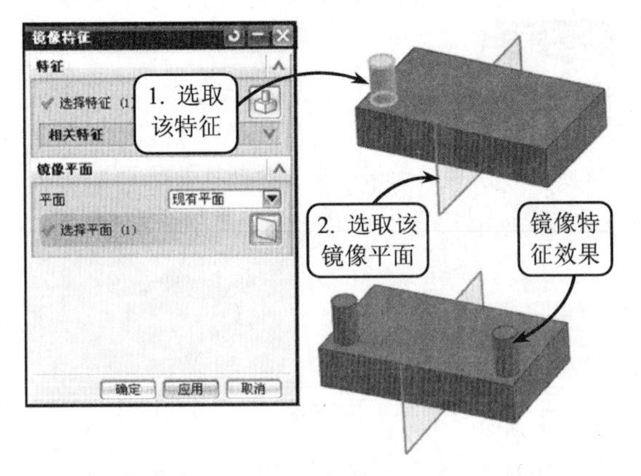

图 5-68 创建镜像特征

3. 镜像体操作

该工具以基准平面为镜像平面镜像所选的实体或片体。其镜像后的实体或片体和原实体或片体相关联，但其本身没有可以编辑的特征参数。与镜像特征不同的是，镜像体不能以自身的表面作为镜像平面，只能以基准平面作为镜像平面。

单击【镜像体】按钮将打开【镜像体】对话框。然后选取图中的实体为镜像对象，并选取创建的基准平面作为镜像平面，系统将执行镜像体的操作，效果如图 5-69 所示。

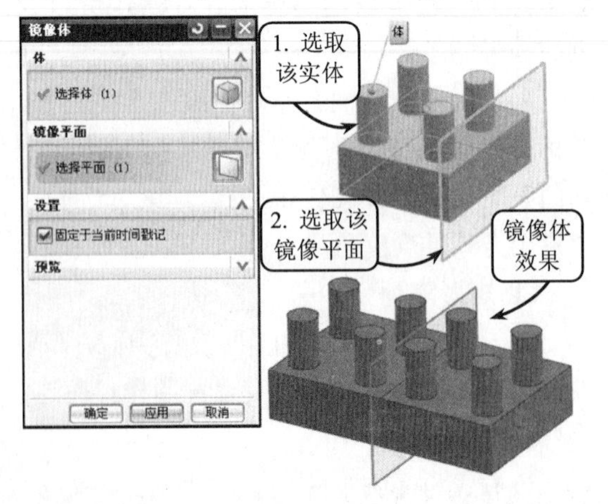

图 5-69 创建镜像体特征

4. 偏置面操作

该工具功能与拉伸工具类似，不同之处在于：拉伸工具选取的操作对象是曲线，而偏置面工具选取的操作对象是平面或曲面，且系统生成偏置后的实体模型将自动覆盖原先的对象。

在【特征】工具栏中单击【偏置面】按钮将打开【偏置面】对话框。选取圆柱面为要偏置的面，并设置偏置参数和指定偏置方向，创建偏置面特征，效果如图 5-70 所示。

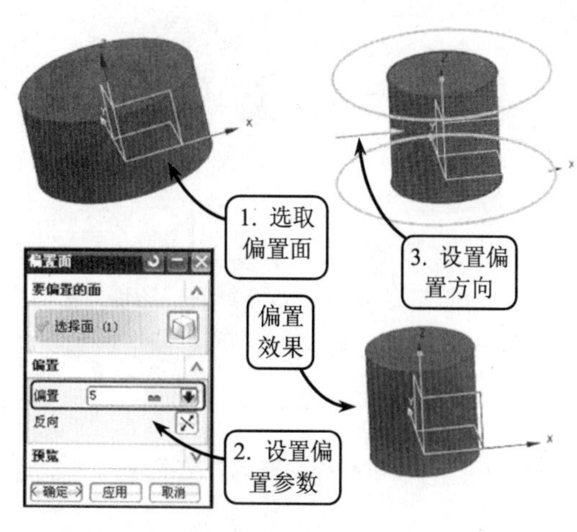

图 5-70 创建偏置面特征

5. 比例缩放

缩放体是按一定比例对实体进行放大或者缩小，从而改变图形对象的尺寸，以及相对位置的。要使用该工具，可在【特征】工具栏中单击【缩放体】按钮，打开【缩放体】对话框，如图 5-71 所示。在该对话框中可以创建 3 种类型的缩放体，分别介绍如下。

图 5-71 【缩放体】对话框

1）均匀

该方式是以指定的参考点作为缩放中心，用相同的比例沿 XC 轴，YC 轴和 ZC 轴方向对实体或者片体进行缩放。

要创建均匀缩放体，首先在绘图区中选取实体对象为缩放体，然后指定一个参考点作为缩放点，并设置比例因子，这样在坐标系的所有方向将执行均匀缩放操作，效果如图 5-72 所示。该缩放方式在模具设计与机械设计中应用最为广泛。

2）轴对称

该方式是以指定的参考点作为缩放中心，在对称轴方向和其他方向采用不同的缩放因子对所选择的实体或片体进行缩放。

该缩放方式与【均匀】缩放方式的不同之处在于：执行该操作时必须指定轴方向和垂直于该轴的方向进行等比例缩放。执行该缩放方式后，对应实体将沿参考轴（默认为 ZC 轴）为中心放大或缩小，效果如图 5-73 所示。

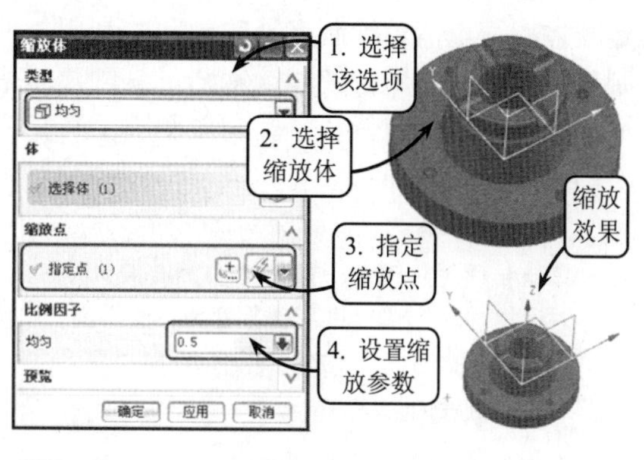

图 5-72 【均匀】方式缩放效果

3）常规

该方式是对实体或片体沿指定参考坐标系的 XC 轴、YC 轴和 ZC 轴方向以不同的比例因子进行缩放的。

要创建常规缩放体，需要指定一个参考坐标系来创建缩放体。选择【常规】列表项，对话框的中部将增加新的面板。然后按照如图 5-74 所示步骤创建常规缩放体特征。

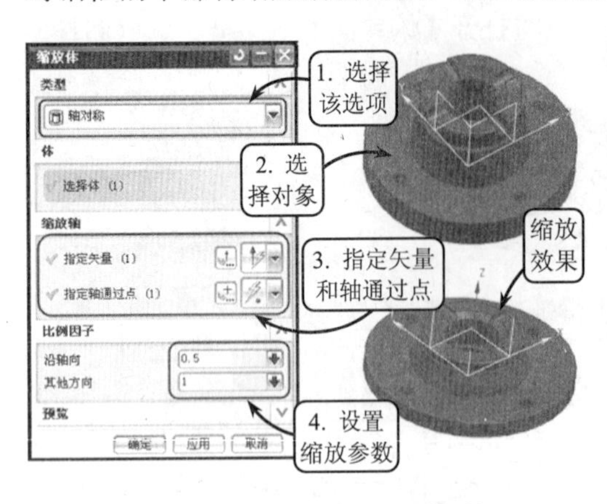

图 5-73 【轴对称】方式缩放效果

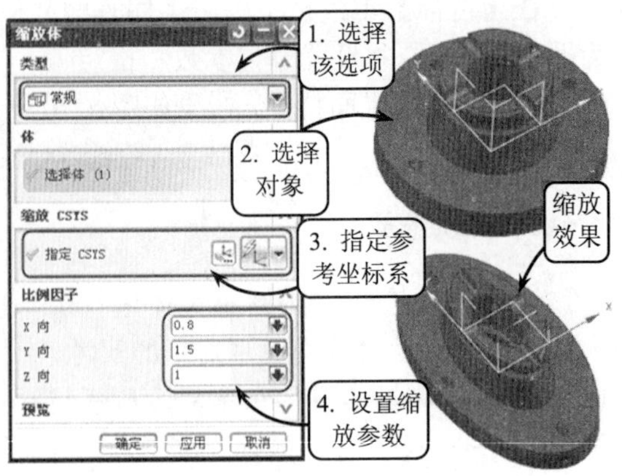

图 5-74 【常规】方式缩放效果

5.6 典型案例 5-1：创建虎钳钳身零件

本例创建机用虎钳钳身零件，效果如图 5-75 所示。该钳身在机械加工中应用普遍，主要用于夹持零件以进行钻孔、铣削等机械加工操作。其主要结构由底座、腔型槽、支耳和垫块所组成。其中底座上的两个通孔和支耳用于固定该钳身；底座上的腔型槽与活动钳口配合，起夹持零件的作用；底座上的垫块起固定被夹持零件的作用。

图 5-75 机用虎钳钳身实体模型效果

创建该钳身零件时，首先利用草图和拉伸工具创建底板，并连续利用草图和拉伸工具创建腔体特征。然后绘制支耳轮廓，并利用拉伸、边倒圆和孔工具创建支耳特征。接着绘制垫块轮廓，利用拉伸和倒斜角工具创建垫块特征，并利用孔和螺纹工具创建螺纹孔特征。最后利用镜像特征、孔和边倒圆工具完成实体模型的创建。

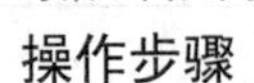

操作步骤

1 新建一个名称为“QianShen.prt”的文件。然后单击【草图】按钮，打开【草图】对话框。此时选取 XC-ZC 平面为草图平面，进入草绘环境后，按照如图 5-76 所示尺寸要求绘制草图。接着单击【完成草图】按钮退出草绘环境。

2 单击【拉伸】按钮，打开【拉伸】对话框。然后选取上一步绘制的草图为拉伸对象，并按照如图 5-77 所示设置拉伸参数，创建拉伸实体特征。

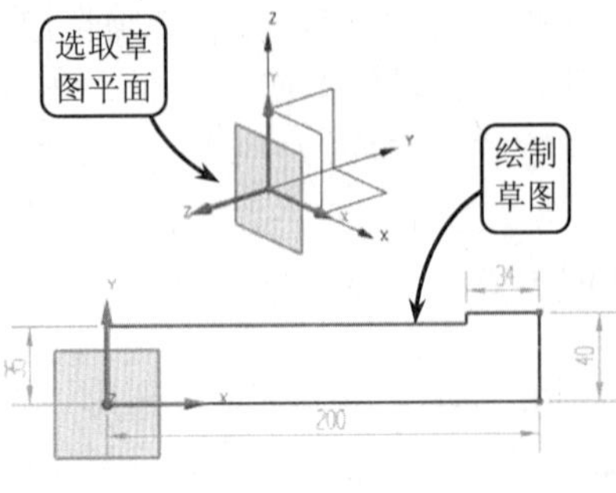

选取草图平面

绘制草图

34

40

15

200

图 5-76 绘制草图

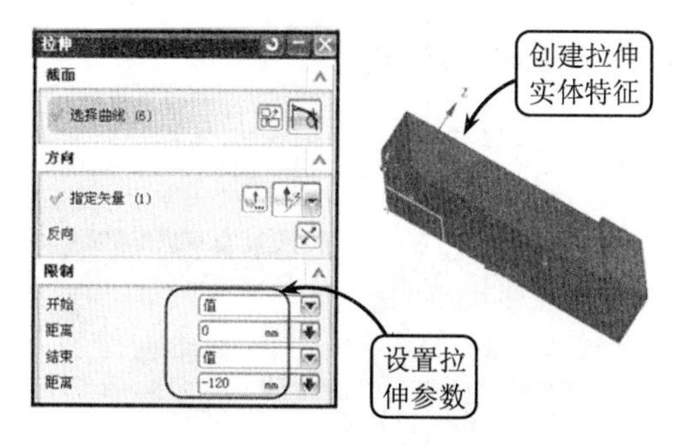

图 5-77 创建拉伸实体特征

3 利用草图工具选取实体底面为草图平面，进入草绘环境后，按照如图 5-78 所示尺寸要求绘制草图。然后单击【完成草图】按钮退出草绘环境。

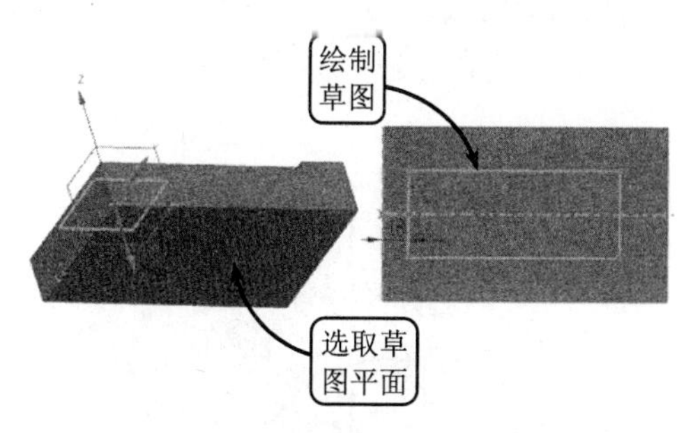

图 5-78 绘制草图

4 利用拉伸工具选取上一步绘制的草图为拉伸对象，并按照如图 5-79 所示设置拉伸参数。然后指定布尔运算方式为【求差】方式，并单击【确定】按钮创建拉伸实体切除特征。

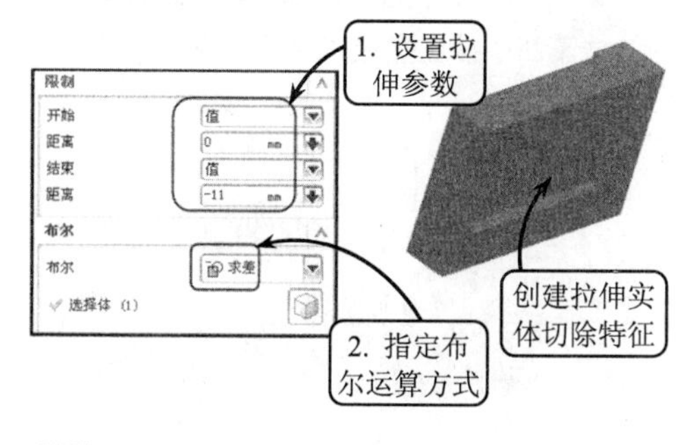

图 5-79 创建拉伸实体切除特征

5 利用草图工具选取实体上表面为草图平面，进入草绘环境后，按照如图 5-80 所示尺寸要求绘制草图。然后单击【完成草图】按钮退出草绘环境。

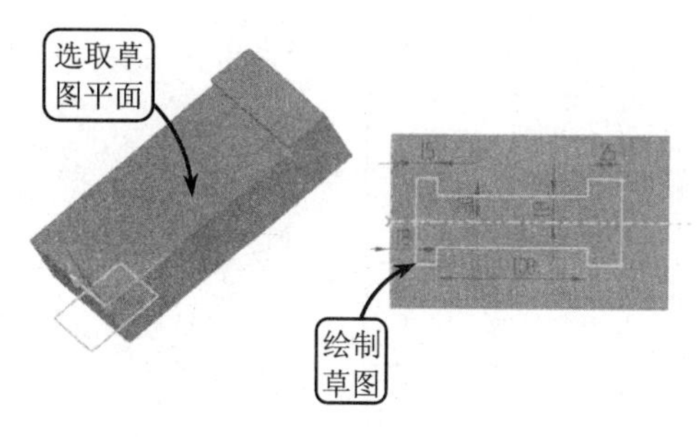

图 5-80 绘制草图

6 利用拉伸工具选取上一步绘制的草图为拉伸对象，并按照如图 5-81 所示设置拉伸参数。然后指定布尔运算方式为【求差】方式，并单击【确定】按钮创建拉伸实体切除特征。

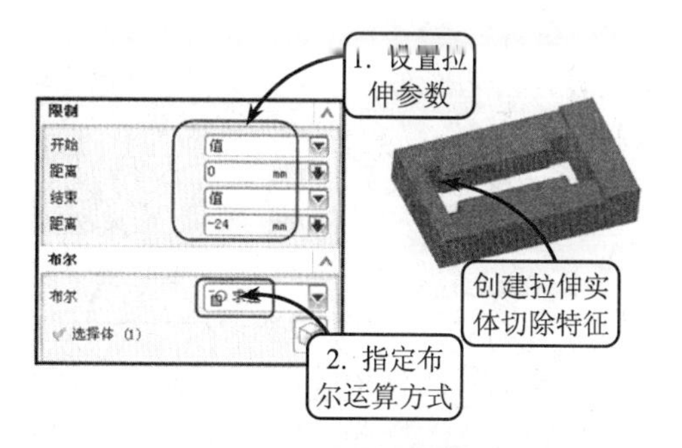

图 5-81 创建拉伸实体切除特征

7 利用草图工具选取实体前表面为草图平面，进入草绘环境后，按照如图 5-82 所示尺寸要求绘制草图。然后单击【完成草图】按钮退出草绘环境。

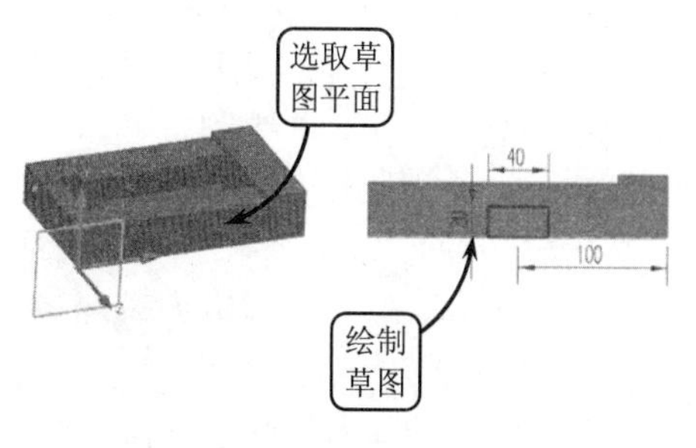

图 5-82 绘制草图

8 利用拉伸工具选取上一步绘制的草图为拉伸对象，并按照如图 5-83 所示设置拉伸参数。然后指定布尔运算方式为【求和】方式，并单击【确定】按钮创建拉伸实体特征。

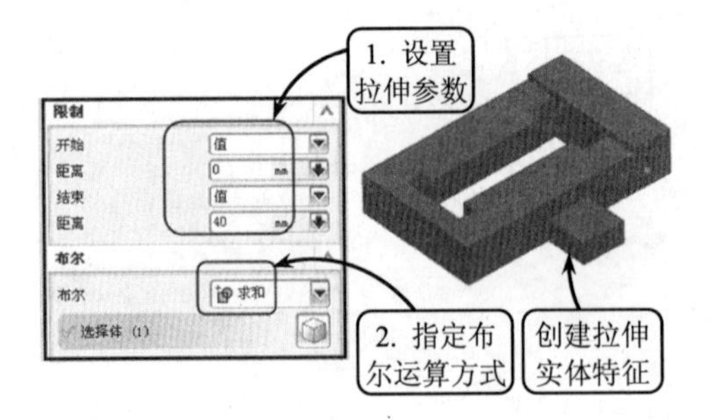

图 5-83 创建拉伸实体特征

9 单击【边倒圆】按钮，选取如图 5-84 所示边为要倒圆的边，并输入倒圆角半径为“R20”，创建倒圆角特征。然后按照同样的方法创建其他 3 个倒圆角特征。

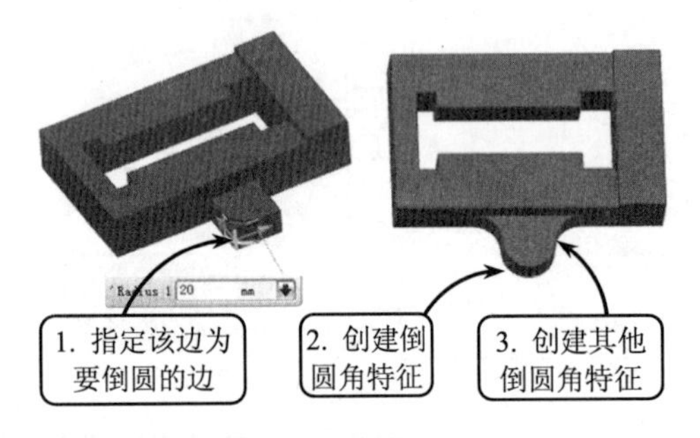

图 5-84 创建倒圆角特征

10 单击【孔】按钮，指定孔形式为“简单孔”，并选取上一步创建倒圆角的圆心为孔中心点。然后按照如图 5-85 所示尺寸要求设置简单孔的参数，并指定布尔运算方式为【求差】方式，创建孔特征。

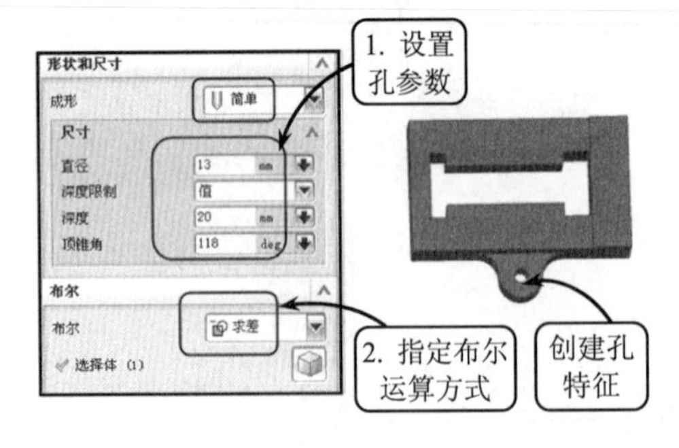

图 5-85 创建孔特征

11 利用草图工具选取实体上表面为草图平面，进入草绘环境后，按照如图 5-86 所示尺寸要求绘制草图。然后单击【完成草图】按钮退出草绘环境。

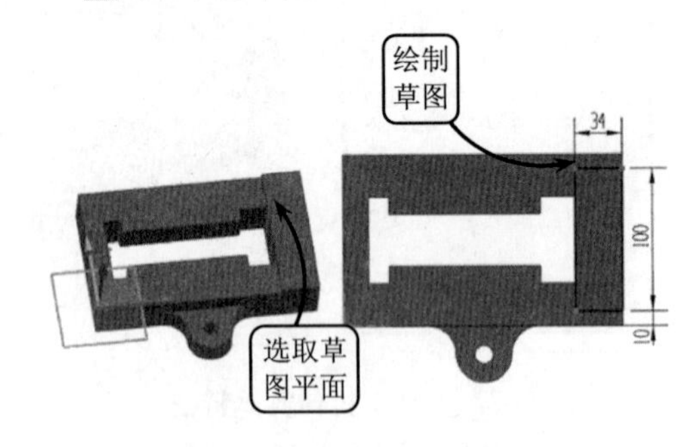

图 5-86 绘制草图

12 利用拉伸工具选取上一步绘制的草图为拉伸对象，并按照如图 5-87 所示设置拉伸参数。然后指定布尔运算方式为【求和】方式，并单击【确定】按钮创建拉伸实体特征。

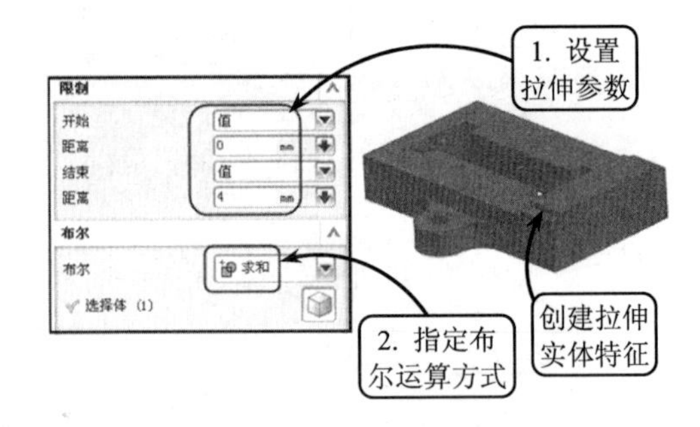

图 5-87 创建拉伸实体特征

13 利用草图工具选取上一步创建的实体上表面为草图平面，进入草绘环境后，按照如图 5-88 所示尺寸要求绘制草图。然后单击【完成草图】按钮退出草绘环境。

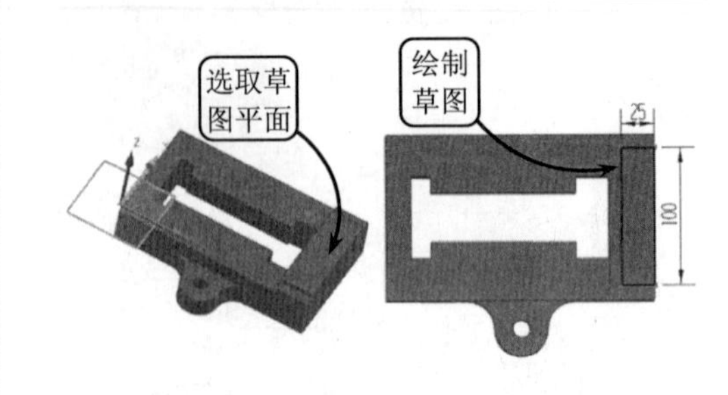

图 5-88 绘制草图

14 利用拉伸工具选取上一步绘制的草图为拉伸对象，并按照如图 5-89 所示设置拉伸参数。然后指定布尔运算方式为【求和】方式，并单击【确定】按钮创建拉伸实体特征。

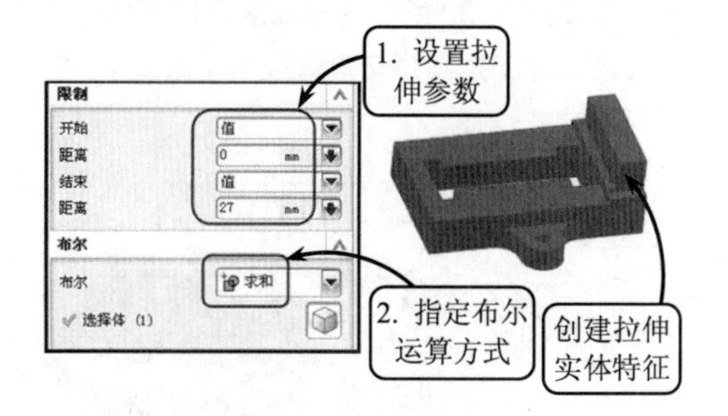

图 5-89 创建拉伸实体特征

15 单击【倒斜角】按钮，并选取如图 5-90 所示边为要倒斜角的边。然后设置该倒斜角的参数，并单击【确定】按钮创建倒斜角特征。

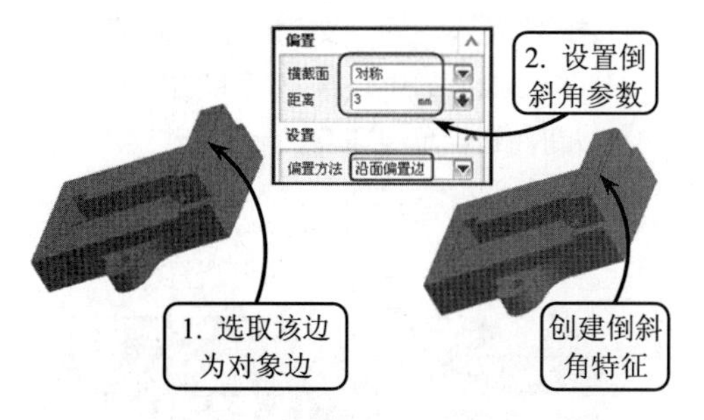

图 5-90 创建倒斜角特征

16 利用草图工具选取如图 5-91 所示平面为草图平面，进入草绘环境后，单击【点】按钮＋，并在草图平面上任意绘制一点。然后启用约束和自动判断尺寸工具进行定位。接着单击【完成草图】按钮退出草绘环境。

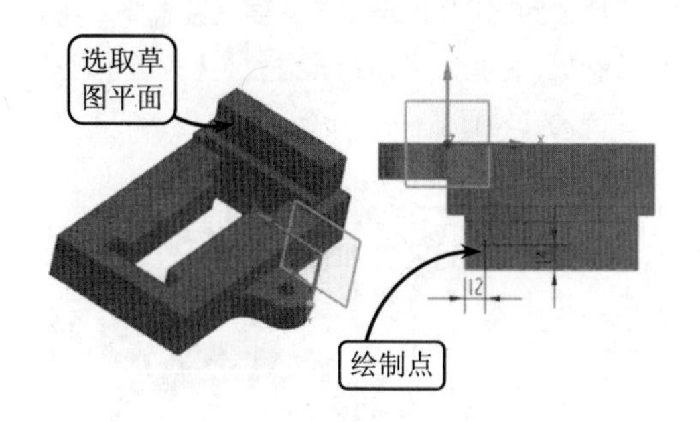

图 5-91 绘制点

17 利用孔工具并指定孔形式为“简单孔”。然后选取上一步绘制的点为孔中心点。接着按照如图 5-92 所示尺寸要求设置简单孔的参数，并指定布尔运算方式为【求差】方式，创建孔特征。

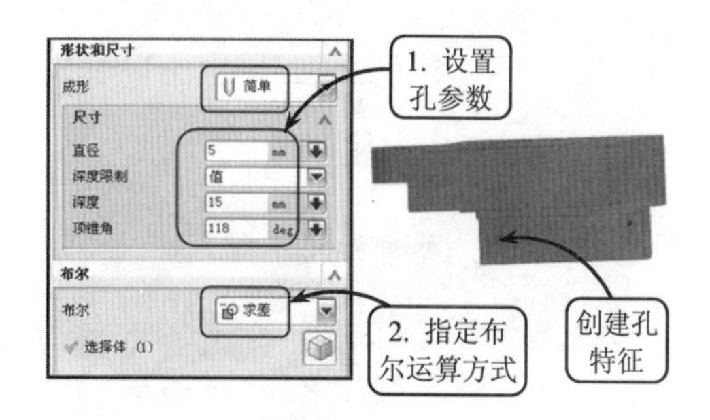

图 5-92 创建孔特征

18 单击【螺纹】按钮，打开【螺纹】对话框。然后选取上一步创建的孔为对象，按照如图 5-93 所示设置螺纹参数，创建螺纹特征。

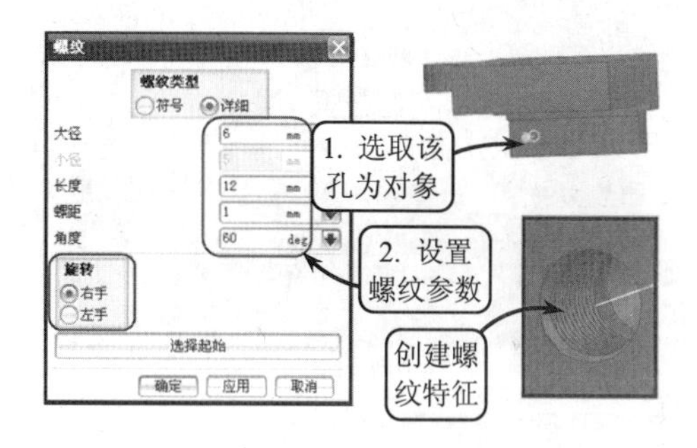

图 5-93 创建螺纹特征

19 单击【基准平面】按钮，打开【基准平面】对话框。然后指定平面类型为“按某一距离”，并选取 XC-ZC 平面为参考平面。接着输入距离为“60”，并单击【确定】按钮创建基准平面，效果如图 5-94 所示。

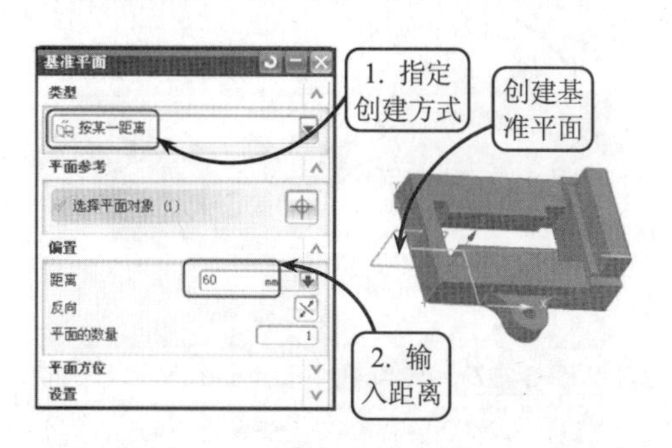

图 5-94 创建基准平面

20 单击【镜像特征】按钮，选取带有螺纹的孔为镜像对象，并选取上一步创建的基准平面为镜像平面创建镜像特征，效果如图5-95所示。

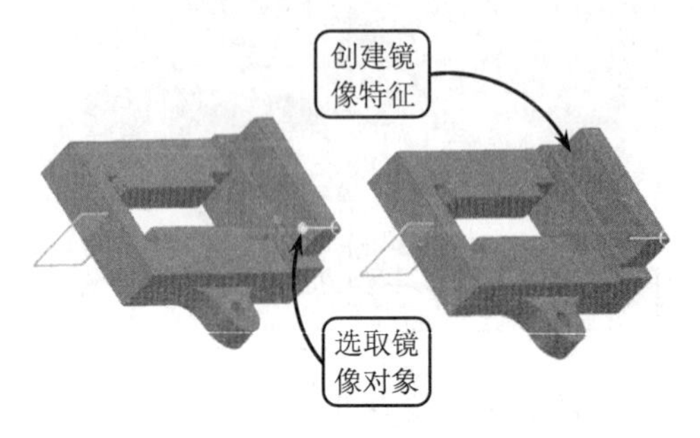

图 5-95 创建镜像特征

21 继续利用镜像特征工具选取如图5-96所示对象为镜像对象，并选取创建的基准平面为镜像平面创建镜像特征。

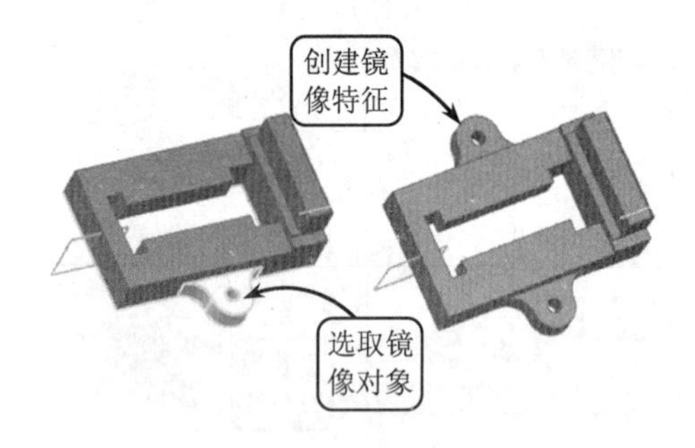

图 5-96 创建镜像特征

22 利用草图工具选取实体左表面为草图平面，进入草绘环境后，按照如图5-97所示尺寸要求绘制孔的中心点。然后单击【完成草图】按钮退出草绘环境。

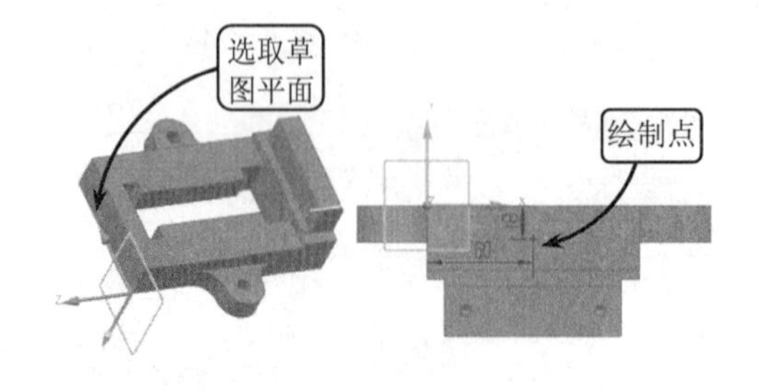

图 5-97 绘制孔中心点

23 利用孔工具并指定孔形式为“简单孔”。然后选取上一步绘制的点为孔中心点。接着按照如图5-98所示尺寸要求设置简单孔的参数，并指定布尔运算方式为【求差】方式，创建孔特征。

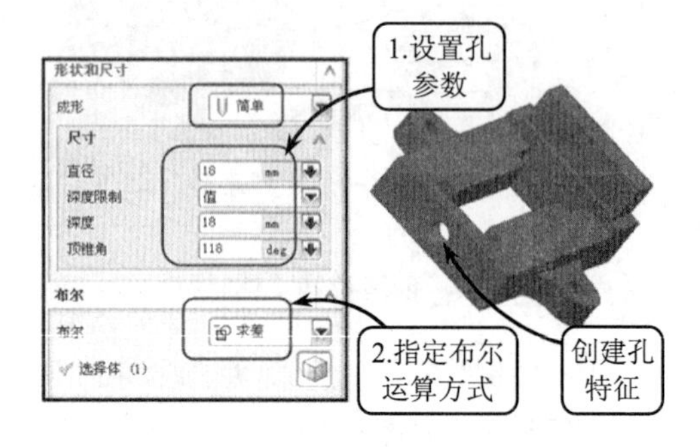

图 5-98 创建孔特征

24 利用草图工具选取实体右表面为草图平面，进入草绘环境后，按照如图5-99所示尺寸要求绘制孔的中心点。然后单击【完成草图】按钮退出草绘环境。

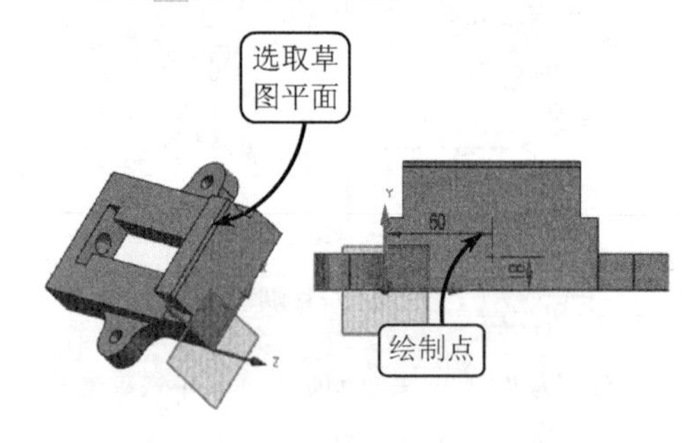

图 5-99 绘制孔中心点

25 利用孔工具并指定孔形式为“简单孔”。然后选取上一步绘制的点为孔中心点。接着按照如图5-100所示尺寸要求设置简单孔的参数，并指定布尔运算方式为【求差】方式，创建孔特征。

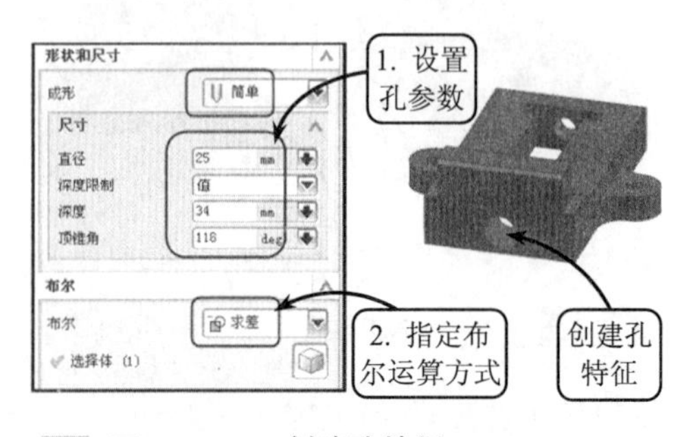

图 5-100 创建孔特征

26 利用边倒圆工具选取如图 5-101 所示一侧3 条边为要倒圆的边，并输入倒圆角半径为“R5”，创建倒圆角特征。然后按照同样的方法创建另一侧的倒圆角特征。

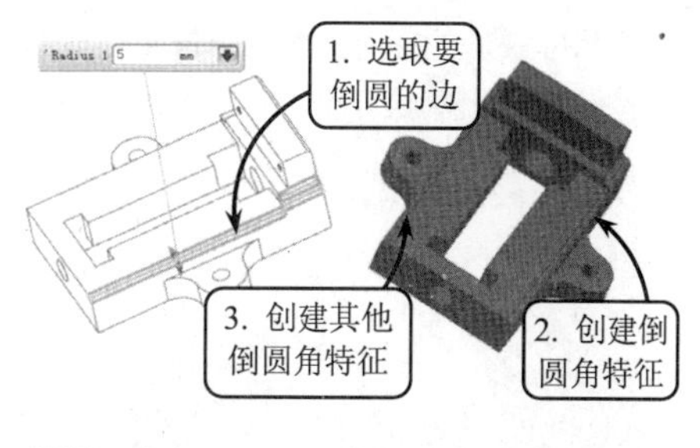

图 5-101 创建倒圆角特征

5.7 典型案例 5-2：创建斜支架零件

本例创建斜支架零件，效果如图 5-102 所示。该斜支架主要与轴配合，对机械系统起定位和支撑的作用。其主要结构由定位板、空心圆柱体和加强筋所组成。其中定位板上的两个沉头孔用于固定该斜支架；空心圆柱体与轴配合，起定位作用；定位板上的加强筋则起到加强空心圆柱体与定位板之间连接刚性的作用。

图 5-102 斜支架实体模型效果

创建该斜支架时，首先利用草图和拉伸工具创建定位板，并利用孔和镜像特征工具创建沉头孔特征。然后利用圆柱、孔和倒斜角工具创建空心圆柱体，并利用拉伸、孔和螺纹工具创建带有螺纹孔的圆柱体。接着绘制切线，并利用拉伸工具创建两个拉伸实体。最后利用偏置面、抽取体和修剪体工具创建加强筋特征即可。

操作步骤

1 新建一个名称为“XieZhijia.prt”的文件。然后单击【草图】按钮，打开【草图】对话框。此时选取 XC-ZC 平面为草图平面，进入草绘环境后，按照如图 5-103 所示尺寸要求绘制草图。接着单击【完成草图】按钮退出草绘环境。

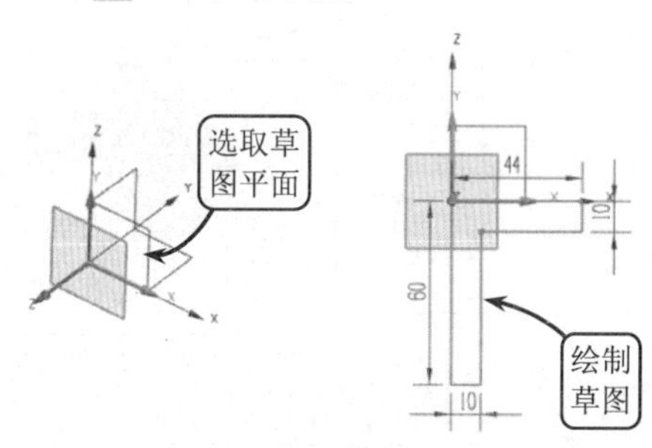

图 5-103 绘制草图

2 单击【拉伸】按钮，打开【拉伸】对话框。然后选取上一步绘制的草图为拉伸对象，并按照如图 5-104 所示设置拉伸参数，创建拉伸实体特征。

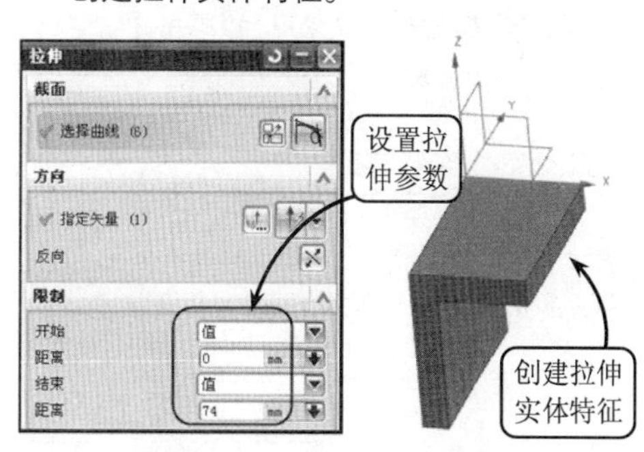

图 5-104 创建拉伸实体特征

3 利用草图工具选取 XC-YC 平面为草图平面，进入草绘环境后，按照如图 5-105 所示尺寸要求绘制点。然后单击【完成草图】按钮退出草绘环境。

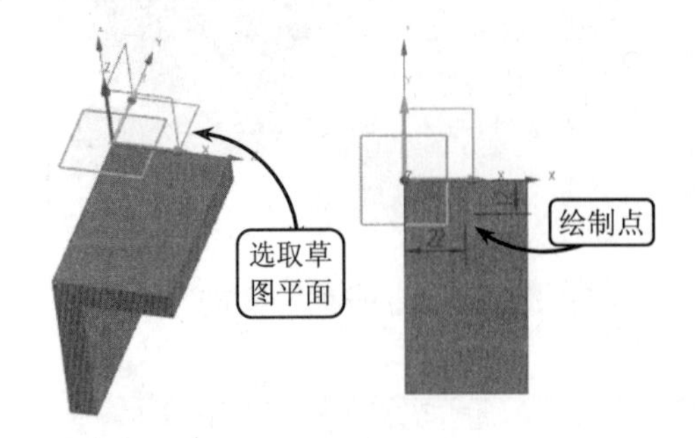

图 5-105 绘制点

4 单击【孔】按钮，指定孔形式为“沉头孔”，并选取上一步绘制的点为孔中心点。然后按照如图 5-106 所示尺寸要求设置沉头孔的参数，并指定布尔运算方式为【求差】方式，创建沉头孔特征。

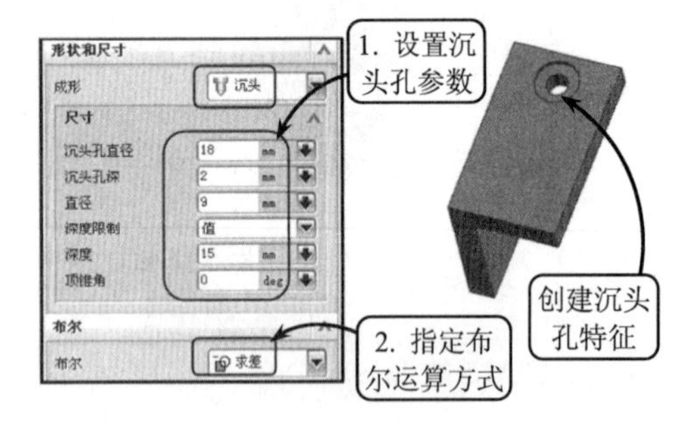

图 5-106 创建沉头孔特征

5 单击【基准平面】按钮，打开【基准平面】对话框。然后指定平面类型为“按某一距离”，并选取 XC-ZC 平面为参考平面。接着输入距离为“-37”，并单击【确定】按钮创建基准平面，效果如图 5-107 所示。

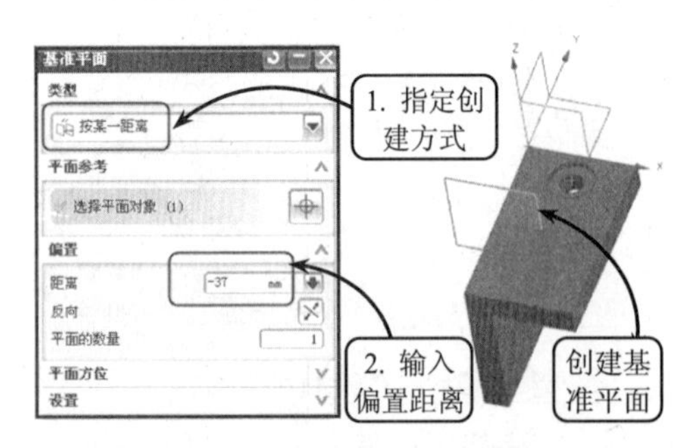

图 5-107 创建基准平面

6 单击【镜像特征】按钮，选取沉头孔为镜像对象，并选取上步创建的基准平面为镜像平面，创建镜像特征，效果如图 5-108 所示。

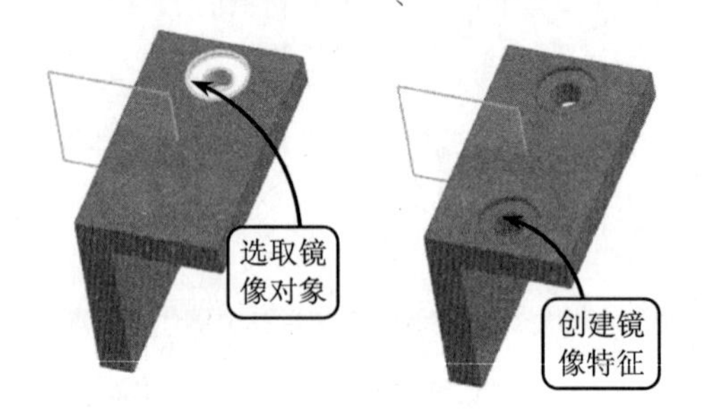

图 5-108 创建镜像特征

7 利用草图工具选取实体后表面为草图平面，进入草绘环境后，按照如图 5-109 所示尺寸要求绘制圆。然后单击【完成草图】按钮退出草绘环境。

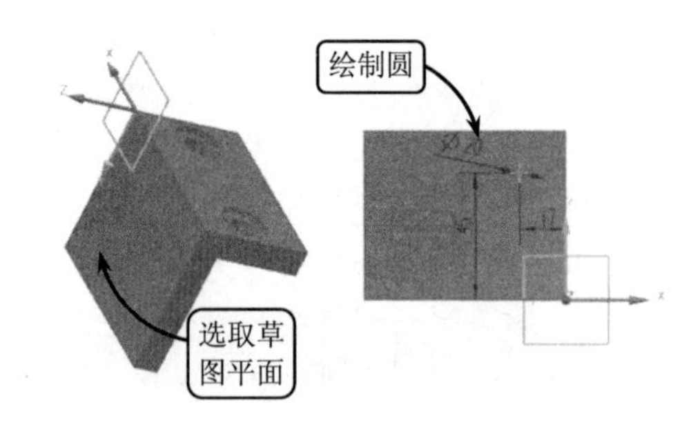

图 5-109 绘制圆

8 利用拉伸工具选取上一步绘制的圆为拉伸对象，并按照如图 5-110 所示设置拉伸参数。然后指定布尔运算方式为【求和】方式，并单击【确定】按钮创建拉伸实体特征。

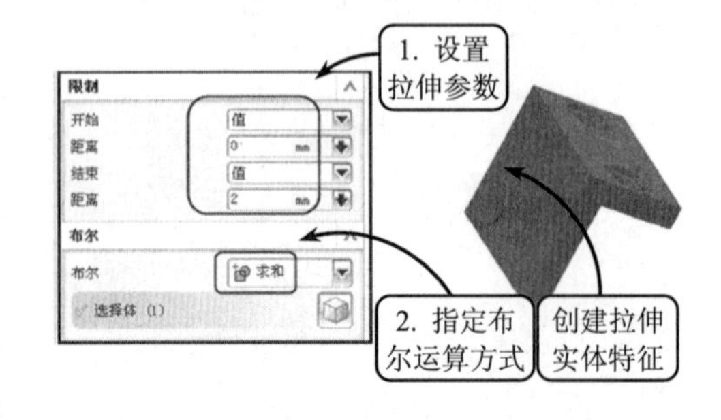

图 5-110 创建拉伸实体特征

9 利用孔工具并指定孔形式为“简单孔”。然后选取上一步绘制的点为孔中心点。接着按照如图 5-111 所示尺寸要求设置简单孔的参数，并指定布尔运算方式为【求差】方式，创建孔特征。

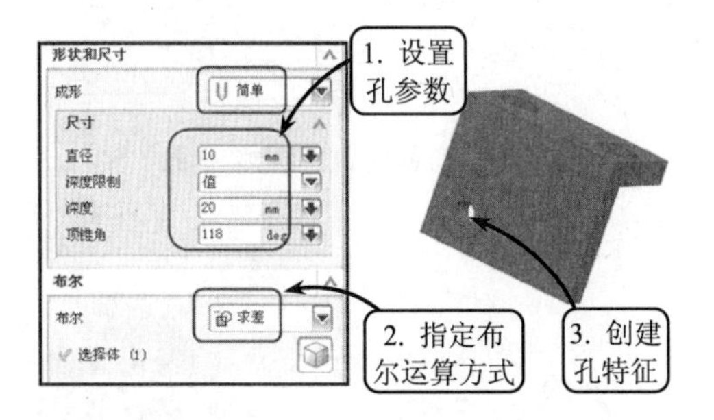

图 5-111 创建孔特征

10 利用镜像特征工具选取如图 5-112 所示对象为镜像对象，并选取创建的基准平面为镜像平面创建镜像特征。

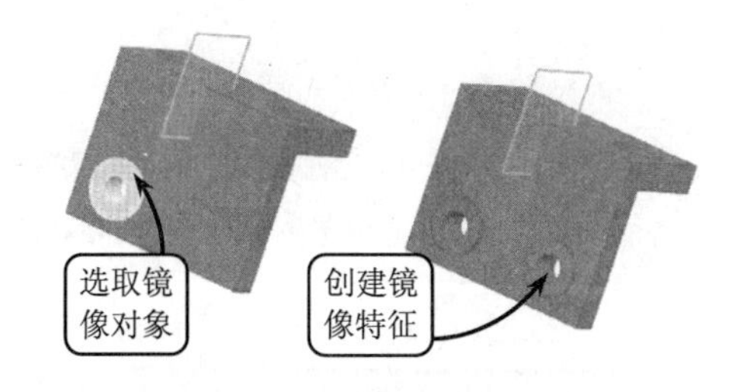

图 5-112 创建镜像特征

11 单击【边倒圆】按钮，选取如图 5-113 所示边为要倒圆的边，并输入倒圆角半径为“R10”，创建倒圆角特征。然后按照同样的方法创建其他 3 个倒圆角特征。

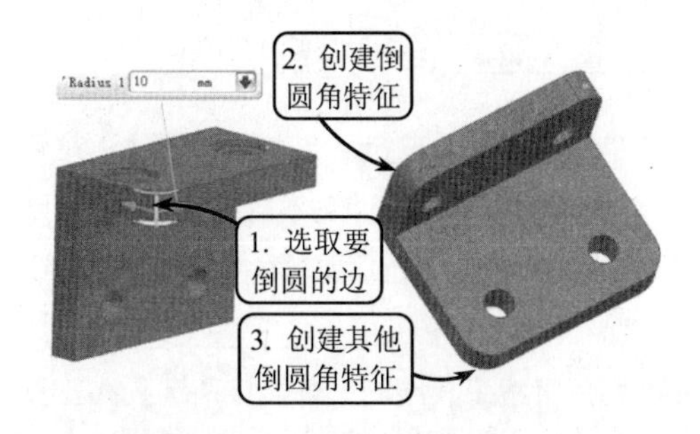

图 5-113 创建倒圆角特征

12 单击【圆柱】按钮，并指定创建方式为“轴、直径和高度”。然后按照如图 5-114 所示设置圆柱体中心坐标，并指定-YC 轴为指定矢量。接着设置圆柱体的参数，并单击【确定】按钮创建圆柱实体特征。

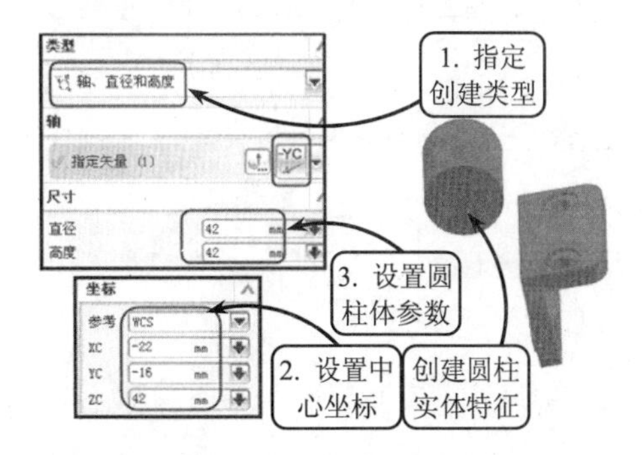

图 5-114 创建圆柱实体特征

13 利用孔工具并指定孔形式为“简单孔”。然后选取上一步创建圆柱实体的中心为孔中心点。接着按照如图 5-115 所示尺寸要求设置简单孔的参数，并指定布尔运算方式为【求差】方式创建孔特征。

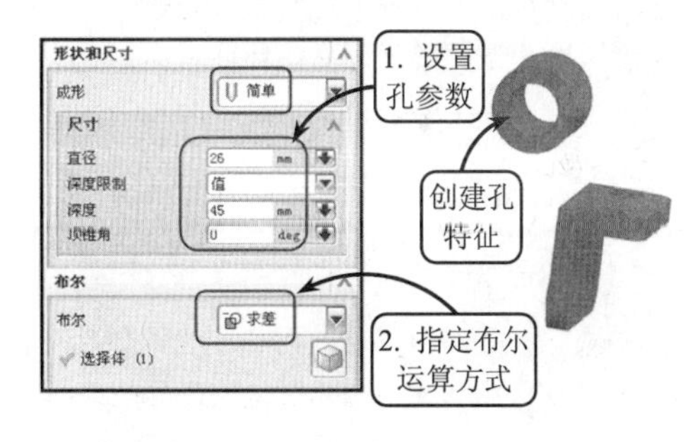

图 5-115 创建孔特征

14 单击【倒斜角】按钮，并选取孔边为要倒斜角的边。然后设置该倒斜角的参数，并单击【确定】按钮创建倒斜角特征。接着利用相同方法创建另一侧的倒斜角特征，效果如图 5-116 所示。

15 利用基准平面工具并指定创建平面类型为“按某一距离”。然后选取 XC-YC 平面为参考平面。接着输入距离为“68”，并单击【确定】按钮创建基准平面，效果如图 5-117 所示。

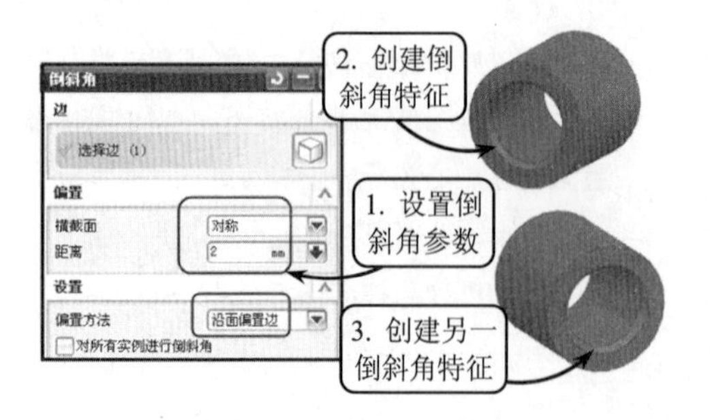

图 5-116　创建倒斜角特征

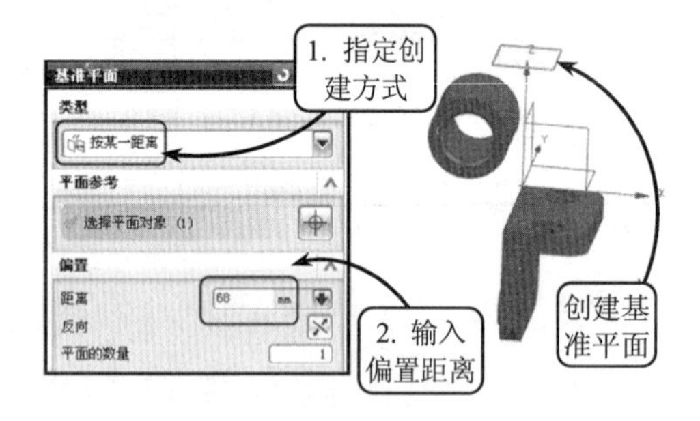

图 5-117　创建基准平面

16 利用草图工具选取上一步创建的基准平面为草图平面，进入草绘环境后，按照如图 5-118 所示尺寸要求绘制圆。然后单击【完成草图】按钮退出草绘环境。

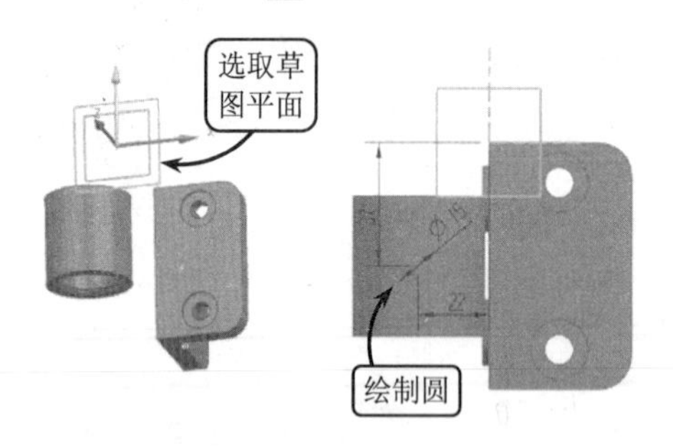

图 5-118　绘制圆

17 利用拉伸工具选取上一步绘制的草图为拉伸对象，并按照如图 5-119 所示设置拉伸方式。然后指定布尔运算方式为【无】方式，并单击【确定】按钮创建拉伸实体特征。

18 单击【求和】按钮，选取圆柱体为【目标】，并选取上一步创建的拉伸实体为刀具。然后单击【确定】按钮创建合并实体特征，效果如图 5-120 所示。

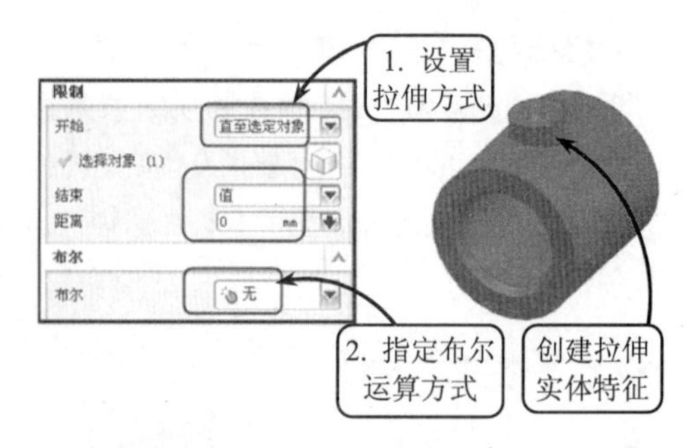

图 5-119　创建拉伸实体特征

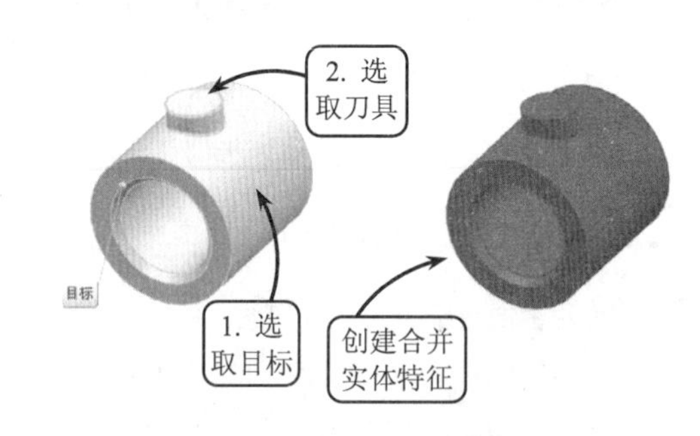

图 5-120　创建合并实体特征

19 利用孔工具并指定孔形式为“简单孔”。然后选取拉伸实体上表面的圆心为孔中心点。接着按照如图 5-121 所示尺寸要求设置简单孔的参数，并指定布尔运算方式为【求差】方式，创建孔特征。

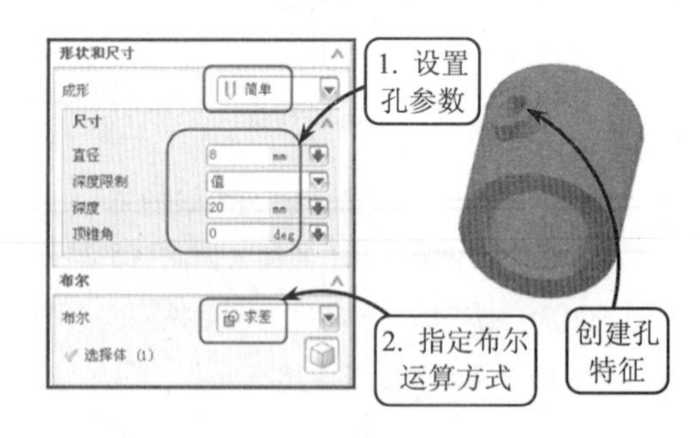

图 5-121　创建孔特征

20 单击【螺纹】按钮，打开【螺纹】对话框。然后选取上一步创建的孔为对象，按照如图 5-122 所示设置螺纹参数，创建螺纹特征。

21 利用直线工具绘制一条连接两沉头孔孔心的直线。然后利用草图工具选取基准平面为草图平面，进入草绘环境后，按照如图 5-123 所示绘制一条切线。接着单击【完成草图】按钮退出草绘环境。

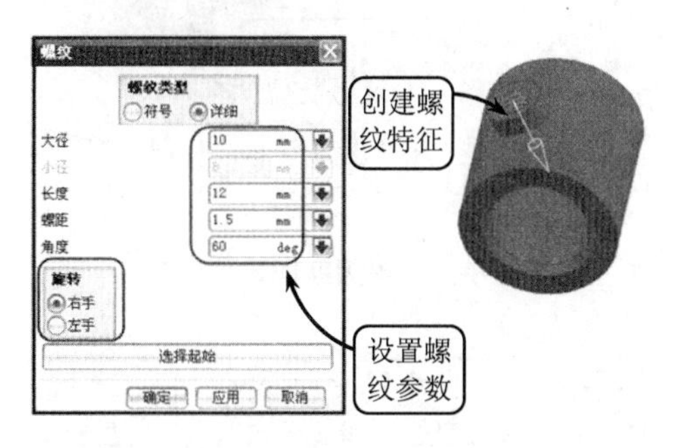

图 5-122 创建螺纹特征

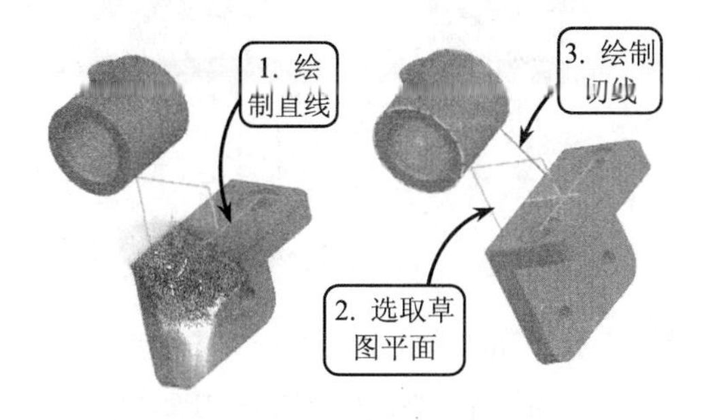

图 5-123 绘制直线和切线

22 利用拉伸工具选取上一步绘制的切线为拉伸对象，并按照如图 5-124 所示设置拉伸参数。然后指定布尔运算方式为【无】方式，并设置偏置参数。接着单击【确定】按钮创建拉伸实体特征。

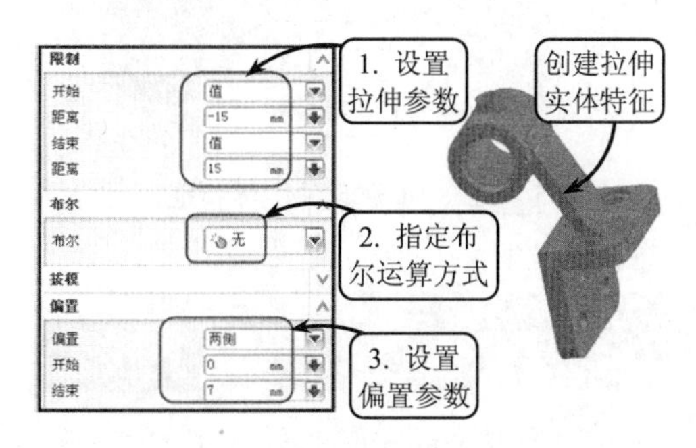

图 5-124 创建拉伸实体特征

23 继续利用拉伸工具选取该切线为拉伸对象，并指定垂直于如图 5-125 所示平面向下的法向量为指定矢量。然后设置拉伸参数和偏置参数。接着指定布尔运算方式为【无】方式，并单击【确定】按钮创建拉伸实体特征。

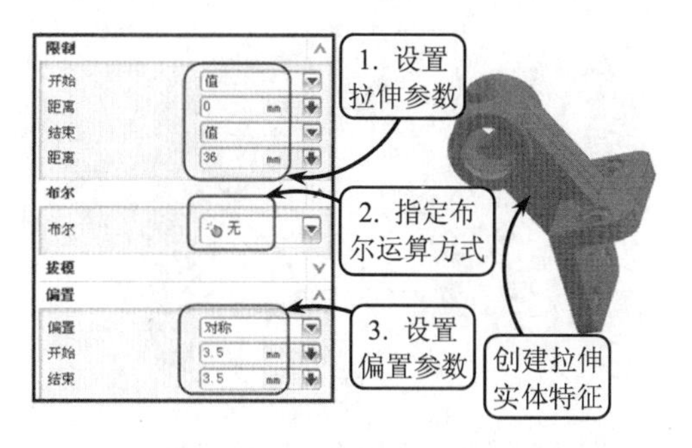

图 5-125 创建拉伸实体特征

24 单击【抽取体】按钮，指定抽取体类型为“面”。然后选取圆柱体内孔表面为选择面，并单击【确定】按钮创建抽取面特征，效果如图 5-126 所示。

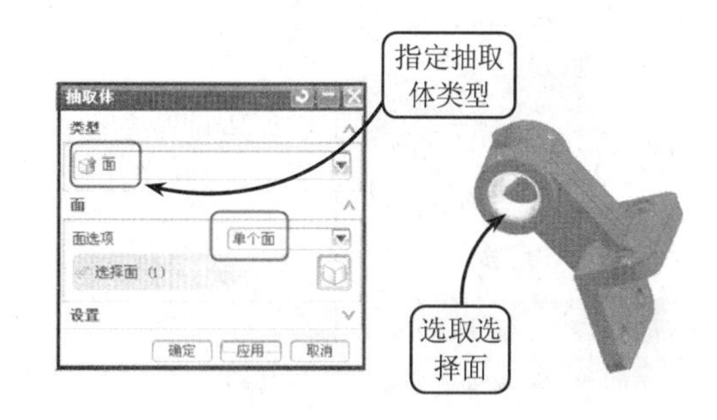

图 5-126 创建抽取面特征

25 单击【修剪体】按钮，选取如图 5-127 所示的拉伸实体为目标体，并选取上一步创建的抽取面为刀具创建修剪体特征。

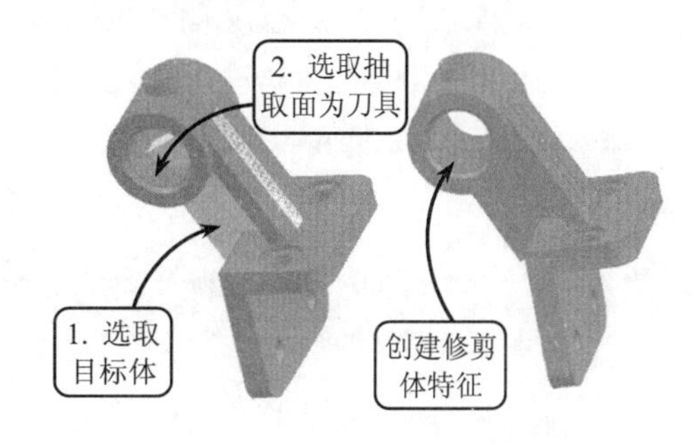

图 5-127 创建修剪体特征

26 单击【求和】按钮，选取上一步修剪后的拉伸实体为目标，并选取如图 5-128 所示的拉伸实体为刀具。然后单击【确定】按钮创建合并实体特征。

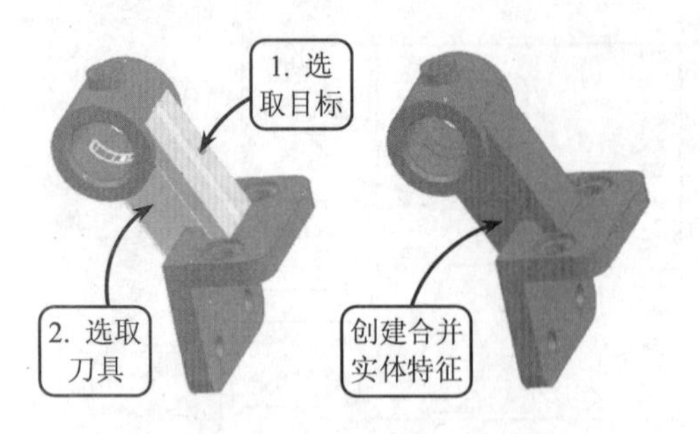

图 5-128 创建合并实体特征

27 单击【偏置面】按钮，选取合并实体的下表面为要偏置的面，并输入偏置距离为“30”创建偏置面特征，效果如图 5-129 所示。

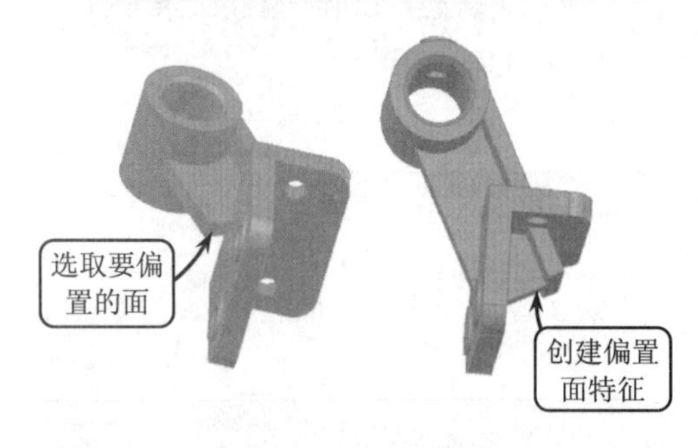

图 5-129 创建偏置面特征

28 利用抽取体工具并指定抽取体类型为“面”。然后指定面选项为“面链”，并选取如图 5-130 所示两相邻面为选择面，并单击【确定】按钮创建抽取面特征。

29 利用修剪体工具并选取如图 5-131 所示偏置后的实体为目标体，并选取上一步创建的抽取面为刀具创建修剪体特征。

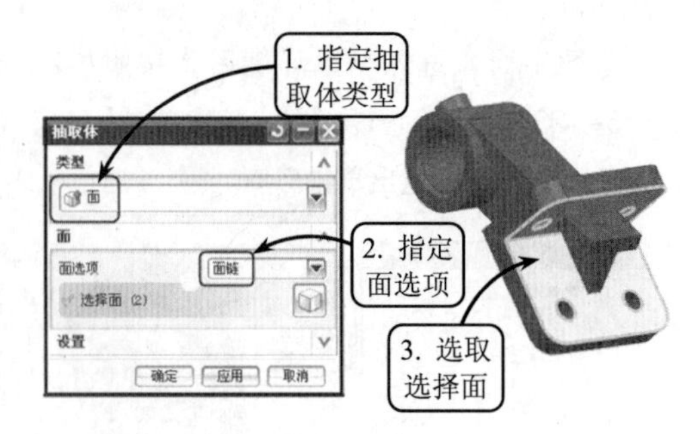

图 5-130 创建抽取面特征

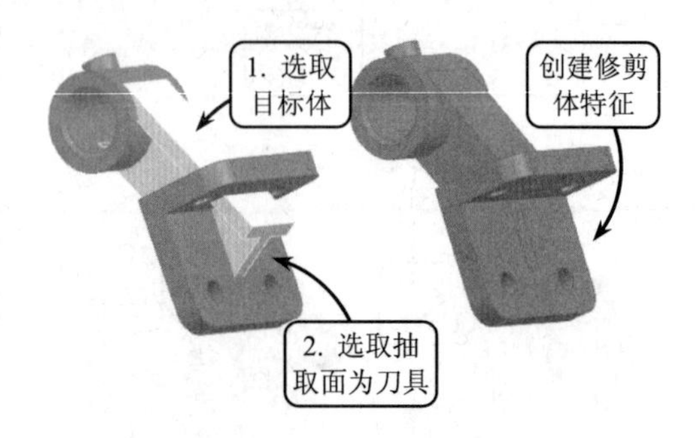

图 5-131 创建修剪体特征

30 利用求和工具并选取上一步修剪后的偏置实体为目标，并选取如图 5-132 所示的拉伸实体为刀具。然后单击【确定】按钮创建合并实体特征。

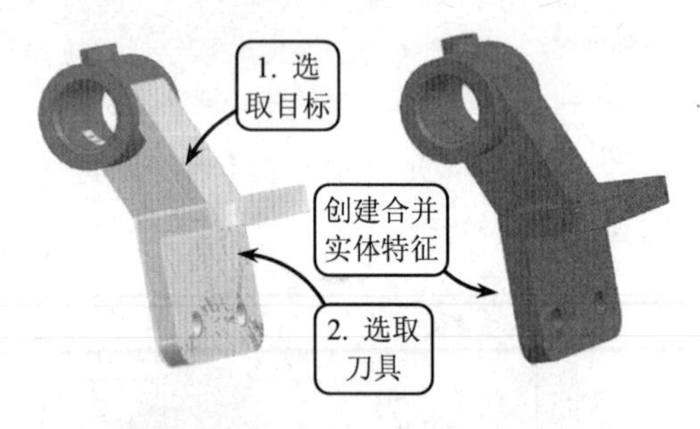

图 5-132 创建合并实体特征

5.8 思考与练习

一、填空题

1. __________可以作为其他特征的参考平面，它是一个无限大的平面，实际上并不存在，也没有任何重量和体积。

2. 在三维实体建模中，__________的作用与前面所介绍的基准平面和基准轴是相同的，都是用来定位实体模型在空间上的位置的。

3. 基本特征包括__________、__________、__________和__________等，这些特征均被参数化定义，可对其大小及位置进行尺寸驱动编辑。

4. __________是将实体表面、实体边缘、曲线或者链接曲线沿着一定的引导线进行扫描拉伸生成实体或者片体。

5. __________是指通过指定放置圆柱的直径、锥角和高度值在平面上构造圆柱形或圆锥形的实体特征，且放置的平面可以是平面或基准平面。

6. __________是指对已经存在的特征进行阵列复制操作。利用该工具可以避免对单一实体的重复性操作，且便于修改，节省了大量的设计时间。

二、选择题

1. 利用__________方式可以选取实体模型的曲线、曲面或工作坐标系的各矢量为参照来指定基准轴。

   A. 曲线上矢量
   B. 曲线/面轴
   C. 点和方向
   D. 两点

2. __________和孔特征类似，只是生成方式和孔的生成方式相反。

   A. 凸起
   B. 凸台
   C. 垫块
   D. 腔体

3. __________操作是将草图截面或曲面等二维图形对象相对于旋转中心旋转而生成实体模型。

   A. 拉伸
   B. 回转
   C. 扫掠
   D. 沿引导线扫掠

4. __________操作是指创建一个直槽的通道穿透实体或通到实体内，在当前目标实体上自动执行求差操作。

   A. 孔加工
   B. 腔体
   C. 键槽
   D. 凸起

三、问答题

1. 简述创建基准平面的几种基本方法。
2. 简述三角形加强筋创建的一般过程。
3. 简述扫掠和沿引导线扫掠操作的不同之处。

四、上机练习

1. 创建定位板零件模型

本练习创建定位板零件实体模型，如图5-133 所示。该定位板零件主要用于其他零件相对于轴类零件之间的定位作用。其主要由中部具有中心通孔特征的空心圆柱体，分布于圆柱体两侧并成一定角度的定位板和定位板上用于安装固定螺栓的 4 个沉头孔，以及在沉头孔处起固定和定位作用的凸起特征组成。

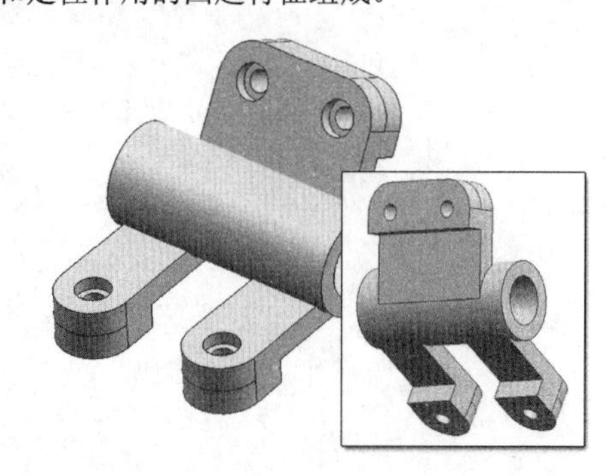

图 5-133 定位板模型

创建该实体模型时，可以先利用拉伸工具创建出中部的圆柱体，然后利用基准平面和拉伸工具创建大小定位支板。且创建出一个小定位支板后，利用镜像操作创建出另一个小支撑板。最后，利用孔工具创建所需孔特征即可完成该定位板零件的创建。

2. 创建缸盖零件模型

本练习创建液压缸小腔缸盖零件实体模型，如图 5-134 所示。该缸盖零件的结构主要由底座、与缸体配合并起到密封作用的空心圆柱实体、处于圆柱实体一侧用于安装油管的长方体凸台特征，以及用于加强零件整体刚性的 4 个肋板特征所组成。

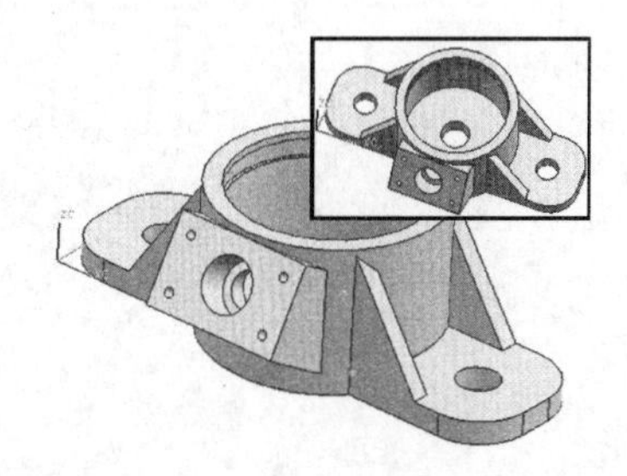

图 5-134 缸盖零件实体模型

创建该缸盖零件的实体模型时，可以利用拉伸工具依次创建出底座、空心圆柱体和处于圆柱体和底座之间的肋板特征。然后利用孔工具在这些拉伸实体上创建相应的孔特征。这里关键是创建倾斜的矩形垫块特征。可以利用基准平面工具创建出与底座侧面成一定夹角的基准平面作为该垫块的放置平面，再利用垫块工具创建出该矩形垫块特征即可。

第6章 特征操作和编辑

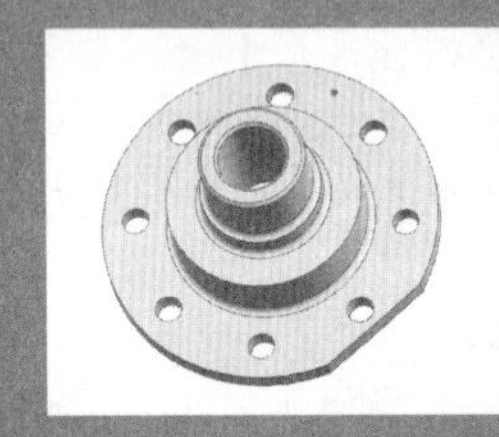
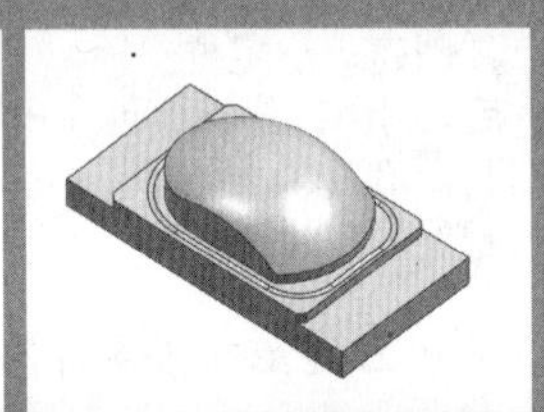
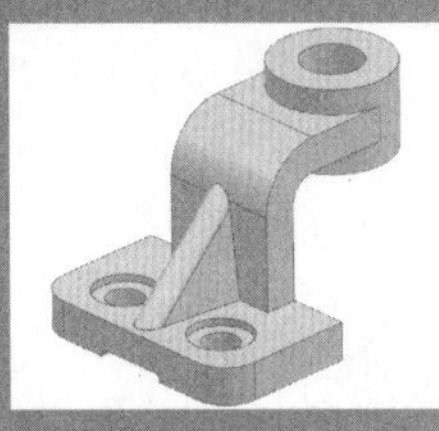
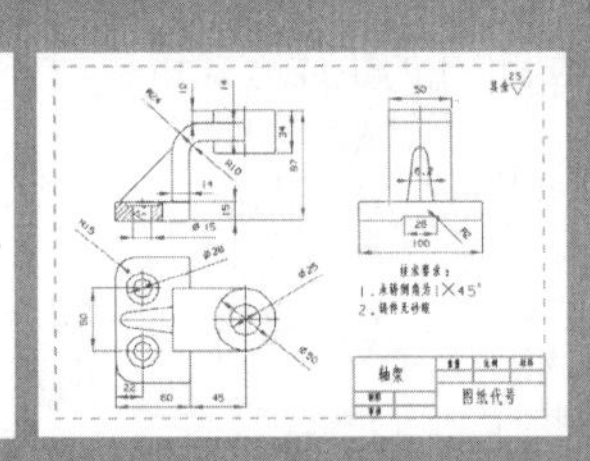

在创建一些高级的复杂的实体特征时，仅仅通过上章节介绍的创建模型基本形状的方法是无法达到设计要求的，此时还要在原有的实体模型基础上添加一些细节特征，并且对某些特征进行必要的编辑操作，如执行倒圆角、倒斜角、拔模、抽壳和拆分等。通过特征操作和执行特征编辑不仅可以避免特征的重复创建，还可以将复杂的实体造型大大简化。

本章主要介绍在 UG NX 中有关特征操作和特征编辑所包括的各种工具的操作方法和使用技巧。

本章学习要点：

- 掌握布尔运算的操作方法
- 熟悉倒圆角、倒斜角、拔模和抽壳等细节特征的使用方法
- 熟悉修剪体和拆分工具的使用方法
- 掌握特征编辑的具体操作方法

6.1 布尔运算

布尔运算可以确定多个实体或片体的关系，通过对两个以上的物体进行并集、差集或交集的运算，得到新的实体特征。在进行布尔运算时，操作的实体称为目标体和刀具体。目标体是首先选择的需要与其他实体合并的实体或片体；刀具体是用来修改目标体的实体或片体。在完成布尔运算操作后，刀具体成为目标体的一部分。

布尔运算是特征操作的重要方法，其隐含在许多特征中，如创建孔、凸台和腔体等特征均包含布尔运算，另外一些特征在创建的最后都需要指定布尔运算的方式。在UG NX中，系统提供了3种布尔运算的方式，即求和、求差和求交，现分别介绍如下。

1. 求和

该方式是指将两个或多个实体合并为单个实体，也可以认为是将多个实体特征叠加，变成一个独立的特征，即求实体与实体间的和集。

单击【特征】工具栏中的【求和】按钮将打开【求和】对话框。然后依次选取目标体和刀具体进行求和操作，效果如图6-1所示。

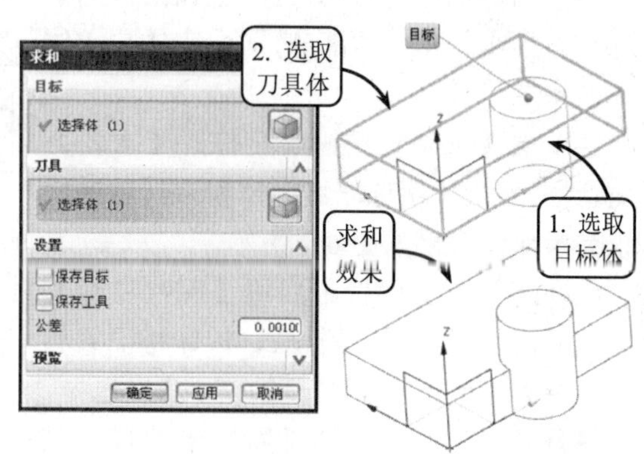

图 6-1 求和操作

在进行求和操作时，保存目标或者保存工具产生的效果均不同，简要介绍如下。

1）保存目标

在【求和】对话框的【设置】面板中启用该复选框进行求和操作时将不会删除之前选取的目标体特征，效果如图6-2所示。

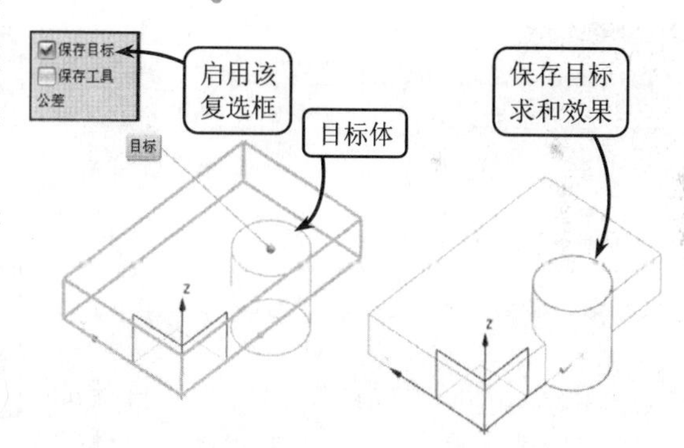

图 6-2 保存目标的求和操作

提 示

在进行布尔运算时，目标体只能有一个，而刀具体可以有多个。加运算不适用于片体，片体和片体只能进行减运算和相交运算。

2）保存工具

启用该复选框，在进行求和操作时将不会删除之前选取的刀具体特征，效果如图6-3所示。

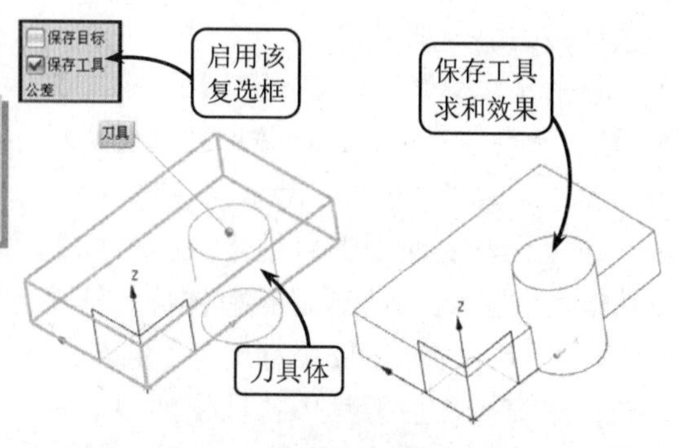

图 6-3 保存工具的求和操作

提 示

在进行求和操作时，可同时启用【保持目标】和【保持工具】复选框，这样在执行求和之后，所选取的实体对象将全部保留。

2. 求差

该方式是指从一个目标实体上去除一个或多个刀具实体特征。在去除的实体特征中不仅包括指定的刀具特征，也包括目标实体与刀具实体相交的部分，即求实体与实体间的差集。

单击【求差】按钮将打开【求差】对话框。然后依次选取目标体和刀具体进行求差操作，效果如图6-4所示。

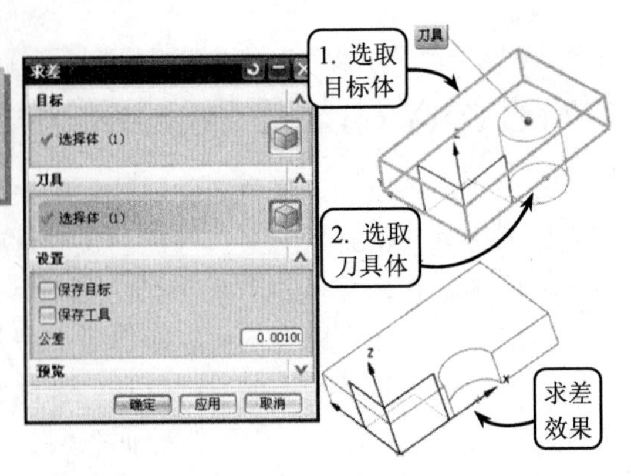

图6-4 求差操作

在【设置】面板中启用【保存目标】复选框，在进行求差操作后目标体特征依然显示在绘图区；而启用【保存工具】复选框，在进行求差操作后刀具体特征依然显示在绘图区，效果如图6-5所示。

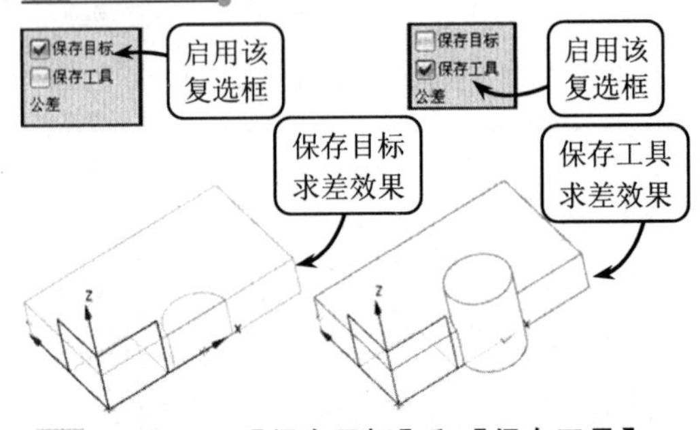

图6-5 【保存目标】和【保存工具】求差对比效果

提 示

所选的刀具实体必须与目标实体相交，否则在相减时会产生出错信息，而且它们之间的边缘也不能重合。如果选择的刀具实体将目标体分割成了两部分，则产生的实体将是非参数化实体。

3. 求交

该方式可以得到两个相交实体特征的共有部分或者重合部分，即求实体与实体间的交集。它与求差工具正好相反，得到的是去除材料的那一部分实体。

单击【求交】按钮将打开【求交】对话框。然后依次选取目标体和刀具体进行求交操作，效果如图6-6所示。

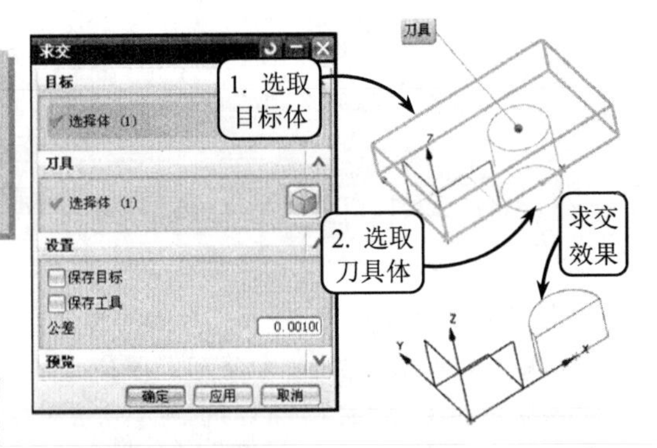

图6-6 求交操作

在【设置】面板中启用【保存目标】复选框，在进行求交操作后目标体特征依然显示在绘图区；而启用【保存工具】复选框，在进行求交操作后刀具体特征依然显示在绘图区，效果如图6-7所示。

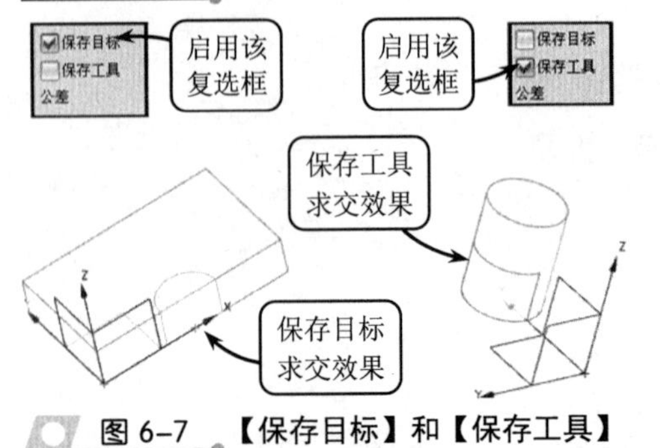

图6-7 【保存目标】和【保存工具】求交对比效果

注 意

操作时要注意的是，所选的刀具体必须与目标体相交，否则在相交时会产生出错信息。另外，片体与片体之间如果只有公共边而没有重合区域，则不能进行求交操作。

6.2 细节特征

在创建复杂精确的实体模型时，细节特征工具起着关键的作用，是实现进一步功能的基础。使用该类工具创建的实体可以作为后续的分析、仿真和加工等操作对象。在 UG NX 中，可以对实体模型添加的细节特征包括倒圆角、倒斜角、拔模和抽壳等。同时，还可以进行必要的修改和编辑，以创建出更为精细、逼真的实体模型。

6.2.1 倒圆角

倒圆角操作在工程设计中应用广泛，常常起到安装方便、防止划伤和轴肩应力集中的作用。在 UG NX 中，系统提供了边倒圆、面倒圆和软倒圆 3 种倒圆角的方法，这里仅介绍常用的前两种创建倒圆角的方法。

1. 边倒圆

边倒圆是用指定的倒圆半径将实体的边缘变成圆柱面或圆锥面。既可以对实体边缘进行恒定半径的倒圆角，也可以对实体边缘进行可变半径的倒圆角。

单击【特征】工具栏中的【边倒圆】按钮将打开【边倒圆】对话框。该对话框提供了以下 4 种创建边倒圆的方式。

❑ 固定半径倒圆角

该方式通过固定半径对实体或片体边缘进行圆角操作。要执行该操作，可直接选取实体或片体的棱边，并在第一个面板中设置圆角半径值，然后单击【确定】按钮，创建指定半径的圆角，效果如图 6-8 所示。

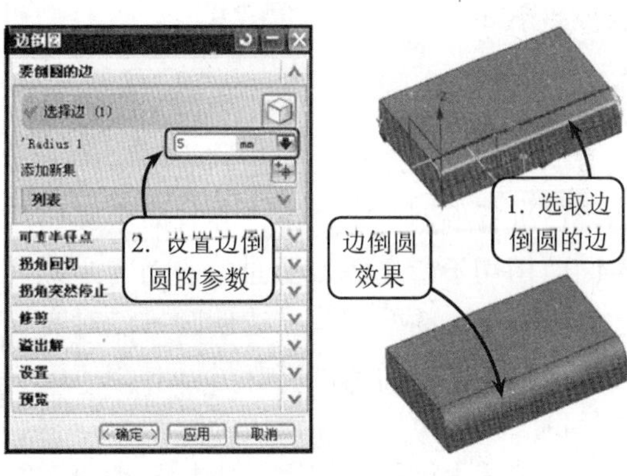

图 6-8 固定半径倒圆角

注 意

在用固定半径倒圆角时，对于同一倒圆半径值的边，建议用户同时进行倒圆操作，且尽量不要同时选择一个顶点的凸边或凹边进行倒圆操作。对多个片体进行倒圆角时，必须先将多个片体利用实体的缝合操作使之成一个片体才行。

❑ 可变半径点

该方式可以通过修改控制点处的半径实现沿选择边指定多个点，以不同的半径对实体或片体进行倒圆角操作。

创建可变半径的倒圆角需要先选取要进行倒圆角的边。然后在激活的【可变半径点】

面板中利用点构造器工具指定该边上不同点的位置，并设置不同的参数值。如图 6-9 所示，即是指定棱边上的多个点，并设置不同的半径值创建的可变半径倒圆角特征。

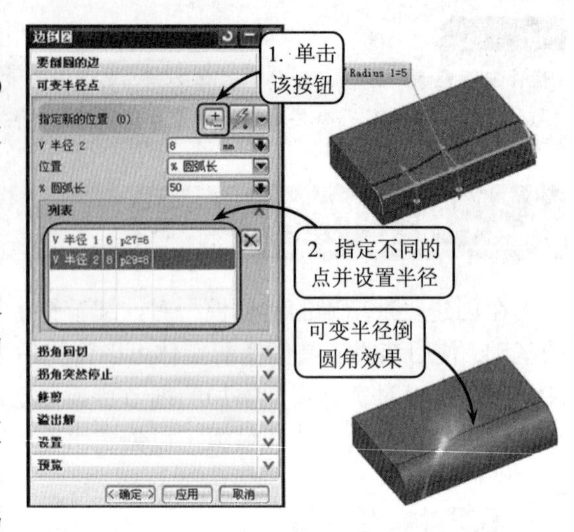

图 6-9 可变半径点倒圆角

❑ 拐角回切

拐角回切是相邻 3 个面上的 3 条棱边线的交点处产生的倒圆角，它是从零件的拐角处去除材料创建而成的。

创建该类倒圆角时需要选取具有交汇顶点的 3 条棱边，并设置倒圆角的半径值。然后利用点工具选取交汇顶点，并设置拐角的位置参数，效果如图 6-10 所示。

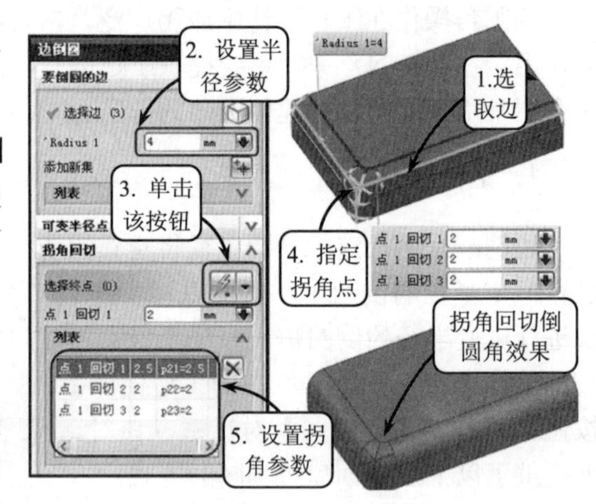

图 6-10 拐角回切倒圆角

❑ 拐角突然停止

在该面板中可通过指定点或距离的方式将之前创建的圆角截断。要执行该操作，可在【边倒圆】对话框中选择【停止位置】列表框中的【按某一距离】选项，然后选取倒角边的终点，并设置圆弧长度，即可获得如图 6-11 所示的圆角效果。

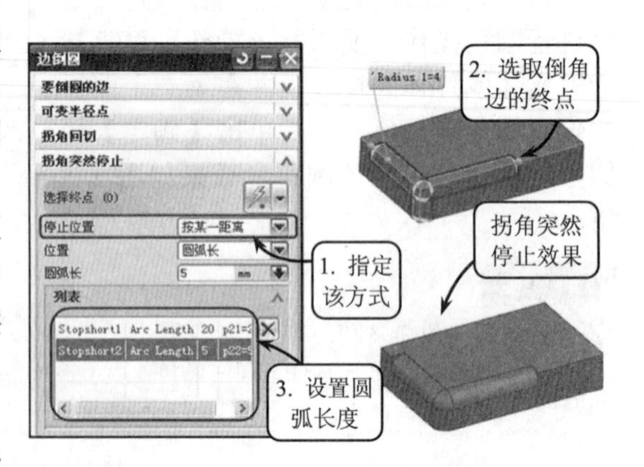

图 6-11 拐角突然停止倒圆角

2. 面倒圆

面倒圆是对实体或片体的面集以指定的半径进行倒圆角的操作，并且使生成的倒圆面相切于所选取的平面。该倒圆方式与边倒圆最大的区别是：边倒圆只能对实体边进行倒圆，而面倒圆既可以对实体边进行倒圆，也可以对片体边进行倒圆。

单击【面倒圆】按钮将打开【面倒圆】对话框，如图 6-12 所示。

该对话框提供了两种创建面倒圆特征的方法。这里以【两个定义面链】方法为例，介绍其具体的创建方法。该方法提供了以下两种创建方式。

❑ 压延球

压延球面倒圆是指使用一个指定半径的假想球与选择的两个面集相切形成倒圆特征。在【倒圆横截面】面板中选择【指定方位】下拉列表中的【压延球】选项，【面倒圆】对话框被激活。激活对话框各面板选项的含义介绍如下。

> ➢ 面链

该面板用来指定面倒圆所在的两个面，也就是倒圆角在两个选取面的相交部分。其中第一个选项组用于选择面倒圆第一组倒圆角的面，第二个选项组用于选择第二组倒圆角的面。

➢ 倒圆横截面

在该面板中可以设置横截面的形状和半径方式，横截面的形状分为【圆形】和【二次曲线】两种方式。

创建面倒圆特征时，可以依次选取要倒圆角的两个面链。然后在【倒圆横截面】面板下的【形状】下拉列表中选择倒圆的形状样式，并设置圆角的参数，即可完成创建，效果如图 6-13 所示。

如果要获得二次曲线，可在【形状】下拉列表中选择【二次曲线】选项，并设置曲线参数值，即可创建新的面倒圆特征，效果如图 6-14 所示。

➢ 约束和限制几何体

在该面板中可以通过设置重合曲线和相切曲线来限制面倒圆的形状。利用选择重合曲线工具指定陡峭边缘作为圆面的相切界面；利用选择相切曲线工具指定相切控制线来控制圆角半径，从而对面倒圆的特征进行约束和限制操作，效果如图 6-15 所示。

图 6-12 【面倒圆】对话框

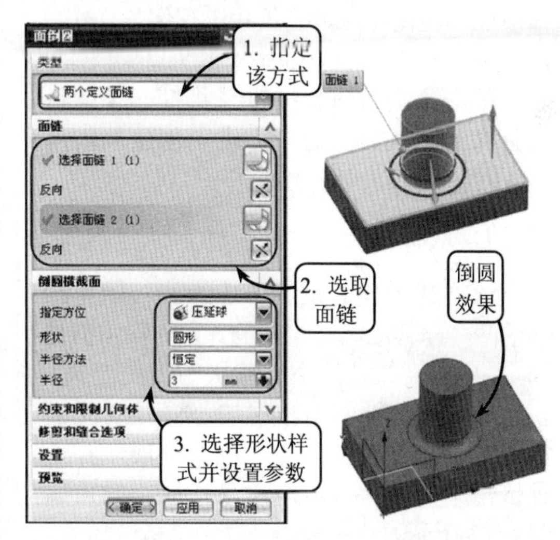

图 6-13 【圆形】倒圆角效果

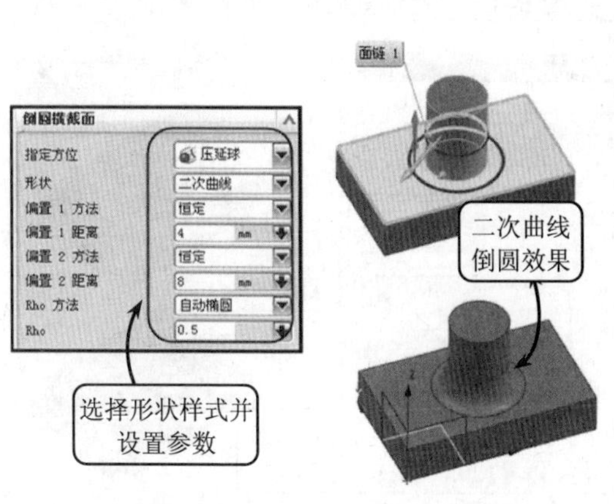

图 6-14 【二次曲线】倒圆角效果

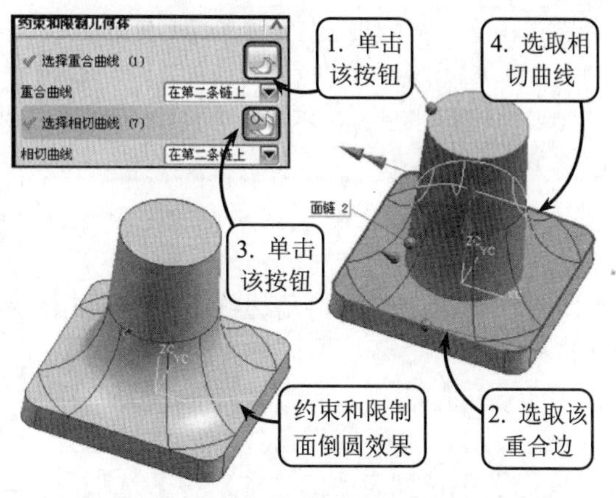

图 6-15 约束和限制的面倒圆角效果

❑ 扫掠截面

扫掠截面是指定设置圆角样式和指定的脊线构成的扫描截面与选择的两面集相切进行倒圆角。其中脊线是曲面指定同向断面线的特殊点集合所形成的线，也就是说指定了脊线就决定了曲面断面的产生方向，且其中断面的U线必须垂直于脊线。利用【扫掠截面】创建面倒圆的步骤如图6-16所示。

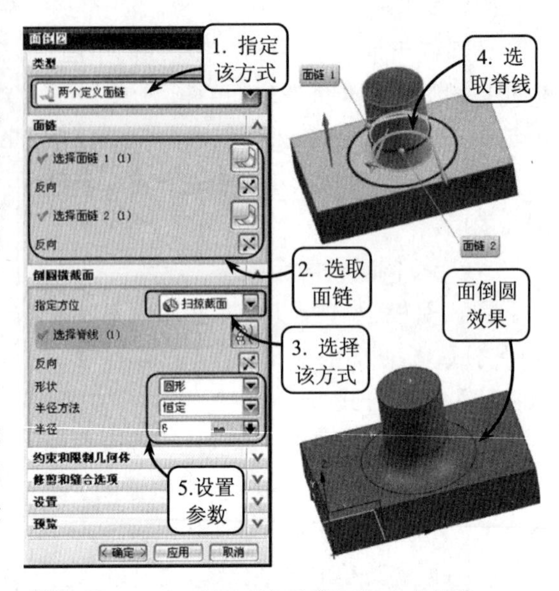

图 6-16 利用【扫掠截面】方式创建面倒圆特征

6.2.2 倒斜角

当产品的边缘过于尖锐时，为避免擦伤，需要对其边缘进行倒斜角的操作。倒斜角与倒圆角的操作方法类似，都是选取实体边缘，并按照指定的尺寸进行倒角操作。倒斜角是处理模型周围棱角的方法之一。

单击【倒斜角】按钮将打开【倒斜角】对话框。该对话框提供了创建倒斜角的3种方式，具体介绍如下。

1. 对称

该方式创建的倒斜角边缘到与倒角相邻的两个面的距离是相同的。它的斜角值是固定的45°，并且是系统默认的倒角方式。

选取实体要倒斜角的边，然后选择【横截面】下拉列表中的【对称】选项，并设置倒角距离参数即可创建该特征，效果如图6-17所示。

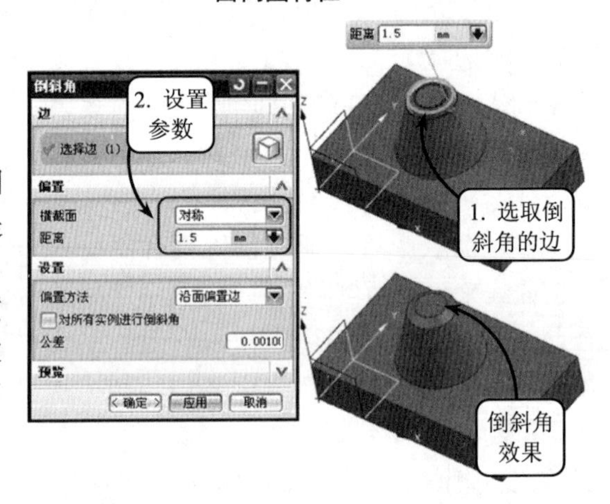

图 6-17 对称截面倒斜角

注 意

在对话框中包括【沿面偏置边】和【偏置面并修剪】两种偏置方式。其中【沿面偏置边】是指沿着表面进行偏置；而【偏置面并修剪】是指选定一个表面并修剪该面。

2. 非对称

该方式创建的倒斜角边缘到与倒角相邻的两个面的距离是不同的，分别采用了不同的偏置值。

选取实体中要倒斜角的边，然后选择【横截面】下拉列表中的【非对称】选项，并在两个【距离】文本框中输入不同的距离参数即可创建该特征，效果如图6-18所示。

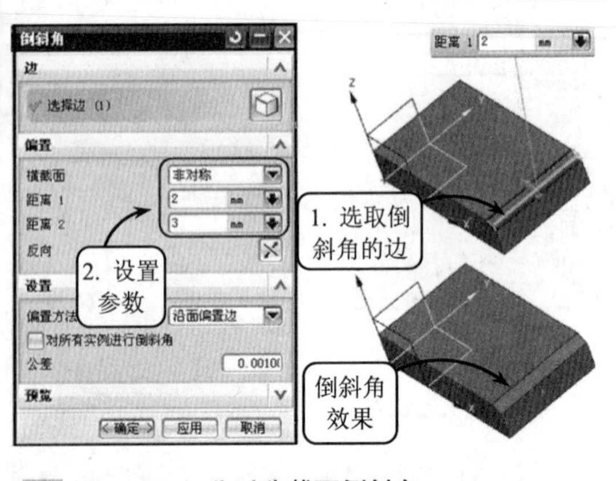

图 6-18 非对称截面倒斜角

3. 偏置和角度

该方式是通过设置偏置距离和角度来创建倒角特征的。其中偏置距离是指沿偏置面偏置的距离，旋转的角度是指与偏置面成的角度。

选取实体中要倒斜角的边，然后选择【横截面】下拉列表中的【偏置和角度】选项，并分别输入距离和角度参数即可完成该特征的创建，效果如图 6-19 所示。

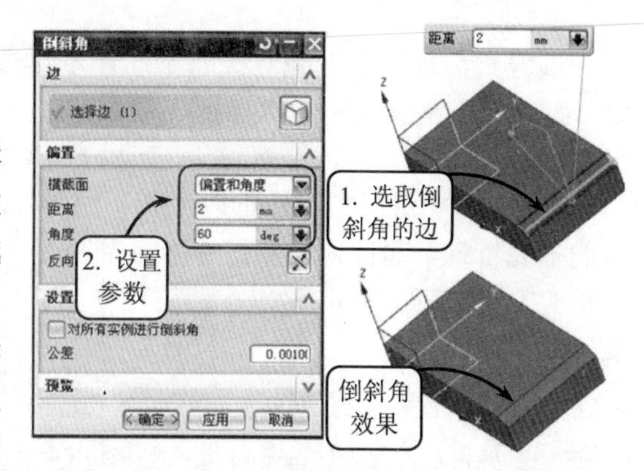

图 6-19 利用【偏置和角度】方式倒斜角

6.2.3 抽壳

抽壳是指根据指定的厚度值对实体进行抽空，创建薄壁体的操作。它常用于将成型实体零件掏空，使零件厚度变薄，从而大大节省材料。

在【特征】工具栏中单击【抽壳】按钮将打开【壳】对话框，如图 6-20 所示。该对话框提供了两种创建抽壳特征的方式，分别介绍如下。

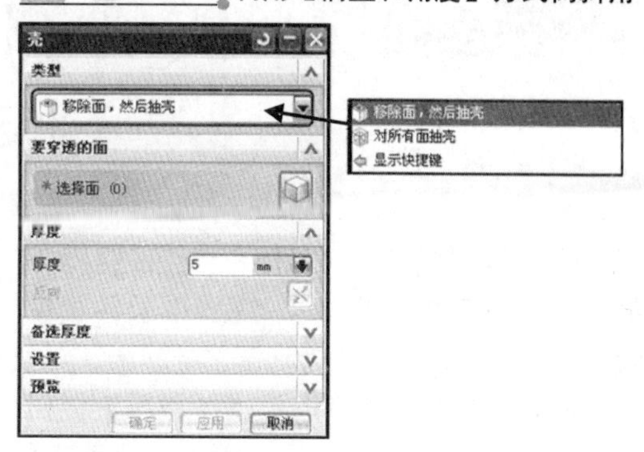

图 6-20 【壳】对话框

1. 移除面，然后抽壳

该方式是指选取一个面为穿透面，则所选取的面为开口面，将和内部实体一起被抽掉，剩余的面以默认的厚度或替换厚度形成腔体的薄壁。

选择【类型】面板中的【移除面，然后抽壳】选项，并选取实体中的一个表面为移除面。然后设置厚度参数，即可创建抽壳特征，效果如图 6-21 所示。

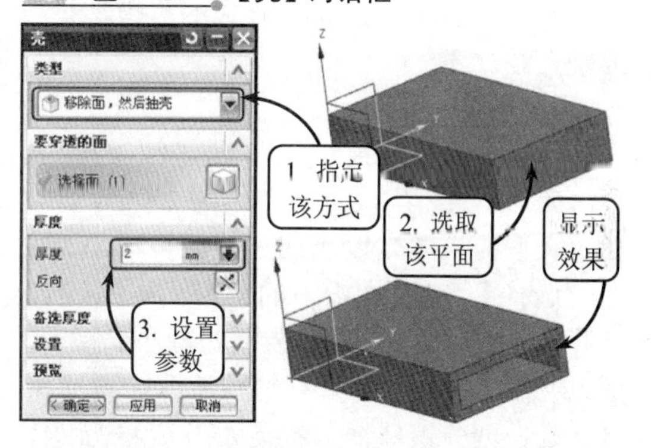

图 6-21 【移除面，然后抽壳】方式抽壳效果

如果在【备选厚度】面板中的【厚度】文本框中输入新的厚度值，并在绘图区选取抽壳后的外表面，该表面将按照指定的厚度发生改变，效果如图 6-22 所示。

2. 对所有面抽壳

该方式是指按照某个指定的厚度，在不穿透实体表面的情况下抽壳实体，创建中空的实体。

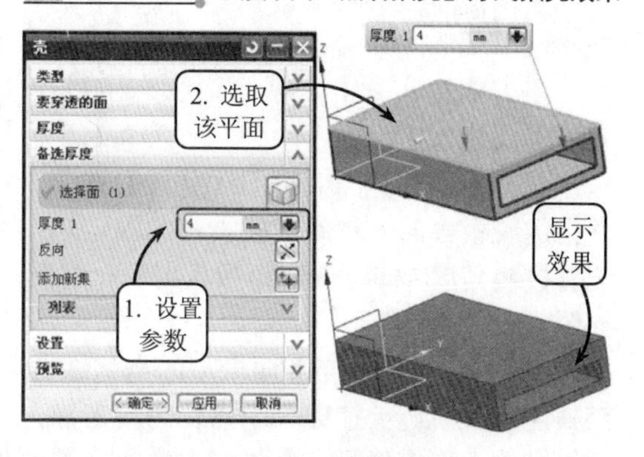

图 6-22 改变抽壳厚度效果

该方式与移除面抽壳方式的不同在于：移除面抽壳是选取的面为移除面执行抽壳命令，而该方式是选取实体执行抽壳命令，效果如图 6-23 所示。

在【抽壳】对话框中还可以设置不同厚度的抽壳特征，其设置方法与【移除面，然后抽壳】方式完全相同，这里不再详细介绍。

注　意

在设置抽壳厚度时，输入的厚度值既可以是正值也可以是负值，但其绝对值必须大于抽壳的公差值，否则将会出错。此外，在抽壳过程中，偏移面步骤并不是必须的。

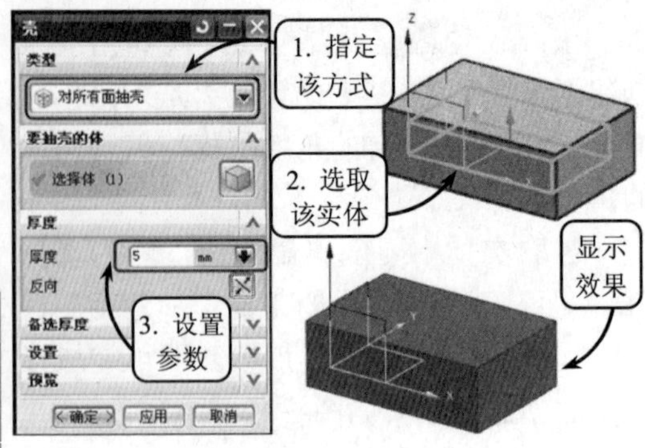

图 6-23　利用【对所有面抽壳】方式抽壳

6.2.4　拔模

拔模是将模型的表面沿指定的拔模方向倾斜一定角度的操作，广泛应用于各种模具的设计领域。

在【特征】工具栏中单击【拔模】按钮将打开【拔模】对话框，如图 6-24 所示。在该对话框中可创建 4 种方式的拔模特征，分别介绍如下。

图 6-24　【拔模】对话框

1. 从平面

该方式是指以选取的平面为参考平面，指定拔模方向和角度来创建拔模特征。

选择【类型】面板中的【从平面】选项，并指定脱模方向。然后选取拔模的固定平面，并选取要进行拔模的曲面和设置拔模角度参数，创建该特征，效果如图 6-25 所示。

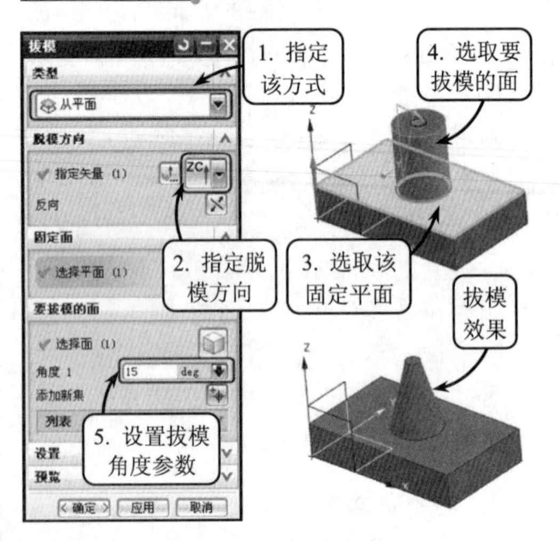

图 6-25　【从平面】拔模效果

2. 从边

该方式由实体的一系列边缘产生拔模角度来创建拔模特征。

选择【类型】面板中的【从边】选项，并指定脱模方向。然后选取拔模的固定边，设置拔模角度，即可创建该拔模特征，效果如图 6-26 所示。

利用【可变拔模点】面板中的点构造器工具，在拔模边上捕捉一个点作为参考点，该拔模边上将出现另一个拔模参数框，重复操作可以设置多个拔模参数。然后移动这些点到适当的位置，即可指定该位置的拔模角度值。完成上述步骤后，单击【确定】按钮即可获得如图 6-27 所示的【从边】拔模效果。

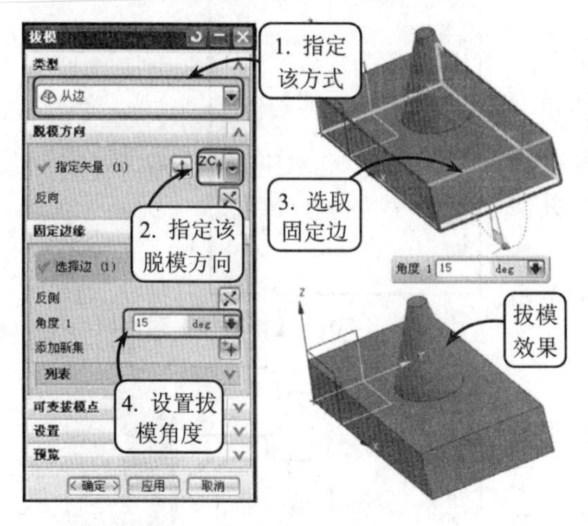

图 6-26 【从边】拔模效果

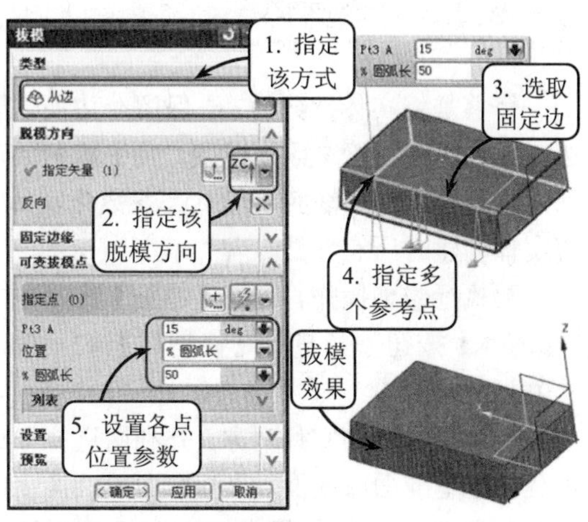

图 6-27 可变角度拔模

3. 与多个面相切

该方式用于对相切表面拔模后仍保持相切的情况。

选择【类型】面板中的【与多个面相切】选项，并指定拔模方向。然后选取要拔模的平面，并选取与其相切的平面。接着设置拔模角度参数，即可创建与多个面相切的拔模特征，效果如图 6-28 所示。

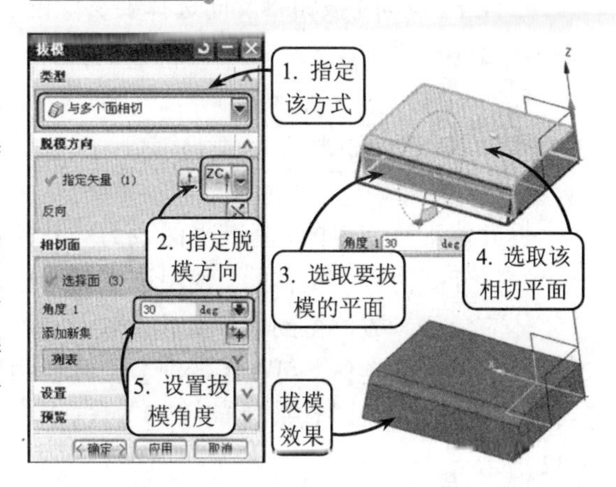

图 6-28 【与多个面相切】拔模效果

4. 至分型边

该方式是从固定平面开始，按指定的拔模方向和拔模角度，沿指定的分型边线对实体进行拔模操作的。

选择【类型】面板中的【至分型边】选项，并指定拔模方向。然后选取拔模的固定平面和拔模的分型边，并设置拔模的角度，即可创建至分型边的拔模特征，效果如图 6-29 所示。

提 示

在利用【至分型边】方式拔模时需要选择一条或多条实体分型边作为拔模的参考边。该分型边可以通过特征工具栏中的分割面工具获得。

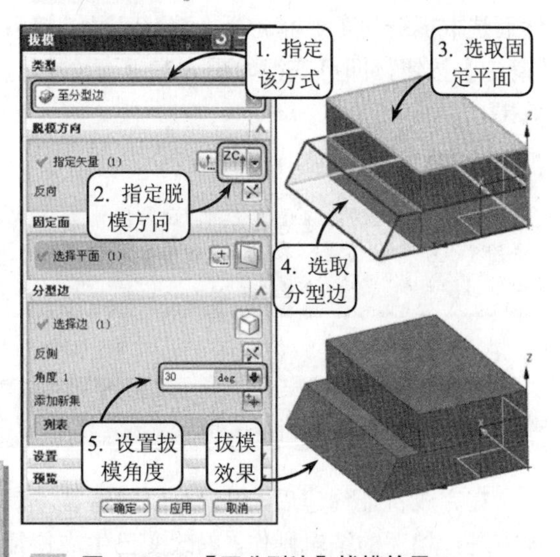

图 6-29 【至分型边】拔模效果

6.2.5 修剪体

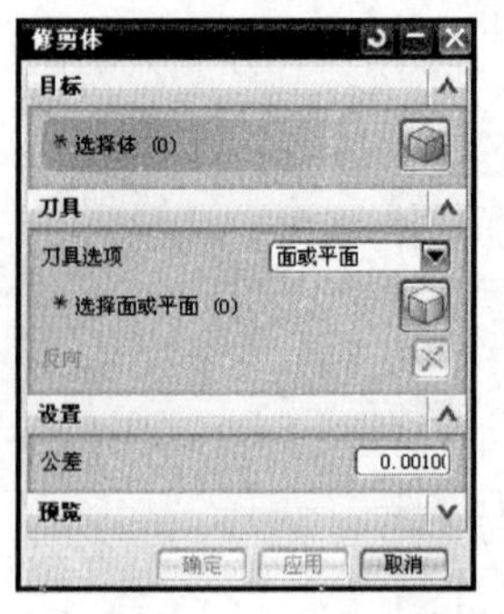

图 6-30 【修剪体】对话框

修剪是将实体一分为二，保留一边而切除另一边，并且仍然保留参数化模型。其中修剪的基准面和片体相关，实体修剪后仍然是参数化实体，并保留实体创建时所有参数。

要执行修剪操作，可在【特征】工具栏中单击【修剪体】按钮，打开【修剪体】对话框，如图 6-30 所示。

选取要修剪的实体对象，并利用选择面或平面工具指定基准面或曲面。该基准面或曲面上将显示绿色矢量箭头，矢量所指的方向就是要移除的部分，可单击【反向】按钮反向选择要移除的实体，效果如图 6-31 所示。

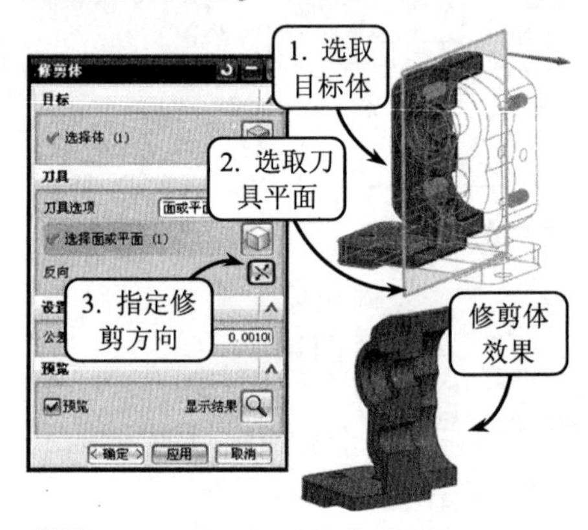

图 6-31 创建修剪体特征

6.2.6 拆分

拆分体工具是用面、基准平面或另一几何体将一个实体分割为多个实体的。使用该工具会删除原有实体的全部参数，得到非参数化的实体。

要创建拆分实体，可在【特征】工具栏中单击【拆分体】按钮，打开【拆分体】对话框，如图 6-32 所示。

图 6-32 【拆分体】对话框

在【拆分体】对话框中选择【面或平面】选项，然后选取拆分对象并指定拆分参考平面。接着单击【确定】按钮，即可获得如图 6-33 所示的拆分实体效果。

注 意

【拆分】实体的功能应谨慎使用。因为实体拆分后，实体中的参数全部被丢失，不能再进行参数编辑，同时工程图中剖视图中的信息也会丢失。

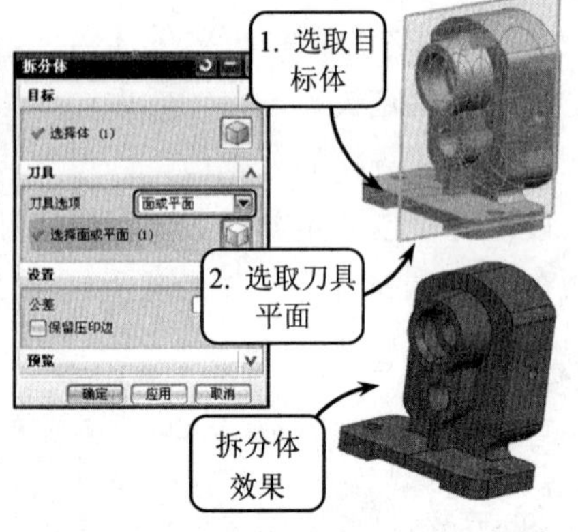

图 6-33 拆分实体效果

6.3 特征编辑

在完成特征创建后，用户可以对特征不满意的地方进行相关的编辑操作，以改变已生成特征的形状、大小、位置或者生成顺序。这样不仅可以实现特征的重定义，避免了人为的误操作产生的错误特征；也可以通过修改特征参数以满足新的设计要求。

编辑参数
过滤器
基准坐标系(0)
SKETCH_000:草图(1)
拉伸(2)
SKETCH_001:草图(3)
拉伸(4)
SKETCH_002:草图(5)
拉伸(6)
SKETCH_003:草图(7)
拉伸(8)
SKETCH_004:草图(9)
拉伸(10)
边倒圆(11)
简单孔(12)
SKETCH_005:草图(13)
拉伸(14)
SKETCH_006:草图(15)
拉伸(16)
SKETCH_007:草图(17)
简单孔(18)
确定 应用 取消

图 6-34 【编辑参数】对话框

6.3.1 编辑特征参数

编辑特征参数是指通过重新定义创建特征的基本参数来生成新的特征。通过编辑特征参数可以随时对实体特征进行更新，而不用重新创建实体，大大提高了工作效率和建模的准确性。

单击【编辑特征】工具栏中的【编辑特征参数】按钮将打开【编辑参数】对话框，如图 6-34 所示。

该对话框包含了当前活动模型的所有特征。下面主要介绍以下几种特征参数的编辑方式。

1. 特征对话框

该方式是通过在特征对话框中重新定义特征的参数，从而生成新特征的一种方式。选取要编辑的特征，打开【编辑参数】对话框。然后输入新的参数值，即可重新生成该特征，如图 6-35 所示为编辑实体模型的孔特征的效果。

提 示

此外，也可以在资源栏或绘图区中直接选取该特征，右击选择【编辑参数】选项，同样可打开相应的【编辑参数】对话框。

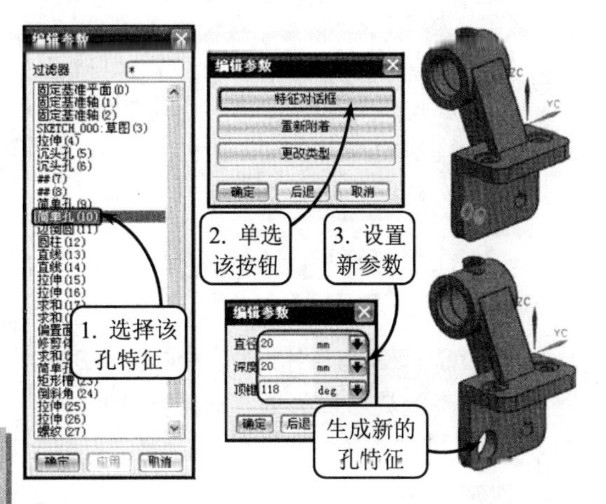

图 6-35 编辑孔特征

2. 重新附着

重新附着用于重新指定所选特征的附着位置和方向。例如，将一个建立平面的特征重新附着到新的特征平面上。而对已经具有定位的特征可以重新指定新平面上的参考方向和参考边，从而达到修改实体特征的目的。

选择【重新附着】选项将打开【重新附着】对话框，如图 6-36 所示。其中【指定目标放置面】按钮用于指定实体特征新的放置面；【重新定义定位尺寸】按钮用于重新定义实体特征在新放置面上的位置。

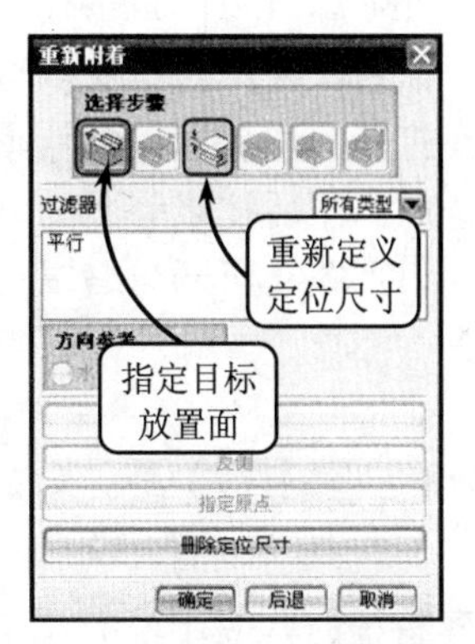

图 6-36 【重新附着】对话框

要执行重新附着操作，需要先选取要进行操作的特征，然后在打开的【重新附着】对话框中选取指定的平面作为重新附着的平面，如图 6-37 所示。接着连续单击【确定】按钮，即可将指定对象重新附着在新的平面上。

3. 更改类型

该方式用来改变所选特征的类型，它可以将孔或槽特征变成其他类型的孔特征和槽特征。

选取要编辑的特征，并选择【更改类型】选项将打开相应的特征类型对话框。然后选择所需要的类型，则原特征更新为新的类型。如图 6-38 所示，即是将沉头孔修改为简单孔特征的效果。

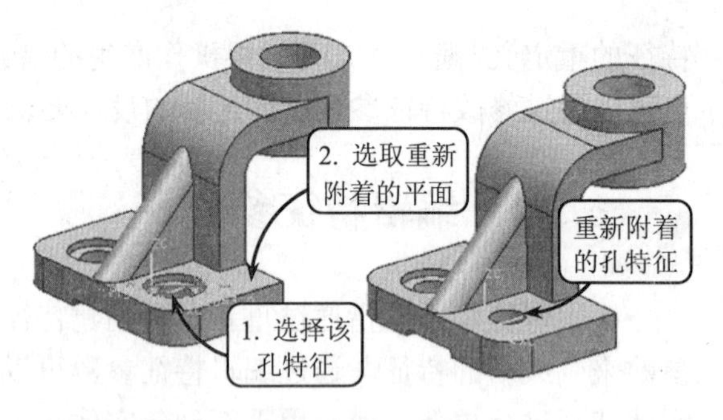

图 6-37 【重新附着】效果

提 示

当编辑阵列或者镜像特征时，选取实例特征的源特征，在打开的【编辑参数】对话框中有一个【实例阵列对话框】选项。该选项用于编辑阵列的创建样式、阵列的数量和偏置距离，其编辑的方法与创建阵列的方法相同。

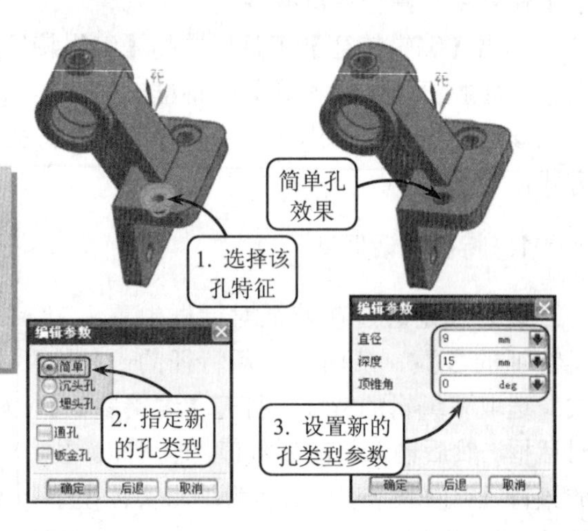

图 6-38 更改孔类型

6.3.2 可回滚编辑

在 UG NX 中，对于已经创建好的特征，利用该工具可以还原到创建该特征时的模型状态，以重新定义特征参数，生成新的特征。

单击【可回滚编辑】按钮，并选取要编辑的特征。然后在打开的相应特征对话框中重新定义特征的参数，即可完成更新特征的操作。或者可以直接在【部件导航器】的特征列表树中选择要编辑的特征并右击，在打开的快捷菜单中选择【可回滚编辑】选项。然后按照前面的方法重新定义特征，如图 6-39 所示为编辑三角形加强筋特征的效果。

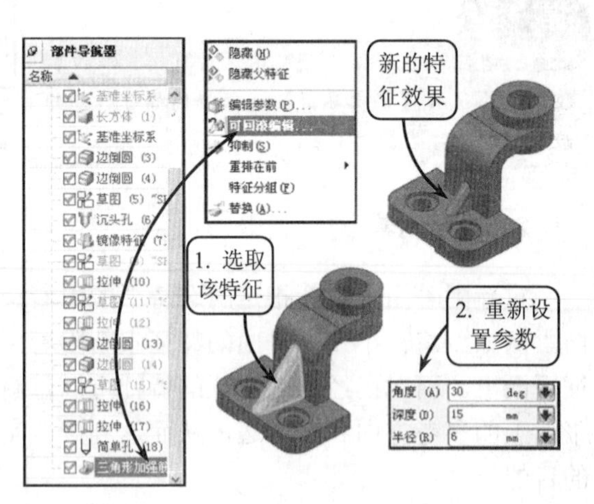

图 6-39 编辑三角形加强筋特征

6.3.3 编辑位置

在创建特征时，对于没有指定定位尺寸或定位尺寸不全的特征，用户可以利用编辑位置工具通过添加或编辑定位尺寸值来移动特征。

要执行编辑位置操作，可在【编辑特征】工具栏中单击【编辑位置】按钮，打开

【编辑位置】对话框，如图 6-40 所示。

在该对话框中列出了所有可供编辑位置的特征，选择要编辑的特征，或者在实体中直接选取要编辑的特征。然后单击【确定】按钮，将打开新的【编辑位置】对话框。该对话框中主要选项含义和设置方法如下。

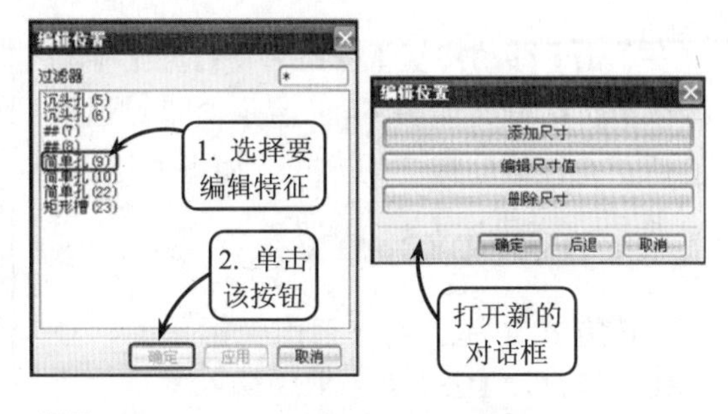

图 6-40 【编辑位置】对话框

1. 添加尺寸

该按钮用于为所选特征增加定位尺寸。单击该按钮，可在所选择的特征和相关实体之间添加定位尺寸，主要用于未定义的特征和定位不全的特征。

单击【添加尺寸】按钮后将打开【定位】对话框。然后依据【定位】对话框添加相应的定位尺寸即可，这里不再赘述。

2. 编辑尺寸值

该按钮用于编辑所选特征的定位尺寸数值。单击该按钮可修改已经存在的尺寸参数。

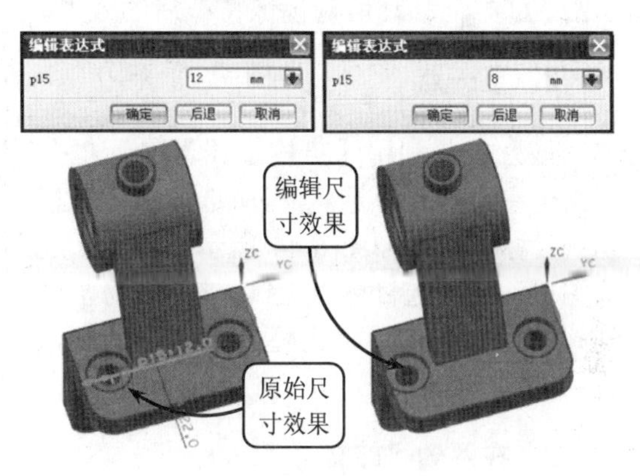

图 6-41 编辑定位尺寸效果

单击该按钮后将打开【编辑表达式】对话框。然后设置相关的定位尺寸，连续单击【确定】按钮即可完成尺寸的编辑，效果如图 6-41 所示。

注 意

在编辑尺寸位置时，要编辑对象的尺寸值必须在此之前设置该对象位置的表达式。

3. 删除尺寸

该按钮用于删除所选特征的定位尺寸。单击该按钮，可以去除已经存在的约束尺寸。

单击【删除尺寸】按钮将打开【移除定位】对话框。然后在绘图区选取指定的定位尺寸值，并单击【确定】按钮即可删除选取的尺寸，这里不再赘述。

提 示

在【部件导航器】中的相应特征选项上右击，并在打开的快捷菜单中选择【编辑位置】选项同样可以进行编辑位置相关命令的操作。

6.3.4 移动特征

移动特征就是将一个无关联的实体特征移动到指定的位置。对于存在关联性的特征，可以通过上节介绍的编辑位置工具移动特征，从而达到编辑实体特征的目的。

单击【移动特征】按钮将打开【移动特征】对话框，如图 6-42 所示。该对话框包括了 4 种移动特征的方式，如下所述。

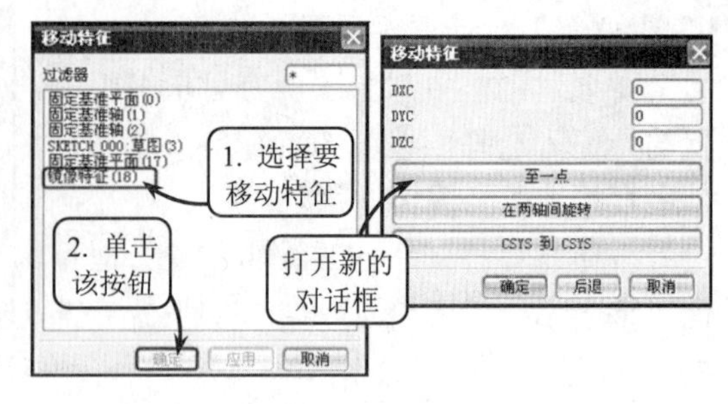

图 6-42 【移动特征】对话框

1. DXC、DYC、DZC

该方式是基于当前工作坐标系的，在 DXC、DYC、DZC 文本框中输入增量值可以移动所指定的特征。如图 6-43 所示，即是沿 XC 方向移动所选镜像特征后的效果。

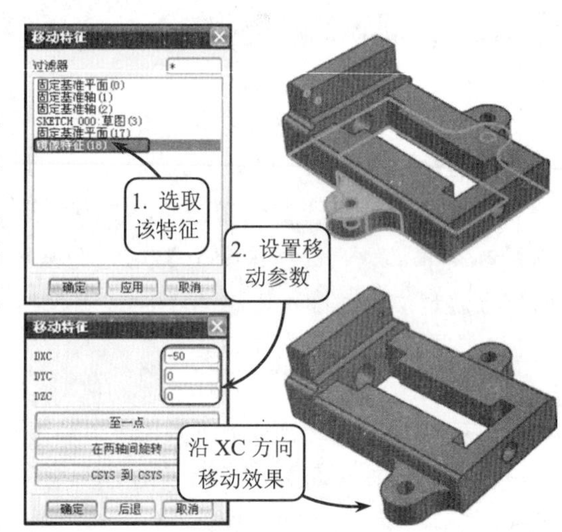

图 6-43 沿 XC 方向移动特征

2. 至一点

该方式是利用【点构造器】对话框分别指定参考点和目标点，将所选实体特征移动到目标点的。如图 6-44 所示，即将所选草图移动到所选目标点，且以该草图为基础创建的拉伸实体特征也随之更新移动到该目标点。

3. 在两轴间旋转

该方式将特征从一个参照轴旋转到目标轴。首先选取要操作的对象特征，并使用点构造器工具捕捉旋转点。然后在【矢量构成器】对话框中分别指定参考轴方向和目标轴方向即可，效果如图 6-45 所示。

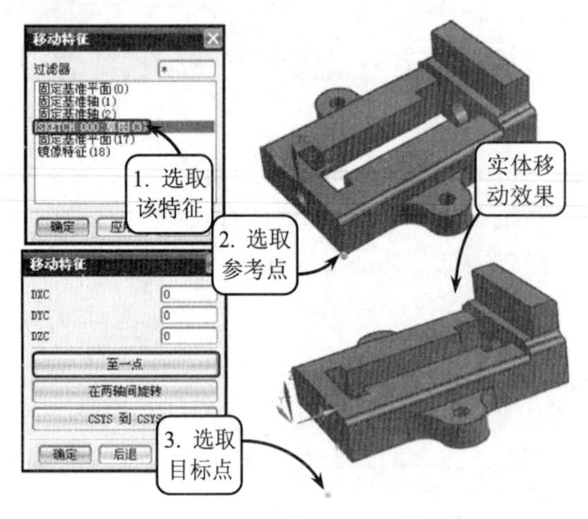

图 6-44 将实体移动到指定点

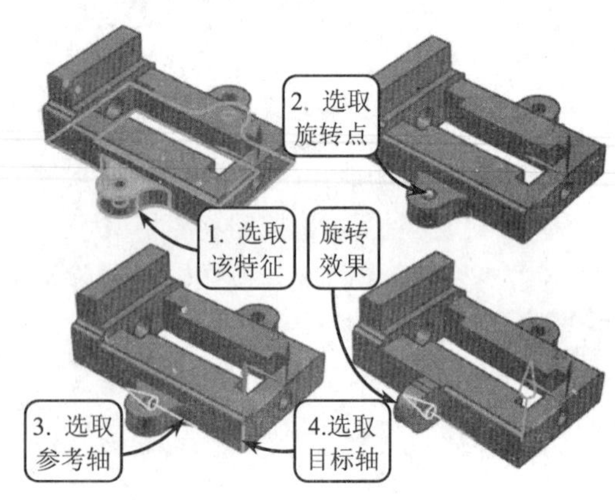

图 6-45 实体特征旋转

4. CSYS 到 CSYS

该方式将特征从一个参考坐标系重新定位到目标坐标系。通过在 CSYS 对话框中定义新的坐标系，系统将实体特征从参考坐标系移动到目标坐标系。如图 6-46 所示，即是将镜像特征重新定位到新坐标系的效果。

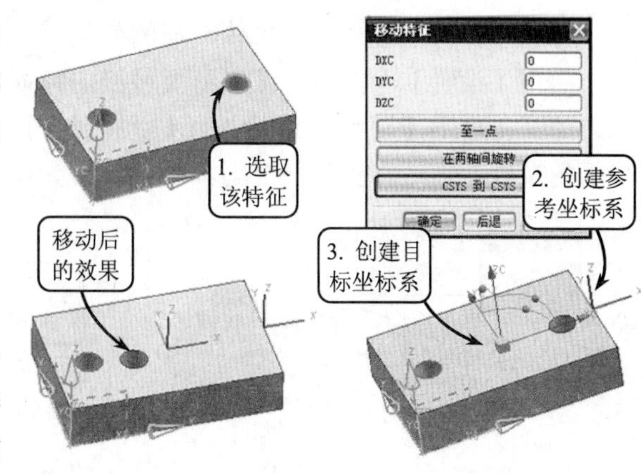

图 6-46 将镜像特征移动到目标坐标系

6.3.5 特征重排序

特征重排序是通过改变模型上特征的创建顺序来编辑模型的，且一个特征可以重排序在一个所选的特征之前或之后。进行重排序后，顺序也将自动更新。值得注意的是：有父子关系和依赖关系的特征不能进行重排序操作。

要执行【特征重排序】命令，可在【编辑特征】工具栏中单击【特征重排序】按钮，打开【特征重排序】对话框，如图 6-47 所示。

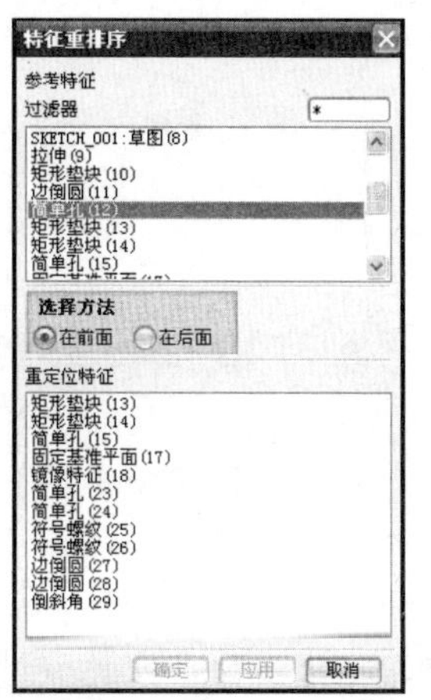

图 6-47 【特征重排序】对话框

排序特征顺序时，首先在【特征重排序】对话框上部的【参考特征】列表框中选择一个特征作为特征重新排序的基准特征。此时在下部的【重定位特征】列表框中列出可按当前的排序方式调整顺序的特征。然后选择【在前面】或【在后面】的排序方式。接着从【重定位特征】列表框中选择一个要重新排序的特征，并单击【确定】按钮即可。此时系统会将所选特征重新排到基准特征之前或之后，效果如图 6-48 所示。

提 示

此外，也可以在【部件导航器】资源栏中选取要重排序的特征名称，并右击。然后选择【重排在前】或【重排在后】选项，并在右侧的子菜单中选择相应的特征选项即可；或者在该特征名称上按住左键不放，将所选择的特征上下拖动，同样可以对特征进行重排序。

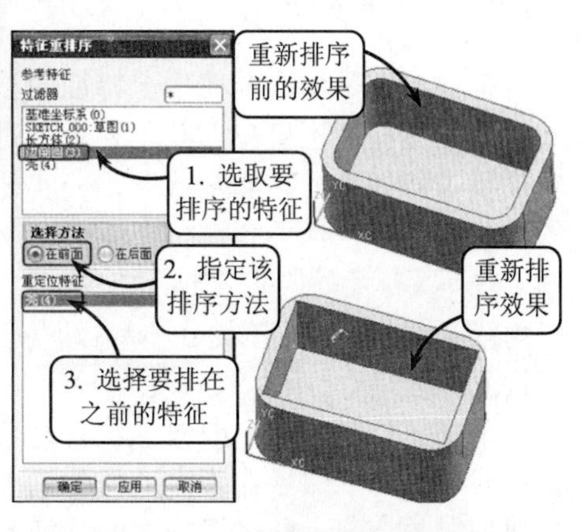

图 6-48 边倒圆特征重新排序

6.3.6 替换特征

替换特征是将模型的一个特征更换为另一个特征，且模型的其他相关特征也随之更新。使用该工具还可以将实体特征从一个对象替换到另一个实体对象。

单击【替换特征】按钮将打开【替换特征】对话框。然后在绘图区依次选取要替换的特征和替换的特征即可。如图 6-49 所示，即是将长方体特征替换为圆柱体特征的效果。

启用【设置】面板中的【保留要替换的特征】复选框后，要替换的特征会依然显示在绘图区；启用【设置】面板中的【复制替换特征】复选框后，替换特征除了将选取的特征替换外，同时将复制一个副本，效果如图 6-50 所示。

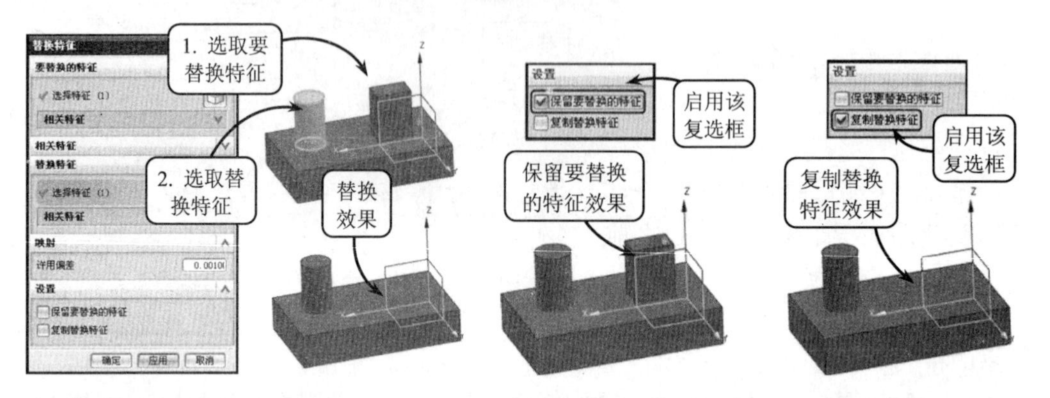

图 6-49 替换特征效果

图 6-50 启用【设置】面板不同选项的替换效果

提　示

进行替换特征操作时，选取的要替换特征的时间戳记要在替换特征的时间戳记之后，否则替换特征操作将无法完成。

6.3.7 抑制和取消抑制特征

抑制特征是指取消实体模型上的一个或多个特征的显示状态。此时在操作导航器中被抑制的特征及其子特征前面的绿勾消失。

抑制特征与隐藏特征的区别是：隐藏特征可以任意隐藏一个特征，没有任何关联性。而抑制某一特征，与该特征存在关联性的其他特征被一起隐藏。取消抑制特征则可以恢复前面抑制的特征，将其显示出来。

1. 抑制特征

抑制特征是指取消模型上特征的显示状态，使实体特征不可见。其主要作用是：编辑模型中实体特征的显示状态，使实体特征的创建和编辑的运算速度加快；抑制实体模型中一些非关键性的特征，如一些小特征、孔和圆角特征等，以加快有限元分析；避免创建实体特征时对其他实体特征产生的冲突。

单击【抑制特征】按钮将打开【抑制特征】对话框。然后在【过滤器】列表中选择要抑制的特征，此时【选定的特征】列表中将显示这些被抑制的特征，效果如图 6-51 所示。

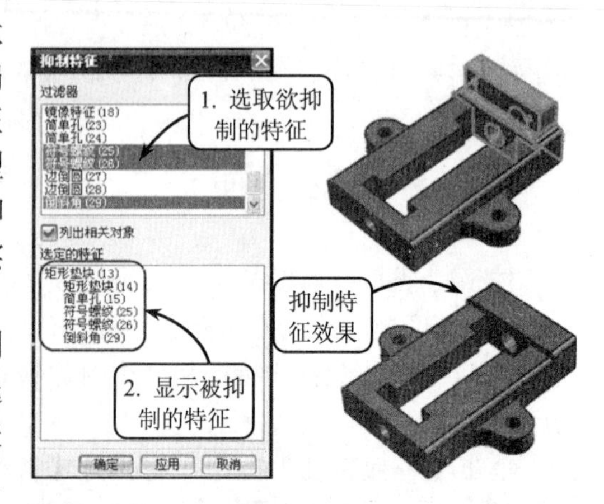

图 6-51 抑制所选特征

提　示

此外，也可以直接在绘图区或资源栏中选取要抑制的特征，右击选择【抑制】选项即可。如果按住Ctrl键，一次可以选取多个特征。

2. 取消抑制特征

取消抑制特征是指根据需要将之前抑制的特征恢复到原来的状态。单击【取消抑制特征】按钮将打开【取消抑制特征】对话框。然后在【过滤器】列表中选择要恢复的特征，【选定的特征】列表中将显示这些将要恢复的特征，如图6-52所示。

提　示

此外，也可以直接在【部件导航器】对话框中勾选特征名称前的启用复选框，特征将被取消抑制。如果按住Ctrl键，一次可以取消抑制多个特征。

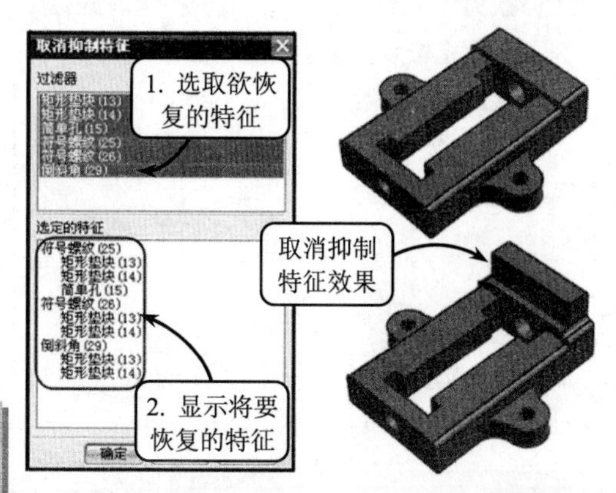

图6-52　取消抑制特征

6.3.8　移除特征参数

利用该工具将移除实体或片体特征的所有参数，形成一个非参数化的实体或片体特征，即没有关联性、时间，以及顺序上的约束。在建模过程中创建其他特征时，既可以避免与之前的特征产生冲突，又可以减小模型的数据量，加快系统运行的速度。

单击【移除参数】按钮将打开【移除参数】对话框。然后在绘图区选取要移除参数的实体特征即可，效果如图6-53所示。

图6-53　移除实体特征参数

6.4　典型案例6-1：创建轴架零件

本例创建轴架零件，效果如图6-54所示。该轴架主要用于轴类零件与其他零件之间的垂直定位。其主要结构由底板上的两个沉头孔、支撑板和其上的空心圆柱体，以及三角形加强筋所组成。其中支撑板上的空心圆柱体用于与轴类零件相配合；三角形加强筋则起到加强支撑板与底板之间连接刚性的作用。

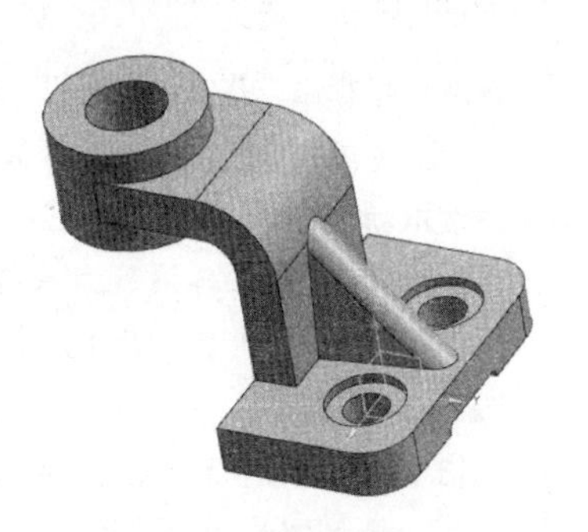

图6-54　轴架实体模型效果

创建该轴架时，首先利用长方体、孔和镜像特征工具创建底板主要部分，并利用拉伸工具创建底板底部的槽特征。然后绘制支撑板轮廓，并利用拉伸工具创建支撑板实体。接着绘制支撑板上定位圆柱体的轮廓，继续利用拉伸工具创建定位圆柱体。最后利用三角形加强筋工具创建三角形加强筋即可。

操作步骤

1 新建一个名称为“ZhouJia.prt”的文件。然后单击【长方体】按钮，指定长方体的创建方式为“原点和边长”方式，并选取坐标系原点为定位点。接着按照如图 6-55 所示设置长方体的参数，创建长方体。

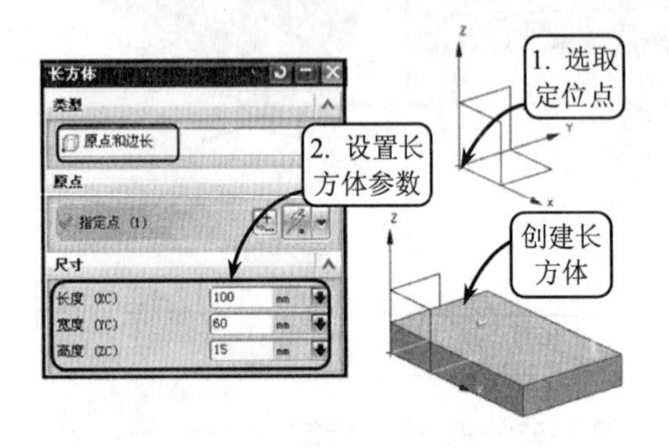

图 6-55 创建长方体

2 单击【基准 CSYS】按钮将打开【基准 CSYS】对话框。然后在【参考】下拉列表中选择 WCS 选项。接着输入原点的新坐标，并单击【确定】按钮创建新坐标系，效果如图 6-56 所示。

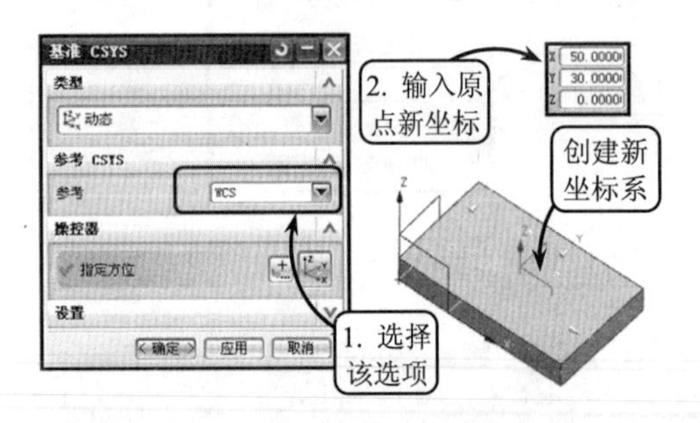

图 6-56 创建新坐标系

3 选取原坐标系，并右击，在打开的快捷菜单中选择【隐藏】选项，将原坐标系隐藏。然后选取新坐标系，并右击，在打开的快捷菜单中选择【将 WCS 设置为基准 CSYS】选项，将新坐标系指定为基准坐标系，效果如图 6-57 所示。

4 单击【边倒圆】按钮，选取如图 6-58 所示边为要倒圆的边，并输入倒圆角半径为“R15”，创建倒圆角特征。然后按照同样的方法创建另一个倒圆角。

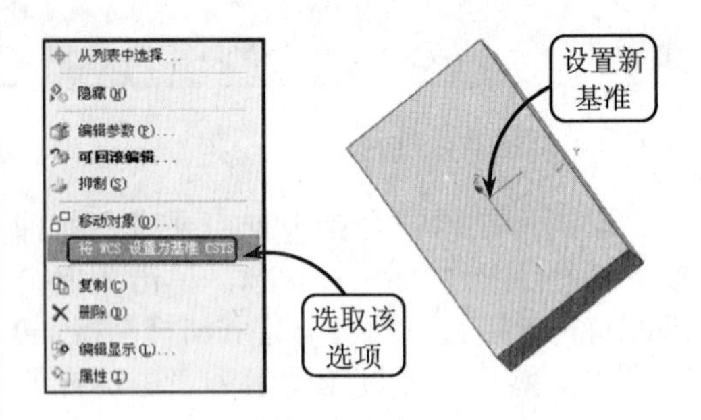

图 6-57 隐藏原坐标系并设置新基准

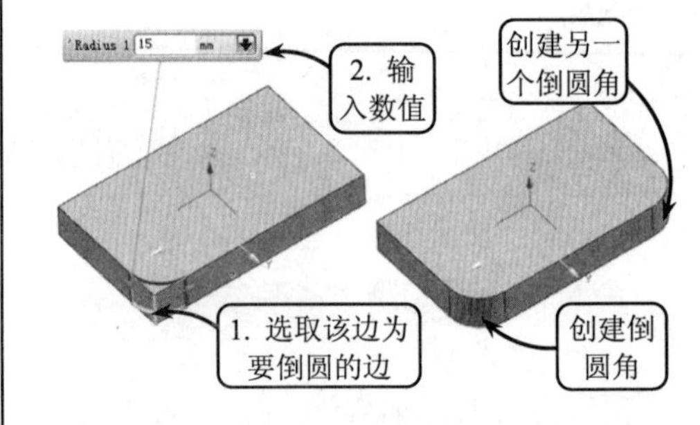

图 6-58 创建倒圆角特征

5 单击【草图】按钮将打开【草图】对话框。此时选取实体上表面为草图平面，进入草绘环境后，单击【点】按钮。然后按照如图 6-59 所示输入孔中心点坐标，并单击【确定】按钮。接着单击【完成草图】按钮退出草绘环境。

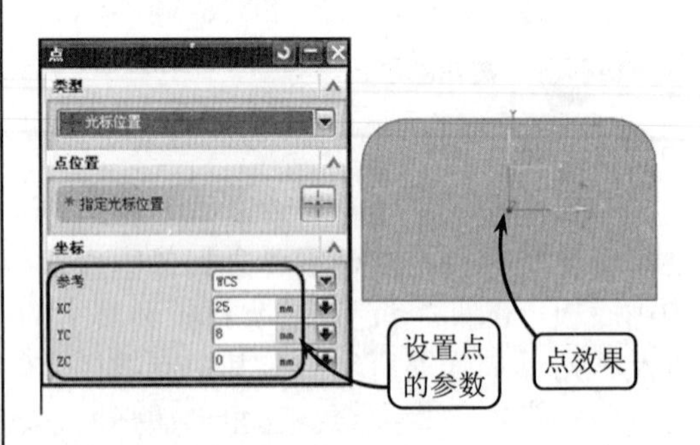

图 6-59 绘制孔中心点

6 单击【孔】按钮，指定孔形式为“沉头孔”，并选取上一步绘制的点为孔中心点。然后按照如图 6-60 所示尺寸要求设置沉头孔的参数，并指定布尔运算方式为【求差】方式，创建沉头孔特征。

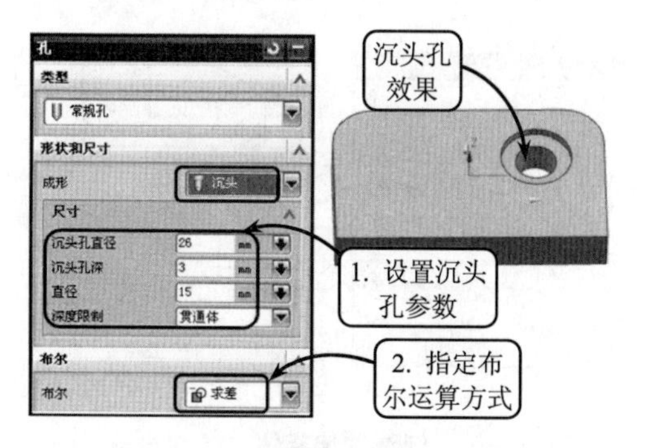

图 6-60 创建沉头孔特征

7 单击【镜像特征】按钮，选取上一步创建的沉头孔为镜像对象，并选取YC-ZC平面为镜像平面，创建镜像特征，效果如图6-61所示。

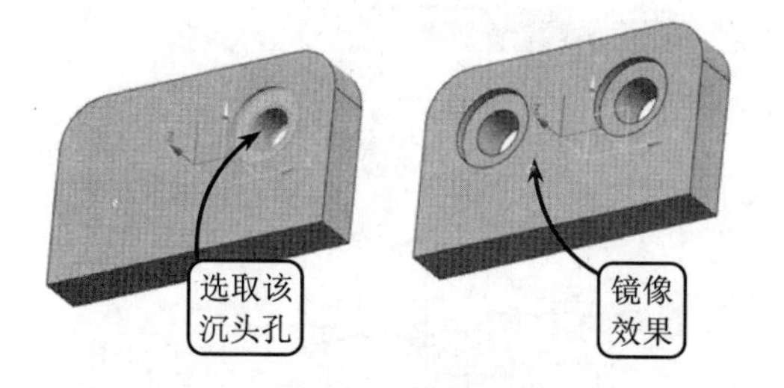

图 6-61 创建镜像特征

8 单击【草图】按钮，选取XC-ZC平面为草图平面。然后进入草绘环境，按照如图6-62所示尺寸要求绘制草图。接着单击【完成草图】按钮退出草绘环境。

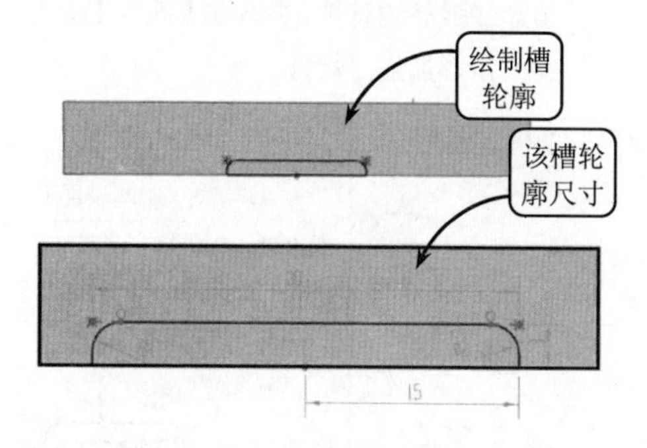

图 6-62 绘制槽轮廓

9 单击【拉伸】按钮将打开【拉伸】对话框。然后选取上一步绘制的草图为拉伸对象，并设置拉伸方式为对称拉伸 30。接着设置布尔方式为【求差】方式，创建槽特征，效果如图6-63所示。

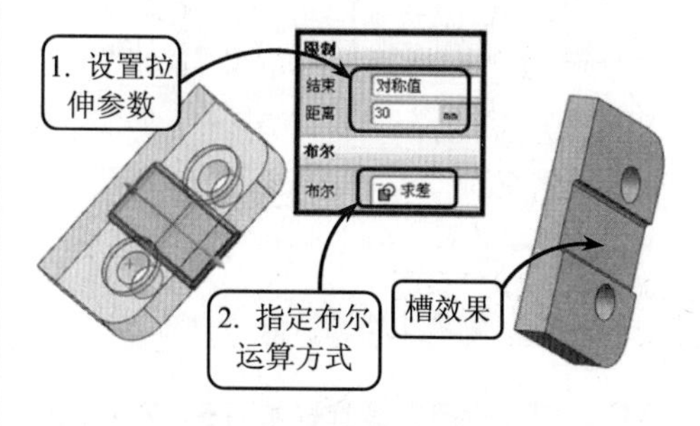

图 6-63 创建槽特征

10 利用草图工具选取 XC-YC 平面为草图平面，按照如图6-64所示绘制草图。然后单击【完成草图】按钮退出草绘环境。

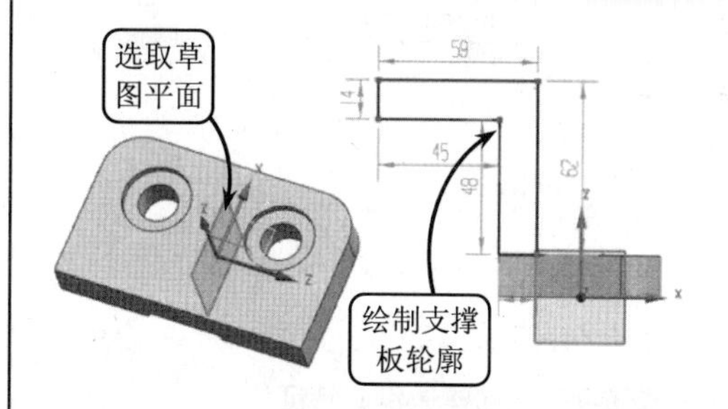

图 6-64 绘制草图

11 利用拉伸工具选取上一步所绘草图为拉伸对象，并设置拉伸方式为对称拉伸 25。然后设置布尔方式为【求和】方式，创建支撑板实体，效果如图6-65所示。

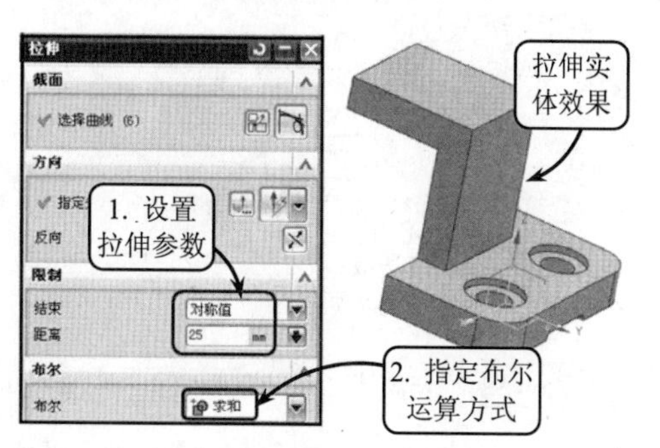

图 6-65 创建支撑板实体

12 利用边倒圆工具选取如图6-66所示边为要倒圆的边。然后输入倒圆角半径为“R 10”，并单击【确定】按钮，创建边倒圆特征。

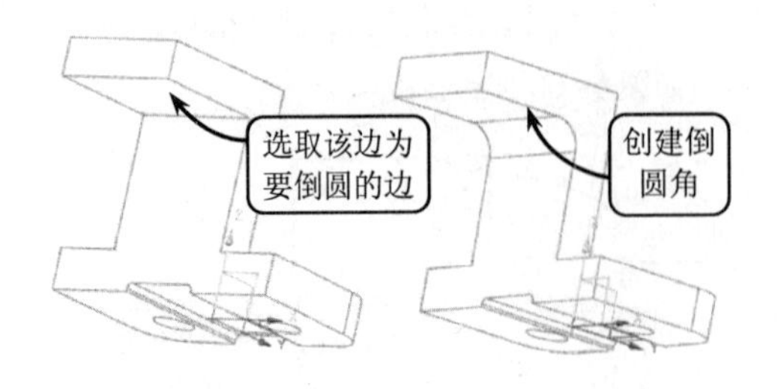

图 6-66　创建边倒圆特征

13　继续利用边倒圆工具选取如图 6-67 所示的边为要倒圆的边。然后输入倒圆角半径为“R24”，并单击【确定】按钮，创建边倒圆特征。

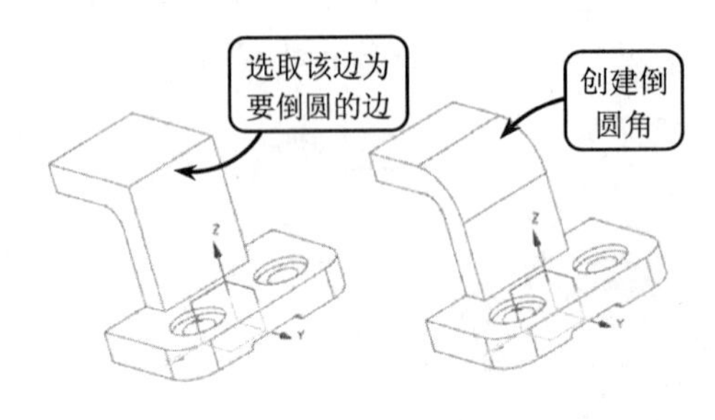

图 6-67　创建边倒圆特征

14　按照上述绘制草图的方法以支撑板上表面为草图平面，按照如图 6-68 所示的尺寸要求绘制半径为“R25”的圆。然后单击【完成草图】按钮退出草绘环境。

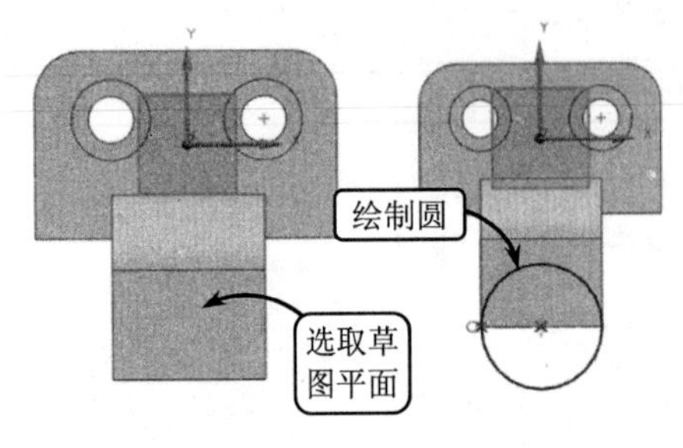

图 6-68　绘制圆

15　利用拉伸工具选取上一步绘制的圆为拉伸对象。然后设置拉伸起始距离为“10”，结束距离为“-24”，并设置布尔方式为【求和】方式，创建拉伸实体，效果如图 6-69 所示。

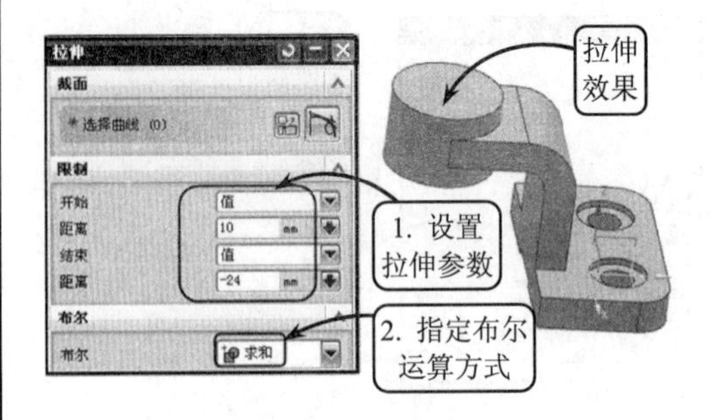

图 6-69　创建拉伸实体

16　利用孔工具选取拉伸实体的上表面圆心为孔的中心点。然后按照如图 6-70 所示的尺寸要求设置孔的参数，并设置布尔运算方式为【求差】方式，创建简单孔特征。

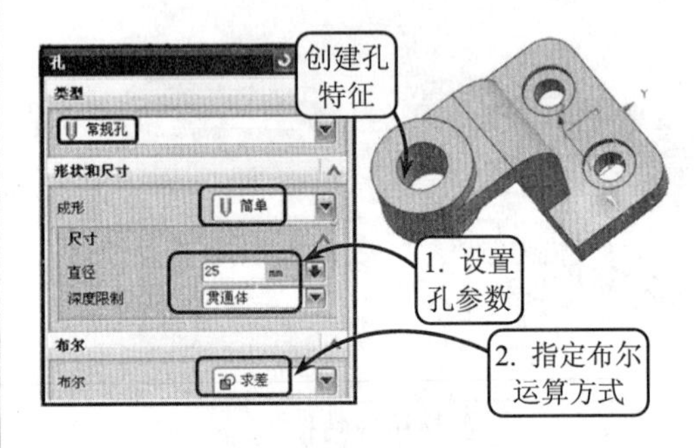

图 6-70　创建简单孔特征

17　单击【三角形加强筋】按钮，依次选取底板的上表面和支撑板的前表面两个平面作为参考基面。然后按照如图 6-71 所示设置三角形加强筋的参数，并单击【确定】按钮，创建三角形加强筋特征。

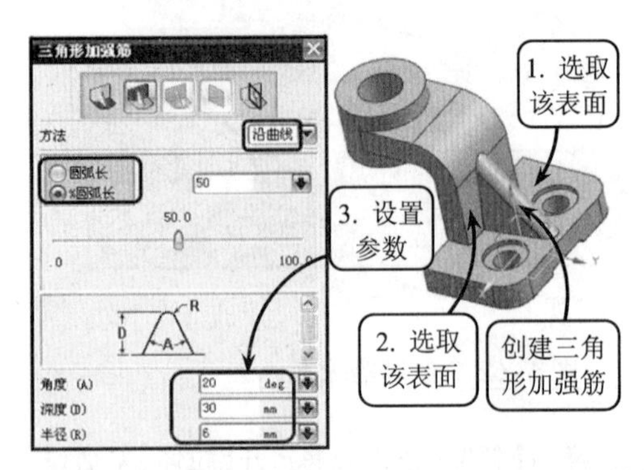

图 6-71　创建三角形加强筋特征

6.5 典型案例 6-2：创建泵体壳零件

本例创建泵体壳零件，效果如图 6-72 所示。该泵体壳主要用于保护和固定泵体系统。其主要结构由底板、泵体外壳和其上的圆锥体，以及加强筋所组成。其中底板上的两个通孔用于固定该泵体壳；泵体外壳上的圆锥体及其上沉头孔起定位作用；泵体外壳上的加强筋则起到加强圆锥体与底板之间连接刚性的作用。

图 6-72 泵体壳实体模型效果

创建该泵体壳时，首先利用草图和拉伸工具创建底板主要部分，并利用孔和边倒圆工具创建孔和倒圆角特征。然后绘制泵体外壳轮廓，并利用拉伸工具创建泵体外壳实体。接着在泵体外壳上创建圆锥实体和加强筋实体，并利用孔工具创建相应孔特征。最后绘制槽轮廓，利用拉伸工具创建拉伸切除实体，并利用孔、螺纹和镜像特征工具创建孔特征即可。

操作步骤

1 新建一个名称为“BengTike.prt”的文件。然后单击【草图】按钮，打开【草图】对话框。此时选取 XC-ZC 平面为草图平面，进入草绘环境后，按照如图 6-73 所示尺寸要求绘制草图。接着单击【完成草图】按钮退出草绘环境。

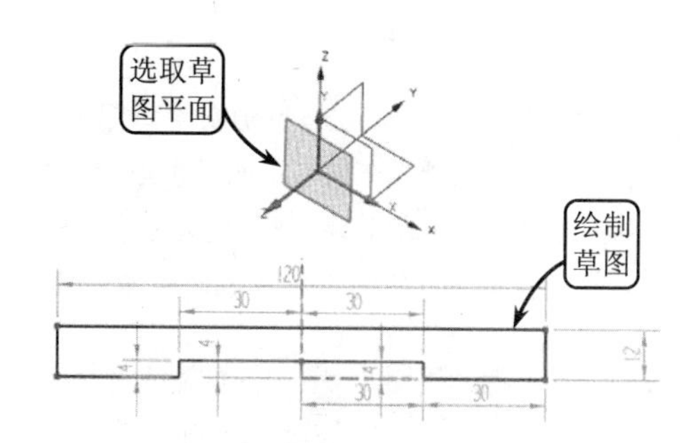

图 6-73 绘制草图

2 单击【拉伸】按钮将打开【拉伸】对话框。然后选取上一步绘制的草图为拉伸对象，并按照如图 6-74 所示设置拉伸参数，创建拉伸实体特征。

3 利用草图工具选取实体上表面为草图平面，进入草绘环境后单击【点】按钮。然后按照如图 6-75 所示输入孔中心点坐标，并单击【确定】按钮。接着单击【完成草图】按钮退出草绘环境。

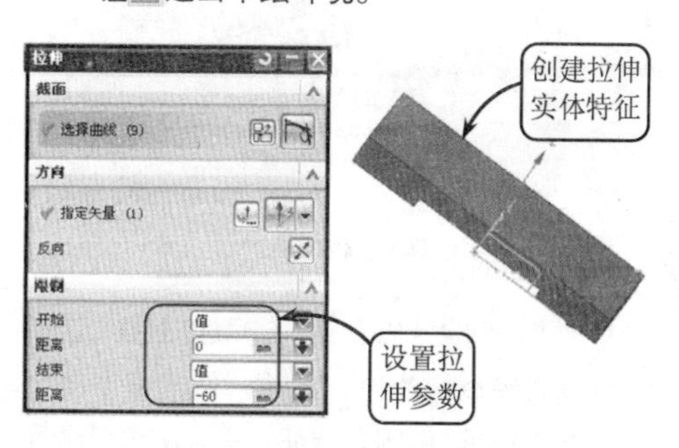

图 6-74 创建拉伸实体特征

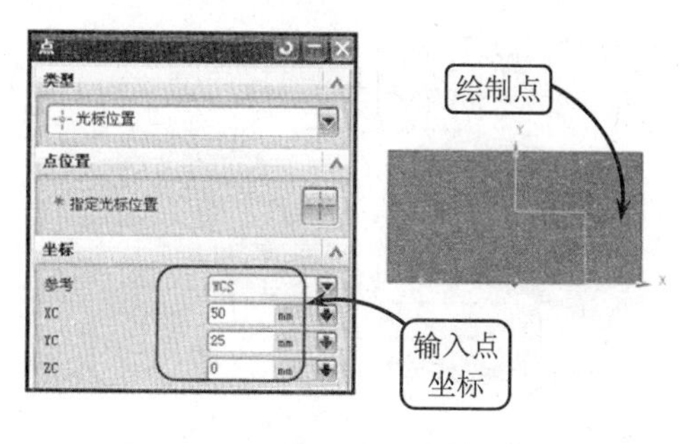

图 6-75 绘制孔中心点

4 单击【孔】按钮，指定孔形式为“简单孔”，并选取上一步绘制的点为孔中心点。然后按照如图 6-76 所示尺寸要求设置简单孔的参数，并指定布尔运算方式为【求差】方式，创建孔特征。

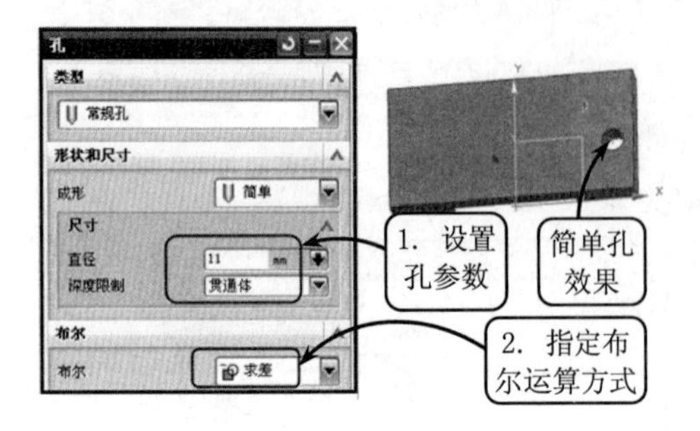

图 6-76 创建孔特征

5 单击【镜像特征】按钮，选取上一步创建的孔为镜像对象，并选取 YC-ZC 平面为镜像平面，创建镜像特征，效果如图 6-77 所示。

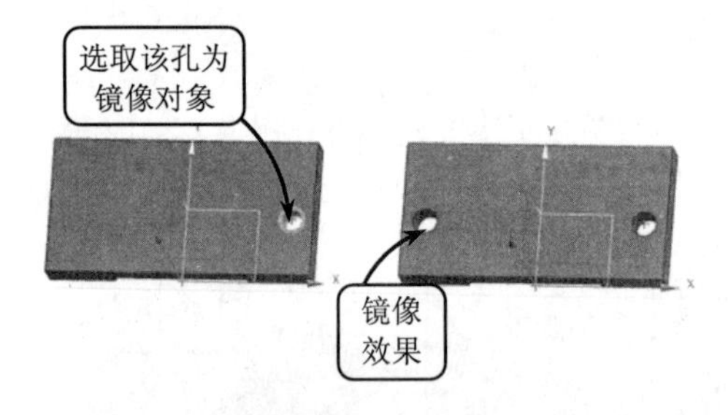

图 6-77 创建镜像特征

6 单击【边倒圆】按钮，选取如图 6-78 所示边为要倒圆的边，并输入倒圆角半径为“R10”，创建倒圆角特征。然后按照同样的方法创建其他 3 个倒圆角特征。

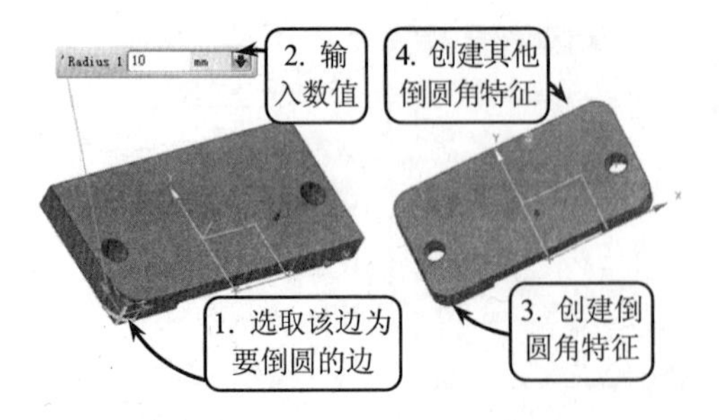

图 6-78 创建倒圆角特征

7 单击【基准平面】按钮将打开【基准平面】对话框。然后指定平面类型为“按某一距离”，并选取 XC-ZC 平面为参考平面。接着输入距离为“80”，并单击【确定】按钮创建基准平面，效果如图 6-79 所示。

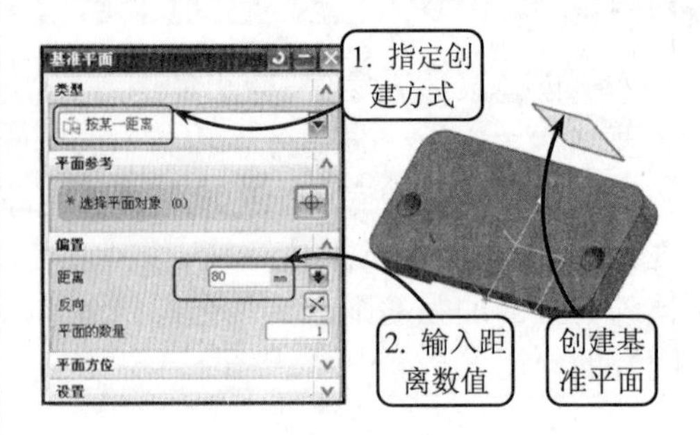

图 6-79 创建基准平面

8 利用草图工具选取上一步创建的基准平面为草图平面，进入草绘环境后，按照如图 6-80 所示尺寸要求绘制草图。接着单击【完成草图】按钮退出草绘环境。

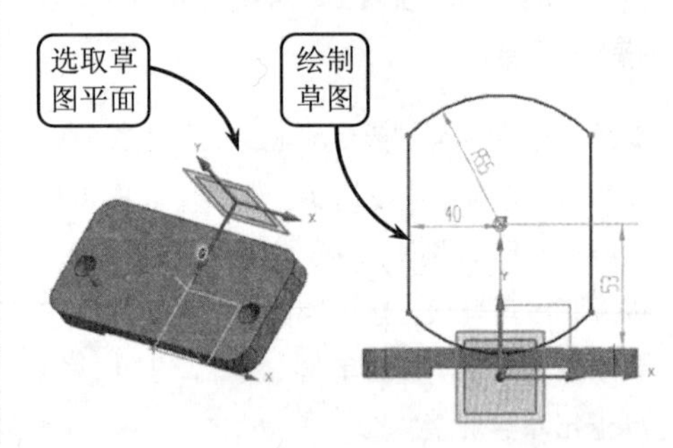

图 6-80 绘制草图

9 利用拉伸工具选取上一步绘制的草图为拉伸对象，并按照如图 6-81 所示设置拉伸参数。然后指定布尔运算方式为【求和】方式，并单击【确定】按钮，创建拉伸实体特征。

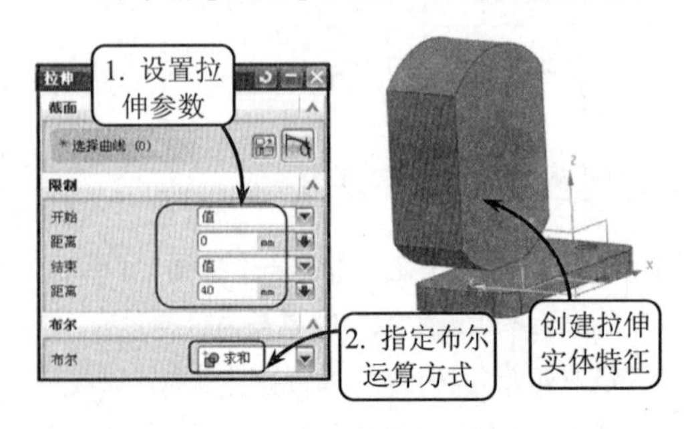

图 6-81 创建拉伸实体特征

10 利用边倒圆工具选取如图 6-82 所示边为要倒圆的边，并输入倒圆角半径为“R10”创建倒圆角特征。然后按照同样的方法创建其他 3 个倒圆角特征。

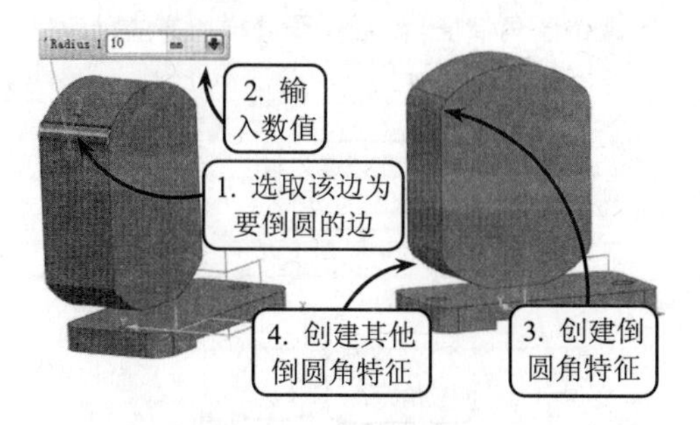

图 6-82　创建倒圆角特征

11 继续利用边倒圆工具选取如图 6-83 所示边为要倒圆的边，并输入倒圆角半径为“R5”，创建倒圆角特征。然后按照同样的方法创建另一个倒圆角特征。

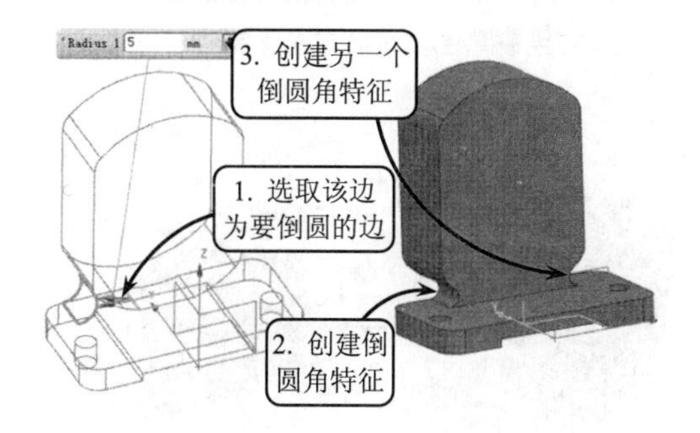

图 6-83　创建倒圆角特征

12 利用草图工具选取泵壳体前表面为草图平面，进入草绘环境后，单击【点】按钮。然后按照如图 6-84 所示输入圆锥体底面中心点坐标，并单击【确定】按钮。接着单击【完成草图】按钮退出草绘环境。

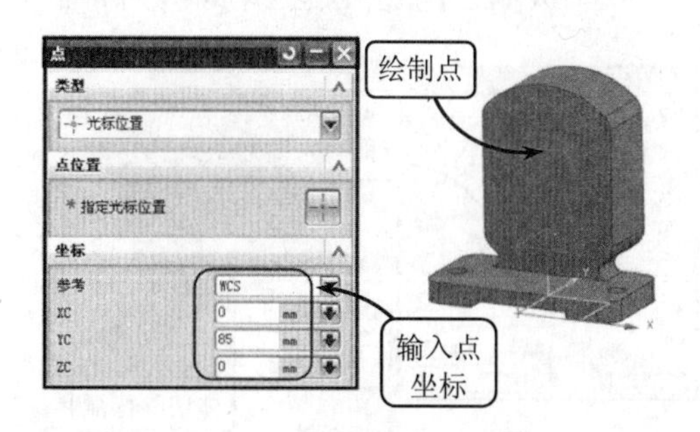

图 6-84　绘制圆锥体中心点

13 单击【圆锥】按钮，指定-YC 轴为基准轴，并选取上一步绘制的点为基准点。然后按照如图 6-85 所示尺寸要求设置圆锥的参数，并指定布尔运算方式为【求和】方式，创建圆锥实体特征。

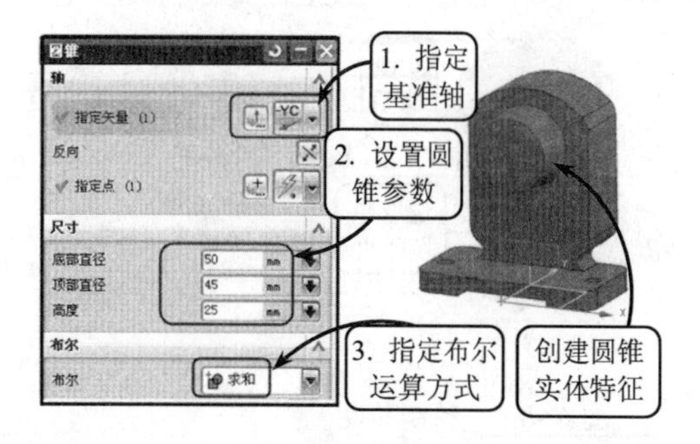

图 6-85　创建圆锥实体特征

14 利用孔工具并指定孔形式为“沉头孔”。然后选取圆锥上表面圆心为孔的中心点，并按照如图 6-86 所示尺寸要求设置沉头孔的参数。接着指定布尔运算方式为【求差】方式，并单击【确定】按钮，创建沉头孔特征。

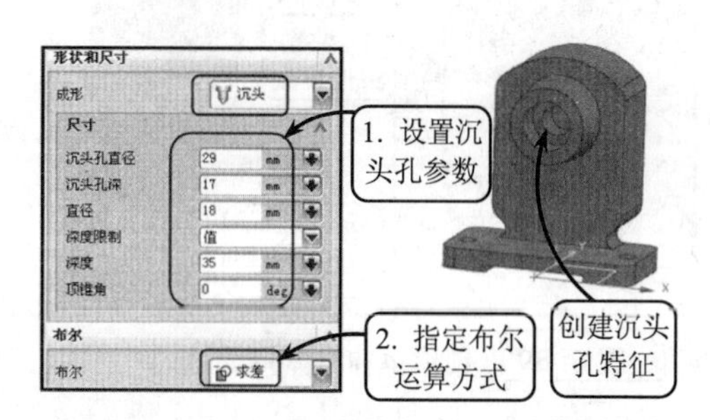

图 6-86　创建沉头孔特征

15 单击【倒斜角】按钮，选取如图 6-87 所示边为要倒倾斜角的边。然后设置该倒斜角的参数，并单击【确定】按钮，创建倒斜角特征。

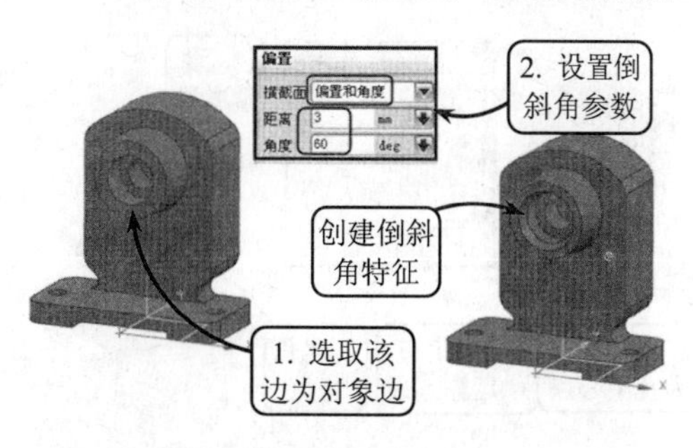

图 6-87　创建倒斜角特征

16 利用草图工具选取泵壳体前表面为草图平面，进入草绘环境后，按照如图 6-88 所示尺寸绘制草图。然后单击【完成草图】按钮退出草绘环境。

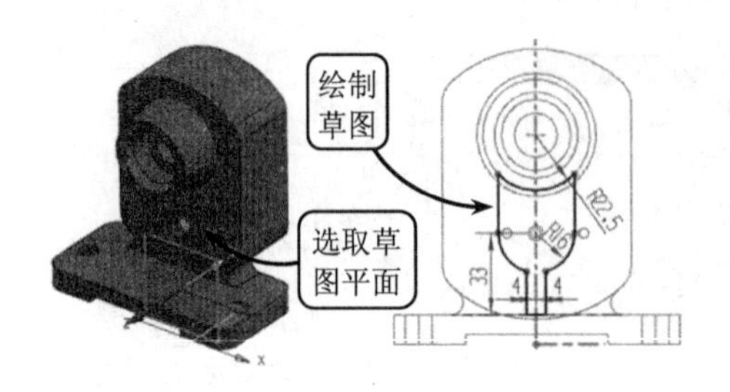

图 6-88 绘制草图

17 利用拉伸工具选取上一步绘制的草图为拉伸对象，并按照如图 6-89 所示设置拉伸参数。然后指定布尔运算方式为【求和】方式，并单击【确定】按钮，创建拉伸实体特征。

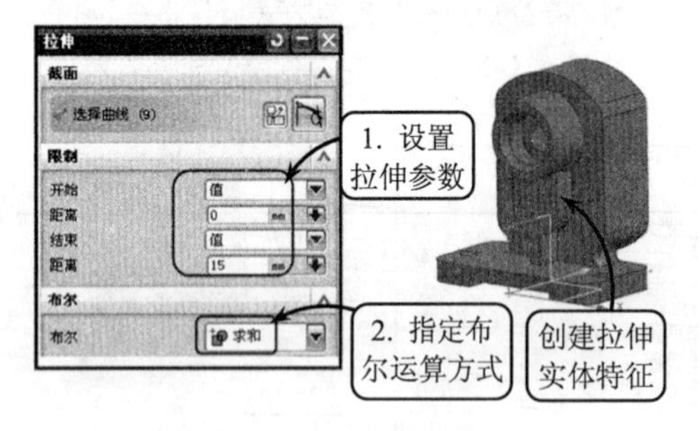

图 6-89 创建拉伸实体特征

18 利用孔工具并指定孔形式为“简单孔”。然后选取上一步创建拉伸体表面的圆心为孔中心点。接着按照如图 6-90 所示尺寸要求设置简单孔的参数，并指定布尔运算方式为【求差】方式，创建孔特征。

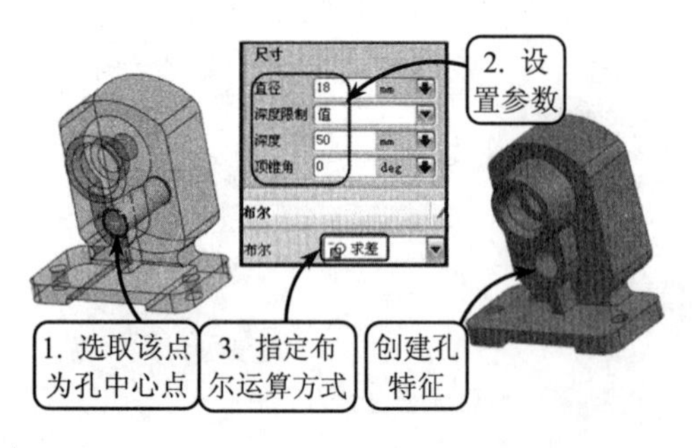

图 6-90 创建孔特征

19 利用边倒圆工具选取如图 6-91 所示边为要倒圆的边，并输入倒圆角半径为“R5”，创建倒圆角特征。然后按照同样的方法创建另一个倒圆角特征。

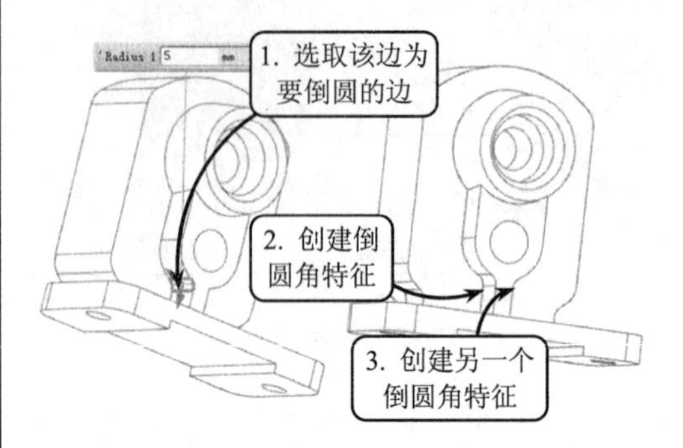

图 6-91 创建倒圆角特征

20 利用草图工具选取泵壳体后表面为草图平面，进入草绘环境后，按照如图 6-92 所示尺寸绘制草图。然后单击【完成草图】按钮退出草绘环境。

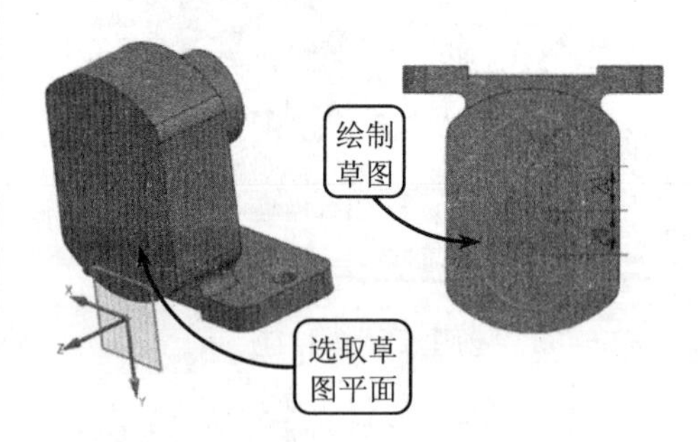

图 6-92 绘制草图

21 利用拉伸工具选取上一步绘制的草图为拉伸对象，并按照如图 6-93 所示设置拉伸参数。然后指定布尔运算方式为【求差】方式，并单击【确定】按钮，创建拉伸实体切除特征。

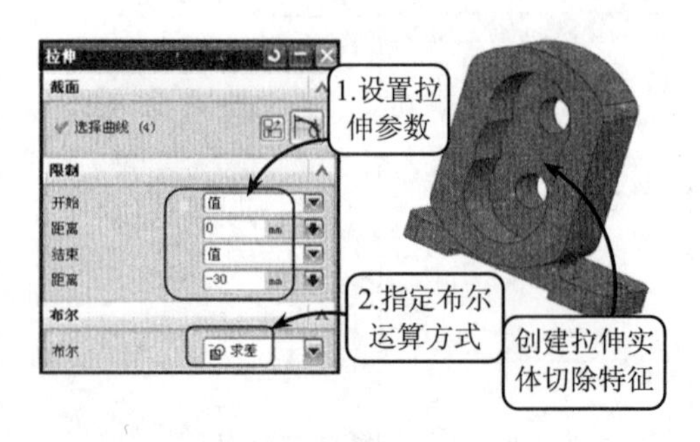

图 6-93 创建拉伸实体切除特征

22 利用草图工具选取泵壳体后表面为草图平面，进入草绘环境后，单击【点】按钮+，并在草图平面上任意绘制一点。然后启用约束和自动判断尺寸工具进行定位。接着单击【完成草图】按钮退出草绘环境，效果如图 6-94 所示。

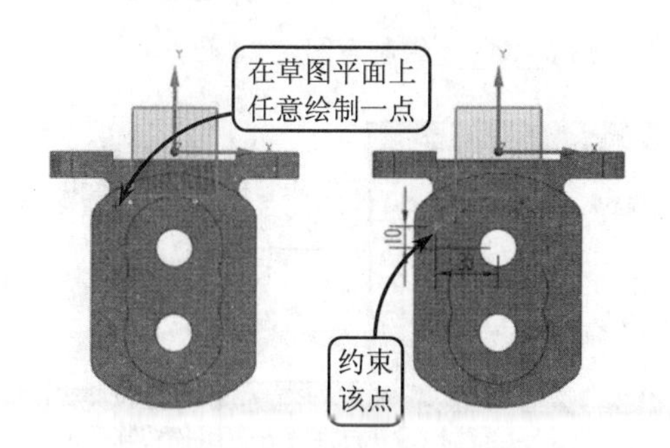

图 6-94 绘制孔中心点

23 利用孔工具并指定孔形式为"简单孔"。然后选取上一步绘制的点为孔中心点。接着按照如图 6-95 所示尺寸要求设置简单孔的参数，并指定布尔运算方式为【求差】方式，创建孔特征。

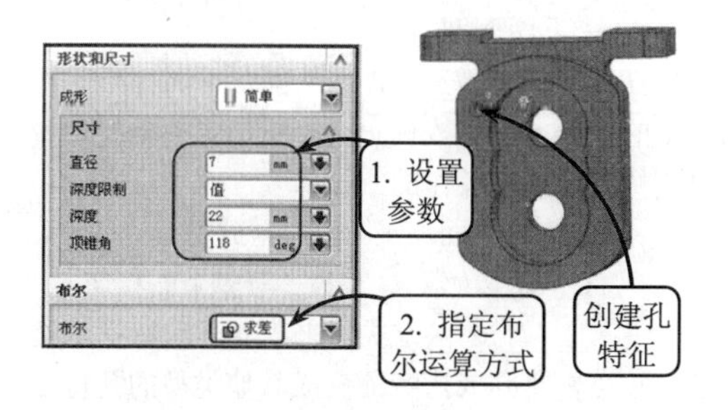

图 6-95 创建孔特征

24 单击【螺纹】按钮，打开【螺纹】对话框。然后选取上一步创建的孔为对象，按照如图 6-96 所示设置螺纹参数，创建螺纹特征。

25 利用镜像特征工具选取上一步创建的带有螺纹的孔为镜像对象，并选取 YC-ZC 平面为镜像平面，创建镜像特征，效果如图 6-97 所示。

26 单击【基准平面】按钮，指定创建平面类型为"点和方向"。然后选取泵体壳侧边上的中点为通过点，并在【法向】下拉菜单中选取 ZC 轴，创建基准平面，效果如图 6-98 所示。

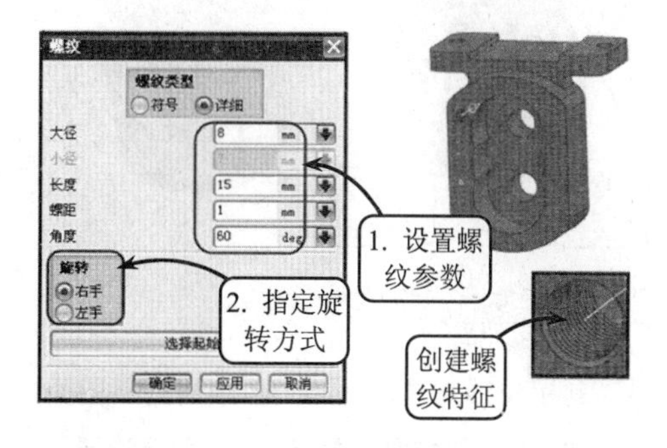

图 6-96 创建螺纹特征

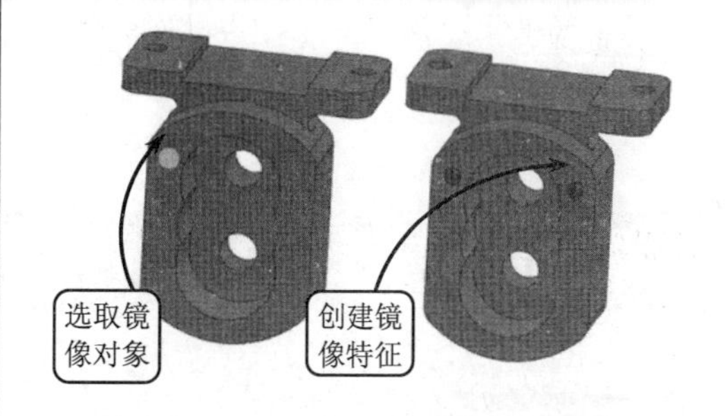

图 6-97 创建镜像特征

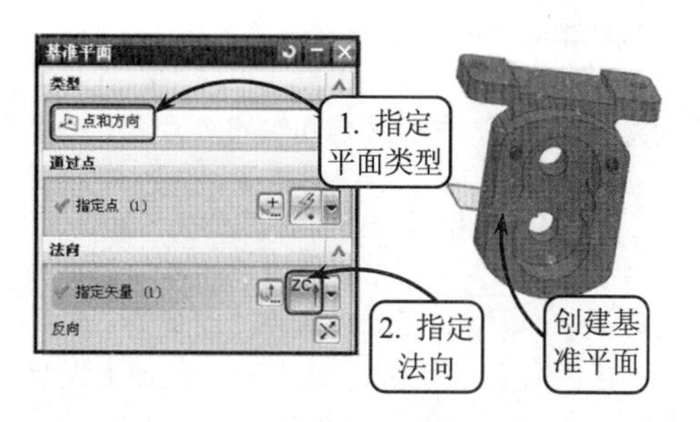

图 6-98 创建基准平面

27 利用镜像特征工具选取两个带有螺纹的孔为镜像对象，并选取上一步创建的基准平面为镜像平面，创建镜像特征，效果如图 6-99 所示。

28 利用草图工具选取泵壳体侧面为草图平面，进入草绘环境后，按照如图 6-100 所示尺寸绘制草图。然后单击【完成草图】按钮退出草绘环境。

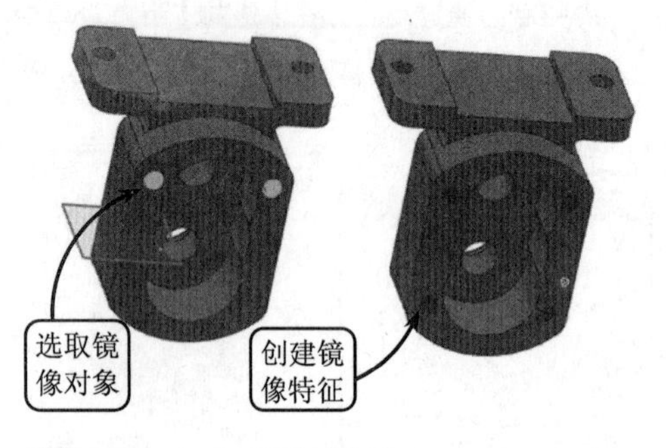

图 6-99 创建镜像特征

29 利用拉伸工具选取上一步绘制的草图为拉伸对象，并按照如图 6-101 所示设置拉伸参数。然后指定布尔运算方式为【求差】方式，并单击【确定】按钮，创建拉伸实体切除特征。

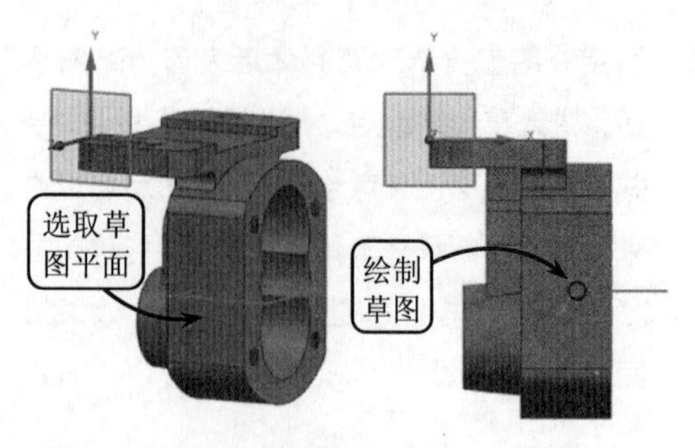

图 6-100 绘制草图

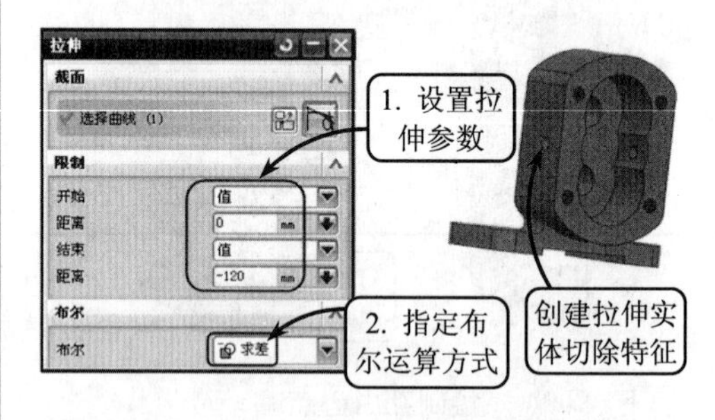

图 6-101 创建拉伸实体切除特征

6.6 思考与练习

一、填空题

1. __________可以确定多个实体或片体的关系，通过对两个以上的物体进行并集、差集或交集的运算得到新的实体特征。

2. 倒圆角操作在工程设计中应用广泛，常常起到安装方便、防止划伤和轴肩应力集中的作用。在 UG NX 中，系统提供了__________、__________和__________3 种倒圆角的方法。

3. __________是指根据指定的厚度值对实体进行抽空，创建薄壁体的操作。它常用于将成型实体零件掏空，使零件厚度变薄，从而大大节省材料。

4. __________是将模型的表面沿指定的方向倾斜一定角度的操作，广泛应用于各种模具的设计领域。

5. 在创建特征时，对于没有指定定位尺寸或定位尺寸不全的特征，用户可以利用__________工具通过添加或编辑定位尺寸值来移动特征。

二、选择题

1. __________是对实体或片体的面集以指定的半径进行倒角操作，并且使生成的特征面相切于所选取的平面。

A．边倒圆　　B．软倒圆

C．面倒圆　　D．倒斜角

2. __________方式是从固定平面开始，按指定的拔模方向和拔模角度，沿指定的分型边线对实体进行拔模操作的。

A．从平面　　B．至分型边

C．从边　　D．与多个面相切

3. __________方式用来改变所选特征的类型，它可以将孔或槽特征变成其他类型的孔特征和槽特征。

A．特征对话框　　B．重新附着

C．更改类型　　D．可回滚编辑

4. 修剪操作和拆分操作最大的区别在于__________。

A．修剪实体是将实体或片体一分为二

B．拆分实体是将实体或片体一分为二

C．执行拆分操作之后，所有的参数全部丢失

D．执行修剪操作之后，所有的参数全部丢失

三、问答题

1．简述边倒圆的 4 种方式。
2．简述拔模的 4 种方式。
3．区别修剪体和拆分操作的不同之处。

四、上机练习

1．创建变速器箱体模型

本练习是创建变速器箱体零件实体模型，如图 6-102 所示。该零件在机床设备的变速机构中对各个传动齿轮起支撑和保护作用。其主要由具有长方体特征的主箱体、箱体一侧面的刀槽特征、分布于箱体两底面的轴孔和维修窗口，以及箱体内部的腔体和各处连接螺纹特征组成。

图 6-102 变速器箱体零件实体模型

在创建该箱体实体模型时，可以采用内部特征和外部特征分别创建的方法获得该模型。首先使用拉伸工具创建基本结构，然后使用拉伸和长方体等工具创建外部特征，并使用孔和边倒圆等工具创建内部特征。创建该实体模型的难点在于创建内侧腔体，需要注意准确定位腔体的位置。

2．创建电话机底盖实体模型

本练习创建电话机底盖实体模型，如图 6-103 所示。电话机的底盖造型一般为薄的壳体形式，起到覆盖和保护手机内部结构的作用。该电话机底盖造型为倾斜的壳体造型，在壳体内侧加工螺孔和定位槽，主要用来安装和固定电话机内部零件，以及固定电话机上下壳体。

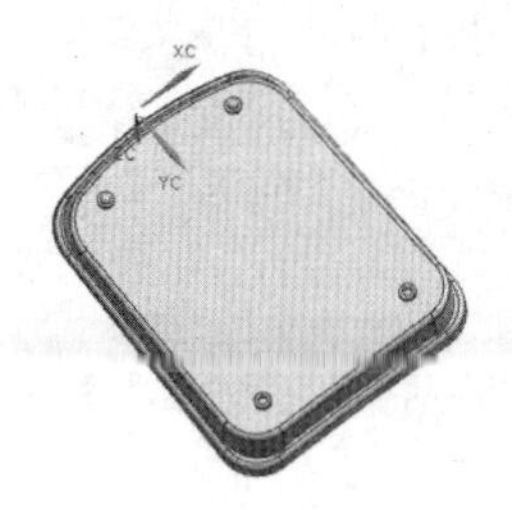

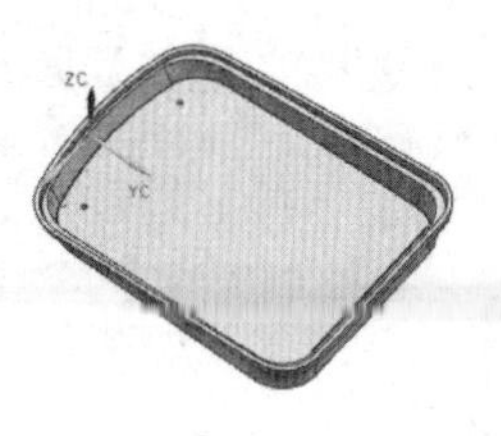

图 6-103 电话机底盖实体造型

创建该电话机底盖实体模型时需要创建多个拉伸体，并进行多次实体间的求和、求差与替换面的操作。这其中最关键的是创建该电话机的主体框架特征。这里可以通过创建多个拉伸实体，利用替换面工具将实体间进行面与面位置的整合得到主体雏形。然后将主体雏形与创建的拉伸曲面进行“修剪体”操作获得顶端表面造型，并利用拔模、倒圆角和抽壳工具完善主体造型，并依据主体模型创建其他细节特征即可。

第 7 章

曲面设计

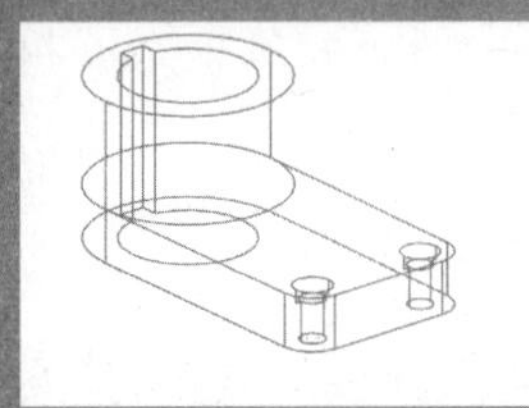
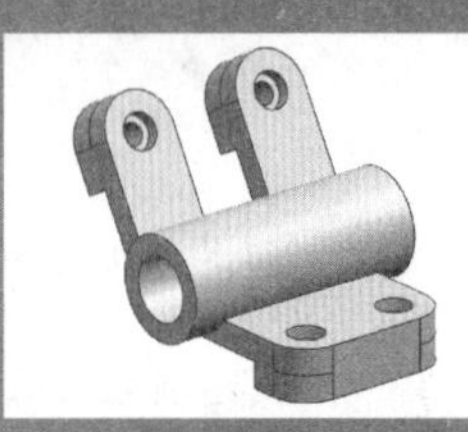
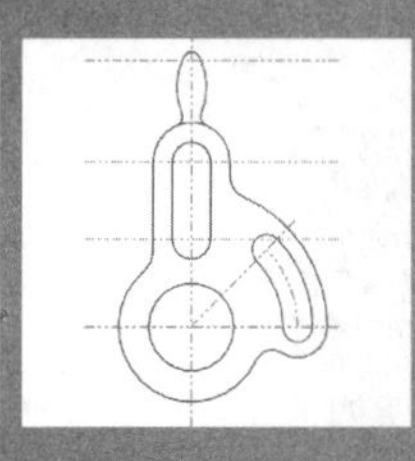
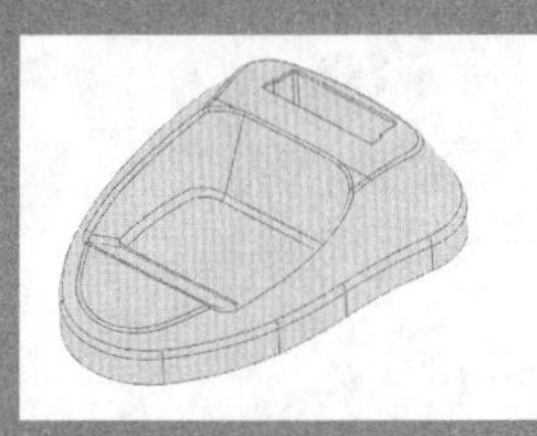

大多数实际产品的设计都离不开自由曲面特征的辅助，在 UG NX 中，系统提供的自由曲面设计功能可以让用户设计复杂的自由曲面外形。自由曲面设计包括自由曲面特征建模模块和自由曲面特征编辑模块。用户可以使用前者方便地生成曲面或者实体模型，再通过后者对已生成的曲面进行各种修改；利用编辑曲面功能可以重新定义曲面特征的参数，也可以通过变形或再生工具对曲面直接进行编辑操作，从而创建出风格多变的自由曲面造型，以满足不同的产品设计需求。

本章主要介绍自由曲面的概念及有关编辑曲面的操作方法和操作技巧，并分别通过以点构面、以线构面和以面构面 3 种不同方式全面介绍曲面造型的创建和编辑方法。

本章学习要点：

- 了解自由曲面的基本知识
- 掌握由点创建面的方法
- 掌握由曲线创建曲面的方法
- 掌握由曲面创建曲面的方法
- 掌握曲面的参数化编辑

7.1 曲面概述

曲面是由一个面或多个面组合而成的几何体，本身没有质量和厚度，常用于构造实体建模方法所无法创建的复杂形状。而自由曲面是用一个或多个B样条曲线、曲面或修剪过的平面组成的片体或实体，其不仅可以直接创建在实体上，也可以单独创建。

自由曲面的外形与实体很相似，但不一定要求封闭。曲面特征与实体特征有着本质区别：实体特征可以直接形成具有一定体积和质量的模型实体，主要包括基础特征和工程特征两种类型；而曲面特征是构建特殊造型模型必备的参考元素，有大小但没有质量，且不影响模型的特征参数的修改。

7.1.1 自由曲面的相关概念

在创建自由曲面的过程中经常会遇到一些专业性概念及术语，为了能够更准确地理解创建规则曲面和自由曲面的过程，有必要介绍一下曲面的术语及功能，从而方便用户创建出更高级的曲面设计，以满足设计的需求。

1. 片体和曲面

自由曲面特征与其他特征建模方法有所不同，生成的结构特征可以是片体，也可以是实体。片体是相对于实体而言的，即只有表面而没有体积。一个曲面可以包含一个或多个片体，且每一个片体都是独立的几何体。一个曲面可以包含一个特征，也可以包含多个特征。在UG NX中，任何片体、片体的组合，以及实体上的所有表面都是曲面，片体与实体的特征如图7-1所示。

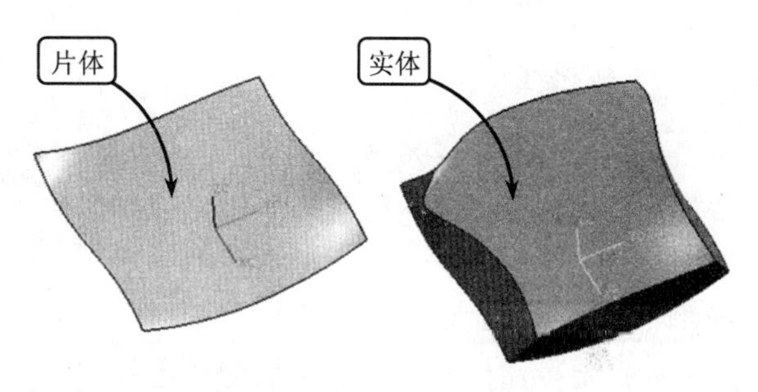

图7-1 实体与片体

曲面从数学上可分为基本曲面（平面、圆柱面、圆锥面、球面、环面等）、贝塞尔曲面、B样条曲面等，且贝塞尔曲面与B样条曲面通常用来描述各种不规则的曲面。

2. 曲面的行与列

在UG NX中，很多曲面都是由不同方向中大致的点或曲线来定义的。通常将U方向称为行，V方向称为列。因此，曲面也可以看作是U方向的轨迹引导线对很多V方向的截面线做的一个扫描。可以通过网格显示来看UV方向曲面的走向，如图7-2所示。

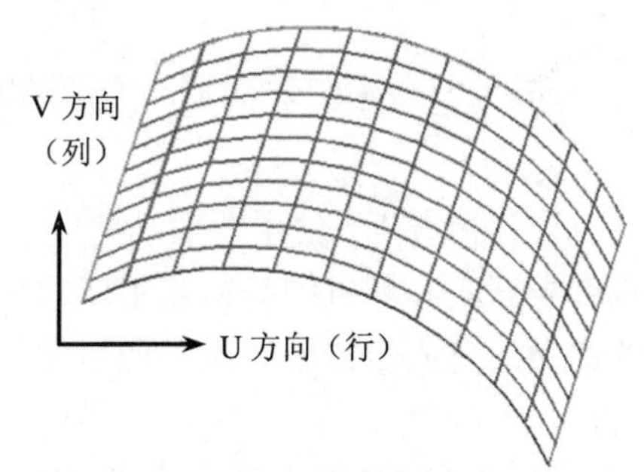

图7-2 曲面的行与列

3．曲面的阶次

曲面的阶次是描述曲面的参数曲线多项式的幂次数，是曲面方程的一个重要参数。由于曲面具有 U、V 两个方向，所以每个曲面片体均包含 U、V 两个方向的阶次。

由于曲线的阶次用于判断曲线的复杂程度，而不是精确程度，所以在曲面设计过程中最好使用低阶次多项式的曲线来减少系统的计算量。一般情况下，曲面的阶次采用 3 次，便于控制曲面的形状。

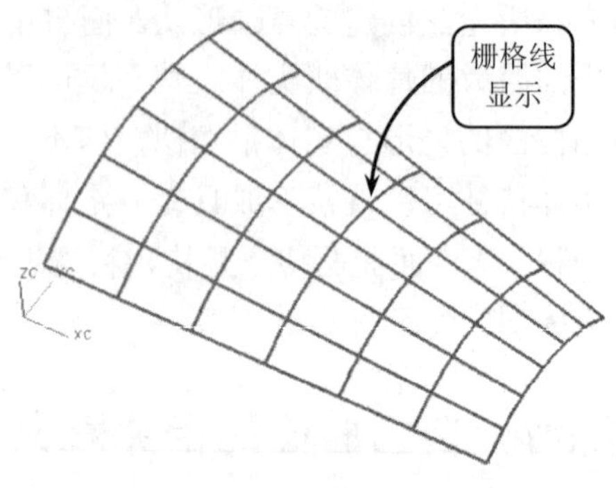

图 7-3　栅格线的显示效果

4．补片类型

片体是由补片构成的，根据片体中补片的数量可以分为单片和多片两种类型。其中单片是指所建立的曲面只包含一个单一的曲面片体；而多曲面多片是由一系列的单补片组成的。曲面片越多，越能在更小的范围内控制曲面片体的曲率半径等。

5．栅格线

栅格线仅仅是一组显示特征，对曲面特征没有影响。在静态线框显示模式下，曲面形状难于观察，因此，栅格线主要用于曲面的显示，如图 7-3 所示。

如果要取消栅格显示，可以选择【首选项】|【建模】选项，或【编辑】|【对象显示】选项，然后在打开的对话框中对相应的选项进行显示设置，接着单击【确定】按钮即可，如图 7-4 所示。

图 7-4　取消栅格显示

7.1.2　创建自由曲面的基本原则

通常情况下，使用曲面功能构造产品的外形，首先要建立用于构造曲面的边界曲线，或者根据实际测量的数据点生成曲线。对于简单的曲面可以一次完成建模，而对于复杂的曲面，首先应该采用曲线构造的方法生成主要或大面积的片体，然后执行曲面的过渡连接、光顺处理、曲面编辑等操作，完成整体造型，其建模的基本原则如下所述。

- 用于构造曲面的曲线应尽可能简单、光顺连续，避免有尖角和自相交等情况，并且曲线的阶次不宜过高，一般采用 3 阶。
- 根据曲面的特点合理地选择构造曲面的方法。

- ❑ 构造的曲面应尽可能地简单。
- ❑ 避免构造非参数化的特性。
- ❑ 如有测量的数据点，建议先生成曲线，再利用曲线构造曲面。
- ❑ 面之间的圆角过渡尽可能在实体上进行操作。
- ❑ 内圆角半径应略大于标准刀具半径。

7.2 创建自由曲面

在 UG NX 中，可以通过多种方式创建自由曲面。曲面可以是点的组合体，也可以是线的组合体，同样可以是面与面之间的组合体，但无论哪一种类型，其总的设计思路基本一致。本节主要介绍创建自由曲面的 3 种基本方法：由点创建自由曲面、由曲线创建自由曲面，以及由曲面创建自由曲面。

7.2.1 由点创建自由曲面

基于点创建曲面的方法所形成的面是非参数的，也就是说创建的曲面与点数据并非产生关联性变化。在 UG NX 中，常见的点创建曲面的方法有通过点、从极点和由点云这 3 种方式。需要指出的是：由于点创建的曲面光顺性比较差，因此在曲面建模中，此类方法尽可能不使用，一般只将其构建的曲面作为母面使用。

1. 通过点

通过点是指通过矩形阵列的点来创建曲面，它需要定义点以矩形阵列的布局方式排列。单击【曲面】工具栏中的【通过点】按钮将打开【通过点】对话框，如图 7-5 所示。该对话框各选项的含义及设置方法如下所述。

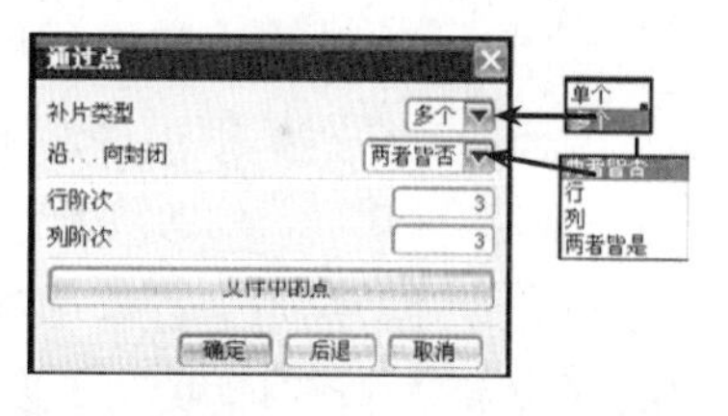

图 7-5 【通过点】对话框

❑ 沿…向封闭

该下拉列表框用于为多面片的片体选择封闭方式，包括【行】、【列】、【两者皆否】和【两者皆是】这 4 种方式。其中【两者皆否】类型是指片体按指定的点开始和结束；而【行】、【列】类型分别代表点/极点的第一行（列）变成为最后一行（列）；【两者皆是】类型是指两个方向都是封闭的。

❑ 行阶次

该文本框用于指定行阶次（1～24）。对于单面片来说，系统决定行阶次从点数量最高的行开始。

❑ 列阶次

该文本框用于指定多面片的列阶次（最多为指定行数的阶次减 1）。对于单面片来说，系统将此设置为指定行的阶次减 1。

❑ 文件中的点

该按钮用于通过选择包含点的文件来定义点和极点，且该文件必须是一个点行类型的文件。

❑ 补片类型

该下拉列表框用于生成包含单面片或多面片的体，包括【单个】和【多个】两种类型，这两种类型创建曲面的方法分别介绍如下。其中【多个】类型用于生成由单面片矩形阵列组成的体；而【单个】类型用于生成仅由一面片组成的体。

➢ 单面片体创建曲面

单面片体是指由单一的矩形阵列点所创建的曲面。选择【单个】补片类型，然后依据提示选择通过点的方式，并按照单一的矩形布局方式选取点，效果如图 7-6 所示。

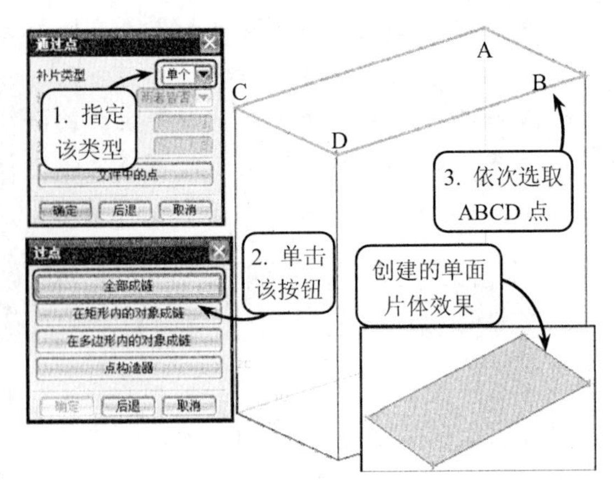

图 7-6 创建单面片体曲面

如果选取起始点和终止点的顺序不同，将会生成不同的曲面效果，如图 7-7 所示。此外，如果重复选取点或其他原因，将无法打开【过点】对话框。

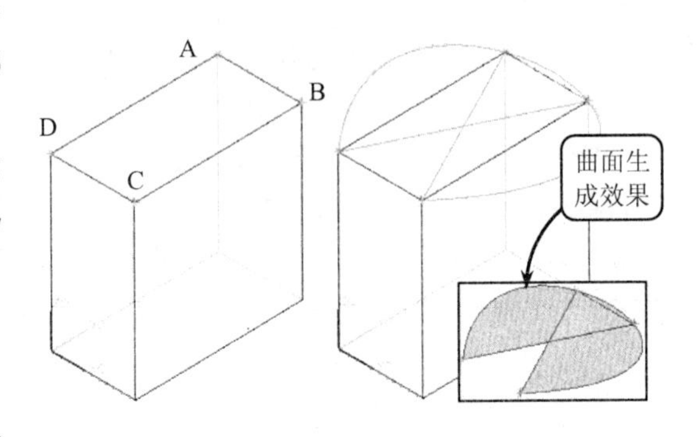

图 7-7 创建单个曲面

➢ 多面片体创建曲面

多面片体是由多个单面片体矩形阵列生成的曲面。在对话框中选择【多个】补片类型，并设置行、列的阶数。然后按照多个单面片体的点定义方式选取点，接着单击【确定】按钮即可，效果如图 7-8 所示。

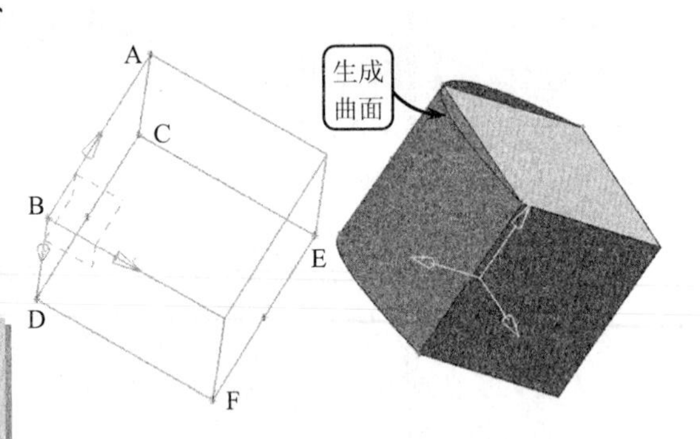

图 7-8 多面片体创建曲面

提 示

设置多面片片体的封闭方式如果选择了后三者，最后均将生成实体；此外在设置行阶次时，最小的行数或每行的点数是 2，并且最大的行数或每行的点数是 25。

2. 从极点

从极点创建曲面是指通过定义曲面的矩形阵列点来创建曲面。它可以指定用来定义曲面外形的控制网的极点（顶点），从而更好地控制曲面的全局外形和字符，也可以由此避免曲面中不必要的波动（曲率的方向）。它与【通过点】方式一样，也包括单面片体和多面片体两种类型。这里仅以创建多面片体为例，介绍其操作方法。

在【曲面】工具栏中单击【从极点】按钮将打开【从极点】对话框。在该对话框中设置创建曲面的参数，并依据【点】对话框提示选取控制网极点，然后连续单击【确定】按钮即可，效果如图 7-9 所示。

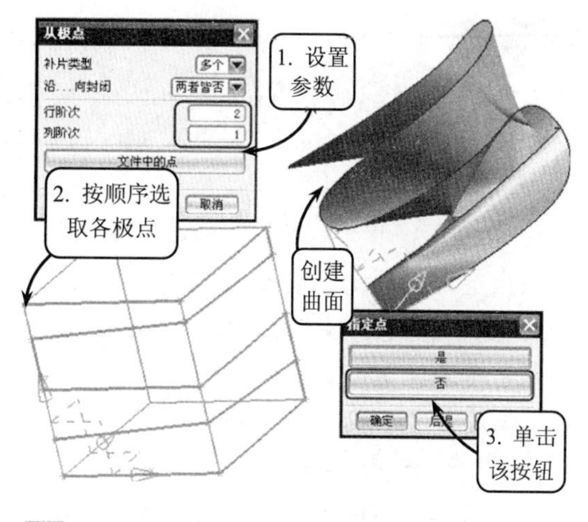

图 7-9　【从极点】创建曲面

3. 由点云

使用从点云工具可以创建近似于大片数据点云的片体来构建曲面。从曲面的外形看，它近似一个大的点云，通常由扫掠和数字化产生。虽然有一些限制，但该功能使用户从很多点中用最少的交叉生成一个片体，并且生成的片体相比【通过点】方式得到的片体要光顺得多。

在【曲面】工具栏中单击【从点云】按钮将打开【从点云】对话框，如图 7-10 所示。该对话框中常用选项的功能分别介绍如下。

❑ **U 向/V 向的阶次和补片数**

U 向/V 向的阶次和补片数是控制生成曲面外形的重要的参数选项，它可以通过具体的参数值来控制曲面或片体，具体如下。

➢ **U 向/V 向的阶次**

在【U 向阶次】和【V 向阶次】文本框中分别输入用来设置 U 向和 V 向控制片体的阶次，可以设置为 1～24 之间的任意数值，但一般使用默认值 3。

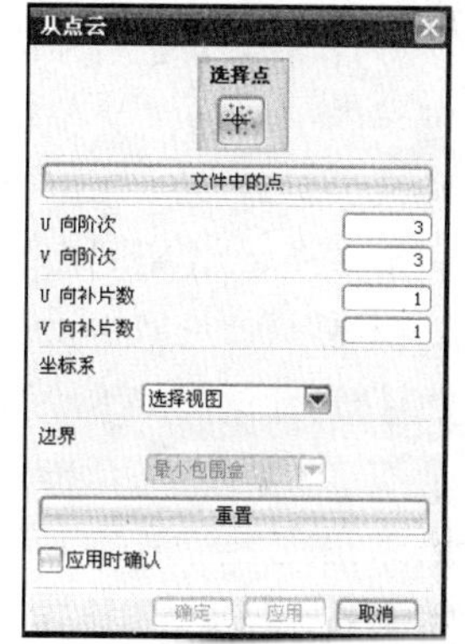

图 7-10　【从点云】对话框

➢ **U 向/V 向补片数**

在【U 向补片数】和【V 向补片数】文本框则分别用来指定各方向的补片数目。各方向的阶次和补片数结合，可控制输入点和生成的片体之间的距离误差。

❑ **坐标系**

该选项用于改变由一条近似垂直于片体的矢量和两条指明片体的 U 向和 V 向矢量组成的坐标系统，它包括以下 5 种坐标设置方式。

➢ **选择视图**

选择视图是指 U-V 平面在视图的平面内，并且法向矢量位于视图的法向。U 矢量指向右，并且 V 矢量指向上。

新建一个圆柱体，单击【曲线】工具栏中的【点集】按钮，选取各个表面创建面点集。然后单击【从点云】按钮，框选圆柱体选取所有的点集，并选择【选择视图】坐标类型，即可获得如图 7-11 所示的曲面效果。

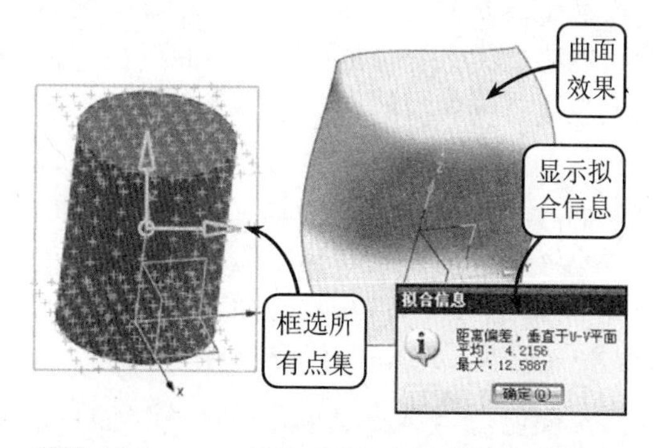

图 7-11　利用【选择视图】方式创建曲面

提　示

使用【选择视图】方式，如果在选择点以后旋转视图（或以其他方式修改），则此坐标系可能会与当前坐标系不同。

➢ **WCS**

WCS 是世界坐标系，即当前的工作坐标系指定坐标系统。选择该方式后，系统会自动默认当前的工作坐标系。方法同上，创建并选取大量的云点，然后选择该坐标类型创建曲面，效果如图 7-12 所示。

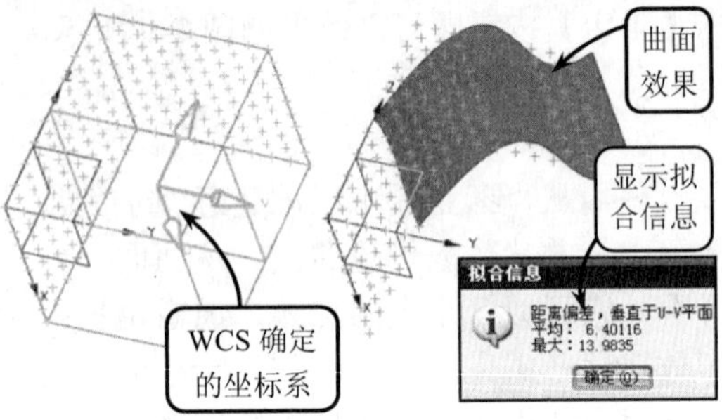

图 7-12　利用【WCS】方式创建曲面

➢ **当前视图**

它是根据当前工作视图的坐标系确定的坐标系统。该坐标系一般不固定，可以根据视图的方位变化而变化，生成的曲面效果如图 7-13 所示。

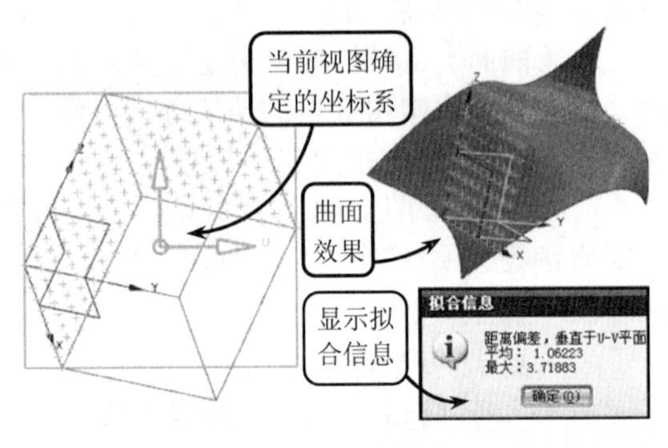

图 7-13　利用【当前视图】方式创建曲面

➢ **指定的 CSYS**

选择该方式将打开 CSYS 对话框，此时可以指定新的矢量来定义坐标系。利用定义的新坐标系创建的曲面可以与【选择视图】或 WCS 坐标方式相同，也可以不同，效果如图 7-14 所示。

➢ **指定新的 CSYS**

它也是通过 CSYS 对话框调出坐标系子功能从而来指定坐标系的。其操作方法与【指定的 CSYS】方式相似，这里不再赘述。

7.2.2　由曲线创建自由曲面

利用曲线构建曲面主要轮廓，进而获得曲面是最常用的曲面构造方法。UG NX 软件提供了包括直纹曲面、通过曲线组、通过曲线网格，以及扫掠曲面等多种曲线构造曲面的工具，所获得的曲面是全参数化的，且曲线与曲面之间是有关联性的，即当构造曲面的曲线进行编辑或修改后，曲面会自动更新。该种方法主要适用于大面积的曲面构造。

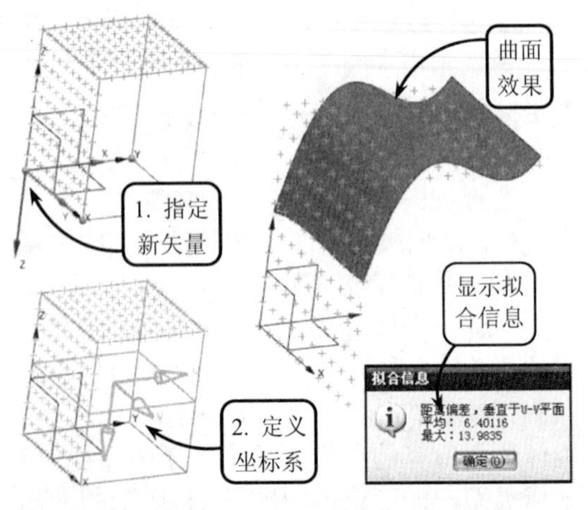

图 7-14　利用【指定的 CSYS】方式创建曲面

1．直纹曲面

直纹曲面是通过两条截面线串而生成

的片体或实体。每条截面线串可以由多条连续的曲线、体边界或多个体表面组成。它主要表现为线性过渡的两个截面线串之间创建的曲面。其中通过的曲线轮廓称为截面线串，它可以由多条连续的曲线、实边或实面组成，也可以选取曲线的点或端点作为第一个截面线串。

在【曲面】工具栏中单击【直纹】按钮将打开【直纹】对话框，如图 7-15 所示。在该对话框的【对齐】列表框中可使用以下两种对齐方式来生成直纹曲面。

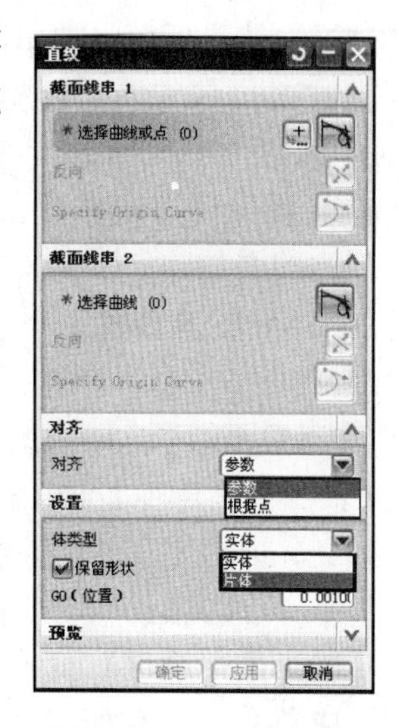

图 7-15 【直纹】对话框

❑ 参数

【参数】方式是根据截面线串的参数方程，以等参数间隔的方式生成对应点来创建直纹面的。如果整个剖面线上包含直线，则用等弧长的方式间隔点；如果包含曲线，则用等角度的方式间隔点，效果如图 7-16 所示。

❑ 根据点

【根据点】方式是根据用户自定义的截面曲线上的对应点来创建直纹面的。该方式可以将不同外形的截面线串间的点对齐，如果选定的截面线串包含任何尖锐的拐角，则有必要在拐角处使用该方式将其对齐，效果如图 7-17 所示。

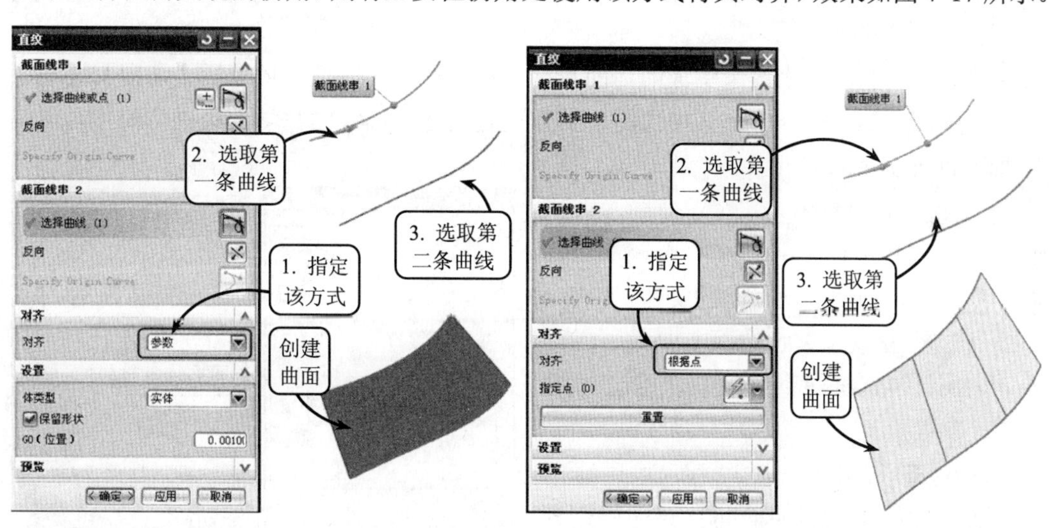

图 7-16 利用【参数】方式创建曲面　　图 7-17 利用【根据点】方式创建曲面

2. 通过曲线组

通过曲线组方法可以通过一系列截面线串（大致在同一方向）创建片体或者实体。此时创建的曲面将贯穿所有截面，且生成的曲面与截面线串相关联。即截面线串被编辑后，所创建的曲面将自动更新。

通过曲线组创建曲面与直纹面的创建方法相似，区别在于：直纹面只使用两条截面线串，并且两条线串之间总是相连的，而通过曲线组最多可允许使用 150 条截面线串。

在【曲面】工具栏中单击【通过曲线组】按钮将打开【通过曲线组】对话框，如

图 7-18 所示。该对话框中常用面板及选项的功能介绍如下。

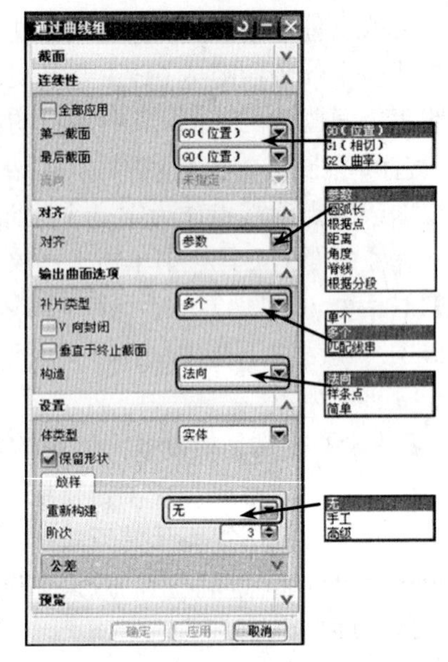

图 7-18 【通过曲线组】对话框

❑ 连续性

在该面板中可以根据生成片体的实际意义来定义边界的约束条件，以便其在第一条截面线串处与一个或多个被选择的体表面相切或者等曲率过渡。

❑ 输出曲面选项

在【输出曲面选项】面板中可以设置补片类型、构造方式、V 向封闭和其他参数，简要介绍如下。

➢ 补片类型

在【输出曲面选项】面板中，修改补片类型可以设置生成单面片、多面片或者匹配线串片体的类型。其中，选择【单个】类型，系统会自动计算 V 向阶次，其数值等于截面线数量减 1；选择【多个】类型，用户可以自己定义 V 向阶次，但所选择的截面数量至少比 V 向的阶次多一组。

➢ 构造

该下拉列表框用来设置生成的曲面符合各条曲线的程度，具体包括【法向】、【样条点】和【简单】3 种类型。其中【简单】方式是通过对曲线的数学方程进行简化，以提高曲线的连续性。

➢ V 向封闭

启用该复选框，并且选择封闭的截面线，系统将自动创建出封闭的实体。

➢ 垂直于终止截面

启用该复选框，所创建的曲面将会垂直于终止剖面。

❑ 对齐

通过曲线组创建曲面与直纹面的创建方法类似，这里以【参数】方式为例，介绍其操作方法。在绘图区依次选取第一条截面线串和其他截面线串，并选择【参数】对齐方式。然后接受默认的其他设置，并单击【确定】按钮即可，效果如图 7-19 所示。

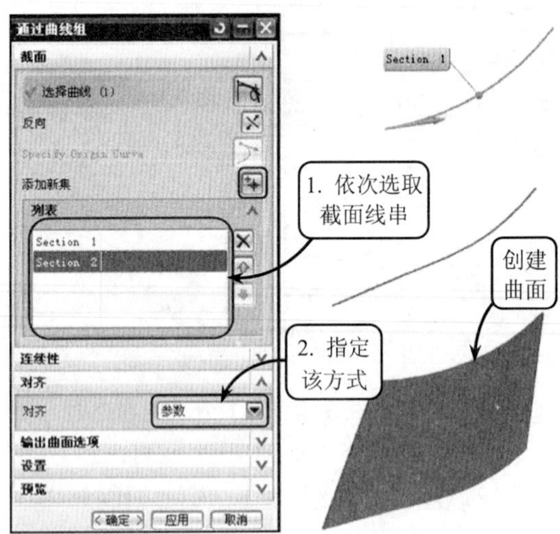

图 7-19 【通过曲线组】方式创建曲面

❑ 公差

该选项组主要用来控制重建曲面相对于输入曲线精度的连续性公差。其中【G0（位置）】表示用于建模预设置中设置的距离公差；【G1（相切）】表示用于建模预设置中设置的角度公差；【G2（曲率）】表示相对公差 0.1 或 10%。

3. 通过曲线网格

【通过曲线网格】方法是指通过选取两个方向上的曲线作为截面线串来创建曲面。截面线串可以由多段连续的曲线组成，其中构造曲面时应该将一组同方向的截面线串定义为主曲线，而另一组大致垂直于主曲线的截面线串定义为交叉线。由【通过曲线网格】方式生成的体相关联（这里的体可以是实体也可以是片体），当截面线边界修改后，特征将会自动更新。

在【曲面】工具栏中单击【通过曲线网格】按钮将打开【通过曲线网格】对话框，如图 7-20 所示。

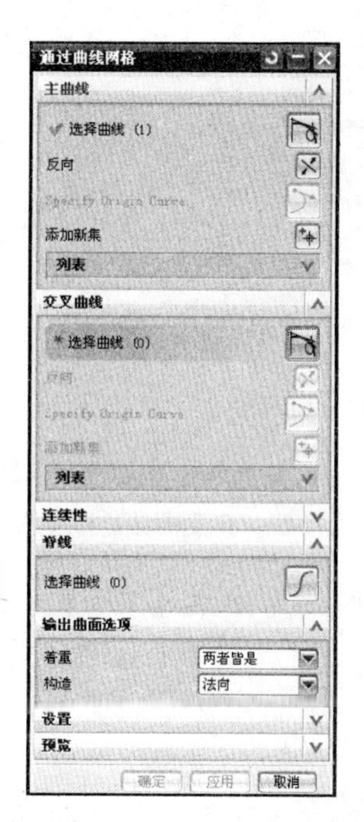

图 7-20 【通过曲线网格】对话框

该对话框中主要选项的含义及功能介绍如下。

❑ **指定主曲线**

首先展开【主曲线】面板中的列表框，并选取一条曲线作为主曲线。然后依次单击【添加新集】按钮，选取其他主曲线，如图 7-21 所示。

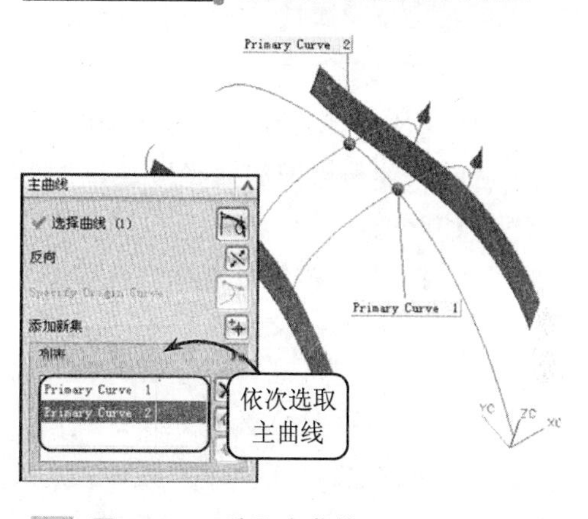

图 7-21 选取主曲线

❑ **指定交叉曲线**

选取主曲线后，展开【交叉曲线】面板中的列表框，并选取一条曲线作为交叉曲线。然后依次单击该面板中的【添加新集】按钮选取其他主曲线，显示曲面创建效果如图 7-22 所示。

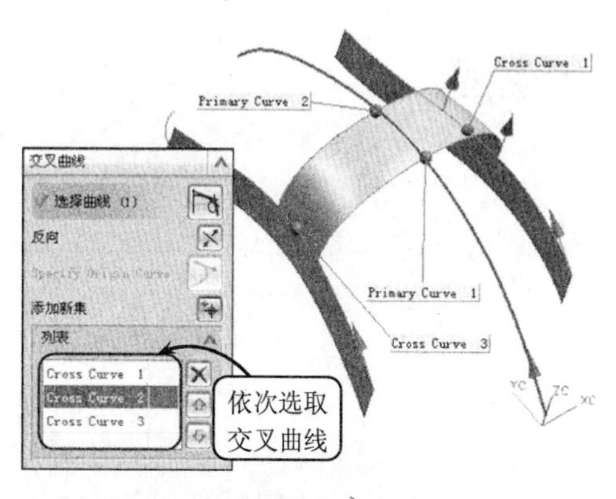

图 7-22 选取交叉曲线

❑ **着重**

该下拉列表框用来控制系统在生成曲面的时候更靠近主曲线还是交叉曲线，或者在两者中间。它只有在主曲线和交叉曲线不相交的情况下才有意义，具体包括以下 3 种方式。

- **两者皆是** 完成主曲线、交叉曲线选取后，如果选择该方式，则生成的曲面会位于主曲线和交叉曲线之间，如图 7-23 所示。
- **主要** 如果选择【主要】方式创建曲面，则生成的曲面仅通过主曲线，效果如图 7-24 所示。

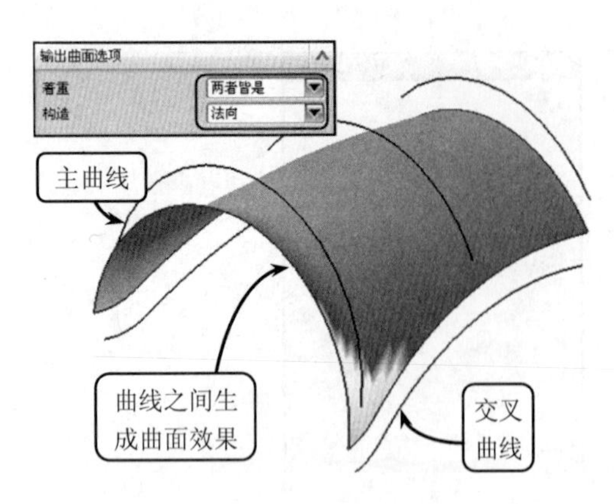

图 7-23 在主曲线、交叉曲线之间生成曲面

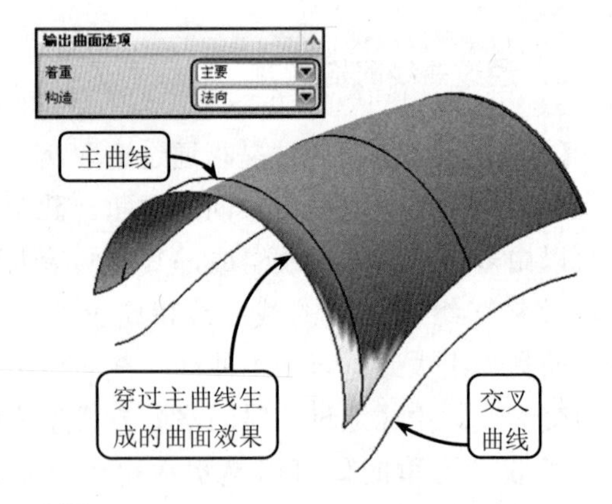

图 7-24 生成通过主曲线的曲面

- **叉号** 如果选择【叉号】方式创建曲面，则生成的曲面仅通过交叉线串，效果如图 7-25 所示。

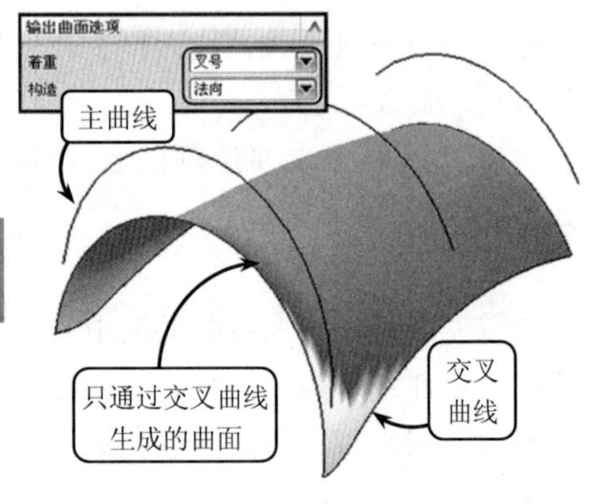

图 7-25 生成通过交叉曲线的曲面

注 意

在利用【着重】方式创建曲面时，主曲线、交叉曲线之间的最小距离必须小于指定的相交公差。

❑ 重新构建

该选项用于重新定义主曲线和交叉曲线的次数，从而构建与周围曲面光顺连接的曲面，包括以下 3 种方式。

- **无** 在曲面生成时，不对曲面进行指定次数。
- **手工** 在曲面生成时，对曲面进行指定次数。如果是主曲线，则指定主曲线方向的次数；如果是横向，则指定横向线串方向的次数。
- **高级** 在曲面生成时，系统对曲面进行自动计算，并指定最佳次数。如果是主曲线，则指定主曲线方向的次数；如果是横向，则指定横向线串方向的次数。

提 示

通过曲线网格所生成的体是双三次多项式，也就是说体在 U、V 两个方向均为三次。若所有的主曲线形成环状封闭，在选取交叉线时可以重复选取第一条交叉线作为最后一条交叉线，从而生成封闭的管状实体。

4. 扫掠曲面

扫掠曲面是将曲线轮廓以规定的方式沿空间特定的轨迹移动而形成的曲面轮廓。该方式是所有曲面创建中最复杂、最强大的一种，它需要使用引导线串和截面线串两种线串。延伸的轮廓线为截面线，路径为引导线。

引导线可以由单段或多段曲线组成，且引导线控制了扫描特征沿着 V 方向（扫描方向）的方位和尺寸大小的变化。在利用扫掠工具创建曲面时，组成每条引导线的曲线之间必须相切过渡，且引导线的数量最多为 3 条。

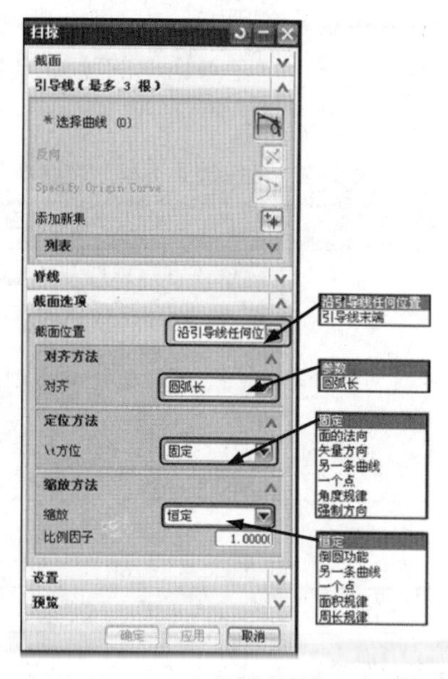

图 7-26 【扫掠】对话框

在【曲面】工具栏中单击【扫掠】按钮将打开【扫掠】对话框，如图 7-26 所示。该对话框中常用选项的功能及含义介绍如下。

❑ 截面

截面线可以由单段或多段曲线组成，且其可以是曲线，也可以是实（片）体的边或面。组成每条截面线的所有曲线段之间不一定是相切过渡（一阶导数连续 C1），但必须是 C0 连续。

截面线控制着 U 方向的方位和尺寸变化。但截面线不必光顺，而且每条截面线内的曲线数量可以不同，一般最多可以选择 150 条，具体包括闭口和开口两种类型，如图 7-27 所示。

❑ 引导线

引导线可以由多条或者单条曲线组成，控制曲面 V 方向的范围和尺寸变化。可以选取样条曲线、实体边缘或者面的边缘等。引导线最多可以选取 3 条，并且需要 G1 连续，可以分为以下 3 种情况。

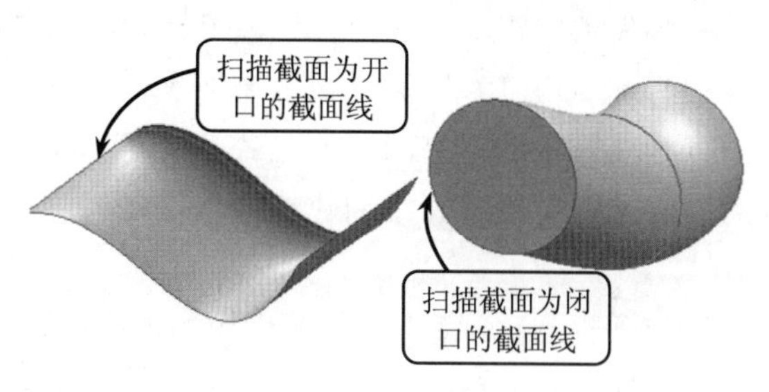

图 7-27 开口和闭口的截面线

➢ 一条引导线

一条引导线不能完全控制截面的大小和方向变化的趋势，需要进一步指定截面变化的方向。在【\t 方位】下拉列表框中提供了 7 种方式，如表 7-1 所示。

表 7-1 【\t 方位】下拉列表框各列表项的功能及含义

列表项	功能及含义
固定	选择该方式，则不需重新定义方向，截面线将按照其所在的平面的法线方向生成曲面，并将沿着引导线保持这个方向
面的法向	选择该方式，则系统会要求选取一个曲面，以所选取的曲面向量方向和沿着引导线的方向产生曲面
矢量方向	选择该方式，则系统将自动显示【矢量构造】对话框，曲面方向会以所定义向量为方向，并沿着引导线的方向生成。如向量方向与引导线相切，则系统将显示错误信息
另一曲线	若选择该方式，定义平面上的曲线或实体边线为平滑曲面方位控制线
一个点	若选择该方式，则可以在【点构造器】对话框中定义一点，使截面沿着引导线的长度延伸到该点的方向
角度规律	该方式用于只有一条截面线的情况，用户可以利用规律子功能来控制扫掠体相对于截面线的转动
强制方向	选取该方式，则截面方向将固定为向量方向，其截面线将与导引线保持平行。选取此选项后，系统即显示【矢量构造】对话框，并以【矢量构造】对话框选取强制方向

指定一条引导线串时还可以施加比例控制。这就允许沿引导线扫掠截面时截面尺寸增大或缩小，在对话框的【缩放】下拉列表框中提供了 6 种方式，各种方式的含义及设置方法如表 7-2 所示。

表 7-2 【缩放】下拉列表框中各方式含义及设置方法

列表项	含义及设置方法
恒定	选取该方式将打开【输入比例】对话框。在该对话框中可输入截面与产生曲面的缩放比率，该选项会以所选取的截面为基准线，若将缩放比率设为 0.5，则所创建的曲面大小将会为截面的一半
倒圆功能	选取该方式，终止缩放值可以定义所产生片体的最后剖面大小。其缩放标准以所选取的截面为准。选取该选项后，虽然选取为单一截面，但系统仍要求定义起始截面与终点截面的插补方式，定义插补方式之后才开始定义倒圆功能的缩放值
另一条曲线	选取该方式，则所产生的片体将以所指定的另一曲线为母线沿引导线创建
一个点	选取该方式，则系统会以截面、引导线、点等 3 个对象定义产生的曲面缩放比例
面积规律	该方式可用法则曲线定义片体的比例变化
周长规律	该方式与面积法则的选项相同，其不同之处仅在于使用周长法则时曲线 Y 轴定义的终点值为所创建片体的周长，而面积法则定义为面积大小

对于上述的 6 种定位和缩放方式，其操作方法大致类似，都是在选定截面线或引导线的基础上通过参数选项设置来实现其功能的。这里以【固定】的定位方式和【恒定】的缩放方式为例来介绍创建扫掠曲面的操作方法。

在【截面】和【引导线】面板的【列表】选项中依次定义截面线和一条引导线，最后单击【确定】按钮即可，效果如图 7-28 所示。

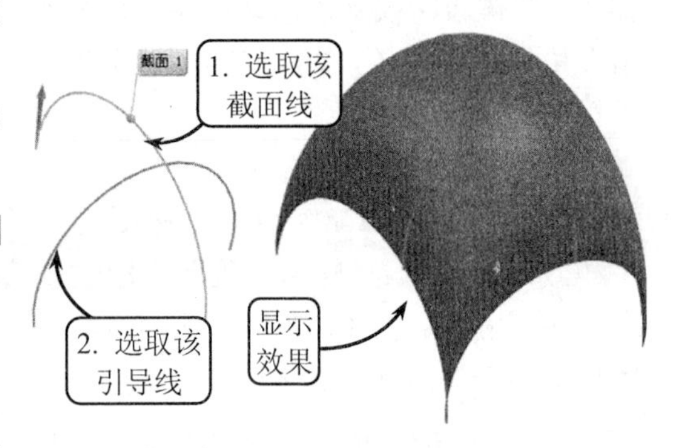

图 7-28　利用一条引导线创建扫掠曲面

> 两条引导线

使用两条引导线可以确定截面线沿引导线扫掠的方向趋势，但是尺寸可以改变。首先在【截面】面板的【列表】选项中定义截面线，然后按照同样的方法定义两条引导线，效果如图 7-29 所示。

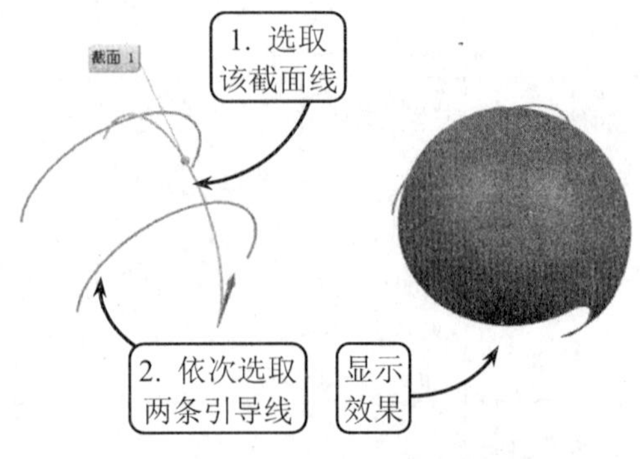

图 7-29　使用两条引导线创建曲面

> 3 条引导线

使用 3 条引导线完全确定了截面线被扫掠时的方位和尺寸变化，因而无需另外指定方向和比例。这种方式可以提供截面线的剪切和不独立的轴比例。这种效果是从 3 条彼此相关的引导线的关系中衍生出来的，效果如图 7-30 所示。

❑ 脊线

使用脊线可以进一步控制截面线的扫掠方向。当使用一条截面线时，脊线会影响扫掠的长度。该方式多用于创建两条不均匀参数的曲线间的直纹曲面，且当脊线垂直于每条截面线时使用的效果最好。

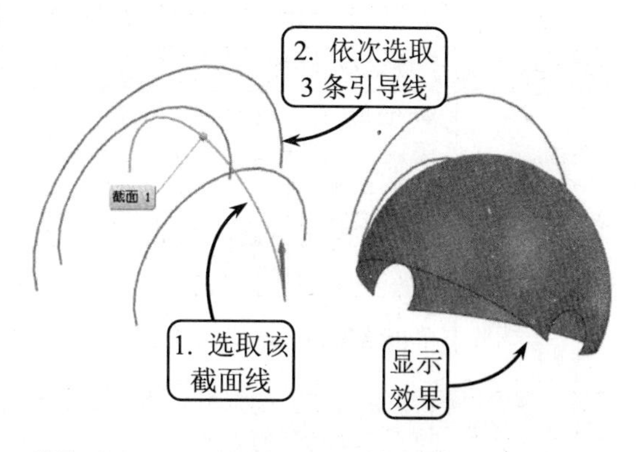

图 7-30 利用 3 条引导线创建曲面

沿脊线扫掠可以消除引导参数的影响，更好地定义曲面。通常构造脊线是在某个平行方向流动来引导线，在脊线的每个点处构造的平面为截面平面，它垂直于该点处脊线的切线。将此截面平面与引导线相交得到的轴矢量的端点作为方向控制和比例控制。一般情况下不建议采用脊线，除非由于引导线的不均匀参数化而导致扫掠体形状不理想时才使用脊线。

提 示

当选取两条截面线时，第一条定义曲面的起始外形，第二条定义曲面的终止外形，而得到的扫掠曲面形成这两个外形之间的过渡。

7.2.3 由曲面创建自由曲面

由曲面创建自由曲面是将其他片体或曲面作为基面，通过各种曲面操作再生成一个新的曲面。此类型曲面大部分都是参数化的，通过参数化关联，再生的曲面随着基面的改变而变化。

在 UG NX 中，利用基于曲线的构造方法创建复杂的曲面的能力是有限的，必须借助于曲面片体的创建方法才能够获得。因此，由曲面创建自由曲面这种方法对于创建结构特别复杂的曲面非常有用。由曲面创建曲面的方法包括桥接、偏置曲面、延伸曲面、样式圆角，以及熔合曲面等类型。

1. 桥接曲面

桥接曲面可以通过位于两组曲面上的两组曲线形成桥接片体，所构造的片体与两边界曲线可以指定相切连续性或者曲率连续性。如果欲桥接两个片体，则此两个面都为主面；如果欲合并两个面，则这两个面分别为主面和侧面。

图 7-31 【桥接】对话框

在【曲面】工具栏中单击【桥接】按钮将打开【桥接】对话框，该对话框显示各桥接步骤按钮，如图 7-31 所示。

在该对话框中除了桥接步骤按钮以外，还包含连续类型单选按钮。这些按钮的含义及设置方法如表 7-3 所示。

表 7-3 【桥接】对话框各按钮含义及设置方法

按　钮	含义及设置方法
主面	单击该按钮，选择两个需要连接的表面。在选择片体后，系统将显示表示向量方向的箭头，选择表面上不同的边缘和拐角，所显示的箭头方向也将不同，这些箭头表示片体产生的方向
侧面	单击该按钮，选择一个或两个侧面作为产生片体时的引导侧面，依据引导侧面的限制而产生片体的外形
第一侧面线串	单击该按钮，选择曲线或边缘作为产生片体时的引导线，以决定连接片体的外形
第二侧面线串	单击该按钮，选择另一个曲线或边缘，与上一个按钮配合作为片体产生的引导线，以决定连接片体的外形
相切	选择该单选按钮，沿原来表面的切线方向和另一个表面连接
曲率	选择该单选按钮，则用于沿原本表面圆弧曲率半径与另一个表面连接，同时也保证相切的特性
拖动	该按钮为可选择性的。在产生连接片体后可利用此工具改变连接片体的外形。单击该按钮后，只需按住鼠标左键不松开即可进行拖动，假如想要恢复原外形，只需单击【重置】按钮即可

要创建桥接曲面，依次在绘图区选取第一主面和第二主面，然后指定连续类型，并单击【确定】按钮即可，效果如图 7-32 所示。

注　意

在选取曲面时一定要在图中离桥接近的地方选取点。这样可以保证沿着相对的两个边缘生成片体，并可以保证桥接方向。否则，在选取曲面时，选取的点的地方不同，得到的桥接曲面的形状也不同。

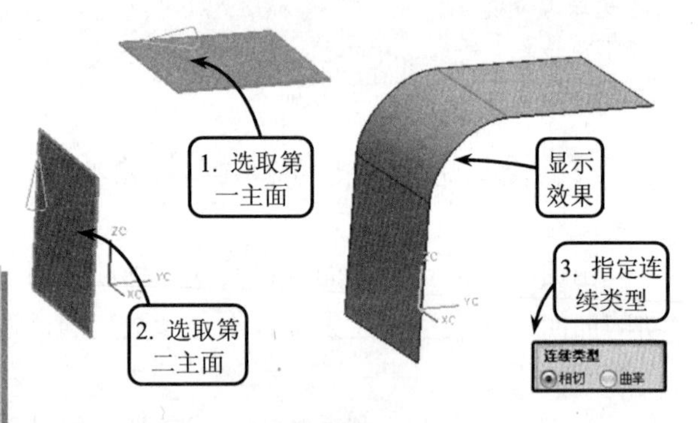

图 7-32 创建桥接曲面

2. 偏置曲面

偏置曲面是将所选的曲面沿着该面的法向偏置点通过指定距离来生成一个新的偏置曲面。其中指定的距离称为偏置距离，选取的面称为基面。它可以选择任何类型的单一面或多个面进行偏置操作。

在【曲面】工具栏中单击【偏置曲面】按钮将打开【偏置曲面】对话框，如图 7-33 所示。

图 7-33 【偏置曲面】对话框

要创建偏置曲面，首先选取一个或多个欲偏置的曲面，并设置偏置的参数，然后单击【确定】按钮，即可创建出一个或多个偏置曲面，效果如图 7-34 所示。

提　示

在偏置曲面时，可以激活【列表】选项，以选取任何类型的单一曲面或多个面同时进行偏置操作。

3. 大致偏置曲面

大致偏置曲面是指将一组面或片体同时偏移一定的距离，生成无自相交、陡峭边或拐角的平滑过渡的片体。

单击【曲面】工具栏中的【大致偏置】按钮将打开【大致偏置】对话框，如图 7-35 所示。

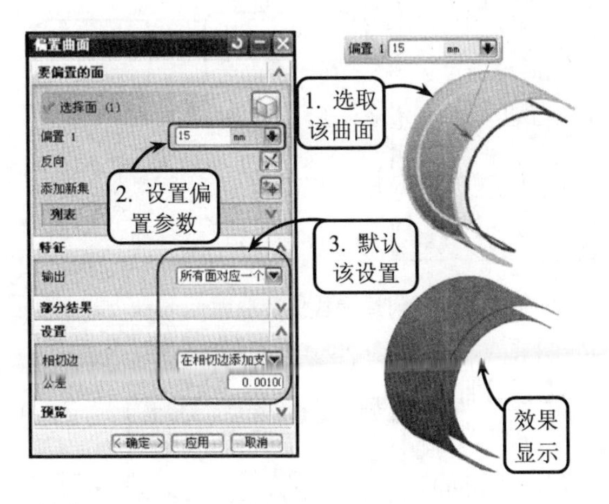

图 7-34 创建偏置曲面

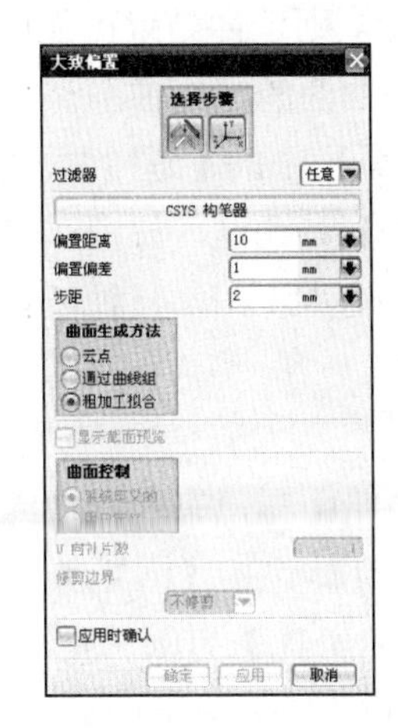

图 7-35 【大致偏置】对话框

该对话框包含多个单选按钮和其他参数项，各选项含义及设置方法可以参照表 7-4。

表 7-4 【大致偏置】对话框常用单选按钮和选项含义及设置方法

单选按钮和选项	含义及设置方法
偏置面/片体	单击该按钮，选择要平移的面或者片体
偏置 CSYS	单击该按钮，设置坐标系
CSYS 构造器	单击该按钮将打开【CSYS】对话框，用来设置一个用户坐标系，根据坐标系的不同可以产生不同的偏置方式
偏置距离	该文本框用来设置偏置的距离值。值为正，表示在 ZC 方向上偏置；值为负，表示在 ZC 的反方向上偏置
偏置偏差	该文本框用来设置偏置距离值的变动范围。例如当系统默认的偏距为 10，偏置偏差为 1 时，系统将认为偏置距离的范围是 9～11
步距	该文本框用来设置生成偏置曲面时进行运算时的步长，其值越大，表示越精细，值越小，表示越粗略。当其值小于一定的值时，系统可能无法产生曲面
曲面控制	该选项组用来设置曲面的控制方式，只有在选择了【云点】单选按钮后该选项组才被激活

要创建大致偏置曲面，可首先单击【偏置面/片体】按钮，并选取曲面。然后单击【偏置 CSYS】按钮，这样【CSYS 构造器】按钮将被激活。接着单击该按钮，并在打开的对话框中定义坐标系。最后依次设置偏置参数即可，效果如图 7-36 所示。

注 意

在创建大致偏置曲面时，如果选择【用户定义】曲面控制方式，则可激活【U 向补片数】选项，则可通过设置补片的数量控制生成曲面的形状。

4．延伸曲面

延伸曲面是指从现有的基本片体上进行延伸，以生成一个曲面。它主要用于扩大曲面片体，通常采用近似方法建立。如果原始曲面是B曲面，则延伸结果可能是B曲面，也可能是B曲面的近似曲面。

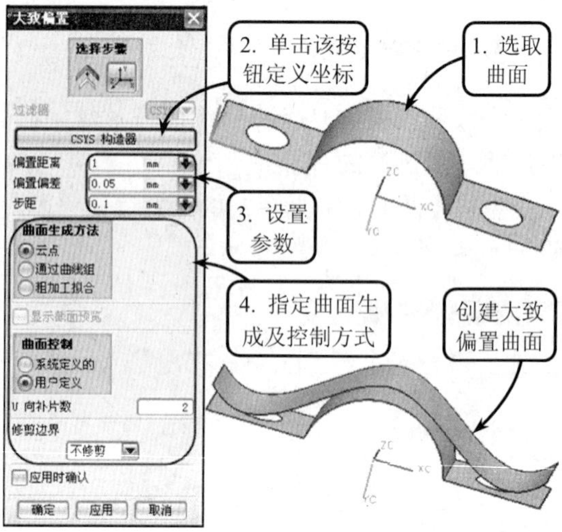

单击【曲面】工具栏中的【延伸曲面】按钮将打开【延伸】对话框，如图7-37所示。在该对话框中包括以下4种延伸方式。

图7-36 创建大致偏置曲面

- **相切**

该方式是指延伸曲面与已有面、边缘或拐角等基面相切。具体包括【固定长度】和【百分比】两个选项，这里以【百分比】为例，介绍其操作方法。首先单击【相切】按钮，并依据提示选择相切方式和要延伸的边线。然后设置延伸长度，并单击【确定】按钮即可，效果如图7-38所示。

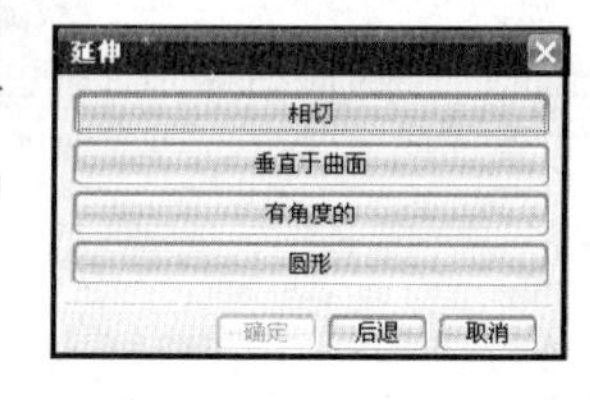

图7-37 【延伸】对话框

- **垂直于曲面**

该方式是指沿片体的法线方向延伸，从而生成一个新的曲面。单击该按钮，并选取要延伸的片体和曲线。然后设置长度值参数，系统将依照输入的长度值延伸片体，效果如图7-39所示。

- **有角度的**

该方式是指沿着已有面上的曲面并指定相对于该面的角度，从而生成一个延伸曲面。它需要设置延伸的长度和角度参数，效果如图7-40所示。

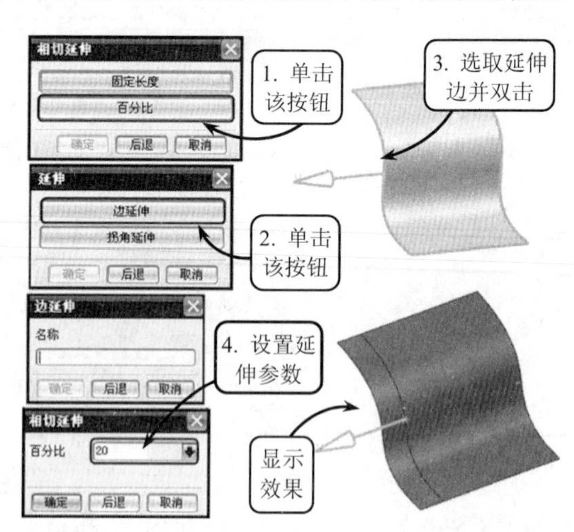

图7-38 利用【相切】方式创建延伸曲面

- **圆形**

利用该方式延伸出的片体各处具有相同的曲率，并依照原来片体圆弧的曲率延伸，延伸的方向也与原片体在边界处的方向相同。具体包括【固定长度】和【百分比】两个选项，这里以【百分比】选项为例，介绍其操作方法。单击该按钮，并依次选取曲面和边线，然后设置百分比参数即可，效果如图7-41所示。

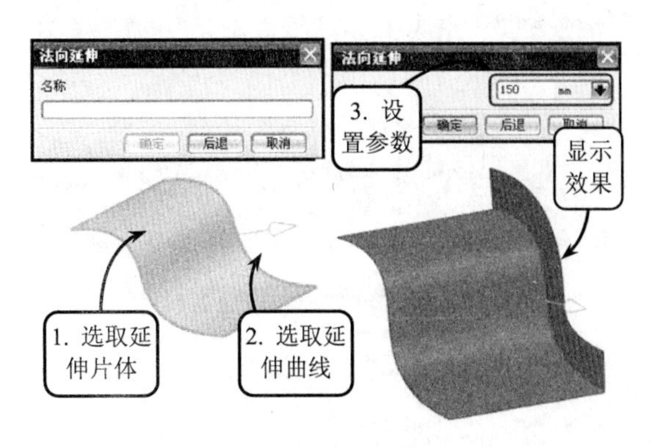

图 7-39 利用【垂直于曲面】方式创建延伸曲面

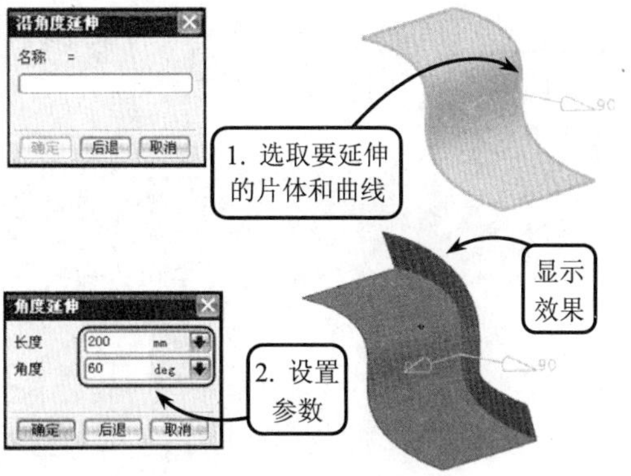

图 7-40 利用【有角度的】方式创建延伸曲面

5. 样式圆角

样式圆角是将相切或曲率约束应用到圆角的相切曲线，从而创建出平滑过渡的圆角曲面，其中平滑过渡的相邻面称为面链。

在【特征】工具栏中单击【样式圆角】按钮将打开【样式圆角】对话框，如图 7-42 所示。

要创建样式圆角曲面，首先选择【规律】选项，然后依次选取面链 1、面链 2、中心曲线和脊线。且选取面链时要确定法向方向，选取中心曲线时要确定中心曲线的方向。接着设置参数，并单击【确定】按钮即可完成，效果如图 7-43 所示。

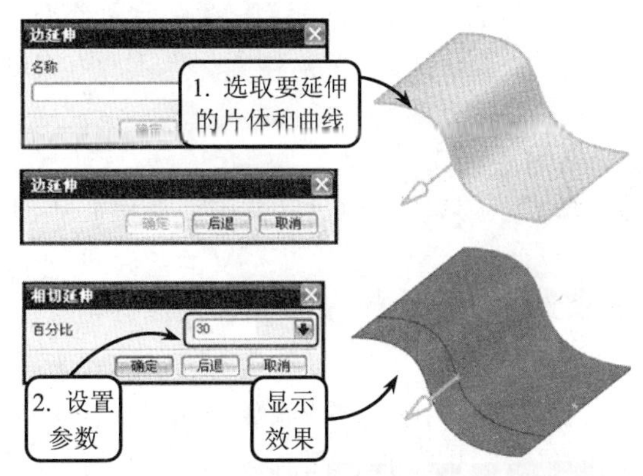

图 7-41 利用【圆形】方式创建延伸曲面

图 7-42 【样式圆角】对话框

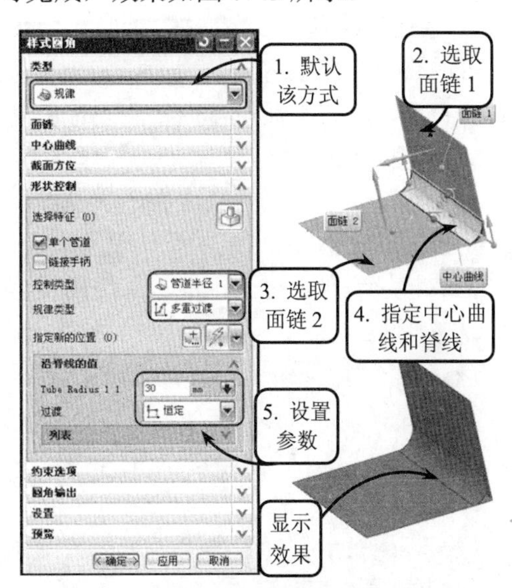

图 7-43 创建样式圆角

在该对话框中，通过单击【反向】按钮切换方向。完成中心曲线选取后可通过【中心曲线】面板修改中心曲线的方向。

提　示

创建样式圆角时，选取的面链可以是任意类型的曲面，也可以是实体的相邻表面。且选取的两面链的法向方向必须一致。

6. 熔合曲面

熔合曲面是将多个曲面合并成一个新曲面的操作过程。其可以在曲线网格、B 曲面，以及自整修曲面等相同曲面之间进行熔合操作，且可以将多个片体熔合在同一表面上。但是，性质不同的曲面将不能互相熔合。

选择【插入】|【组合】|【熔合】选项将打开【熔合】对话框，如图 7-44 所示。该对话框中的主要选项的功能及含义介绍如下。

图 7-44　【熔合】对话框

❑ 曲线网格

该单选按钮可使选择范围定义在曲线网格。在使用时必须先选择主要的曲线及交叉的曲线，且主要曲线必须相交于交叉曲线，同时也必须在目标表面的界限范围之内。在选择时必须选择两条以上，但是最多不得超过 50 条曲线。

❑ B 曲面

该单选按钮用于仅对 B 曲面（贝氏曲面）进行熔合。选择该单选按钮后将使选择曲面的范围限定在 B 曲面。

❑ 自整修

该单选按钮可使选择的曲面范围定义在近似 B 曲面，用于对近似 B 曲面进行熔合。利用以上 3 个单选按钮可以选择不同的曲面类型，以不同的方式进行熔合。

❑ 沿固定矢量

该单选按钮用于将导向表面投影到目标表面的投影形式定义为沿固定向量。选择该单选按钮后，系统将显示【向量副功能】对话框，以定义投影向量。

❑ 沿驱动法向

该单选按钮用于将导向表面沿着法线向量投影到目标表面上，使用该单选按钮时可以指定投影的范围，而系统的默认值为公差值的 10 倍。当投影形式定义在沿固定向量时，投影范围将呈现灰白色，不能输入任何值。

❑ 内部距离

该文本框用于设置内侧表面的距离公差。

❑ 内部角度

该文本框用于设置内侧表面的角度公差。

❑ 边距离

该文本框用于设置表面上 4 个边的距离公差。

❑ 边角度

该文本框用于设置表面上 4 个边的角度公差。

❑ 显示检查点

该复选框用于指定系统于投影片体显示投影点。启用该复选框，在产生熔合面的过程中将显示投影点，这些投影点表示熔合曲面的范围。

❑ 检查重叠

该复选框用于指定系统检查熔合面与目标表面是否重叠。如不启用该复选框，则系统将略过中间的目标表面，只投影在最下层的目标表面；启用该复选框，系统将确定检查是否重叠，但将会延长运算时间。

要创建熔合曲面，首先在【熔合】对话框中指定创建类型和设置参数，并单击【确定】按钮。然后选取如图 7-45 所示的两条蓝色曲线作为熔合的主曲线，并选取两条绿色的连续曲线作为熔合的交叉曲线。

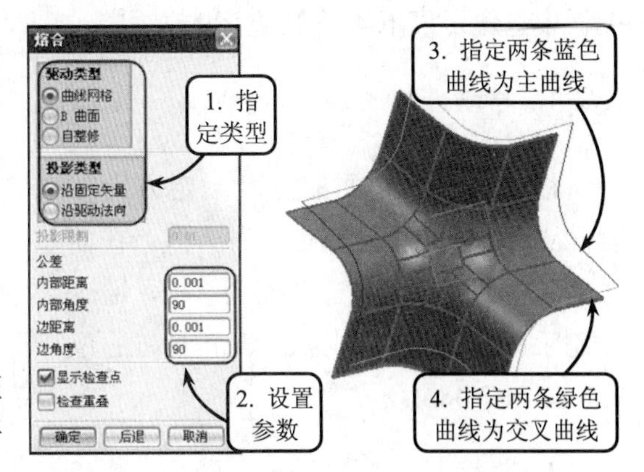

图 7-45 设置熔合参数并选取相应曲线

完成上述操作后，根据系统提示，通过【矢量】对话框指定矢量。然后利用【类选择】对话框选取图形对象，并单击【确定】按钮即可，效果如图 7-46 所示。

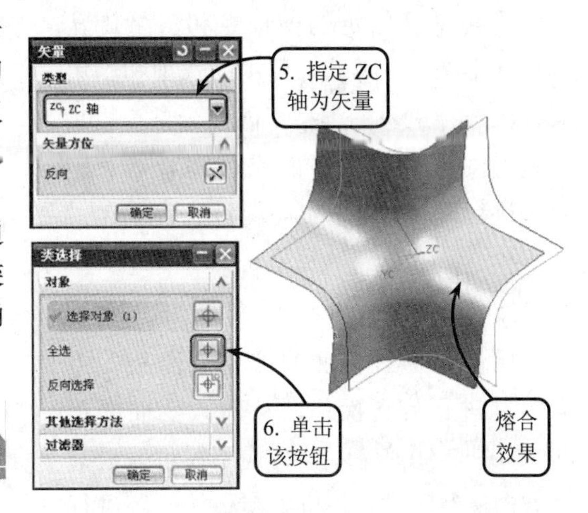

图 7-46 熔合曲面

7.3 编辑自由曲面

在创建高级曲面过程中，曲面被创建后往往根据需要对曲面进行相关的编辑才能符合设计的要求。编辑曲面就是对已经存在的曲面进行修改。UG NX 中的编辑曲面功能可以重新编辑曲面特征的参数，也可以通过变形和再生工具对曲面直接进行编辑操作，从而创建出风格多变的自由曲面造型，以满足不同的产品设计需求。

7.3.1 X 成形

X 成形用于编辑样条和曲面的极点（控制点）来改变曲面的形状，可以对曲面进行移动、旋转、缩放，以及平面化等操作。该工具常用于复杂曲面的局部变形操作。

在【编辑曲面】工具栏中单击【X 成形】按钮将打开【X 成形】对话框，如图 7-47 所示。该对话框中的【方法】

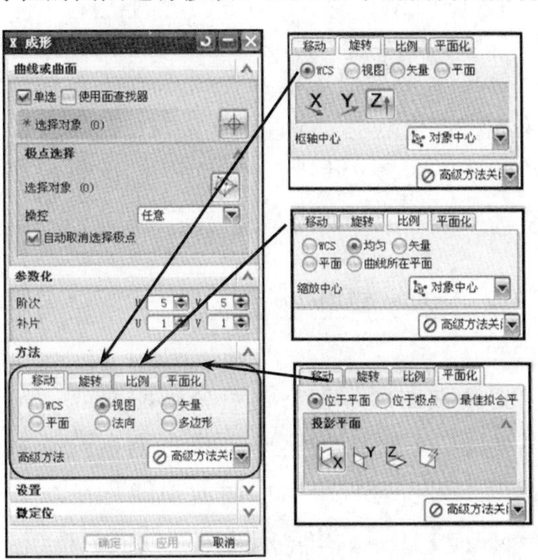

图 7-47 【X 成形】对话框及【方法】各面板

面板中包含了以下 4 种 X 成形的方式。

1. 移动

移动是控制曲面的点沿一定方向移动，从而改变曲面形状的一种方式。在曲面上，每一个点代表一个控制手柄，通过控制手柄来改变控制点沿某个方向的位置，如图 7-48 所示。

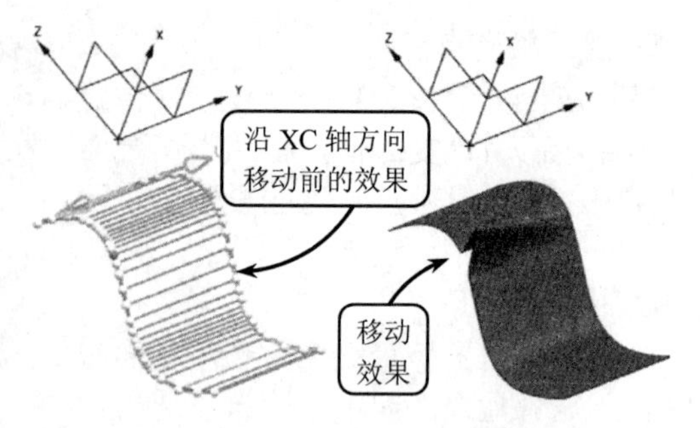

图 7-48 沿 XC 轴方向移动效果

2. 旋转

旋转是绕指定的枢轴点和矢量旋转单个或多个点或极点，可用的选项和约束条件因选择对象的类型不同而异。一般是对旋转对象所在的平面或是绕着某一旋转轴进行旋转，如图 7-49 所示。

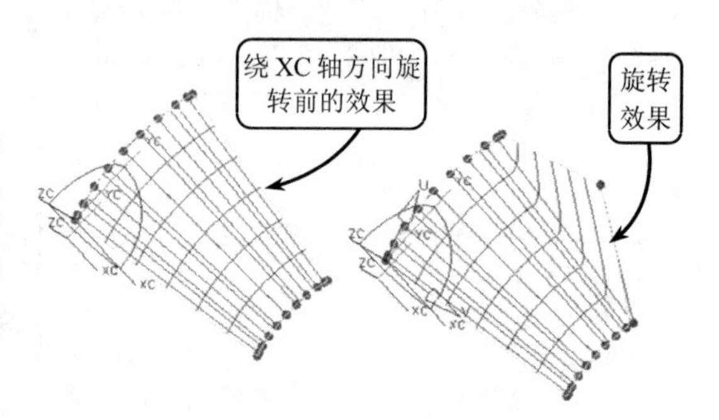

图 7-49 绕 XC 轴方向旋转效果

3. 比例

比例是通过将曲面控制点沿某一方向为轴进行旋转操作，从而改变曲面形状，如图 7-50 所示。该方式不仅可以沿某个方向进行缩放，还可以整体按比例进行缩放。

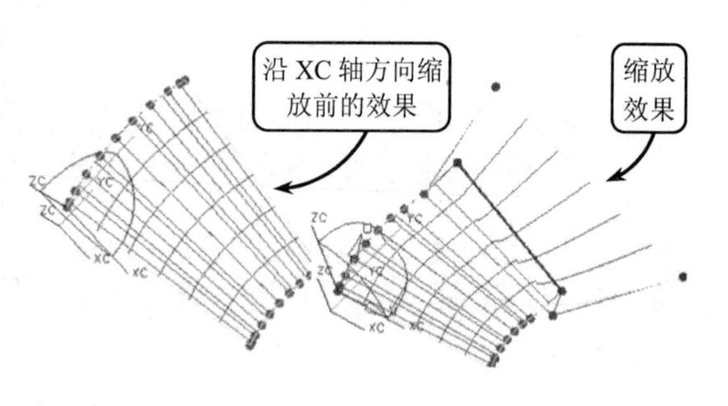

图 7-50 沿 XC 轴方向缩放效果

4. 平面化

该选项是指通过选取各极点所在的多义线将该极点用一条直线连接在一起。如果将所有的多义线进行该操作，则该曲面变为一个平面，如图 7-51 所示。

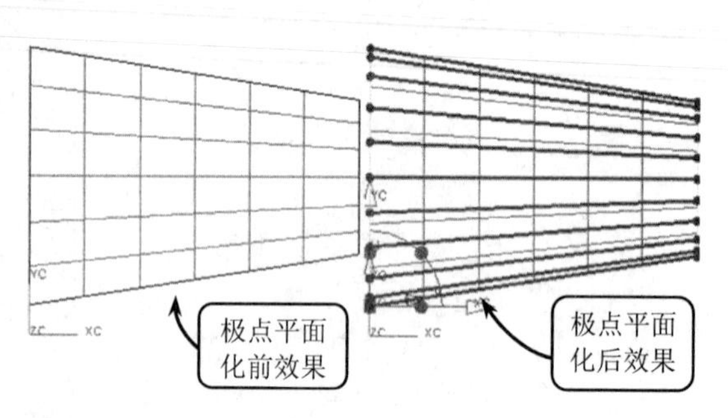

图 7-51 极点平面化效果

7.3.2 剪断曲面

剪断曲面用于在指定点分割曲面或剪断曲面中不需要的部分。剪断曲面在一定程度上可以替代修剪曲面的功能。在【编辑曲面】工具栏中单击【剪断曲面】按钮将打开【剪断曲面】对话框，如图 7-52 所示。

要执行剪断操作，首先在【剪断曲面】对话框中指定剪断曲面的整修控制方式。然后选取要剪断的曲面，并指定剪断曲线。接着单击【确定】按钮，即可获得剪断曲面，效果如图 7-53 所示。

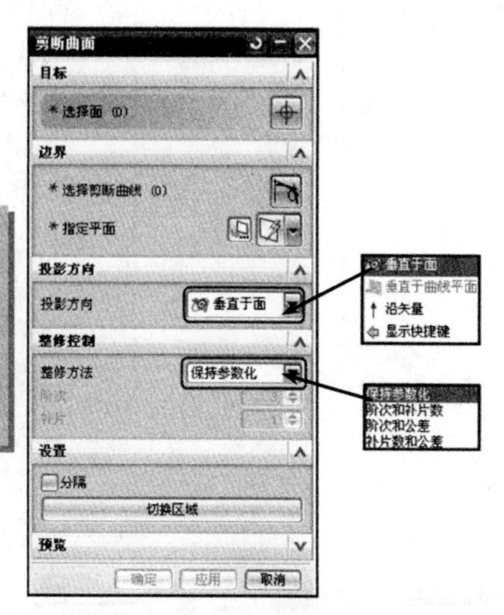

图 7-52 【剪断曲面】对话框

注 意

在利用剪断曲面工具进行剪断曲面时，选取的剪断曲线必须是利用【曲面上的曲线】创建的曲线，否则将不能执行该操作。此外，在【剪断曲面】对话框中还包含了其他 3 种剪断曲面的控制方式。选择的控制方式不同，得到的效果也不同。

7.3.3 扩大曲面

扩大曲面是一种参数化修改曲面的方式，主要用来更改修剪的片体或曲面的大小。在【编辑曲面】工具栏中单击【扩大】按钮将打开【扩大】对话框，如图 7-54 所示。该对话框中主要的选项介绍如下。

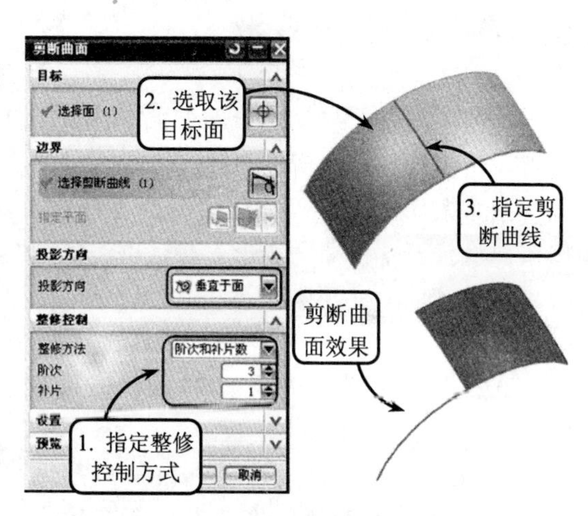

图 7-53 剪断曲面效果

- **线性** 选择该单选按钮，只可以对选取的曲面或片体按照一定的方式进行扩大，不能进行缩小的操作。
- **自然** 选择该单选按钮，既可以创建一个比原曲面大的曲面，也可以创建一个小于该曲面的片体。
- **起点/终点** 这 4 个文本框主要用来输入 U、V 向外边缘进行变化的比例，也可以通过拖动滑块来修改变化程度。
- **全部** 启用该复选框后，【%U 起点】、【%U 终点】、【%V 起点】、【%V 终点】4 个文本框将同时增加或减少相同的比例。
- **重置调整大小参数** 单击该按钮后，系统将自动恢复设置，即生成一个与原曲面同样大小的曲面。
- **编辑副本** 启用该复选框，在原曲面不被删除的情况下生成一个编辑后的曲面。

要扩大选取的曲面，首先在【扩大】对话框中指定扩大的模式。然后在相应的文本框中设置扩大的参数，并单击【确定】按钮即可，效果如图 7-55 所示。

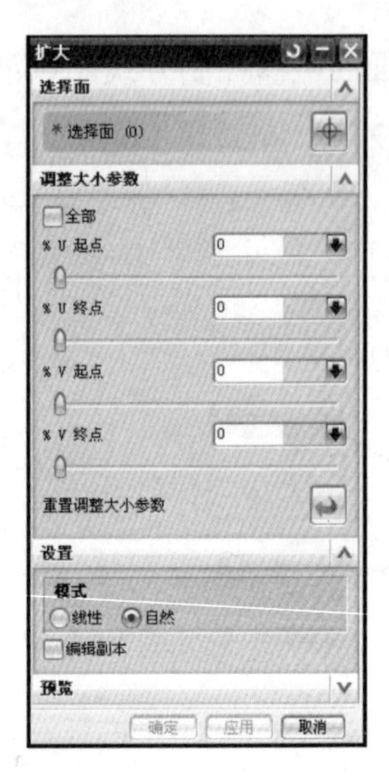

图 7-54 【扩大】对话框

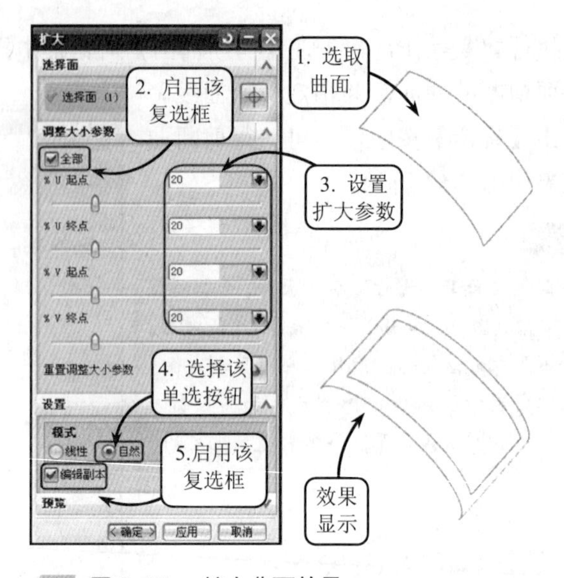

图 7-55 扩大曲面效果

7.3.4 片体变形

片体变形是一种动态修改曲面的方式。通过选择不同的方位进行相应的拉长、折弯、歪斜、扭转和位移等操作。

在【编辑曲面】工具栏中单击【使曲面变形】按钮将打开【使曲面变形】对话框，如图 7-56 所示。该【使曲面变形】对话框包括了曲面变形的两种方式。

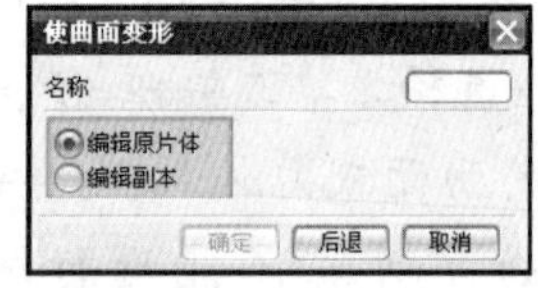

图 7-56 【使曲面变形】对话框

- **编辑原片体** 选择该单选按钮，系统将在原片体上进行编辑。
- **编辑副本** 选择该单选按钮，系统将根据后面的操作产生一个新的片体，并保留原有片体。

要使曲面变形，首先在【使曲面变形】对话框中选择曲面的变形方式为【编辑原片体】，并选取要变形的曲面，此时系统将打开新的【使曲面变形】对话框，如图 7-57 所示。在该对话框中指定中心点的控制方式，并拖动对话框中的滑块进行变形操作。然后单击【确定】按钮，即可完成片体的变形。

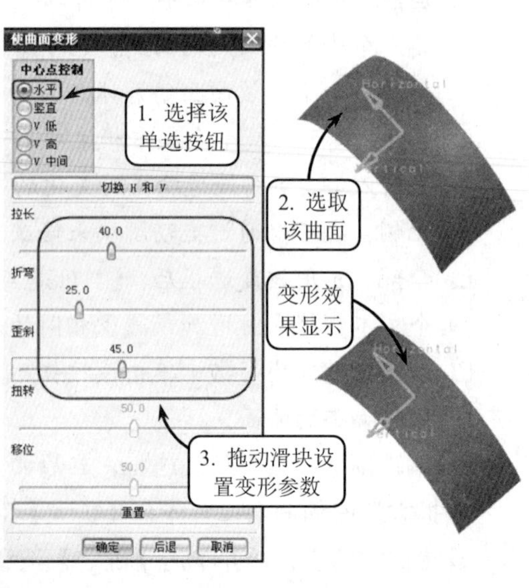

图 7-57 片体变形效果

提 示

在新的【使曲面变形】对话框中选择【切换 H 和 V】选项可变换方位坐标系，从而改变曲面的方位。

7.3.5 等参数修剪/分割

等参数修剪/分割是指按 U 向或 V 向等参数方向的百分比来修剪或分割曲面。在【编辑曲面】工具栏中单击【等参数修剪/分割】按钮将打开【修剪/分割】对话框，如图 7-58 所示。

图 7-58 【修剪/分割】对话框

在该对话框中可以进行【等参数修剪】和【等参数分割】两种操作，如下所示。

1. 等参数修剪

等参数修剪是通过修剪后曲面占原曲面 U 向或 V 向百分比的参数值进行修剪的操作。每一个曲面的 U 向或 V 向的取值范围为 0～100。

在【修剪/分割】对话框中选择【等参数修剪】选项，并选取要修剪的曲面将打开【等参数修剪】对话框。然后在相应的文本框中设置百分比参数，并根据系统提示连续单击【确定】按钮即可，效果如图 7-59 所示。

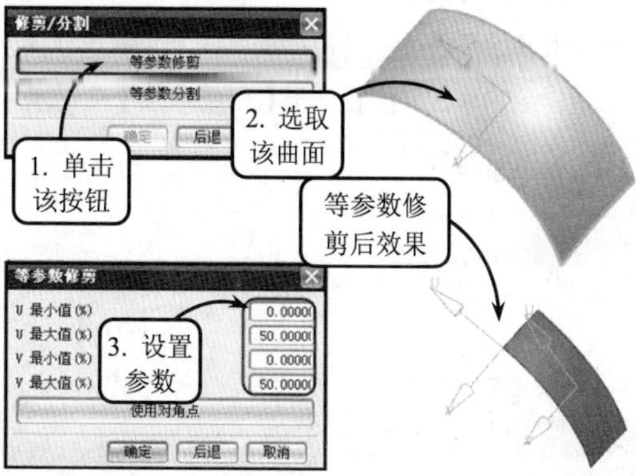

提 示

在【等参数修剪】对话框中单击【使用对角点】按钮，系统将提示指定两个曲面上的点，通过两点的连线对曲面进行修剪。

图 7-59 等参数修剪效果

2. 等参数分割

等参数分割是在不修剪曲面的情况下将曲面U向或V向分割成所需形状的曲面。在【修剪/分割】对话框中单击【等参数分割】按钮，并选取要分割的曲面将打开【等参数分割】对话框。然后设置相应的参数，并单击【确定】按钮即可，效果如图 7-60 所示。

提 示

【等参数修剪/分割】操作不能用于多表面片体、偏置片体、修剪片体和解析片体等曲面或片体。

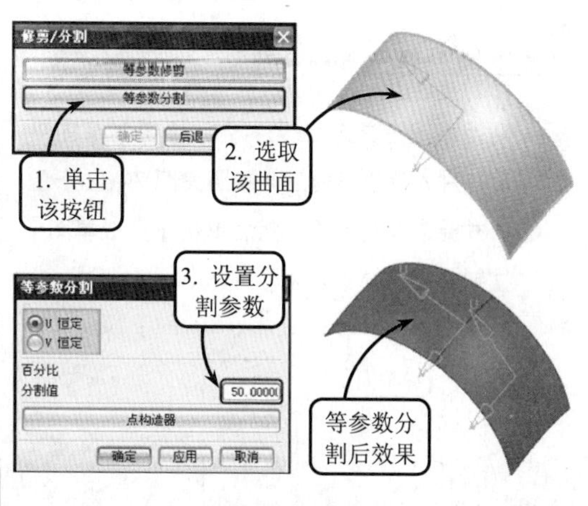

图 7-60 等参数分割效果

7.4 典型案例 7-1：创建油壶模型

本例创建油壶模型，效果如图 7-61 所示。该油壶模型主要结构由壶底、壶身、壶把手和壶盖所组成。

创建该油壶时，首先利用草图和桥接曲线工具绘制壶身轮廓，并利用通过曲线网格和镜像特征工具创建壶身特征。然后利用草图、扫掠和拉伸工具创建壶盖主体特征，并利用镜像体和拉伸工具完成壶盖特征的创建。接着利用有界平面工具创建壶底特征，并利用沿引导线扫掠等工具创建壶把手特征。最后利用面倒圆和加厚工具完成油壶模型的创建即可。

图 7-61 油壶实体模型效果

操作步骤

1 新建一个名称为“YouHu.prt”的文件。然后单击【草图】按钮将打开【草图】对话框。此时选取 XC-ZC 平面为草图平面，进入草绘环境后，按照如图 7-62 所示尺寸要求绘制草图。接着单击【完成草图】按钮退出草绘环境。

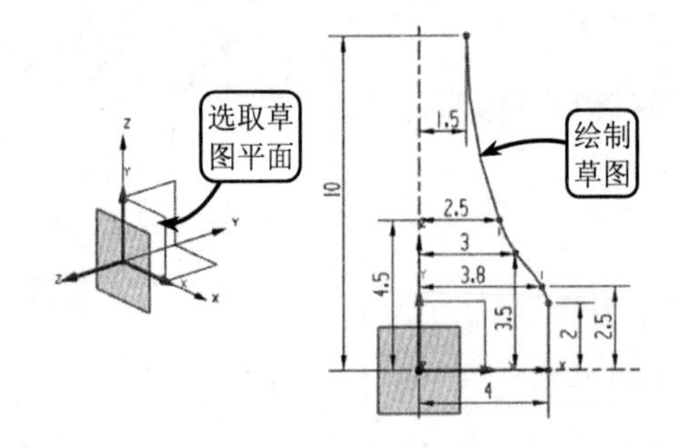

图 7-62 绘制草图

2 利用草图工具选取 XC-ZC 平面为草图平面，进入草绘环境后，按照如图 7-63 所示尺寸要求绘制草图。然后单击【完成草图】按钮退出草绘环境。

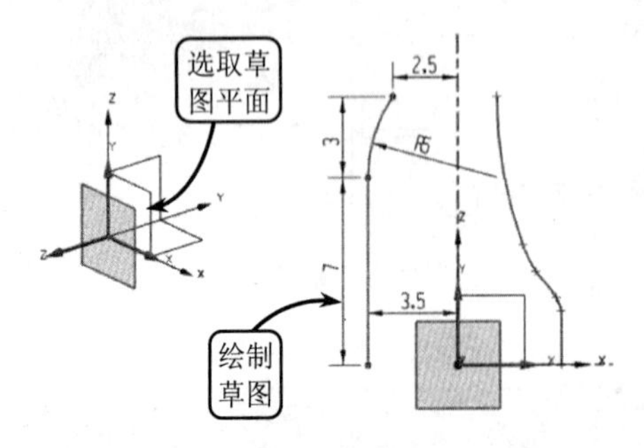

图 7-63 绘制草图

3 继续利用草图工具选取 XC-YC 平面为草图平面，进入草绘环境后，按照如图 7-64 所示尺寸要求绘制圆弧。然后单击【完成草图】按钮退出草绘环境。

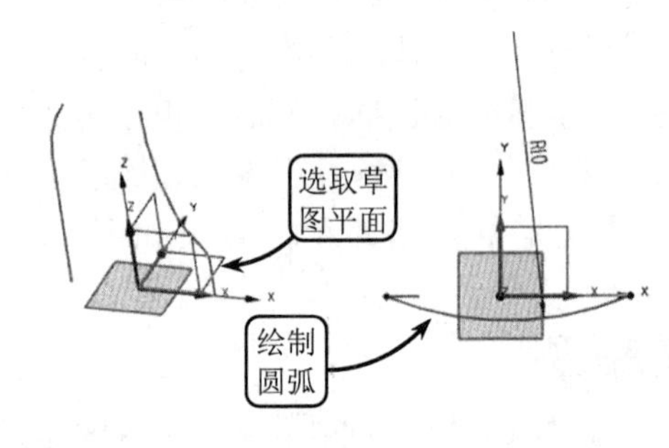

图 7-64 绘制圆弧

4 单击【基准平面】按钮将打开【基准平面】对话框。然后指定创建类型为“按某一距离”，并选取 XC-YC 平面为参考平面。接着输入距离为“10”，并单击【确定】按钮创建基准平面，效果如图 7-65 所示。

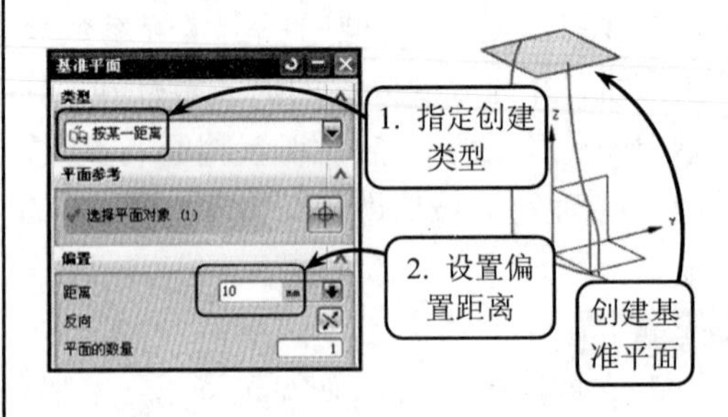

图 7-65 创建基准平面

5 利用草图工具选取上一步创建的基准平面为草图平面，进入草绘环境后，按照如图 7-66 所示尺寸要求绘制圆弧。然后单击【完成草图】按钮退出草绘环境。

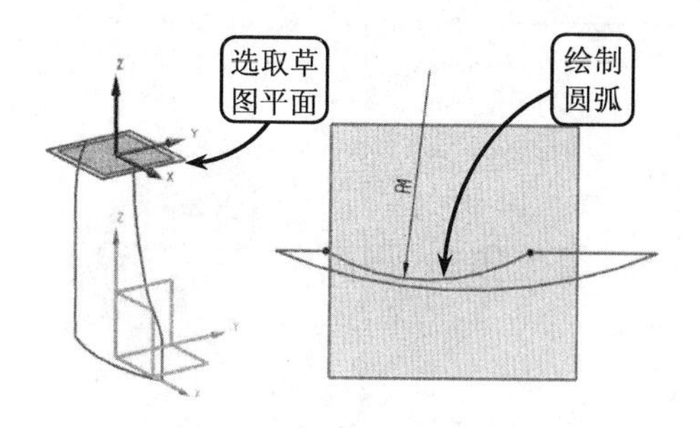

图 7-66 绘制圆弧

6 单击【通过曲线网格】按钮，选取竖直方向的两条轮廓曲线为主曲线，并选取两段圆弧为交叉曲线。然后单击【确定】按钮创建曲线网格特征，效果如图 7-67 所示。

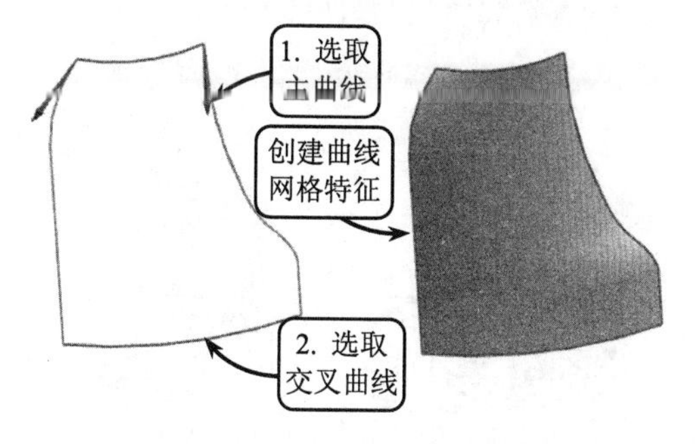

图 7-67 创建曲线网格特征

7 利用基准平面工具并指定创建类型为“按某一距离”。然后选取 XC-ZC 平面为参考平面，并输入距离为“1.75”。接着单击【确定】按钮创建基准平面，效果如图 7-68 所示。

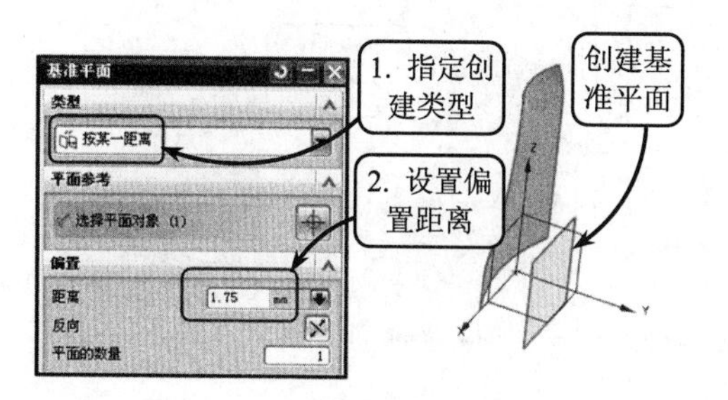

图 7-68 创建基准平面

8 单击【镜像特征】按钮，选取创建的曲线网格为镜像对象，并选取上一步创建的基准平面为镜像平面，创建镜像特征，效果如图 7-69 所示。

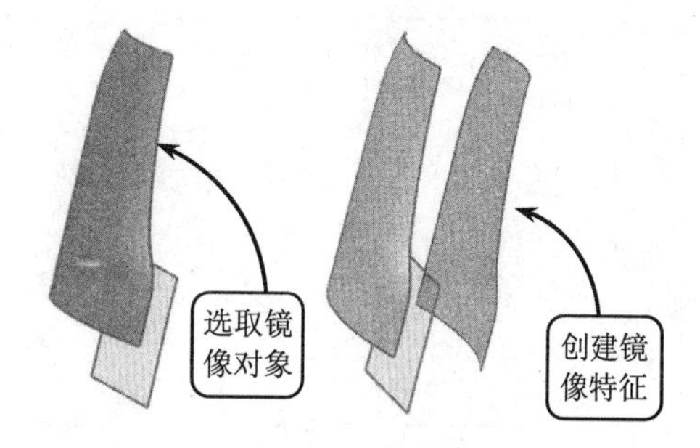

图 7-69 创建镜像特征

9 单击【桥接曲线】按钮，并依次选取如图 7-70 所示的两段圆弧为起始和终止对象。然后设置桥接曲线的参数，并单击【确定】按钮创建桥接曲线特征。

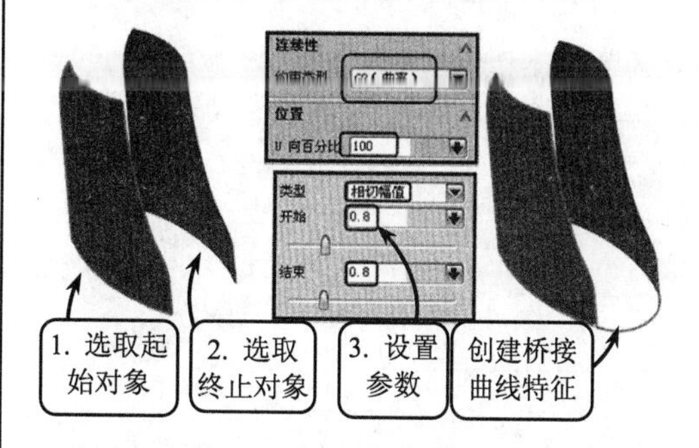

图 7-70 创建桥接曲线特征

10 利用桥接曲线工具选取上端的两段圆弧为起始和终止对象，并设置桥接曲线的参数，创建桥接曲线特征，效果如图 7-71 所示。

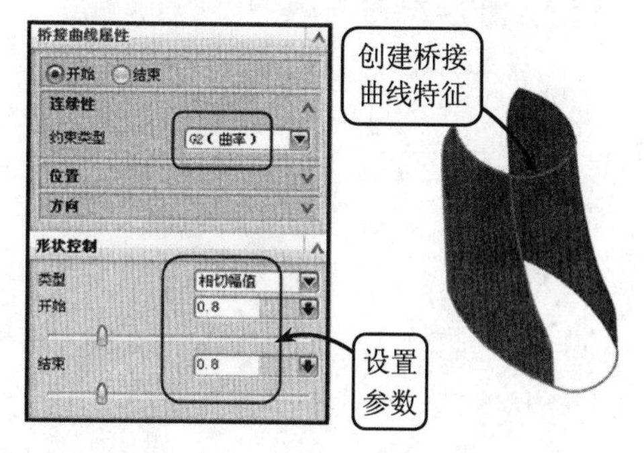

图 7-71 创建桥接曲线特征

11 继续利用桥接曲线工具选取相应的圆弧为起始和终止对象，并设置桥接曲线的参数，创建其他两条桥接曲线特征，效果如图 7-72 所示。

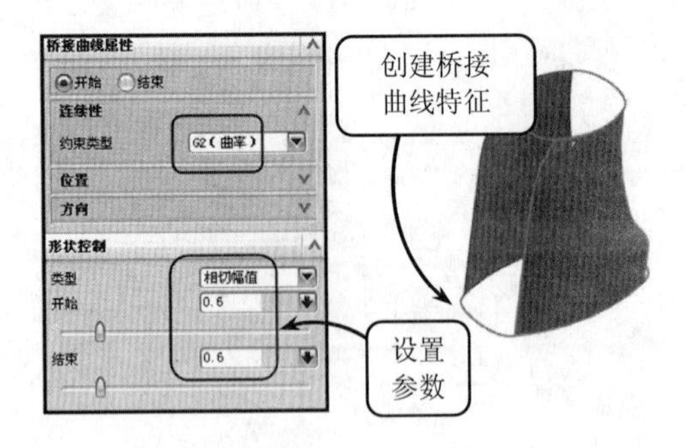

图 7-72　创建桥接曲线特征

12 利用基准平面工具并指定创建类型为“按某一距离”。然后选取 XC-YC 平面为参考平面，并输入距离为“2”。接着单击【确定】按钮创建基准平面，效果如图 7-73 所示。

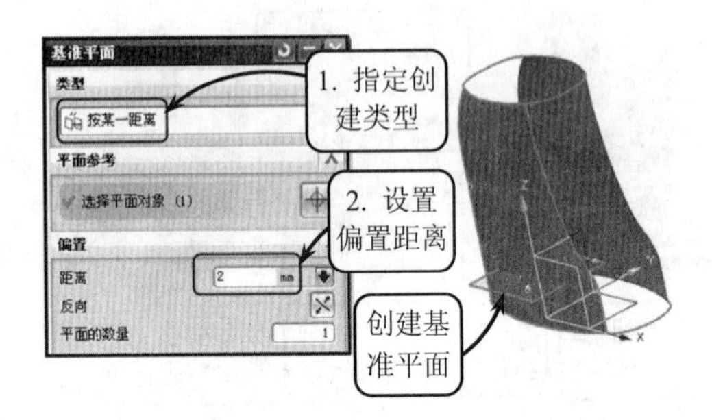

图 7-73　创建基准平面

13 单击【截面曲线】按钮，选取两个曲线网格面为要剖切的对象，并选取上一步创建的基准平面为剖切平面，创建截面曲线特征，效果如图 7-74 所示。

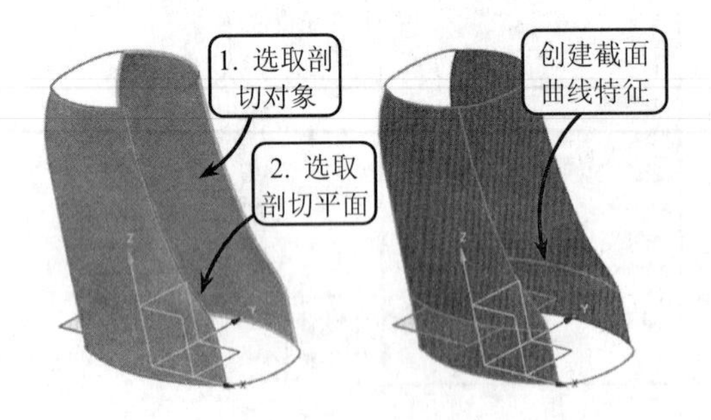

图 7-74　创建截面曲线特征

14 利用桥接曲线工具选取上一步创建的两段截面曲线为起始和终止对象，并设置桥接曲线的参数，创建桥接曲线特征，效果如图 7-75 所示。

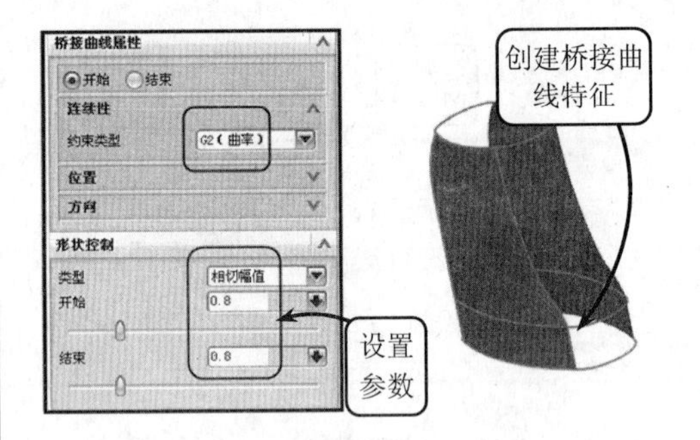

图 7-75　创建桥接曲线特征

15 利用通过曲线网格工具选取如图 7-76 所示的两条轮廓曲线为主曲线，并选取上下两段桥接曲线为交叉曲线。然后单击【确定】按钮，创建曲线网格特征。

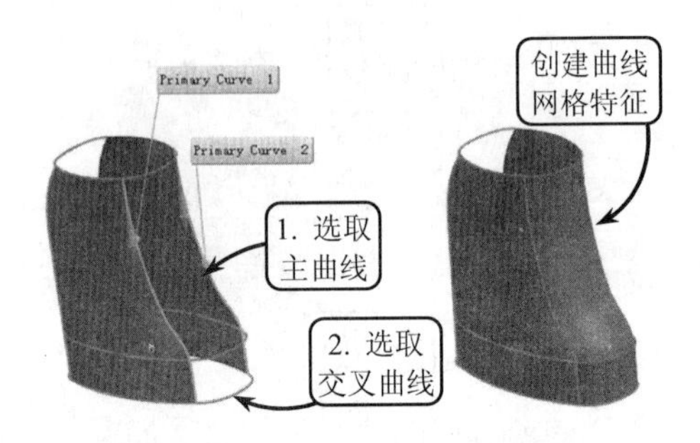

图 7-76　创建曲线网格特征

16 继续利用通过曲线网格工具选取如图 7-77 所示的两条轮廓曲线为主曲线，并选取上下两段桥接曲线为交叉曲线。然后单击【确定】按钮，创建曲线网格特征。

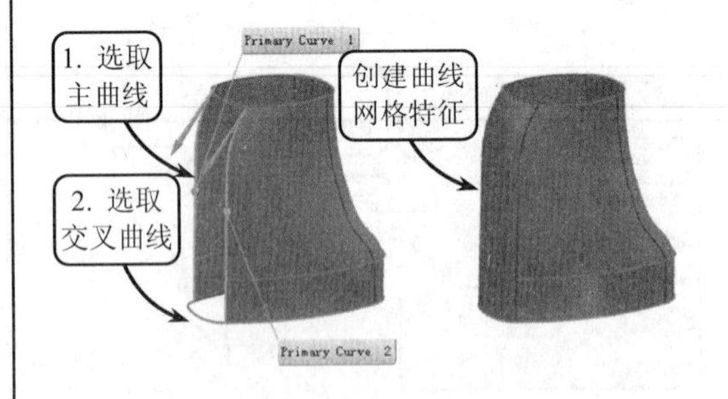

图 7-77　创建曲线网格特征

17 利用草图工具选取镜像平面为草图平面，进入草绘环境后，按照如图 7-78 所示尺寸要求绘制直线。然后单击【完成草图】按钮退出草绘环境。

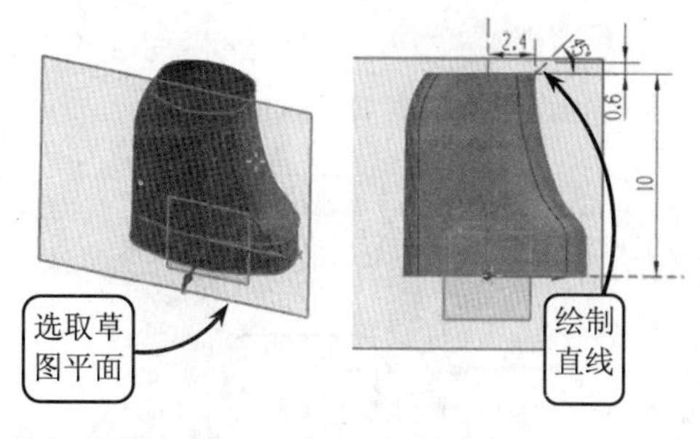

图 7-78 绘制直线

18 单击【扫掠】按钮，选取上一步绘制的直线为扫掠对象。然后选取壶体上部封闭的曲线环为引导线，并设置扫掠的体类型为片体，创建扫掠片体特征，效果如图 7-79 所示。

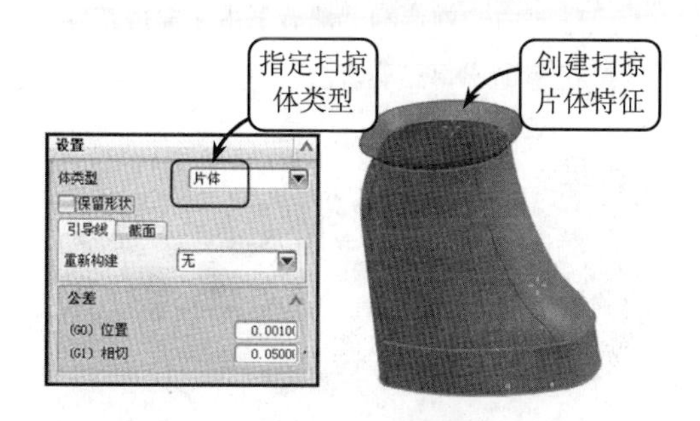

图 7-79 创建扫掠片体特征

19 单击【拉伸】按钮，选取扫掠片体上部的封闭曲线环为拉伸对象，并按照如图 7-80 所示设置拉伸参数。然后指定体类型为“片体”，并单击【确定】按钮，创建拉伸片体特征。

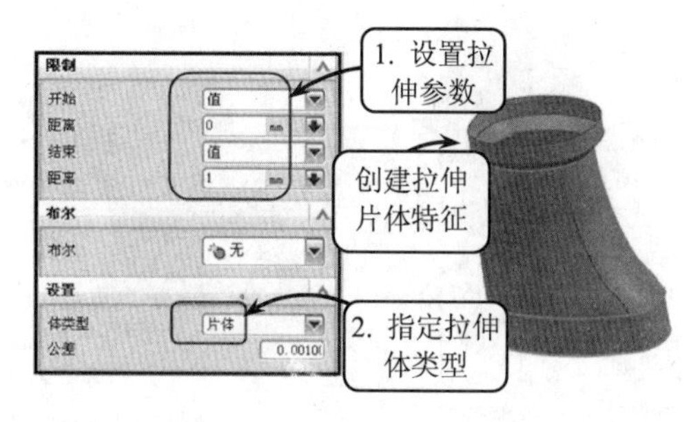

图 7-80 创建拉伸片体特征

20 利用基准平面工具并指定创建类型为“按某一距离”。然后选取 XC-YC 平面为参考平面，并输入距离为“12.6”。接着单击【确定】按钮，创建基准平面，效果如图 7-81 所示。

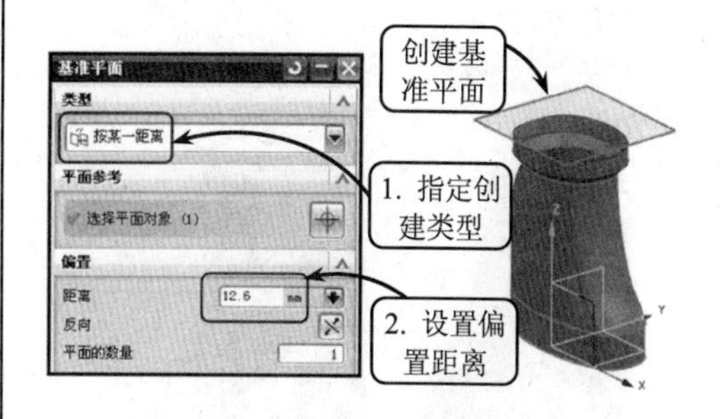

图 7-81 创建基准平面

21 利用草图工具选取上一步创建的基准平面为草图平面，进入草绘环境后，按照如图 7-82 所示尺寸要求绘制圆。然后单击【完成草图】按钮退出草绘环境。

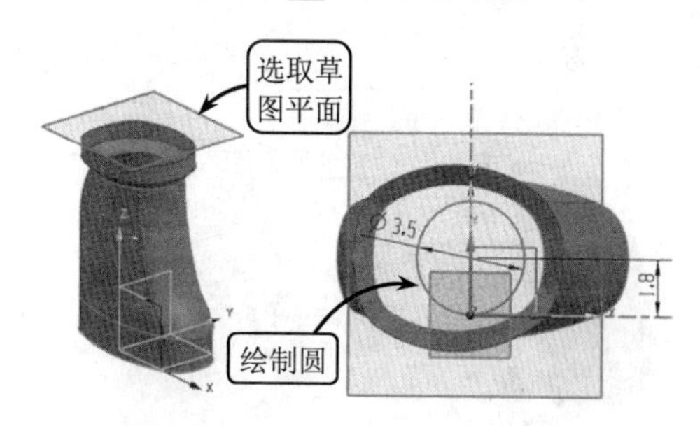

图 7-82 绘制圆

22 单击【点】按钮，指定创建类型为“交点”。然后选取镜像平面为选择对象，选取上一步绘制的圆为选择曲线创建点特征。继续利用相同的方法创建其他 3 个点特征，效果如图 7-83 所示。

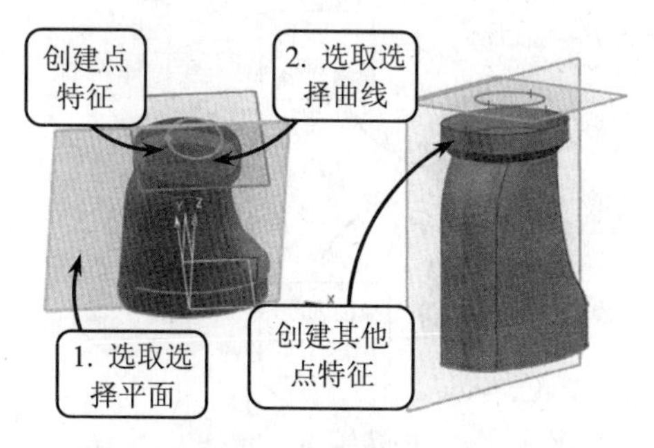

图 7-83 创建点特征

23 单击【直线】按钮，依次连接上一步创建的圆和封闭曲线环上的点绘制一条直线。继续利用相同的方法绘制另一条直线，效果如图 7-84 所示。

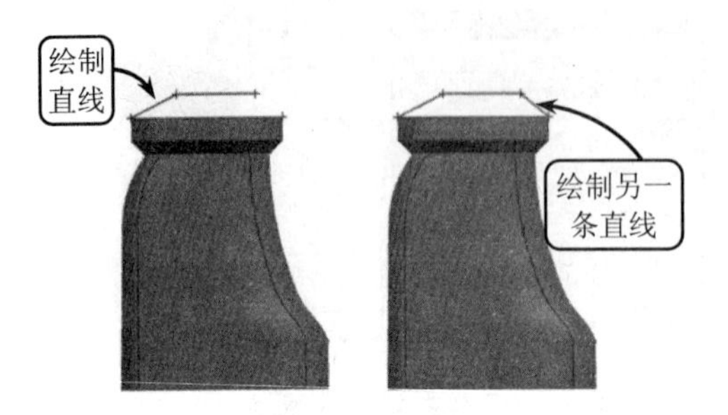

图 7-84 绘制直线

24 利用通过曲线网格工具选取上一步绘制的两条直线为主曲线，并选取如图 7-85 所示的圆和封闭曲线环为交叉曲线，创建曲线网格特征。

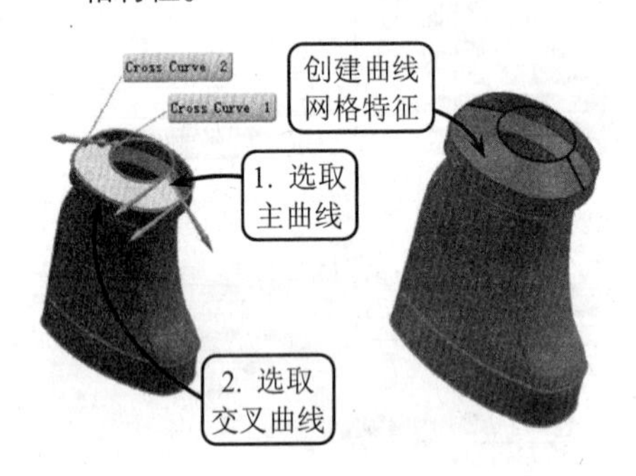

图 7-85 创建曲线网格特征

25 单击【镜像体】按钮，选取上一步创建的曲线网格为选择体，并选取如图 7-86 所示的基准平面为镜像平面创建镜像体特征。

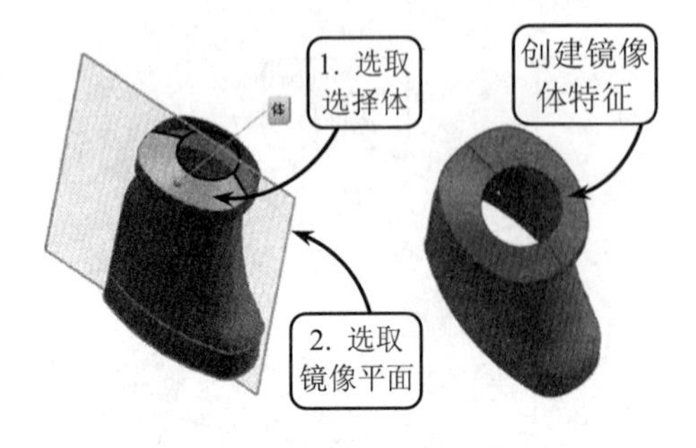

图 7-86 创建镜像体特征

26 利用拉伸工具选取镜像体上的圆为拉伸对象，并按照如图 7-87 所示设置拉伸参数。然后指定体类型为“片体”，并单击【确定】按钮创建拉伸片体特征。

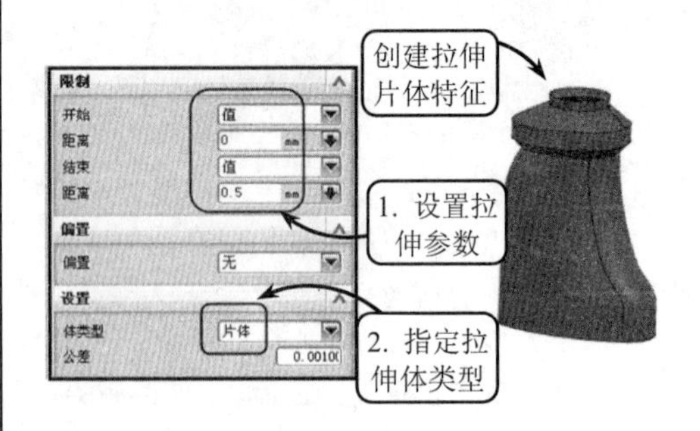

图 7-87 创建拉伸片体特征

27 利用草图工具选取 XC-YC 平面为草图平面，进入草绘环境后，按照如图 7-88 所示尺寸要求绘制草图。然后单击【完成草图】按钮退出草绘环境。

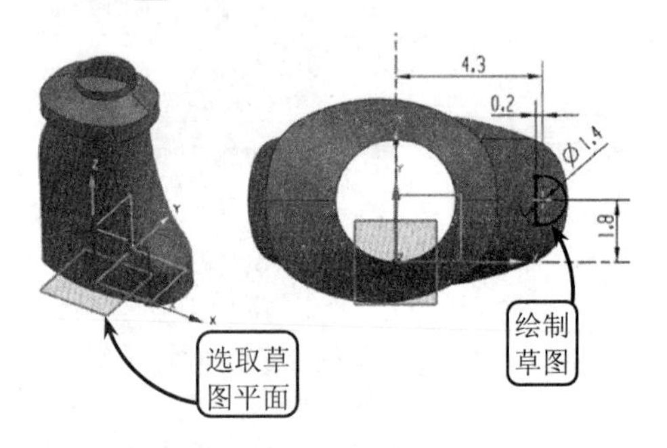

图 7-88 绘制草图

28 单击【有界平面】按钮，依次选取底面上的 4 段曲线。然后单击【确定】按钮创建有界平面特征，效果如图 7-89 所示。

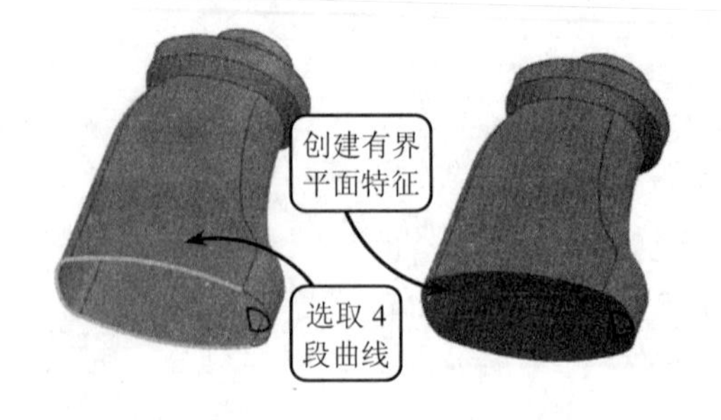

图 7-89 创建有界平面特征

29 利用草图工具选取镜像平面为草图平面。进入草绘环境后，单击【偏置曲线】按钮，选取如图 7-90 所示直线为要偏置的曲线，并输入偏置距离为“0.15”，创建偏置曲线。然后单击【完成草图】按钮退出草绘环境。

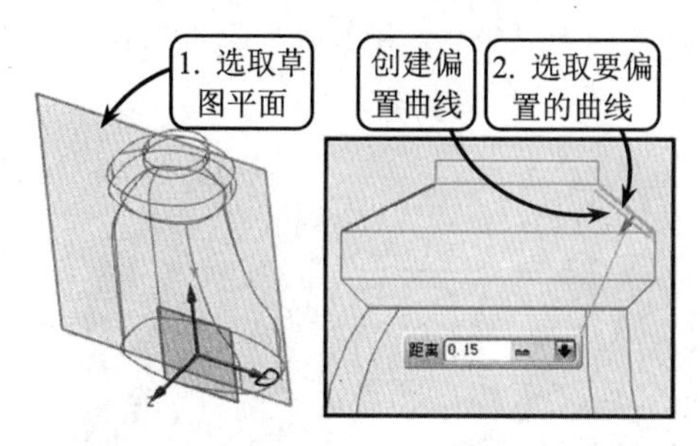

图 7-90 创建偏置曲线

30 继续利用草图工具选取镜像平面为草图平面。进入草绘环境后，按照如图 7-91 所示尺寸绘制直线。然后单击【完成草图】按钮退出草绘环境。

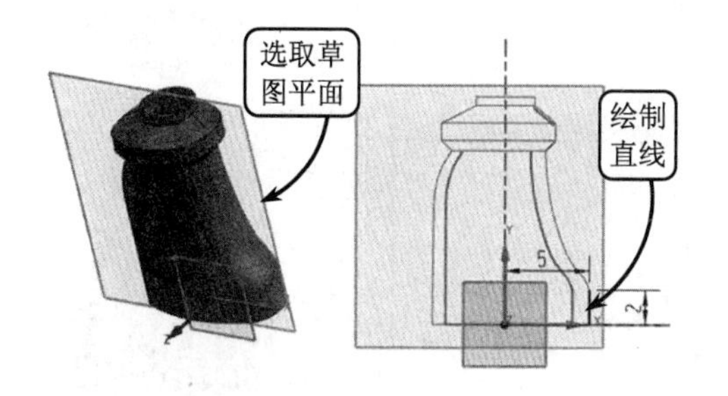

图 7-91 绘制直线

31 利用桥接曲线工具选取偏置曲线和上一步绘制的直线为起始和终止对象，并设置桥接曲线的参数，创建桥接曲线特征，效果如图 7-92 所示。

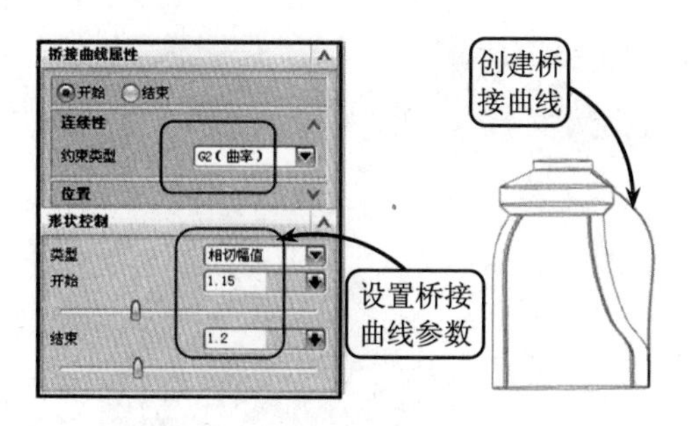

图 7-92 创建桥接曲线特征

32 单击【沿引导线扫掠】按钮，选取第27步绘制的草图为截面。然后选取上一步创建的桥接曲线为引导线，并设置扫掠的体类型为“片体”，创建扫掠片体特征，效果如图 7-93 所示。

图 7-93 创建扫掠片体特征

33 单击【面倒圆】按钮，并指定类型为“两个定义面链”。然后选取壶体周身 4 个曲面为面链 1，并选取壶底面为面链 2。接着设置面倒圆参数，创建面倒圆特征，效果如图 7-94 所示。

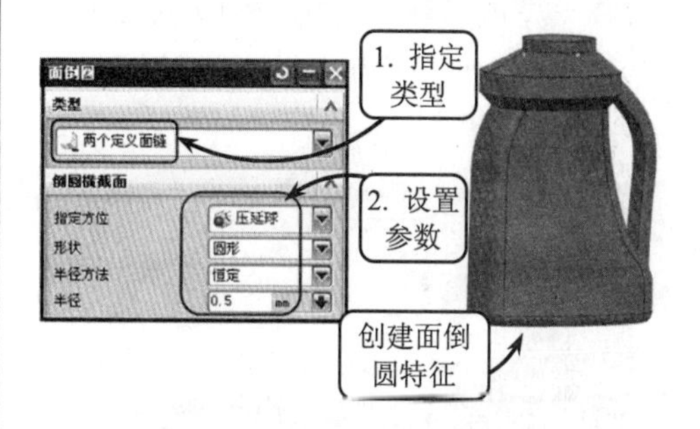

图 7-94 创建面倒圆特征

34 利用面倒圆工具并指定类型为“两个定义面链”。然后选取如图 7-95 所示的曲面为面链 1 和面链 2。接着输入面倒圆的半径为“R0.3”，创建面倒圆特征。继续利用相同的方法创建另一个半径为“R0.2”的面倒圆特征。

图 7-95 创建面倒圆特征

35 利用面倒圆工具并指定类型为“两个定义面链”。然后选取如图 7-96 所示的曲面为面链 1 和面链 2。接着输入面倒圆的半径为“R0.3”，创建面倒圆特征。继续利用相同的方法创建另一个半径为“R0.5”的面倒圆特征。

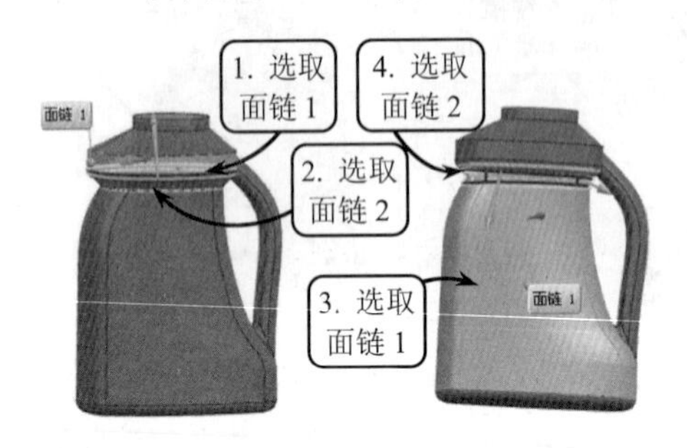

图 7-96 创建面倒圆特征

36 利用面倒圆工具并指定类型为“两个定义面链”。然后选取如图 7-97 所示的曲面为面链 1 和面链 2。接着输入面倒圆的半径为“R0.3”，创建面倒圆特征。继续利用相同的方法创建另一个半径为“R0.1”的面倒圆特征。

图 7-97 创建面倒圆特征

37 利用面倒圆工具并指定类型为“两个定义面链”。然后选取如图 7-98 所示的曲面为面链 1 和面链 2。接着输入面倒圆的半径为“R0.2”，创建面倒圆特征。

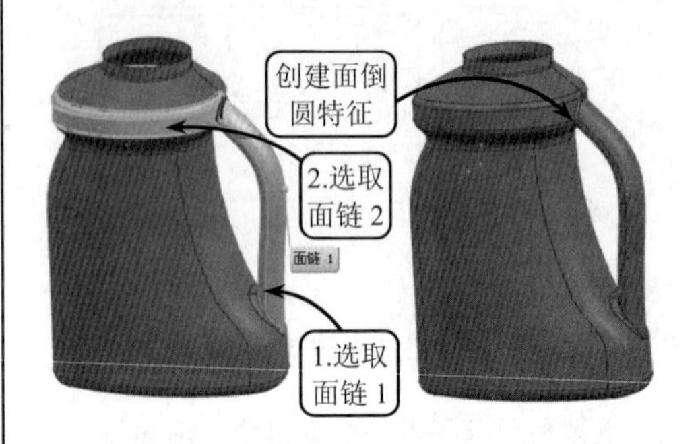

图 7-98 创建面倒圆特征

38 单击【加厚】按钮，框选整个壶体面为选择面，并设置厚度参数。然后单击【确定】按钮，创建加厚特征，效果如图 7-99 所示。

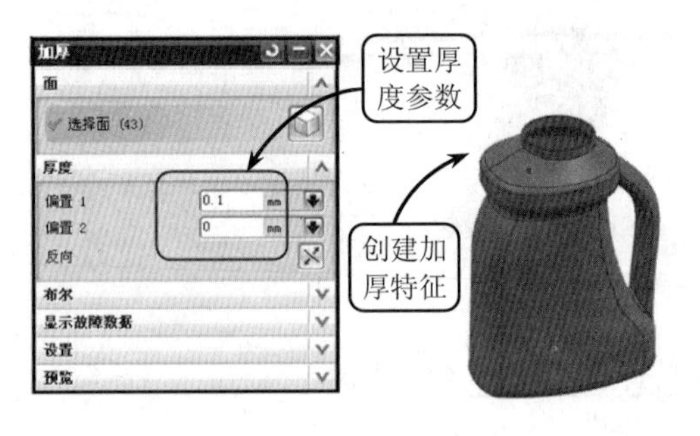

图 7-99 创建加厚特征

7.5 典型案例 7-2：创建读卡器模型

本例创建读卡器模型，效果如图 7-100 所示。该读卡器模型主要结构由底壳、底座和通槽所组成。

创建该读卡器时，首先利用草图和沿引导线扫掠工具创建读卡器的上表面特征。然后利用草图、扫掠、投影曲线和直纹工具创建读卡器的主体特征。接着利用抽取体、修剪的片体和修剪体工具创建读卡器上的底座特征。最后利用草图和拉伸工具创建读卡器的通槽特征即可。

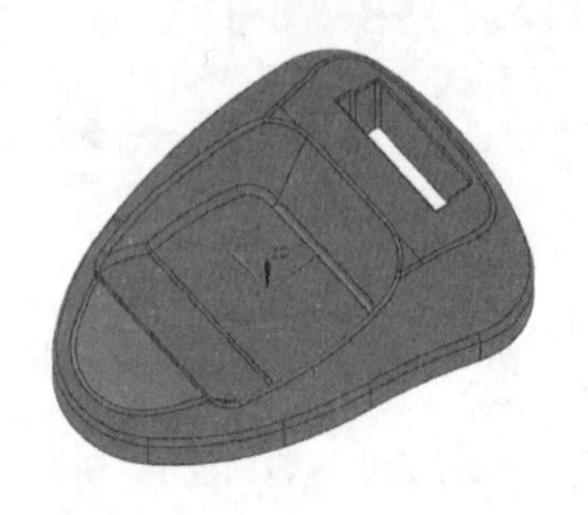

图 7-100 读卡器实体模型效果

操作步骤

1 新建一个名称为“DuKaqi.prt”的文件。然后单击【基准平面】按钮，打开【基准平面】对话框。接着指定创建类型为“按某一距离”，并选取 YC-ZC 平面为参考平面。最后输入距离为“65”，并单击【确定】按钮，创建基准平面，效果如图 7-101 所示。

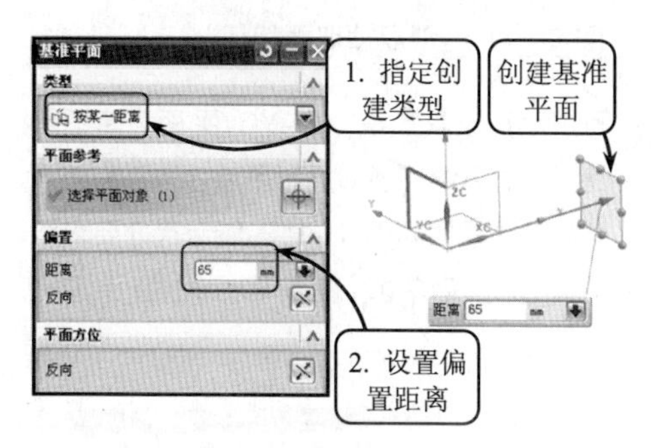

图 7-101 创建基准平面

2 单击【草图】按钮，打开【草图】对话框。此时选取创建的基准平面为草图平面，进入草绘环境后，利用点和圆弧工具按照如图 7-102 所示尺寸要求绘制圆弧。然后单击【完成草图】按钮退出草绘环境。

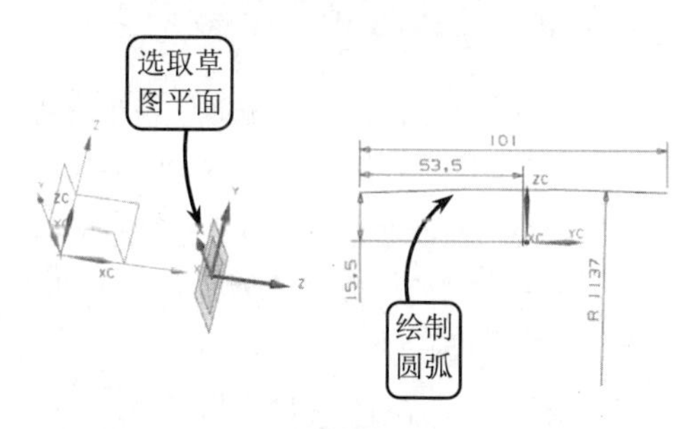

图 7-102 绘制圆弧

3 继续利用草图工具选取 XC-ZC 平面为草图平面。进入草绘环境后，利用点和艺术样条工具按照如图 7-103 所示尺寸要求绘制样条曲线。然后单击【完成草图】按钮退出草绘环境。

4 单击【沿引导线扫掠】按钮，选取绘制的圆弧为截面，并选取样条曲线为引导线。然后设置体类型为“片体”，并单击【确定】按钮，创建扫掠片体特征，效果如图 7-104 所示。

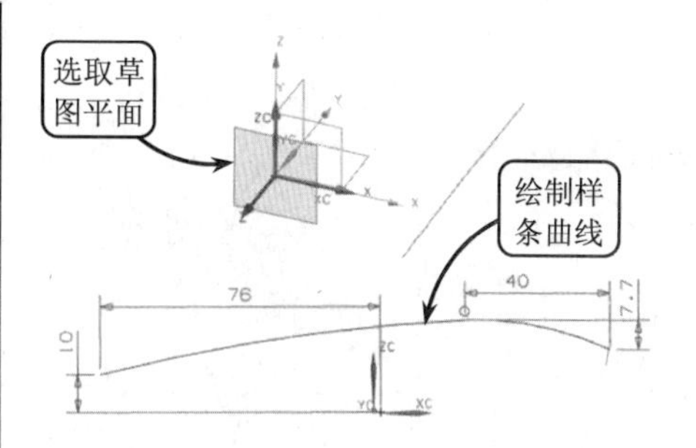

图 7-103 绘制样条曲线

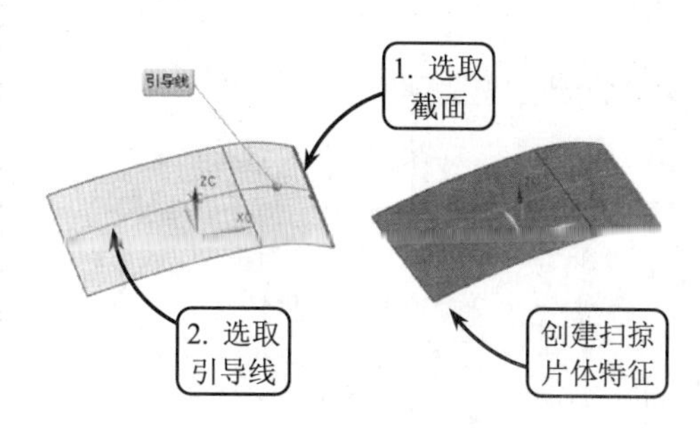

图 7-104 创建扫掠片体特征

5 利用草图工具选取 XC-YC 平面为草图平面。进入草绘环境后，利用点、圆弧和艺术样条工具按照如图 7-105 所示尺寸要求绘制草图。然后单击【完成草图】按钮退出草绘环境。

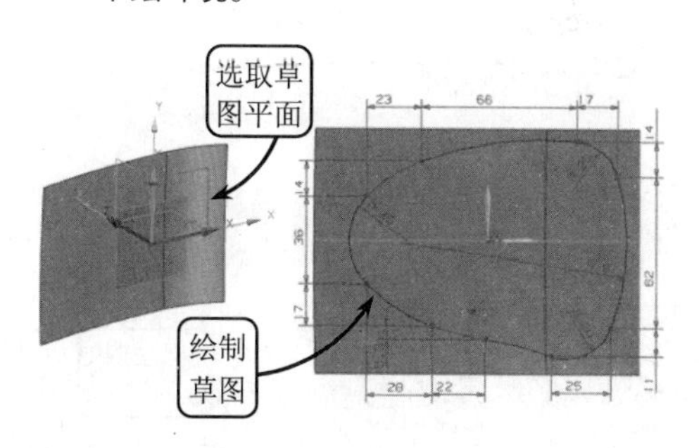

图 7-105 绘制草图

6 单击【点】按钮，并指定类型为“交点”。然后选取 XC-ZC 平面为选择对象，并选取上一步绘制的草图为要相交的曲线，单击【确定】按钮，创建交点特征，效果如图 7-106 所示。

7 单击【直线】按钮，选取上一步创建的交点为起点，并设置直线的终点选项和限制参数。然后单击【确定】按钮创建直线特征，效果如图 7-107 所示。

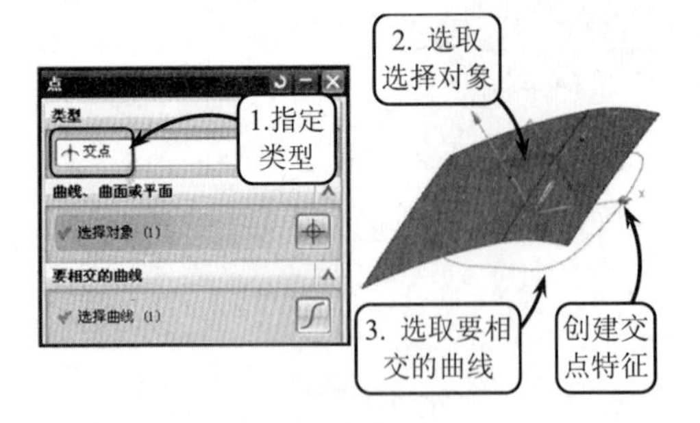

图 7-106 创建交点特征

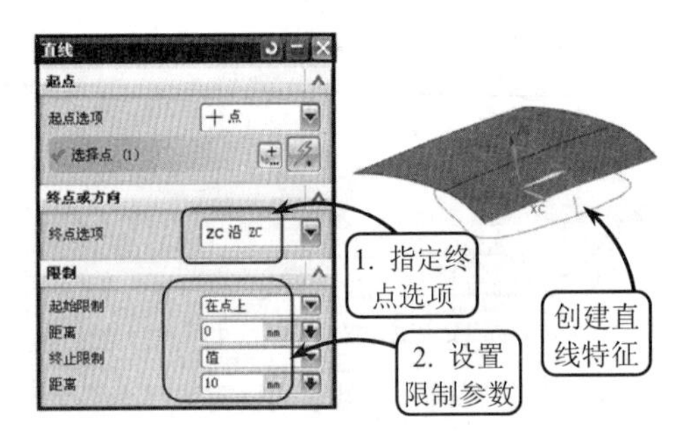

图 7-107 创建直线特征

8 单击【扫掠】按钮，选取第5步绘制的草图为截面，并选取上一步创建的直线为引导线。然后选择创建的体类型为“实体”，单击【确定】按钮，创建扫掠实体特征，效果如图 7-108 所示。

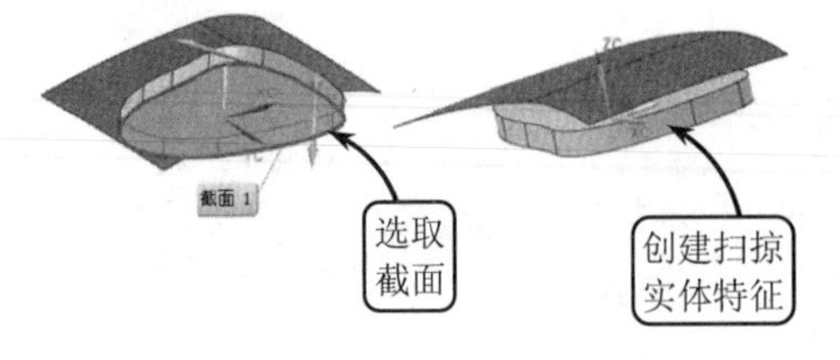

图 7-108 创建扫掠实体特征

9 单击【抽取体】按钮，在类型下拉菜单中选择【面】选项，并在【面】选项下拉菜单中选择【单个面】选项。然后选取如图 7-109 所示的面为选择面，创建抽取面特征。接着重复利用该工具，依次选取扫掠实体的各个环面为选择面，创建抽取面特征。

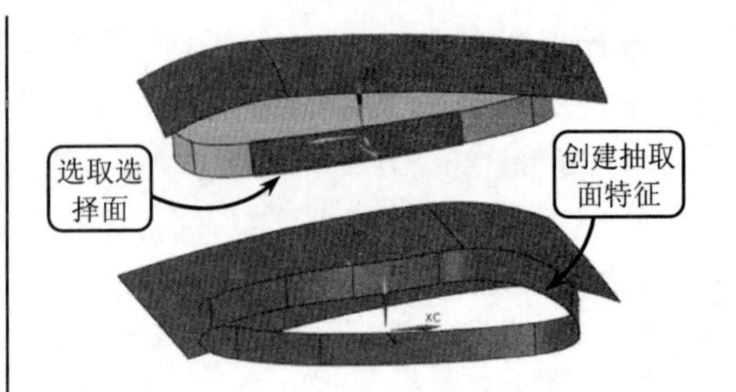

图 7-109 创建抽取面特征

10 利用草图工具选取 XC-YC 平面为草图平面。进入草绘环境后，利用点、圆弧和艺术样条工具按照如图 7-110 所示尺寸要求绘制草图。然后单击【完成草图】按钮退出草绘环境。

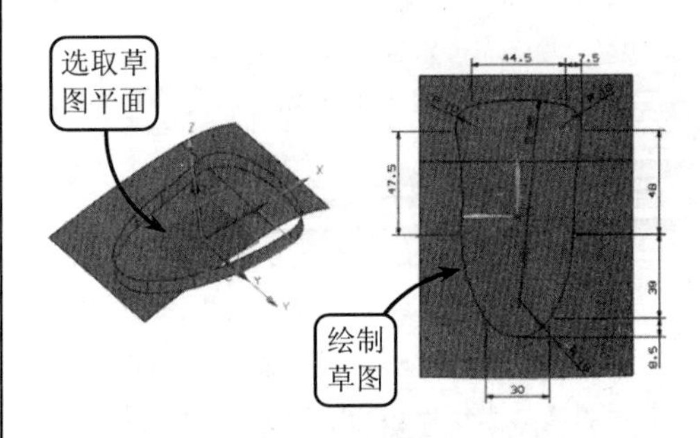

图 7-110 绘制草图

11 单击【投影曲线】按钮，选取上一步绘制的草图为要投影的曲线，并选取如图 7-111 所示的扫掠面为要投影的对象。然后指定 ZC 轴为投影方向，单击【确定】按钮，创建投影曲线特征。

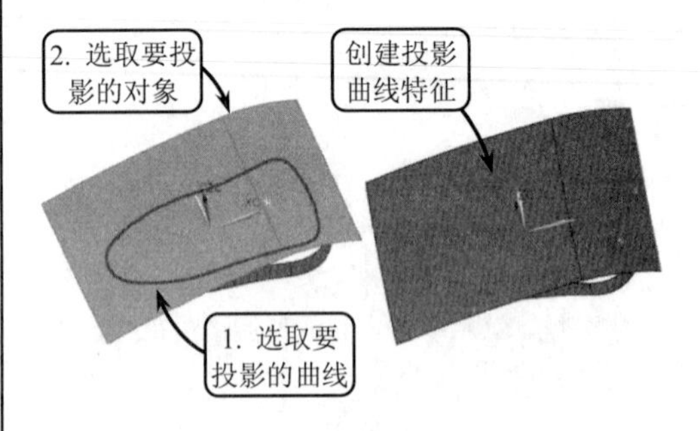

图 7-111 创建投影曲线特征

12 单击【直纹】按钮，选取上一步创建的投影曲线为截面线串 1，并选取如图 7-112 所示的曲线为截面线串 2。然后在【对齐】

下拉菜单中选择【圆弧长】选项，在【设置】下拉菜单中选择【片体】选项。接着单击【确定】按钮，创建直纹特征。

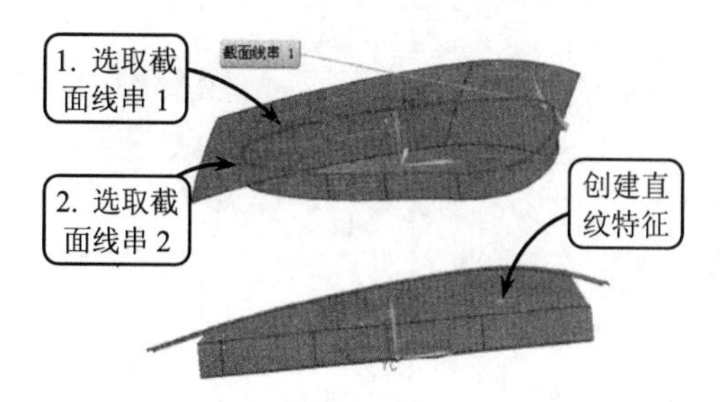

图 7-112 创建直纹特征

13 单击【面倒圆】按钮，指定类型为“两个定义面链”。然后选取投影曲线所在的面为面链 1，并选取上一步创建的直纹特征为面链 2。接着设置面倒圆参数，创建面倒圆特征，效果如图 7-113 所示。

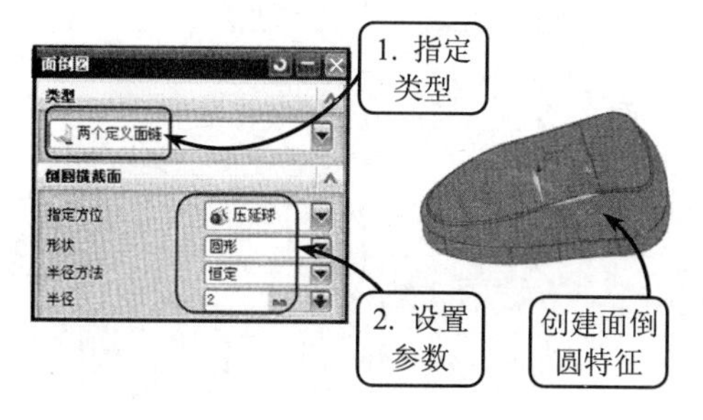

图 7-113 创建面倒圆特征

14 利用草图工具选取 XC-YC 平面为草图平面。进入草绘环境后，利用点、圆弧和艺术样条工具按照如图 7-114 所示尺寸要求绘制草图。然后单击【完成草图】按钮退出草绘环境。

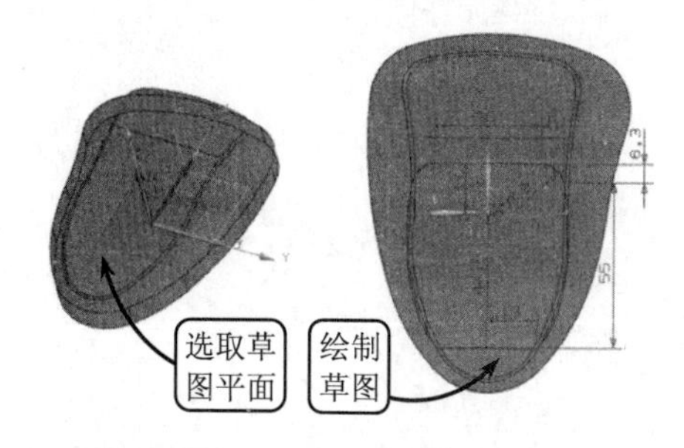

图 7-114 绘制草图

15 利用基准平面工具并指定创建类型为“按某一距离”。然后选取 XC-YC 平面为参考平面，并输入距离为“26”。接着单击【确定】按钮，创建基准平面，效果如图 7-115 所示。

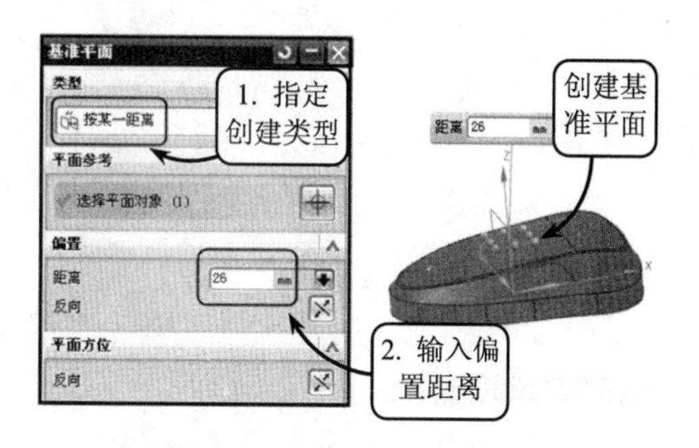

图 7-115 创建基准平面

16 利用草图工具选取上一步创建的基准平面为草图平面。进入草绘环境后，利用点、圆弧和艺术样条工具按照如图 7-116 所示尺寸要求绘制草图。然后单击【完成草图】按钮退出草绘环境。

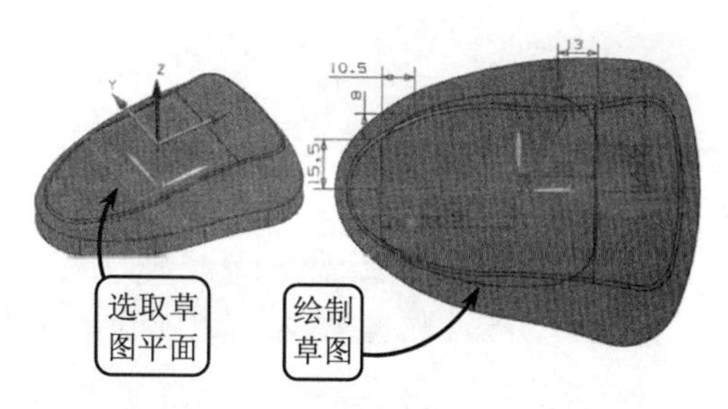

图 7-116 绘制草图

17 利用直纹工具选取上一步绘制的草图为截面线串 1，并选取第14步绘制的草图为截面线串 2。然后指定对齐和设置方式，并单击【确定】按钮，创建直纹特征，效果如图 7-117 所示。

18 利用抽取体工具并设置抽取体参数。然后选取如图 7-118 所示的面为选择面，创建抽取面特征。接着利用相同的方法创建另一个抽取面特征。

19 利用草图工具选取 XC-ZC 平面为草图平面。进入草绘环境后，利用点和直线工具按照如图 7-119 所示尺寸要求绘制直线。然后单击【完成草图】按钮退出草绘环境。

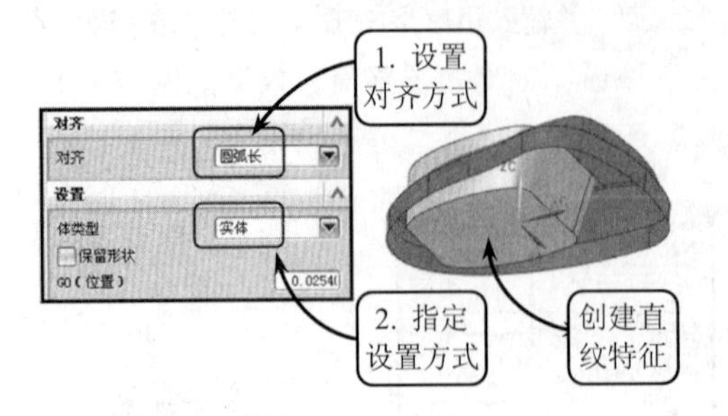

图 7-117 创建直纹特征

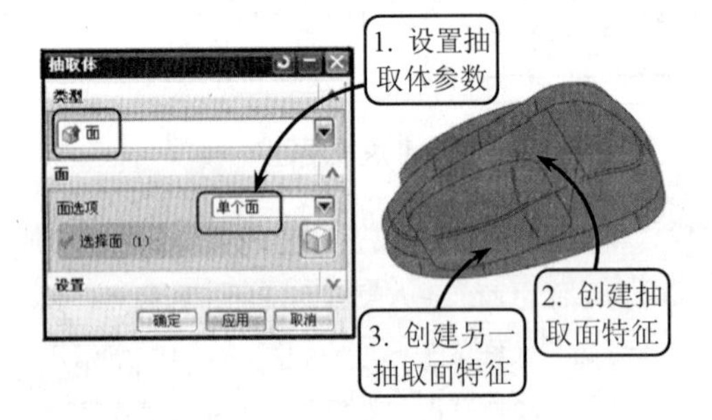

图 7-118 创建抽取面特征

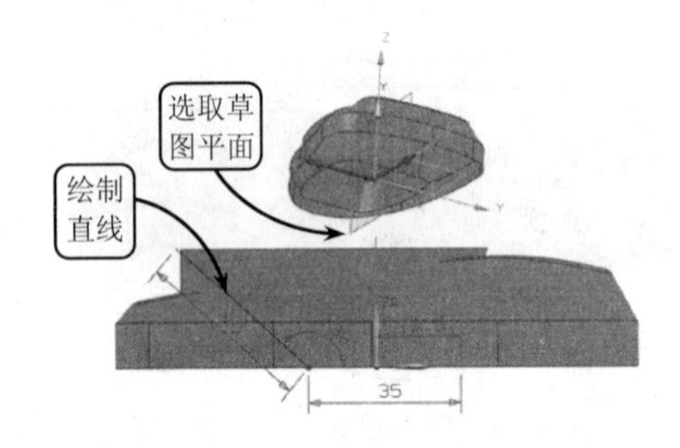

图 7-119 绘制直线

20 单击【拉伸】按钮，打开【拉伸】对话框。然后选取上一步绘制的直线为拉伸对象，并按照如图 7-120 所示设置拉伸参数，创建拉伸实体特征。

21 单击【相交曲线】按钮，选取上一步创建的拉伸实体为第一组选择面，并选取如图 7-121 所示的曲面为第二组选择面。然后单击【确定】按钮，创建相交曲线特征。

22 单击【修剪的片体】按钮，选取拉伸实体为目标，并选取上一步创建的相交曲线为边界对象。然后设置修剪的片体参数，并单击【确定】按钮，创建修剪的片体特征，效果如图 7-122 所示。

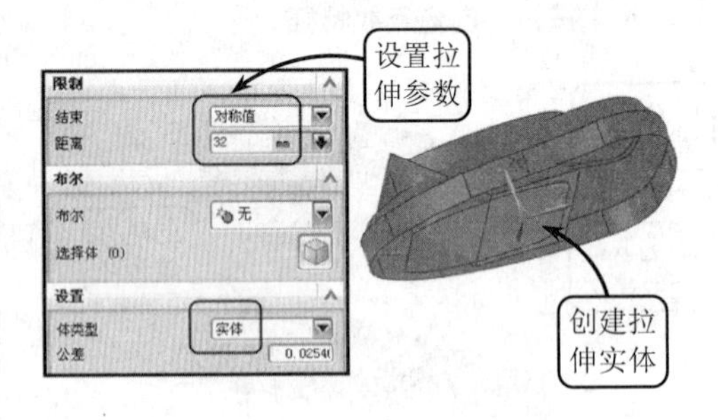

图 7-120 创建拉伸实体特征

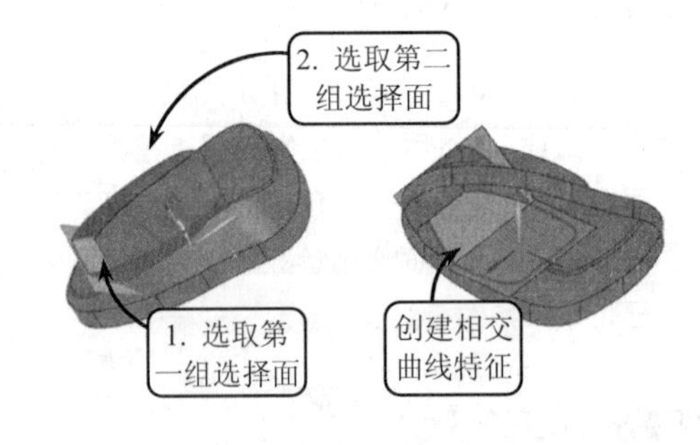

图 7-121 创建相交曲线特征

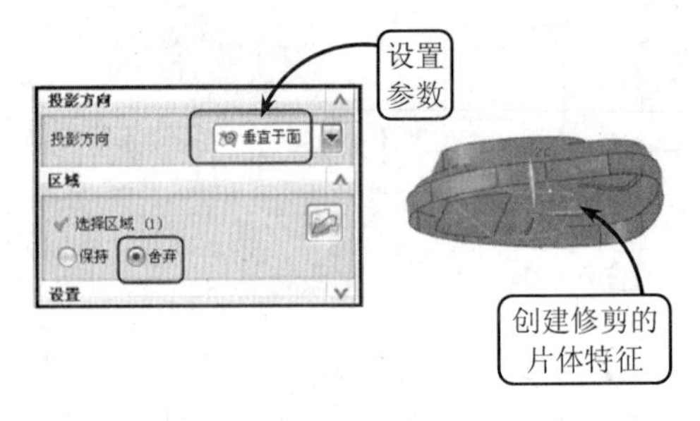

图 7-122 创建修剪的片体特征

23 单击【修剪体】按钮，分别选取如图 7-123 所示的面为目标和刀具。然后单击【确定】按钮，创建修剪体特征。

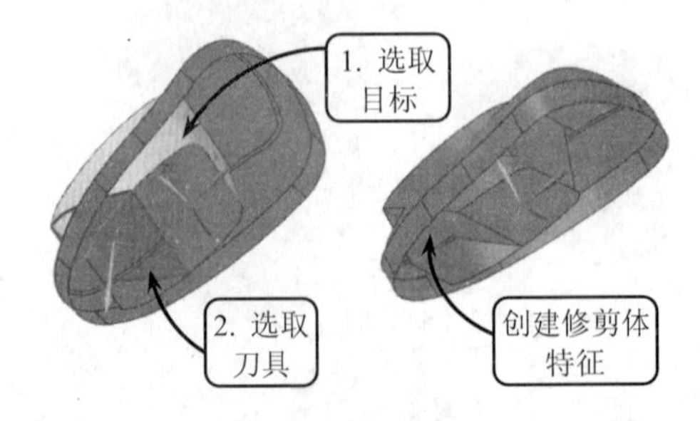

图 7-123 创建修剪体特征

24 继续利用修剪体工具分别选取如图 7-124 所示的面为目标和刀具。然后单击【确定】按钮，创建修剪体特征。

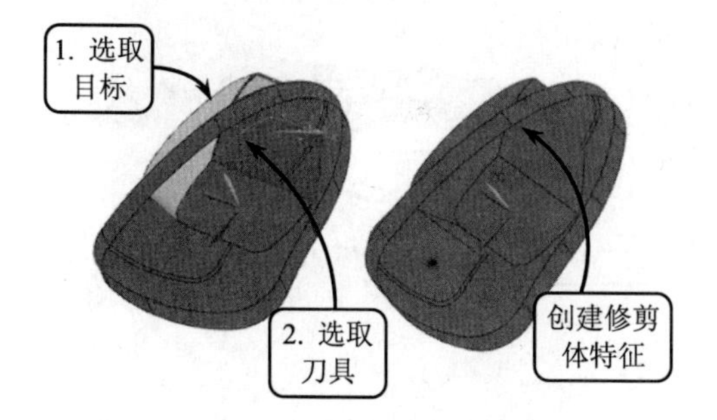

图 7-124 创建修剪体特征

25 单击【缝合】按钮，指定类型为"片体"。然后分别选取如图 7-125 所示的面为目标和刀具，并单击【确定】按钮，创建缝合特征。

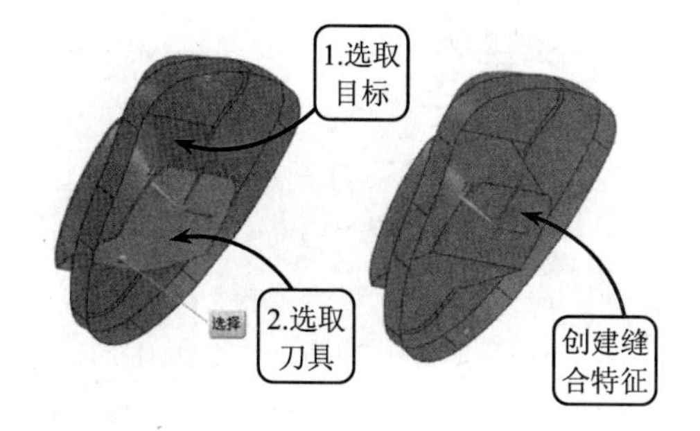

图 7-125 创建缝合特征

26 利用修剪体工具选取上一步创建的缝合片体为目标，并选取如图 7-126 所示的面为刀具。然后单击【确定】按钮，创建修剪体特征。

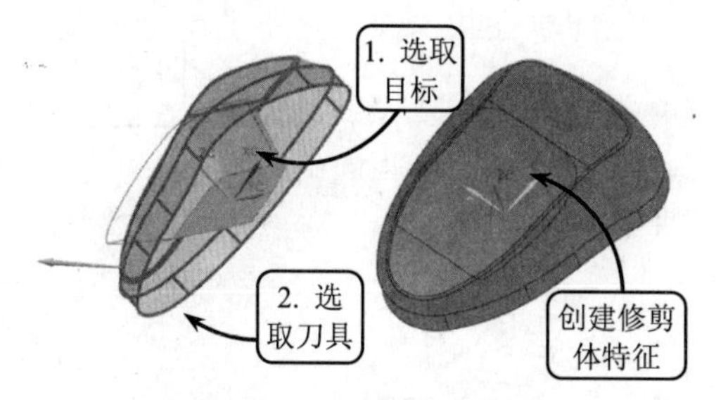

图 7-126 创建修剪体特征

27 利用修剪的片体工具选取读卡器上表面为目标，并选取如图 7-127 所示的封闭环形曲面为边界对象。然后设置修剪的片体参数，并单击【确定】按钮，创建修剪的片体特征。

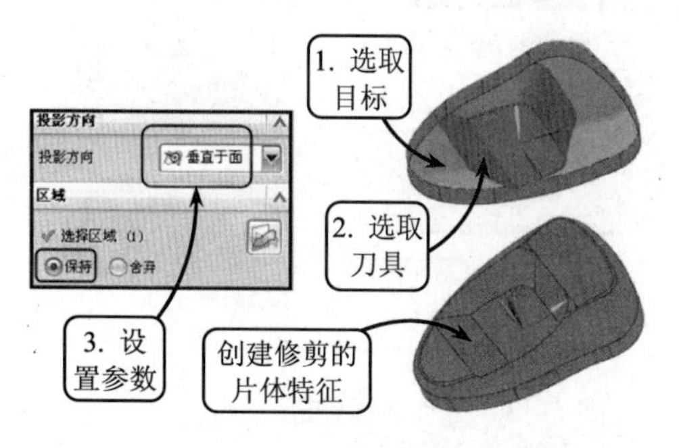

图 7-127 创建修剪的片体特征

28 利用缝合工具并指定类型为"片体"。然后分别选取如图 7-128 所示的曲面为目标和刀具，并单击【确定】按钮，创建缝合特征。

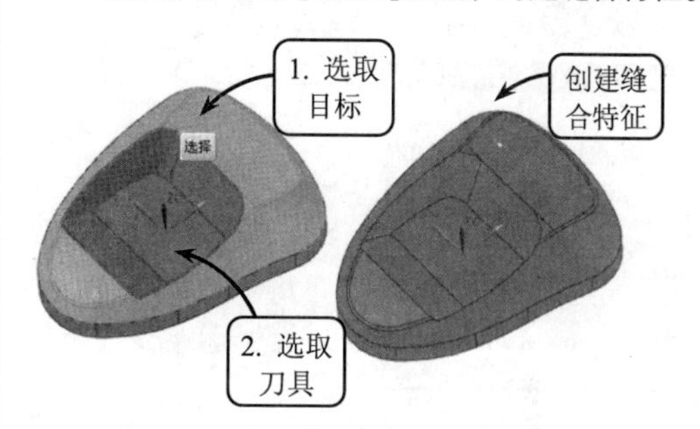

图 7-128 创建缝合特征

29 单击【边倒圆】按钮，并依次选取如图 7-129 所示的 5 条边为要倒圆的边。然后输入倒圆半径为"R2"，并单击【确定】按钮，创建边倒圆特征。

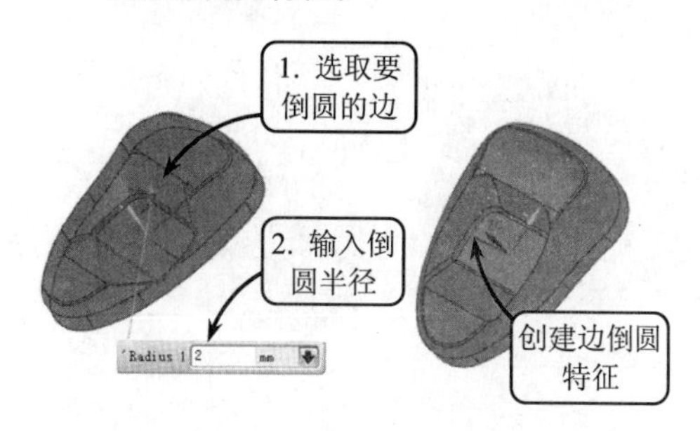

图 7-129 创建边倒圆特征

30 利用面倒圆工具并指定类型为"两个定义面

链”。然后分别选取如图 7-130 所示的两曲面为面链 1 和面链 2。接着设置面倒圆参数，创建面倒圆特征。

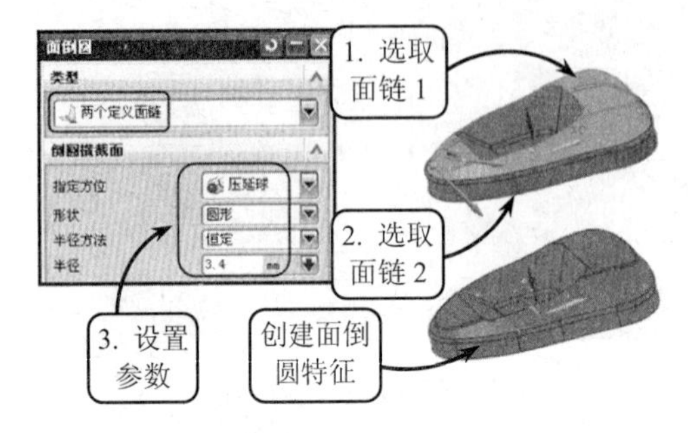

图 7-130 创建面倒圆特征

31 单击【偏置曲面】按钮，框选创建的读卡器所有曲面。然后设置偏置参数，并单击【确定】按钮，创建偏置曲面，效果如图 7-131 所示。

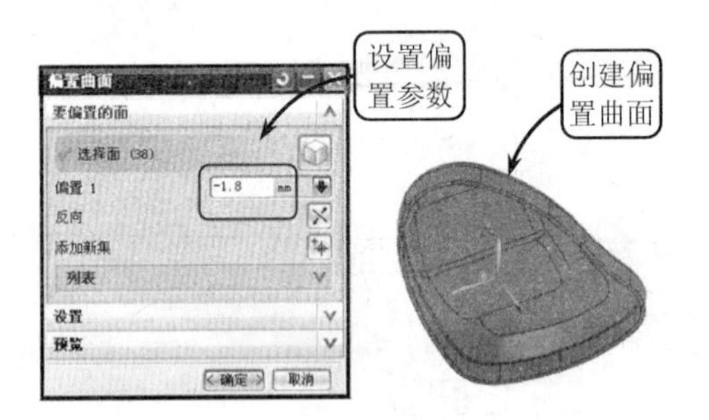

图 7-131 创建偏置曲面

32 利用边倒圆工具并依次选取如图 7-132 所示的边为要倒圆的边。然后输入倒圆半径为“R1”，并单击【确定】按钮，创建边倒圆特征。

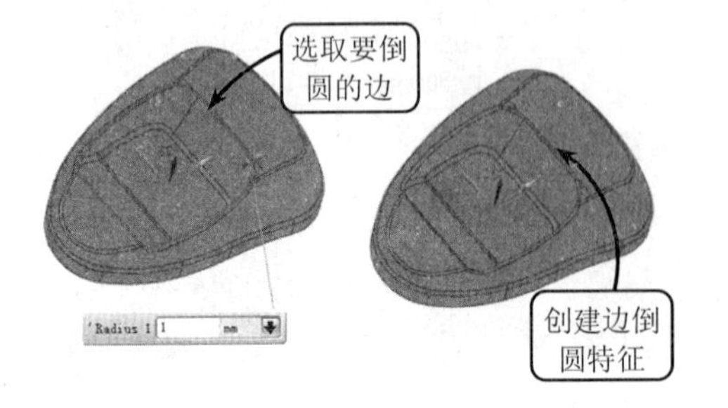

图 7-132 创建边倒圆特征

33 利用草图工具选取 XC-ZC 平面为草图平面。进入草绘环境后，利用直线工具按照如图 7-133 所示尺寸要求绘制直线。然后单击【完成草图】按钮退出草绘环境。

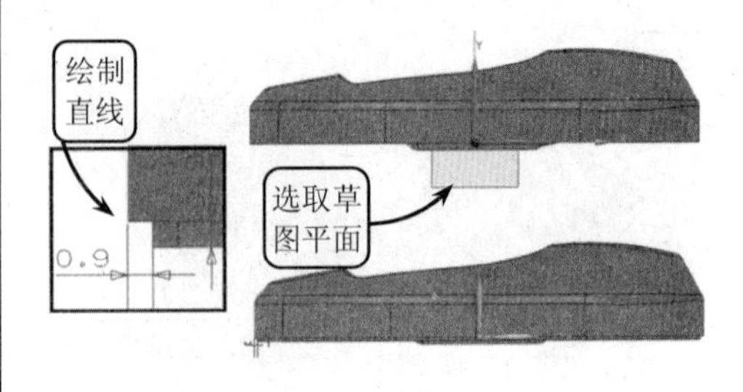

图 7-133 绘制直线

34 利用扫掠工具选取上一步绘制的直线为截面，并选取如图 7-134 所示的曲线为引导线。然后选择创建的体类型为“片体”，单击【确定】按钮，创建扫掠片体特征。

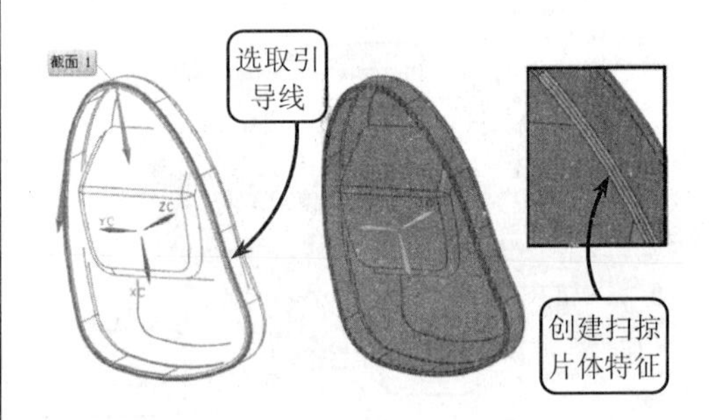

图 7-134 创建扫掠片体特征

35 利用缝合工具并指定类型为“片体”。然后选取读卡器的上表面为目标，并选取读卡器的下表面和扫掠片体两个曲面为刀具。接着单击【确定】按钮，创建缝合特征，效果如图 7-135 所示。

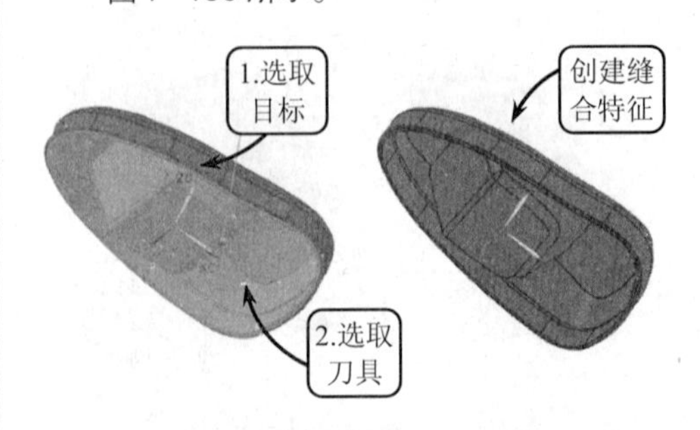

图 7-135 创建缝合特征

36 利用草图工具选取 XC-YC 平面为草图平

面。进入草绘环境后，利用直线工具按照如图 7-136 所示尺寸要求绘制草图。然后单击【完成草图】按钮退出草绘环境。

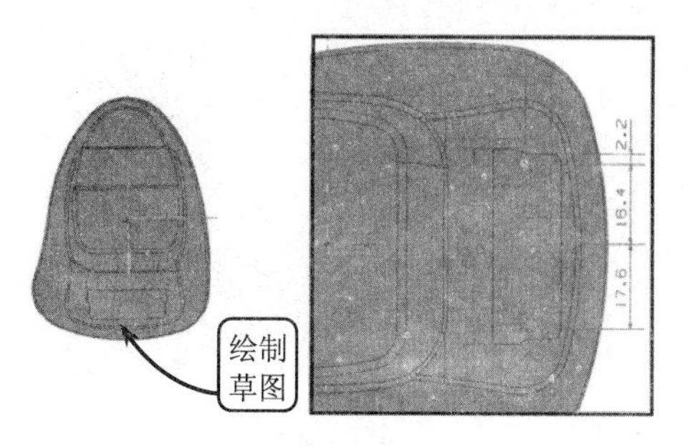

图 7-136 绘制草图

37 利用拉伸工具选取上一步绘制的草图为拉伸对象。然后按照如图 7-137 所示设置拉伸参数，并指定布尔运算方式为【求和】方式，创建拉伸实体特征。

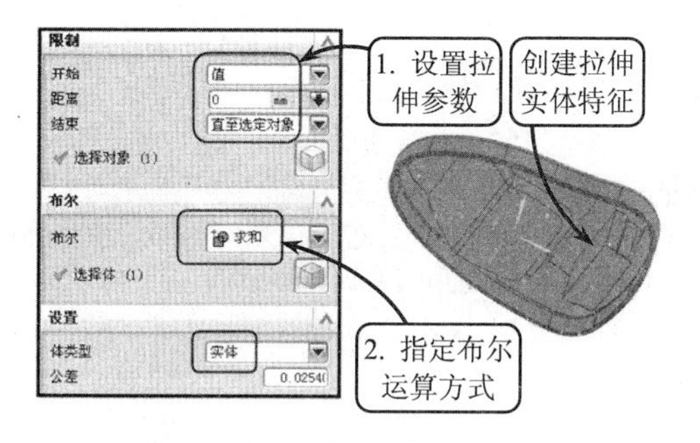

图 7-137 创建拉伸实体特征

38 单击【偏置曲线】按钮，指定类型为“距离”。然后选取第36步绘制的草图为要偏置的曲线，并输入偏置的距离为“-1.2”。接着单击【确定】按钮，创建偏置曲线特征，效果如图 7-138 所示。

39 利用拉伸工具选取上一步创建的偏置曲线为拉伸对象。然后按照如图 7-139 所示设置拉伸参数，并指定布尔运算方式为【求差】方式。接着单击【确定】按钮，创建拉伸切除实体特征。

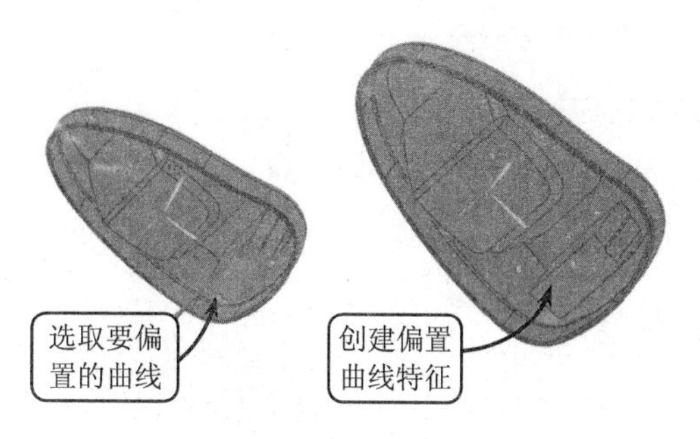

图 7-138 创建偏置曲线特征

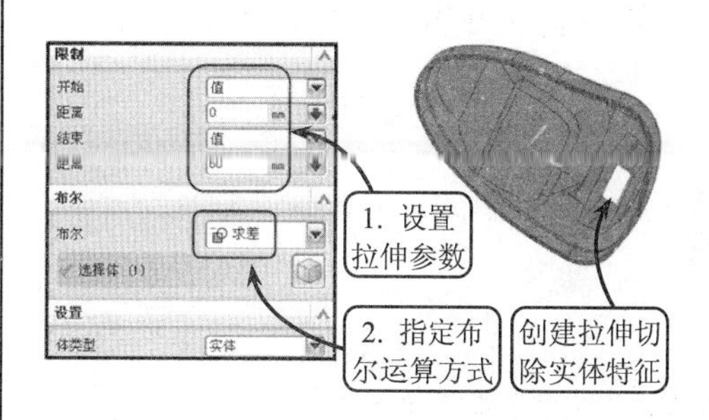

图 7-139 创建拉伸切除实体特征

40 利用边倒圆工具选取如图 7-140 所示的边为要倒圆的边。然后输入倒圆半径为“R0.5”，并单击【确定】按钮，创建边倒圆特征。

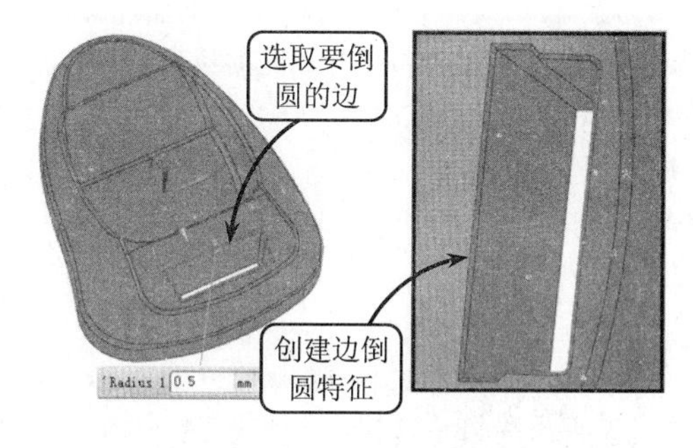

图 7-140 创建边倒圆特征

7.6 思考与练习

一、填空题

1. 在 UG NX 中，很多曲面都是由不同方向中大致的点或曲线来定义的。通常将 *U* 方向称为__________，*V* 方向称为__________。因此，曲面也可以看作是 *U* 方向的轨迹引导线对很多 *V* 方向的截面线做的一个扫描。

2. 在 UG NX 中常见的点创建曲面的方法有__________、__________和__________这 3 种方式。

3. __________方法可以通过一系列截面线串创建片体或者实体，且创建的曲面将贯穿所有截面，生成的曲面与截面线串相关联。

4. __________是将所选的曲面沿着该面的法向偏置点通过指定距离来生成一个新的曲面。

5. __________用于编辑样条和曲面的极点来改变曲面的形状，可以对曲面进行移动、旋转、缩放，以及平面化等操作。该工具常用于复杂曲面的局部变形操作。

二、选择题

1. __________是指将一组面或片体同时偏移一定的距离生成无自相交、陡峭边或拐角的平滑过渡的片体。

A．桥接曲面　　B．偏置曲面
C．大致偏置曲面　　D．熔合曲面

2. 延伸曲面是指从现有的基本片体上进行延伸，以生成一个曲面。它主要用于扩大曲面片体，通常采用近似方法建立。其中__________方式是指沿片体的法线方向延伸，从而生成一个新的曲面。

A．相切　　B．垂直于曲面
C．有角度的　　D．圆形

3. __________是一种动态修改曲面的方式，其通过选择不同的方位进行相应的拉长、折弯、歪斜、扭转和位移等操作。

A．X 成形　　B．扩大曲面
C．片体变形　　D．等参数修剪

三、问答题

1. 简述创建直纹曲面的操作方法。
2. 简述创建样式圆角曲面的操作方法。
3. 简述等参数修剪和分割的操作方法。

四、上机练习

1. 创建玩具车前脸

本练习创建玩具车前脸的外曲面轮廓，效果如图 7-141 所示。此曲面轮廓是玩具车身的一部分，主要由前挡板、上挡板和侧轮瓦三部分组成，其中上挡板和前挡板已经设计为流线型的整体车身，这主要是为了让高速运动时的车身保持平稳性，更好地提高轮子的抓地性。

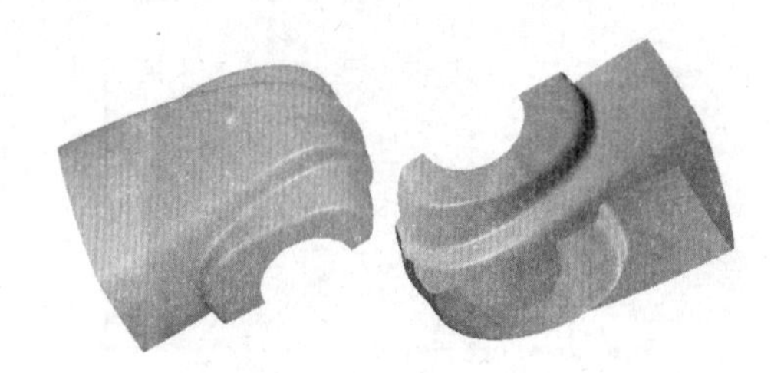

图 7-141　玩具车前脸外曲面效果

要创建该曲面特征，可以分为创建主体曲面轮廓和修饰轮廓曲面这两个步骤。首先利用艺术曲面、样式圆角和修剪的片体工具创建一半曲面。然后利用镜像体工具将合成曲面对称复制，最后再利用投影曲线和修剪片体的工具修饰曲面即可。

2. 创建花瓶

本练习创建花瓶曲面模型，效果如图 7-142 所示。花瓶是日常生活中最常用的用品，为表现更真实的花瓶效果，可以采用构造曲线，然后使用曲面工具获得曲面效果。

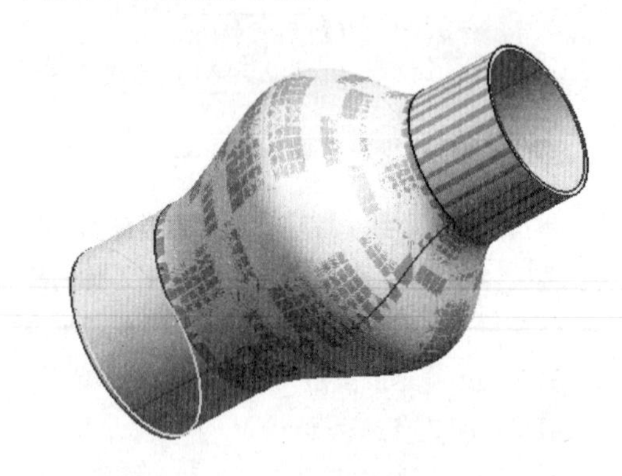

图 7-142　创建的花瓶模型

要创建该花瓶模型，首先利用以上章节介绍的曲线工具构造花瓶曲面的一半基本框架，然后使用直纹面工具获得曲面特征。执行这些操作后可以利用镜像体、加厚和求和等特征操作工具完成花瓶实体的创建。

第 8 章

数控加工

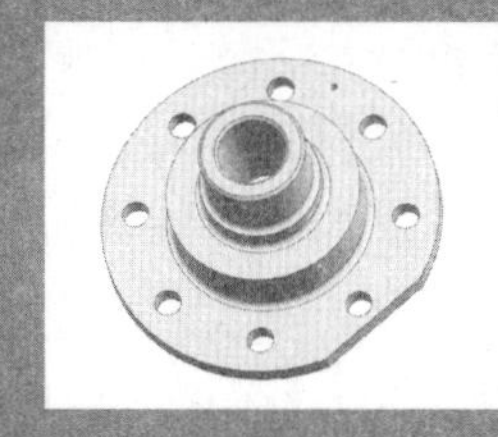 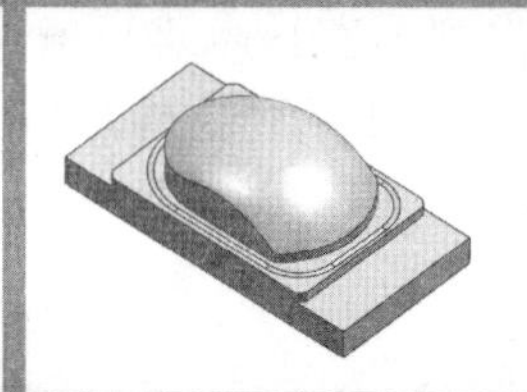 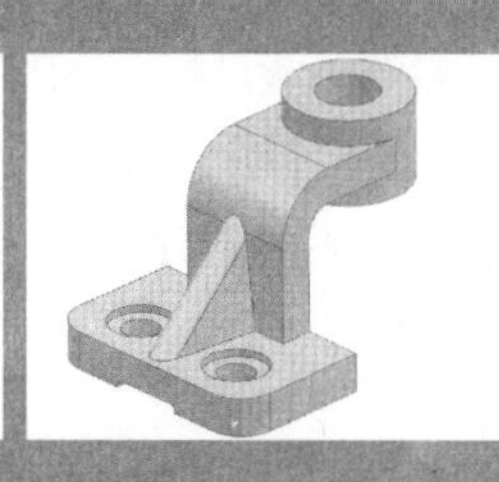 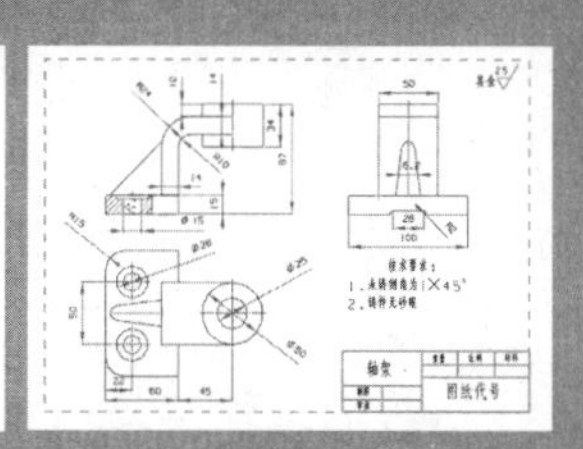

数控技术是利用数字化的信息对机床运动及加工过程进行控制的一种方法，是用数字、文字和符号组成的数字指令来实现一台或多台机械设备动作控制的技术，是发展数控机床和先进制造技术的最关键技术。数控机床作为数控技术实施的重要装备，是提高加工产品质量，提高加工效率的有效保证和关键，而数控加工就是泛指在数控机床上进行零件加工的工艺过程。使用 UG NX 软件提供的 CAM 功能可以根据新的 CAD 数据进行加工规划，快速、精确地获得 NC 程序，避免了制造部门与设计部门之间由于缺乏交流而导致的产品缺陷，这也将极大地提高产品的设计速度和质量。

本章主要介绍 UG 编程的基本操作及相关加工工艺知识，并详细介绍使用 UG NX 7 进行数控加工设计的方法和技巧。

本章学习要点：

- 了解数控加工的基础知识
- 了解数控编程的方法和流程
- 熟悉 UG NX 7 的操作环境
- 掌握数控加工的基本操作方法

8.1 数控加工入门

数控技术涉及到计算机辅助设计和制造技术等多方面的关键技术，是当今世界制造业中的先进技术之一。因此在使用 UG NX CAM 进行数控编程之前，了解数控加工的基础知识和 UG NX CAM 模块的内容，以及熟悉 UG NX CAM 的操作环境是极其必要的。

8.1.1 数控加工基础知识

数控技术是用数字化信号对设备的工作过程实现自动控制的一门技术，简称数控。数控技术综合运用了微电子、计算机、自动控制、精密检测、机械设计和机械制造等技术的最新成果，通过程序来实现设备运动过程和先后顺序的自动控制，位移和相对坐标的自动控制，速度、转速及各种辅助功能的自动控制。

1. 数控加工优点

采用数控加工手段，解决了机械制造中常规加工技术难以解决甚至无法解决的单件、小批量，特别是复杂型面零件的加工，并且加工的稳定性和精度都会得到很大的保证。先进的数控加工技术是一个国家制造业发达的标志。总体上说，数控加工与传统加工相比具有以下优点。

❑ 加工效率高

利用数字化的控制手段可以加工复杂的曲面，并且加工过程是由计算机控制的，所以零件的互换性强，加工速度快。

❑ 加工精度高

同传统的加工设备相比，数控系统优化了传动装置，提高了分辨率，降低了人为和机械误差，因此加工的效率得到了很大的提高。

❑ 劳动强度低

由于采用了自动控制的方式，切削过程是在数控程序的控制下完成的，不像原来的传统加工，需要利用手工操作机床完成加工。因此，在数控机床工作时，操作者只需要监视设备的运行状态即可，劳动强度低。

❑ 适应能力强

数控机床在程序的控制下运行，通过改变程序即可改变所加工产品的样式。产品的改型快且成本低，因此加工的柔性非常高，适应能力也强。

❑ 加工环境好

数控加工机床是集机械控制、强电控制和弱电控制为一体的高科技产物，通常都有很好的保护措施，工人的操作环境相对较好。

2. 数控机床介绍

数控机床是采用计算机控制的高效自动化加工设备，而数控程序则是数控机床运动与工作控制的依据，因此可以说数控机床是一种装了过程控制系统的机床，是典型的机电一体化的产品，该系统能逻辑地处理具有使用号码或其他符号编码指令规定的程序。

❑ 数控机床的构成和工作原理

数控机床主要由控制介质、数控装置、伺服系统、辅助装置和机床本体组成，如图 8-1 所示。其中，控制介质用于记载各种加工信息；数控装置是数控机床的运算和控制系统，也是数控机床的核心；伺服系统及位置测量装置由伺服驱动电动机和伺服驱动装置组成，是数控系统的执行部分；辅助装置包括自动换刀、转位和夹紧等装置；机床本体包括主运动部件、进给运动执行部件及其传动部件和床身立柱等支承部件。

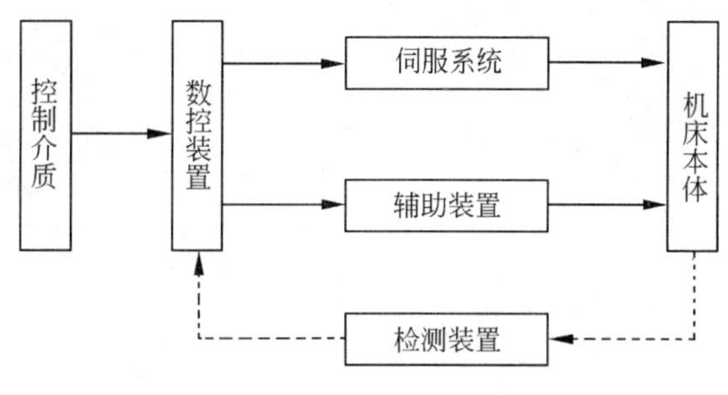

图 8-1 数控机床的基本构成

使用数控机床加工零件时，首先应根据零件图纸制定加工方案，然后将图纸要求变成数控装置能接收的信息代码，即编制零件的加工程序，这是数控机床的工作指令。接着将加工程序输入到数控装置，再由数控装置控制机床主运动的变速、启停、进给的方向、速度和位移量，以及其他如刀具选择更换、工件的夹紧松开、冷却润滑的开关等动作，使刀具与工件及其他辅助装置严格地按照加工程序规定的顺序、轨迹和参数进行工作，从而加工出符合要求的零件。

❑ 数控机床的分类

在实际生产和设计过程中，数控机床可以根据多种方式进行分类，其中最常用的分类方法即按工艺用途分类和运动控制方式分类。

➢ 按工艺用途分类

数控机床可分为数控车床、数控铣床、数控钻床、数控磨床、数控镗铣床、数控齿轮加工机床、数控电火花加工机床、数控线切割机床、数控冲床、数控剪床、数控激光加工机和数控液压机等各种工艺用途的数控机床，如图 8-2 所示。

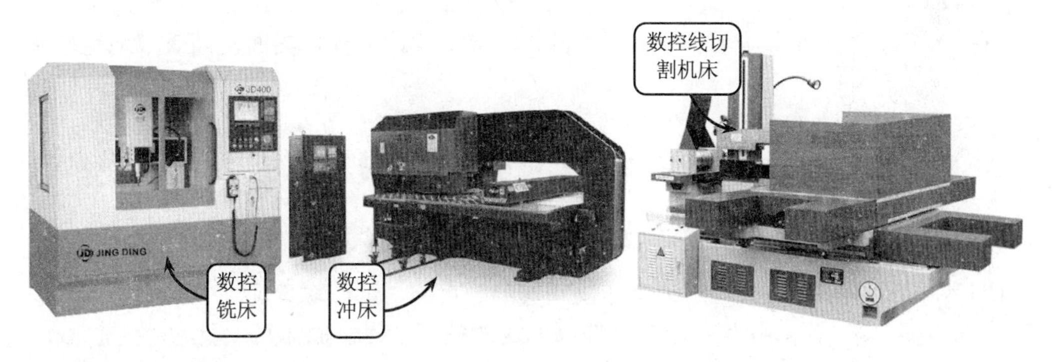

图 8-2 数控机床实例

➢ 按运动控制方式分类

数控机床可分为点位控制、直线控制和轮廓控制 3 种，如图 8-3 所示。其中轮廓控制数控机床（又称连续控制数控机床）的特点是不管数控机床有几个控制轴，其中任意两个或两个以上的控制轴能实现联动控制，从而实现轨迹控制。根据联动轴的数量可分成 2 轴联动、3 轴联动和多轴联动数控机床。

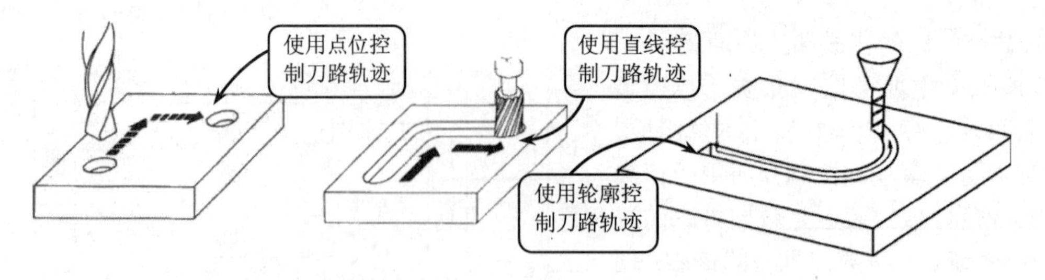

图 8-3 数控机床运动控制方式

8.1.2 UG NX CAM 模块简介

UG NX CAM 是整个 UG 系统的一个主要模块。该模块是以三维主模型为基础的，不仅功能非常强大，而且使用自动编程方式操作简便，可以轻松地编制各种复杂零件的数控加工程序。

该模块最大的特点就是生成的刀具轨迹合理、切削负载均匀、适合高速加工。另外，在加工过程中的模型、加工工艺和刀具管理均与主模型相关联。主模型更改设计后，相应的编程只需重新计算即可，所以 UG 编程的效率非常高。

1. UG NX CAM 加工特点

UG NX 数控加工能力非常强大，不仅能够生成可靠、准确的刀具路径，而且可在交互式图形模式下编辑刀具路径，观察刀具的运动过程，并进行相应的加工模拟。此外还可以让 NC 程序设计师随心所欲地设计出更有效率的加工程序。UG NX CAM 提供了多种加工类型，用于各种机械零件的粗、精加工，其具有以下特点。

❑ **提供可靠、精确的刀具路径**

UG NX CAM 可以直接在实体及曲面上生成可靠、精确的刀具路径。良好的用户界面，多种走刀方式，可以让用户根据设计的需要建立不同的操作界面，高效率地完成各种刀具路径。

❑ **刀具使用没有限制**

UG NX CAM 提供完整的刀具库，这样可使新用户充分利用资深编程人员的经验设计优良的刀具路径，并可以根据设计的需要自定义刀具库。

❑ **多种走刀方式**

UG NX CAM 在切削类型中提供往复式切削、单向切削、螺旋切削、沿边切削和多层切削等多种走刀方式，并且在固定轴曲面的轮廓铣削中提供曲线与点驱动、螺旋驱动、边界驱动、曲面驱动和径向驱动等多种驱动方式。

❑ **设置不同的切削深度**

为了给半精和精加工留有均匀的加工余量，同时也为了提高加工的效率，用户可以根据零件的形状特征、加工区域的不同高度在各个加工阶段设置不同的切削深度。

❑ **多种进、退刀方法**

UG NX CAM 为了满足不同的加工需要，提供了直线、折线和圆弧等多种进、退刀方法。同时可以在不同的加工区域设置不同的进刀点和预钻孔位置。

2. UG NX CAM 加工类型

UG 提供了强大的默认加工环境，也允许用户自定义加工环境。用户在创建加工操作的过程中可以继承加工环境中已定义的参数，而不必在每次创建新的操作时重新定义。加工基础模块中包含以下几种加工类型。

- ❑ **点位加工** 可产生点钻、扩、镗、铰和攻螺纹等操作的刀具路径。
- ❑ **平面铣** 用于平面轮廓或平面区域的粗、精加工。刀具平行于工件表面进行多层铣削。
- ❑ **型腔铣** 用于型腔轮廓或区域的粗加工。它根据型腔的形状将要切除的部位在深度方向上分成多个切削层进行层切削，且每个切削层可以指定不同的切削深度。切削时刀轴与切削层平面垂直。
- ❑ **固定轴曲面轮廓铣削** 它将空间的驱动几何投射到零件表面上，驱动刀具以固定轴形式加工曲面轮廓，主要用于曲面的半精加工和精加工操作。
- ❑ **可变轴曲面轮廓铣** 与固定轴铣相似，只是在加工过程中该方式的刀轴可以摆动，能满足一些特殊部位的加工需要。
- ❑ **顺序铣** 用于连续加工一系列相接表面，并对面与面之间的交线进行清根加工。
- ❑ **车削加工** 车削加工模块提供了加工回转类零件所需的全部功能，包括粗车、精车、切槽、车螺纹和打中心孔。
- ❑ **线切割加工** 线切割加工模块支持线框模型的程序编制，提供了多种走刀方式，可以进行 2～4 轴线切割加工操作。

3. UG NX CAM 应用领域

UG NX CAM 系统可以提供全面的、易于使用的功能，以解决数控刀轨的生成、仿真加工和加工验证等问题。其不但可以支持多级化的不同模块选择，以满足客户的需要，而且还可以方便地采用不同的配置方案来更好地满足其特定的工业需求，主要包括以下 4 类应用领域。

❑ **汽车模具**

UG NX CAM 系统强大的铣削功能对于加工注塑模具、铸造模具和冲压模具都极为合适。

❑ **航空航天**

在航空航天工业中，制造飞机机身和涡轮发动机的零部件都需要多轴加工的能力，UG NX CAM 系统可以很好地满足这些需求。

❑ **日用消费品/高科技产品**

UG NX CAM 系统可以直接满足日用消费品和高科技产品制造商对注塑模具加工制造的需要。另外，它还支持对小面片几何体（STL 模型）的直接加工，可以帮助用户快速地将原型转化为模具。

❑ **通用机械**

UG NX CAM 系统为通用机械工业提供了多种专业的解决方案，比如高效率的平面铣削、针对铸造件及焊接件的精细加工，以及大批量的零部件车加工和钻孔加工。

8.1.3 UG NX 7 加工环境

UG 加工环境是指进入 UG 的制造模块后进行编辑作业的软件环境。在学习使用 UG NX CAM 编程时，除了了解以上章节介绍的基础知识以外，以下的工作就是使用该模块功能完成各项数控编程任务。学习任何一个应用软件模块之前需要掌握进入该模块的方法，并且还需要熟悉编程界面和加工环境。

1. 切换至加工模块

CAM 会话配置用于选择加工所使用的机床类别，CAM 设置即在制造方式中指定加工设定的默认值文件，也就是要选择一个加工模板集。选择模板文件将决定加工环境初始化后可以选用的操作类型，也决定在生成程序、刀具、方法和几何体时可选择的父节点类型。

图 8-4 【加工环境】对话框

在 3 轴的数控铣编程中最常用的设置为 CAM 会话配置，无论现有操作环境是建模还是装配等模块环境，都可在【标准】工具栏中单击【开始】按钮，然后在展开的菜单中选择【加工】选项，打开【加工环境】对话框，如图 8-4 所示。选择该对话框中加工类型，接着单击【确定】按钮，即可进入对应的 CAM 操作环境。

其中最常用的加工方式有以下几种。

- 平面加工（**mill_planar**） 主要加工模具或零件中的平面区域。
- 轮廓加工（**mill_contour**） 根据模具或零件的形状进行加工，包括型腔铣加工、等高轮廓铣加工和固定轴区域轮廓铣加工等。
- 点位加工（**drill**） 在模具中钻孔，使用的刀具为钻头。
- 线切割加工（**wire_edm**） 在线切割机上利用铜线放电的原理切割零件或模具。
- 多轴加工（**mill_multi-axis**） 在多轴机床上利用工作台的运动和刀轴的旋转实现多轴加工。

提 示

除了上述在当前环境中进入加工环境的方法以外，还可以直接使用 Ctrl+Alt+M 组合键打开【加工环境】对话框，并在该对话框中选择加工类型进入相应的操作环境。或者新建加工文件，同样可进入相应的加工环境。

2. UG NX 7 数控加工界面

无论是新建加工文件还是切换至【加工】模块，系统将进入数控编程操作环境。如果想灵活使用该模块进行数控编程，这就需要首先熟悉该操作界面，如图 8-5 所示。

UG NX CAM 工作界面与其他操作界面一样，都可以根据需要进行定制，即按照个人喜好及操作习惯进行设定，例如工具栏的内容和位置，并且打开的对话框可在屏幕的任意位置移动。在该操作环境中主要通过菜单栏选项和工具栏按钮执行数控编程操作，并利用加工操作导航器辅助进行编程操作。

❑ 菜单栏

主菜单包含了 UG NX 7 软件所有主要的功能。它是一种下拉式菜单，单击主菜单栏中任何一个功能时，系统将会弹出下拉菜单。

❑ 工具栏

工具栏以简单直观的按钮来表示每个工具的作用，单击任一按钮可以启动相应的 UG 软件功能。工具栏可以在屏幕上任意位置放置，并且拖动至屏幕边缘将被系统自动吸附。且当工具栏按钮灰显时，表示该工具在当前工作环境下不能使用。

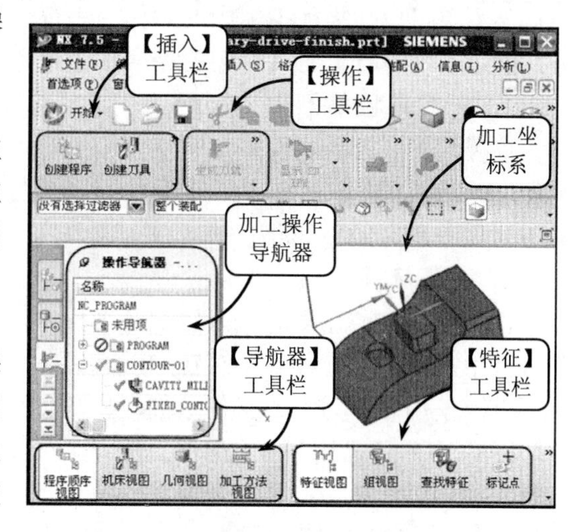

图 8-5 UG NX CAM 操作环境

该操作环境中使用的工具栏名称和类型如表 8-1 所示。

表 8-1 加工操作环境常用工具栏类型介绍

工具栏名称	工 具 类 型
标准	该工具栏中包含了打开所有模块、新建文件或打开文件、保存文件和撤销等操作工具按钮
视图	包含了产品的显示效果和视角等工具按钮
插入	该工具栏提供新建数据的模板，可以创建操作、程序组、刀具、几何体和方法
操作	该工具栏提供与刀位轨迹有关的功能，方便用户针对选取的操作生成其刀位轨迹，或者针对已生成刀位轨迹的操作进行编辑、删除、重新显示或切削模拟。此外，该工具栏也提供对刀具路径的操作，如输出 CLSF 文件、后置处理或车间工艺文件的生成等
导航器	该工具栏提供已创建资料再重新显示功能，被选择的选项将会显示于导航窗口中。其中显示视图的类型有程序顺序视图、加工方法视图和几何视图等

❑ 加工操作导航器

操作导航器是各加工模块的入口位置，是让用户管理当前零件的操作及加工参数的一个树形界面。在 UG NX CAM 中，操作导航器是一个非常重要的功能，使用该导航器可以完成加工的大部分工作。

在编程主界面左侧单击【操作导航器】按钮即可在编程界面中显示操作导航器，如图 8-6 所示。操作导航器以树形结构显示程序、加工方法、几何对象和刀具，以及相应的从属关系等。最顶层的层组称为父节点，而父节点下的节点称为子节点，并且子节点的参数数据继承于它的父节点。

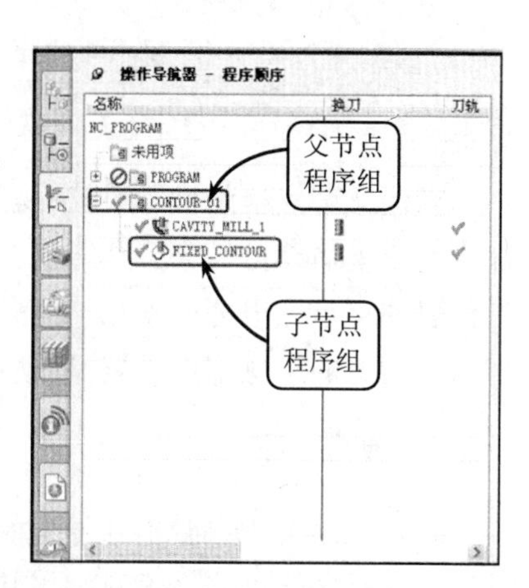

图 8-6 操作导航器

在操作导航器中的空白处右击，打开快捷菜单，通过该菜单可以切换加工视图或对程序进行相应的编辑等。操作导航器提供 4 种视图，分别通过【导航器】工具栏中的相应按钮进行视图切换，介绍如下。

➢ **程序顺序视图**

该视图模式管理操作决定了操作输出的顺序，即按照刀具路径的执行顺序列出当前零件中的所有操作，并显示每个操作所属的程序组和其在机床上执行的顺序。每个操作的排列顺序决定了后处理的顺序和生成刀具位置源文件（CLSF）的顺序。

➢ **机床视图**

机床视图按照切削刀具来组织各个操作，其中列出了当前零件中存在的所有刀具，以及使用这些刀具的操作名称，如图 8-7 所示。其中【描述】列中显示当前刀具和操作的相关信息，并且每个刀具的所有操作显示在刀具的子节点下面。

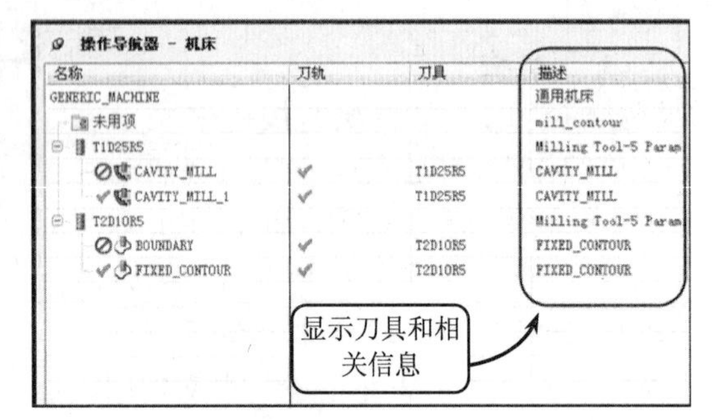

图 8-7　机床视图

➢ **几何视图**

几何视图中显示了当前零件中存在几何组的坐标系，以及这些几何组和坐标系的操作名称，且这些操作位于几何组和坐标系的子节点下面。

此外，相应的操作将继承该父节点几何组和坐标系的所有参数。操作必须位于设定的加工坐标系的子节点下方，否则后处理的程序将会出错。

➢ **加工方法视图**

加工方法视图显示了当前零件中存在的加工方法，例如粗加工、半精加工、孔等，以及使用这些方法的操作名称等信息。

提　示

在操作导航器中，文件名称前方有符号“💡”，表示此操作一切正常,可显示、编辑或后处理成 NC 程序；文件名称前方有符号“⊘”，表示此操作内无刀具路径或图素已被更改而尚未重新产生；文件名称前方有符号“✔”，表示此操作已后处理成 NC 程序。

8.2　创建父节点组

创建父节点组是执行数控编程的第一环节，也是非常关键的一环节，这是因为在该操作环节中需要定义父节点组包含的程序、刀具、方法和几何体这 4 部分数据内容。通过创建的父节点组可存储加工信息（如刀具数据、进给速率和公差等信息），凡是在父节点组中指定的信息都可以被操作所继承。

1. 创建程序

程序组主要用来管理各加工操作和排列各操作的次序。在加工操作很多的情况下，使用程序组来管理程序将显得极其方便。例如要对整个零件的所有操作（包括粗加工、半精加工和精加工等）进行后处理，直接选择这些操作所在的父节点程序组进行后处理即可。另外，在程序视图中合理地组织各操作可在一次后处理中输出多个操作。

在【导航器】工具栏中单击【程序顺序视图】按钮可将当前操作导航器切换至程序顺序操作导航器。然后在【插入】工具栏中单击【创建程序】按钮，打开【创建程序】对话框。此时按照如图 8-8 所示的步骤创建程序父节点，新创建的节点将显示于导航器中。

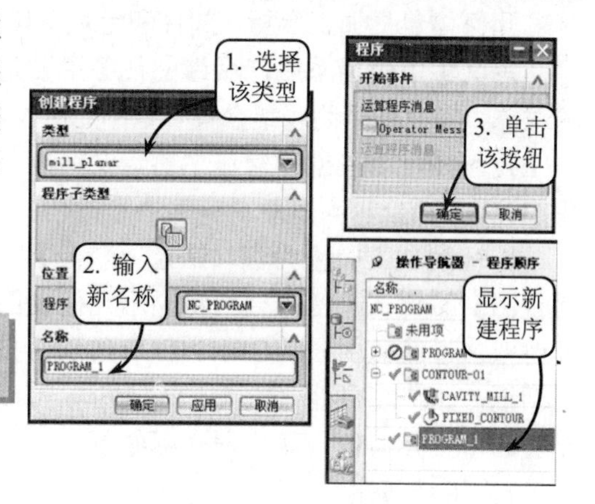

图 8-8　创建程序父节点组

注　意

在指定新创建的程序名称时不能使用数字，只能使用字母，并且字母之间不能有空格。

2. 创建加工坐标系

加工坐标系是指定被加工的几何体在数控机床中的加工工位，即加工坐标系 MCS，采用右手直角笛卡尔坐标系。该坐标系的原点称为对刀点，大拇指的方向为 X 轴的正方向，食指方向为 Y 轴的正方向，中指方向为 Z 轴的正方向，如图 8-9 所示。

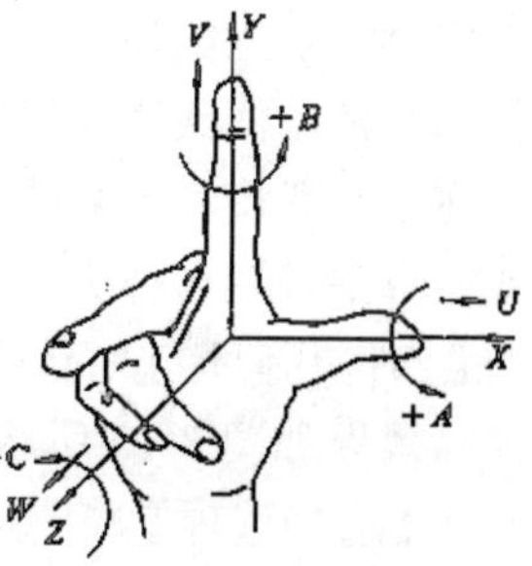

图 8-9　右手直角笛卡尔坐标系

建立数控加工坐标系是为了确定刀具或工件在机床中的位置、机床运动部件的位置及其运动范围。统一规定数控加工坐标系中各轴的含义及其正负方向可以简化程序编制，并使所编写的程序具有互换性。

在【导航器】工具栏中单击【几何视图】按钮，操作导航器中将显示坐标系按钮。然后双击按钮，并在打开的 Mill Orient 对话框中设置安全距离参数。接着按照如图 8-10 所示的步骤定义加工坐标系。

单击【CSYS 对话框】中的按钮将打开 CSYS 对话框。此时，绘图区中的加工坐标系也将动态显示，可以直接拖动坐标系控制点进行定义，也可以选择其中一种坐标系的构造方法来创建新的加工坐标系。

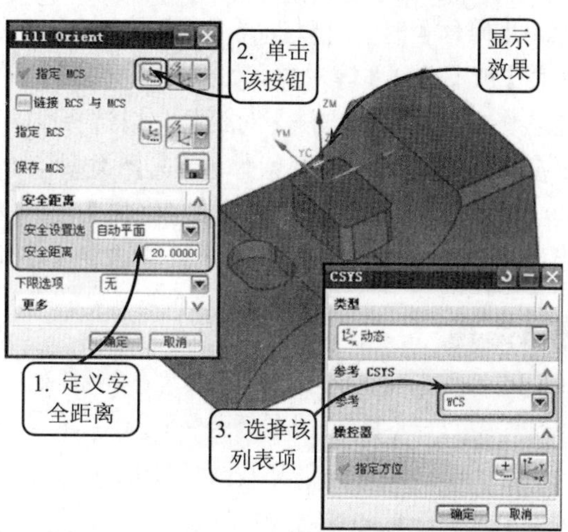

图 8-10　定义加工坐标系

提　示

坐标系是加工的基准，须将坐标系定位于适合机床操作人员确定的位置，同时保持坐标系的统一。机床坐标一般在工件顶面的中心位置，所以创建机床坐标时最好先完成当前坐标的设置，然后在 CSYS 对话框内选择参考 CSYS 面板中的 WCS 列表项。

3. 创建几何体

几何体包括加工坐标、部件和毛坯，其中加工坐标属于父级，部件和毛坯属于子级。

定义加工坐标系后，后续的任务主要是定义要加工的几何对象，其中包括毛坯结合体、零件几何体和检查几何体等。加工几何体可以在创建操作之前定义，也可以在创建操作过程中分别指定。

以铣削加工类型为例，在【导航器】工具栏中单击【几何视图】按钮，资源栏中将显示几何视图对应的导航器。此时双击导航器中的WORKPIECE选项将打开【铣削几何体】对话框，如图8-11所示。在该对话框中可以单击相应的按钮定义和检查几何体，现分别介绍如下。

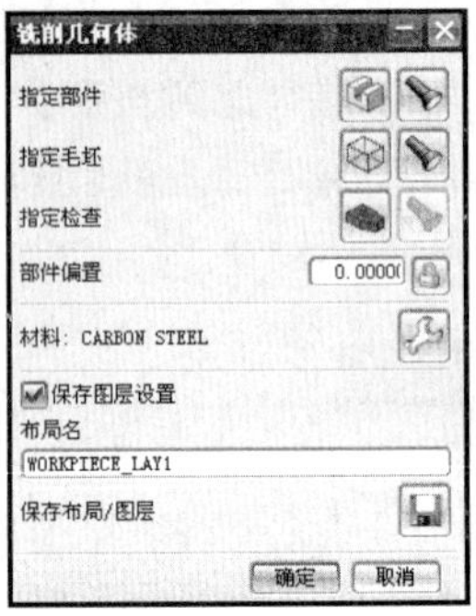

图 8-11 【铣削几何体】对话框

1）指定部件

部件几何体是加工后所保留的材料。其中，在平面铣和型腔铣中部件几何体表示零件加工后得到的形状；在固定轴铣和变轴铣中部件几何体表示零件上要加工的轮廓表面。另外，部件几何体和边界共同定义切削区域，且可以选择实体、片体、面或表面区域等作为部件几何体。

在【铣削几何体】对话框中单击【选择或编辑部件几何体】按钮。然后在打开的【部件几何体】对话框中指定部件几何体，效果如图8-12所示。

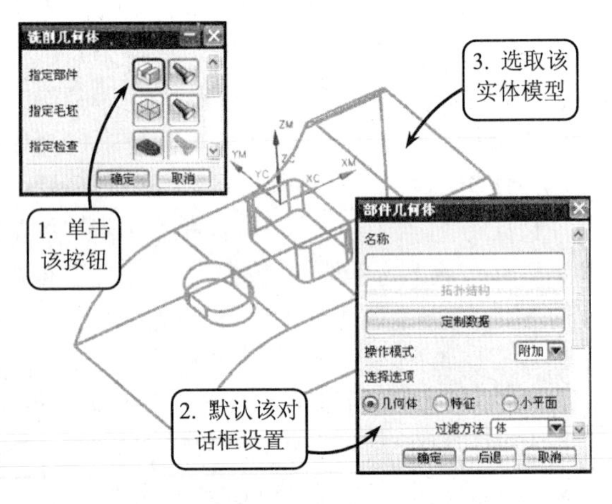

图 8-12 指定部件几何体

在【选择选项】选项组中指定选取对象的类型，包括几何体、特征和小平面3种类型。此外，可在【过滤方法】列表框中限制可选几何对象的类型。当选择类型为【几何体】时，可以选择【体】、【小平面体】或【曲线】等对象，如选择【更多】选项将打开【选择方法】对话框，以选择更多的类型作为加工几何体；当选择类型为【特征】时，只能选择【曲面区域】；当选择类型为【小平面】时，只能选择【小平面体】作为加工几何体。

提　示

在操作之前定义的加工几何体可以为多个操作使用，但在操作过程中指定的加工几何体只能为该操作所使用。如果该加工几何体要为多个操作使用，则必须在创建操作之前定义，并作为创建操作的父节点。

2）指定毛坯

毛坯几何体为加工前尚未被切除的材料，使用实体方式进行选取。定义毛坯的方法与定义几何体的方法基本相同。

单击【选择或编辑毛坯几何体】按钮将打开【毛坯几何体】对话框。在打开的对话框中选择【自动块】单选按钮，右侧将显示自动块箭头，如图 8-13 所示。

毛坯几何体的定义方法和部件几何体的定义方法一样，但【毛坯几何体】对话框有两个特有单选按钮，即【自动块】和【部件的偏置】单选按钮。其中选择【自动块】单选按钮，系统将自动地以铣削几何体在加工坐标系（MCS）中的极值来确定一个方块几何体作为毛坯几何；选择【部件的偏置】时，可加工一些铸件，其特征是以铣削几何体所有平面的均匀余量为毛坯几何。

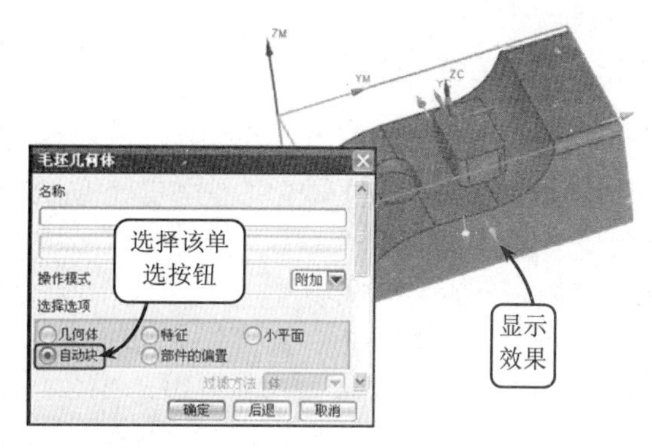

图 8-13　指定毛坯几何体

3）指定检查

检查几何体用于定义在加工过程中刀具要避开的几何对象，可以定义为检查几何对象的有零件侧壁、凸台或装夹零件的夹具等。

单击【选择或编辑检查几何体】按钮将打开【检查几何体】对话框。该对话框中各个选项的使用方法同定义部件的几何体相同，这里不再赘述。

4．创建刀具

在加工过程中，打开需要编程的模型并进入编程界面后，首要的工作就是创建加工过程中所需的全部刀具。刀具是从毛坯上切除材料的工具，因此在创建操作之前必须创建刀具或从刀具库中选取刀具，否则将无法进行后续的编程加工操作。

在【插入】工具栏中单击【创建刀具】按钮将打开【创建刀具】对话框。然后在该对话框中指定刀具的类型，并输入刀具的名称。接着单击【确定】按钮，打开刀具参数对话框，分别设置输入刀具直径及其他参数，如图 8-14 所示。

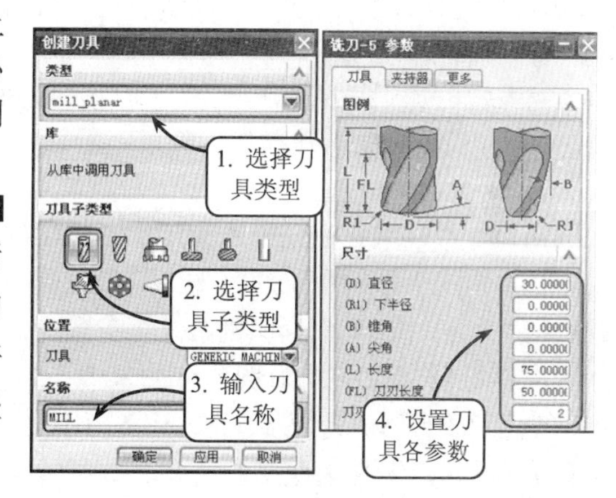

图 8-14　【创建刀具】对话框

在【刀具】选项卡中可设置刀具的各个参数，其中包括刀具直径、下半径、锥角和刀刃长度等参数；在【夹持器】选项卡中可以创建一个刀柄，并且可以在屏幕上以图形的方式显示出来。定义刀柄的目的是在刀具运动过程中检查刀柄是否与零件或夹具碰撞。

提　示

在定义刀具参数时，只需要设置刀具的直径和下半径即可，并且在输入刀具名称时只需要输入小写字母，系统将会自动将字母转为大写状态。

5. 定义加工余量

在执行数控编程的加工过程中，当零件的加工质量要求较高时，为了合理地使用设备，并及时发现毛坯的缺陷，应将整个数控加工过程划分为几个阶段，并且对各个加工阶段指定相应的部件余量。

1）划分加工阶段

在定义加工阶段时，通常划分为粗加工、半精加工和精加工 3 个阶段。如果零件的精度要求很高，还需要安排专门的光整加工阶段。必要时，如果毛坯表面比较粗糙，余量也较大，还需要安排先进行初始基准加工或其他方式加工。

❑ **粗加工阶段**

粗加工阶段是为了去除毛料或毛坯上的大部分余量，使毛料或毛坯在形状和尺寸上基本接近零件的成品状态。这个阶段最主要的问题是如何获得较高的生产效率。

❑ **半精加工阶段**

半精加工阶段使零件的主要表面达到工艺规定的加工精度，并保留一定的部件余量，为精加工阶段做好准备。半精加工阶段一般安排在热处理之前进行，且在这个阶段可以将不影响零件使用性能和设计精度的零件次要表面加工完毕。

❑ **精加工阶段**

精加工阶段的目的是保证加工零件达到设计图纸所规定的尺寸精度、技术要求和表面质量要求。该阶段的加工余量都较小，主要问题是如何达到最高的加工精度和表面质量。

❑ **光整加工阶段**

当零件的加工精度要求较高，如尺寸精度要求为 IT6 级以上，以及表面粗糙度要求较小（$Ra \leqslant 0.2\mu m$）时，在精加工阶段之后就必须安排光整加工，以达到最终的设计要求。

2）定义各阶段加工余量

在执行数控编程过程中，为了保证加工的精度，同样可将整个加工过程分为多个阶段。通常情况下系统默认地将加工阶段分为粗、半精和精加工，并且可以分别定义各阶段的加工公差、加工余量和进给量等参数。

现以铣削加工类型为例，介绍其具体的操作方法。在【导航器】工具栏中单击【加工方法视图】按钮，资源栏中将显示相对应的导航器。然后在操作导航器中双击各个阶段的公差按钮将打开相应的【铣削方法】对话框。此时可以分别设置部件余量、内公差和外公差参数，如图 8-15 所示。

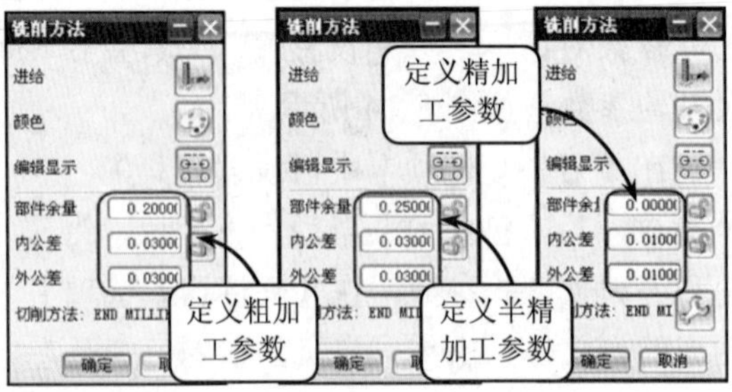

图 8-15 【铣削方法】对话框

❑ **部件余量**

设置【部件余量】文本框内容为当前所创建的加工方法指定加工余量，即零件加工后剩余的材料。余量的大小应根据加工精度的要求来确定，一般粗加工余量大，半精加工余量小，精加工余量为 0。

❑ 内、外公差

内、外公差限制了在加工过程中刀具偏离零件表面的最大距离，其值越小，表示加工的精度越高。其中内公差限制刀具在加工过程中越过零件表面的最大过切量；外公差显示刀具在加工过程中没有切至零件表面的最大间隙量。

❑ 其他设置

在该对话框中可以设置进给量和切削方式。其中单击【切削方法】按钮可在打开的【搜索结果】对话框中选择相应的加工方式作为当前加工方法的切削方式；单击【进给】按钮即可在打开的【进给】对话框中设置剪切、进刀和退刀等参数值，如图8-16所示。此外还可以根据需要定义相应的对象颜色和显示方式，这里不再赘述。

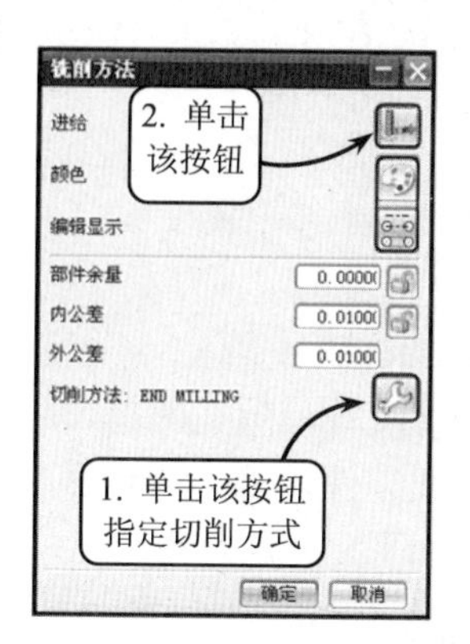

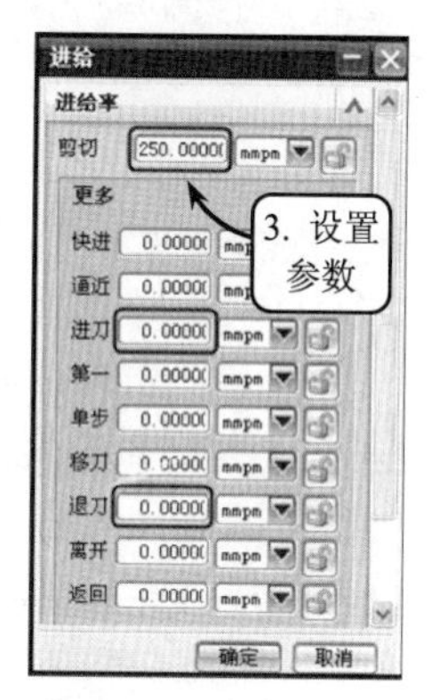

图 8-16 【进给】对话框

提 示

加工模具时，粗加工的余量一般设置为0.5（但如果是加工铜公，余量则不能这样设置，因为铜公最后的结果保留负余量）。然后分别设置半精加工和精加工的余量和公差，且模具加工的要求越高，其对应的公差值将越小。

8.3 创建操作

创建操作包含所有用于产生刀具路径的信息，例如几何体、刀具、加工余量、进给量和切削深度等，且创建一个操作相当于产生一个工步。前续创建的父节点组所获得的对象主要也是为了用于最终的创建操作。

8.3.1 定义加工方式

在【插入】工具栏中单击【创建操作】按钮将打开【创建操作】对话框，如图8-17所示。

首先在【创建操作】对话框中选择主要的加工类型，且指定不同的加工类型，其对应的子加工类型将自动更新。然后在【位置】面板中，指定相应的【程序】、【刀具】、【几何体】和【方法】内容即可。

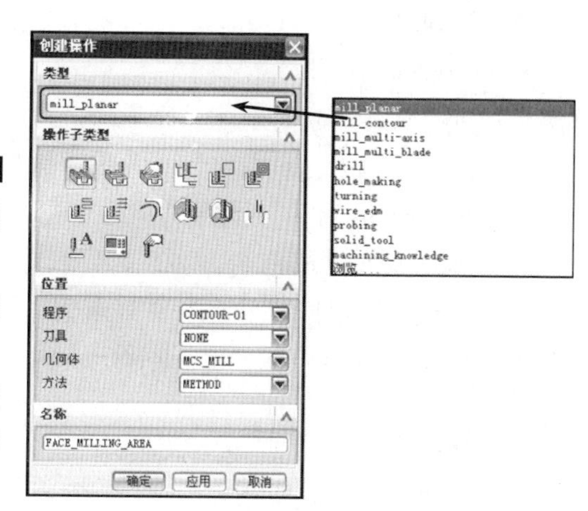

图 8-17 【创建操作】对话框

在UG中，一个操作即是一个加工功能，亦即是一刀具路径，且其可以单独后处理产生一个NC程序。若操作对应的刀具不同，则系统将会自动换刀。

提 示

在创建操作之前可以首先创建父节点组，然后在创建操作时指定已经创建的父节点组对象，也可以在【创建操作】对话框中创建父节点组。对于需要建立多个程序来完成加工的工件来说，使用父节点组方式可以减少重复性工作。

8.3.2 定义加工参数

切削参数作为数控加工中的主导关键之一，其设置的可靠与否直接影响到加工效率、刀具寿命或零件精度等问题。因此，编程人员必须熟悉刀具的选择方法和切削用量的确定原则，从而保证零件的加工质量和加工效率，充分发挥数控机床的优点，提高企业的经济效益和生产水平。

1. 选择切削用量的原则

选择切削用量的原则是：粗加工时，一般以提高生产效率为主，但也应考虑经济性和加工成本；半精加工和精加工时，应在保证加工质量的前提下兼顾切削效率、经济性和加工成本。具体数值应根据机床说明书和切削用量手册，并结合经验而定。具体要考虑以下几个因素。

- **切削深度 ap**

在机床、工件和刀具刚度允许的情况下，ap 就等于加工余量，这是提高生产率的一个有效措施。为了保证零件的加工精度和表面粗糙度，一般应留一定的余量进行精加工。数控机床的精加工余量可略小于普通机床。

- **切削宽度 L**

一般 L 与刀具直径 d 成正比，与切削深度成反比。经济型数控机床的加工过程中，一般 L 的取值范围为：0.6d～0.9d。

- **切削速度 v**

提高切削速度 v 也是提高生产效率的一个措施，但其与刀具耐用度的关系比较密切。随着切速的增大，刀具耐用度急剧下降，故切削速度的选择主要取决于刀具耐用度。另外，切削速度与加工材料也有很大关系，例如用立铣刀铣削合金刚 30CrNi2MoVA 时，切速可采用 8m/min 左右；而用同样的立铣刀铣削铝合金时，切速可选 200m/min 以上。

- **主轴转速 n(r/min)**

主轴转速一般根据切削速度 v 来选定。计算公式为：v=pnd/1000。数控机床的控制面板上一般备有主轴转速修调（倍率）开关，可在加工过程中对主轴转速进行整倍数的调整。

- **进给速度 V_f**

V_f应根据零件的加工精度和表面粗糙度要求，以及刀具和工件材料来选择。V_f的增加也可以提高生产效率。若加工的表面粗糙度要求低，V_f可选择得大些。在加工过程中，V_f也可以通过机床控制面板上的修调开关进行人工调整，但是最大进给速度要受到设备刚度和进给系统性能等限制。

2. 在 UG NX CAM 设置切削参数

执行创建操作的第二步是指定操作参数。在定义加工方法后，必须对该加工方法定义切削模式、步距、切削参数、进给率和主轴切削速度等参数，这些参数都决定后续产生的刀具轨迹。

在【创建操作】对话框中单击【确定】按钮即可打开新的对话框。用户可以在该对话框中进一步设置加工参数，如图 8-18 所示。

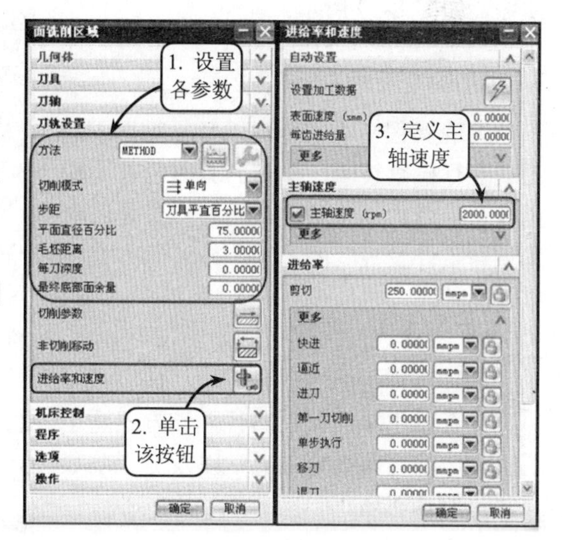

图 8-18 操作对话框

创建操作时，在操作对话框中指定的参数都将对刀轨产生影响。不同的操作需要设定的操作参数也有所不同，但同时也存在很多的共同选项。设置操作参数主要修改以下内容。

❑ **加工对象的定义**

在【几何体】面板中，用户可以分别定义【指定部件】、【指定切削区域】、【指定壁几何体】和【指定检查体】等几何体对象。如果前序已经设置，这里可省略操作。

❑ **基本参数的设置**

在【刀轨设置】面板中进行最常用参数的设置，包括【切削模式】、【步距】、【毛坯距离】、【每刀深度】和【最终底部面余量】等的设置。

❑ **操作**

为生成和检验上述参数设置效果，在【操作】面板中单击【生成】按钮，系统将生成刀具轨迹，还可单击其他按钮进行刀轨检验和重播等操作。

8.4 刀轨仿真

数控编程的核心工作是生成刀具运动轨迹，然后将其离散成刀位点，并对创建的刀具轨迹进行检验，经处理后产生相应的数控加工程序。也就是说执行仿真的刀具路径分为两个步骤：其一是依据先前的设置生成刀具轨迹；其二是对所创建的轨迹进行检验，从而确定刀具的有效性。

1. 生成刀轨

当设置了所有必需的操作参数后，为检验这些参数和定义的路径参照是否正确，必须通过生成刀轨操作来进行检验。如果无法生成刀轨，则需要重新定义相关参数，直到生成刀具轨迹才能进行后续的操作。

在每一个操作对话框中都有一个【生成】按钮，可用来生成刀轨。也可以在【操作】工具栏中单击【生成刀轨】按钮，系统将重新生成刀轨，并打开【刀轨生成】对话框，如图 8-19 所示。

2．刀轨检验

为确保程序的安全性，必须对生成的刀轨进行检查校验，检查刀具路径有无明显过切或者加工不到位，同时检查是否会发生与工件及夹具的干涉，校验的方式有以下两种。

1）直接查看

通过对视角的转换、旋转、放大或平移直接查看生成的刀具路径。该方式适于观察其切削范围有无越界，以及有无明显异常的刀具轨迹。

生成刀路时，系统会自动显示刀具路径的轨迹。当进行其他操作时，这些刀路轨迹就会消失。如果想再次查看，可以在导航器中选择该程序，并右击，在打开的快捷菜单中选择【重播】选项，即可重新显示刀路轨迹，效果如图 8-20 所示。

2）模拟实体切削

直接在计算机屏幕上观察加工效果，这个加工过程与实际机床加工十分类似。对检查中发现问题的程序应调整参数设置重新进行计算，再作检验。

如果对生成的刀轨不满意，则可以在当前的操作对话框中进行参数的重新设置或者几何体的重新选择，并再次进行生成和检验，直到生成一个合格的刀轨。确认刀轨后，单击【确定】按钮关闭操作对话框。

编程初学者往往不能根据显示的刀路轨迹判别刀路的好坏，而需要进行实体模拟验证。在【操作】工具栏中单击【确认刀轨】按钮将打开【刀轨可视化】对话框。然后单击【播放】按钮，系统将开始进行实体模拟验证，效果如图 8-21 所示。

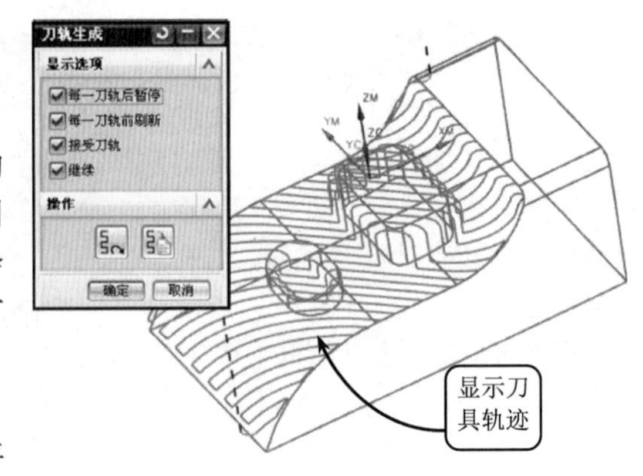

图 8-19 生成刀轨

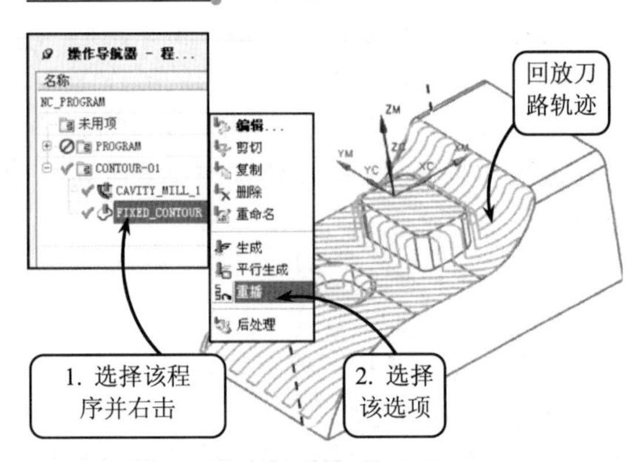

图 8-20 回放刀路轨迹

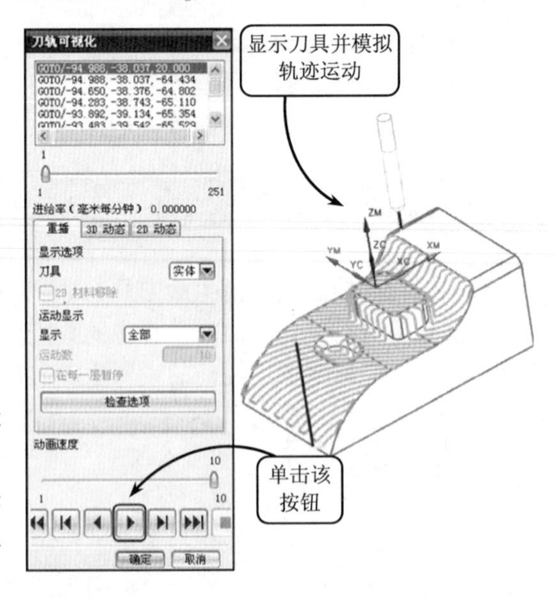

图 8-21 刀轨可视化操作

提 示

进行实体模拟验证前必须指定加工工件和毛坯，否则无法进行实体模拟。

8.5 后处理和输出车间文档

后处理实际上是一个文本编辑处理过程，其作用是将计算出的刀轨（刀位运动轨迹）以规定的标准格式转化为NC代码并输出保存。该后置处理是CAD/CAM集成系统的重要组成部分，它直接影响CAD/CAM软件的使用效果及零件的加工质量。

8.5.1 生成NC程序

NC 文件是由G、M代码所组成并用于实际机床上加工的程序文件。该文件是数控加工最终所得到的结果，也是直接用于实际生产的程序文件。在应用UG软件直接生成的NC程序中一般都需要经过人为的修改。

编制数控加工程序时，要将加工零件的工艺过程、运动轨迹、工艺参数和辅助操作等信息通过输入装置按一定的文字和格式记录在程序载体上。同时将控制信息输入到数控系统中，使数控机床进行自动加工。这种从分析零件图样开始，到获得正确的程序载体为止的全过程称为零件加工程序的编制，以后也简称为编程。

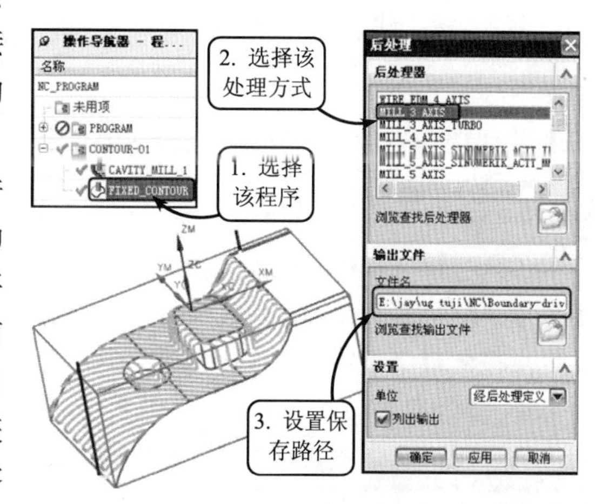

图 8-22 后处理设置

图形后处理主要是将正确生成的刀具路径转换为数控加工的NC程序，以适用于不同的数控机床。需要注意的是，选择不同的加工节点，其对应的后处理文件内容也不相同。

切换到程序顺序视图模式，并在资源栏里选中相应的程序父节点组。然后在【操作】工具栏中单击【后处理】按钮，打开【后处理】对话框。接着在【后处理器】面板中选择相应的处理方式，并在【输出文件】面板中设置保存的路径，效果如图8-22所示。

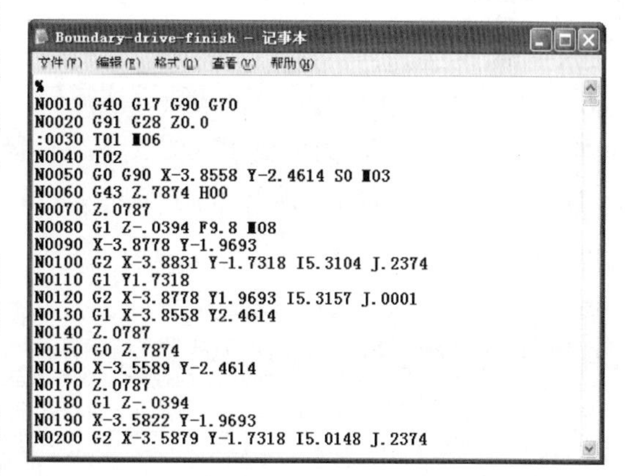

图 8-23 输出NC程序

完成上述操作后，单击该对话框中的【确定】按钮确认操作。系统将以窗口的形式显示粗加工和精加工操作的NC程序，如图8-23所示。

在后处理生成数控程序之后还需要检查这个程序文件，特别对程序头及程序尾部分的语句进行检查，如有必要可以修改。这个文件可以通过传输软件传输到数控机床的控制器上，由控制器按程序语句驱动机床加工。

在上述过程中，编程人员的工作主要集中在加工工艺分析和规划、参数设置这两个阶段，其中工艺分析和规划决定了刀轨的质量，参数设置则构成了软件操作的主体。这是一个转换过程，它将 UG 输出的刀具路径文件转换成机床可用的标准格式。

提　示

在进行后处理时可以单独对一个操作进行后处理，也可以选择一个程序父节点组，对该程序组下面的所有操作同时进行后处理。

8.5.2 生成并输出车间文档

车间文档是一个加工操作的报告，主要用来辅助数控加工人员了解本次数控加工的主要参数信息，其中包括刀具几何体、加工顺序和控制参数等，以及为本次加工准备操作所必须的数控刀具，并指定行之有效的加工方案。

在导航器中选中程序父节点组，然后在【特征】工具栏中单击【车间文档】按钮，打开【车间文档】对话框，如图 8-24 所示。

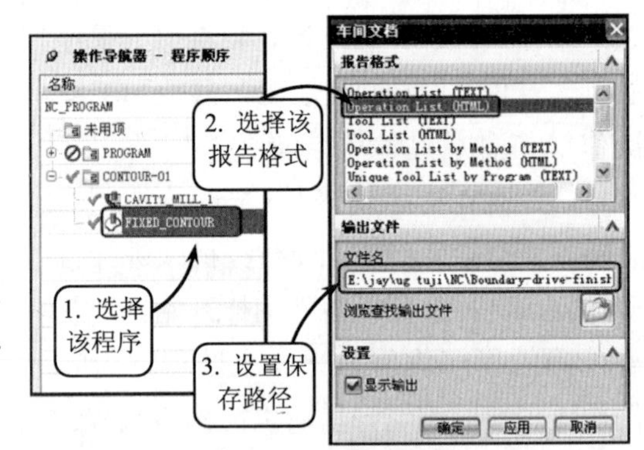

图 8-24 车间文档设置

选择其中的一个工艺文件模板将可以生成包含特定信息的工艺文件。标有“HTML”的模板生成超文本链接语言网页文件；标有“TEXT”的模板生成纯文本文件风格的网页文件。这些定制的模板以 ASCII 和 HTML 的方式输出各种信息。【车间文档】对话框中各报告格式对应的中文含义如表 8-2 所示。

表 8-2 【车间文档】对话框报告格式对应中文含义

报告格式	含　义	报告格式	含　义
Operation List	工步列表	Tools and Operations	刀具和工步列表
Operation List By Method	基于加工方法的工步列表	Advanced Web Page Mill	高级网页铣列表
Advanced Operation List	高级的工步列表	Advanced Web Page Mill Turn	高级网页铣车列表
Tool List	刀具列表	Export Tool Library to ASCII Datafile	输出部件中所有刀具生成刀具库文件和一个说明文件
Unique Tool List By Program	基于程序的刀具列表		

此时，如果选择 Operation List（HTML）列表项，并指定文件路径，然后单击【确定】按钮，系统将以 HTML 格式显示所创建的操作名称、类型和刀具类型，效果如图 8-25 所示。

图 8-25 显示车间工艺文档

8.6 典型案例 8-1：型腔和固定轮廓铣削加工

本例创建定位块铣削加工的 NC 程序，效果如图 8-26 所示。要实现该模型加工成品的效果，需要定义两种加工方式，分别为型腔铣削加工和固定轮廓铣削加工。其中使用型腔铣削加工分别完成倒圆角和圆弧部分（包括凸台和凹槽）的粗加工；使用固定轮廓铣削加工，按照刀具路径完成圆弧部分的半精加工，然后执行后处理的相关操作，即可完成本次加工任务。

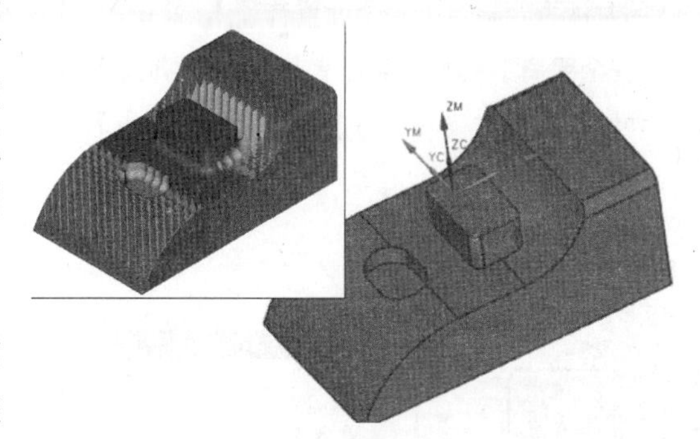

图 8-26 定位块模型加工

创建该零件的铣削加工 NC 程序时，首先选择【加工】选项，打开【加工环境】对话框。然后切换相应的视图，进行父节点和刀具的创建，并设置相关的粗加工和半精加工参数。接着定义裁剪区域，并进行型腔铣削加工。利用类似的方法进行固定轮廓铣削的加工。最后利用车间文档和后处理工具进行相应的操作即可。

操作步骤

1 启动 UG NX 7 软件，并单击【打开文件】按钮。然后在打开的对话框中打开本书配套光盘文件“Boundary-drive-finish.prt”，并单击 OK 按钮，打开该文件。

2 单击【标准】工具栏中的【开始】按钮，并在弹出的下拉菜单中选择【加工】选项，打开【加工环境】对话框。然后按照如图 8-27 所示指定相应的选项，即可进入加工操作环境。

3 单击【导航器】工具栏中的【程序顺序视图】按钮，切换当前操作导航器至“程序视图”模式。然后单击【插入】工具栏中的【创建程序】按钮，打开【创建程序】对话框。接着按照如图 8-28 所示的步骤创建程序父节点，新创建的节点将显示于导航器中。

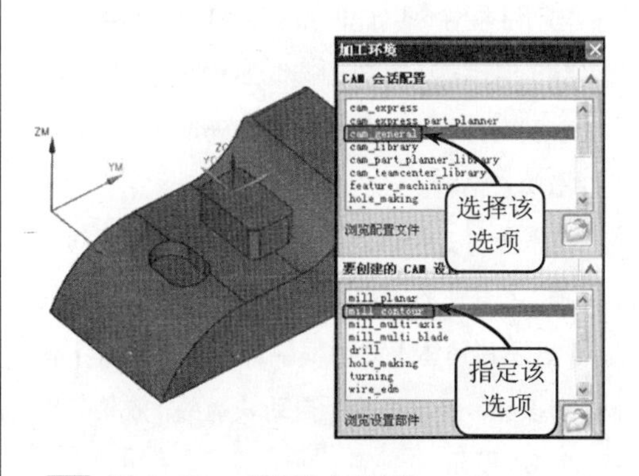

图 8-27 设置加工环境

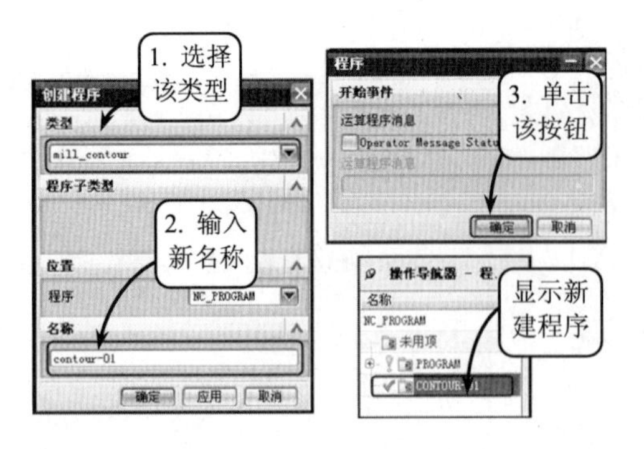

图 8-28 创建程序父节点组

4 单击【导航器】工具栏中【几何视图】按钮，切换视图模式为“几何视图”。然后双击导航器中的按钮，打开如图 8-29 所示的对话框，指定【安全设置选项】，并输入【安全距离】参数。接着单击【指定 MCS】按钮，并在打开的对话框中选择【参考】方式为“WCS”。

图 8-29 创建几何父节点组

5 双击导航器中的 WORKPIECE 选项，并在打开的【铣削几何体】对话框中单击【指定部件】按钮。此时系统将打开【部件几何体】对话框，并自动选取如图 8-30 所示的模型为几何体。然后单击【确定】按钮，退出该对话框。

6 选取零件几何体后返回【铣削几何体】对话框，单击【指定毛坯】按钮，并在打开的【毛坯几何体】对话框中选择【自动块】单选按钮。系统将显示自动块箭头，效果如图 8-31 所示。

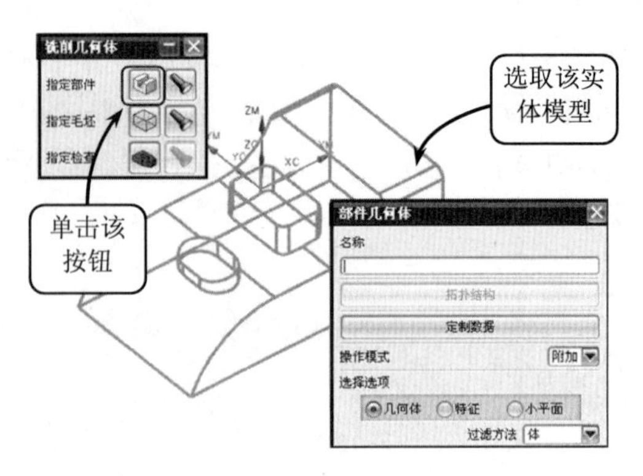

图 8-30 指定零件几何体

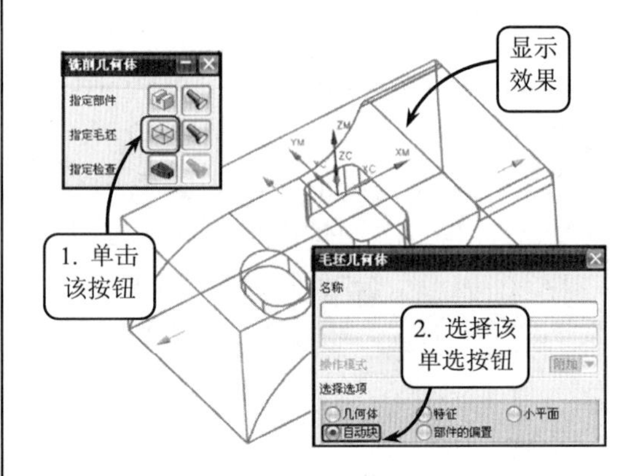

图 8-31 定义毛坯几何体

7 单击【导航器】工具栏中的【机床视图】按钮，切换操作导航器中的视图模式。然后单击【插入】工具栏中的【创建刀具】按钮，打开【创建刀具】对话框。接着按照如图 8-32 所示的步骤新建名称为“T1D25R5”的刀具，并设置刀具参数。

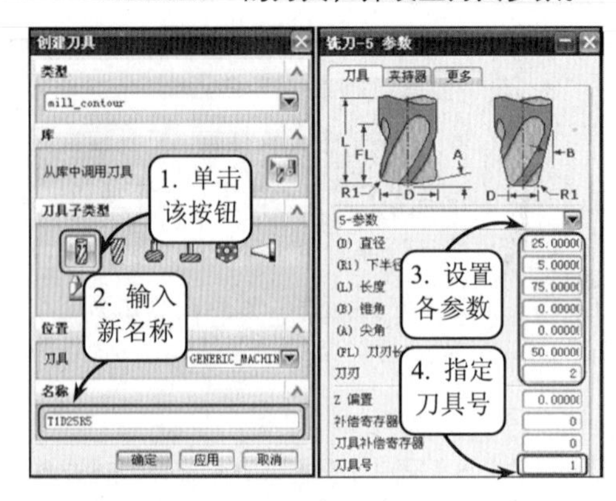

图 8-32 创建刀具 1

8 继续单击【创建刀具】按钮，打开【创

建刀具】对话框。然后按照如图 8-33 所示的步骤新建名称为“T2D10R5”的刀具，并设置刀具参数。

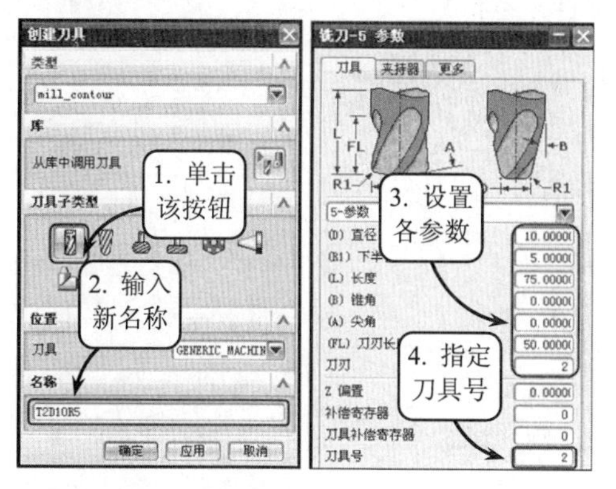

图 8-33　创建刀具 2

9　单击【导航器】工具栏中的【加工方法视图】按钮，切换视图模式为“加工方法视图”模式。然后在导航器中双击 MILL_ROUGH 选项，并在打开的对话框中按照如图 8-34 所示的步骤设置相关的参数。接着依次单击【确定】按钮，退出相应的对话框。

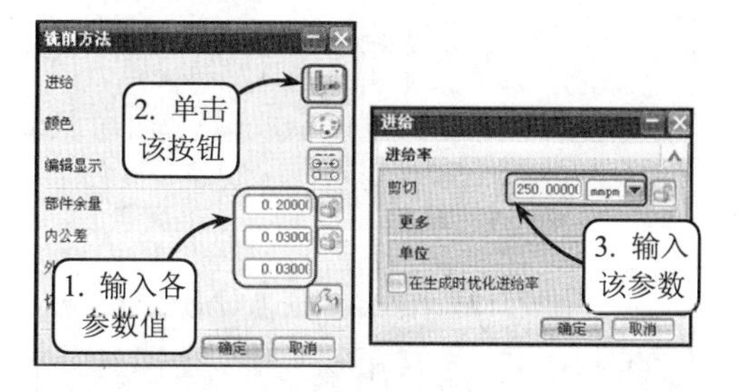

图 8-34　设置粗加工参数

10　在导航器中双击 MILL_SEMI_FINISH 选项，并在打开的对话框中按照如图 8-35 所示的步骤设置相关的参数。然后依次单击【确定】按钮，退出相应的对话框。

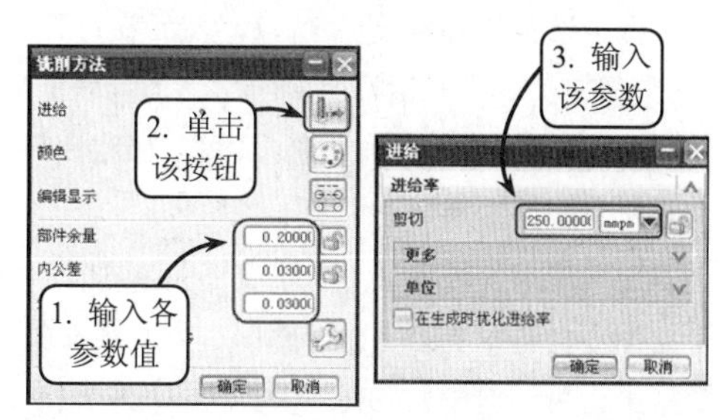

图 8-35　设置半精加工参数

11　单击【插入】工具栏中的【创建操作】按钮，打开【创建操作】对话框。然后按照如图 8-36 所示的步骤设置粗加工的相关参数。

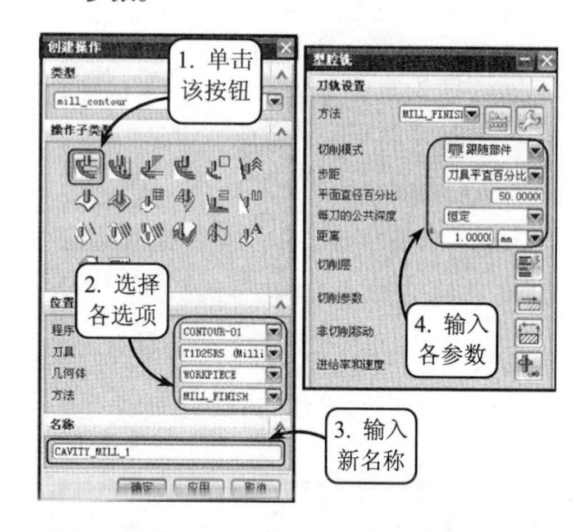

图 8-36　设置粗加工参数

12　设置以上参数后，单击【型腔铣】对话框中的【指定切削区域】按钮，打开【切削区域】对话框。然后选取如图 8-37 所示的表面为切削表面，并单击【确定】按钮完成裁剪区域的定义。

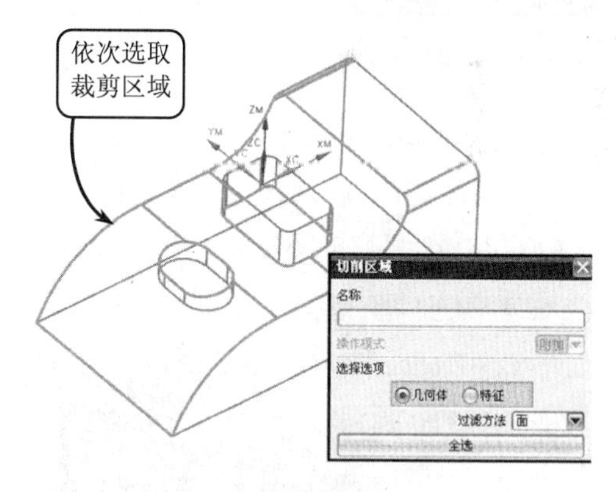

图 8-37　定义裁剪区域

13　返回【型腔铣】对话框，并单击【操作】面板中的【生成】按钮，生成精加工刀具的路径，效果如图 8-38 所示。

14　单击【操作】面板中的【确认刀轨】按钮，然后在打开的【刀轨可视化】对话框中选择【2D 动态】选项卡，并单击【选项】按钮。接着在打开的对话框中禁用各复选框，并单击【确定】按钮确认操作，效果如图 8-39 所示。

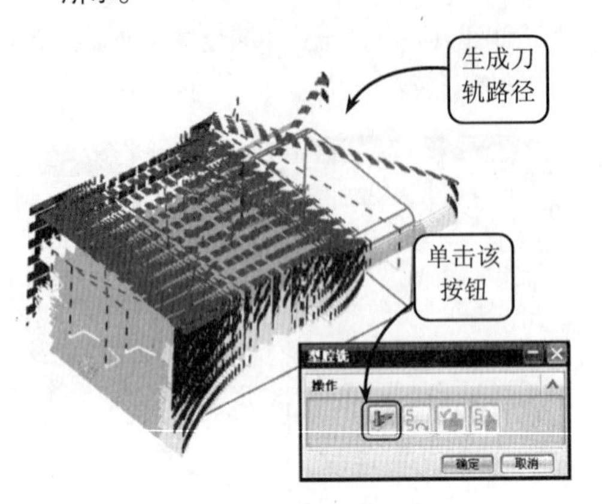

图 8-38　生成刀轨路径

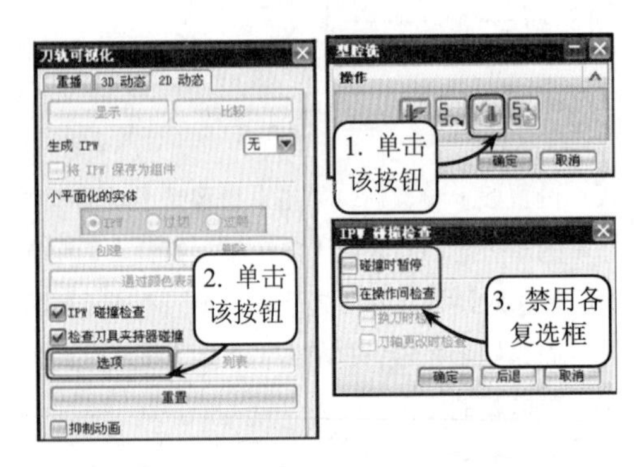

图 8-39　设置相关参数

15 完成上述操作后，返回【刀轨可视化】对话框，并单击【播放】按钮，系统将以实体的方式进行切削仿真，效果如图 8-40 所示。

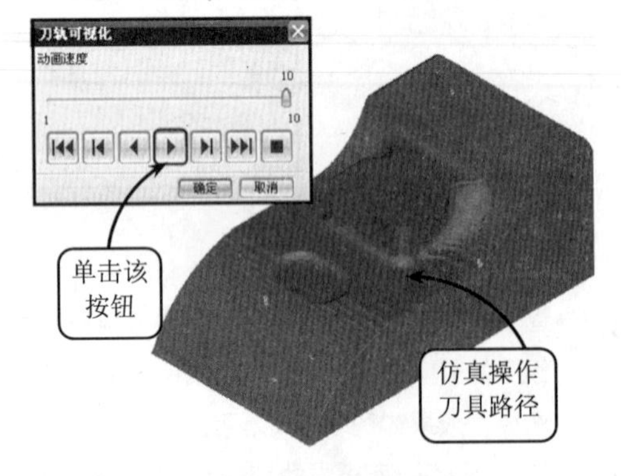

图 8-40　仿真操作刀具路径

16 再次单击【创建操作】按钮，打开【创建操作】对话框。然后按照如图 8-41 所示的步骤设置粗加工的各项相关参数。

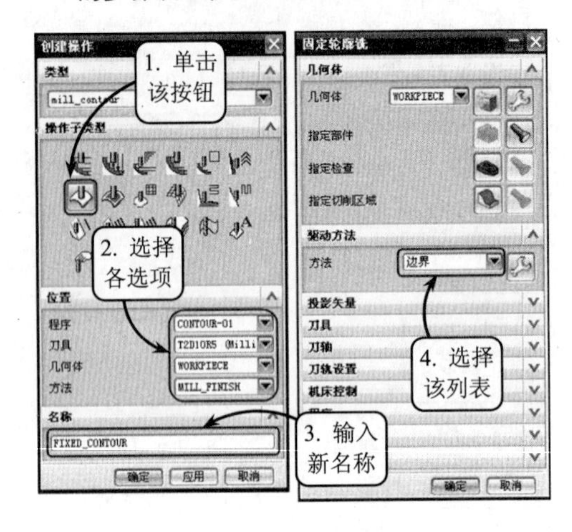

图 8-41　设置粗加工参数

17 指定边界驱动方法后，单击该列表项右侧的【编辑】按钮，并在打开的对话框中单击【指定驱动几何体】按钮，打开【边界几何体】对话框，效果如图 8-42 所示。

图 8-42　指定相关选项

18 在【边界几何体】对话框内的【模式】列表框中选择【曲线/边】选项。然后在打开的【创建边界】对话框中的【平面】列表框中选择【用户定义】列表项，并按照如图 8-43 所示定义主平面。

19 定义主平面后退回【创建边界】对话框，选择【材料侧】方式为“外部”，【刀具位置】类型为“对中”，并选择【平面】列表框中的【用户定义】列表项。然后定义切削边界，效果如图 8-44 所示。

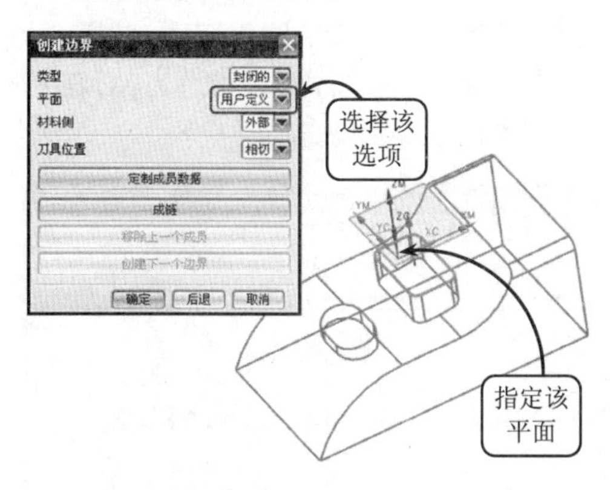

图 8-43 定义主平面

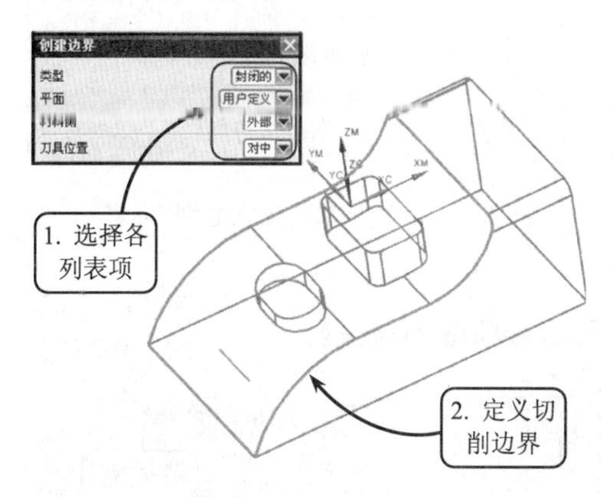

图 8-44 定义切削边界

20 完成上述操作后返回【边界驱动方法】对话框，按照如图 8-45 所示设置参数，并单击【显示】按钮，此时系统将自动显示切削方向。然后单击【确定】按钮，返回【固定轮廓铣】对话框。

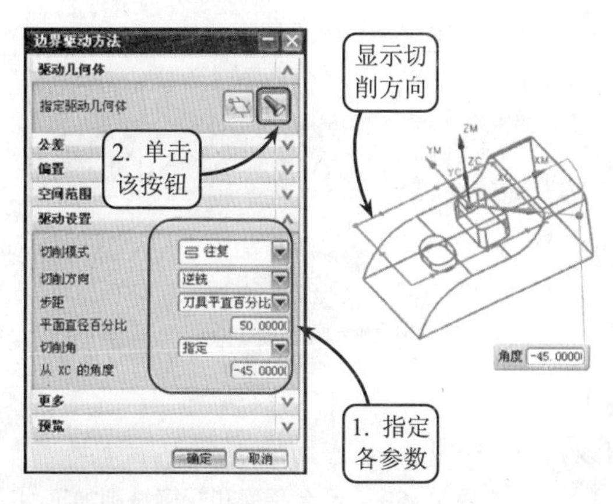

图 8-45 设置其他参数

21 在【固定轮廓铣】对话框内单击【操作】面板中的【生成】按钮将生成半精加工刀具路径，效果如图 8-46 所示。

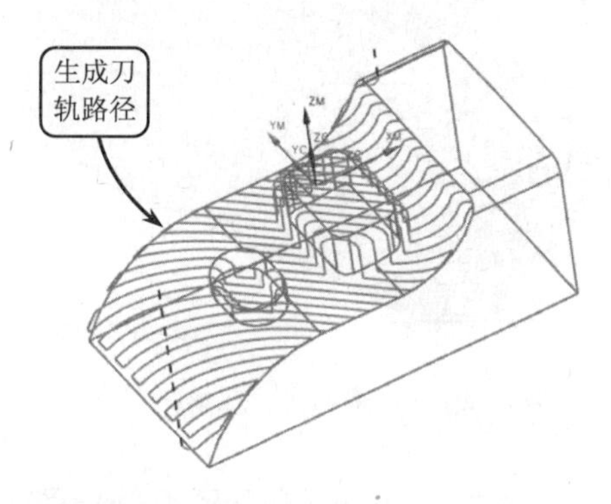

图 8-46 生成刀轨路径

22 单击【操作】面板中的【确认刀轨】按钮，然后在打开的【刀轨可视化】对话框中选择【2D 动态】选项卡，并单击【选项】按钮。接着在打开的对话框中禁用各复选框，并单击【确定】按钮确认操作，效果如图 8-47 所示。

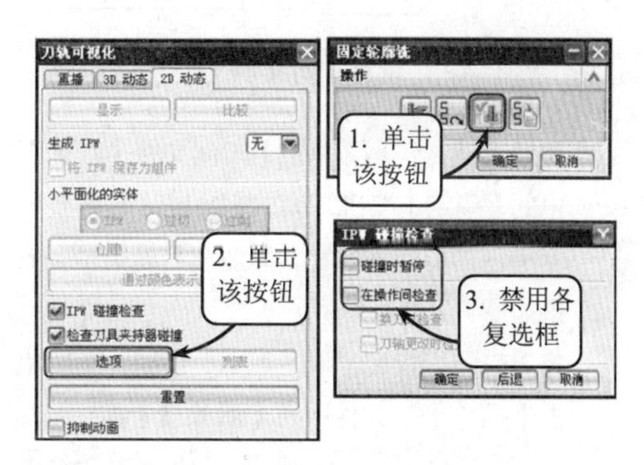

图 8-47 设置相关参数

23 完成上述操作后，返回【刀轨可视化】对话框，并单击【播放】按钮，系统将以实体的方式进行切削仿真，效果如图 8-48 所示。

24 在【操作导航器】中选中程序父节点组，然后单击【操作】工具栏中的【车间文档】按钮，打开【车间文档】对话框。此时在【报告格式】列表框中选择 Operation List（HTML）列表项，并指定文件路径，效果如图 8-49 所示。

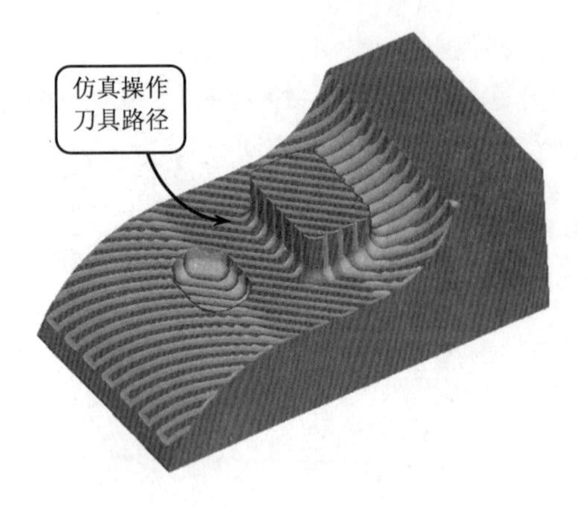

图 8-48 仿真操作刀具路径

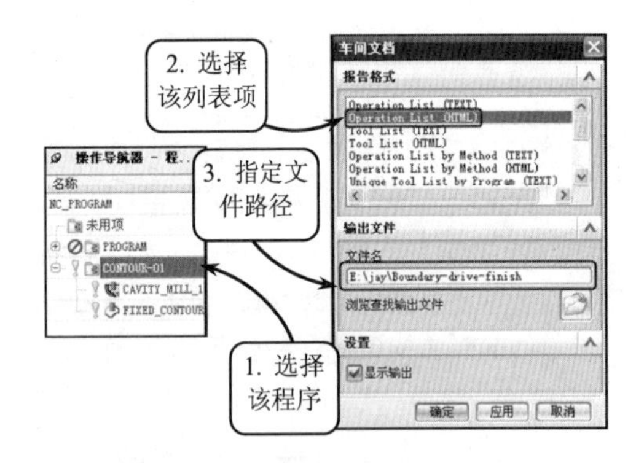

图 8-49 设置车间文档

25 完成上述操作后，单击【车间文档】对话框中的【确定】按钮，系统将以 HTML 格式显示所创建的操作名称、类型和刀具类型，效果如图 8-50 所示。

26 将导航器切换到“程序视图”模式，然后单击【操作】工具栏中的【后处理】按钮，打开【后处理】对话框。此时在该对话框中选择 MILL_3_AXIS 列表项，并在【输出文件】面板中设置保存路径，系统将以窗口的形式显示粗加工和精加工操作的 NC 程序，效果如图 8-51 所示。

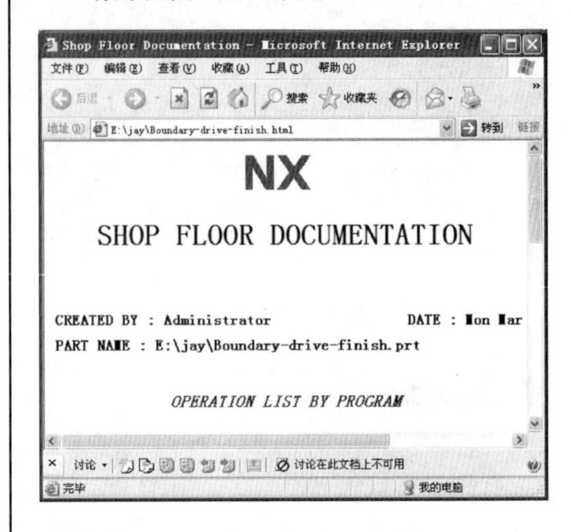

图 8-50 显示车间工艺文档

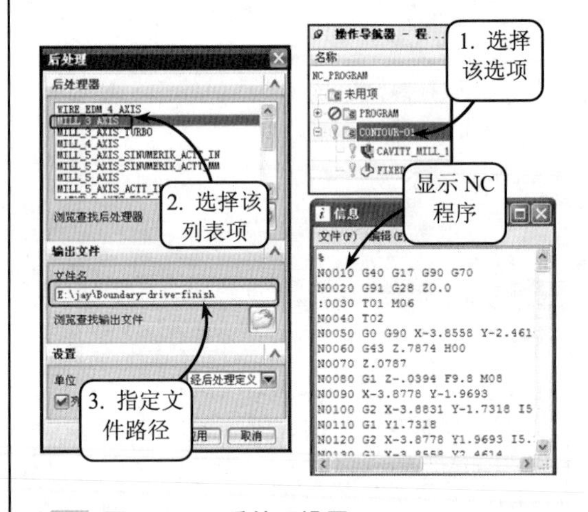

图 8-51 后处理设置

8.7 典型案例 8-2：凸台平面和轮廓铣削加工

本例创建凸台平面和轮廓铣削加工的NC程序，效果如图 8-52 所示。该模型加工编程设置包括进入加工环境、创建父节点组、创建操作、生成刀具路径、仿真刀具路径和 NC 程序的输出这 6 个环节设置，而这 6 个环节与本章介绍的数控加工完全吻合。在创建操作过程中练习粗、精

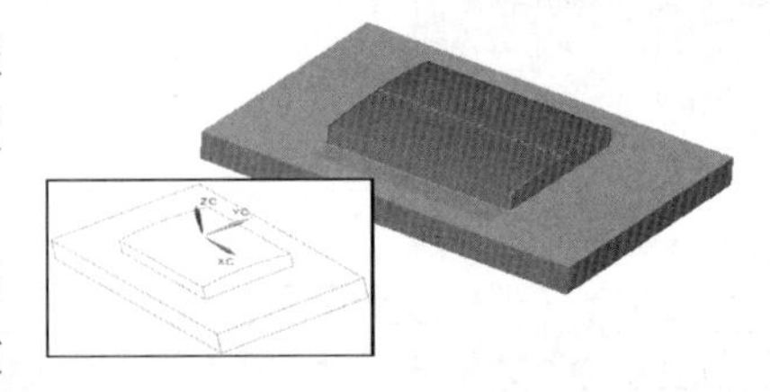

图 8-52 凸台平面和轮廓铣削加工

铣削平面，以及精加工顶面和侧面。

操作步骤

1 启动 UG NX 7 软件，并单击【打开文件】按钮。然后在打开的对话框中打开本书配套光盘文件“Introduction.prt”，并单击 OK 按钮，打开该文件。

2 单击【标准】工具栏中的【开始】按钮，并在打开的下拉菜单中选择【加工】选项，打开【加工环境】对话框。然后按照如图 8-53 所示指定相应的选项，并单击【确定】按钮，进入加工操作环境。

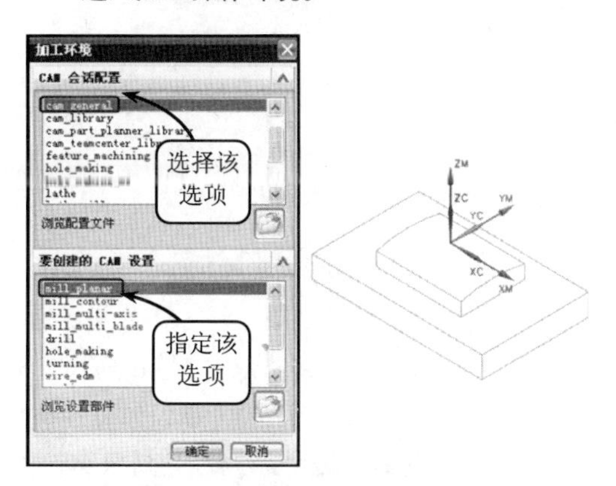

图 8-53 设置加工环境

3 单击【导航器】工具栏中的【程序顺序视图】按钮，切换当前操作导航器至程序视图。然后单击【插入】工具栏中的【创建程序】按钮，打开【创建程序】对话框。接着按照如图 8-54 所示的步骤创建程序父节点，新创建的节点将显示于导航器中。

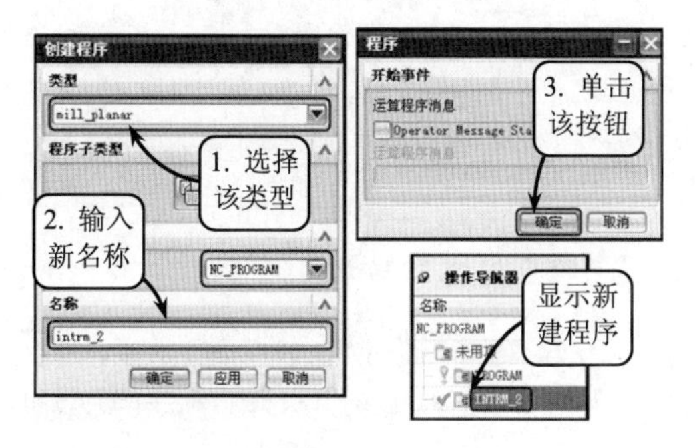

图 8-54 创建程序父节点组

4 单击【导航器】工具栏中的【机床视图】按钮，切换导航器中的视图模式。然后单击【插入】工具栏中的【创建刀具】按钮，打开【创建刀具】对话框。接着按照如图 8-55 所示的步骤新建名称为“T1D12R0.4”的刀具，并设置刀具参数。

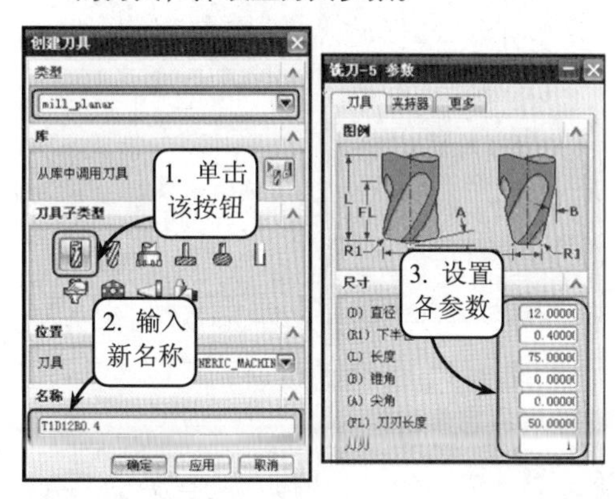

图 8-55 新建刀具 1

5 继续单击【创建刀具】按钮，并在打开的对话框中按照如图 8-56 所示的步骤新建名称为“T2D10R0”的刀具，然后设置刀具参数。

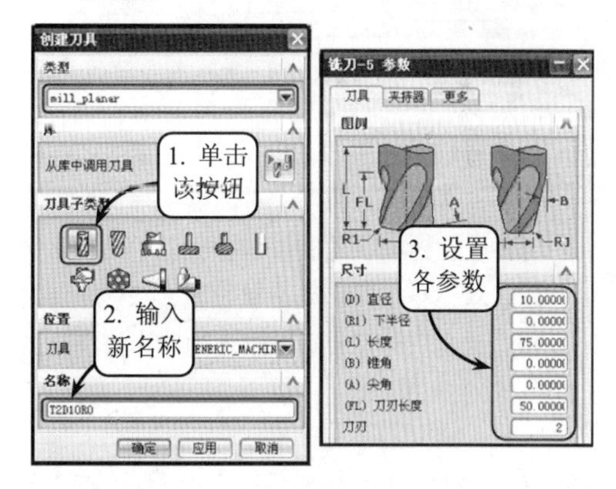

图 8-56 新建刀具 2

6 再次使用创建刀具工具，按照上述相同的步骤新建名称为“T3D6R3”的刀具，并设置刀具参数，效果如图 8-57 所示。

7 单击【导航器】工具栏中【几何视图】按钮，切换视图模式为“几何视图”模式。然后双击导航器中的按钮，打开如图 8-58 所示的对话框，指定【安全设置选项】，并输入【安全距离】参数。接着单击【指定 MCS】按钮，并在打开的对话框中选择【参考】方式为“WCS”。

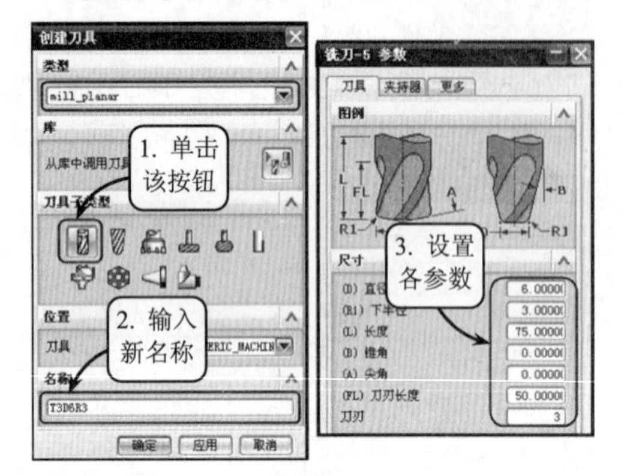

图 8-57　新建刀具 3

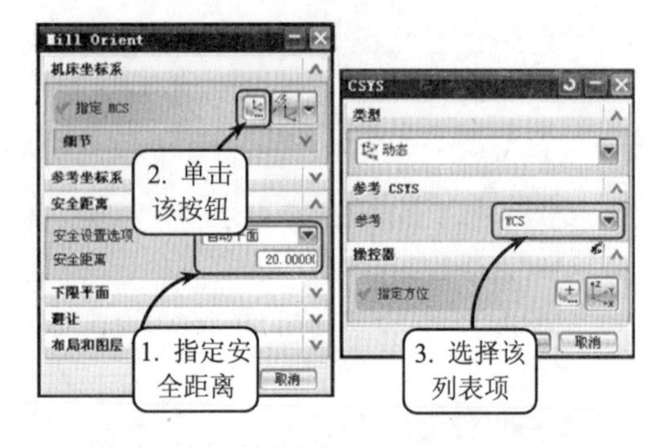

图 8-58　创建几何父节点组

8　双击导航器中的 WORKPIECE 选项，并在打开的【铣削几何体】对话框中单击【指定部件】按钮。此时系统将打开【部件几何体】对话框，并自动选取如图 8-59 所示的模型为几何体。然后单击【确定】按钮，退出该对话框。

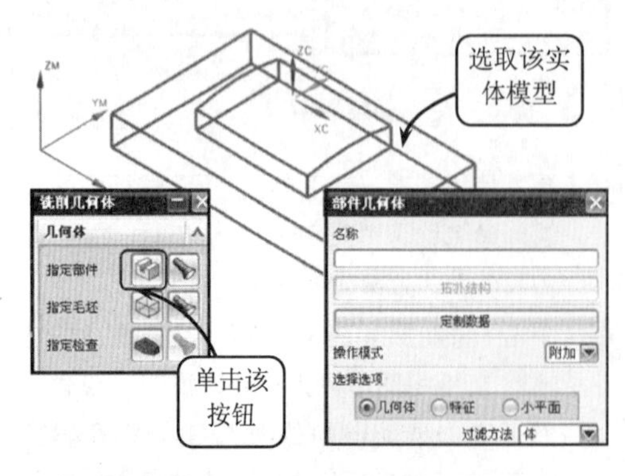

图 8-59　指定零件几何体

9　选取零件几何体后返回【铣削几何体】对话框，单击【指定毛坯】按钮，并在打开的【毛坯几何体】对话框中选择【自动块】单选按钮。系统将显示自动块箭头，效果如图 8-60 所示。

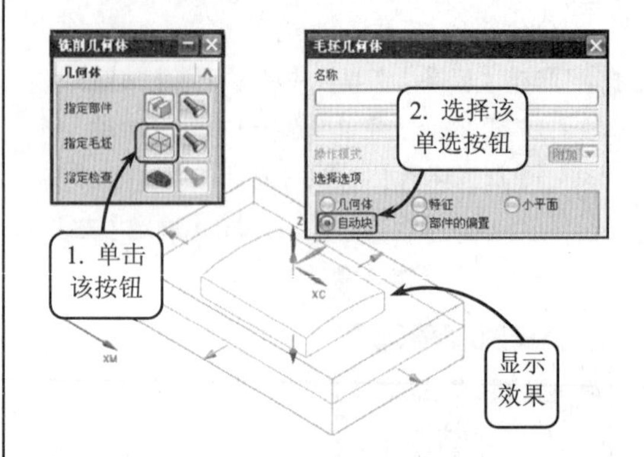

图 8-60　定义毛坯几何体

10　单击【导航器】工具栏中的【加工方法视图】按钮，切换视图模式为“加工方法视图”模式，此时在导航器中双击 MILL_ROUGH 选项，并在打开的对话框中按照如图 8-61 所示的步骤设置相关的参数。接着依次单击【确定】按钮，退出相应的对话框。

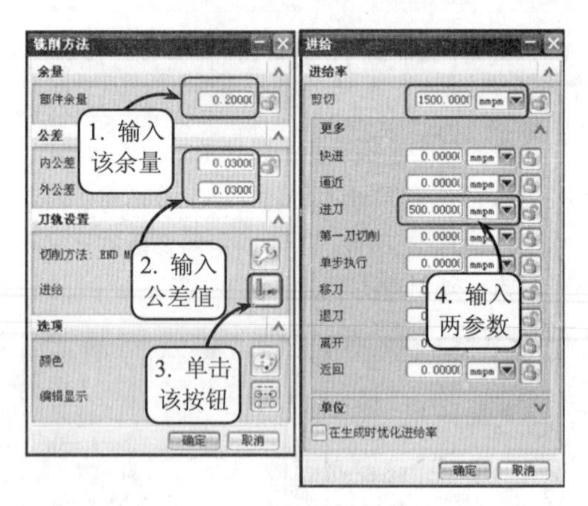

图 8-61　设置粗加工参数

11　在导航器中双击 MILL_FINISH 选项，并在打开的对话框按照如图 8-62 所示的步骤设置相关的参数。接着依次单击【确定】按钮，退出相应的对话框。

12　单击【插入】工具栏中的【创建操作】按钮，打开【创建操作】对话框。然后按照如图 8-63 所示的步骤设置粗加工的相关参数。

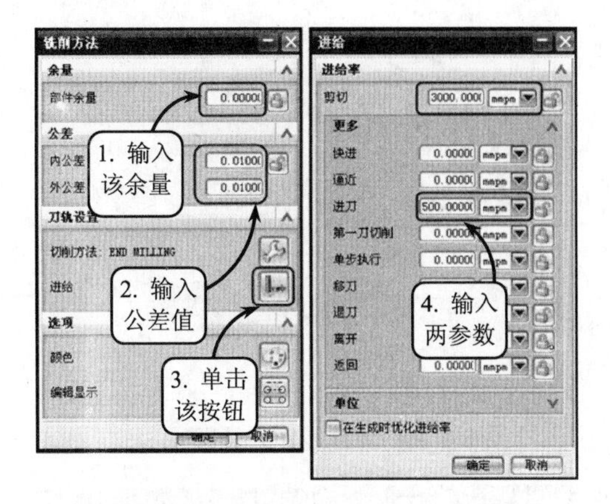

图 8-62 设置粗加工参数

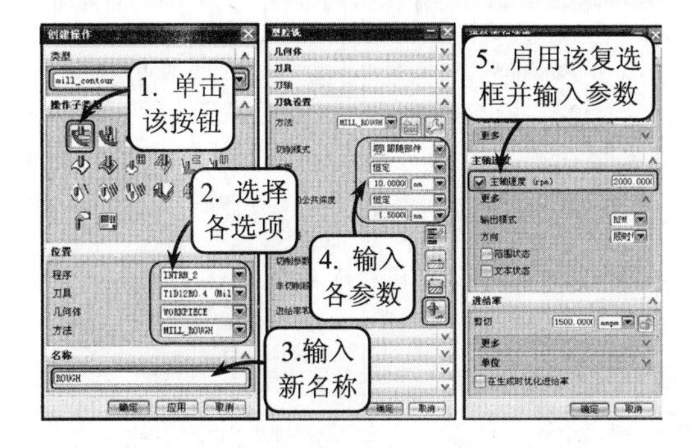

图 8-63 设置粗加工参数 ROUGH

13 设置进给率和速度参数后返回上一个对话框。此时单击【操作】面板中的【生成】按钮，生成粗加工刀具路径，效果如图 8-64 所示。

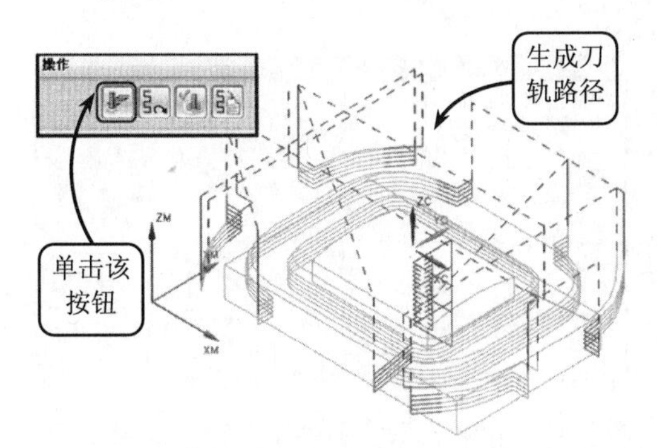

图 8-64 生成刀轨路径

14 单击【操作】面板中的【确认刀轨】按钮，然后在打开的【刀轨可视化】对话框中选择【2D 动态】选项卡，并单击【选项】按钮。接着在打开的对话框中禁用各复选框，并单击【确定】按钮确认操作，效果如图 8-65 所示。

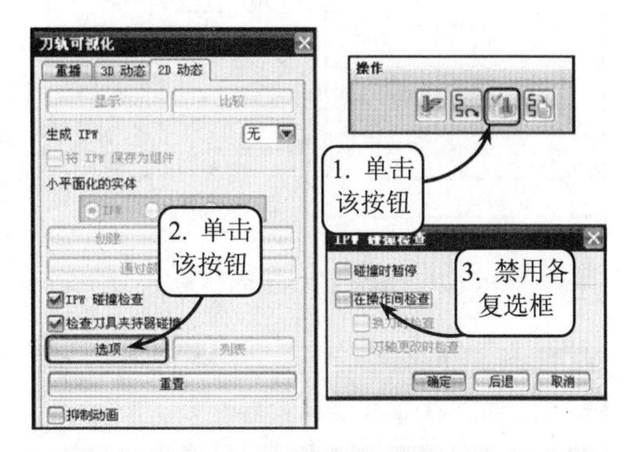

图 8-65 设置相关参数

15 完成上述操作后，返回【刀轨可视化】对话框，并单击【播放】按钮，系统将以实体的方式进行切削仿真，效果如图 8-66 所示。

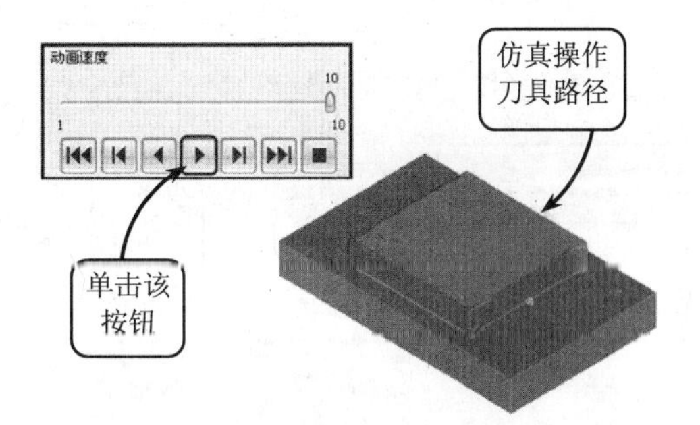

图 8-66 仿真操作刀具路径

16 再次单击【创建操作】按钮，并在打开的【创建操作】对话框中按照如图 8-67 所示的步骤分别设置精加工的相关参数，并指定面边界。

17 指定面边界后返回【平面铣】对话框，并在【刀轨设置】面板中按照如图 8-68 所示的步骤设置各项相关参数。

18 设置切削参数后返回上一个对话框，并单击【操作】面板中的【生成】按钮，生成精加工刀具路径，效果如图 8-69 所示。

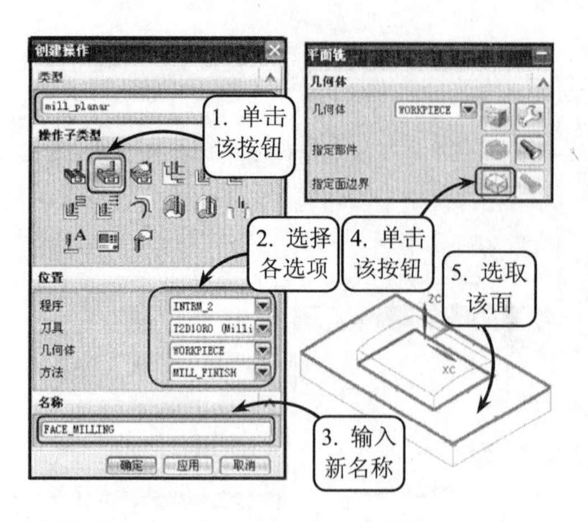

图 8-67 指定精加工面边界

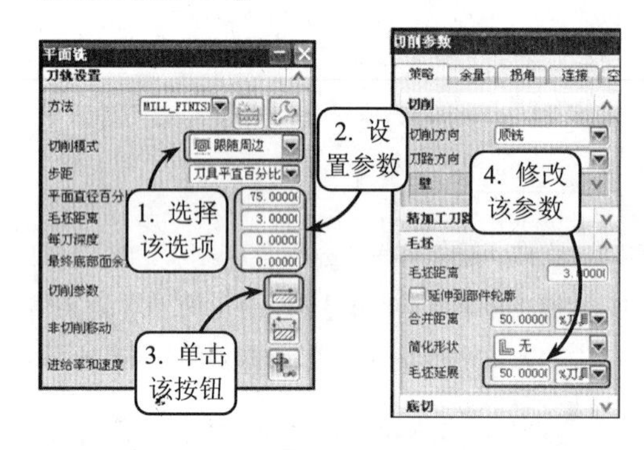

图 8-68 设置切削参数

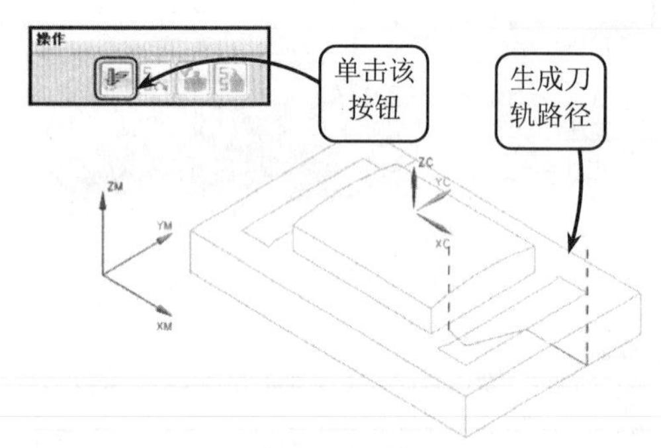

图 8-69 生成刀轨路径

19 再次单击【确认刀轨】按钮，并在打开的对话框中选择【2D 动态】选项卡。然后单击【选项】按钮，在打开的对话框中禁用各复选框，并单击【确定】按钮确认操作。接着单击【播放】按钮，系统将以实体的方式进行切削仿真，效果如图 8-70 所示。

20 单击【创建操作】按钮，并在打开的【创建操作】对话框中按照如图 8-71 所示的步骤设置精加工的相关参数。然后在打开的【深度加工轮廓】对话框中单击【指定切削区域】按钮，并分别指定模型侧面为切削区域。

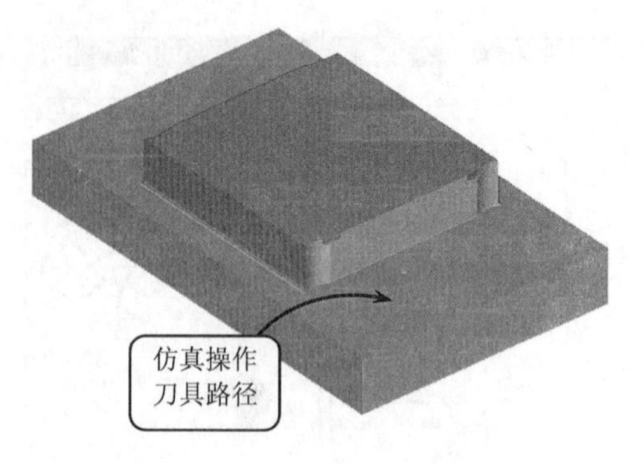

图 8-70 仿真操作刀具路径

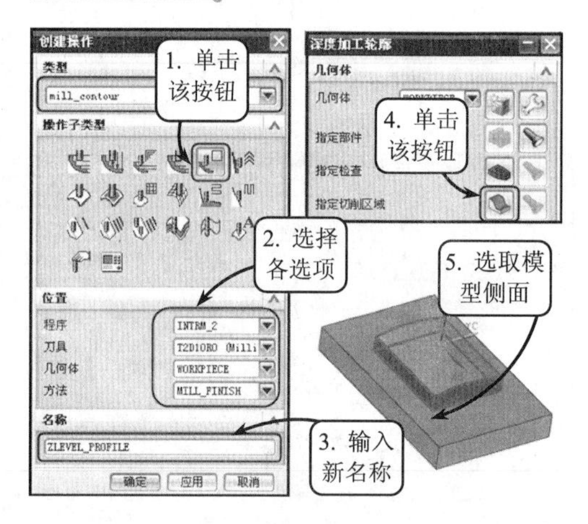

图 8-71 设置参数并指定切削区域

21 选取切削区域后，返回【深度加工轮廓】对话框，设置刀轨参数，并在【刀轨设置】面板中单击【非切削移动】按钮。然后在打开的对话框中指定传递类型，效果如图 8-72 所示。

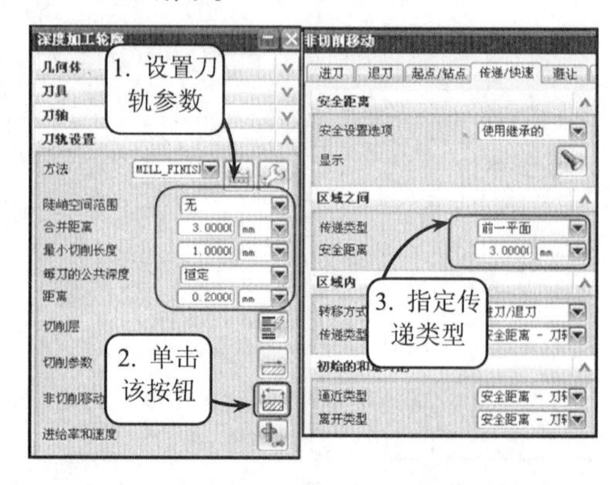

图 8-72 【非切削移动】对话框

22 指定传递类型后返回上一个对话框，并单击【操作】面板中的【生成】按钮，系统将生成精加工刀具路径，效果如图 8-73 所示。

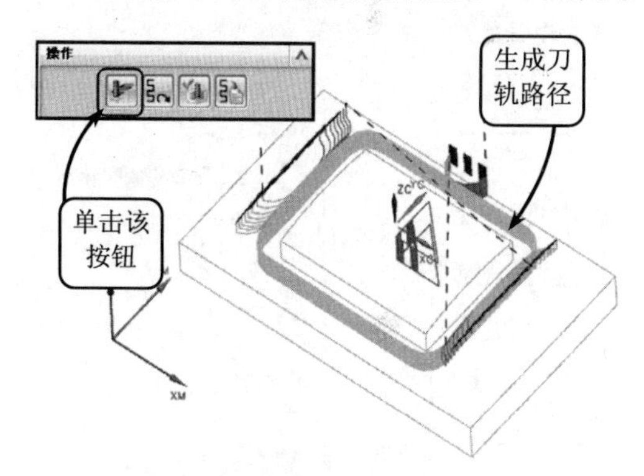

图 8-73 生成刀轨路径

23 单击该面板中的【确认刀轨】按钮，并在打开的对话框中选择【2D 动态】选项卡。然后单击【选项】按钮，在打开的对话框中禁用各复选框，并单击【确定】按钮确认操作。接着单击【播放】按钮，系统将以实体的方式进行切削仿真，效果如图 8-74 所示。

图 8-74 仿真操作刀具路径

24 单击【创建操作】按钮，并在打开的【创建操作】对话框中按照如图 8-75 所示的步骤设置精加工的相关参数。然后在打开的【固定轮廓铣】对话框中指定驱动方法，并设置驱动的相关参数。

25 完成上述操作后，返回【固定轮廓铣】对话框。然后单击【指定切削区域】按钮，并指定模型顶面为切削区域，效果如图 8-76 所示。

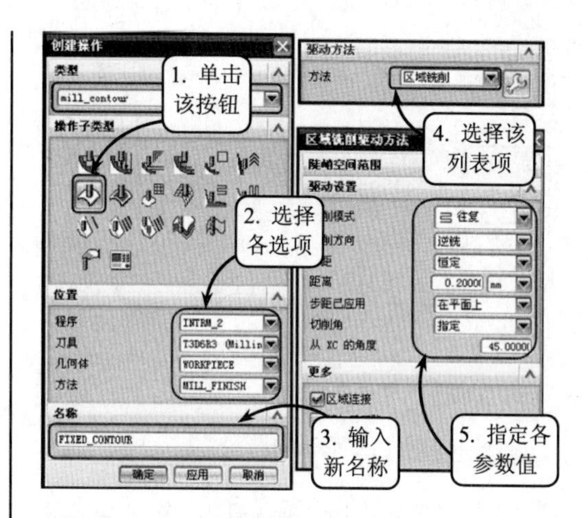

图 8-75 设置相关参数

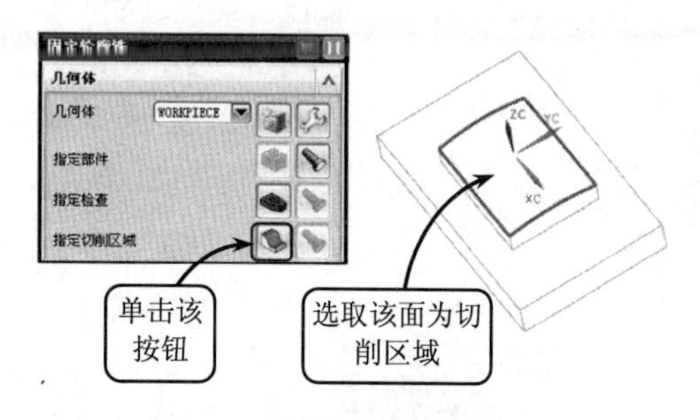

图 8-76 指定切削区域

26 完成上述操作后，返回【固定轮廓铣】对话框。然后单击【刀轨设置】面板中的【切削参数】按钮，并在打开的对话框中禁用【在边缘滚动刀具】复选框，效果如图 8-77 所示。

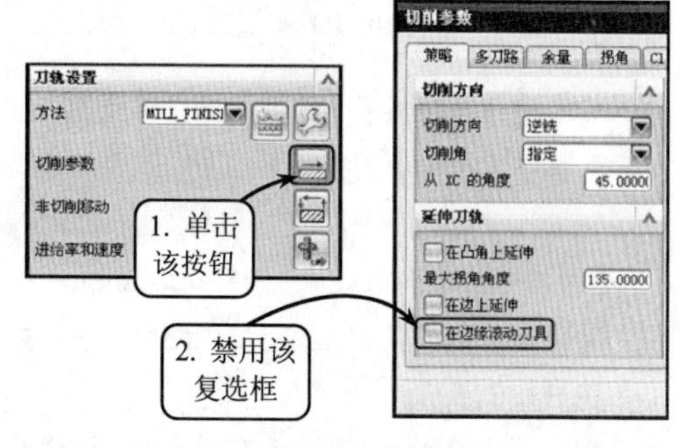

图 8-77 设置切削参数

27 完成上述操作后，返回【固定轮廓铣】对话框。然后单击【操作】面板中的【生成】按钮，系统将生成精加工刀具路径，效果如图 8-78 所示。

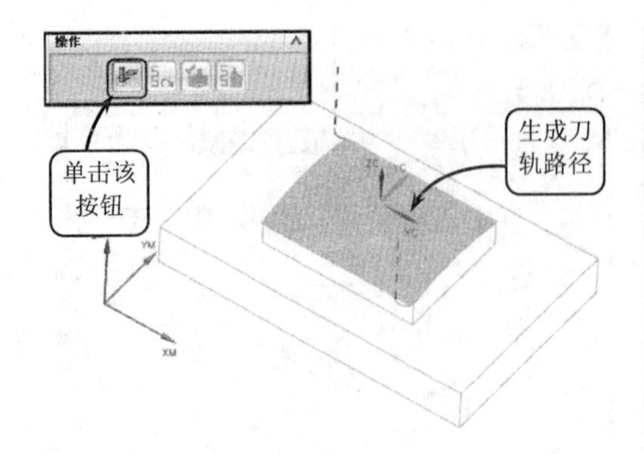

图 8-78　生成刀轨路径

28 单击该面板中的【确认刀轨】按钮，并在打开的对话框中选择【2D 动态】选项卡。然后单击【选项】按钮，在打开的对话框中禁用各复选框，并单击【确定】按钮确认操作。接着单击【播放】按钮，系统将以实体的方式进行切削仿真，效果如图 8-79 所示。

图 8-79　仿真精加工操作刀具路径

29 在【操作导航器】中选中程序父节点组，然后单击【操作】工具栏中的【车间文档】按钮，打开【车间文档】对话框。此时在【报告格式】列表框中选择 Operation List (HTML) 列表项，并指定文件路径，效果如图 8-80 所示。

30 完成上述操作后，单击【车间文档】对话框中的【确定】按钮，系统将以 HTML 格式显示所创建的操作名称、类型和刀具类型，效果如图 8-81 所示。

31 将导航器切换到“程序视图“模式，然后单击【操作】工具栏中的【后处理】按钮，打开【后处理】对话框。此时在该对话框中选择 MILL_3_AXIS 列表项，并在【输出文件】面板中设置保存路径，系统将以窗口的形式显示粗加工和精加工操作的 NC 程序，效果如图 8-82 所示。

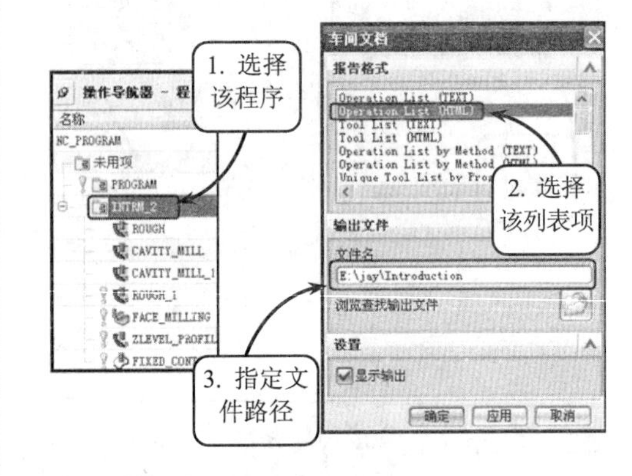

图 8-80　设置车间文档

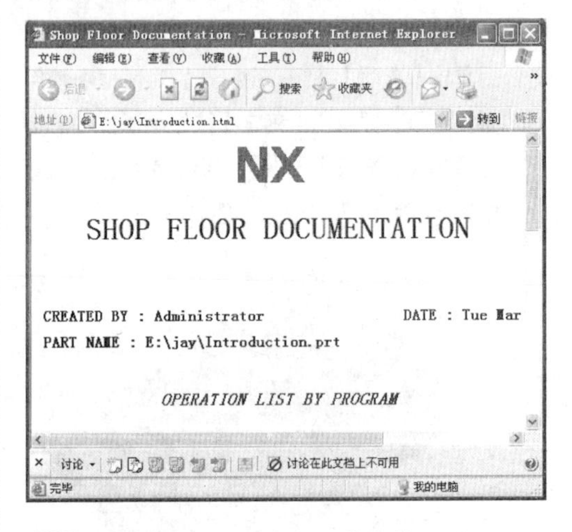

图 8-81　显示车间工艺文档

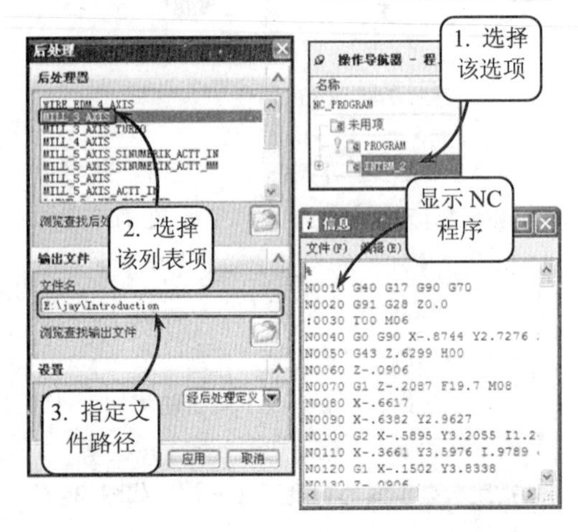

图 8-82　后处理设置

8.8 思考与练习

一、填空题

1. 数控技术是利用＿＿＿＿＿对机床运动及加工过程进行控制的一种方法，是发展数控机床和先进制造技术的最关键技术。

2. 创建父节点组是执行数控编程的第一环节，也是非常关键的一环节，因为在该操作环节中需要定义父节点组包含的＿＿＿＿＿、＿＿＿＿＿、＿＿＿＿＿和＿＿＿＿＿这 4 部分数据内容。

3. ＿＿＿＿＿作为数控加工中的主导关键之一，其设置的可靠与否直接影响到加工效率、刀具寿命或零件精度等问题。

4. 当设置了所有必需的操作参数后，为检验这些参数和定义的路径参照是否正确，必须通过＿＿＿＿＿操作来进行检验。

5. ＿＿＿＿＿是一个文本编辑处理过程，其作用是将计算出的刀轨以规定的标准格式转化为 NC 代码并输出保存。

二、选择题

1. 数控机床主要由控制介质、数控装置、伺服系统、辅助装置和机床本体组成。其中＿＿＿＿＿是数控机床的运算和控制系统，也是数控机床的核心。

A. 数控装置

B. 控制介质

C. 伺服系统

D. 机床

2. 在定义加工阶段时，＿＿＿＿＿阶段的目的是保证加工零件达到设计图纸所规定的尺寸精度、技术要求和表面质量要求。

A. 粗加工

B. 半精加工

C. 精加工

D. 光整加工

3. 在定义加工参数时，一般切削宽度 L 与刀具直径 d 成正比。在经济型数控机床的加工过程中，一般 L 的取值范围为＿＿＿＿＿。

A. $0.4d \sim 0.6d$

B. $0.5d \sim 0.7d$

C. $0.6d \sim 0.9d$

D. $0.7d \sim 0.9d$

4. 以下＿＿＿＿＿不属于 UG NX CAM 中刀轨检验方式。

A. 模拟实体切削进行仿真加工

B. 直接查看

C. 执行刀轨可视化操作

D. 导出 NC 程序进行查看

三、问答题

1. 简述数控加工的优点。
2. 简述数控机床切削用量的选择原则。
3. 简述数控编程的工艺流程。

四、上机练习

1. 创建鼠标壳体加工程序

本练习创建鼠标壳体加工程序，效果如图 8-83 所示。鼠标是计算机辅助操作部件，而鼠标壳体是鼠标部件的重要组成部分，曲面要求光滑体现流水线自由曲面效果，正因为该曲面质量要求较高，因此在使用数控加工壳体型芯时需要准确定义刀具的轨迹，以及准确定义切削用量等参数。

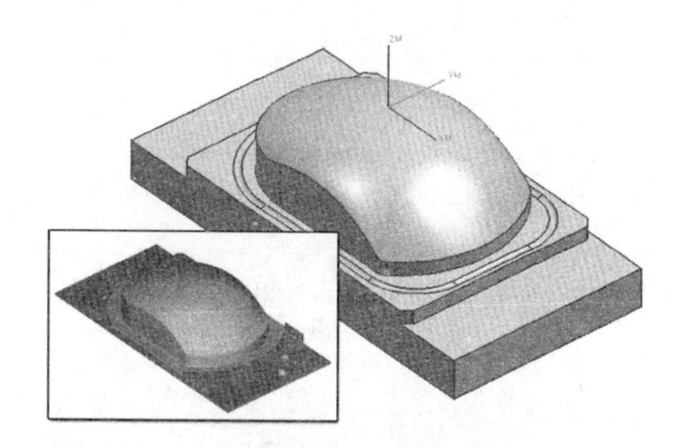

图 8-83 鼠标壳体加工

在 UG NX CAM 中要创建该壳体刀具轨迹，首先设置型腔铣削和固定轮廓铣削进行曲面初级加工，然后设置型腔铣削设置切削参数进行曲面的半精加工，最后采用固定轮廓铣削进行曲面的精加工即可。

2. 创建壳体型腔加工编程

本练习创建壳体型腔加工程序，如图 8-84 所示。从壳体的型腔结构可以想象该壳体结构特征。要实现该型腔结构仿真加工效果，不仅要加工轮廓面，而且还需要加工凹槽特征。

在使用 UG NX CAM 软件进行加工编程操作时，首先使用固定轮廓铣削刀具加工轮廓面，然后设置切削参数分别进行粗、半精加工凹槽特征即可。该过程所用的切削类型为深度加工轮廓铣削。

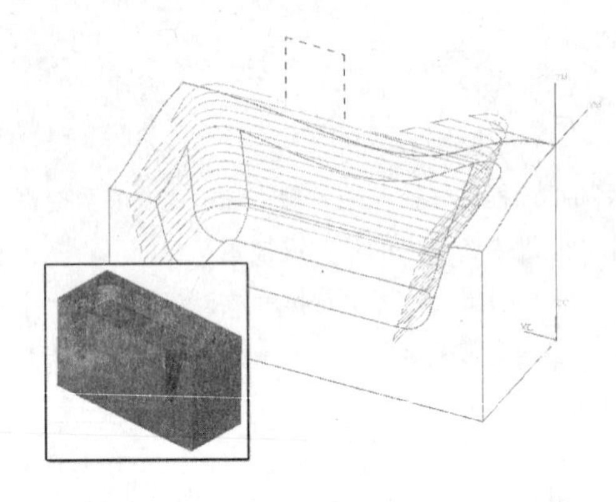

图 8-84 壳体型腔加工

第 9 章

创建工程图

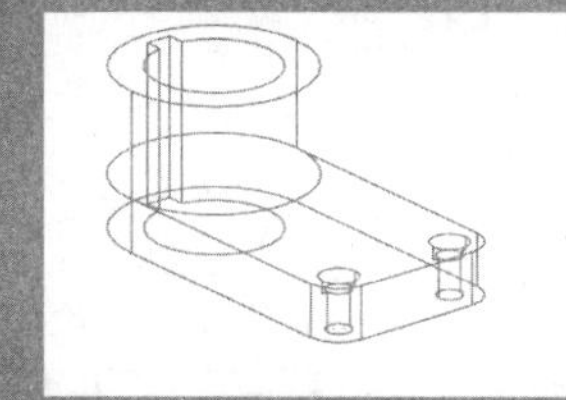
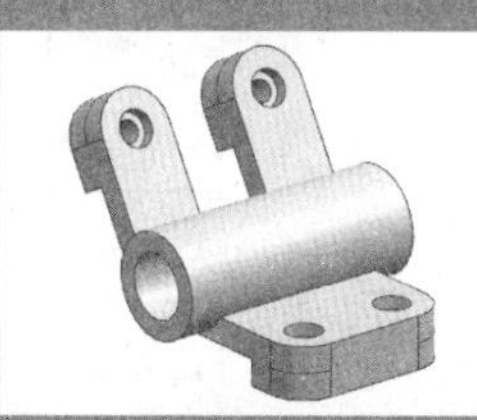
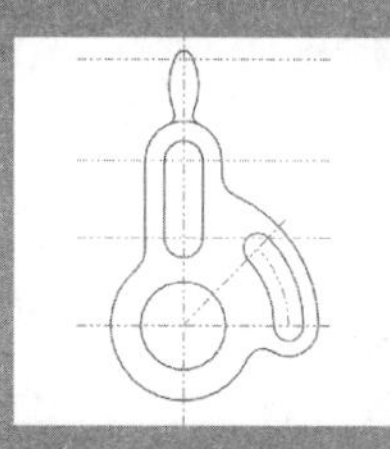
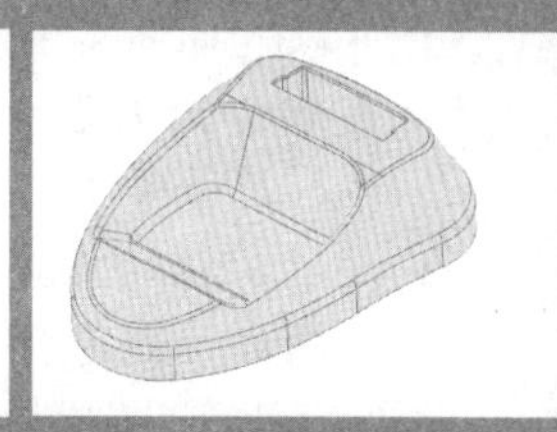

工程图是设计部门提供给生产部门用于生产制造和检验零部件的重要技术文件。在 UG NX 中，利用工程制图模块可以方便地得到与实体模型相一致的二维工程图。由于 UG 的创建工程图功能所建立的二维工程图是投影三维实体模型得到的，因此二维工程图与三维实体模型是完全关联的。三维实体模型的尺寸、形状和位置的改变都会引起相应的二维工程图变化。

本章将重点介绍 UG 工程图的建立和编辑方法，具体包括工程图的参数预设置、图纸操作、视图操作和标注工程图等内容。

本章学习要点：

- 熟悉工程图基本参数的设置
- 掌握工程图的图纸操作
- 熟练掌握工程图的编辑功能
- 掌握工程图的标注
- 了解工程图的其他功能

9.1 工程图入门

对于初学 UG 工程图设计的设计者来说，工程图管理及环境设置是首先面临的问题。一定要清楚地知道选用或定制何种图框，还要知道所创建工程图的图幅、比例、单位和投影视角，以及工程图的尺寸等。只有对这些问题有正确的认识才能为熟练掌握工程图设计打下坚实的基础。

1. 工程图的特点

从 UG NX 的其他界面进入制图模块的过程是基于已建的三维实体模型的。因此，创建的工程图具有以下显著的特点。

- ❑ 工程图与三维模型之间具有完全相关性，三维模型改变会反映在二维工程图上。
- ❑ 可以快速地建立具有完全相关性的剖视图，并可以自动产生剖面线。
- ❑ 具有自动对齐视图功能，此功能允许用户在图纸中快速放置视图，而不必考虑它们之间的对应关系。
- ❑ 能够自动隐藏不可见的线条。
- ❑ 可以在同一对话框中编辑大部分的工程标注（如尺寸、符号等）。
- ❑ 设计功能的充分柔性化使概念设计变为现实。

此外，有时制图模块与建模模块是完全相关联的。因此，两种模式下图形中的数据也是相关联的。

在 UG NX 中创建工程图可以分为 4 个步骤，如图 9-1 所示。其创建工程图的核心部分是添加基本视图。

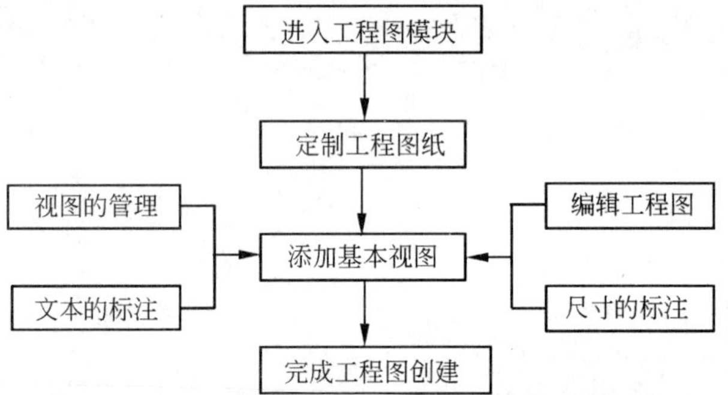

图 9-1 工程图创建流程

2. 工程图环境

在 UN NX 中，只有在工程图环境中才能创建工程图。在工程图环境中创建好的三维实体模型利用工程图环境中提供的工程图操作及设置工具可以快速地创建出平面图、剖视图等二维工程图。

在【标准】工具栏中选择【开始】|【制图】选项，或在【应用】工具栏中单击【制图】按钮即可进入工程图的创建环境，如图 9-2 所示。

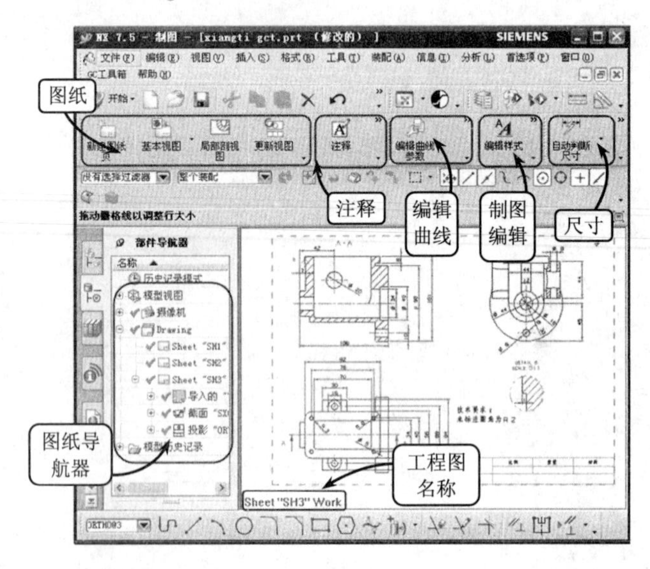

图 9-2 工程图的创建界面

3. 工程图参数预设置

在工程图环境中，为了更准确、更有效地创建工程图，还可以根据需要进行相关的基本参数预设置，如线宽、隐藏线的显示、视图边界线的显示和颜色的设置等。

在工程图环境中选择【首选项】|【制图】选项将打开【制图首选项】对话框，如图 9-3 所示。

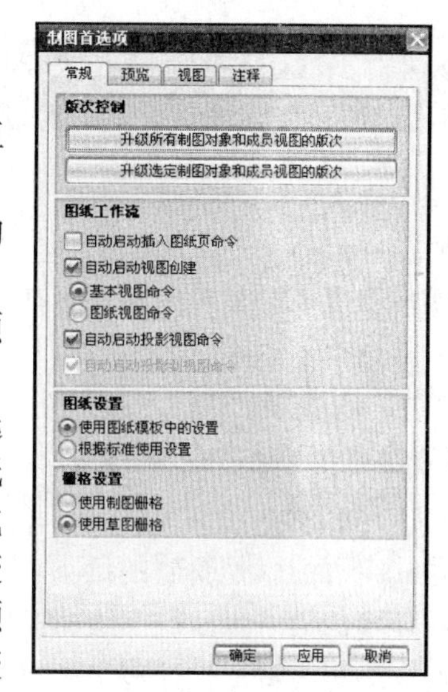

图 9-3 【制图首选项】对话框

在该对话框中共包括 4 个选项卡。在【常规】选项卡中可以进行图纸的版次、图纸工作流，以及图纸的相关设置；在【预览】选项卡中可以设置视图样式和注释样式；在【注释】选项卡中可以设置模型改变时是否删除相关的注释，还可以设置线宽、线型和颜色设置工程图中对象的显示参数，以及删除模型改变保留下来的相关对象；【视图】选项卡是最常用的选项卡，其主要选项如下。

- **更新** 启用【延迟视图更新】复选框，当模型修改时，直至选择【视图】下拉列表的【刷新】选项后工程图才会更新。启用【创建时延迟更新】复选框，当在工程图中创建视图时，直至选择【刷新】选项后才会更新。
- **边界** 利用该选项组中的【显示边界】和【边界颜色】工具可以控制是否显示视图边界和设置视图边界的颜色。如图 9-4 所示就是禁用【显示边界】和启用【显示边界】复选框的图形显示效果。

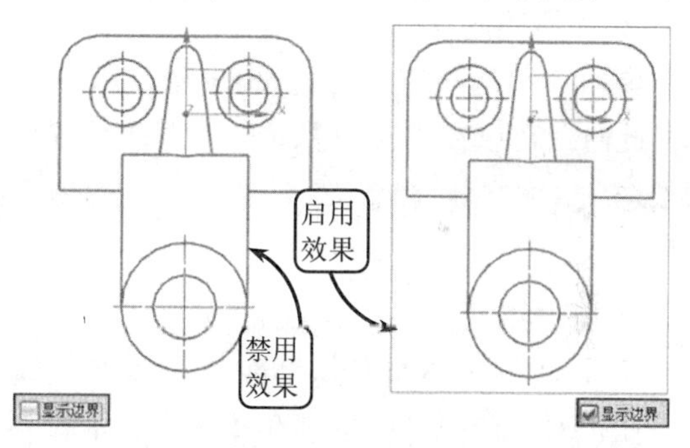

图 9-4 禁用和启用【显示边界】复选框效果

- **显示已抽取边的面** 该选项组用于控制是否可以在工程图中选择视图表面。选择【显示和强调】单选按钮可以选取实体表面；选择【仅曲线】单选按钮只能选取曲线。
- **加载组件** 用于自动加载组件的详细几何信息。该选择组包含【小平面化视图选择时】和【小平面化视图更新时】两个复选框，前者是指标注尺寸或生成详细视图时系统自动载入详细几何信息；后者是指执行更新操作时载入几何信息。
- **视觉** 【透明度】用于控制图形的透明度显示；【直线反锯齿】可以改善图中曲线的光滑程度，如图 9-5 所示就是禁用和启用【直线反锯齿】的图形显示效果。

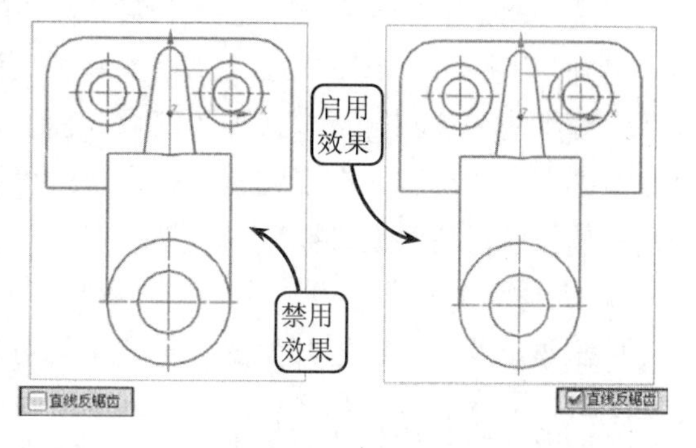

图 9-5 禁用和启用【直线反锯齿】效果

9.2 图纸操作

在 UG NX 中，任何一个利用实体建模创建的三维模型都可以用不同的投影方法、不同的图样尺寸和不同的比例建立多张二维工程图。而所创建的工程图都是由工程图管理功能所完成的。工程图管理功能具体包括建立工程图、打开和删除工程图、编辑工程图，以及显示工程图。

9.2.1 建立工程图

建立工程图就是新建图纸页。新建图纸页是进入工程图环境的第一步，在三维建模中创建的三维模型都将在这里生成符合设计要求的工程图。

选择【插入】|【图纸页】选项，或在【图纸】工具栏中单击【新建图纸页】按钮都可以打开【片体】对话框，如图 9-6 所示。该对话框中的主要选项的功能及含义如下。

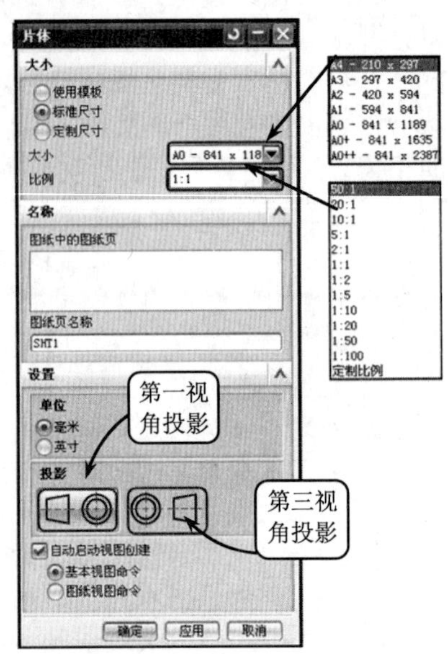

图 9-6 【片体】对话框

在该对话框中包括 3 种类型的图纸建立方式。

❑ 使用模板

单击该单选按钮将打开如图 9-7 所示的对话框。此时，可以在【大小】面板中选取系统默认的图纸选项，并单击【确定】按钮直接应用于当前的工程图中。

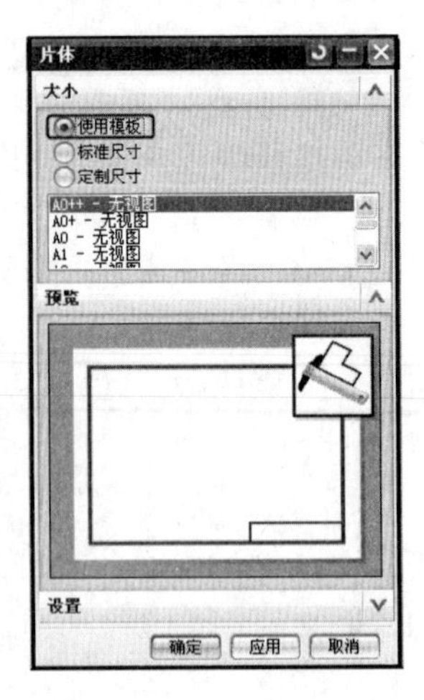

图 9-7 【使用模板】建立工程图

❑ 标准尺寸

如图 9-6 所示的对话框即是单击该单选按钮时的对话框。在该对话框中可以直接在【大小】下拉列表框中选择从 A0～A4 国标图纸中的任意一个作为当前工程图的图纸，还可以在【比例】下拉列表框中直接选取工程图的比例。

另外，【图纸中的图纸页】文本框显示了工程图中所包含的所有图纸的名称和数量。在【图纸页名称】文本框中可以修改新建图纸的名称。在【设置】选项组中可以选择工程图的尺寸单位及视图的投影视角。

❑ 定制尺寸

单击该单选按钮将打开如图 9-8 所示的对话框。在该对话框中可以在【高度】和【长度】文本框中自定义新建图纸的高度和长度。在【比例】下拉列表框中可以选择当前工程图的比例。其他选项与单击【标准尺寸】单选按钮时的选项相同，这里不再重复介绍。

9.2.2 打开和删除工程图

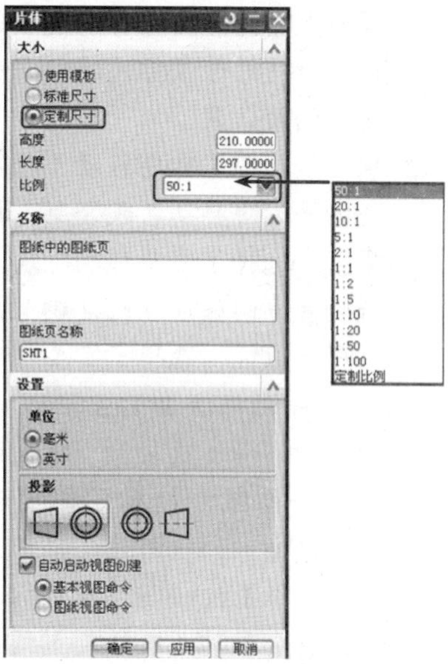

在 UG NX 中，对于同一个实体模型，如果采用不同的投影方法、不同的图幅尺寸和视图比例建立了多张工程图，当需要对其中的一张进行编辑或浏览时就需要在绘图区将其工程图打开。

要打开工程图，可在绘图区左侧的图纸导航器中右击所需要的图纸名称，打开快捷菜单。然后在快捷菜单中选择【打开】选项，此时即可在绘图区中打开该名称所对应的工程图，如图 9-9 所示。若要删除工程图，可在打开的快捷菜单中选择【删除】选项，即可删除该名称所对应的工程图。

图 9-8 【定制尺寸】建立工程图

9.2.3 编辑工程图

在实际工作中，利用上述介绍的操作在图纸中添加了各类工程图后，需要调整视图的位置、边界或改变视图的参数等，这就需要利用 UG NX 中的工程图编辑功能。这些编辑功能在实际操作中起着至关重要的作用，具体包括移动和复制视图、对齐视图，以及定义视图边界等内容。

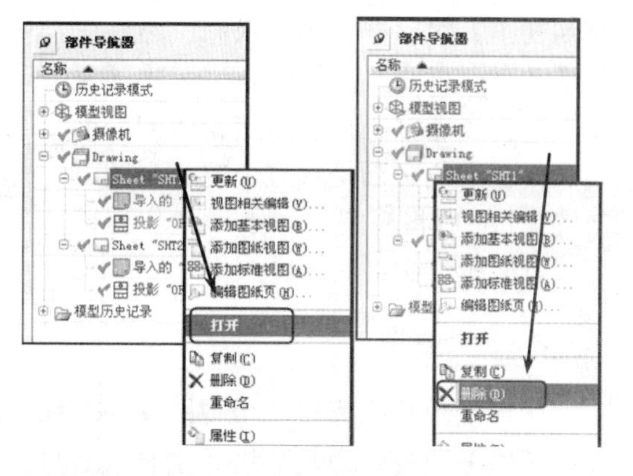

图 9-9 打开和删除工程图

1. 移动和复制视图

移动和复制视图操作都可以改变视图在图形窗口中的位置，不同之处是，前者是将原视图直接移动到指定的位置，后者是在原视图的基础上新建一个副本，并将该副本移动到指定的位置。

要移动和复制视图，可在【图纸】工具栏中单击【移动/复制视图】按钮，打开【移动/复制视图】对话框，如图 9-10 所示。

在该对话框中，视图列表框用于显示和选择当前绘图区中的视图；【复制视图】复选框用于选择移动或复制视图；【视图名】文本框用于编辑视图的名称；【距离】文本框用于设置移动或复制视图的距离；【取消选择视图】按钮用于取消已经选择的视图。

在该对话框中还包含了 5 个移动/复制视图的按钮，其含义和操作方法如下。

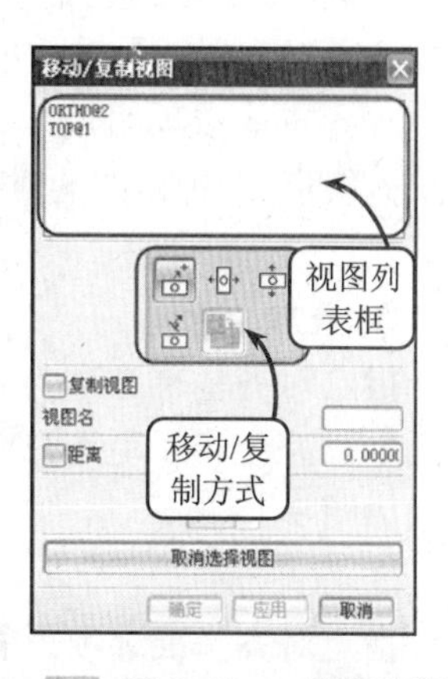

图 9-10 【移动/复制视图】对话框

- ❑ **至一点** 选择要移动或复制的视图后，单击【至一点】按钮，该视图的一个虚拟边框将随着鼠标的移动而移动。移动至合适的位置后单击，即可将视图移动或复制到该位置。
- ❑ **水平** 选择了需要移动（或复制）的视图后，单击【水平】按钮，此时系统将沿水平方向移动（或复制）该视图。
- ❑ **竖直** 选择了需要移动（或复制）的视图后，单击【竖直】按钮，此时系统将沿竖直方向移动（或复制）该视图。
- ❑ **垂直于直线** 选择了需要移动（或复制）的视图后，单击【垂直于直线】按钮，此时系统将沿垂直于一条直线的方向移动（或复制）该视图。
- ❑ **至另一图纸** 选择了需要移动（或复制）的视图后，单击【至另一图纸】按钮，此时所选的视图将会移动（或复制）到指定的另一张图纸页中去。

下面以【垂直于直线】方式复制视图为例介绍其操作方法。首先在【移动/复制视图】对话框中选择视图。然后单击【垂直于直线】按钮，并启用【复制视图】复选框。接着指定视图的基准线（此基准线必须是垂直于复制视图方向的），最后将视图放置于适当位置即可，效果如图 9-11 所示。

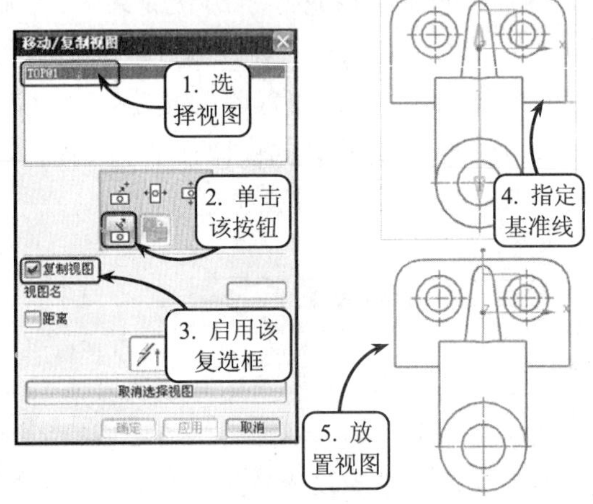

图 9-11 【垂直于直线】方式复制视图效果

2. 对齐视图

对齐视图是指选择一个视图作为参照，使其他视图以参照视图为基准进行水平或竖直方向对齐。在【图纸】工具栏中单击【对齐视图】按钮将打开【对齐视图】对话框，如图 9-12 所示。

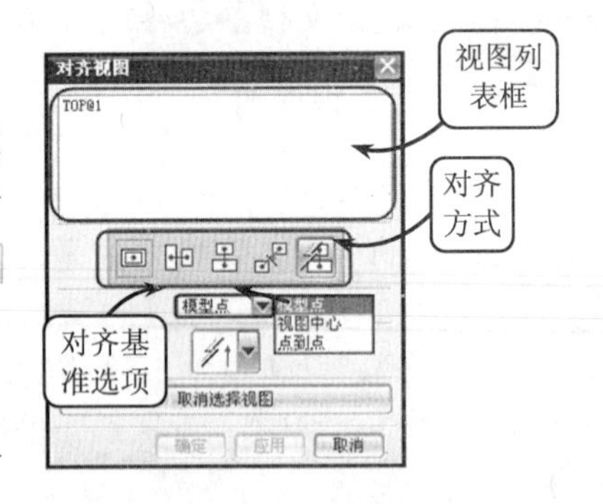

图 9-12 【对齐视图】对话框

对齐方式选项组用于选择视图的对齐方式，系统提供了 5 种视图的对齐方式，各种方式含义如下。

❑ **叠加**

指定对齐基准选项为【视图中心】，并依次选取要对齐的视图。然后单击【叠加】按钮，系统将以所选视图中的第一个视图的基准点为基点，对所有视图做重合对齐，效果如图 9-13 所示。

❑ **水平**

指定对齐基准选项为【视图中心】，并选取要对齐的视图。然后单击【水平】按钮，系统将以所选视图中的第一个视图的基准点为基点，对所有视图做水平对齐，效果如图

9-14 所示。

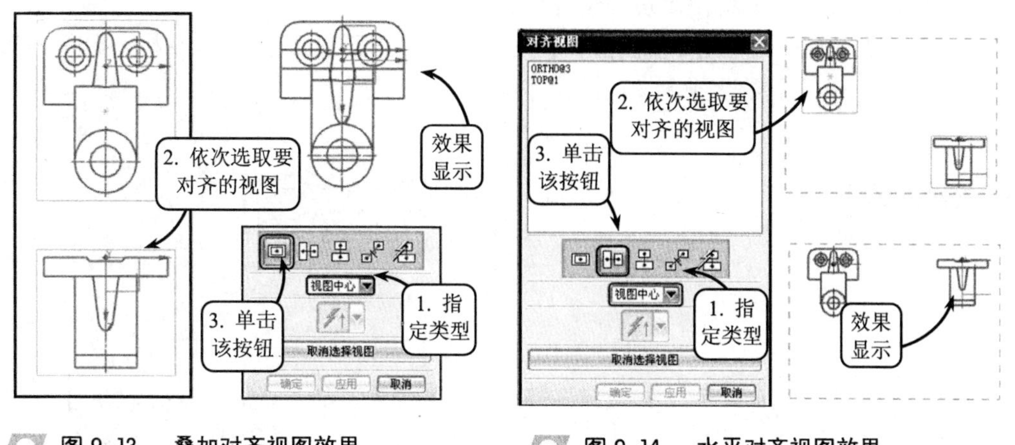

图 9-13 叠加对齐视图效果　　图 9-14 水平对齐视图效果

❑ 竖直

指定对齐基准选项为【视图中心】，并选取要对齐的视图。然后单击【竖直】按钮，系统将以所选视图中的第一个视图的基准点为基点，对所有视图做竖直对齐，效果如图 9-15 所示。

❑ 垂直于直线

指定对齐基准选项为【视图中心】，并选取要对齐的视图。然后单击【垂直于直线】按钮，并在视图中选取一条直线作为视图对齐的参照线。此时，其他所有的视图将以参照视图的垂线为对齐基准进行对齐操作，效果如图 9-16 所示。

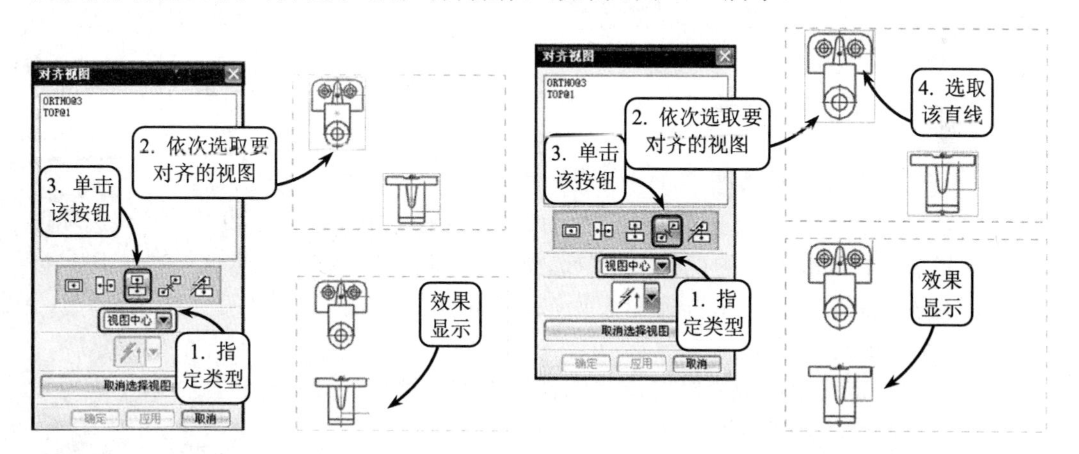

图 9-15 竖直对齐视图效果　　图 9-16 垂直于直线对齐视图效果

❑ 自动判断

指定对齐基准选项为【视图中心】，并选取要对齐的视图。然后单击该按钮，系统将根据选择的基准点不同，用自动判断的方式对齐视图，效果如图 9-17 所示。

3. 定义视图边界

定义视图边界主要是为视图定义一个新的边界类型，以改变视图在图纸页中的显示状态。在创建工程图的过程中经常会遇到定义视图边界的情况，例如在创建局部剖视图的局部剖边界曲线时需要将视图边界进行放大操作等。

在【图纸】工具栏中单击【视图边界】按钮将打开【视图边界】对话框，如图 9-18 所示。其对话框中的主要选项含义及操作方法如下。

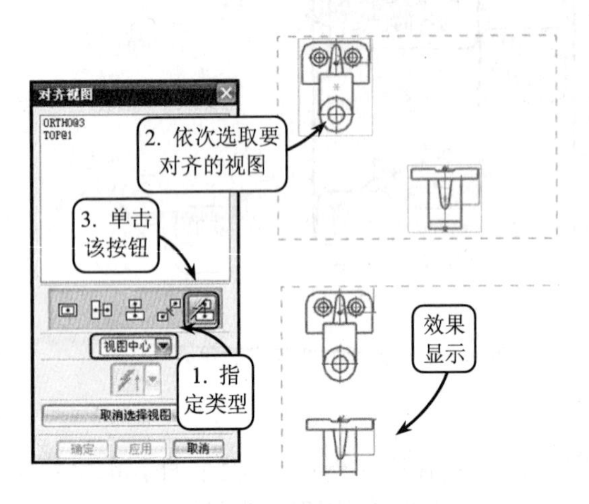

图 9-17 自动判断对齐视图效果

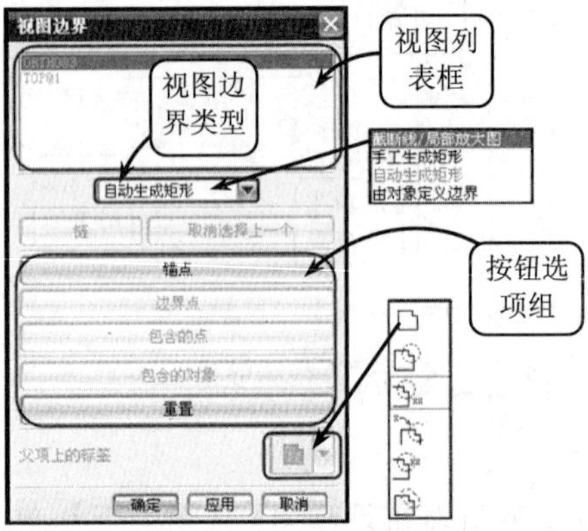

图 9-18 【视图边界】对话框

❑ 视图列表框

该列表框用于设置要定义边界的视图。在进行定义视图边界操作前，用户先要选择所需的视图。选择视图的方法有两种：一种是在视图列表框中选择视图，另外一种是直接在绘图工作区中选择视图。当视图选择错误时，还可以利用【重置】按钮重新选择视图。

❑ 视图边界类型

利用该下拉列表框可设置视图边界的类型。在 UG NX 中，视图边界的类型有以下 4 种。

➢ 截断线/局部放大图

该选项适用于用断开线或局部视图边界线来设置任意形状的视图边界。且该选项仅显示出被定义边界曲线围绕的视图部分。选择该选项后系统将提示选择边界线。用户可以用鼠标在视图中选择已定义的断开线或局部视图的边界线。

➢ 手工生成矩形

该选项用于定义矩形边界时在选择的视图中按住鼠标左键并拖曳鼠标来生成矩形边界。该边界也可以随模型的更改而自动调整视图的边界。

➢ 自动生成矩形

选择该选项，系统将自动定义一个矩形边界。该边界可以随模型的更改而自动调整视图的矩形边界。

➢ 由对象定义边界

该选项是通过选择要包围的对象来定义视图的范围的，且可以在视图中调整视图的边界来包围所选择的对象。选择该选项后，系统将提示选择要包围的对象。用户可以利用【包含的点】或【包含的对象】选项在视图中选择要包围的点或线，效果如图 9-19 所示。

❑ **按钮选项组**

在对视图的边界进行定义时，利用按钮区中的相关按钮可以指定对象的类型，定义视图边界包含的对象等。

➢ **链** 该按钮用于选择链接曲线。单击该按钮，系统可以按顺时针方向选取曲线的开始段和结束段，且此时系统将会自动完成整条链接曲线的选取。该按钮仅在选择了【截断线/局部放大图】选项后才被激活。

➢ **取消选择上一个** 该按钮用于取消前一次所选择的曲线。该按钮仅在选择了【截断线/局部放大图】选项后才被激活。

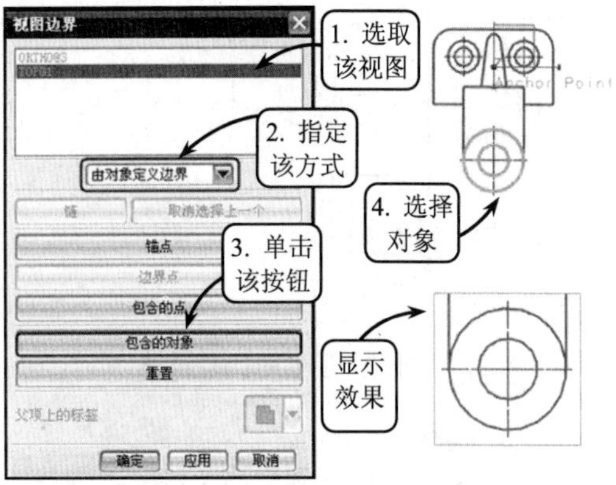

图 9-19 由对象定义边界效果

➢ **锚点** 锚点的作用是将视图的边界固定在视图中指定对象的相关联的点上，使边界随指定点的位置变化而变化。若没有指定锚点，修改模型时视图边界中的部分图形对象可能发生位置变化，使视图边界中所显示的内容不是希望的内容。反之，若指定与视图对象关联的固定点，当修改模型时，即使产生了位置变化，视图边界会跟着指定点进行移动。

➢ **边界点** 该按钮通过指定点的方式来定义视图的边界范围。

➢ **包含的点** 该按钮用于选择视图边界要包围的点。该按钮仅在选择了【由对象定义边界】选项后才会被激活。

➢ **包含的对象** 该按钮用于选择视图边界要包围的对象。该按钮只在选择了【由对象定义边界】选项后才会被激活。

➢ **重置** 该按钮用于放弃所选的视图，以便重新选择其他视图。

❑ **父项上的标签**

该下拉列表框用于指定局部放大视图的父视图是否显示环形边界。如果选择该选项，则在其父视图中将显示环形边界；如果不选取该选项，则在其父视图中不显示环形边界。该下拉列表框仅在选择了【局部放大视图】选项后才会激活，共包含以下 6 种显示方式。

➢ **无**

选择该选项后，在局部放大图的父视图中将不显示放大部位的边界，效果如图 9-20 所示。

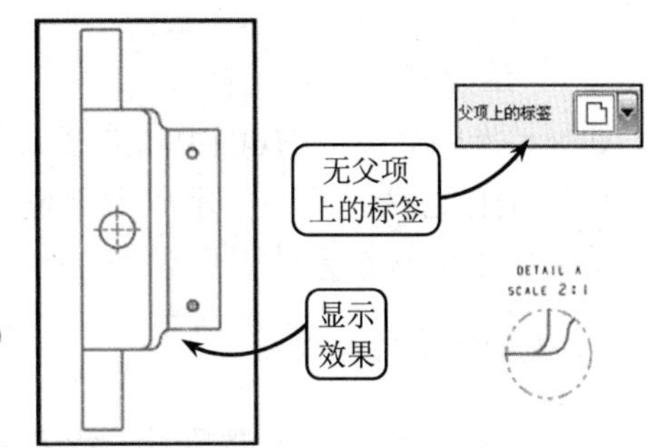

图 9-20 无父项上的标签效果

➢ **圆**

选择该选项后，父视图中的放大部位无论是什么形状的边界都将以圆形边界来显示，效果如图 9-21 所示。

➢ **注释**

选择该选项后，在局部放大图的父视图中将同时显示放大部位的边界和标签，效果如图 9-22 所示。

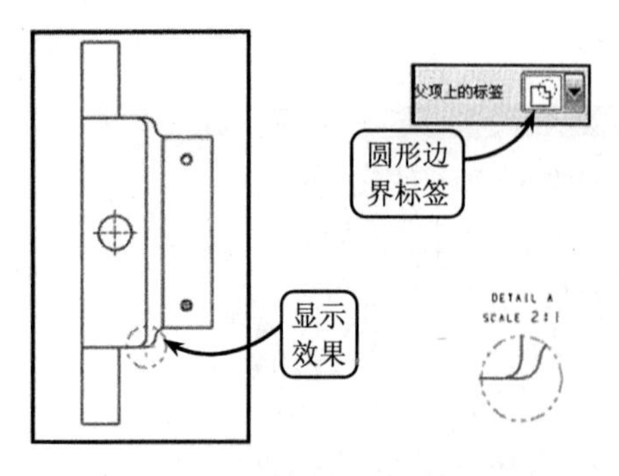

图 9-21　圆形父项上的标签结果

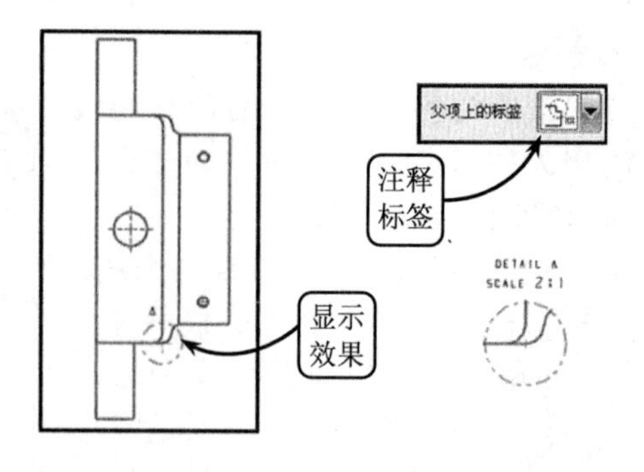

图 9-22　显示边界和注释标签效果

➢ **标签**

选择该选项后，在父视图中将显示放大部位的边界与标签，并利用箭头从标签指向放大部位的边界，效果如图 9-23 所示。

➢ **内嵌**

选择该选项后，在父视图中将放大视图部位的边界与标签，并将标识嵌入到放大边界的曲线中，效果如图 9-24 所示。

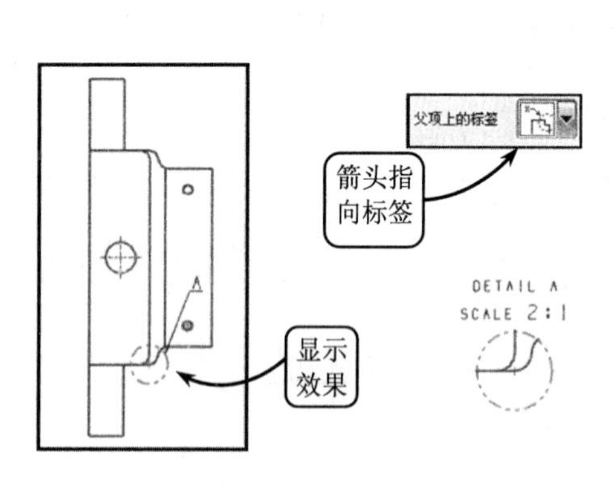

图 9-23　箭头指向标签效果

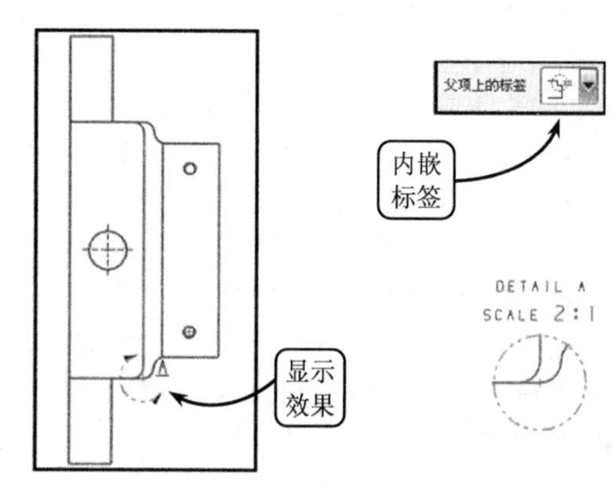

图 9-24　内嵌标签效果

➢ **边界**

选择该选项后，在父视图中只能够显示放大部位的原有边界，而不显示放大部位的标签，效果如图 9-25 所示。

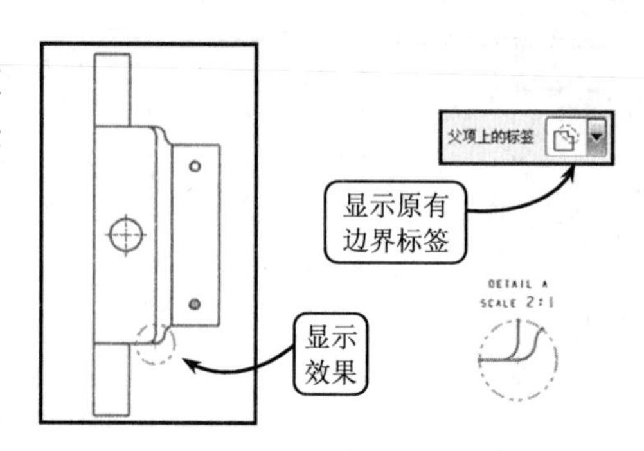

图 9-25　显示原有边界效果

4．视图的相关编辑

前面介绍的有关操作都是对工程图的宏观操作，而视图的相关编辑属于细节操作，其主要作用是对视图中的几何对象进行编辑和修改。在【制图编辑】工具栏中单击【视图相关编辑】按钮将打开【视图相关编辑】对话框，如图 9-26 所示。该对话框中的主要选项和按钮的含义如下。

❑ 添加编辑

该选项组用于选择要进行哪种类型的视图编辑操作，系统提供了 5 种视图编辑操作的方式。

➢ 擦除对象

该按钮用于擦除视图中选择的对象。选择视图对象时该按钮才会被激活。用户可以在视图中选择要擦除的对象，完成对象选择后系统将会擦除所选对象。但是擦除对象不同于删除操作，擦除操作仅仅是将所选取的对象隐藏起来不进行显示。另外，利用该按钮无法擦除有尺寸标注的对象。

➢ 编辑完全对象

该按钮用于编辑视图或工程图中所选整个对象的显示方式。编辑的内容包括颜色、线型和线宽。单击该按钮可在【线框编辑】面板中设置颜色、线型和线宽等内容。然后在视图中选取需要编辑的对象，并单击【确定】按钮，即可完成对图形对象的编辑。

图 9-26 【视图相关编辑】对话框

➢ 编辑着色对象

该按钮用于编辑视图中某一部分的显示方式。单击该按钮，在视图中选取需要编辑的对象。然后在【着色编辑】面板中设置颜色、局部着色和透明度内容。设置完成后，单击【应用】按钮即可。

➢ 编辑对象段

该按钮用于编辑视图中所选对象片段的显示方式。单击该按钮，在【线框编辑】面板中设置对象的颜色、线型和线宽内容。设置完成后，根据系统提示，单击【确定】按钮即可。

➢ 编辑剖视图的背景

该按钮用于编辑剖视图的背景。单击该按钮，并选取要编辑的剖视图，然后在打开的【类选择】对话框中进行相关的选项设置，并单击【确定】按钮，即可完成剖视图背景的编辑。

❑ 删除编辑

该选项组用于删除前面所进行的某些编辑操作，系统共提供了 3 种删除编辑操作的方式。

➢ 删除选择的擦除

该按钮用于删除前面所进行的擦除操作，使擦除的对象重新显示出来。单击该按钮将打开【类选择】对话框，已擦除的对象将会在视图中加亮显示。在视图中选取擦除的对象，则所选对象重新显示在视图中。

➢ 删除选择的编辑

该按钮用于删除所选视图进行的某些编辑操作，使编辑的对象回到原来的显示状态。单击该按钮将打开【类选择】对话框，此时已编辑的对象会在视图中加亮显示。然后选取已编辑的对象，此时所选的对象将会以原来的颜色、线型和线宽在视图中显示出来。

➢ 删除所有编辑

该按钮用于删除所选视图先前进行的所有编辑。所有编辑过的对象将全部回到原来的显示状态。单击该按钮将打开【删除所有编辑】对话框。然后确定是否要删除所有的编辑操作即可。

❑ **转换相依性**

该选项组用于设置对象在视图与模型之间的转换。

➢ **模型转换到视图**

该按钮用于将模型中存在的单独对象转换到视图中。单击该按钮，在打开的【类选择】对话框中选取要转换的对象，此时所选对象将会转换到视图中。

➢ **视图转换到模型**

该按钮用于将视图中存在的单独对象转换到模型中。单击该按钮，在打开的【类选择】对话框中选取要转换的对象，则所选对象将会转换到模型中。

9.2.4 显示和更新工程图

在创建工程图的过程中，当需要工程图和实体模型之间切换，或者需要去掉不必要的显示部分时，可以应用视图的显示和更新操作。

1. 视图的显示

在【图纸】工具栏中单击【显示图纸页】按钮，系统将在建模环境和工程图环境之间进行切换，以方便实体模型和工程图之间的对比观察等操作。

2. 视图的更新

在【图纸】工具栏中单击【更新视图】按钮，打开【更新视图】对话框，如图 9-27 所示。

图 9-27 【更新视图】对话框

该对话框中的各选项的含义及功能如下。

❑ **选择视图** 单击该按钮可以在图纸中选取要更新的视图。

❑ **显示图纸中的所有视图** 该复选框用于控制视图列表框中所列出的视图种类。启用该复选框时，列表框中将列出所有的视图。若禁用该复选框，则将不显示过时视图，需要手动选择需要更新的过时视图。

❑ **选择所有过时视图** 该按钮用于选择工程图中的所有过时的视图。

❑ **选择所有过时自动更新视图** 该按钮用于自动选择工程图中所有过时的视图。

提 示

过时视图是指由于实体模型的改变或更新而需要更新的视图。如果不进行更新，将不能反映实体模型的最新状态。

9.3 视图操作

视图是二维工程图中最基本也是最重要的组成部分。在 UG NX 中，利用三维实体模型生成的各种视图是创建工程图最核心、最重要的问题。在生成的工程图中往往会包含许多视图，而通过这些视图的组合可以清楚地对三维模型进行描述。

这就需要利用 UG NX 工程图模块提供的各种视图的管理功能具体包括建立基本视图、添加投影视图和视图的剖视等功能。利用这些功能可以很方便地管理工程图中所包含的各类视图，并可以编辑各个视图的缩放比例、角度和状态等参数。

1. 基本视图

基本视图是指零件模型的各种视图，包括主视图、后视图、俯视图、仰视图、左视图、右视图和等轴测视图等。在一个工程图中至少包含一个基本视图，因此在生成工程图时应该尽量生成能反映实体模型的主要特征形状的基本视图。

要建立基本视图，可在【图纸】工具栏中单击【基本视图】按钮，打开【基本视图】对话框，如图 9-28 所示。

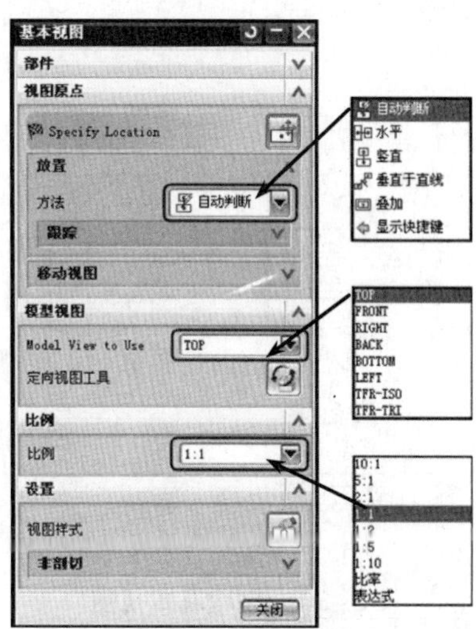

图 9-28 【基本视图】对话框

利用该对话框可以在当前图纸中建立基本视图，并设置视图样式和基本视图比例等参数。在 Model View to Use 下拉列表中选择基本视图，并在绘图区域合适的位置放置该基本视图，即可完成基本视图的建立。该对话框主要选项的含义介绍如下。

- **部件** 该面板用于选择需要建立工程图的部件模型文件。
- **放置** 该面板用于选择基本视图的放置方法。
- **模型视图** 该面板用于选择要添加基本视图的种类。
- **比例** 该下拉列表框用于选择添加基本视图的比例。
- **视图样式** 该按钮用于编辑基本视图的样式。单击该按钮将打开【视图样式】对话框，如图 9-29 所示。在该对话框中可以对基本视图中的隐藏线、可见线、追踪线、螺纹、透视等样式进行详细的设置。

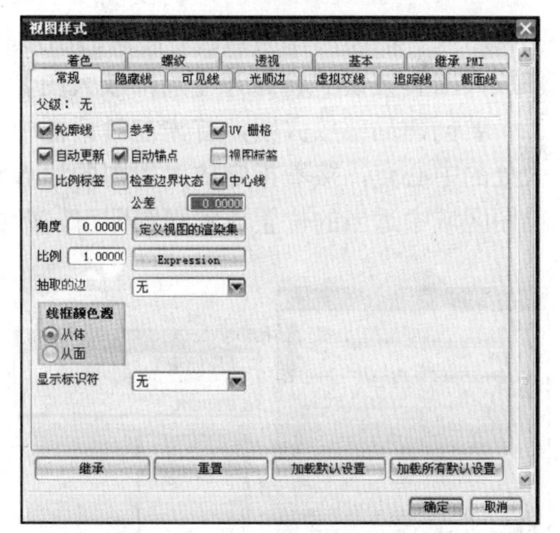

图 9-29 【视图样式】对话框

通过上述的操作步骤完成基本视图的设置后，在工程图绘图区域的适当位置单击即可完成基本视图的创建，效果如图 9-30 所示。

2. 投影视图

投影视图是从父项视图产生的正投影视图。在建立基本视图时，设置建立完成一个基本视图后继续拖动鼠标可添加基本视图的其他投影视图。若已退出添加基本视图操作，可在【图纸】工具栏中单击【投影视图】按钮，打开【投影视图】对话框，如图 9-31 所示。

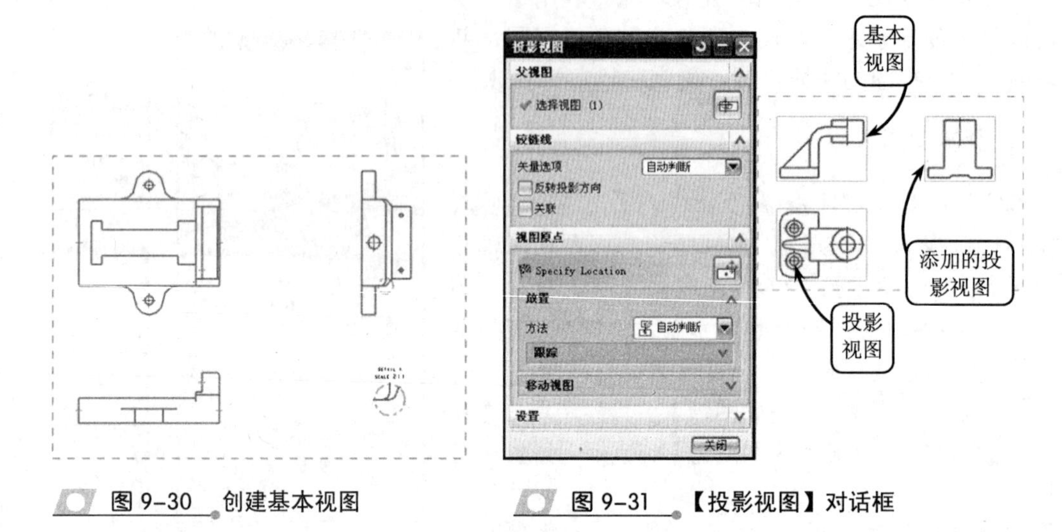

图 9-30 创建基本视图　　图 9-31 【投影视图】对话框

利用该对话框可以对投影视图的放置位置、放置方法，以及反转视图方向等进行设置。其对话框中的选项、操作步骤和建立基本视图相类似，这里不再赘述。

3. 局部放大图

当机件上某些细小的结构在视图中表达不够清楚或者不便标注尺寸时，可将该部分结构用大于原图的比例画出，得到的图形称为局部放大图。在【图纸】工具栏中单击【局部放大图】按钮将打开【局部放大图】对话框，如图 9-32 所示。

要创建局部放大图，首先在对话框中选择放大视图的类型，然后在视图中选择要放大处的中心点，接着指定放大视图的边界点，最后设置比例参数，指定标签方式，并在绘图区域中适当的位置放置视图即可，效果如图 9-33 所示。

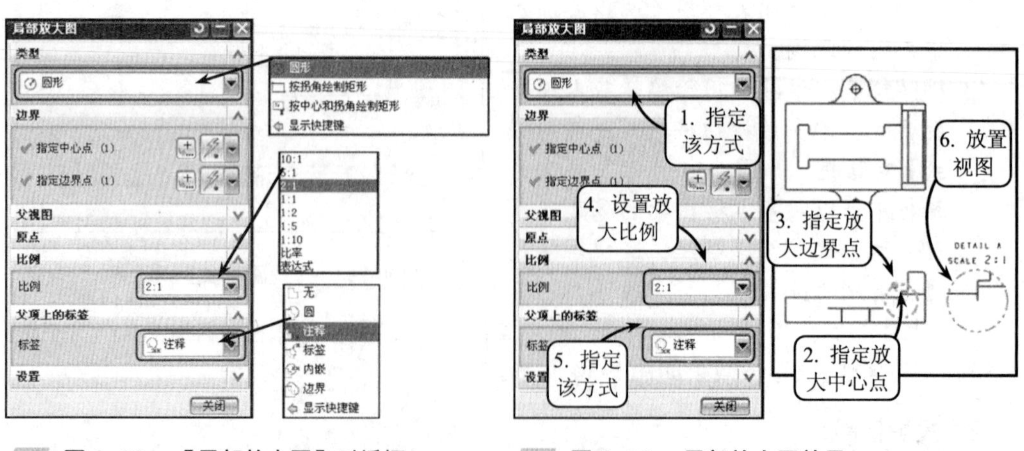

图 9-32 【局部放大图】对话框　　图 9-33 局部放大图效果

4．剖视图

当零件的内部结构较为复杂时，视图中就会出现较多的虚线，使图形的表达不够清晰，给看图、作图及标注尺寸带来了困难。此时就可以利用 UG NX 中提供的剖切视图的工具创建工程图的剖视图，以便更清晰、更准确地表达零件内部的结构特征。

要创建剖视图，可在【图纸】工具栏中单击【剖视图】按钮，打开【剖视图】对话框，如图 9-34 所示。

图 9-34 【剖视图】对话框

在【设置】面板中单击【截面线型】按钮，打开【截面线首选项】对话框。在该对话框中可以设置剖切线箭头的大小、样式、颜色、线型、线宽，以及剖切符号名称等参数。完成上述参数设置后，选取要剖切的基本视图将打开新的【剖视图】对话框。然后在视图上选取剖切的位置，并拖动鼠标在绘图区适当位置放置即可，效果如图 9-35 所示。

5．半剖视图

半剖视图是剖视图的一种。当零件的内部结构具有对称特征时，向垂直于对称平面的投影面上投影所得的视图就是半剖视图。在 UG NX 中可以利用半剖视图工具，以中心线为界线，根据视图的一半创建出视图的半剖视图。

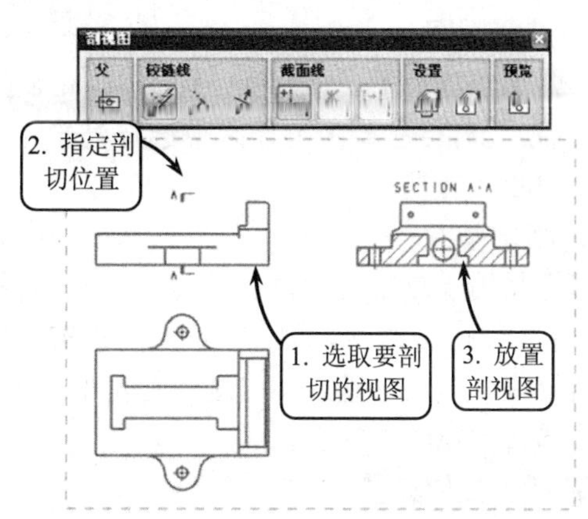

图 9-35 【剖视图】对话框及剖视图效果

在【图纸】工具栏中单击【半剖视图】按钮将打开【半剖视图】对话框。半剖视图的添加与剖视图类似，这里不再详细介绍。添加效果如图 9-36 所示。

6．旋转剖视图

用两个成一定角度的剖切面（两平面的交线垂直于某一基本投影面）剖开机件，以表达具有回转特征机件的内部形状的视图称为旋转剖视图。

在【图纸】工具栏中单击【旋转剖视图】按钮将打开【旋转剖视图】对话框。旋转剖视图与剖视图，以及半剖视图的添加方式类似，不同之处是：在指定剖切位置前需要先指定旋转点，然后指定第一剖切平面和第二剖切平面，效果如图 9-37 所示。

7．局部剖视图

局部剖视图是剖视图中的一种。用剖切面局部地剖开机件所得到的剖视图称为局部剖视图。在【图纸】工具栏中单击【局部剖视图】按钮将打开【局部剖】对话框，如图 9-38 所示。

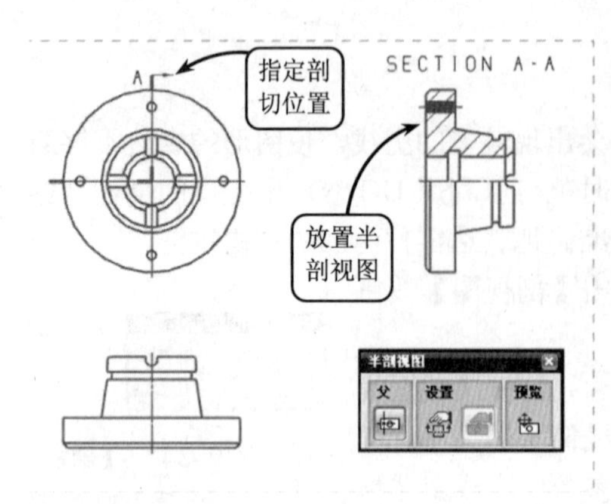

图 9-36 半剖视图效果

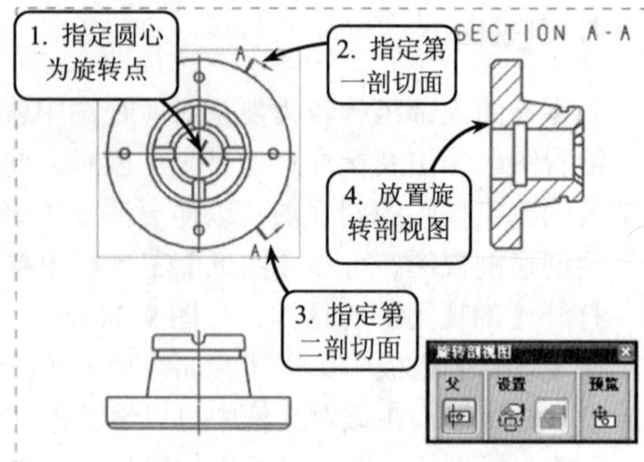

图 9-37 旋转剖视图效果

在该对话框中，各个按钮及主要选项的含义如下。

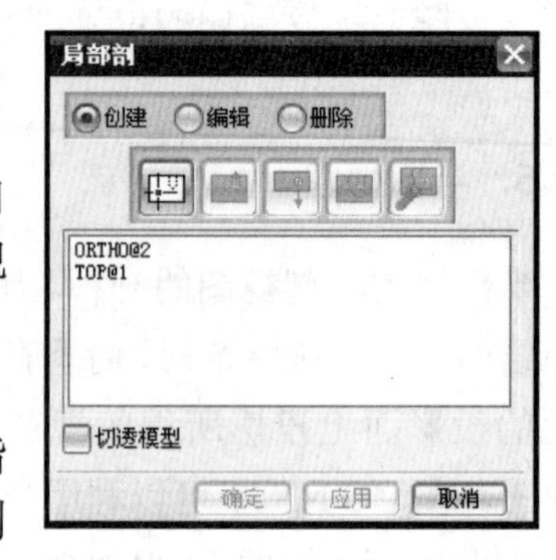

图 9-38 【局部剖】对话框

❑ 选择视图

打开【局部剖】对话框后，【选择视图】按钮自动被激活。此时可在绘图工作区中选择已建立局部剖视边界的视图作为视图。

❑ 指出基点

基点是用于指定剖切位置的点。选择视图后，【指定基点】按钮被激活。此时可选取一点来指定局部剖的剖切位置。但是，基点不能选择局部剖视图中的点，而要选择其他视图中的点。

❑ 指出拉伸矢量

指定了基点位置后，此时【指出拉伸矢量】按钮被激活，对话框的视图列表框会变为如图 9-39 所示的矢量选项形式。这时绘图工作区中会自动显示投影方向，用户可以接受该方向，也可用矢量功能选项指定其他方向作为投影方向。如果要求的方向与显示的方向相反，则可单击【矢量反向】按钮使之反向。

图 9-39 【局部剖】对话框

❑ 选择曲线

这里的曲线指的是局部剖视图的剖切范围。在指定了剖切基点和拉伸矢量后，【选择曲线】按钮被激活，对话框的视图列表框会变为如图 9-40 所示的形式。此时，用户可以直接在图形中选取曲线，当选取错误时，可用【取消选择上一个】按钮来取消前一次的选择。如果选择的剖切边界符合要求，系统将会在选择的视图中生成局部剖视图，效果如图 9-40 所示。

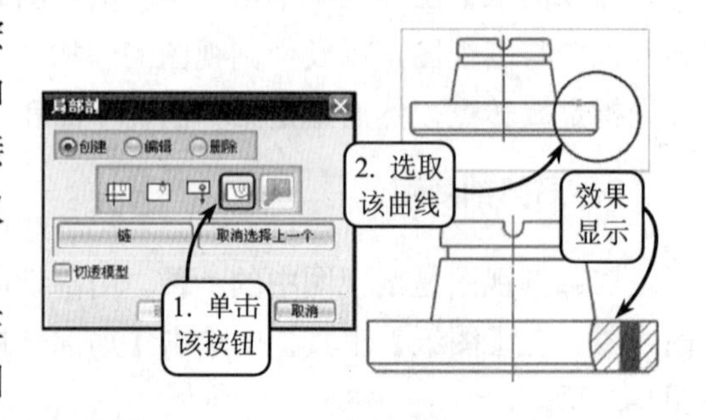

图 9-40 局部剖视图效果

提 示

UG NX 7 的版本中不再使用扩展工具进行局部剖视图边界曲线的绘制。应右击要做局部剖视图的视图边界，选择【活动草图视图】选项。然后利用相应的工具进行剖视图边界曲线的绘制。

❑ **修改边界曲线**

选择了局部剖视边界后，【修改边界曲线】按钮被激活，其相关选项包括了【捕捉构造线】和【切透模型】两个复选框。如果选择的边界不理想，可利用该步对其进行编辑修改。编辑边界时，启用【捕捉构造线】选项，则在编辑边界的过程中会自动捕捉构造线，也可启用【切透模型】功能选项来修改边界和移动边界位置。完成边界编辑后，系统会在选择的视图中生成新的局部剖视图。

9.4 标注工程图

尺寸标注用于表达对象尺寸值的大小。仅含有基本视图的工程图只能表达零件的基本形状，以及装配位置关系等信息，对工程图进行标注后即可完整地表达出零件的尺寸、形位公差和表面粗糙度等重要信息，此时工程图才可以作为生成加工的依据。因此，工程图的标注在实际生产中起着至关重要的作用。

9.4.1 设置尺寸样式

在标注工程图尺寸时，可以根据设计的需要对与尺寸相关的尺寸精度、箭头类型、尺寸位置及单位等参数进行设置。

在【尺寸】工具栏中单击任意按钮，并在打开的任一对话框中单击【尺寸样式】按钮，打开【尺寸样式】对话框，如图 9-41 所示。该对话框中的主要选项卡如下。

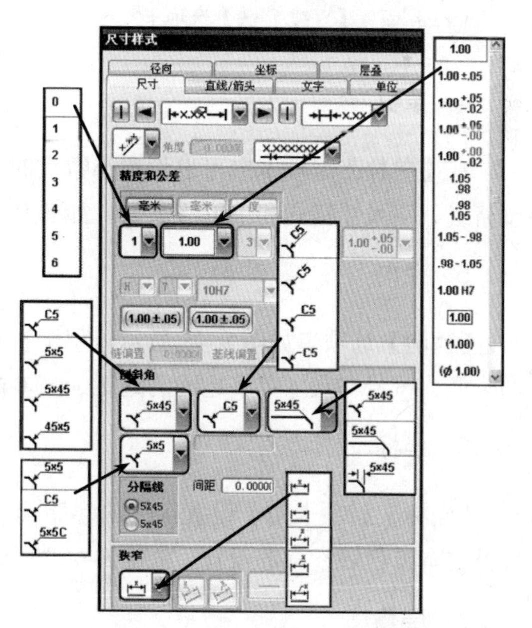

图 9-41 【尺寸样式】对话框

1．尺寸

利用【尺寸】选项卡的各选项可以对标注尺寸的文本样式、精度和公差、倾斜角处尺寸的标注样式，以及狭窄处的标注样式进行设置。

2．直线/箭头

在该选项卡上部的 3 个下拉列表框中可以设置尺寸箭头的各种样式，以及箭头引出文字的标注样式；在中部的标注样式设置区可以设置箭头的大小、延伸线的长度，以及尺寸数字和尺寸线之间的间距等参数；在颜色、线型和线宽设置区可以分别设置尺寸引出线和尺寸线的颜色、线型和线宽，如图 9-42 所示。

3．文字

在【文字】选项卡中的【对齐位置】下拉列表框中可以设置文本的对齐位置；【文本对齐】下拉列表框可以设置文本的对齐方式；【文字类型】选项组可以通过其下方的参数设置相应的字符类型；最下面的文字样式设置区可以设置文字的样式、颜色，以及文字的线宽，如图 9-43 所示。

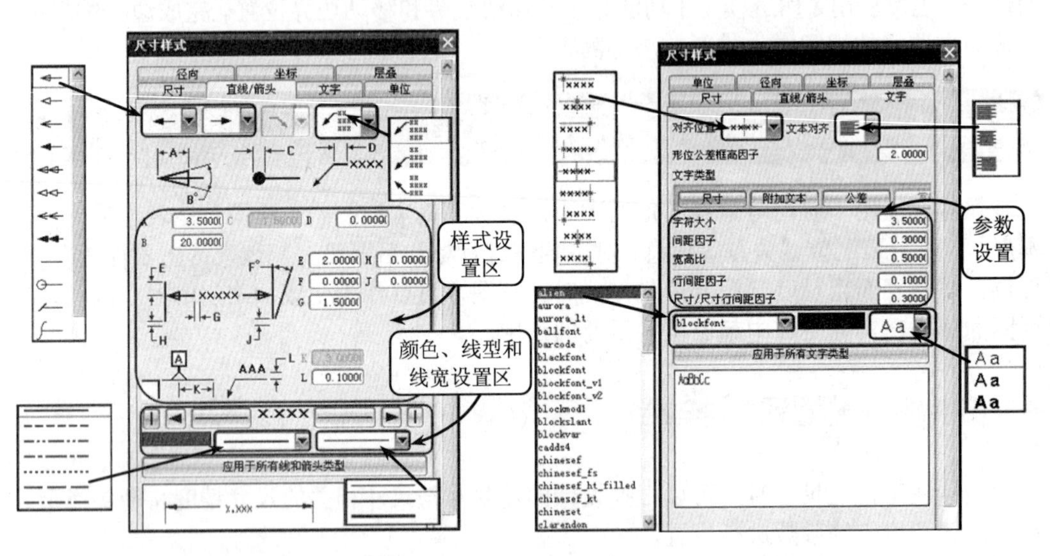

图 9-42 【直线/箭头】选项卡　　图 9-43 【文字】选项卡

4．单位

在【单位】选项卡中可以设置小数点的类型、公差位置、线型尺寸格式及单位、角度格式、双尺寸格式和单位等参数，如图 9-44 所示。

5．径向

【径向】选项卡如图 9-45 所示，用于设置径向尺寸前缀符号的放置位置、标识符号的类型、符号与尺寸数字之间的间距、文本的标注样式，以及折弯线角度等参数。

6．坐标

【坐标】选项卡用于设置坐标的起始偏置和终止偏置、边距的偏置间距、边距数，以及文本方位等参数的设置，如图 9-46 所示。

7．层叠

利用【层叠】选项卡可以对层叠中组织的制图和 PMI 注释进行设置，包括【放置】和【间距因子】选项组，它们控制层叠中对象相对于彼此的显示，如图 9-47 所示。

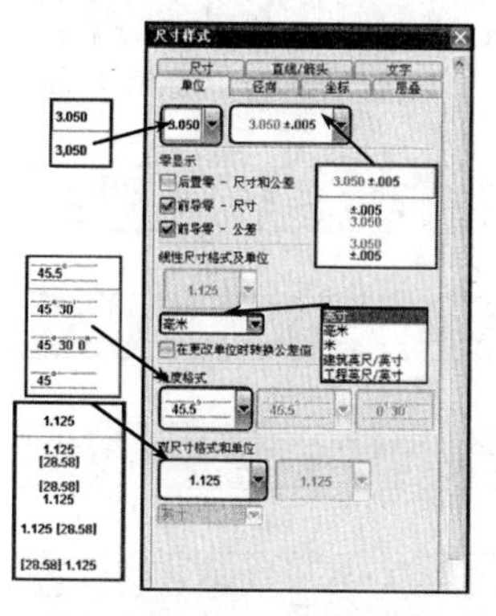

图 9-44 【单位】选项卡

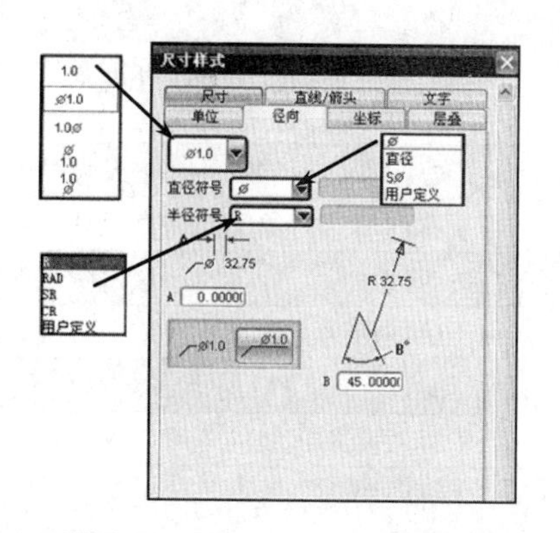

图 9-45 【径向】选项卡

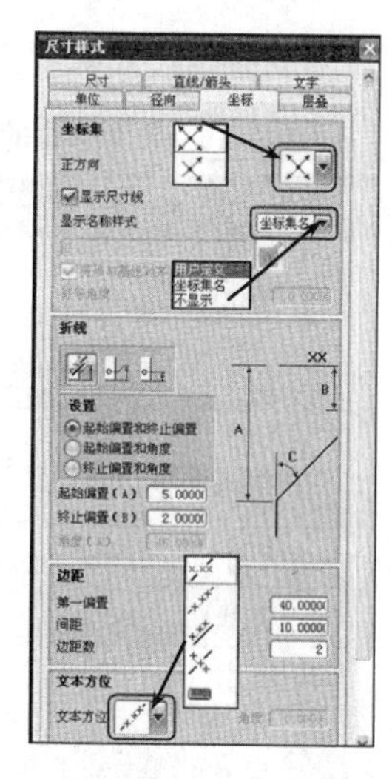

图 9-46 【坐标】选项卡

9.4.2 尺寸标注

尺寸标注用于表达实体模型尺寸值的大小。在 UG NX 中，工程图模块和建模模块是相关联的，在工程图中标注的尺寸就是所对应实体模型的真实尺寸，因此在工程图环境中无法任意修改尺寸。只有在实体模型中修改了某个尺寸参数，工程图中的相应尺寸才会自动更新，从而保证了工程图与实体模型的一致性。

选择【插入】|【尺寸】子菜单中的相应选项，或在【尺寸】工具栏中单击相应的按钮都可以对工程图进行尺寸标注，其【尺寸】子菜单和【尺寸】工具栏如图 9-48 所示。

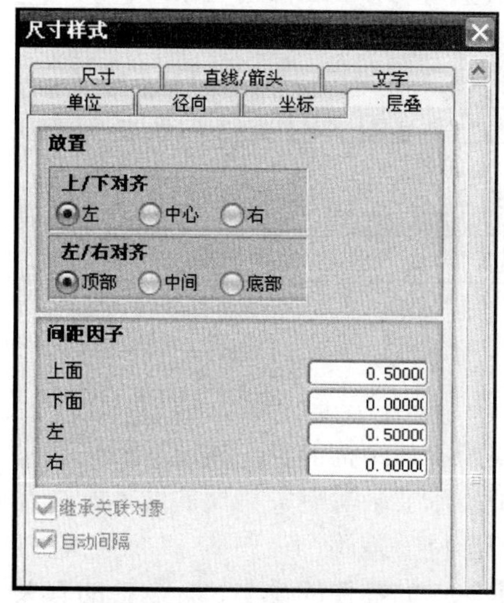

图 9-47 【层叠】选项卡

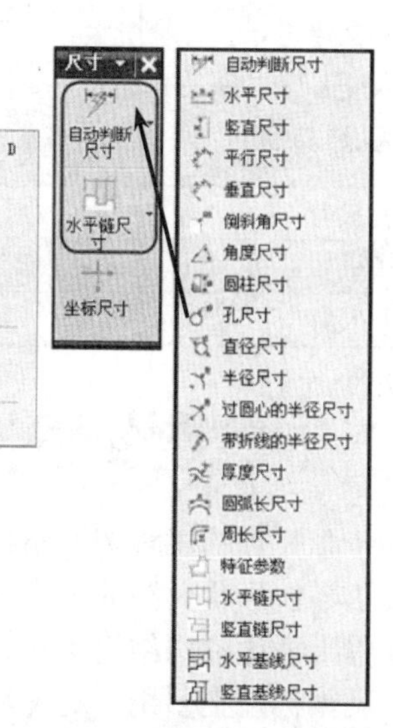

图 9-48 【尺寸】子菜单与【尺寸】工具栏

在进行尺寸标注时，首先要选择尺寸类型。各种尺寸类型标注的含义如表 9-1 所示。

表 9-1 尺寸标注的含义

名 称	按钮	含义和使用方法
自动判断尺寸		根据所选对象的类型和光标位置自动判断生成尺寸标注。可选对象包括点、直线圆弧、椭圆弧等
水平尺寸		用于标注所选对象间的水平尺寸
竖直尺寸		用于标注所选对象间的竖直尺寸
平行尺寸		在两点间创建平行距离，这是两点的最短距离
垂直尺寸		用于标注所选点到直线（或中心线）的垂直尺寸
倒斜角尺寸		用于标注 45° 倒角的尺寸，暂不支持对其他角度的倒角进行标注
角度尺寸		用于标注两条直线的角度
圆柱尺寸		用于标注所选圆柱对象的直径尺寸。利用该工具可以自动将直径符号添加到尺寸标注上，在【尺寸样式】对话框中可以定义直径符号和直径标注方式
孔尺寸		用于标注工程图中孔的尺寸
直径尺寸		用于标注工程图中圆弧或圆的直径尺寸
半径尺寸		用于标注工程图中圆弧或圆的半径尺寸。所标注的尺寸包括一条引线和一个箭头，并且箭头从标注文字指向所选的圆弧
过圆心的半径尺寸		用于标注圆弧或圆的半径尺寸，与半径工具不同的是，该工具从圆心到圆弧自动添加一条延长线
带折线的半径尺寸		用于建立大半径圆弧的尺寸标注
厚度尺寸		用于标注两要素之间的厚度
水平链尺寸		用于将图形中的尺寸依次标注成竖直链状形式。其中每个尺寸与其相邻尺寸共享端点
竖直链尺寸		用于将图形中的多个尺寸标注成竖直链状形式，其中每个尺寸与其相邻尺寸共享端点
水平基线尺寸		用于将图形中的多个尺寸标注为水平坐标形式，其中每个尺寸共享一条公共基线
竖直基线尺寸		用于将图形中的多个尺寸标注为竖直坐标形式，选取的第一个参考点为公共基准
坐标尺寸		用于在标注过程中定义一个原点的位置，作为一个距离的参考点
圆弧长尺寸		用于创建一个圆弧长尺寸来测量圆弧周长
周长尺寸		用于创建周长约束，以控制选定直线和圆弧的集体长度

9.4.3 标注/编辑文本

一张完整的工程图纸不仅应包括用于表达实体模型具体结构的各类视图，还包括用于表达零件形状大小的基本尺寸，同时也应包括用于技术要求等有关说明的文本标注，以及用于表达特殊结构尺寸、定位部分的制图符号和形位公差等。

文本标注主要用于对图纸相关内容做进一步的说明，如零件的说明、标题栏的有关文本及技术要求等。在【注释】工具栏中单击【注释】按钮将打开【注释】对话框，如图 9-49 所示。

1. 文本标注

要标注文本，首先在该对话框的【文本输入】面板中输入要标注的内容。且可以选择相应的字体，并在【符号】面板中插入相应的符号。在【编辑文本】面板中可以对文本标注进行编辑；在【格式化】面板中可以选择相应的字体和字体的大小，然后在绘图区域中适当的位置放置文本即可。

2. 文本编辑

利用上面介绍的【注释】对话框只能对所标注的文本做简单的编辑。当需要对文本做更详细的编辑时，可以利用【文本编辑器】对话框来对文本进行相应的编辑。单击【编辑文本】按钮，并在打开的对话框中单击【文本编辑器】按钮将打开【文本编辑器】对话框，如图 9-50 所示。

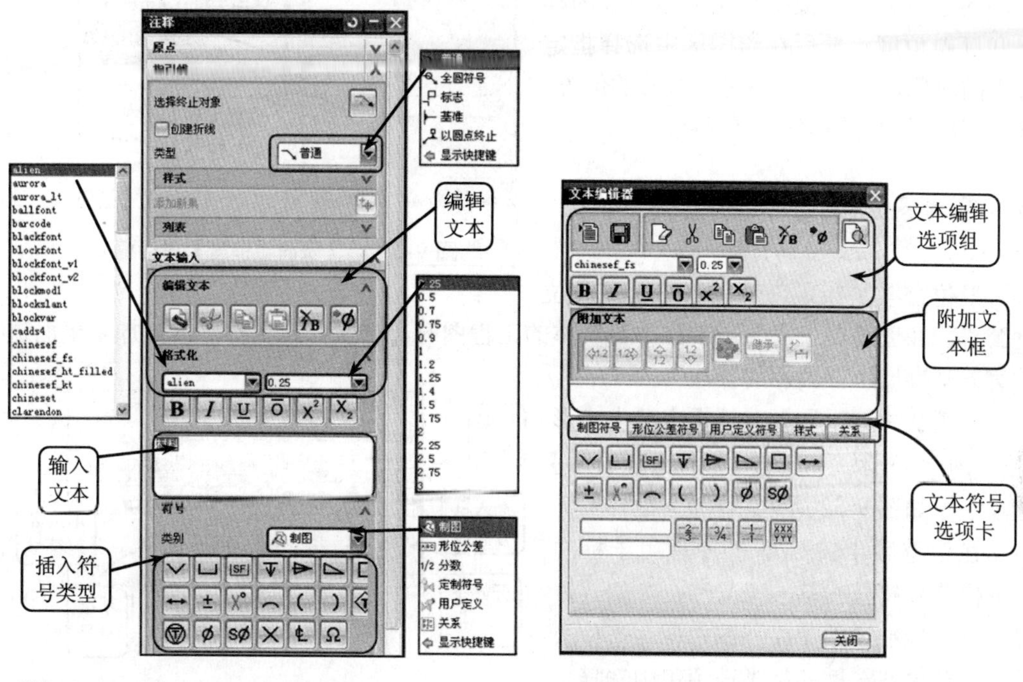

图 9-49 【注释】对话框

图 9-50 【文本编辑器】对话框

该对话框的文本编辑选项组中各工具用于文本类型的选择、文本高度的编辑等操作。附加文本框是一个标准的多行文本输入区，使用标准的系统位图字体，用于输入文本和系统规定的控制字符。文本符号选项卡中包含了 5 种类型的选项卡，其中【制图符号】、【形位公差符号】和【用户定义符号】选项卡将在以下的章节中分别介绍，其余两个选项卡如下。

- ❑ **样式** 通过该选项卡中的【竖直文本】复选框可以编辑文本的放置方向，如竖直或水平放置，此外还可以编辑文本的倾斜度和选择文本的线宽。
- ❑ **关系** 该选项卡中包括【表达式】、【对象属性】和【部件属性】3 个选项，选择这些选项可以将表达式和属性插入到编辑窗口当中。选择每个选项，系统都将打开一个相应的对话框，用户可以按系统的提示插入相关内容。

9.4.4 标注表面粗糙度

选择【插入】|【注释】|【表面粗糙度符号】选项时将会打开如图 9-51 所示的【表面粗糙度】对话框，该对话框用于在视图中对所选对象进行表面粗糙度的标注。

在进行粗糙度标注时，首先在对话框的【材料移除】下拉列表框中选择表面粗糙度符号的类型，然后在对话框的可变显示区中依次设置该粗糙度类型的文本尺寸和相关参数。指定各项参数后，在对话框下部的【设置】面板中指定文本尺寸的样式和倾斜角度。最后在绘图区中选择指定类型的对象，确定标注粗糙度符号的位置，即可完成表面粗糙度符号的标注。

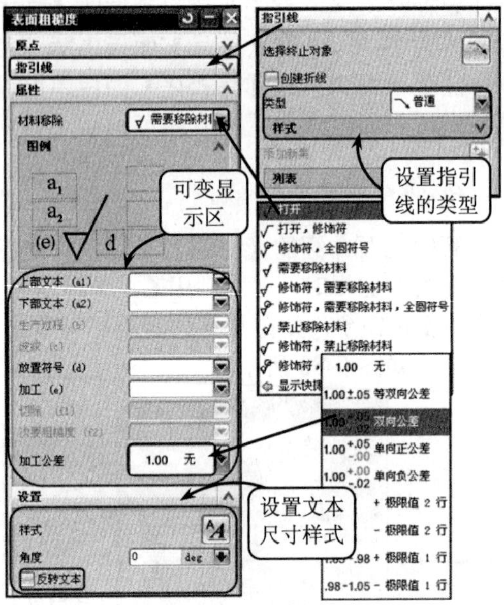

图 9-51 【表面粗糙度】对话框

9.4.5 标注形位公差

形位公差是指零部件的形状公差和位置公差。在创建单个零件或装配体等实体的工程图时，一般都需要对基准、加工表面进行有关基准或形位公差的标注。

在【文本编辑器】对话框中单击【形位公差符号】标签将打开【形位公差符号】选项卡，如图 9-52 所示。

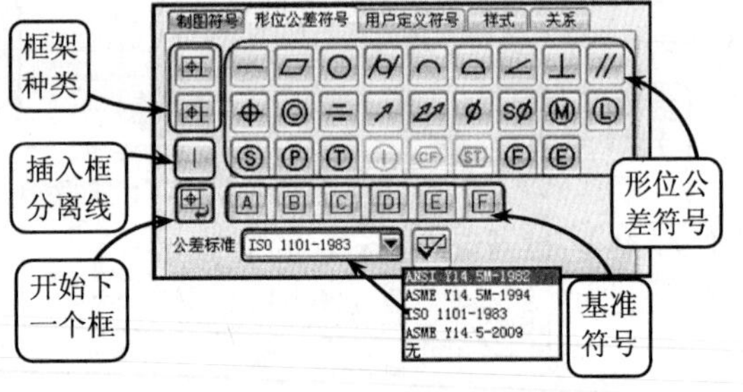

图 9-52 【形位公差符号】选项卡

在该选项卡中列出了各种用于标注的形位公差符号、基准符号和标注格式，以及公差标准选项。在视图中标注形位公差时，首先要在框架种类选项组中选择公差框架格式，然后选择形位公差符号，并输入公差参数和选择公差的标准。如果是位置公差，还应该选择分离线和基准符号。设置后的公差框会在预览窗口中显示，如果不符合要求，可在编辑窗口中进行修改。完成公差框设置后，将其定位在视图中即可完成形位公差的标注。

9.5 典型案例 9-1：创建箱体零件工程图

本例创建箱体零件的工程图，效果如图 9-53 所示。其主要功能是包容、支撑、安装和固定部件中的其他零件，并作为部件的基础与机架连接，而且还是机器润滑油的主要载体。该箱体零件主要包括底座、主体箱体、轴孔、轴孔凸台和螺孔等结构。其中底座用来固定机器；主体箱体用来支撑和保护内部零件；轴孔和轴孔凸台则可以与轴和轴承端盖配套安装；而螺孔则起到连接定位的作用。

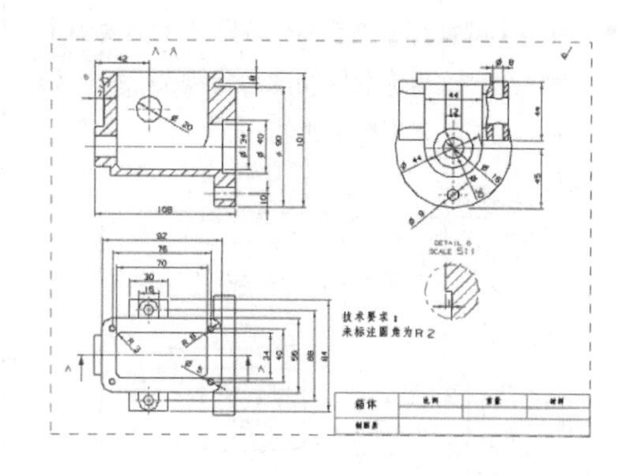

图 9-53 箱体零件的工程图效果

创建该箱体零件的工程图时，首先利用基本视图工具选取俯视图为对象，添加基本视图。然后在俯视图上利用剖视图工具创建剖视图特征，并利用投影视图工具添加左视图。接着利用局部剖视图工具在左视图上创建局部剖视图特征，并通过各种尺寸标注和文本注释等工具添加相关的尺寸和文本说明。最后利用表格注释和注释工具添加相应的文本，即可完成该箱体零件工程图的创建。

操作步骤

1 选择【开始】|【制图】选项，进入 UG NX 的工程制图环境。然后单击【打开】按钮，打开已有的“XiangTi”图形文件。接着单击【新建图纸页】按钮，并利用【片体】对话框创建一张如图 9-54 所示的图纸页。

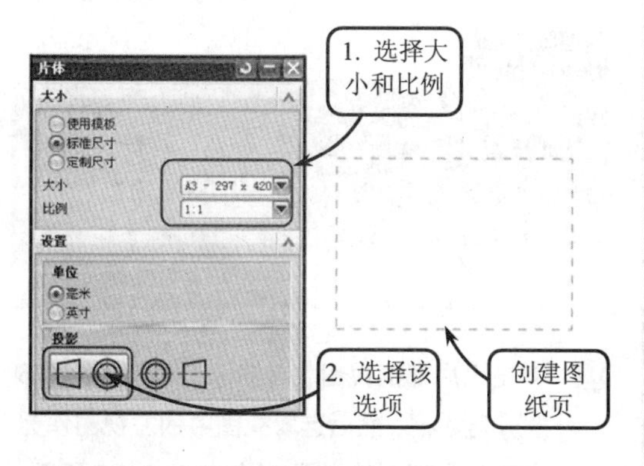

图 9-54 创建图纸页

提 示

新建图纸页后，如果出现蓝色的栅格，在菜单栏中选择【首选项】|【制图】选项。然后在【常规】选项卡下的栅格设置中选择【使用草图栅格】选项即可将蓝色栅格去掉。

2 单击【基本视图】按钮，并在【模型视图】面板中的 Model View to Use 下拉列表框中选择 TOP 视图为基本视图。然后单击【定向视图工具】按钮，并按照如图 9-55 所示指定法向和 X 向的方向。接着在绘图区左下角适当的位置放置该基本视图。

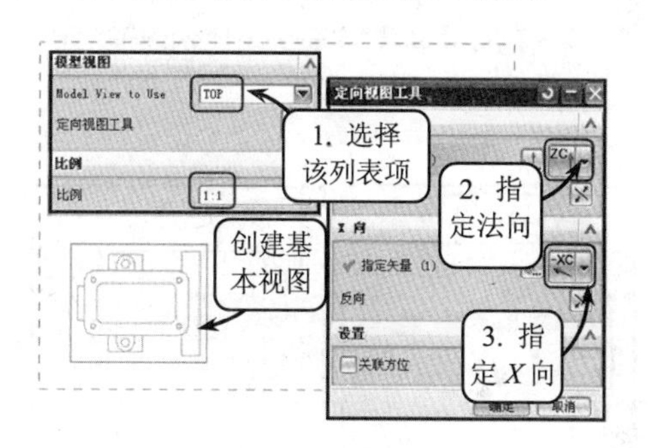

图 9-55 添加基本视图

3 在菜单栏中选择【首选项】|【制图】选项。然后在打开的对话框中选择【视图】选项卡，并禁用【显示边界】复选框，系统将隐藏视图的边界，效果如图 9-56 所示。

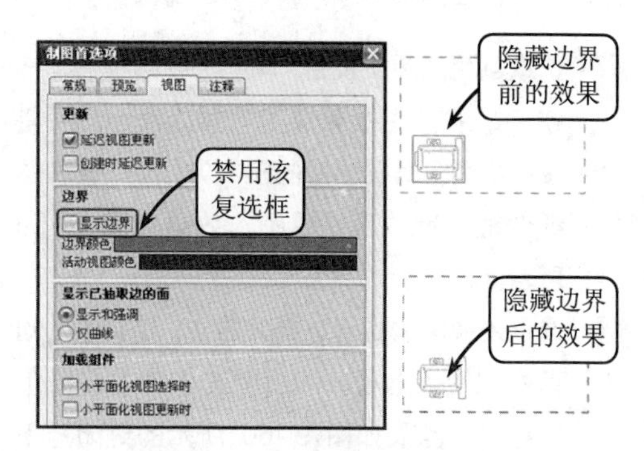

图 9-56 隐藏视图边界

4 单击【剖视图】按钮将打开【剖视图】对话框。然后选取俯视图为父视图，按照如图 9-57 所示创建剖视图。

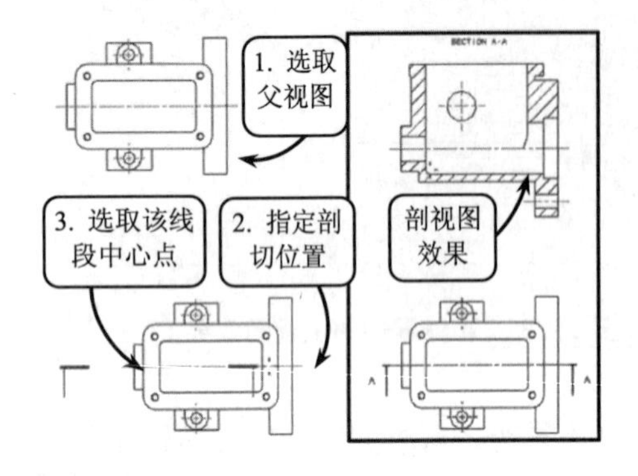

图 9-57 创建剖视图

5 在剖视图的视图名称处双击将打开【视图编辑】对话框。然后将【前缀】列表框中的内容清空，并设置"字母大小比例因子"为"2"，效果如图 9-58 所示。

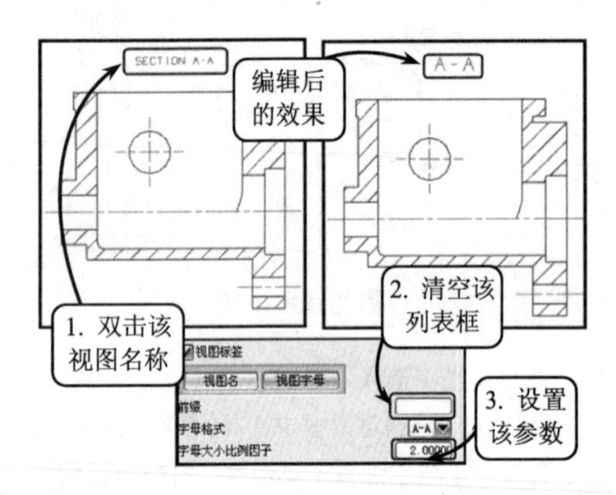

图 9-58 编辑剖视图名称

6 选取剖视图为父视图，单击【投影视图】按钮，打开【投影视图】对话框。然后将投影视图沿着投影线向正右方移动，并在图纸合适位置放置左视图，效果如图 9-59 所示。

7 选取左视图的视图边界并右击，选择【活动草图视图】选项。然后单击【艺术样条】按钮，绘制如图 9-60 所示的封闭样条曲线。

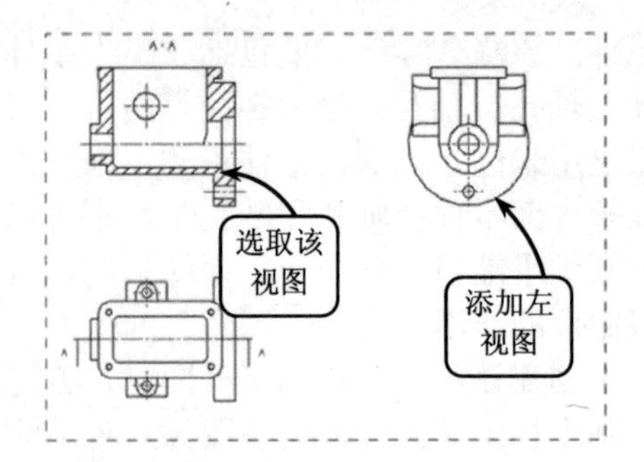

图 9-59 添加左视图

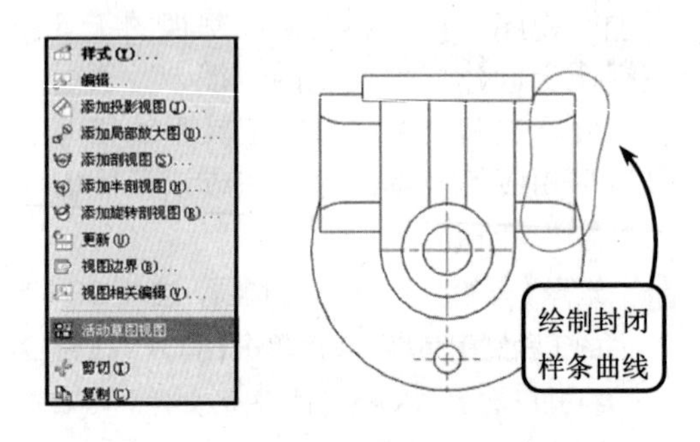

图 9-60 绘制封闭样条曲线

提 示

UG NX 7 的版本中不再使用扩展工具进行局部剖视图边界曲线的绘制。应右击要做局部剖视图的视图边界，选择【活动草图视图】选项。然后利用艺术样条工具进行剖视图边界曲线的绘制。

8 单击【局部剖视图】按钮将打开【局部剖】对话框。然后选取视图中的左视图作为要进行局部剖的视图，效果如图 9-61 所示。

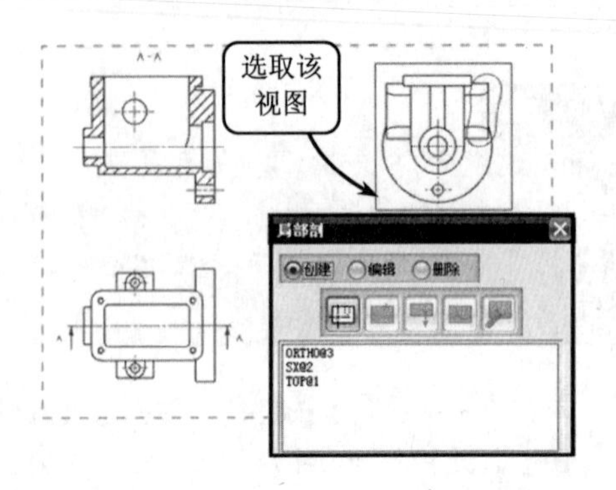

图 9-61 选取要进行局部剖的视图

9 选取视图后，该对话框中的【指出基点】按钮被激活。然后在俯视图中选取孔的中心点作为基点，效果如图 9-62 所示。

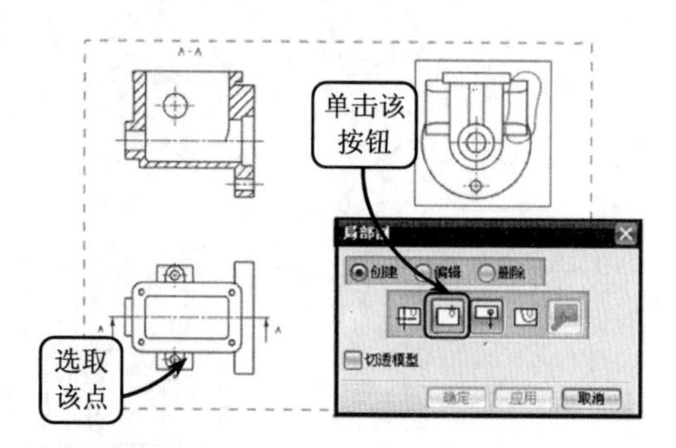

图 9-62 选取基点

提 示

创建局部剖视图特征时一定要注意基点选取的准确性，否则将影响后续的创建过程，且创建的最终剖视图特征达不到预期的效果。

10 选取基点后，单击【指出拉伸矢量】按钮，并指定"ZC 轴"为拉伸矢量，效果如图 9-63 所示。

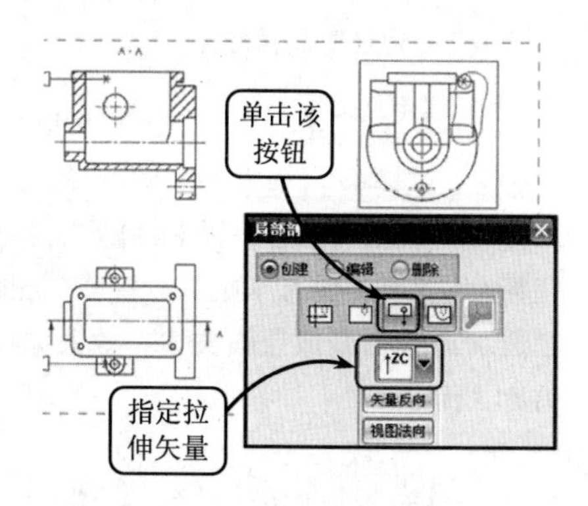

图 9-63 指定拉伸矢量

11 指定拉伸矢量后，单击【选取曲线】按钮，选取第 7 步绘制的样条曲线作为操作对象。然后单击【应用】按钮，创建局部剖视图特征，效果如图 9-64 所示。

12 单击【局部放大图】按钮将打开【局部放大图】对话框。然后指定创建类型为"圆形"，并按照如图 9-65 所示选取中心点和边界点。接着指定刻度尺比例大小为"5:1"，创建局部放大图特征。

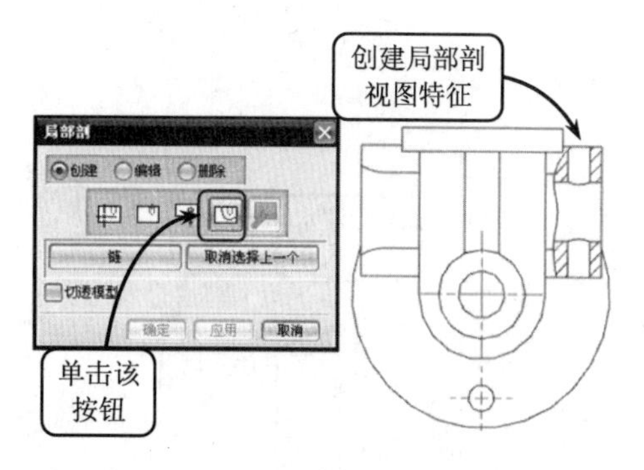

图 9-64 创建局部剖视图特征

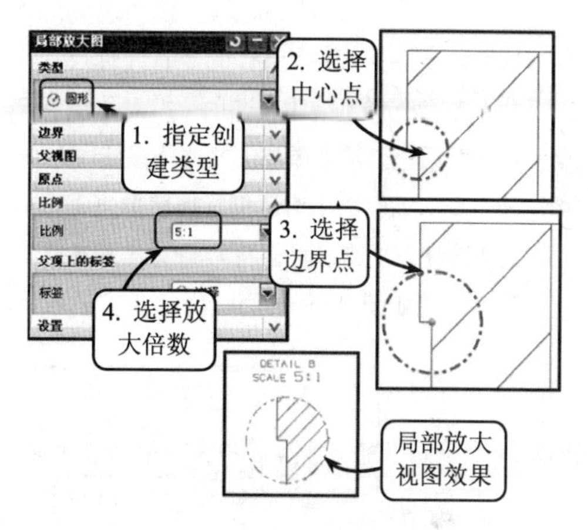

图 9-65 添加局部放大视图

13 选择【首选项】|【注释】选项将打开【注释首选项】对话框。然后分别在【尺寸】、【直线/箭头】和【文字】选项卡中设置注释样式，效果如图 9-66 所示。

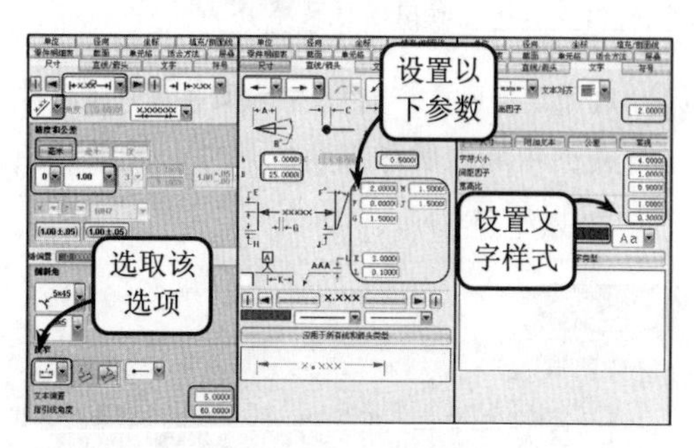

图 9-66 设置注释样式

14 利用【尺寸】工具栏中的水平尺寸和竖直尺寸工具在俯视图中标注主要的形状和定位

尺寸，并在前视图和左视图中进行其他辅助尺寸的标注，效果如图 9-67 所示。

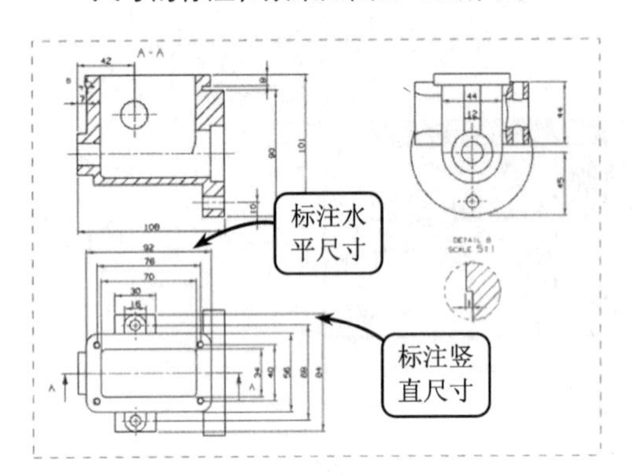

图 9-67　标注水平和竖直尺寸

15 选取剖视图上标注为 90 的竖直线性尺寸，并右击，选择【编辑】选项，打开【编辑尺寸】对话框。然后单击【文本】按钮，打开【文本编辑器】对话框。接着单击【在前面】按钮，并选择直径符号将其添加在文本前，效果如图 9-68 所示。

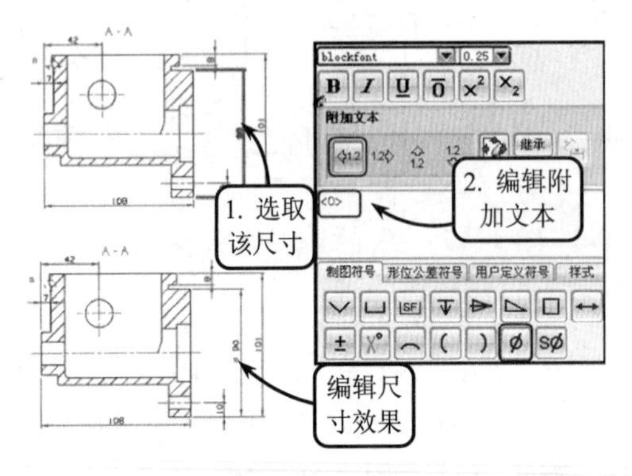

图 9-68　编辑尺寸文本

16 利用直径尺寸、半径尺寸和圆柱尺寸工具在视图中标注圆和圆角的尺寸，效果如图 9-69 所示。

提　示

利用圆柱尺寸工具可以自动地将直径符号添加到指定的尺寸上，略去尺寸文本的编辑，达到同样的效果。

17 选择【插入】|【注释】|【表面粗糙度符号】选项，并在【属性】面板中的【材料移除】下拉列表框中选择【禁止移除材料】选项。然后选取如图 9-70 所示的位置放置该符号。

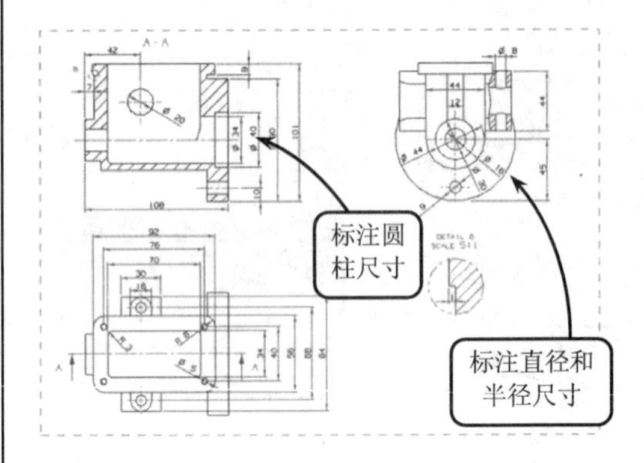

图 9-69　标注径向尺寸

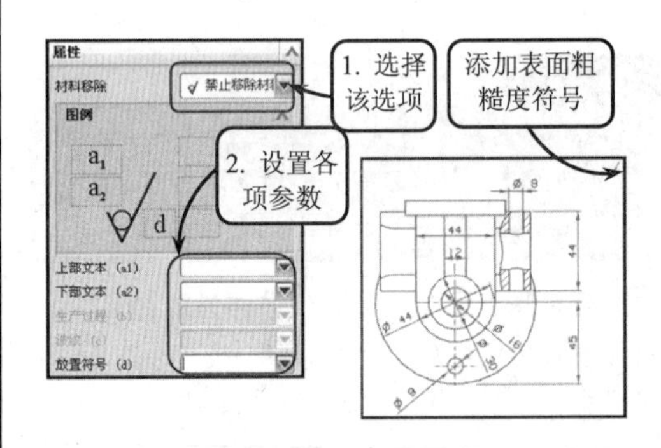

图 9-70　标注表面粗糙度

18 单击【注释】按钮将打开【注释】对话框。然后在【文本输入】面板中输入相应的文本注释，并单击【设置】面板中的【样式】按钮设置文字类型的各项参数。接着在绘图区选取适当位置放置该文本，效果如图 9-71 所示。

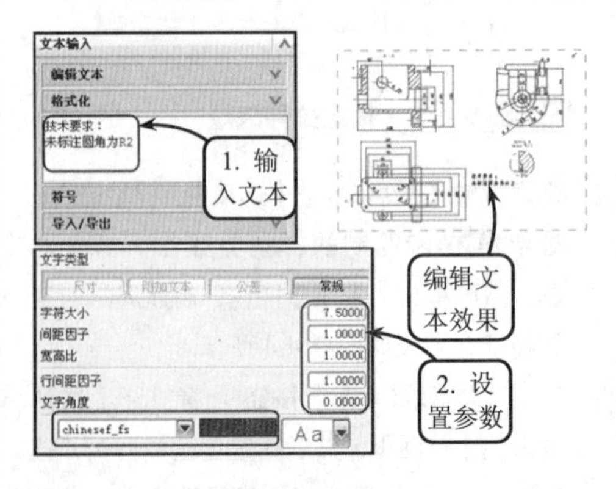

图 9-71　添加技术要求

19 单击【表格注释】按钮，在图纸的右下角插入表格。然后利用合并单元格工具合并单元格，并通过鼠标调整单元格的宽度和高度，添加标题栏，效果如图 9-72 所示。

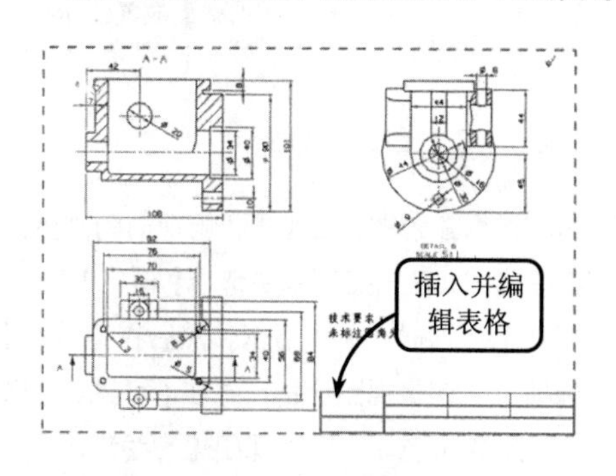

图 9-72 添加标题栏

20 利用注释工具在打开的【文本】对话框中依次输入相应的文本，并分别将其插入到标题栏中，效果如图 9-73 所示。然后单击【保存】按钮，保存该图形文件。至此，箱体零件的工程图绘制完成。

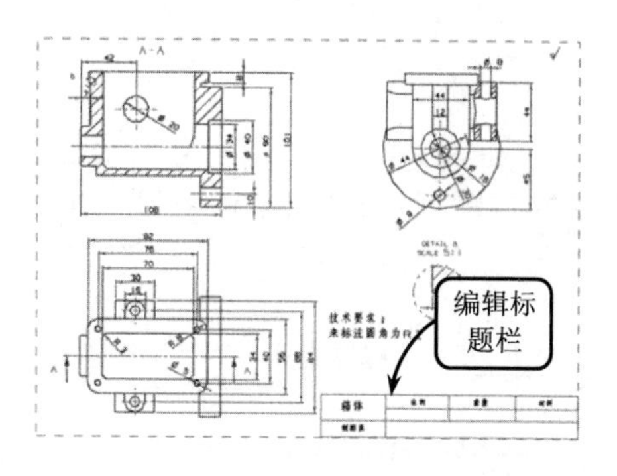

图 9-73 编辑标题栏

9.6 典型案例 9-2：创建轴架零件工程图

本例创建轴架零件的工程图，效果如图 9-74 所示。该轴架作为一种支撑固定件，其主要结构由底座、轴身、轴孔，以及肋板等特征组成。创建工程图的基础是添加基本视图，即主视图。它一般能够最大限度地突出和显示外部主要特征的轮廓，并在此基础上添加左视图和俯视图。然后利用各个视图之间相互配合和互相补充的原则，正确而清晰地表达实体模型的结构造型。

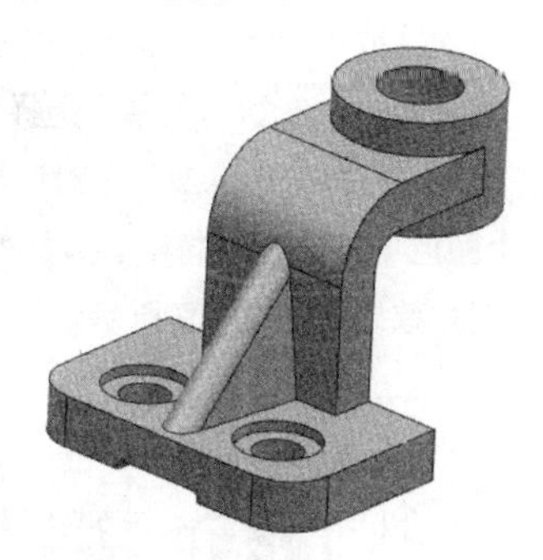

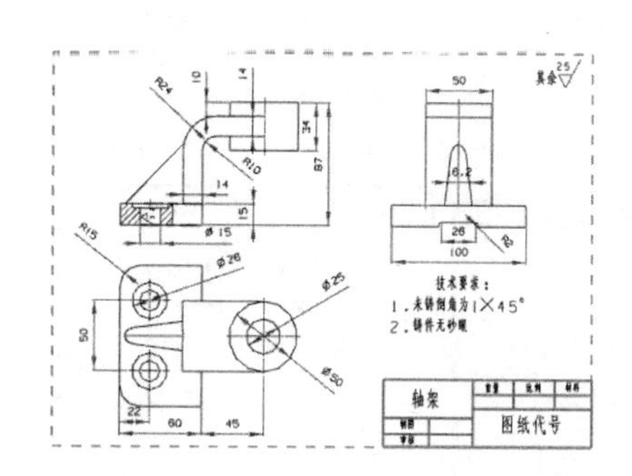

图 9-74 轴架的三视图效果

创建该零件工程图时，首先利用基本视图和投影视图工具添加主视图、俯视图和左视图。然后在主视图上利用局部剖视图工具创建螺栓孔特征。接着通过各种尺寸标注和文本注释等工具添加相关的尺寸和文本说明。最后利用表格注释和注释工具添加相应的文本，即可完成该轴架零件工程图的创建。

操作步骤

1 选择【开始】|【制图】选项，进入 UG NX 的工程制图环境。然后单击【打开】按钮，打开已有的“ZhouJia”图形文件。接着单击【新建图纸页】按钮，并利用【片体】

对话框创建一张如图 9-75 所示的图纸页。

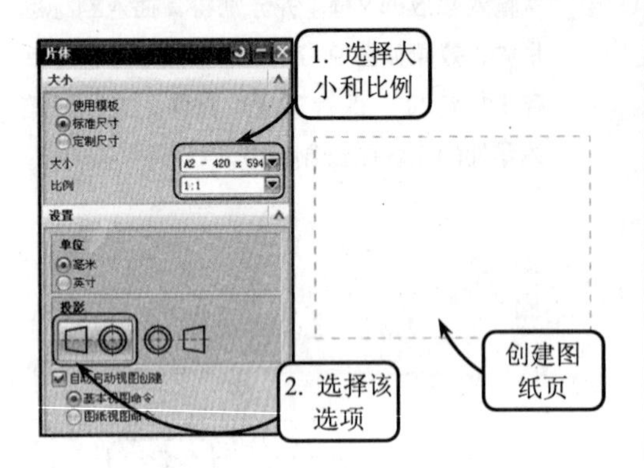

图 9-75 创建图纸页

提 示

新建图纸页时，在菜单栏中选择【首选项】|【可视化】选项。然后在【可视化首选项】对话框中选择【颜色】选项，并在【图纸部件设置】面板中去掉【单色显示】复选框前的对号，即可将背景颜色变为白色，为接下来的相关操作打下基础。

2 单击【基本视图】按钮，并在【模型视图】面板中的 Model View to Use 下拉列表框中选择 LEFT 视图为基本视图。然后在绘图区左上角适当的位置放置该基本视图，即主视图，效果如图 9-76 所示。

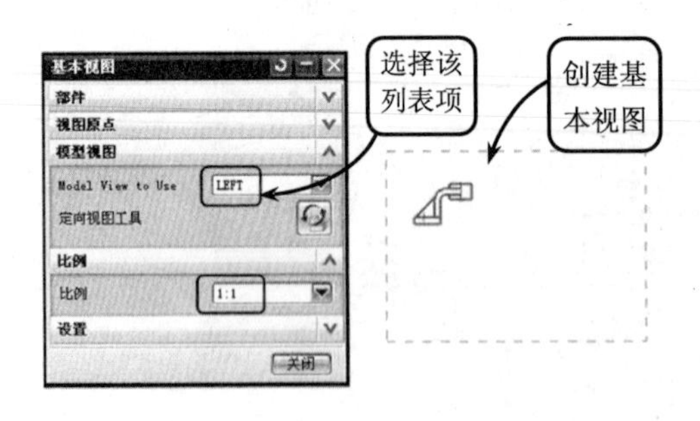

图 9-76 创建基本视图

3 单击【投影视图】按钮，打开【投影视图】对话框。然后拖动鼠标在主视图右侧选取适当位置放置左视图，并在主视图下方选取适当位置放置俯视图，效果如图 9-77 所示。

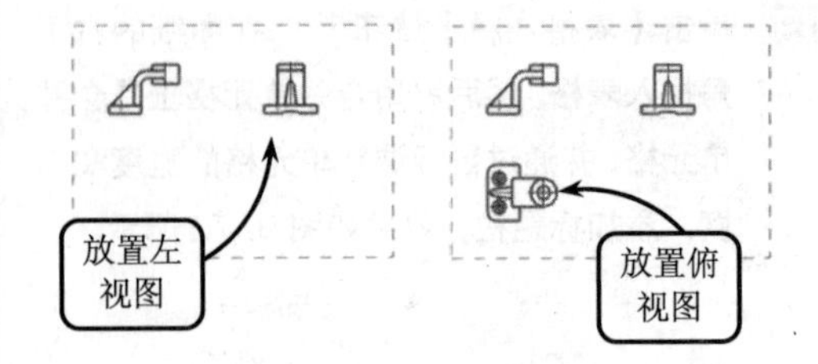

图 9-77 创建投影视图

4 依次选取主视图、左视图和俯视图的视图边界并右击，在快捷菜单中选择【样式】选项，打开【视觉样式】对话框。然后在【常规】选项卡中调整视图比例，并在【可见线】选项卡中单击色块，修改视图轮廓线颜色，效果如图 9-78 所示。

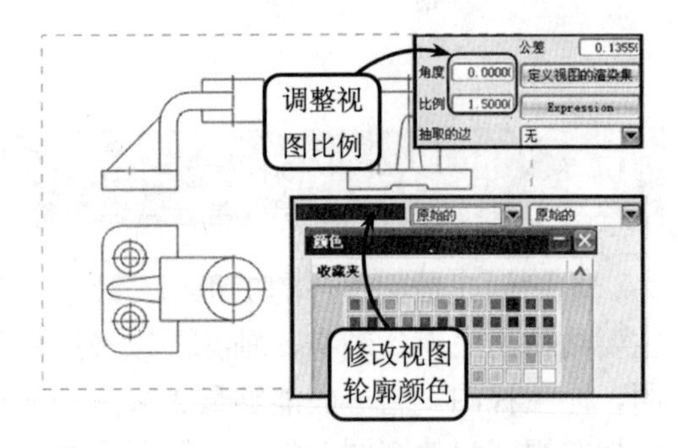

图 9-78 编辑视图显示

5 依次选取主视图、左视图和俯视图中的中心线并右击，在快捷菜单中选择【编辑显示】选项，打开【编辑显示】对话框。然后单击【颜色】色块，并将中心线的颜色修改为红色，效果如图 9-79 所示。

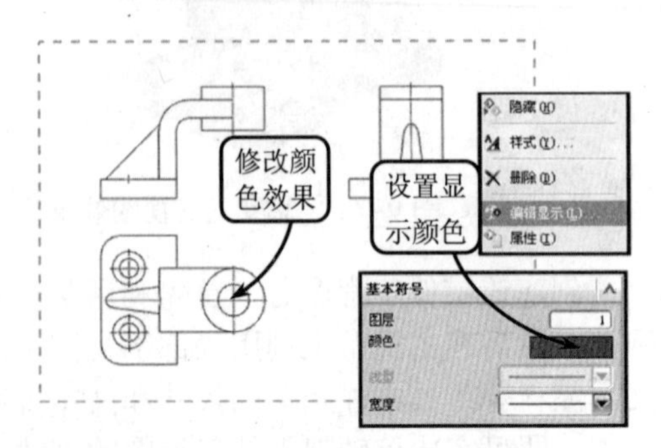

图 9-79 编辑视图中心线显示

6 选取主视图的视图边界并右击，在快捷菜单中选择【活动草图视图】选项。然后单击【艺术样条】按钮，绘制如图 9-80 所示的封闭样条曲线。

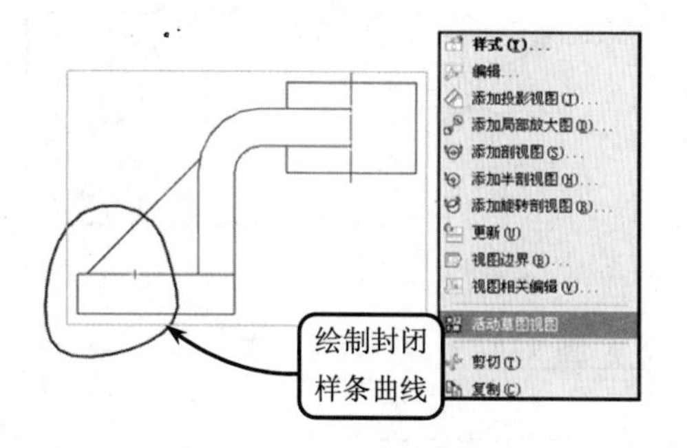

图 9-80 绘制封闭样条曲线

提 示

UG NX 6.0 及其以上的版本中不再使用扩展工具进行局部剖视图边界曲线的绘制。应右击要做局部剖视图的视图边界，选择【活动草图视图】选项。然后利用艺术样条工具进行剖视图边界曲线的绘制。

7 单击【快速修剪】按钮，选取相应的边为边界曲线，修剪上一步绘制的封闭样条曲线，效果如图 9-81 所示。

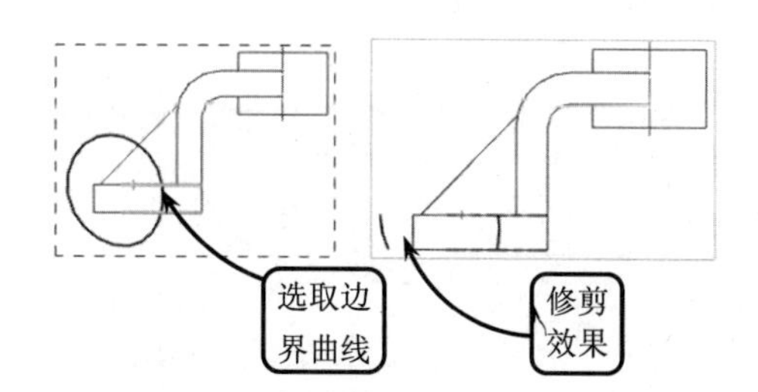

图 9-81 修剪样条曲线

8 单击【局部剖视图】按钮，选取主视图为要局部剖的视图。然后在俯视图上选取孔的中心为基点，并指定 ZC 轴为拉伸矢量。接着选取上一步修剪后的样条曲线为选择曲线，并单击【应用】按钮，创建局部剖视图特征，效果如图 9-82 所示。

9 选取局部剖视图中的剖面线并右击，在快捷菜单中选择【编辑显示】选项，打开【编辑对象显示】对话框。然后单击【颜色】色块，并选取红色为剖面线的颜色，效果如图 9-83 所示。

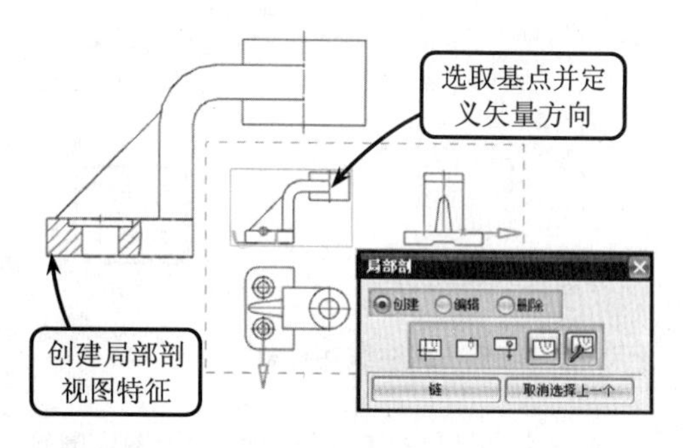

图 9-82 创建局部剖视图特征

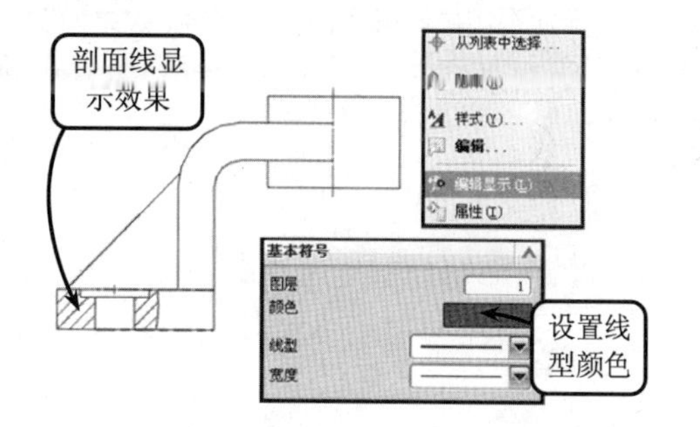

图 9-83 编辑剖面线显示

10 选择【首选项】|【注释】选项，打开【注释首选项】对话框。然后分别在【尺寸】、【直线/箭头】和【文字】选项卡中设置注释样式，效果如图 9-84 所示。

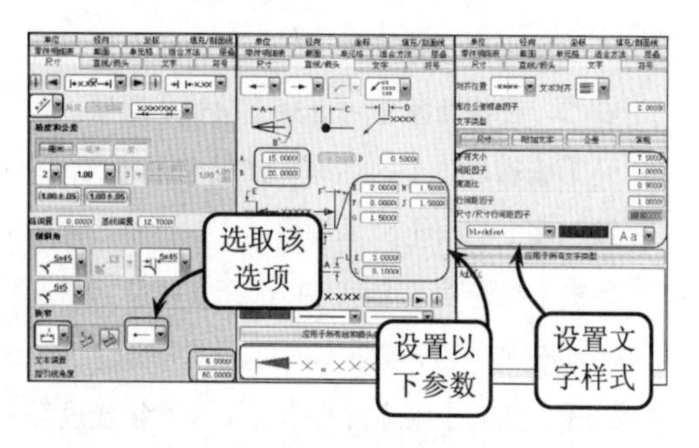

图 9-84 设置注释样式

11 单击【水平尺寸】按钮标注视图中的水平线性尺寸。然后单击【竖直尺寸】按钮标注视图中的竖直线性尺寸，效果如图 9-85 所示。

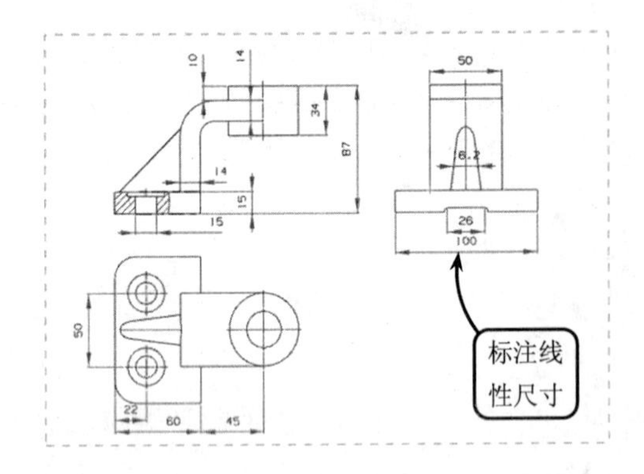

图 9-85　标注线性尺寸

12　单击【直径尺寸】按钮标注视图中圆轮廓的直径。然后单击【半径尺寸】按钮依次标注视图中圆弧和圆角的半径，效果如图 9-86 所示。

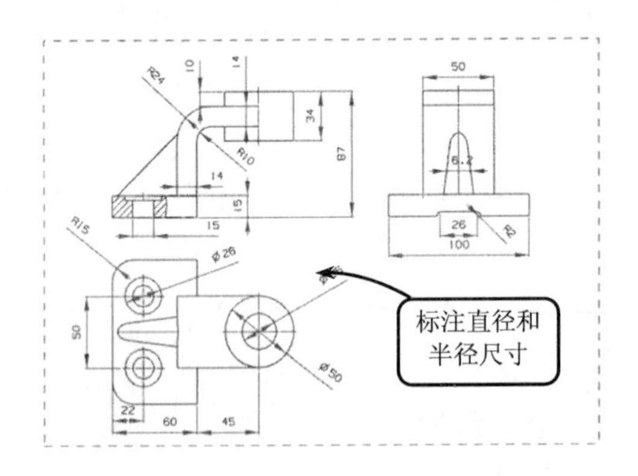

图 9-86　标注直径、半径和圆角尺寸

13　选取主视图上标注为 15 的水平线性尺寸并右击，在快捷菜单中选择【编辑】选项，打开【编辑尺寸】对话框。然后单击【文本】按钮，打开【文本编辑器】对话框。接着单击【在前面】按钮，并选择直径符号将其添加在文本前，效果如图 9-87 所示。

14　选择【插入】|【注释】|【表面粗糙度符号】选项，并在【属性】面板中的【材料移除】下拉列表框中选择【需要移除材料】选项。然后在相应位置输入数值 3.2 和角度 270°，并启用【反转文本】复选框。接着选取如图 9-88 所示的位置放置该符号。

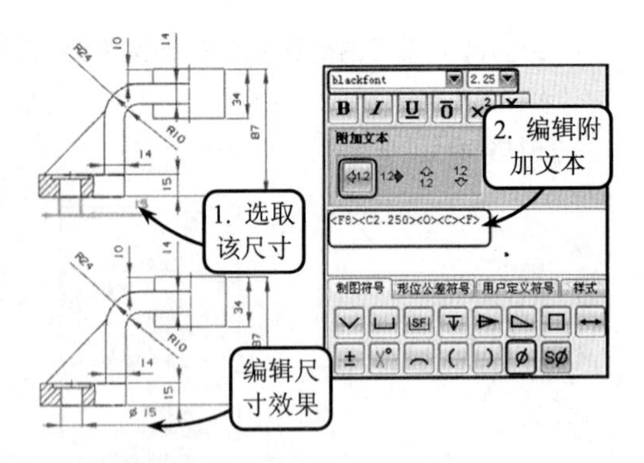

图 9-87　编辑尺寸文本

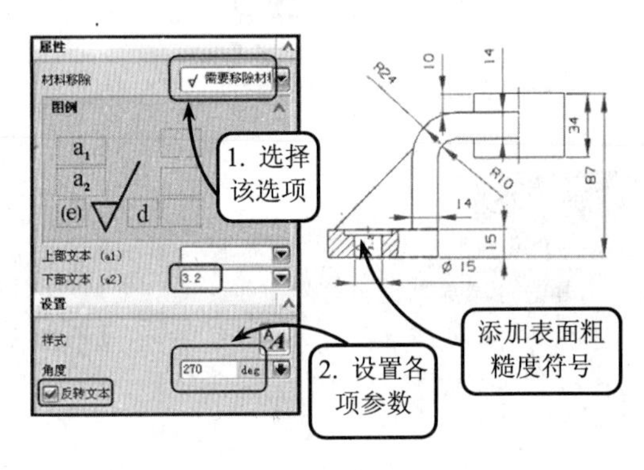

图 9-88　标注表面粗糙度

15　单击【注释】按钮，打开【注释】对话框。然后在【文本输入】面板中输入相应的文本注释，并单击【设置】面板中的【样式】按钮，设置文字类型的各项参数。接着在绘图区选取适当位置放置该文本，效果如图 9-89 所示。

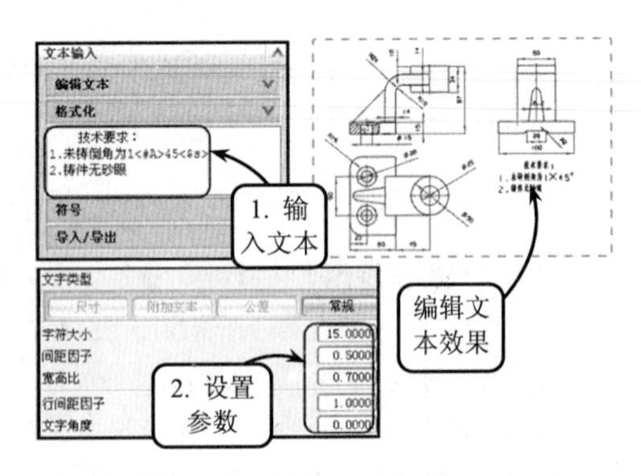

图 9-89　编辑文本注释

16　单击【表格注释】按钮，在图纸的右下角插入表格。然后利用合并单元格工具合并单元格，并通过鼠标调整单元格的宽度和高度，效果如图 9-90 所示。

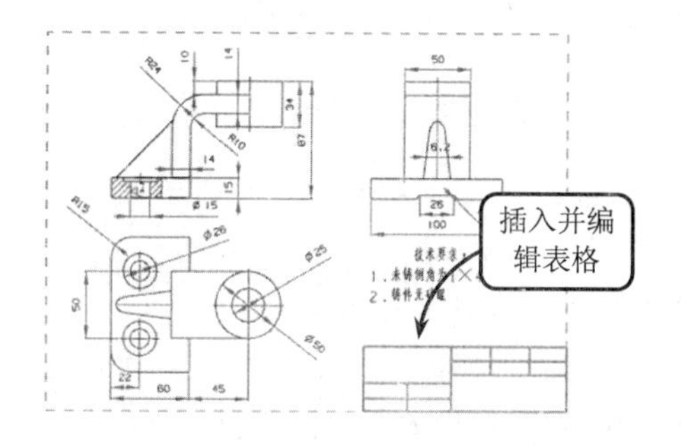

图 9-90 插入并编辑表格

17 利用注释工具，在打开的【文本】对话框中依次输入相应的文本，并分别将其插入到相应的标题栏和绘图区中，效果如图 9-91 所示。然后单击【保存】按钮，保存该图形文件。至此，轴架零件的工程图绘制完成。

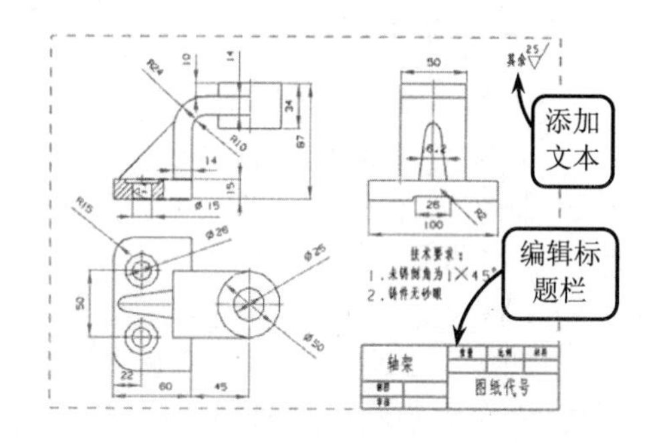

图 9-91 编辑标题栏和添加文本

9.7 思考与练习

一、填空题

1. 在 UG NX 中，利用__________模块可以方便地得到与实体模型相一致的二维工程图。

2. 所创建的工程图都是由工程图管理功能所完成的。工程图管理功能具体包括__________、打开和删除工程图、__________，以及显示工程图。

3. 当零件的内部结构具有对称特征时，向垂直于对称平面的投影面上投影所得的视图就是__________。

4. __________主要用于对图纸相关内容做进一步的说明，如零件的说明、标题栏的有关文本，以及技术要求等。

5. 用两个成一定角度的剖切面剖开机件，以表达具有回转特征机件的内部形状的视图称为__________。

二、选择题

1. 对齐视图包括 5 种视图的对齐方式，其中__________可以将所选视图中的第一个视图的基准点作为基点，对所有视图做重合对齐。

A. 叠加

B. 水平

C. 竖直

D. 垂直于直线

2. 用剖切面局部地剖开机件，所得到的剖视图称为__________。

A. 局部剖视图

B. 旋转剖视图

C. 局部放大图

D. 半剖视图

3. 在创建__________剖视图时需要首先绘制出该剖视图的剖视范围曲线。

A. 旋转

B. 局部

C. 半剖

D. 展开

4. 选择要移动或复制的视图后，利用__________工具可以使该视图的一个虚拟边框随着鼠标光标的移动而移动。当移动至合适的位置后右击即可将视图移动或复制到该位置。

A. 至一点

B. 水平

C. 垂直于直线

D. 至另一图纸

三、问答题

1. 简述对齐视图的各种方式。

2. 简述添加局部剖视图的基本过程。

3. 如何添加并编辑文本？

四、上机练习

1. 创建法兰工程图

本练习是创建法兰零件的工程图，效果如图9-92所示。法兰管道是施工的重要连接方式，主要由管道和法兰盘两部分组成，由于法兰连接方便，密封性能好、更换方便、并能够承受较大的压力，因此被广泛应用于各种工业管道中。

通过对该结构的分析可以采用主视图和左视图两个视图表达结构特征。其中左视图采用半剖视图，这样将同时显示零件的内部和外部结构特征。

2. 创建阶梯轴工程图

本练习创建一个阶梯轴的工程图，效果如图9-93所示。阶梯轴属于轴类零件，由两个或两个以上的截面尺寸组成轴类实体，主要用来支撑传动零部件、传递扭矩和承受载荷。它一般通过平键与其他传动件连接，其优点在于牢固轴上零件定位。

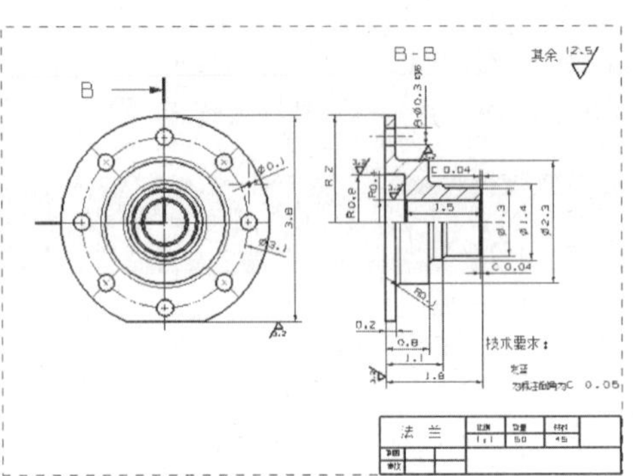

图 9-92 法兰工程图

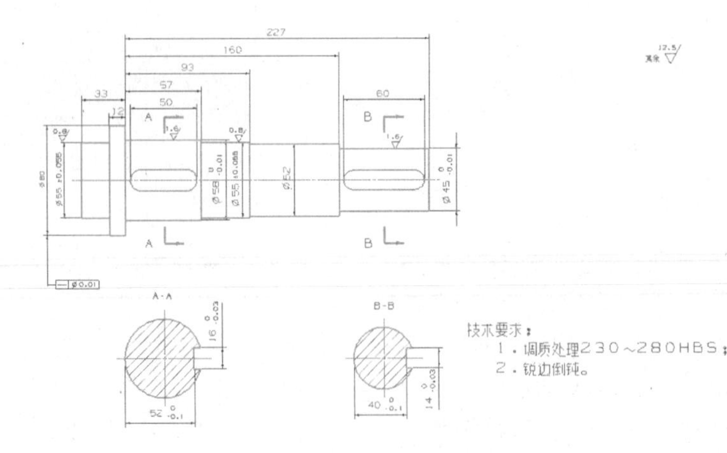

图 9-93 轴的工程图

在创建阶梯轴工程图时，首先利用实体模型投影出基本视图。然后利用全剖视图工具将轴的两键槽位置进行全剖处理，剖视图投影至基本视图的右方。接着利用移动视图工具将两个全剖视图移至基本视图的下方，并利用对齐视图工具将全剖视图与基本视图中的剖切符号对齐。再利用视图关联编辑对话框中的编辑剖面视图背景工具将全剖视图中的背景去掉，使其成为剖面图。最后进行标注即可。

第 10 章

模具设计

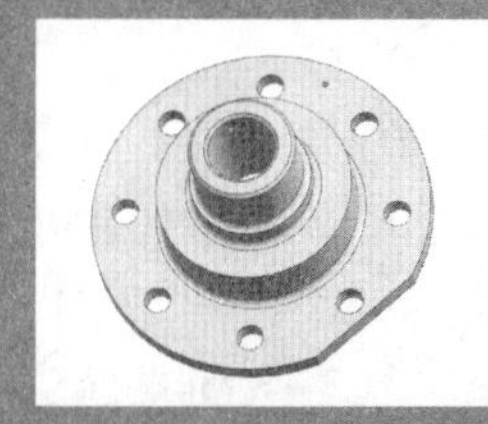
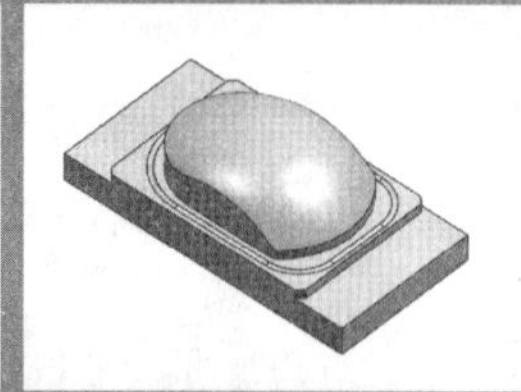
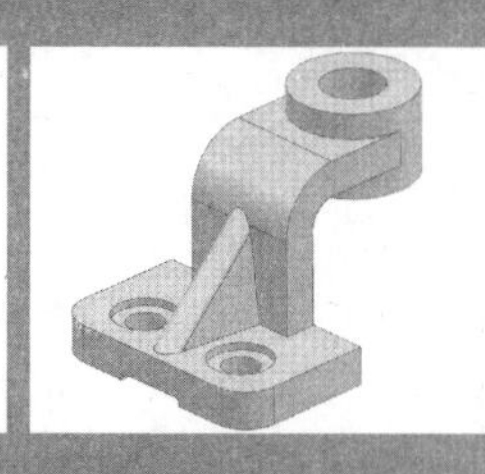
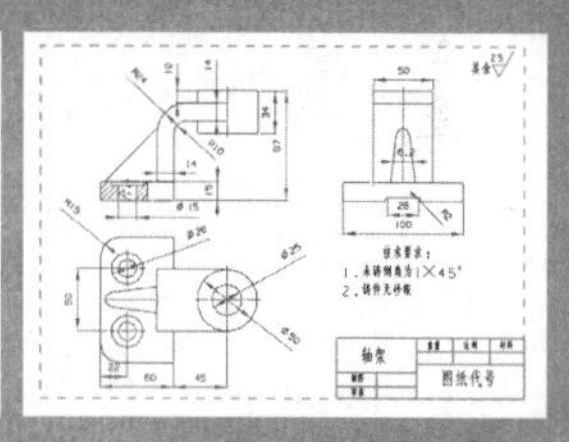

模具是通过一定方式以特定的结构形式使材料成形的一种工业产品，同时也是具备生产出批量工业产品零部件的一种生产工具。在 UG NX 7 中，Mold Wizard 模块是专门进行模具设计的模块。模具生产制件所具备的高精度、高一致性和高生产率是任何其他加工方法所不能比拟的。

Mold Wizard 模块是一个连续的逻辑过程，该过程通过模拟完成整套的模具设计过程来创建出与产品参数相关的三维模具。本章主要介绍注塑模具的工艺流程，以及初始化设置和分型前的准备操作，并通过介绍分型和分模的设计等诸多操作来讲述整个模具的设计过程。

本章学习要点：

- 熟悉注塑模具建模的工艺流程
- 掌握初始化设置和常用模具修补的方法
- 掌握分型线和分型面的创建方法
- 掌握型腔和型芯的创建方法

10.1 注塑成形设计概述

注塑模具又称为注塑成形，是热塑性塑料制件的一种主要成形方法。其生产原理是：受热融化的材料由高压射入模腔，经冷却固化后得到成形品。该成形方法可以制作各种形状的塑料制品，具有成形周期短，加工范围广，生产效率高，且易于实现自动化生产的特点。注塑成形模具在很大程度上决定着产品的质量、效益和新产品的开发能力，在塑料装配生产中占有重要地位。

10.1.1 注塑成形机构及工艺

塑料的注塑成形过程就是借助螺杆或柱塞的推力将已塑化的塑料熔体以一定的压力和速度注入模具型腔内，经过冷却固化定型后开模而获得制品。注塑成形是一个循环的过程，每一周期主要包括：定量加料—熔融塑化—施压注射—充模冷却—启模取件。取出塑件后又再闭模，进行下一个循环。

1．注塑成型机构

注塑机根据塑化方式分为柱塞式注塑机和螺杆式注塑机；按机器的传动方式可以分为液压式、机械式和液压—机械（连杆）式；按操作方式可以分为自动、半自动和手动注塑机。其中应用最多的是卧式注塑机，其合模部分和注射部分处于同一水平中心线上，模具沿水平方向打开，如图 10-1 所示。

图 10-1　卧式注塑机

一般注塑机包括注射装置、合模装置、液压系统和电气控制系统等部分。注塑成形的基本要求是塑化、注射和成形。塑化是实现和保证成形制品质量的前提；为满足成形的要求，注射必须保证有足够的压力和速度；同时，由于注射压力很高，相应地在模腔中产生很高的压力，因此必须有足够大的合模力。由此可见，注射装置和合模装置是注塑机的关键部件。

2．注塑成形工艺

注塑成形的原理是：将颗粒状或粉粒状的塑料从注塑机的料斗送进加热的料筒中，经过加热融塑成为粘流状熔体。然后借助螺杆（或柱塞）的推力将已塑化好的熔融状态（即粘流态）的塑料注射入闭合好的模腔内，经固化定型并开模分型后获得成形塑件，如图 10-2 所示。

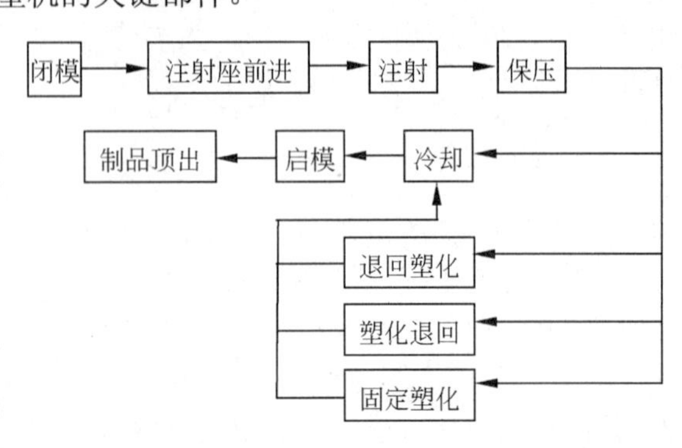

图 10-2　注塑成形工艺

生产过程中，工艺的调节是提高制品

质量和产量的必要途径。注塑成型工艺主要控制各过程中的温度、压力、速度和时间等参数指标。每类塑料、每种产品及注塑机器均需不同的艺参数指标。

10.1.2 注塑模设计流程

几乎所有的工业产品都必须依靠模具成形。模具在很大程度上决定着产品的质量和效益，以致影响着新产品的开发能力，所以模具的设计在整个生产过程中起着至关重要的作用。在使用 Mold Wizard 模块进行模具设计时必须对其每一个流程和细节作充分的考虑，因为每一个环节的设计效果都将直接或间接地影响制品的最终成形效果。一般来讲，进行塑模设计时需要进行以下四大环节设计。

1．初始化设置

在进行塑模设计之前，首先应该分析零件是否具有可成形件，即检查塑件的成形工艺性，以明确塑件的材料、机构和尺寸精度等方面是否符合注塑成形的工艺性条件。

在 UG NX 7 的注塑模环境中，利用项目初始化工具将参照零件导入模具环境。然后执行设置收缩率、工件和型腔布局等操作，使该零件在模具型腔中具有正确的位置和布局，效果如图 10-3 所示。

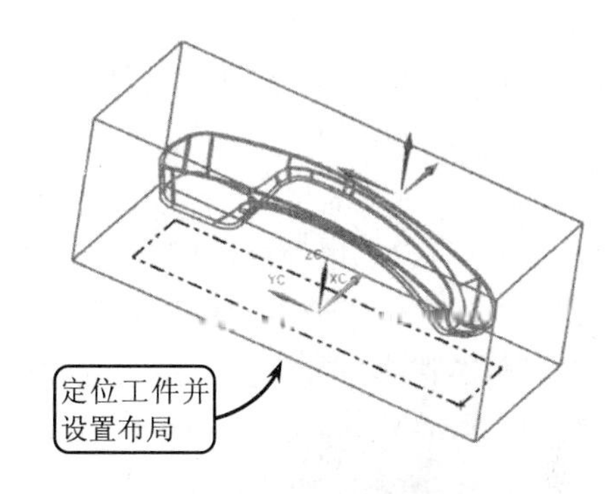

图 10-3 零件的定位和布局

2．修补产品

由于参照零件的多样性和不规则性，例如一些孔槽或者其他机构会影响到正常的分模过程，于是需要创建曲面或者实体对这些部位进行修补。

Mold Wizard 模块提供了一整套的工具来为产品模型进行实体或面的修补和分割操作，如图 10-4 所示。使用该工具可以快速地实现该模型的修补工作，为创建分型面和分割型芯、型腔做准备。

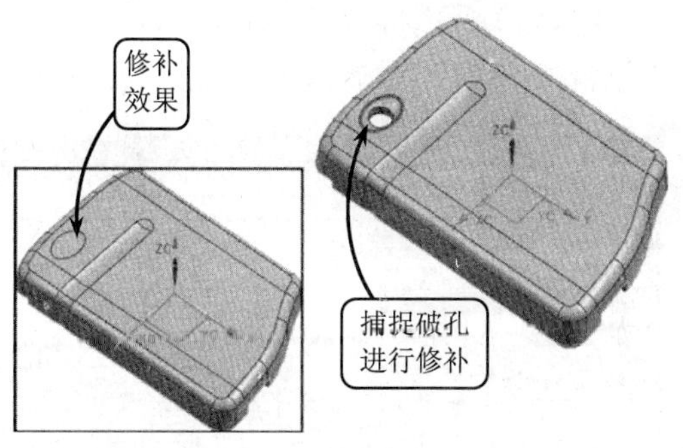

图 10-4 修补产品

3．分型操作

创建分型面是模具设计的最主要环节。要执行分型操作，首先在 Mold Wizard 环境中创建产品模型的分型线和分型面特征，进而提取出型芯与型腔区域，并使用该模块中的工具将该模坯执行分割操作，从而形成型芯和型腔，如图 10-5 所示。

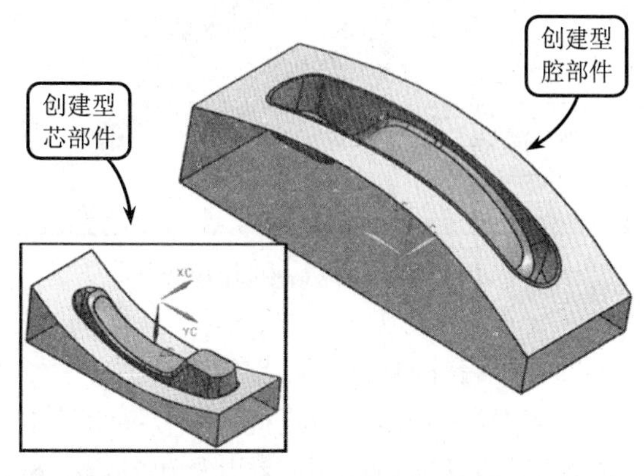

图 10-5 创建型腔和型芯

4. 后续操作

完成分型操作后，可以分别执行加载标准件、创建冷却和浇注系统，以及在模具部件上挖出空腔位等操作，以用其来放置有关的模具部件。同时为了方便加工，在型腔和型芯上加工的区域可以做成镶件形式，以及生成材料清单和绘制零件工程图来辅助模具加工，如图 10-6 所示。

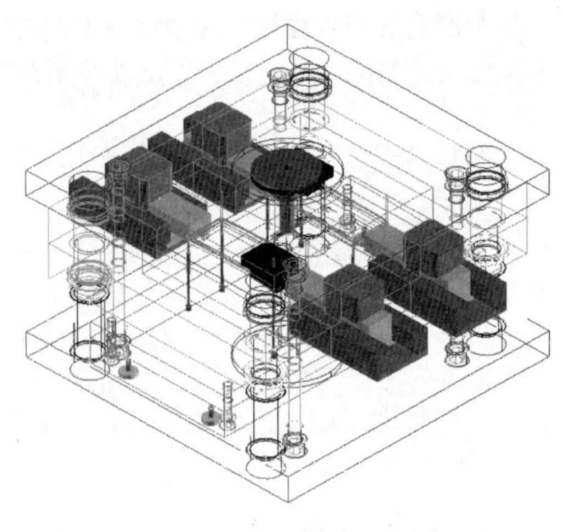

图 10-6 创建标准模架和标准件

10.1.3 UG 模具设计工具

要使用 Mold Wizard 模块进行注塑模设计，首先需进入该模块的操作环境。用户可以使用新建模型文件的方法进入建模环境，或者通过打开文件的方式进入建模环境。然后在【标准】工具栏中选择【开始】|【所有应用模块】|【注塑模向导】选项，即可进入如图 10-7 所示的注塑模设计环境。

在该模块的操作环境中包含着注塑模设计的专业工具，即【注塑模向导】工具栏，如图 10-8 所示。这个工具栏包括注塑模设计所需要的全部工具，其设计的每个环节都是使用这些工具实现的。

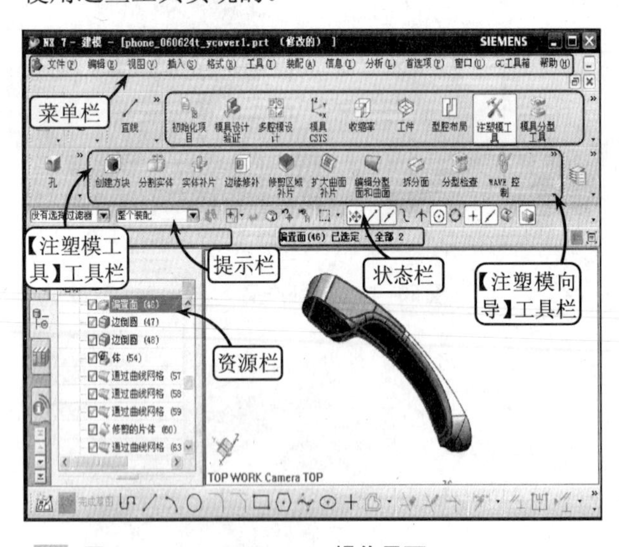

图 10-7 Mold Wizard 操作界面

图 10-8 【注塑模向导】工具栏

该工具栏包括注塑模设计 3 个阶段的操作工具，第一个阶段为初始化设置阶段，该阶段的使用工具由初始化项目和收缩率等工具组成；第二个阶段为分型阶段，该阶段的使用工具包括注塑模和模具分型工具等；第三个阶段为辅助设计阶段，该阶段的使用工具包括模架库、标准部件库和推杆后处理等工具。其中，前两个阶段常用工具的含义如表 10-1 所示。

表 10-1 【注塑模向导】工具栏常用按钮含义

按钮	含义
初始化项目	用于加载产品模型，执行该操作是进行模具设计的第一步。允许多次单击该按钮，在一副模具中放置多个产品
多腔模设计	适用于要成形不同产品时的多腔模具。只有被选作当前产品时才能对其进行模坯设计和分模等操作
模具 CSYS	使用该工具可以方便地设置模具坐标系，因为所加载进来的产品坐标系与模具坐标系不一定相符，这样就需要调整坐标系
收缩率	由于产品注塑成形后会产生一定程度的收缩，因此需要设定一定的收缩率来补偿由于产品收缩而产生的误差
工件	依据产品的形状设置合理的工件，分型后成为型芯和型腔，自动识别产品外形尺寸并预定义模坯的外形尺寸
型腔布局	适用于成形同一种产品时模腔的布置。系统提供了矩形排列和圆形排列两种模具型腔排列方式
注塑模工具	使用该工具栏中的工具能够快速、准确地对模形进行实体修补、片体修补和实体分割等操作
模具分型工具	使用该对话框中的工具可以进行 MPV 分析、建立与编辑分型线、创建过渡对象、创建与编辑分型面、抽取区域、创建型芯与型腔等操作

10.2 初始化设置

进行注塑模设计，首先需要对产品模型进行初始化设置。该阶段包括执行加载产品并初始化项目，设置模具的坐标、收缩率，创建成形工具并完成型腔布局等操作，为后续的分型、分模设计操作做好准备。

10.2.1 项目初始化

使用 Mold Wizard 模块进行注塑模设计时，首先将设计模型载入当前注塑模设计环境，并进行相关的初始化设置，系统将自动生成一个包含构成模具所必需的标准元件的模具装配结构。

要进行项目初始化操作，首先打开设计模型。然后在【注塑模向导】工具栏中单击【初始化项目】按钮，打开【初始化项目】对话框，如图 10-9 所示。

图 10-9 【初始化项目】对话框

在该对话框中可以对相关参数进行设置，如下所述。

❑ **项目单位**

该下拉列表框用来确定项目初始化的投影单位。选择【毫米】选项，则选取的投影单位为毫米。一般情况下，系统默认单位为【英寸】。

❑ **路径和 name**

项目路径即放置模具文件的子目录。单击【浏览】按钮可以在打开的对话框中指定模具文件的路径。

❑ **收缩率**

该文本框用来修改材料的收缩率。用户可以直接在【收缩率】文本框中输入参数值，定义收缩率。

❑ **重命名组件**

在模具装配体中可以利用这个复选框灵活地控制各个部件的名称。在项目初始化时，一般禁用【设置】面板中的【重命名组件】复选框。启用【重命名组件】复选框并单击【确定】按钮将打开【部件名管理】对话框，如图 10-10 所示。

在该对话框中，用户可以灵活地控制模具装配中各部件的名称，并且可以设置装配顶层部件的名称，即 top 节点下的节点名称。选择 top 选项，并单击【设置所选的名称】按钮即可。

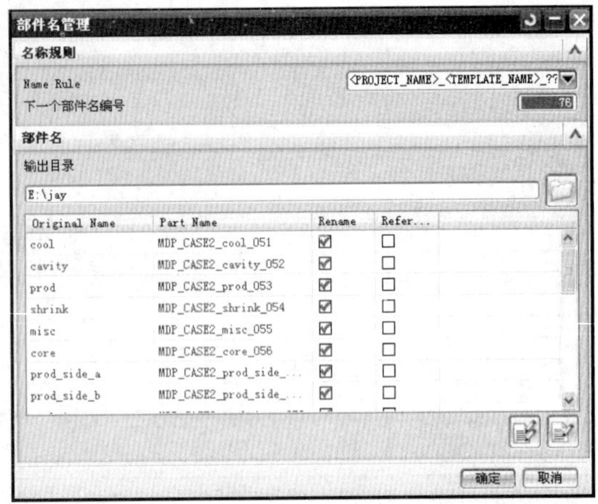

图 10-10 【部件名管理】对话框

10.2.2 模具 CSYS

产品在模具设计过程中需要重新定位，使其被放置在模具装配中的正确位置。模具 CSYS 工具就是将产品子装配原来的工作坐标转移到模具装配的绝对坐标位置，并以该绝对坐标作为模具坐标的。

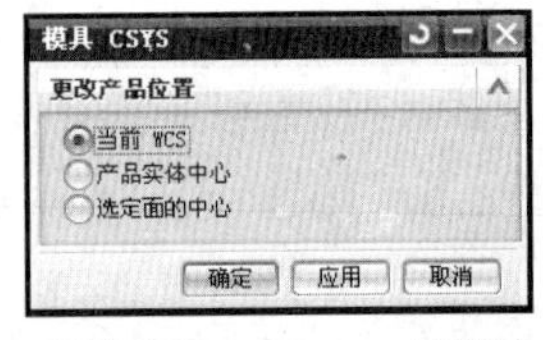

图 10-11 【模具 CSYS】对话框

通常情况下，模具坐标系的原点就是放置模架的中心点，X-Y 平面就是分型面，Z 轴正向就是脱模方向。

要定义模具的坐标系，在【注塑模向导】工具栏中单击【模具 CSYS】按钮，打开【模具 CSYS】对话框，如图 10-11 所示。

该对话框中包含 3 个单选按钮，各个单选按钮的含义介绍如下。

- ❑ **当前 WCS** 该单选按钮将部件当前的坐标系作为模具 CSYS。
- ❑ **产品实体中心** 该单选按钮设置产品体的中心点作为模具 CSYS 原点的位置。
- ❑ **选定面的中心** 该单选按钮将模具 CSYS 原点设置到所选面的中心。

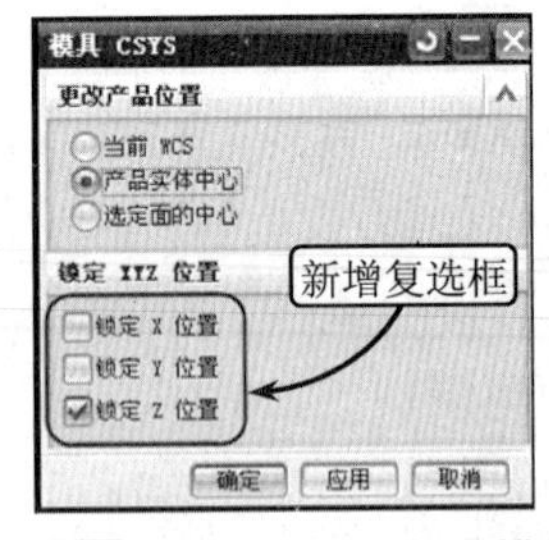

图 10-12 新【模具 CSYS】对话框

当选择【产品实体中心】和【选定面的中心】单选按钮时，该【模具 CSYS】对话框将变成如图 10-12 所示形式。

在该对话框的【锁定 XYZ 位置】面板中包含 3 个复选框，各个复选框的含义介绍如下。

❑ **锁定 X 位置**

如选择该复选框，则系统允许重新放置模具坐标系，且保持被锁定的 YC-ZC 平面的位置不变。

❑ **锁定 Y 位置**

如选择该复选框，则系统允许重新放置模具坐标系，且保持被锁定的 XC-ZC 平面的位置不变。

❑ **锁定 Z 位置**

如选择该复选框，则系统允许重新放置模具坐标系，且保持被锁定的 XC-YC 平面的位置不变。

注 意

在某些情况下，产品模具坐标系 Z 轴的正方向不一定就是模具的顶出方向。这时可以选择【格式】|【WCS】|【旋转】选项旋转坐标轴，以获得正确的顶出方向。

10.2.3 收缩率

塑料的收缩率是指塑料制件在成形温度下从模具中取出冷却至室温后尺寸之差的百分比。它反映的是塑料制件从模具中取出冷却后尺寸缩减的程度。影响收缩率的因素有：塑料品种、成形条件和模具结构等。不同高分子材料的收缩率各不相同，且同一个型号的材料也会因为成形工艺的不同使收缩率发生相应的改变。

要进行产品的收缩率设置，可以单击【注塑模向导】工具栏中的【收缩率】按钮，打开【缩放体】对话框，如图 10-13 所示。

图 10–13 【缩放体】对话框

从图 10-13 可以看出，该对话框中包含以下 3 种类型的收缩形式。

❑ **均匀**

均匀收缩是指产品模具的尺寸值在其 3 个坐标轴方向上按照相同的比例均匀收缩。该种类型适用于参照模型类似于正方形的情况，且其缩放点可以任意指定。

执行均匀收缩操作时，首先选择该类型，并在绘图区中选取收缩体。然后在【均匀】文本框中输入比例因子，并单击【确定】按钮即可，效果如图 10-14 所示。

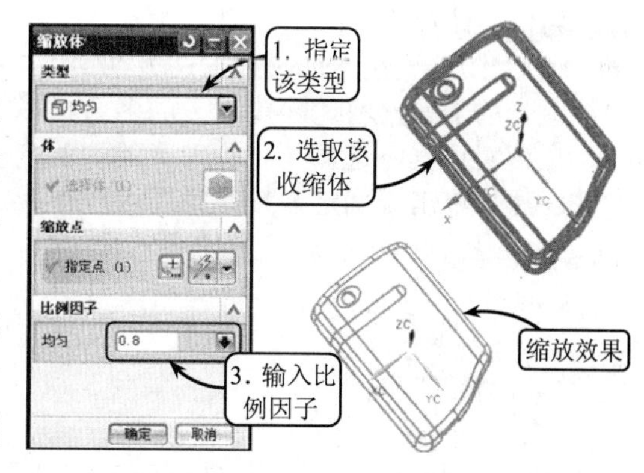

图 10–14 均匀缩放效果

提 示

执行收缩操作时，系统默认的坐标系原点位于当前工作坐标系（WCS）的原点。要修改坐标原点，可以单击【指定点】按钮，在打开的【点】对话框中指定新原点即可。

❑ **轴对称**

轴对称收缩是指在不同的轴方向上设置不同的比例因子进行比例缩放。该种类型适用于参照模型类似于圆柱形的情况。选择该方式后，产品在坐标系指定方向上的收缩率将不同于其他方向上的收缩率，效果如图 10-15 所示。

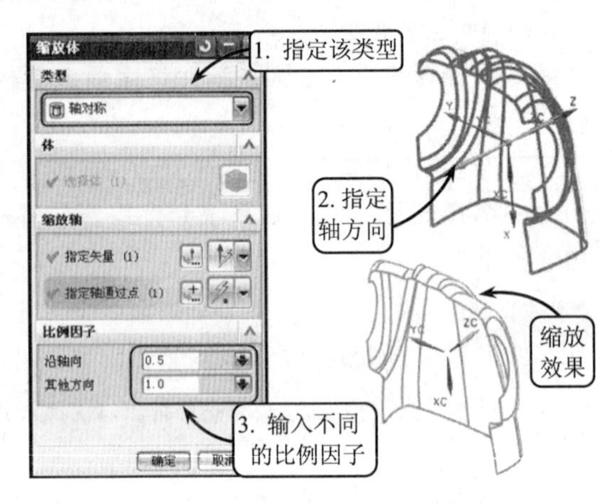

图 10-15 轴对称缩放效果

❑ 常规

常规收缩可以在 X 轴、Y 轴和 Z 轴 3 个方向上分别设置不同的比例因子进行比例缩放。选择这种方式后，分别在【X 向】、【Y 向】和【Z 向】文本框中输入相应的比例因子，然后单击【确定】按钮即可，如图 10-16 所示。

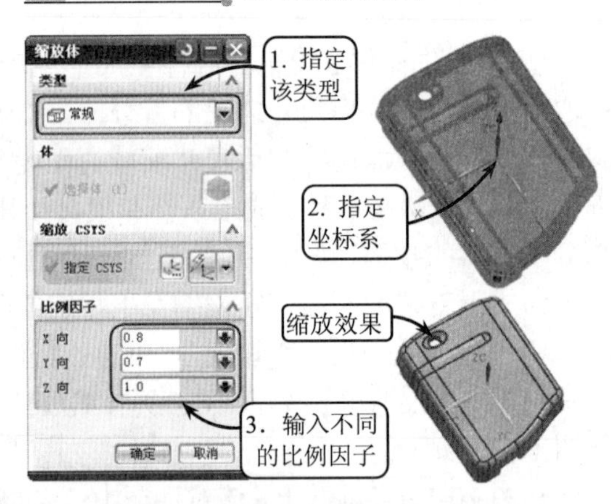

图 10-16 常规缩放效果

10.2.4 成形工件

工件是用来定义模具组件的体积，并最终决定加工零件的形状的，其大小决定了型腔、型芯和其他组件的大小。工件将参照模型完全包容在内，并保留一定的间隙。成形工件的位置取决于参照模型的坐标，而工件的方向是由模具模型或模具组件坐标系（模具原点）决定的。

要执行成形工件操作，可以单击【注塑模向导】工具栏中的【工件】按钮，打开【工件】对话框，如图 10-17 所示。

该对话框的【工件方法】面板中包含 4 个下拉列表项，分别表示创建成型工件的 4 种方法，这里仅以常用的【用户定义的块】方法为例介绍如下。

使用【用户定义的块】工件方法时，系统附带的子元素将切除模板上的多余材料，从而建立腔体，使成形工件得以嵌入其中。

在该对话框中选择【用户定义的块】列表项，并分别设置 ZC 轴方向的开始和结束参数。然后单击【确定】按钮，即可获得自定义模坯，效果如图 10-18 所示。

图 10-17 【工件】对话框

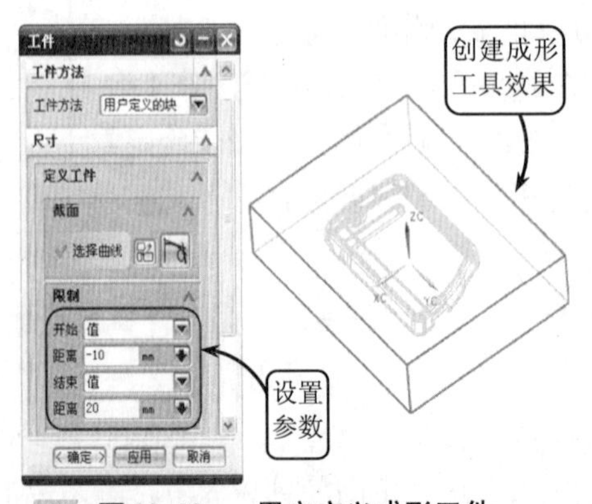

图 10-18 用户定义成形工件

10.2.5 型腔布局

图 10-19 【型腔布局】对话框

型腔布局是指模具中型腔的个数及其排列方式，根据型腔数目的多少，型腔布局一般可以分为单腔模和多腔模。在大批量生产中，为了提高生产效率，膜具常采用一腔多模。

Mold Wizard 模块的型腔布局是针对多腔模设计的。利用这种工具可以为每个零件的成形工件提供准确的定位方式，从而确定零件在模具中的相对位置。

要执行型腔布局操作，可以单击【注塑模向导】对话框中的【型腔布局】按钮，打开【型腔布局】对话框，如图 10-19 所示。

在该对话框中，用户可以在【型腔数】下拉列表框中输入创建型腔的数量；在【第一距离】和【第二距离】文本框中设置各个型腔之间的距离；在【生成布局】面板中单击【开始布局】按钮，使其按照设置的参数进行布局；在【编辑布局】面板中单击【移除】按钮，移除之前指定的型腔布局。

利用该对话框可以定义以下 4 种型腔布局方式。

❑ 矩形平衡布局

利用矩形平衡方式进行布局时，可以将成形工件复制，并使其沿 X-Y 面上任意方向移动或旋转。平衡布局适用于每个型腔、型芯都使用同种浇道、浇口、冷却管道和拐角倒圆的情况。

要创建这类布局，首先选择【矩形】列表项，并单击【平衡】单选按钮。然后单击【指定矢量】按钮指定布局方向，并设置型腔数目。接着单击【开始布局】按钮，即可创建矩形平衡布局，如图 10-20 所示。

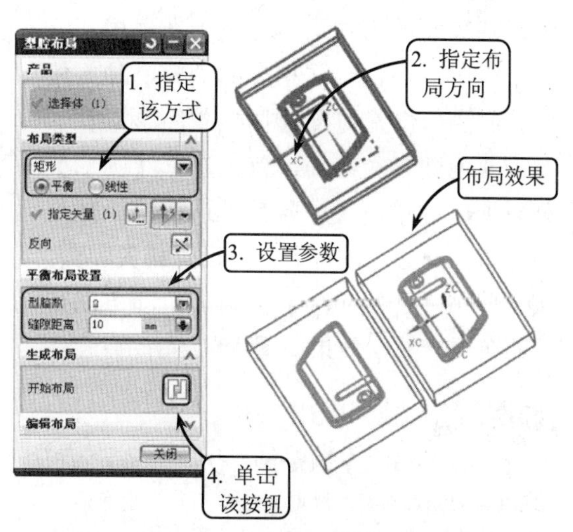

图 10-20 设置矩形平衡布局

设置矩形平衡布局时，【型腔数】下拉列表中包含两个选项，即 2 个型腔或 4 个型腔。当指定型腔数为 4 时，除了可以设置型腔之间的第一个距离，即两个工件在第一个选择方向上的距离外，同时还可以设置第二个距离，即两个工件在垂直于选择方向上的距离。

提 示

创建布局时，可以使用【编辑布局】面板中的各工具重新定位布局。以自动对准中心为例，单击【自动对准中心】按钮，模具坐标系将位于整个布局的中心位置。

❑ 矩形线性布局

利用矩形线性方式进行布局时，模腔的数目没有限制，但成形工件只作位置上的移动，其自身不作旋转调整。这种布局方式适合于多模腔的非平衡布局。

要创建这类布局，首先选择【矩形】列表项，并单击【线性】单选按钮。然后分别设置X向和Y向上的型腔数和距离参数值，并单击【开始布局】按钮，即可创建新的布局方式，效果如图10-21所示。

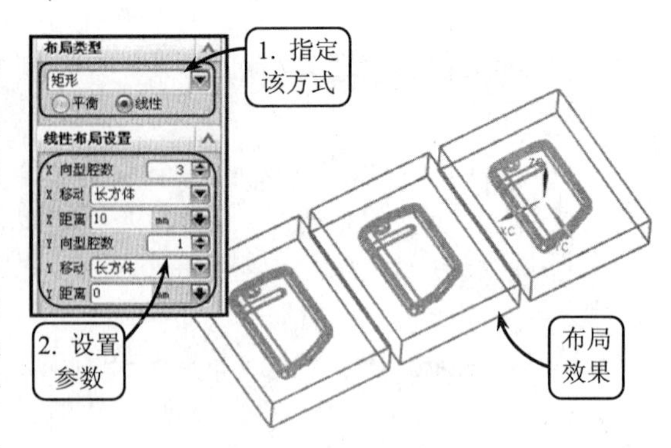

图 10-21　设置矩形线性布局

设置该布局时，在【X 移动参考】和【Y 移动参考】下拉列表框的下拉列表中包含【长方体】和【移动】两个选项。当选择【长方体】选项时，可以指定各工件之间在X方向上的距离；当选择【移动】选项时，可以指定各型腔之间的绝对移动距离。

❑ 圆形径向布局

利用圆形径向方式进行布局时，模腔将以圆周状的形式均匀环绕于布局中心。各个模腔本身也会作相应的调整，使得模腔上的浇口位置到布局中心的距离相等。

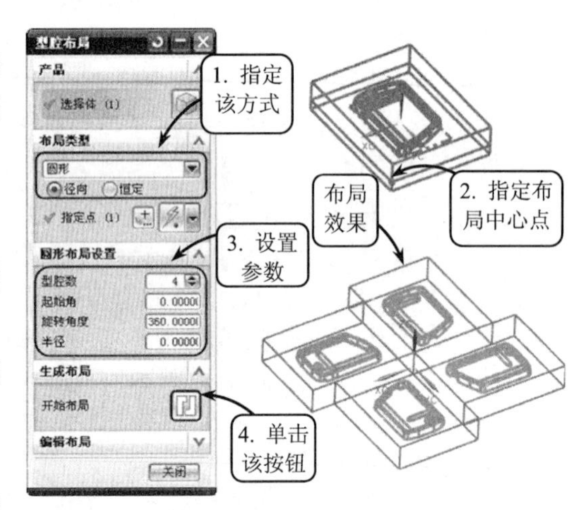

图 10-22　设置圆形径向布局

要创建该类布局，首先选择【圆形】列表项，并单击【径向】单选按钮。然后指定布局中心点的位置，并设置相关参数。接着单击【开始布局】按钮，即可创建新的布局方式，效果如图10-22所示。

提　示

> 在【圆形布局设置】面板中指定的型腔数表示旋转范围里的型腔数目；指定的起始角的角度表示第一个型腔参考点的初始角度，以X轴的正方向作为参考角度；指定的半径参数值表示角度坐标系原点到型腔参考点之间的距离。

❑ 圆形恒定布局

该方式与圆形径向方式类似，只是各个模腔的方向与第一个模腔保持一致。该方式适用于浇口方向或型腔非平衡布局的情况。

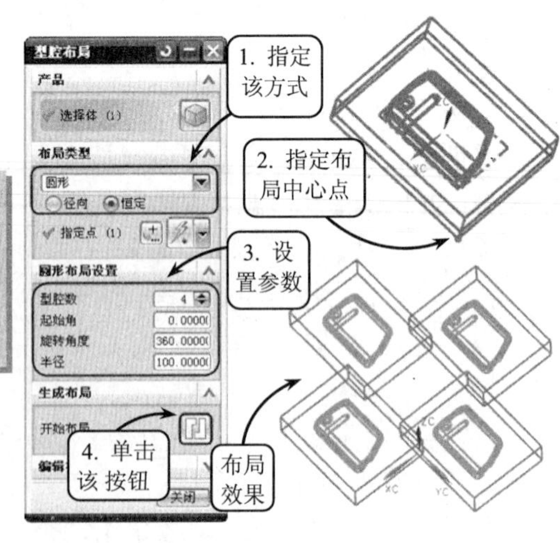

图 10-23　设置圆形恒定布局

要创建该类布局，首先选择【圆形】列表项，并单击【恒定】单选按钮。然后指定布局中心点的位置，并设置相关参数。接着单击【开始布局】按钮，即可创建新的布局方式，效果如图10-23所示。

10.3 分模前准备工作

在进行分型操作过程中，参照模型上的一些孔槽或其他机构会影响到正常的分型过程。因此，在进行分型之前，需要对参照模型上的上述机构进行修补操作，即封闭参照模型的所有内部开口。UG 为 Mold Wizard 模块添加了【注塑模工具】工具栏，该工具栏为设计者提供了一整套的修补工具来执行修补操作。

单击【注塑模向导】工具栏中的【注塑模工具】按钮，打开【注塑模工具】工具栏，如图 10-24 所示。本节将分别介绍该工具栏中的实体修补、片体修补和片体编辑等主要操作方法。

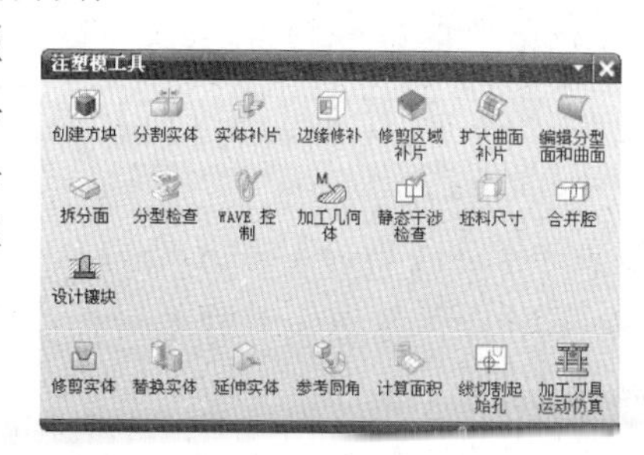

图 10-24 【注塑模工具】工具栏

10.3.1 实体修补

实体修补就是在产品或成形零件上创建加材料或减材料特征，经常用来创建滑块或镶件，特别适用于当产品模型上的有些孔或槽不适合用曲面修补工具进行修补的情况。实体修补方法具体包括创建方块、分割实体和实体补片等操作，现分别介绍如下。

图 10-25 【创建方块】对话框

1. 创建方块

在 UG 中，通过实体创建工具所创建的规则长方体特征称为方块。方块不仅可以作为模胚使用，还可以用来修补产品的破洞。

要创建方块结构，单击【注塑模工具】工具栏中的【创建方块】按钮，打开【创建方块】对话框，如图 10-25 所示。

该对话框包含【一般方块】和【对象包容块】两种创建方式，具体操作方法如下所述。

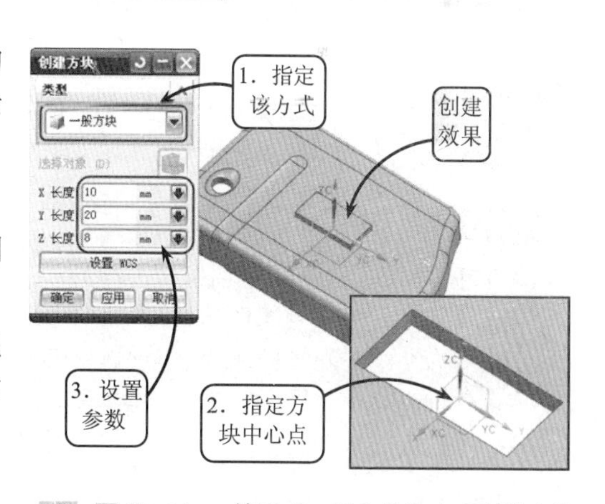

图 10-26 使用【一般方块】方式创建方块

❑ **一般方块**

要执行该操作，首先选择【一般方块】方式。然后指定所创建方块的中心点，并分别设置长、宽和高的参数值即可，效果如图 10-26 所示。

❑ **对象包容块**

要执行该操作，首先选择【对象包容块】方式，并设置边界参数值。然后在绘图区中选取要创建方块的区域即可，效果如图 10-27 所示。

2. 分割实体

分割实体是指用一个面、基准平面或其他几何体去分离一个实体，且对得到的两个实体保留所有的参数，使用该工具可以获取滑块和镶件等特征。

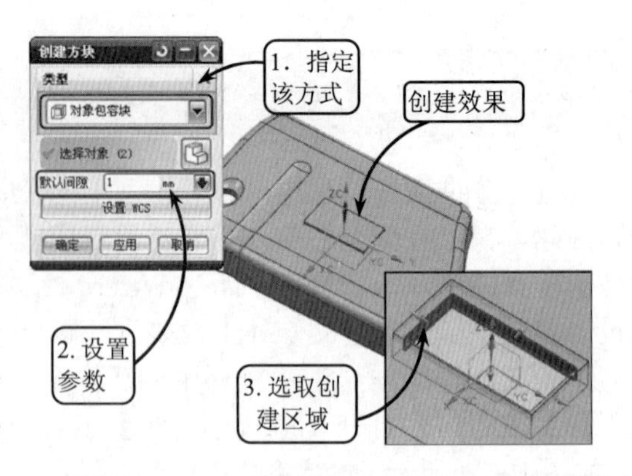

图 10-27　使用【对象包容块】方式创建方块

在【注塑模工具】工具栏中单击【分割实体】按钮，打开【分割实体】对话框，如图 10-28 所示。

图 10-28　【分割实体】对话框

该对话框包含【拆分】和【修剪】两种类型，具体操作方法如下所述。

❑ **拆分**

要执行该操作，首先指定【拆分】类型。然后分别选取目标体和刀具体即可，效果如图 10-29 所示。

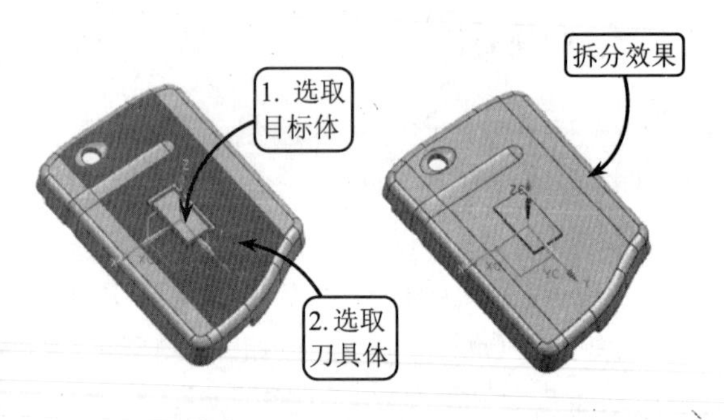

图 10-29　使用【拆分】方式分割实体

❑ **修剪**

要执行该操作，首先指定【修剪】类型，并分别选取目标体和刀具面。此时，实体上将显示执行修剪操作的方向箭头，确定修剪方向即可，效果如图 10-30 所示。

注　意

分割实体工具与建模模块中的拆分体与修剪体工具既有本质上的类似，也有应用方面的不同。它们都是布尔求差运算，但是在使用建模模块中的两工具时，选取的目标体和刀具体必须形成完整的相交，而在使用分割实体工具时则没有这方面的限制。

3. 实体补片

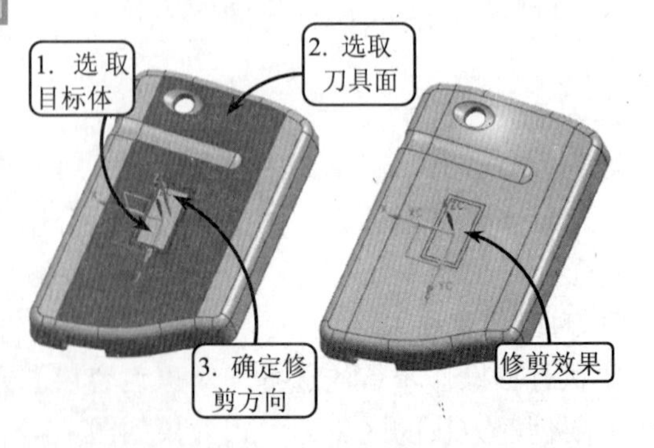

图 10-30　使用【修剪】方式分割实体

实体补片就是创建一个实体来封闭产品模型上的孔特征，并将这个实体特征定义为 Mold Wizard 模块下默认的补片。这个实体在型芯、型腔分割后，按作用的不同既可以与型芯或型腔合并成一个整体，还可以作为抽芯滑块或成形小镶块。

要执行该操作，可以单击【注塑模工具】工具栏中的【实体补片】按钮，打开【实体补片】对话框，如图 10-31 所示。

该对话框包含【实体补片】和【链接体】两种类型。现以常用的【实体补片】类型为例详细介绍其具体操作方法。

要执行该操作，首先指定【实体补片】类型，并分别选取产品实体和补片体。然后单击【确定】按钮即可，效果如图 10-32 所示。

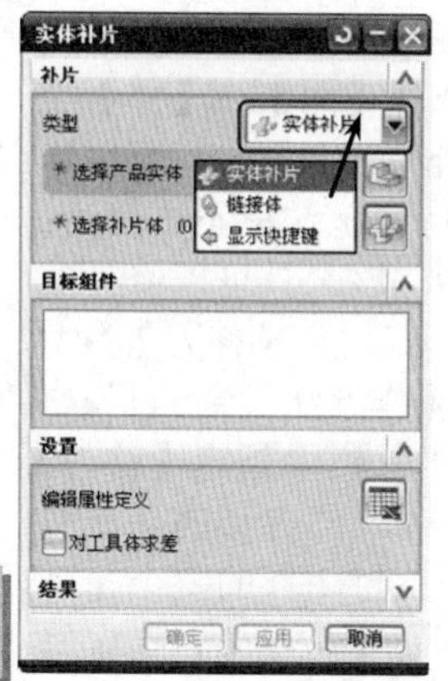

图 10-31 【实体补片】对话框

提　示

实体补片工具只有在孔特征上预先创建出一个实体后才可使用。

10.3.2 片体修补

片体修补就是允许用户用片体特征来执行实体模型相关表面的补片操作，实现对实体表面的修补。该实体表面具体包括实体模型上的封闭开口区域、孔面，以及封闭的区域或边界。片体修补方法具体包括曲面补片、边缘补片和修剪区域补片等操作，现分别介绍如下。

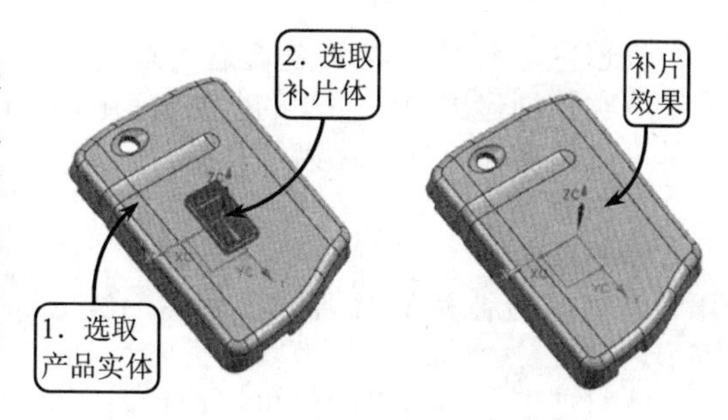

图 10-32 使用【实体补片】方式效果

1. 曲面补片

曲面补片就是用作填充单个面内的孔。它的修补对象为单个平面或圆弧面内的孔。若一个孔特征位于两个面的交接处，则不能使用此工具进行修补。

要执行该操作，可在【模具分型工具】工具栏中单击【曲面补片】按钮，打开【边缘修补】对话框。此时，用户在包含孔的曲面或平面上选中孔轮廓，并单击【确定】按钮即可完成曲面的补片操作，效果如图 10-33 所示。

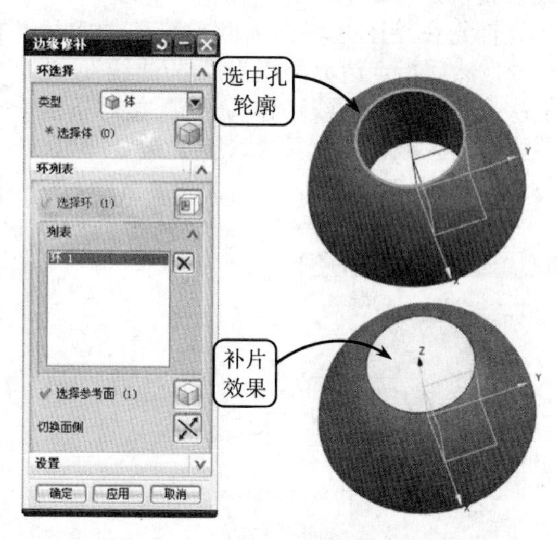

图 10-33 曲面补片效果

2. 边缘修补

边缘修补是指通过选择一个闭合的曲线或边界环生成片体来修补曲面上的开口区域。边缘修补的应用范围较广，尤其适用于曲面形状特别复杂的开口区域的修补，且生成的修补面光顺，适合机床加工。

要执行该操作，可在【注塑模工具】工具栏中单击【边缘修补】按钮，打开【边缘修补】对话框，如图 10-34 所示。

该对话框包含【面】、【体】和【移刀】3 种类型。其中，当选择【面】或【体】类型时，该工具同曲面补片工具类似，可以修补曲面或平面上的孔特征，这里不再赘述；当选择【移刀】类型时，该工具可以修补曲面形状复杂的开口区域。现以【移刀】类型为例详细介绍其具体操作方法。

在【边缘修补】工具栏中指定【移刀】类型。然后选取闭合曲线或边界环的任一线段时，系统将高亮显示该封闭环的整个轮廓线。接着单击【切换侧面】按钮，指定修补的区域即可，效果如图 10-35 所示。

图 10-34 【边缘修补】对话框

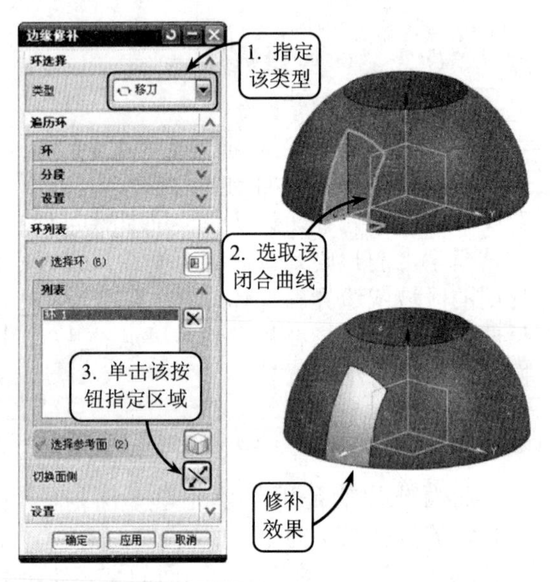

图 10-35 边缘修补效果

3. 修剪区域补片

修剪区域补片工具就是通过用选定的边修剪实体创建出曲面补片的效果。使用该工具可以使实体补片转化为片体补片。

要执行该操作，可在【注塑模工具】工具栏中单击【修剪区域补片】按钮，打开【修剪区域补片】对话框，如图 10-36 所示。

该对话框中的边界类型包括【体/曲线】和【移刀】两种类型，现以常用的【体/曲线】类型为例介绍其具体的操作方法。

首先在绘图区域中选取被修剪的实体补片，然后指定边界类型为"体/曲线"，并依次选取闭合的曲线环作为边界。接着指定要修剪的区域，并执行【舍弃】命令即可，效果如图 10-37 所示。

图 10-36 【修剪区域补片】对话框

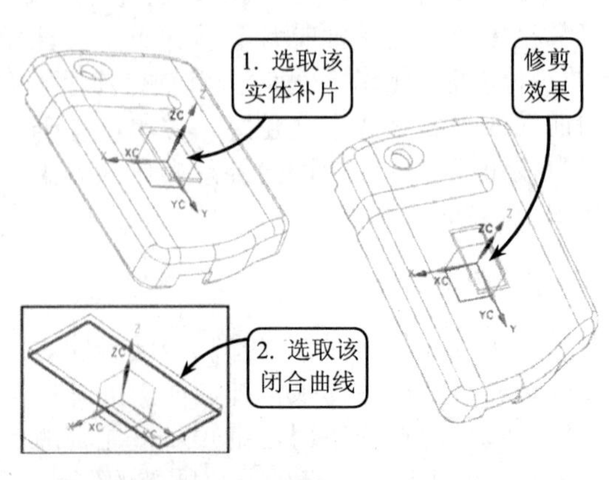

图 10-37 【修剪区域补片】修剪效果

提　示

修剪区域补片工具的应用是在创建实体补片之后，且在使用该工具前可以利用分割实体工具拆分要修剪的实体补片，便于后续选取闭合的曲线环。

10.3.3　编辑片体

在对产品模型进行大体上的修补后还需要对创建的各种补片特征进行相关的编辑操作，使之更加符合预期要求，为后续的分模操作打下良好的基础。编辑片体的方法具体包括扩大曲面、拆分面和参考圆角等操作，现分别介绍如下。

1. 扩大曲面

扩大曲面是利用扩大产品模型上的已有曲面来获取面的，并可以通过控制获取面的边界来动态修补曲面上的孔。一般情况下该工具用来修补形状简单的平面或曲面上的破孔特征。

要执行该操作，可在【注塑模工具】工具栏中单击【扩大曲面补片】按钮，打开【扩大曲面补片】对话框，如图10-38所示。

在该对话框的【设置】面板中包含【更改所有大小】和【切到边界】两个复选框。用户可以通过启用这两个复选框来设置扩大曲面的边界，以修补相应边界面内的孔特征。该工具用法简单，这里不再赘述。

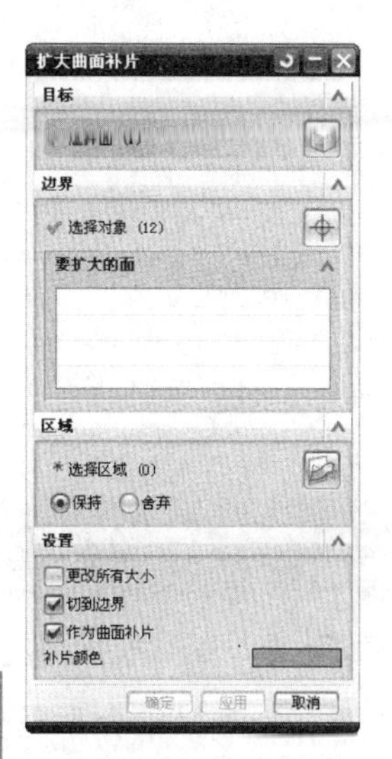

图10-38　【扩大曲面补片】对话框

提　示

选择边界对象的时候应选择合适的面或线，必要时在建模环境下进行添加。

2. 拆分面

拆分面就是将一面拆分成两个或更多的面。在Mold Wizard模块中，拆分面工具与建模模块中的分割面工具作用相同，但拆分面工具功能更为强大，主要体现在拆分类型选择范围的增加。

要执行该操作，可在【注塑模工具】工具栏中单击【拆分面】按钮，打开【拆分面】对话框，如图10-39所示。

图10-39　【拆分面】对话框

该对话框包含【曲线/边】、【平面/面】、【交点】和【等斜度】4种类型，拆分类型相比较建模模块中的拆分类型明显扩大。现以常用的【平面/面】类型为例介绍其具体操作方法。

在该对话框的【类型】面板中指定【平面/面】选项。然后依次选取要分割的曲面和分割面对象，并单击【确定】按钮即可，效果如图10-40所示。

提 示

选取要分割的面后，也可以单击【添加基准平面】按钮指定相应的基准平面作为分割面对象，同样可以获得拆分面效果。

3. 参考圆角

参考圆角就是创建引用圆角或面的半径的圆角特征。实际上参考圆角的操作也是将棱角边替换成圆角面的过程。

在【注塑模工具】工具栏中单击【参考圆角】按钮，打开【参考圆角】对话框。此时，依次选取参考面对象和要倒圆的边即可，效果如图 10-41 所示。

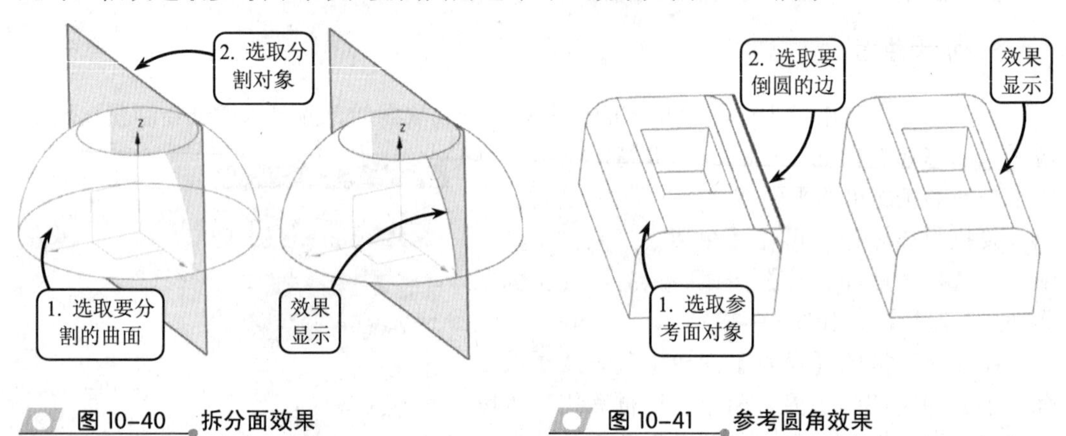

图 10-40 拆分面效果　　图 10-41 参考圆角效果

10.4 分型及分模设计

注塑模具的设计核心就是模具的型芯型腔的设计，型芯型腔设计的关键在于产品的分型及分模技术。在模具设计过程中必须使用分型面将模具分成两个或几个部分。而创建分型面并将其完全分割成型腔和型芯的过程就称为分模设计。分型及分模的好坏直接影响着模具结构复杂与否、加工的难易和产品的质量。

图 10-42 【模具分型工具】工具栏

UG NX 的 Mold Wizard 模块为用户提供了强大的分型及分模设计功能，能够方便地帮助其完成相关的设计操作。本节将分别介绍分型及分模的经典设计理念和主要操作方法。

10.4.1 模具分型

在进行模具设计过程中，为了便于产品的成形和脱模，必须将模具分成两个或几个部分，通常将分开模具能取出塑件的面称为分型面。创建分型面是模具设计的核心内容，而模具分型的相关内容又是创建分型面的关键所在。

在 UG NX 7 中，单击【注塑模向导】工具栏中的【模具分型工具】按钮将打开【模具分型工具】工具栏，如图 10-42 所示。

该工具栏中包含多个分型工具，各工具的含义如表 10-2 所示。

表 10-2 【模具分型工具】工具栏各工具含义

按　钮	含义及使用方法
区域分析	该工具主要用来分析产品的拔模面、型腔和型芯的区域面，以及分型面的属性检查和分型线的控制等
定义区域	该工具的功能是抽取产品上的型芯区域面、型腔区域面及产品主分型线
曲面补片	该工具的功能是自动创建修补曲面，修补产品中的所有贯通孔
设计分型面	该工具的功能是创建或编辑分型设计的分型线、引导线和分型曲面
编辑分型面和曲面	选择现有片体以在分型部件中对开放区域进行补片，或取消选择片体以删除分型或补片的片体
定义型腔和型芯	缝合区域、分型和补片片体，以在链接的部件中定义缝合片体
交换模型	使用一个新版本的模型来替代模具设计中的产品模型，并保持现有特征的相关性
备份分型/补片片体	从现有的备份分型或补片片体
分型导航器	打开或关闭分型导航器

在该工具栏中单击【分型导航器】按钮将打开【分型导航器】对话框，如图 10-43 所示。

在该对话框中，分型对象作为节点显示在对话框中的分型管理树里。从该树中可以查看某个对象位于哪一层，而无需记住对象层的位置，并且在分型过程中能够设置对象的显示或隐藏。

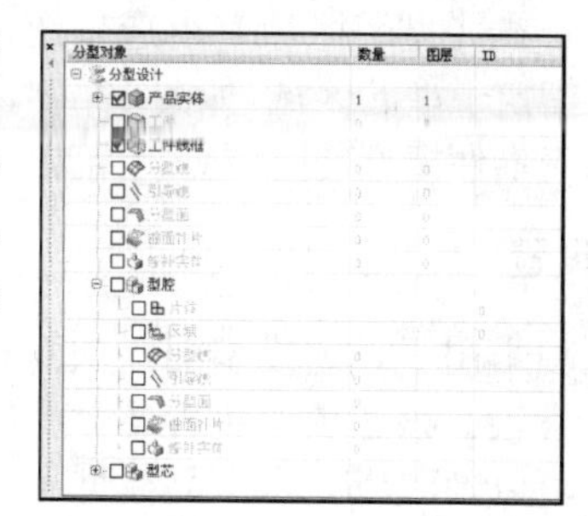

图 10-43 【分型导航器】对话框

10.4.2 区域分析

区域分析也称 MPV 验证，主要用来分析产品的拔模面、型腔和型芯的区域面，以及分型面的属性检查和分型线的控制等。且由于区域分型工具的功能是面向产品的，因此它既可以在 Mold Wizard 模块中使用，也可以在其他模块中使用。

要执行该操作，可在【模具分型工具】工具栏中单击【区域分析】按钮，打开【MPV 初始化】对话框，如图 10-44 所示。

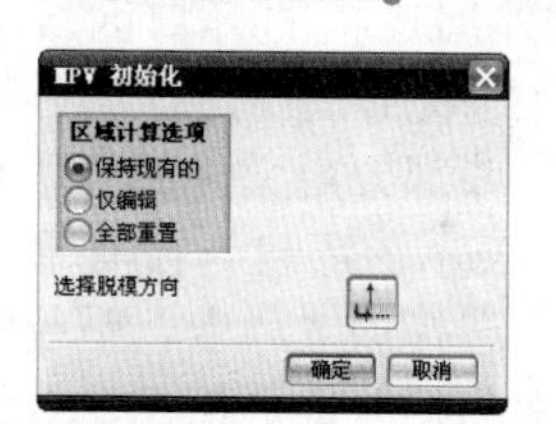

图 10-44 【MPV 初始化】对话框

该对话框的【区域计算选项】选项组中包含 3 个单选按钮，其中“保持现有的”表示保留初始化产品模型中的所有参数做模型验证；“仅编辑”表示仅对作过模型验证的部分进行编辑；“全部重置”表示删除以前的参数及信息重做模型验证。另外，单击【选择脱模方向】按钮可以在打开的对话框中定义顶出的矢量方向。

单击【确定】按钮将打开【塑模部件验证】对话框，如图 10-45 所示。

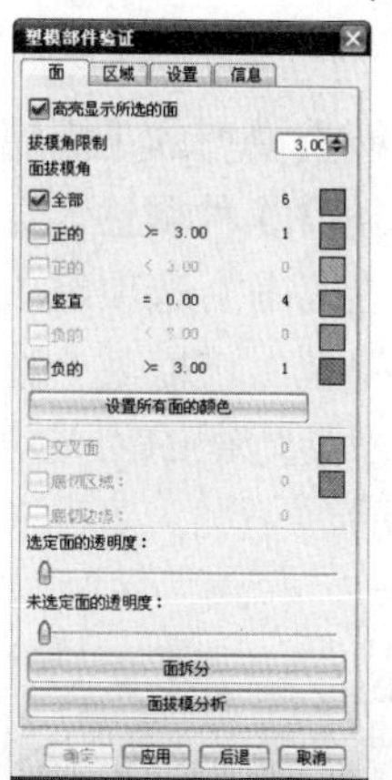

图 10-45 【塑模部件验证】对话框

该对话框包含【面】、【区域】、【设置】和【信息】4 个选项卡，现分别介绍如下。

1．面

【面】选项卡的主要功能是进行产品表面的拔模角分析。该选项卡上各复选框及按钮的功能如图 10-46 所示。

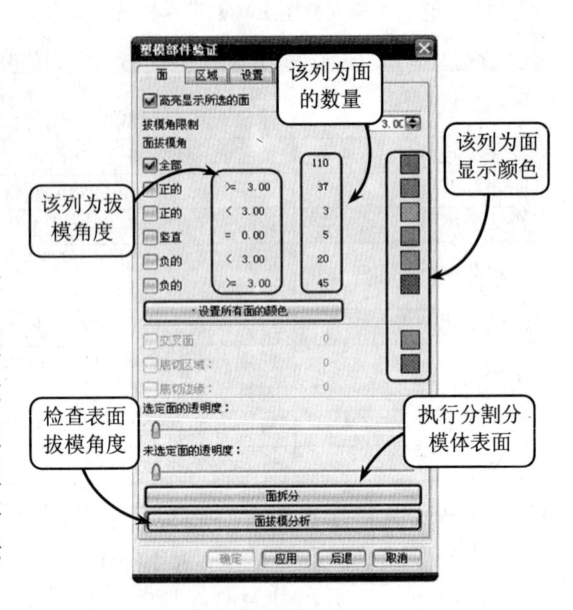

图 10-46 【面】选项卡

2．区域

【区域】选项卡的主要功能是分析并计算出型腔和型芯区域面的个数，以及对区域面进行重新指派。其中，单击该选项卡中的【设置区域颜色】按钮，系统将以不同颜色来表达区域分析的结果；单击【型腔区域】单选按钮，将选取的面指定于型腔区域；单击【型芯区域】单选按钮，将选取的面指定于型芯区域。如图 10-47 所示就是手机壳零件模型的区域分析结果。

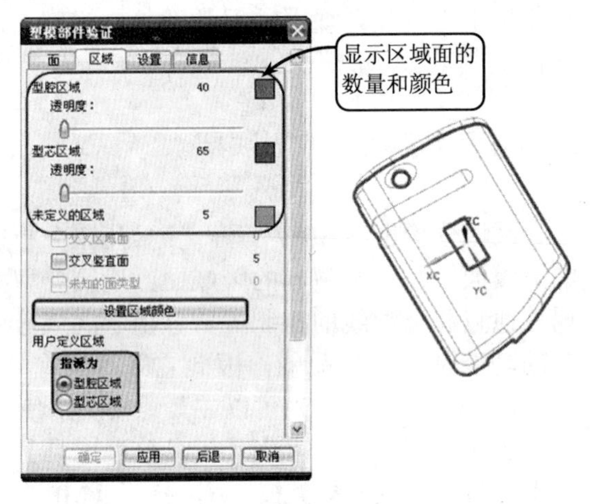

图 10-47 区域分析结果

3．设置

该选项卡用于设定模型面，从而对分型线进行检查。该选项卡包含【分型线】选项组，可以隐藏或显示产品模型上分型线的不同类型。其中，“内环”表示该环包含不与产品外周连接的开口区域的分型线；“分型边”表示该环是产品外周的边缘，用于定义或部分定义外部分型线；“不完整的环”表示该环包含没有形成闭合环的分型线。选择该选项卡，系统将显示模型分型线上的相关特征信息，效果如图 10-48 所示。

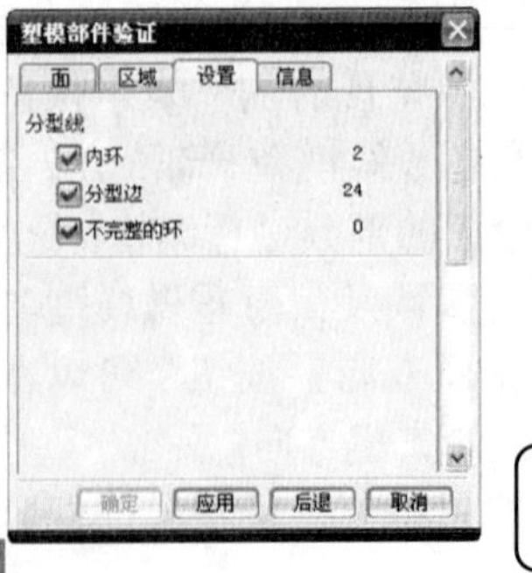

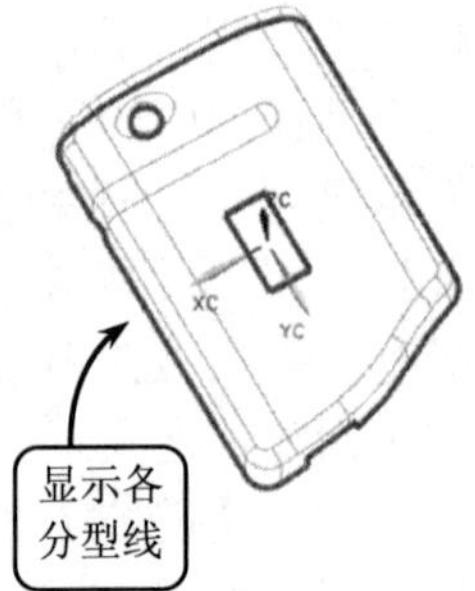

图 10-48 【设置】选项卡

4．信息

该选项卡可以检查模型的【面属性】、【模型属性】和【尖角】3 种属性。选择该选项卡，并在【检查范围】选项组中指定相应选项。然后在模型上选取某一特征，该选项卡下部将显示该特征的相关信息，效果如图 10-49 所示。

提 示

单击【尖角】单选按钮，并定义一个角度的界限和半径的值可以用来确认模型可能存在的问题。

10.4.3 分型线

产品模型的分型线是指产品内、外表面的相交线，是塑件与模具相接触的边界线。分型线向成形镶件外延伸就形成了产品模型的分型面。模具分型时，首先搜索分型线，进而创建分型面。产品模型的分型线与脱模方向有关。

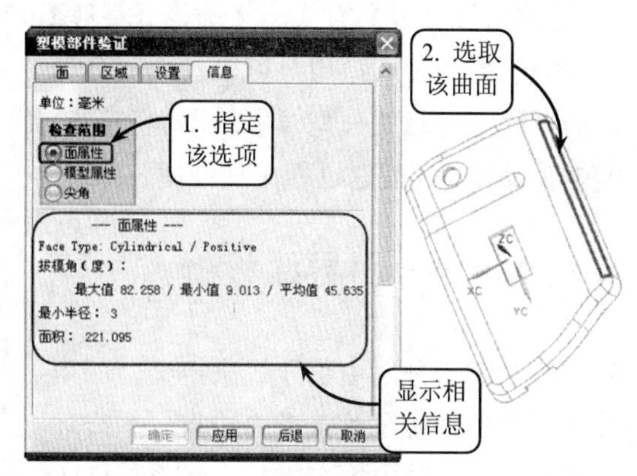

图 10-49 【信息】选项卡

要创建分型线，可以单击【模具分型工具】工具栏中的【设计分型面】按钮，打开【设计分型面】对话框，如图 10-50 所示。

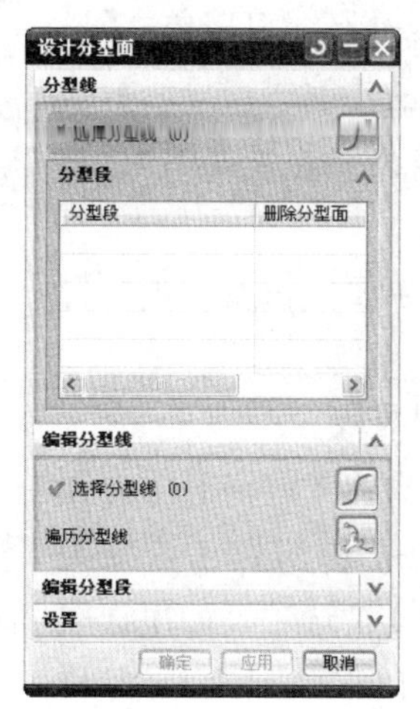

图 10-50 【设计分型面】对话框

该对话框包含【选择分型线】和【遍历分型线】两种创建分型线的方式，其中【遍历分型线】方式还可以对创建的分型线进行相关的编辑操作，现分别介绍如下。

❑ 选择分型线

该方式通过手动选取模型外形的边界线作为主分型线。在【编辑分型线】面板中单击【选择分型线】按钮，然后在模型上依次选取连续的封闭边界线即可，效果如图 10-51 所示。

❑ 遍历分型线

遍历分型线是指从产品模型的某个边界线开始，引导搜索功能将搜索候选的曲线/边界添加到分型线中。

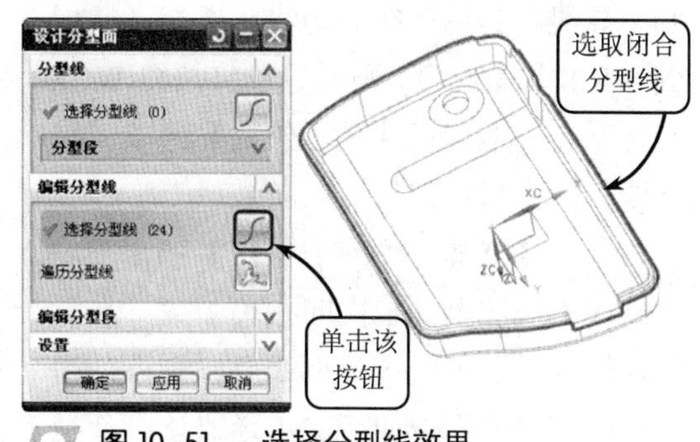

图 10-51 选择分型线效果

在【编辑分型线】面板中单击【遍历分型线】按钮将打开【遍历分型线】对话框。此时，在【设置】面板中要禁用【按面的颜色遍历】复选框，然后在绘图区中选取要创建的某一段边界线，该对话框中【分段】面板上的各个按钮将被激活。

在【分段】面板中单击【接受】按钮，系统将自动搜索下一段分型线；如果发现边界路径错误，可以单击【上一个分段】按钮后退进行修改；单击【循环候选项】按钮，系统将显示不同方向的分型线供用户选择。选取完成后，单击【确定】按钮即可，效果如图 10-52 所示。

【遍历分型线】方式比【选择分型线】方式功能更为强大，用户可以在选取分型线的过程中对相关分型线进行添加和删除的编辑操作，使创建过程更加便捷、高效。

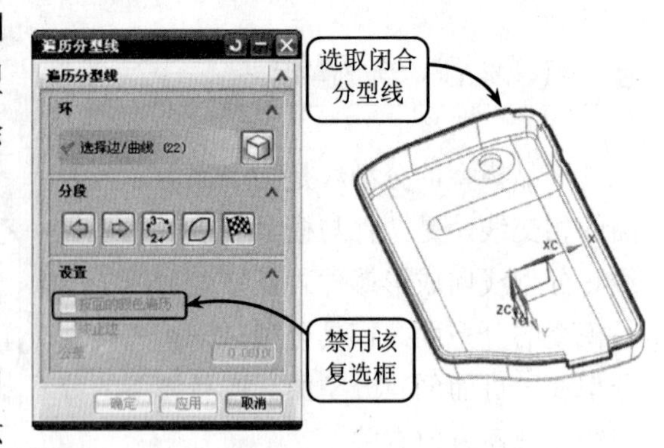

图 10-52 【遍历分型线】对话框

10.4.4 引导线设计

分型线的分割由引导线来定义，而引导线是由分型线过渡点或曲线将分型线环分成的线段，其中每一段分型线都将用于定义分型面。

要执行创建引导线操作，可以单击【设计分型面】对话框中的【编辑引导线】按钮，打开【引导线】对话框，如图 10-53 所示。

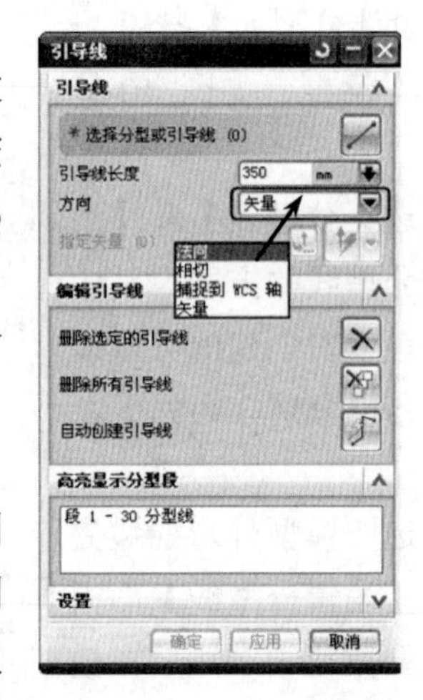

图 10-53 【引导线】对话框

该对话框中的各主要按钮及列表框含义介绍如下。

❑ 选择分型或引导线

在【引导线】面板的【方向】下拉列表框中包含【法向】、【相切】、【捕捉到 WCS 轴】和【矢量】4 个选项。如果选取引导线后选择【法向】选项，则引导线将是选取线的法向线；选择【相切】选项，则引导线将是选取线的切线；选择【捕捉到 WCS 轴】选项，则引导线将按照 WCS 坐标系方向显示；选择【矢量】选项，引导线将按照指定的矢量方向显示。

单击【选择分型或引导线】按钮，设置【引导线】面板中的相关参数。然后将鼠标移动至某一段分型线上，则该分型线的两端将显示双向箭头。选取该段分型线，系统将在该分型线上添加一条引导线，效果如图 10-54 所示。

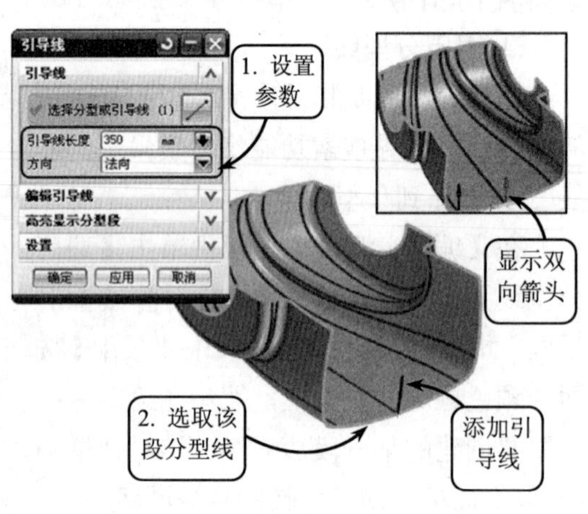

图 10-54 添加引导线

❑ 自动创建引导线

创建分型线之后，在【编辑引导线】面板中单击【自动创建引导线】按钮，依次选取各段分型线，系统将根据需要自动创建多条引导线，效果如图 10-55 所示。

❑ 删除引导线

创建引导线后，选取要删除的多余引导线，并单击【删除选定的引导线】按钮，系统将其删除，效果如图 10-56 所示。此外，单击【删除所有引导线】按钮可以删除之前创建的所有引导线。

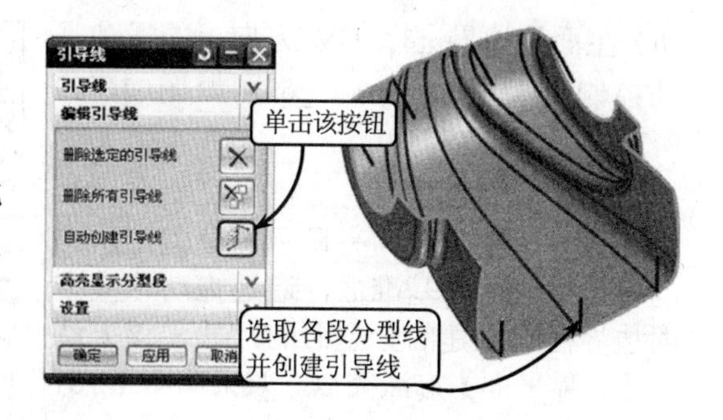

图 10-55 自动创建引导线

10.4.5 分型面

分型面是指模具上用以取出塑件和浇注系统凝料的可分离的接触表面，其在很多情况下都是由一系列曲面经过延伸、修剪和合并等操作而得到的。分型面用于分割工件，并抽取得到模具元件，再利用型腔生成铸件。

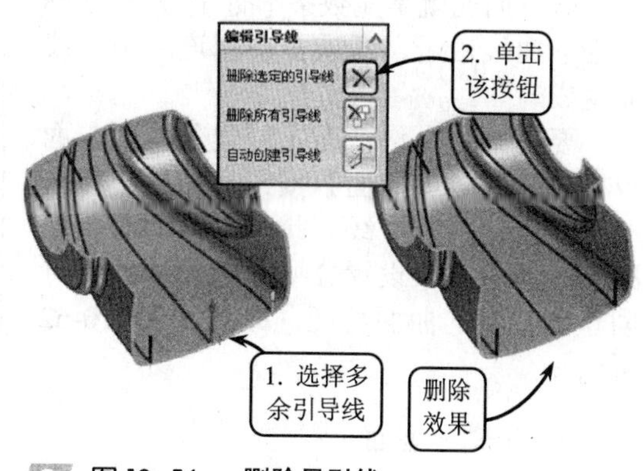

图 10-56 删除导引线

1. 创建分型面

分型线和引导线创建后，可以单击【设计分型面】按钮，打开【设计分型面】对话框，如图 10-57 所示。

图 10-57 【设计分型面】对话框

在该对话框的【创建分型面】面板中包含了 5 种创建方法，现分别介绍如下。

❑ 拉伸

完成分型线的创建后，单击【设计分型面】按钮，并选取要拉伸的分型线。然后在【创建分型面】面板中单击【拉伸】按钮，指定拉伸方向并设置延伸距离参数值即可，效果如图 10-58 所示。

❑ 扫掠

完成分型线的创建后，单击【设计分型面】按钮，并选取要扫掠的分型线。然后在【创建分型面】面板中单击【扫掠】按钮，指定扫掠的第一和第二方向，并设置延伸距离参数值即可，效果如图 10-59 所示。

❑ 有界平面

如果所有分型线都在单一平面上，则可以使用【有界平面】方法创建分型面。该方法与【扫掠】方法类似，选择相应的分型线，并指定第一和第二方向，然后拖

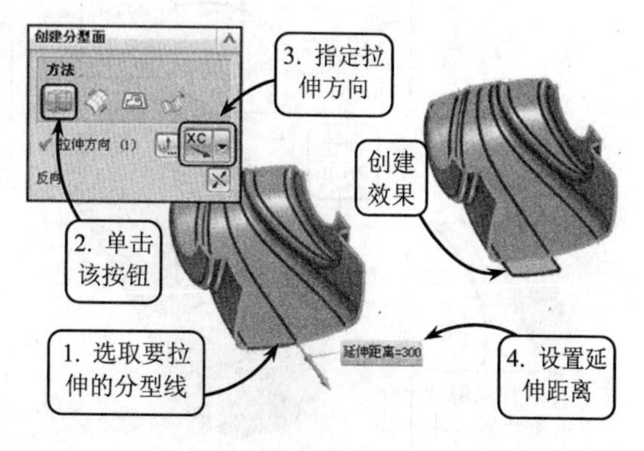

图 10-58 创建拉伸分型面

动分型面的边界进行 UV 方向上的滑动，以控制分型面的尺寸，效果如图 10-60 所示。

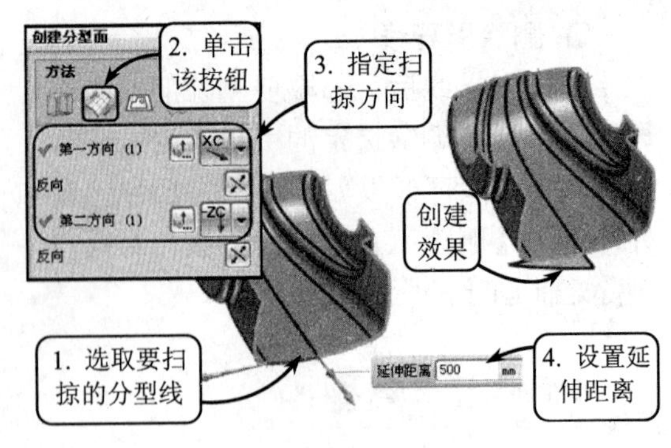

图 10-59 创建扫掠分型面

❑ 扩大的曲面

该方法就是以高亮显示的分型线所在的平面或曲面为基准面，通过拖动该基准面边界控制创建的分型面的尺寸。该方法与【有界平面】方法类似，效果如图 10-61 所示。

❑ 条带曲面

条带曲面就是无数条平行于 XY 坐标平面的曲线沿着一条或多条相连的引导线而生成的面。

要执行该操作，在【创建分型面】面板中单击【条带曲面】按钮，系统将自动捕捉创建的分型线。此时，拖动【延伸距离】滑动条来设置分型面的尺寸值即可创建条带状的曲面特征，效果如图 10-62 所示。

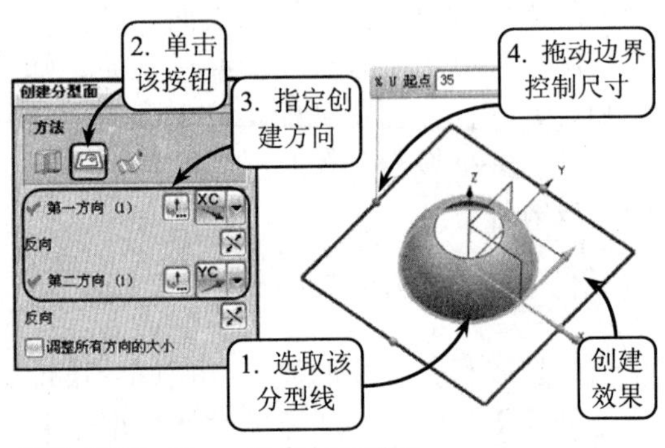

图 10-60 创建有界平面

2. 编辑分型面

在创建分型面的过程中，如果创建的单个分型面不符合设计要求，可以直接将其删除，然后指定相应的方式重新创建分型面。

创建分型面后，可以单击【设计分型面】按钮重新进入【设计分型面】对话框。在【分型段】面板中选中要进行编辑的分型面，右击选择【删除分型面】选项。然后指定相应的创建方式重新创建新的分型面即可，效果如图 10-63 所示。

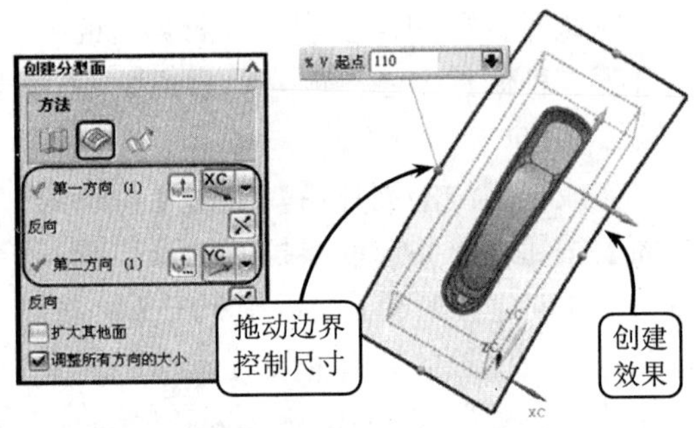

图 10-61 扩大曲面

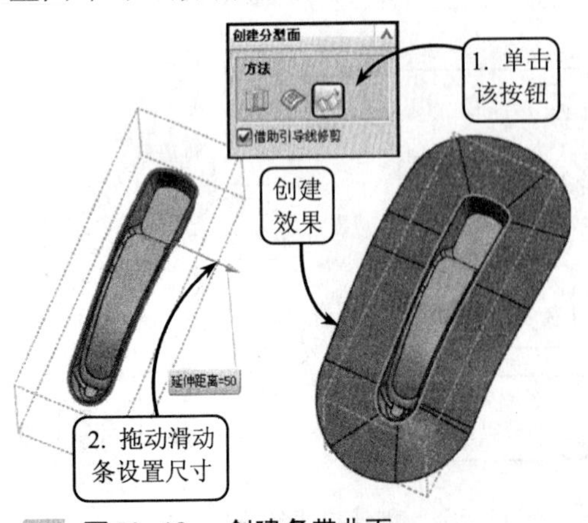

图 10-62 创建条带曲面

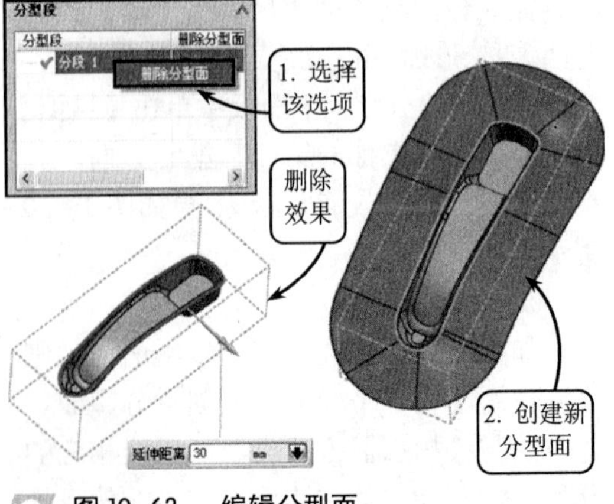

图 10-63 编辑分型面

提 示

另外，双击创建的分型面将打开相应的分型面对话框。用户可以在该对话框中对分型面进行相关的编辑。

10.4.6 定义区域

定义区域就是提取型芯和型腔的区域。利用该功能，系统将在相邻的分型线中自动搜索边界面和修补面，且总面数必须等于型腔和型芯区域的面数总和。执行定义区域的方法因对模型进行区域分析与否而不同，现分别介绍如下。

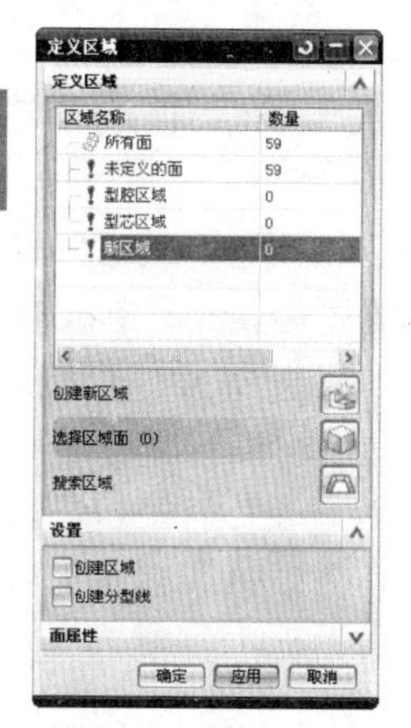

图 10-64 【定义区域】对话框

1. 定义前未进行区域分析

单击【定义区域】按钮将打开【定义区域】对话框，如图 10-64 所示。

从该对话框的【定义区域】面板中可以看到，型腔和型芯区域的面数均为零，所有的面均为未定义的面。此时，需要分别指定型腔和型芯区域的面的数量，且使两者之和等于总面数，未定义的面的数量为零。

要执行该操作，在【定义区域】面板中选择【型腔区域】列表项，然后单击【选择区域面】按钮依次选取型腔的所有分型面，并单击【应用】按钮，即可完成型腔区域的定义。使用相同的方法定义型芯区域，接着在【设置】面板中分别启用【创建区域】和【创建分型线】复选框，并单击【确定】按钮确认操作，效果如图 10-65 所示。

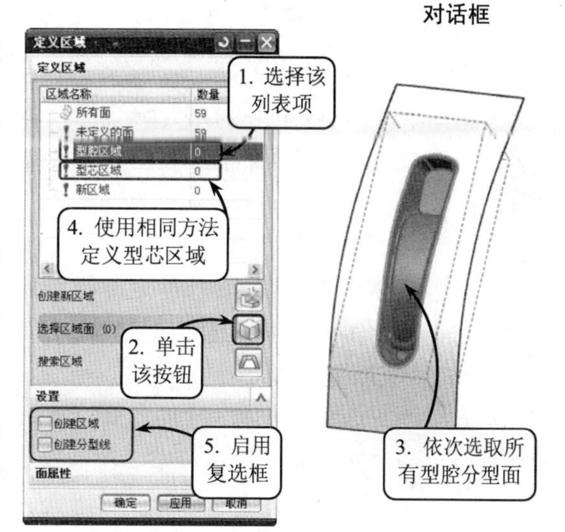

图 10-65 定义型腔和型芯区域

2. 定义前进行区域分析

如果在定义区域前已经进行了区域分析，单击【定义区域】按钮，在打开的【定义区域】对话框中系统将显示已经验证的型腔和型芯区域的面数量，且显示未定义的面数为零。

此时，只需分别启用【创建区域】和【创建分型线】复选框，并单击【确定】按钮确认操作即可，效果如图 10-66 所示。

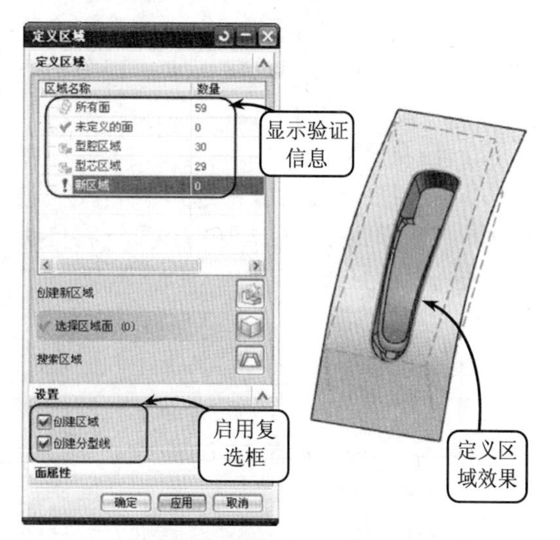

图 10-66 定义区域效果

10.4.7 型芯和型腔

型芯和型腔是构成注塑件成形的两个组件，一块挖成外形的型腔，一块制成内部形状的型芯。通过执行创建型芯和型腔的操作可以利用分型面将工件分为型芯和型腔两部分。

单击【定义型腔和型芯】按钮将打开【定义型腔和型芯】对话框，如图 10-67 所示。

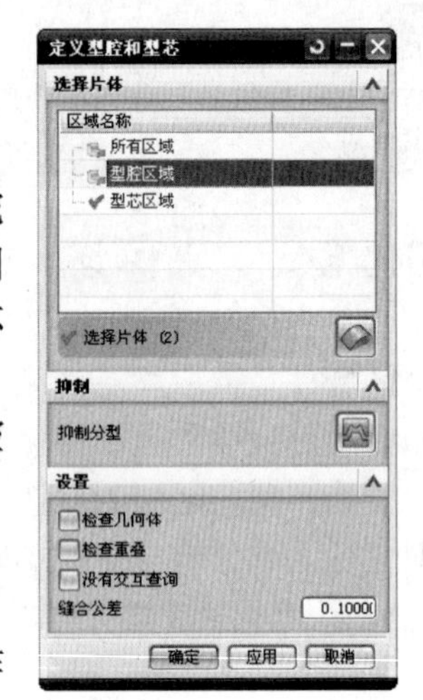

图 10-67 【定义型腔和型芯】对话框

该对话框中各复选框及选项的含义如下所述。

❑ 抑制分型

单击该按钮，允许在分型设计完成后对产品模型作出复杂变更。

❑ 检查几何体

启用该复选框，可以对进行缝合的片体执行集合检查，在缝合之前检查出无效片体并高亮显示。

❑ 检查重叠

启用该复选框，在缝合片体之前检查是否有重叠的片体，并将其高亮显示。

❑ 没有交互查询

启用该复选框，在缝合片体之前检查是否有相交的片体，并将其高亮显示。

❑ 缝合公差

设置该文本框参数可以控制修剪片体的缝合状态。

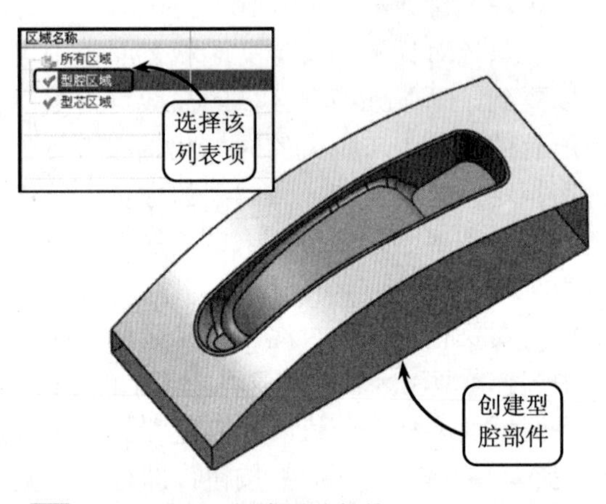

图 10-68 创建型腔部件

在【选择片体】面板中包含 3 个列表选项，可用来创建型芯和型腔部件，现分别介绍如下。

❑ 所有区域

在【选择片体】面板中选择【所有区域】选项，然后单击【应用】按钮，系统将自动创建型芯和型腔部件。

❑ 型腔区域

选择该列表项后，补片体及型腔区域将高亮显示，然后单击【确定】按钮，即可创建型腔部件，效果如图 10-68 所示。

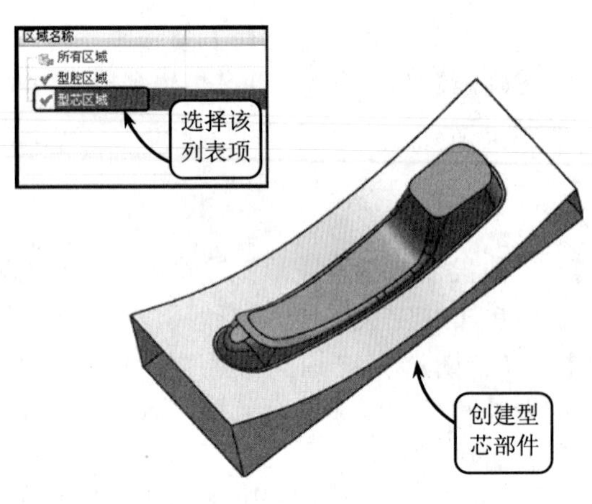

图 10-69 创建型芯部件

❑ 型芯区域

选择该列表项后，补片体及型芯区域将高亮显示，然后单击【确定】按钮，即可创建型芯部件，效果如图 10-69 所示。

10.5 典型案例 10-1：创建电话机下壳模具的型芯和型腔

本例创建一个典型的电话机下壳体模具的型芯和型腔结构，效果如图 10-70 所示。该壳体是普通电话的主要原件之一。虽然该参照零件结构复杂，由多个规则曲面组成，但因不包含破孔特征，所以在进行必要的初始设置后即可直接进行分型设计。该参照零件的分型线比较明晰，且分型面位于最大截面处或底部端面，视觉效果明显。

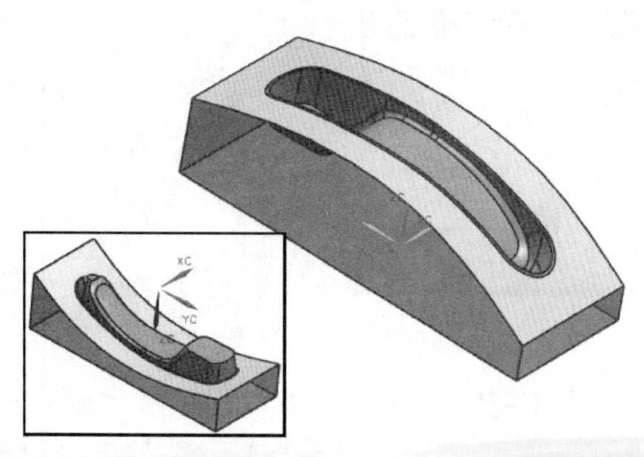

图 10-70 电话机下壳体型腔和型芯创建效果

创建该结构时，首先添加【注塑模向导】工具栏，并利用初始化项目工具设置各项参数。然后利用收缩率等工具对该壳体进行相应的调整，并利用工件工具创建其工件特征。接着利用型腔布局工具进行该壳体的布局设置，并在【模具分型工具】工具栏中创建分型线和分型面特征。最后利用定义区域和定义型腔和型芯工具创建型芯和型腔部件即可。

操作步骤

1 启动 UG NX 7 软件，新建一个模型文件。然后选择【标准】工具栏中的【开始】|【所有应用模块】|【注塑模向导】选项，添加【注塑模向导】工具栏。接着打开本书配套光盘“phone”文件，效果如图 10-71 所示。

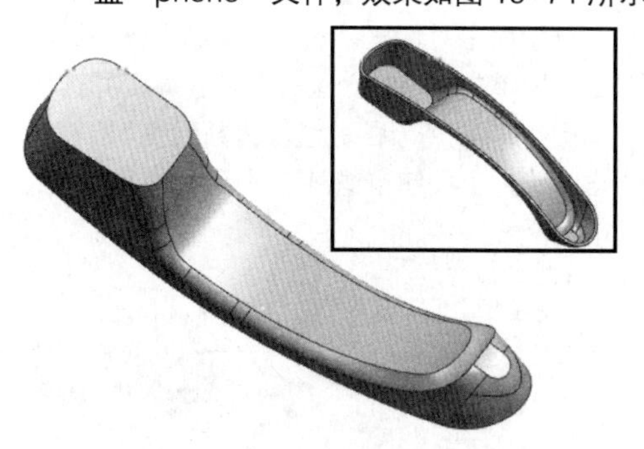

图 10-71 载入案例文件

2 单击【初始化项目】按钮，打开【初始化项目】对话框。然后设置项目单位为“毫米”，并指定部件材料为“无”。接着单击【确定】按钮，确认该初始化操作，效果如图 10-72 所示。

3 单击【收缩率】按钮，打开【缩放体】对话框。然后指定缩放体类型为“均匀”，并设置比例因子参数，效果如图 10-73 所示。

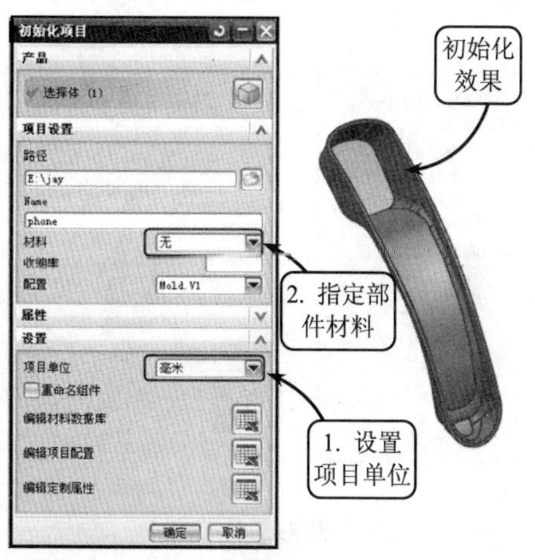

图 10-72 初始化操作

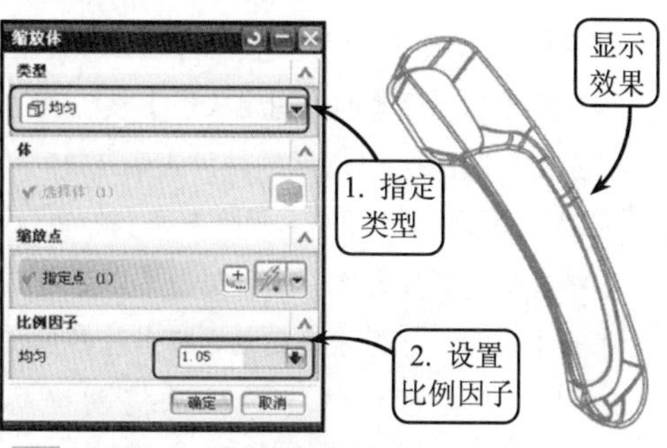

图 10-73 设置收缩率

4 单击【模具 CSYS】按钮，打开【模具 CSYS】对话框。然后按照如图 10-74 所示的步骤设置该模具坐标系的位置。

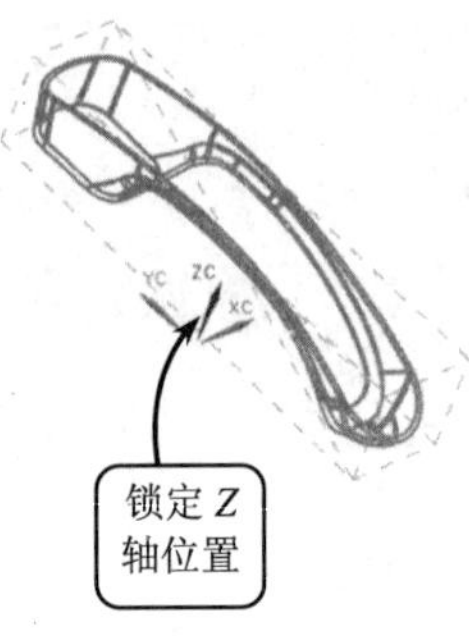

图 10-74 设置模具坐标系

5 单击【工件】按钮，打开【工件】对话框。然后默认截面的选取和限制参数，并单击【确定】按钮，即可获得加载的成形工件，效果如图 10-75 所示。

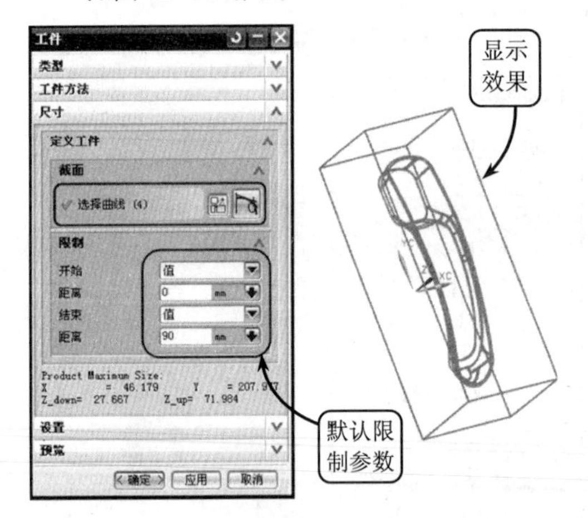

图 10-75 创建成形工件特征

6 单击【型腔布局】按钮，打开【型腔布局】对话框，并默认创建两个型腔。然后单击【型腔布局】对话框中的【指定矢量】按钮，并指定如图 10-76 所示的轴为矢量方向。

7 完成上述步骤后，单击【开始布局】按钮，系统将执行布局操作。然后单击【自动对准中心】按钮，系统将自动地将当前多腔模的几何中心移动到子装配的绝对坐标（WCS）的原点上，效果如图 10-77 所示。

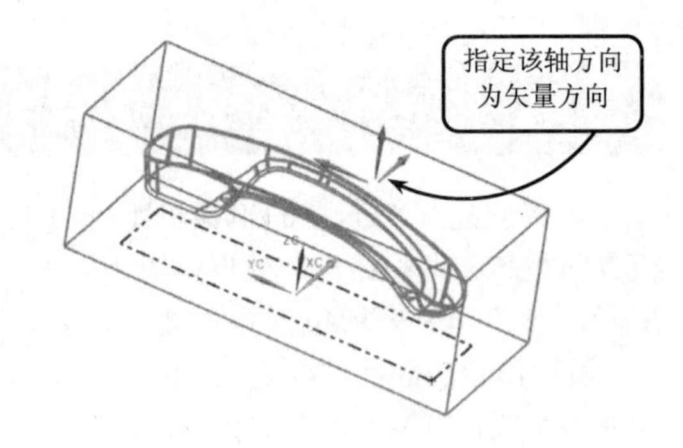

图 10-76 指定矢量方向

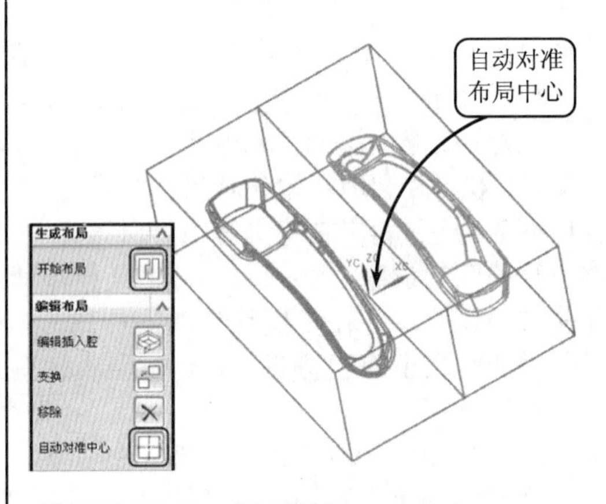

图 10-77 设置布局

8 单击【模具分型工具】按钮，并在其工具栏上单击【设计分型面】按钮，打开【设计分型面】对话框。然后在【编辑分型线】面板中单击【选择分型线】按钮，并选取如图 10-78 所示的曲线作为分型线。接着单击【确定】按钮，退出该对话框。

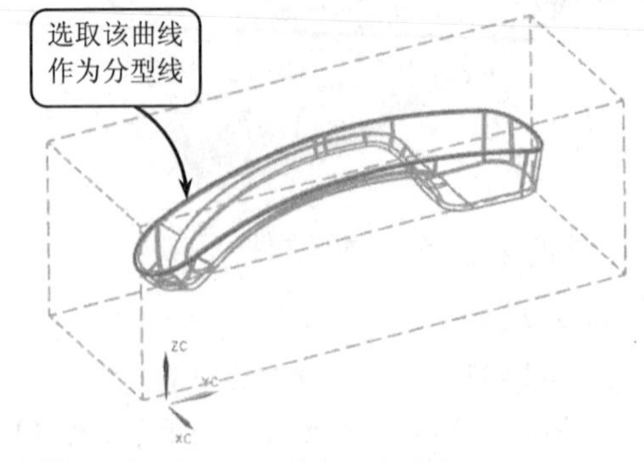

图 10-78 创建分型线特征

9 单击【设计分型面】按钮，并在【创建分型面】面板中单击【扩大的曲面】单选按钮。然后设置分型面的长度参数，并拖动分型面的边界，使其超出所用的工件边界。接着单击【确定】按钮创建分型面特征，效果如图 10-79 所示。

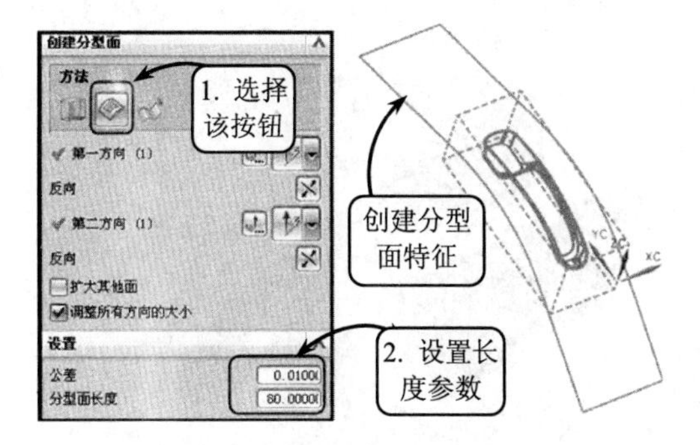

图 10-79 创建分型面特征

10 在【模具分型工具】工具栏中单击【区域分析】按钮，并在打开的对话框中单击【选择脱模方向】按钮。然后在打开的【矢量】对话框中指定“ZC 轴”为矢量类型，设置脱模方向为 Z 轴向，效果如图 10-80 所示。

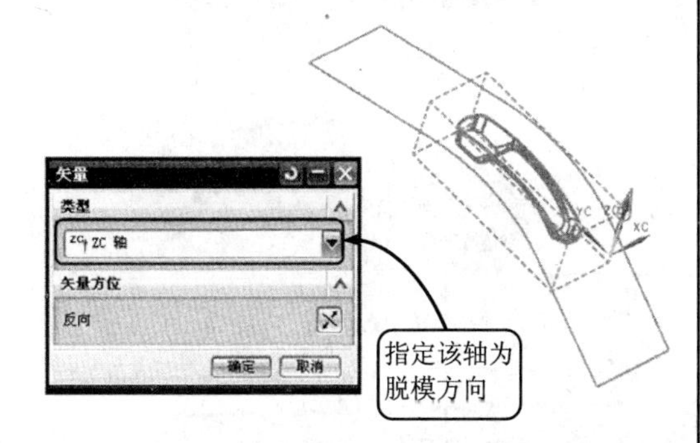

图 10-80 指定脱模方向

11 设置完脱模方向，在返回上一个对话框后单击【保持现有的】单选按钮，并单击【确定】按钮。此时，系统将打开【塑模部件验证】对话框，该对话框显示型腔和型芯区域的数量，并显示未定义区域为 0。然后依次单击【应用】和【取消】按钮，退出该对话框，效果如图 10-81 所示。

12 在【模具分型工具】工具栏中单击【定义区域】按钮，打开【定义区域】对话框。然后在【定义区域】面板中选择【型腔区域】选项，并单击【选择区域面】按钮，依次选取型腔上的所有区域面。接着单击【应用】按钮即可，效果如图 10-82 所示。

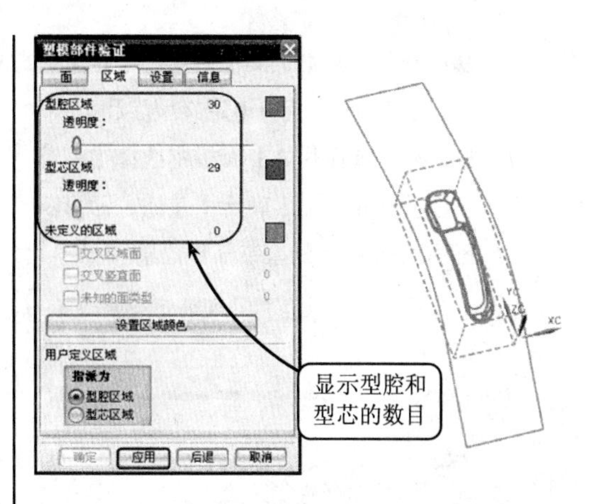

图 10-81 显示型腔和型芯数量

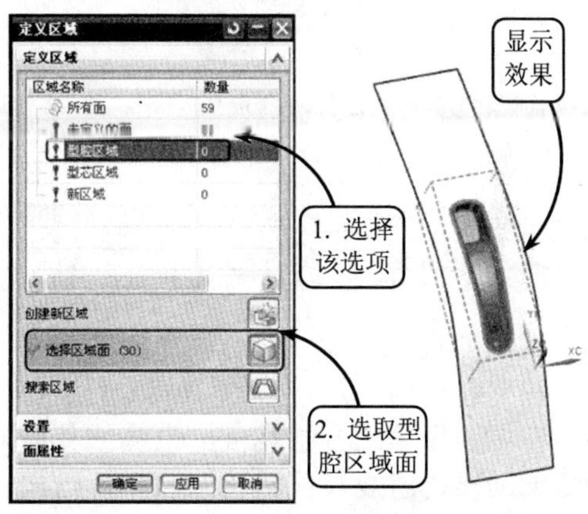

图 10-82 定义型腔区域面

13 使用相同的方法定义型芯区域面。然后依次启用【创建区域】和【创建分型线】复选框，并单击【确定】按钮确认该抽取操作，效果如图 10-83 所示。

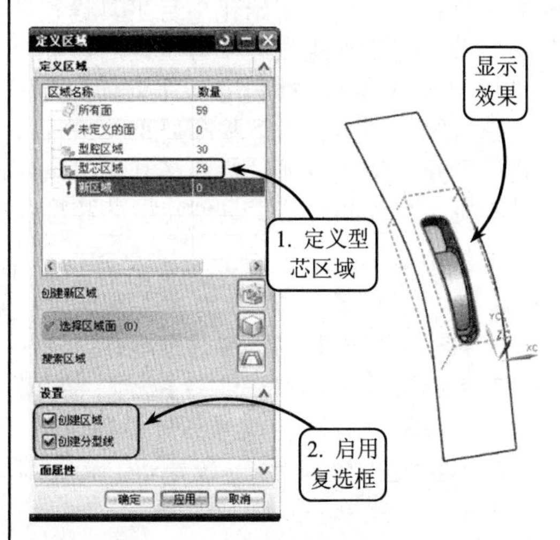

图 10-83 创建抽取面特征

14 在【模具分型工具】工具栏中单击【定义型腔和型芯】按钮，打开【定义型腔和型芯】对话框。在【选择片体】面板中选择【型芯区域】选项，并单击【确定】按钮，即可获得如图 10-84 所示的型芯部件效果。

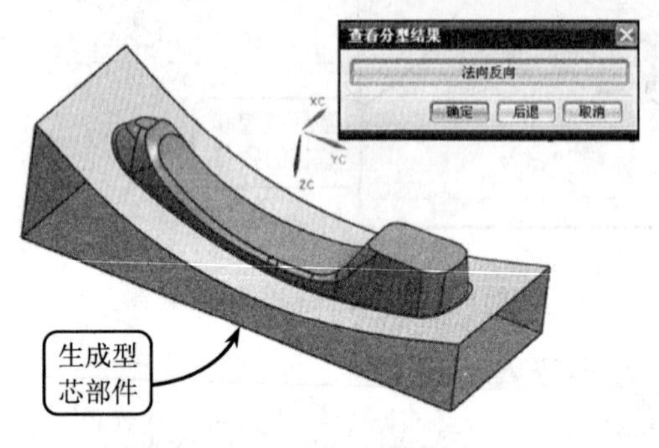

图 10-84 创建型芯部件

15 在【定义型腔和型芯】对话框中选择【型腔区域】选项则可获得如图 10-85 所示的型腔部件效果。

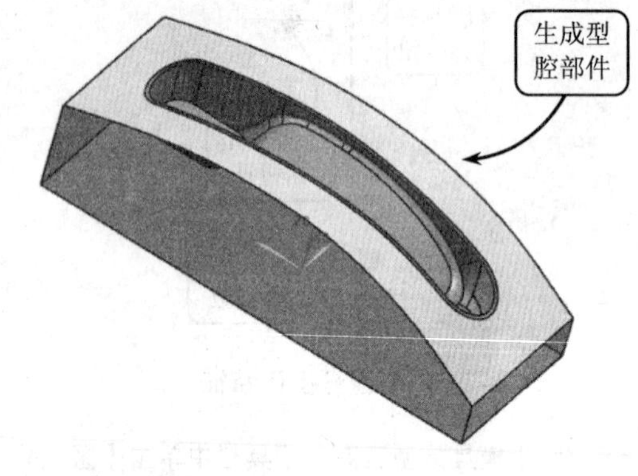

图 10-85 创建型腔部件

10.6 典型案例 10-2：创建游戏手柄模具

本例创建一个典型的游戏手柄模具的型芯和型腔结构，效果如图 10-86 所示。该手柄主要用来配合游戏机、电脑或其他设备辅助操作游戏。虽然该参照零件结构复杂，由多个规则曲面组成，但不包含破孔特征，因此重点和难点在于创建该模型的分型曲面，可使用“条带曲面”功能创建其分型曲面。

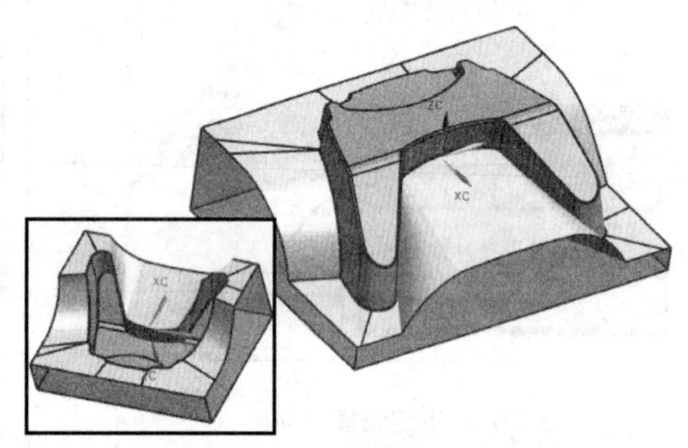

图 10-86 游戏手柄型芯和型腔创建效果

创建该结构时，首先添加【注塑模向导】工具栏，并利用初始化项目工具设置各项参数。然后利用收缩率等工具对该壳体进行相应的调整，并利用工件工具创建其工件特征。接着利用型腔布局工具进行该壳体的布局设置，并在【模具分型工具】工具栏中创建分型线特征，特别是利用“条带曲面”功能创建分型面特征。最后利用定义区域和定义型腔和型芯工具创建型芯和型腔部件即可。

操作步骤

1 启动 UG NX 7 软件，新建一个模型文件。然后选择【标准】工具栏中的【开始】|【所有应用模块】|【注塑模向导】选项，添加【注塑模向导】工具栏。接着打开本书配套光盘“GAMECTRL”文件，效果如图 10-87 所示。

2 单击【初始化项目】按钮，打开【初始化项目】对话框。然后设置项目单位为“毫米”，并指定部件材料为“无”。接着单击【确定】按钮，确认该初始化操作，效果如图 10-88 所示。

3 单击【收缩率】按钮，打开【缩放体】对话框。然后指定缩放体类型为“均匀”，并设置比例因子参数，效果如图 10-89 所示。

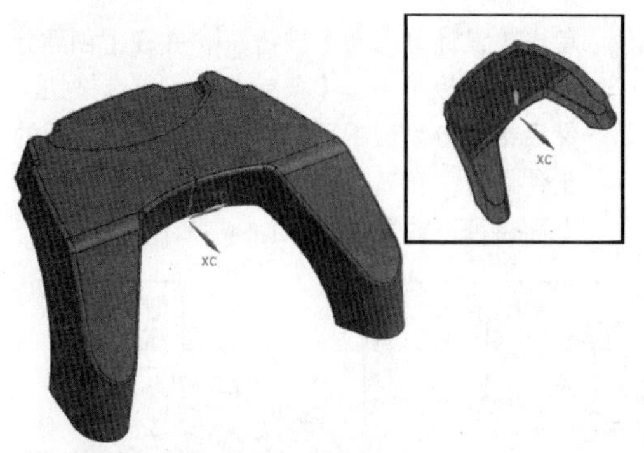

图 10-87　载入案例文件

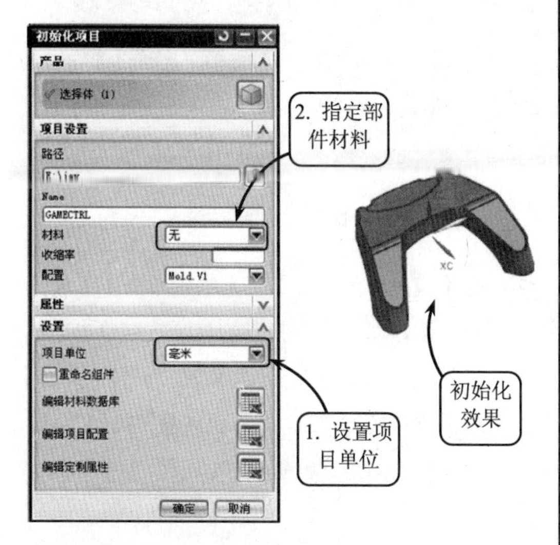

图 10-88　初始化操作

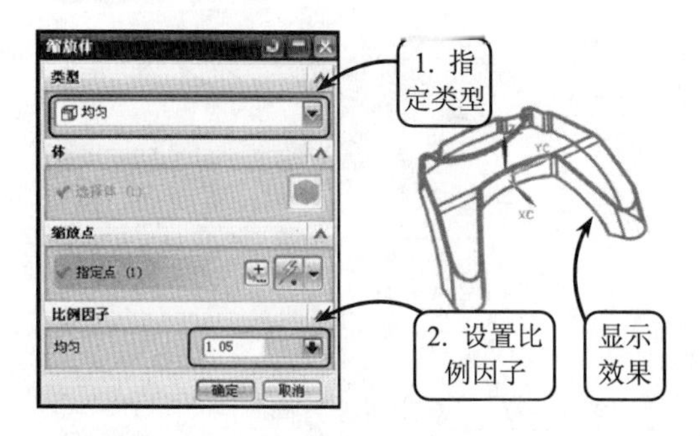

图 10-89　设置收缩率

4　单击【模具 CSYS】按钮，打开【模具 CSYS】对话框。然后按照如图 10-90 所示的步骤设置该模具坐标系的位置。

5　单击【工件】按钮，打开【工件】对话框。然后默认截面的选取和限制参数，并单击【确定】按钮，即可获得加载的成形工件，效果如图 10-91 所示。

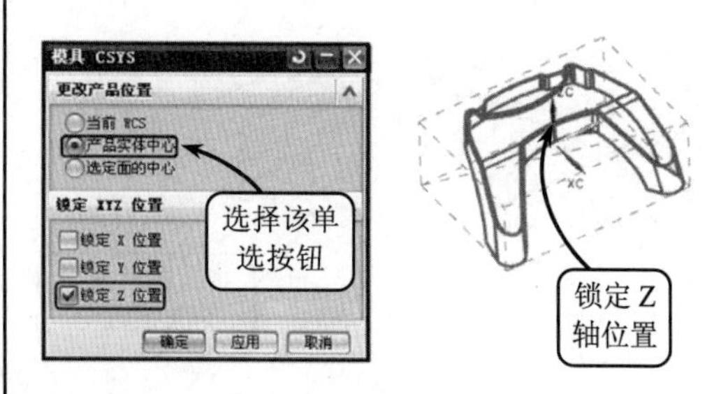

图 10-90　设置模具坐标系

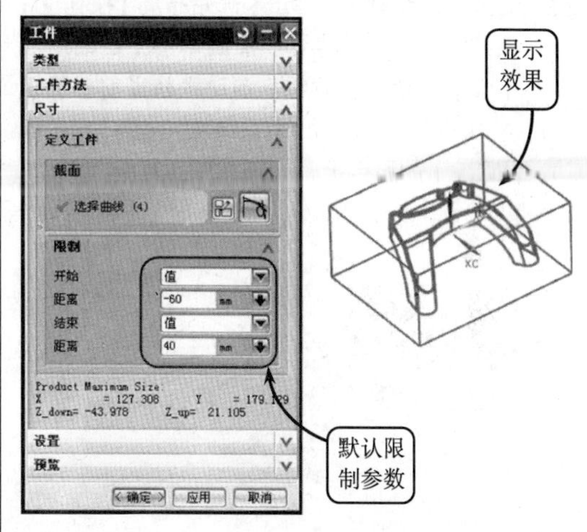

图 10-91　创建成形工件特征

6　单击【型腔布局】按钮，打开【型腔布局】对话框。然后设置型腔的数量和距离参数，效果如图 10-92 所示。

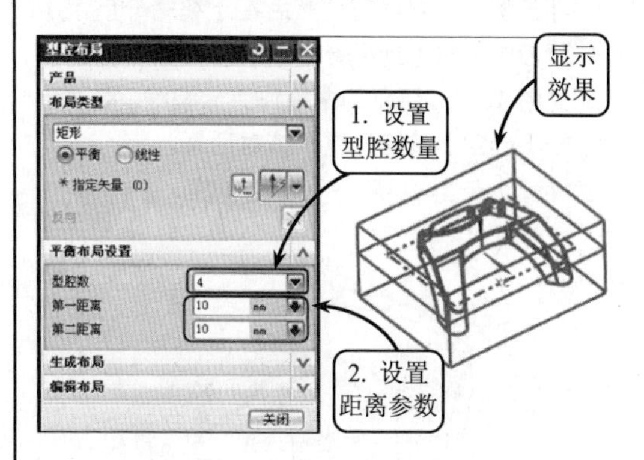

图 10-92　设置型腔布局

7　设置各参数后，单击该对话框中的【指定矢量】按钮，并在打开的对话框中指定如图 10-93 所示的轴为矢量方向。

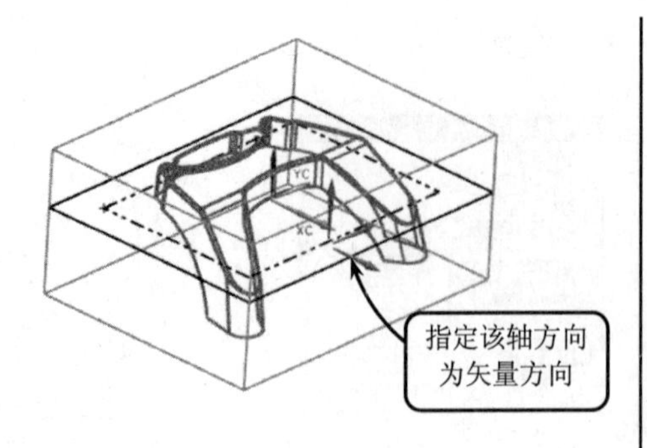

图 10-93 指定矢量方向

8 完成上述步骤后，单击【开始布局】按钮，系统将执行布局操作。然后单击【自动对准中心】按钮，系统将自动地将当前多腔模的几何中心移动到子装配的绝对坐标（WCS）的原点上，效果如图 10-94 所示。

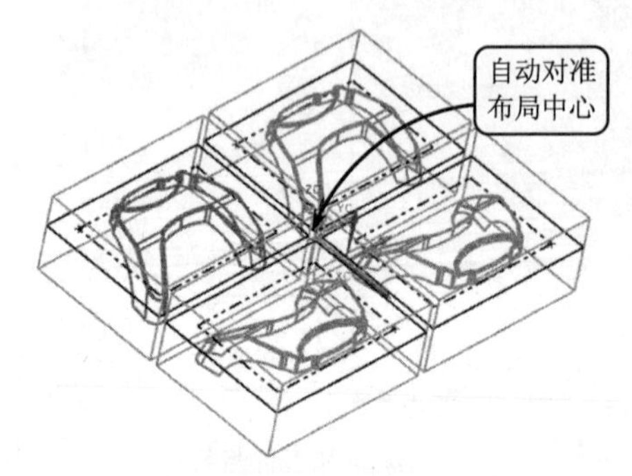

图 10-94 设置布局

9 单击【模具分型工具】按钮，并在其工具栏上单击【设计分型面】按钮，打开【设计分型面】对话框。然后在【编辑分型线】面板中单击【选择分型线】按钮，并选取如图 10-95 所示的曲线作为分型线。接着单击【确定】按钮，退出该对话框。

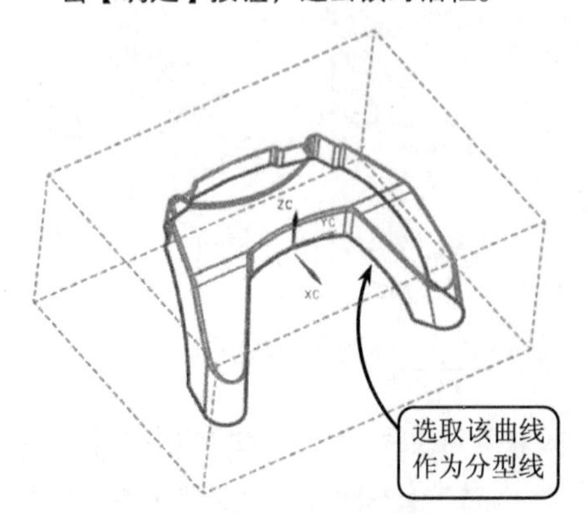

图 10-95 创建分型线特征

10 单击【设计分型面】按钮，并在【创建分型面】面板中单击【条带曲面】单选按钮。然后拖动分型面的引导线，使其超出所用的工件边界。接着单击【确定】按钮，创建分型面特征，效果如图 10-96 所示。

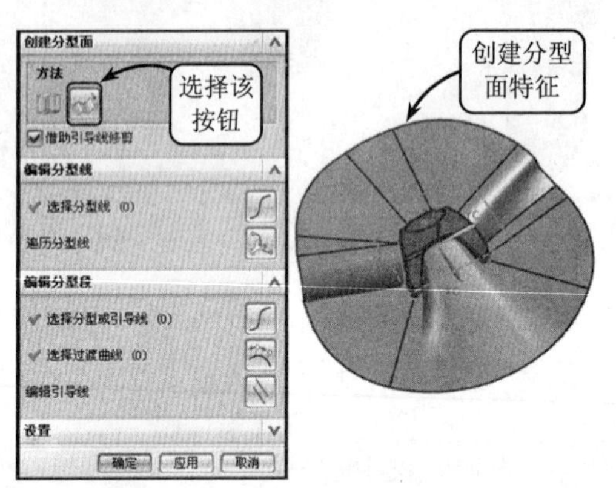

图 10-96 创建分型面特征

11 在【模具分型工具】工具栏中单击【区域分析】按钮，并在打开的对话框中单击【选择脱模方向】按钮。然后在打开的【矢量】对话框中指定“ZC 轴”为矢量“类型”，设置脱模方向为 *Z* 轴向，效果如图 10-97 所示。

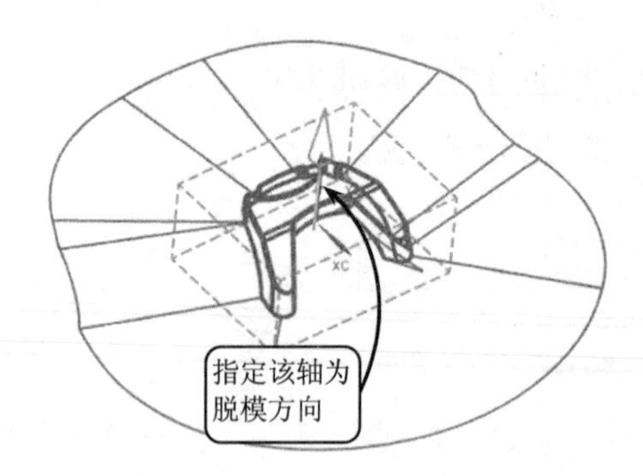

图 10-97 指定脱模方向

12 设置完脱模方向，在返回上一个对话框后单击【保持现有的】单选按钮，并单击【确定】按钮。此时，系统将打开【塑模部件验证】对话框，该对话框显示型腔和型芯区域的数量，并显示未定义区域为 0。然后依次单击【应用】和【取消】按钮，退出该对话框，效果如图 10-98 所示。

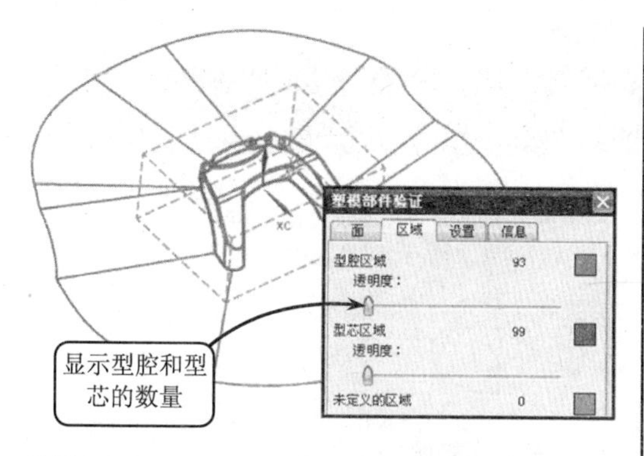

图 10-98 显示型腔和型芯数量

13 在【模具分型工具】工具栏中单击【定义区域】按钮，打开【定义区域】对话框。然后在【定义区域】面板中选择【型腔区域】选项，并单击【选择区域面】按钮，依次选取型腔上的所有区域面。接着单击【确定】按钮，效果如图 10-99 所示。

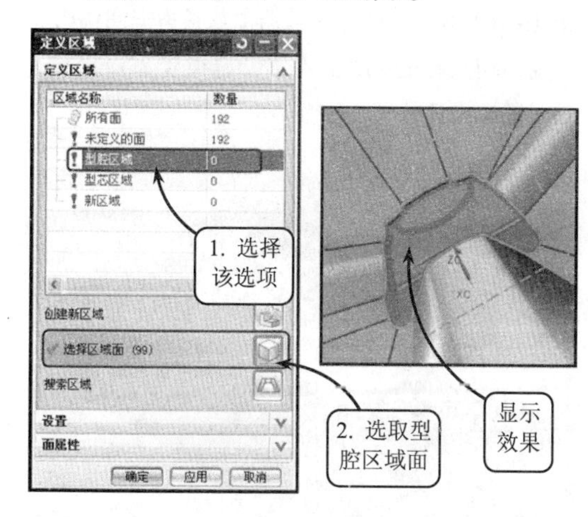

图 10-99 选取型腔区域面

14 继续单击【定义区域】按钮，并在【定义区域】面板中选择【型腔区域】选项。然后依次启用【创建区域】和【创建分型线】复选框，并单击【确定】按钮，确认该抽取操作，效果如图 10-100 所示。

15 在【模具分型工具】工具栏中单击【定义型腔和型芯】按钮，打开【定义型腔和型芯】对话框。在【选择片体】面板中选择【型腔区域】选项，并单击【确定】按钮，即可获得如图 10-101 所示的型芯部件效果。

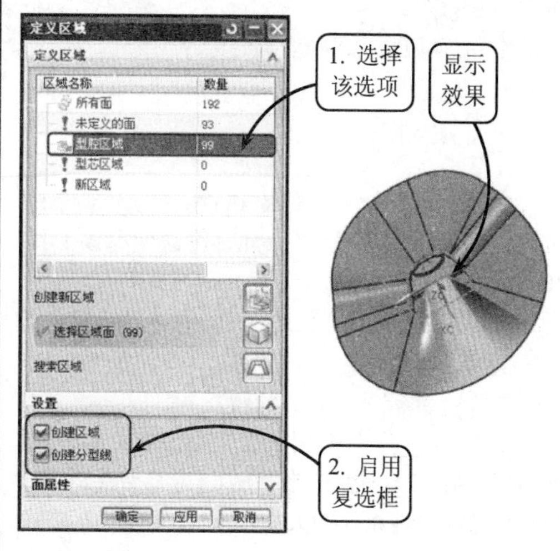

图 10-100 创建抽取面特征

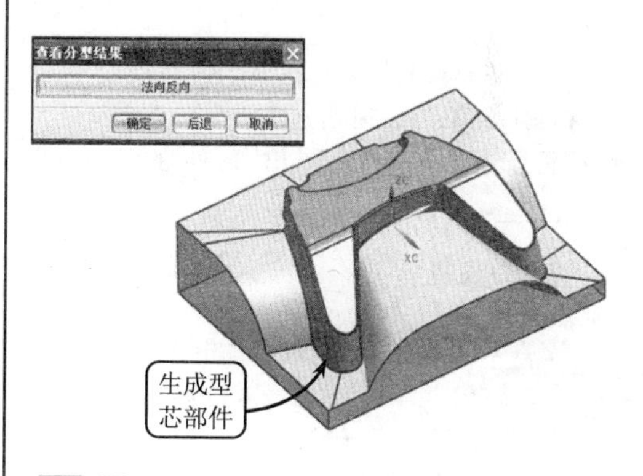

图 10-101 创建型芯部件

16 单击上一步【查看分型结果】对话框中的【法向反向】按钮，则可获得如图 10-102 所示的型腔部件效果。

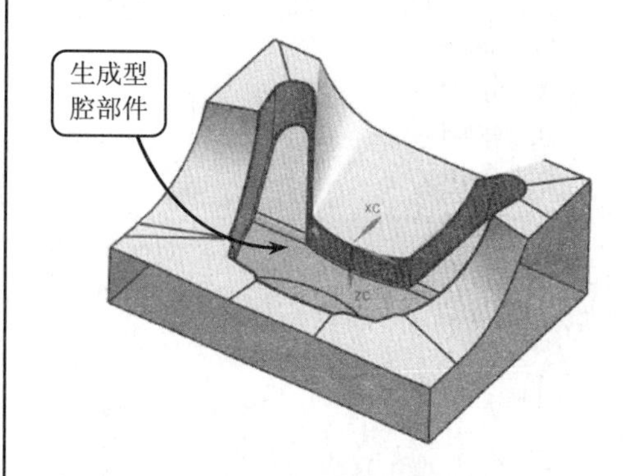

图 10-102 创建型腔部件

10.7 思考与练习

一、填空题

1. 用于加载产品模型，执行__________操作是进行模具设计的第一步。允许多次使用该工具，在一副模具中放置多个产品。

2. 在创建模具型腔过程中，有3种设置收缩率的方法，分别是均匀收缩、轴对称收缩和__________。

3. __________是用来定义模具组件的体积，并最终决定加工零件的形状的，其大小决定了型腔、型芯和其他组件的大小。

4. 型腔布局是指模具中型腔的个数及其排列方式，根据型腔数目的多少，型腔布局一般可以分为__________和__________。

5. 在进行模具设计过程中，为了便于产品的成形和脱模，必须将模具分成两个或几个部分，通常将分开模具能取出塑件的面称为__________。

二、选择题

1. 在对模具进行修补的过程中，__________是指通过选择一个闭合的曲线或边界环生成片体来修补曲面上的开口区域。

A．实体修补
B．曲面补片
C．边缘修补
D．修剪区域补片

2. 在执行模具修补进入分型阶段时，首先要创建__________，即塑件与模具相接触的边界线，它与脱模方向相关。

A．分型线
B．分型段
C．分型面
D．抽取区域和分型线

3. 在模具设计过程中，设定__________轴的正方向为开模方向。

A．X
B．Y
C．Z
D．X、Y、Z任一个

4. 在抽取区域和分型线时，型腔面的数量加上型芯面的数量要__________总面数。

A．等于
B．大于
C．小于
D．大于等于

三、问答题

1．简述注塑模设计流程。
2．简述3种收缩方式的不同之处。
3．简述创建分型面的几种方式。

四、上机练习

1．读卡器壳体模具设计

本练习创建读卡器模具型腔和型芯，效果如图10-103所示。在壳体高端位置长方形凹槽为插卡而专门设计的，并且在大凹槽位置为安装密码输入键而设计。

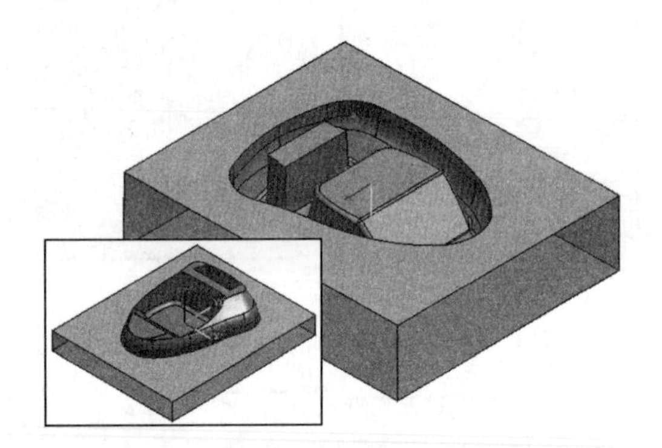

图 10-103 读卡器壳体模具型腔和型芯

为了实现模具的设计效果，除了进行必要的初始设置以外，还需要创建分型曲线和曲面，并且在抽取分型曲面和曲线之前必须首先定义设计曲面，更重要的是在查看现有曲面时必须将交叉曲面定义为型腔或型芯，否则将无法获得型腔和型芯设计效果。

2．手机后盖模具设计

本练习创建手机后盖零件模具型腔和型芯，效果如图10-104所示。该零件是为指定型号的手机专门设计的，其尺寸较小，可采用了多模腔的模具结构。另外，该零件包含多个孔和槽特征，主要起到安装摄像头和固定后盖的作用。

通过对该零件结构分析，对于该模型上破孔特征可采用相应的模具工具进行修补，然后确定产品的分型线。难点在于创建分型曲面，可在创建分型线后使用“条带曲面”功能创建分型曲面，随后执行模制部件验证，即可按照常规的分模操作获得型腔和型芯部件。

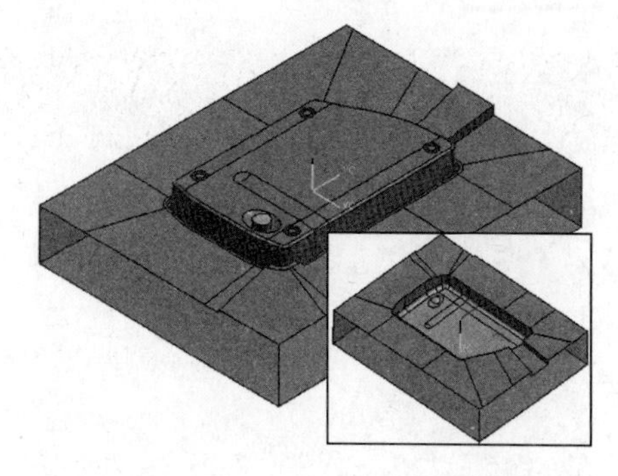

图 10-104 手机后盖模具型腔和型芯

第 11 章

装配设计

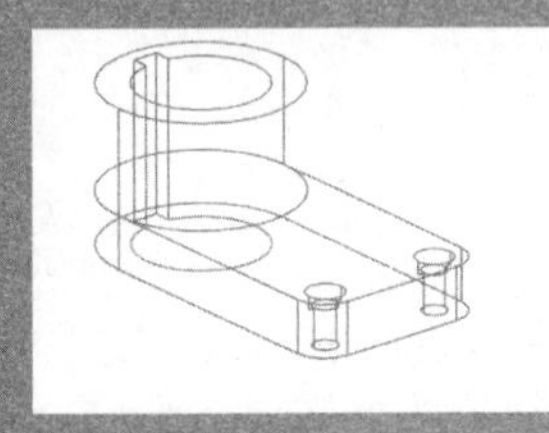
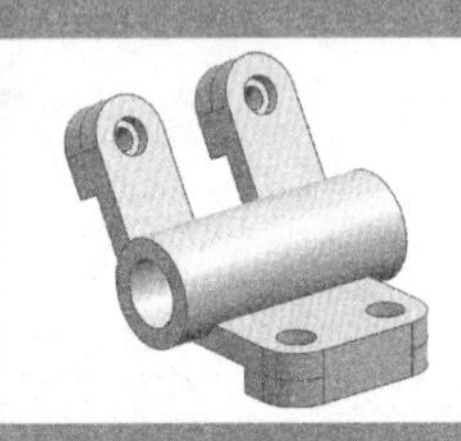
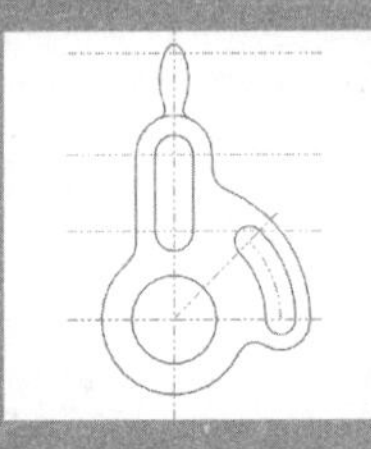
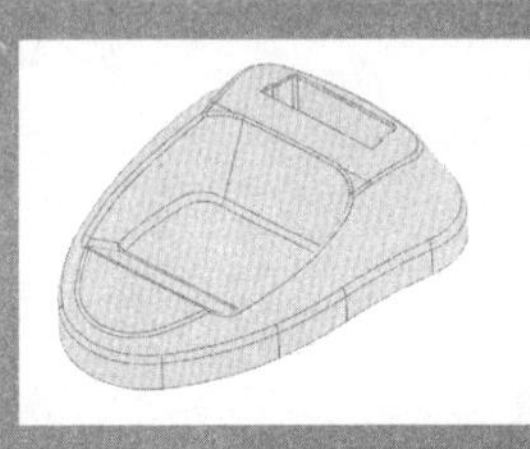

装配设计模块是 UG NX 7.5 中集成的一个重要的应用模块，其提供自底向上和自顶向下的产品开发方法。使用该模块不仅能够快速组合零部件成为产品，而且在装配过程中，可以对装配模型进行间隙分析、重量管理等操作，保证装配模型和零件设计完全关联。另外，该版本改进了软件的操作性能，减少了对存储空间的需求。此外为查看装配体中各部件之间的装配关系，可以建立爆炸视图，并可将其引入到装配工程图中；同时，在装配工程图中可以自动产生装配明细表，并能对轴测图进行局部挖切。

本章主要介绍使用 UG NX 7.5 进行装配设计的基本方法，包括自底向上和自顶向下的装配方法，以及执行组件编辑和创建爆炸视图等操作方法。

本章学习要点：

- 了解装配设计的基础知识
- 熟悉产品装配的操作界面
- 掌握自底向上和自顶向下的装配方法
- 掌握组件编辑的相关方法
- 掌握编辑爆炸视图的方法
- 了解 NX 关系浏览器的定义方法

11.1 装配概述

装配过程不仅可以表达机器或部件的工作原理，还可以表达零件、部件间的装配关系，因此，在产品制造过程中，装配图是制定装配工艺规程、进行装配和检验的技术依据，是机械设计和生产中的重要技术文件之一。用户可以在装配模块中通过模拟真实的装配操作和创建相应的装配工程图来了解机器的工作原理和构造。

11.1.1 机械装配基础知识

装配处于产品制造所必需的最后阶段，是决定产品质量的关键环节。一部完整的机械产品，通常需要通过装配操作将加工好的零件按一定的顺序和技术连接到一起，以实现产品设计的功能。产品的质量最终通过装配操作得到保证和检验，因此，研究制定合理的装配工艺，采用有效的保证装配精度的装配方法，对更进一步提高产品质量有着十分重要的意义。

1. 机械装配的基本概念

机械装配是根据规定的技术条件和精度，将构成机器的零件结合成组件、部件或产品的工艺过程。任何产品都是由若干个零件组成的。为保证有效地组织装配，必须将产品分解为若干个能进行独立装配的装配单元，现分别介绍如下。

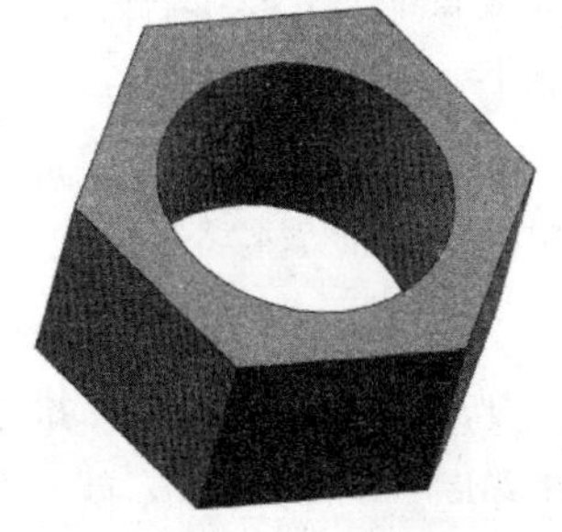

图 11-1 主轴螺帽

❑ 零件

零件是组成产品的最小单元，它由整块金属（或其他材料）制成。在机械装配过程中，一般先将零件组装成套件、组件和部件，然后最终组装成产品。图 11-1 所示就是显示的主轴螺帽零件。

❑ 套件

套件是最小的装配单元，由一个基准零件上装上一个或若干个零件而构成。为套件而进行的装配过程称为套装，且套件中唯一的基准零件是用来连接相关零件和确定各零件的相对位置的。套件在以后的装配过程中可以作为一个整体零件，不再分开。图 11-2 所示就是显示的导向钳口套件。

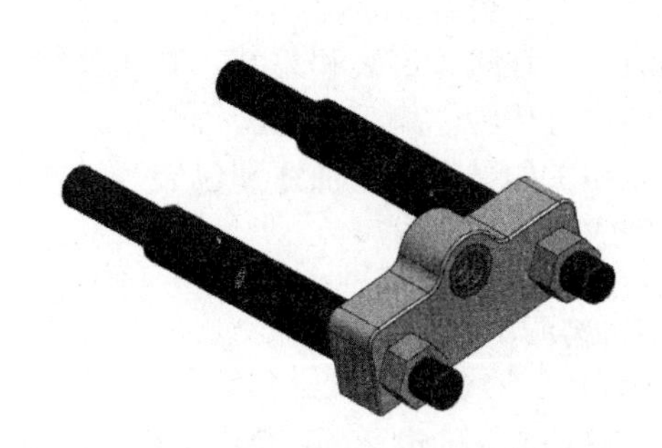

图 11-2 导向钳口套件

❑ 组件

组件是在一个基准零件上装上若干套件及零件而构成的。为形成组件而进行的装配过程称为组装。组件中唯一的基准零件作用同套件一样，用于连接相关零件和套件，并确定它们的相对位置。组件中可以没有套件，即由一个基准零件加若干个零件组成，它与套件的区别在于：组件在以后的装配过程中可以进行相应的拆分操作。图 11-3 所示就是显示的虎钳把手组件。

图 11-3 虎钳把手组件

❑ 部件

部件是在一个基准零件上装上若干组件、套件和零件而构成的。为形成部件而进行的装配过程称为部装。部件中唯一的基准零件也是用来连接各个组件、套件和零件，并决定它们之间的相对位置。部件在产品中能完成一定的完整的功用。图 11-4 所示就是显示的虎钳部件。

图 11-4 虎钳部件

❑ 装配体

在一个基准零件上装上若干部件、组件、套件和零件就成为整个产品。为形成产品的装配体而进行的装配过程称为总装。同样一部产品中只有一个基准零件，作用与上述相同。图 11-5 所示就是显示的汽车总装配体。

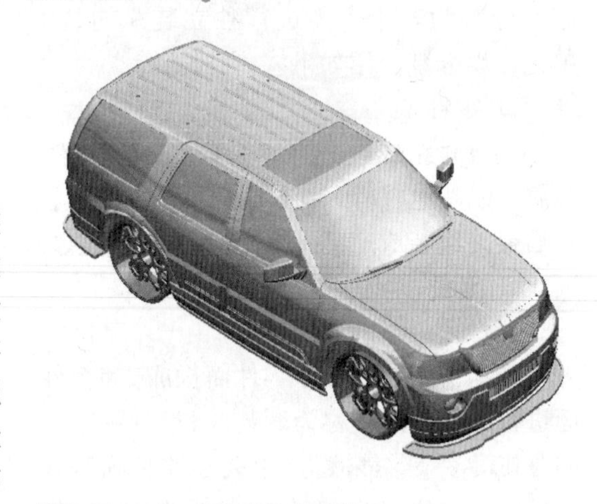

图 11-5 汽车总装配体

2．装配内容

在装配过程中，通常根据装配的成品分为组装、部装和总装。因此，在执行装配操作之前，为保证装配的准确性和有效性，需要进行零部件的清洗、尺寸和重量分选，以及平衡等准备工作，然后进行零件的装入、连接、部装和总装，并在装配过程中执行检验、调整和试验等操作，最后进行相关的试运转、油漆和包装等工作即可完成整个装配内容。

3．装配的地位

在整个产品的设计过程中，装配是产品制造中的最后一个阶段，其装配工艺和装配质量将直接影响机器的质量（工作性能、使用效果、可靠性和寿命等）。因此在这个产品的最终检验环节中，需要详细检查并发现设计和加工工艺中的错误，及时进行修改和调整。

11.1.2 装配设计简介

UG 装配就是在该软件装配环境下，将现有组件或新建组件设置定位约束，从而将各组件定位在当前环境中。这样操作其目的是检验各新建组件是否符合产品形状和尺寸等设计要求，而且便于查看产品内部各组件之间的位置关系和约束关系。

1. UG NX 装配概念

装配表示一个产品的零件及子装配的集合，在 UG NX 中，一个装配就是一个包含组件的部件文件。在 UG NX 7.5 中的装配基本概念包括组件、组件特性、多个装载部件和保持关联性等。

❑ **装配部件**

装配部件是由零件和子装配构成的部件，其中零件和部件不必严格区分。在 UG 中允许向任何一个 Part 文件中添加部件构成装配，因此任何一个 Part 文件都可以作为装配部件。需要注意的是：当存储一个装配时，各部件的实际几何数据并不是存储在装配部件文件中，而存储在相应的部件（即零件文件）中。

❑ **子装配**

子装配是在高一级装配中被用作组件的装配，也拥有自己的组件。子装配是一个相对的概念，任何一个装配部件都可以在更高级的装配中用作子装配。

❑ **组件**

组件是装配部件文件指向下属部件的几何体及特征，它具有特定的位置和方位，且一个组件可以是包含低一级组件的子装配。装配中的每个组件只包括一个指向该组件主模型几何体的指针，当一个组件的主模型几何体被修改时，则在作业中使用该主模型的所有其他组件会自动更新修改。

在装配过程中，一个特定的部件可以使用多次，且每次使用都可以称之为组件。含有组件的实际几何体的文件就称为组件部件。

提 示

要修改组件的某些显示特性，如半透明、部分着色等，可以选择【编辑】|【对象显示】选项。然后选取单个或多个对象，通过【编辑对象显示】对话框直接选择组件进行相应的修改。

❑ **多个装载部件**

任何时候都可以同时装载多个部件，这些部件可以是显示方式装载（如用装配导航器上的【打开】选项打开），也可以是隐藏方式装载（如正在由另外的加载装配部件使用），并且装载的部件不一定属于同一个装配。

❑ **上下文设计**

所谓上下文工作就是在装配过程中显示的装配文件，该装配文件包含各个零部件文件。在装配过程中进行的任何操作都是针对工作装配文件的，如果修改工作装配体中的一个零部件，则该零部件将随之更新。11-6 所示为上下文设计中的工作部件。

在上下文设计中，也可以利用零部件之间的链接几何体，即用一个部件上的有关几何体作为创建另一个部件特征的基础。

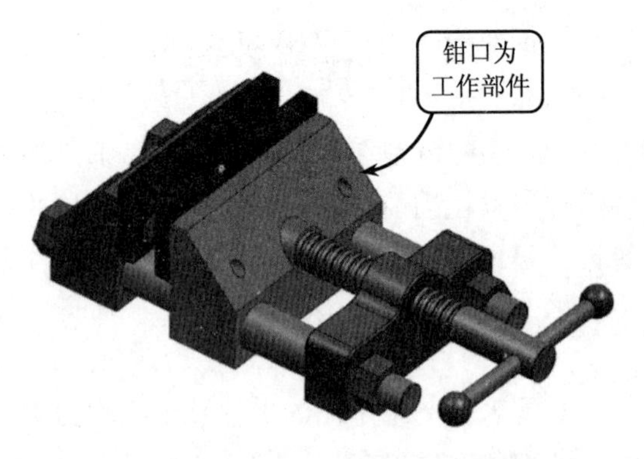

图 11-6 上下文设计中的工作部件

❑ 保持关联性

在装配过程中任一级上的几何体的修改都会导致整个装配中所有其他级上相关数据的更新。对个别零部件的修改，则使用那个部件的所有装配图纸都会相应地更新，反之，在装配上下文中对某个组件的修改，也会更新相关的装配图纸以及组件。

❑ 约束条件

约束条件又称配对条件，即在一个装配中对相应的组件进行定位操作。通常规定装配过程中两个组件间的约束关系完成配对。例如，规定一个组件上的圆柱面与另一个组件上的圆柱面同轴。

在装配过程中，用户可以使用不同的约束组合去完全固定一个组件的位置。如果系统认为其中一个组件在装配中的位置是被固定在一个恒定位置中，然后才会对另一组件计算出一个满足规定约束的位置。两个组件之间的关系是相关的，如果移动固定组件的位置，当更新时，与它约束的组件也会移动。例如，如果约束一个螺栓到螺栓孔，若螺栓孔移动，则螺栓也随之移动。

❑ 引用集

可以通过使用引用集，过滤用于表示一个给定组件或子装配的数据量，来简化高级装配或复杂装配的图形显示。引用集的使用，不仅可以大大减少（甚至完全消除）部分装配的部分图形显示，而且无须修改其实际的装配结构或下属几何体模型。在 UG NX 中，每个组件可以有不同的引用集，因此在单个装配中的同一个部件允许有不同的表示。

❑ 部件属性和组件属性

对组件执行装配操作后，可以查看和修改有关的部件或组件信息，并可以对该信息进行必要的编辑和修改。其中包括修改组件名，更新部件族成员，移除当前颜色、透明及部分渲染的设置而使用组件部件的原先设置等。

图 11-7 部件和组件对话框

在装配导航器中选择部件或组件名称，右击选择【属性】选项，将打开对应的属性对话框，用户即可在各选项卡中查看或修改相关的属性信息。例如右击一部件名称选择【属性】选项，将打开【显示的部件属性】对话框；右击一组件名称选择【属性】选项，将打开【组件属性】对话框，如图 11-7 所示。

2. UG NX 装配专业术语

在使用 UG NX 7.5 软件进行装配操作的过程中，有大量的装配术语要求用户熟知，建议用户在学习装配技术前熟悉并掌握这些术语，更多的术语定义可以参考有关的技术手册。表 11-1 列出了部分装配术语的定义。

表 11-1 装配术语定义

术　语	定　义
组件成员	组件成员也称为组件几何体，是组件部件中的几何对象，并在装配中显示。如果使用引用集，则组件成员也可以是组件部件中的所有几何体的某个子集
上下文设计	上下文设计也称为现场编辑，是指当组件几何体显示在装配中时，可以直接对其进行编辑或修改操作
引用集	引用集是一个部件的命名的几何体集合，可以用于在更高层的装配中简化组件部件的图形显示
自底向上建模	自底向上建模技术首先创建装配体所需的各个组件模型，然后按照组件、子装配体和总装配的顺序定义这些组件，并利用装配关联条件逐级装配成装配体模型的建模方法
自顶向下建模	自顶向下建模技术是指当在装配过程中创建或编辑组件部件时，所做的任何几何体的修改都会立即自动地反映到该个别的组件部件中
显示部件	显示部件是指当前在图形窗口里显示的部件
工作部件	工作部件是指用户正在创建或编辑的部件，它可以是显示部件或包含在显示的装配部件里的任何组件部件。当显示单个部件时，工作部件也就是显示部件
装载的部件	装载的部件是指当前打开并在内存里的任何部件，通过 UG 打开的部件称为显式装载，而在装配里打开的部件称为隐式装载
关联条件	关联条件是指存在于单个组件的约束集合，装配中的每个组件可以只有一个关联条件，尽管这个关联条件可能由对其他几个组件的装配关系组成
装配顺序	一个装配过程可以有多个装配顺序，装配顺序可以用来控制装配或拆装的次序。用户可以用一步装配或拆装一个组件，也可以建立运动步去仿真组件怎样移动的过程

11.1.3 装配界面介绍

在 UG NX 7.5 中进行装配操作，首先要进入装配界面。在打开该软件之后，可以通过新建装配文件，或者打开相应的装配文件，或者在当前建模环境调出【装配】工具栏，都可以进入装配环境进行关联设计，装配环境如图 11-8 所示。

利用该界面中的【装配】工具栏的各个工具即可进行相关的装配操作，也可以通过【装配】下拉菜单中的相应选项来实现同样的操作。【装配】工具栏中常用的按钮功能和使用方法将在以下章节中详细讲解，这里不再赘述。

11.1.4 装配导航器

装配导航器在一个分离窗口中显示各部件的装配结构，并提供一个方便、快捷地操纵组件的方法。在该导航器中装配结构以图形的形式来表示，类似于树状图结构，其中每个组件在该装配树上显示为一个节点。本节将重点介绍利用装配导航器辅助进行装配设计的方法和技巧。

1. 打开装配导航器

在 UG NX 7.5 装配环境中，单击资源栏左侧的【装配导航器】按钮，将打开装配导航器，如图 11-9 所示。

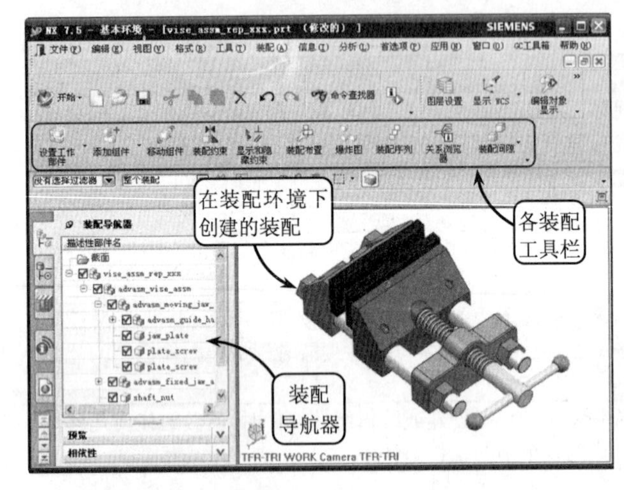

图 11-8　装配操作界面

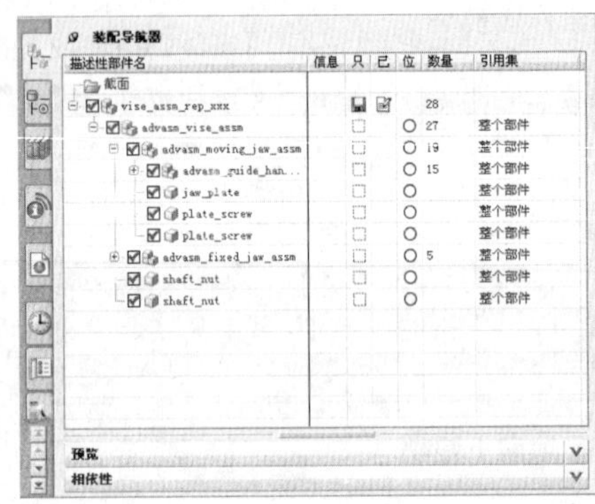

图 11-9　装配导航器

❑ 装配导航器显示模式

装配导航器有两种不同的显示模式，即浮动模式和固定模式。其中在浮动模式下，装配导航器以窗口形式显示，当鼠标离开导航器的区域时，导航器将自动收缩，并在该导航器左上方显示为图标；单击图标按钮，该按钮变为图标，此时装配导航器将固定在绘图区域不再收缩。

❑ 装配导航器图标

在装配导航器树状结构图中，装配中的子装配和组件都使用不同的图标来表示。同时，零组件处于不同的状态时对应的图标按钮也不同，各图标显示方式可以参照表 11-2。

表 11-2　导航器使用的图标

图　标	显 示 情 况
装配或子装配	当按钮为黄色时，表示该装配或子装配被完全加载；当按钮为灰色但是按钮的边缘仍然是实线时，表示该装配或子装配被部分加载；当按钮为灰色但是按钮的边缘为虚线时，表示该装配或子装配没有被加载
组件	当按钮为黄色时，表示该组件被完全加载；当按钮为灰色但是按钮的边缘仍然是实线时，表示该组件被部分加载；当按钮为灰色但是按钮的边缘是虚线时，表示该组件没有被加载
检查框☑	表示装配和组件的显示状态，☑按钮表示当前组件或装配处于显示状态，此时检查框显示为红色；☑按钮表示当前组件或装配处于隐藏状态，此时检查框显示为灰色；☐按钮表示当前组件或子装配处于关闭状态
扩展压缩框⊞	该压缩框针对装配或子装配，展开的每个组件节点/装配或压缩为一个节点

2. 窗口右键操作

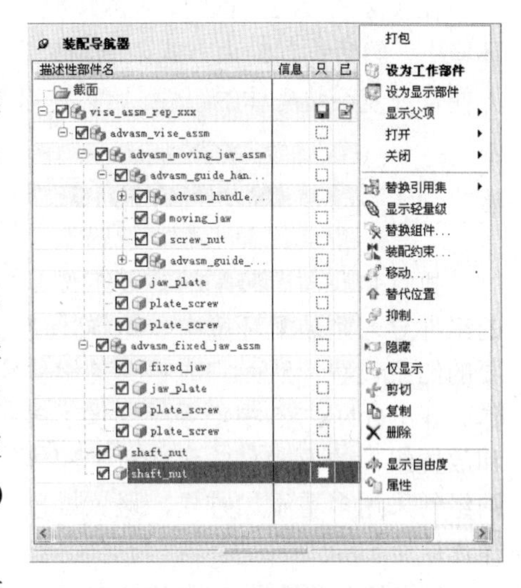

图 11-10 节点快捷菜单

在 UG NX 7.5 的装配导航器的窗口上右键操作分为两种：一种是在相应的组件上右击，而另一种是在空白区域上右击，具体如下所述。

❑ 组件右键操作

在装配导航器中任意一个组件上右击，可以对装配导航树的节点进行编辑，并能够执行折叠或展开相同的组件节点，以及将当前组件转换为工作组件等操作。具体的操作方法是：将鼠标定位在装配导航树的节点处右击，将弹出如图 11-10 所示的快捷菜单。

该菜单中的选项随组件和过滤模式的不同而不同，同时还与组件所处的状态有关。用户可以通过这些选项对所选的组件进行各种操作，例如选择相应的组件名称右击选择【设为工作部件】选项，则该组件将转换为工作部件，其他所有的组件将以灰显方式显示。

❑ 空白区域右键操作

在装配导航器的任意空白区域中右击，将弹出一个快捷菜单，如图 11-11 所示。

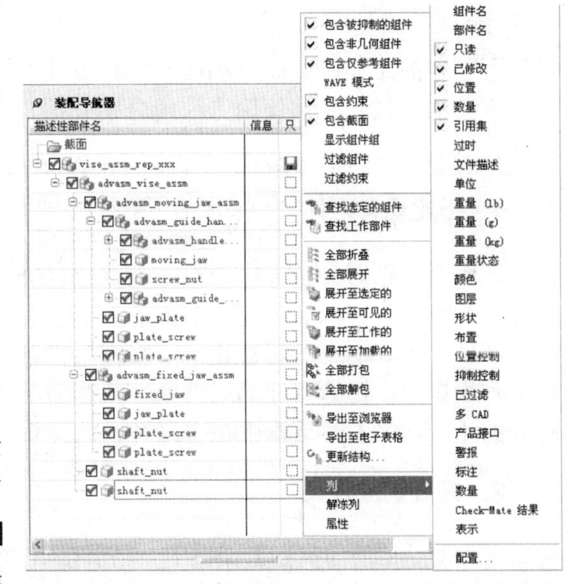

图 11-11 空白区域右键菜单

在该快捷菜单中选择指定的选项，即可执行相应的操作。例如，选择【全部折叠】选项，可以将展开的所有子节点都折叠在总节点下；选择【全部展开】选项，即可执行相反的操作；选择【列】|【配置】选项，可以打开【装配导航器属性】对话框。在该对话框中，用户可以设置隐藏或显示指定选项，并允许修改项目的显示顺序。

11.2 自底向上装配

自底向上装配是预先设计好装配中的部件几何模型，然后再将该部件的几何模型添加到装配中，从而使该部件成为一个组件。该装配方式是组件装配中最常用的装配方法，使用该方法执行逐级装配顺序清晰，便于准确定位各个组件在装配体中的位置。

在实际的装配过程中，多数情况都是利用已经创建好的零部件通过常用方式调入装配环境中，然后设置约束方式限制组件在装配体中的自由度，从而获得组件的定位效果。为方便管理复杂装配体的组件，用户可以创建并编辑引用集，以便有效管理相关的组件数据。

11.2.1 添加组件并定位

执行自底向上装配的首要工作是将现有的组件导入到装配环境中，这样才能进行必要的约束设置，从而完成相关的组件定位操作。在 UG NX 7.5 中，系统提供了多种添加和放置组件的方式，并允许对装配体所需相同组件采用多重添加方式，避免烦琐的添加操作。

要添加已经存在的组件，可以单击【装配】工具栏中的【添加组件】按钮，将打开【添加组件】对话框，如图 11-12 所示。

该对话框由多个面板组成，主要用于指定已经创建的文件，并设置相应的定位方式和多重添加方式，具体使用方法现分别介绍如下。

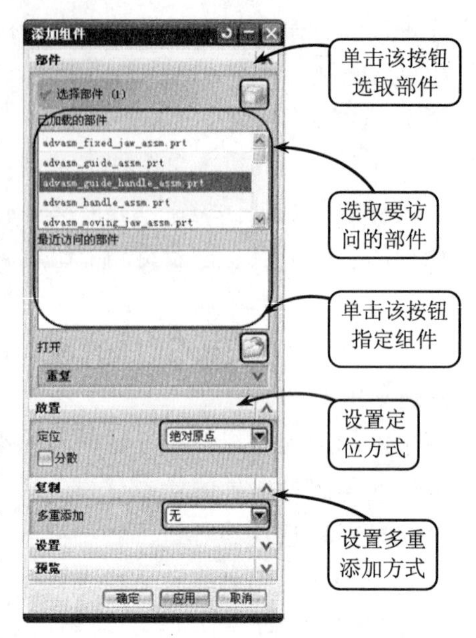

图 11-12 【添加组件】对话框

1. 指定现有组件

在该对话框的【部件】面板中，可以通过 4 种方式指定现有组件：第一种是单击【选择部件】按钮，然后直接在绘图区选取相应的组件执行装配操作；第二种是在【已加载的部件】列表框中，选择相应的组件名称执行装配操作；第三种是在【最近访问的部件】列表框中，选择相应的组件名称执行装配操作；第四种是单击【打开】按钮，在打开的【部件名】对话框中指定路径，选择相应的部件执行装配操作。

2. 设置定位方式

在该对话框的【放置】面板中，可以指定组件在装配中的定位方式。其设置方法是：单击【定位】列表框右方的小三角按钮，在打开的下拉列表框中包含了以下 4 种定位方式。

❑ **绝对原点**

使用该方式定位，是指执行定位的组件将与装配环境中的原坐标系位置保持一致。通常在执行装配操作的过程中，首先选取一个组件设置为【绝对定位】方式，其目的是使将该基础组件“固定”在装配环境中，这里所讲的固定并非真正的固定，仅仅是一种定位方式。

❑ **选择原点**

使用该方式定位，系统将通过指定原点定位的方式确定组件在装配中的位置，这样该组件的坐标系原点将与选取的点重合。

通常情况下，添加的第一个组件都是通过选择该选项确定组件在装配体中的位置的，即选择该选项并单击【确定】按钮，然后在打开的【点】对话框中指定点的位置确定其位置，如图 11-13 所示。

❑ **通过约束**

通过该方式定位组件就是选取参照对象并设置相应的约束方式，即通过组件参照约束来显示当前组件在整个装配中的自由度，从而获得组件的定位效果。其中约束方式包括接触对齐、角度、平行和距离等。各种约束的定义方法将在后面的“设置装配关联条件”章节中详细讲解，这里不再赘述。

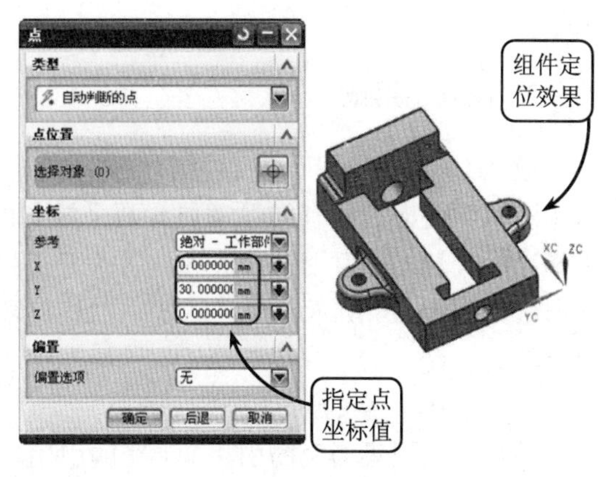

图 11-13 设置原点定位组件

❑ **移动**

使用该方式定位组件就是将组件添加到装配环境中，然后通过相对于指定的基点移动的方式，将组件定位。选择该选项，并单击【确定】按钮将打开【点】对话框。此时指定移动的基点，单击【确定】按钮确认操作即可。在打开的对话框中进行组件移动定位操作，其具体的设置方法将在后面的“组件编辑”章节中具体介绍，这里同样不再赘述。

3. 多重添加组件

对于装配体中重复使用的相同组件，可以通过设置多重添加组件的方式添加该组件。这样将避免重复使用相同的添加和定位方式，节省了大量的设计时间。

要执行多重添加组件操作，可以单击【多重添加】列表框右方的小三角按钮，在打开的下拉列表框中包含【无】、【添加后重复】和【添加后生成阵列】3 个列表项。其中选择【添加后重复】选项，在装配操作后将再次弹出相应的对话框，即可执行定位操作，而无需重新添加；选择【添加后生成阵列】选项，在执行装配操作后将打开【创建组件阵列】对话框，此时设置相应的阵列参数即可。

11.2.2 定义和编辑引用集

在装配过程中，由于各部件含有草图、基准平面以及其他辅助图形的数据，如果要显示装配中各部件和子装配的所有数据，一方面容易混淆图形，另一方面由于引用零部件的所有数据，需要占用大量内存，因此不利于装配工作的进行。此时，通过引用集可以减少这类混淆，提高系统的运行速度。

1. 引用集的概念

引用集是用户在零部件中定义的部分几何对象，其将代表相应的零部件参与到装配的过程中去。引用集可以包含下列数据：零部件名称、原点、方向、几何体、坐标系、基准轴、基准平面和属性等。引用集一旦产生，就可以单独装配到部件中，且一个零部件可以定义多个引用集。

2．缺省引用集

虽然 UG NX 对于不同的零件，默认的引用集也不尽相同，但对应的所有组件都包含两个缺省的引用集。选择【格式】|【引用集】选项，将打开【引用集】对话框，如图 11-14 所示。该对话框中默认包含以下两个引用集。

图 11-14 【引用集】对话框

❑ **Empty（空的）**

该缺省引用集为空的引用集。空的引用集是不含任何几何对象的引用集，当部件以空的引用集的形式添加到装配中时，在装配中将看不到该部件。如果部件几何对象不需要在装配模型中显示，可以使用空的引用集，以提高显示速度。

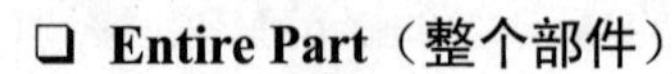

❑ **Entire Part（整个部件）**

该缺省引用集表示整个部件，即引用部件的全部几何数据。在添加部件到装配中时，如果不选择其他引用集，缺省时将使用该引用集。

3．创建引用集

要使用引用集管理装配数据，就必须首先创建相应的引用集，并指定该引用集是部件还是子装配，这是因为部件的引用集既可以在部件中建立，也可以在装配中建立。如果要在装配中为某部件建立引用集，应先使其成为工作部件。此时，【引用集】对话框下的列表框中将增加一个引用集名称。

要创建引用集，可以单击【添加新的引用集】按钮，然后在【引用集名称】文本框中输入指定的名称并按回车键即可，其中引用集的名称不能超过 30 个字符且不允许有空格。

接着单击【选择对象】按钮，在绘图区选取一个或多个几何对象添加到引用集中，即可建立一个用所选对象表达该部件的引用集，效果如图 11-15 所示。

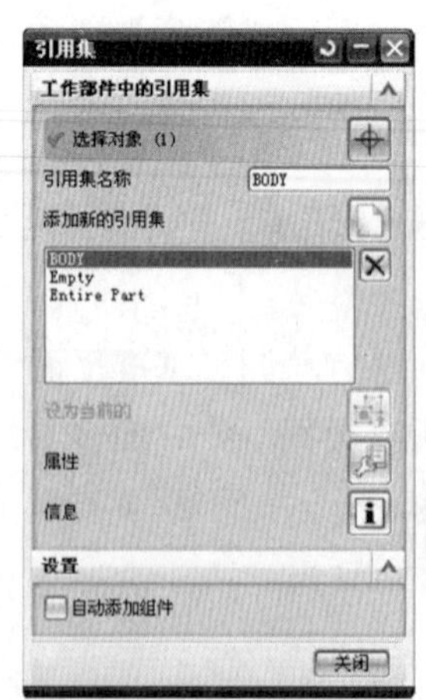

图 11-15 利用被选对象创建引用集

4．删除引用集

在【引用集】对话框下的列

表框中选择需要删除的引用集名称，单击按钮，即可将该引用集删除。

5. 设为当前

将引用集设置为当前的操作也可称为替换引用集，用于将高亮显示的引用集设置为当前的引用集。执行替换引用集的方法有多种，用户可以在【引用集】对话框下的列表框中选择指定的引用集名称，然后单击【设为当前的】按钮，即可将该引用集设置为当前。

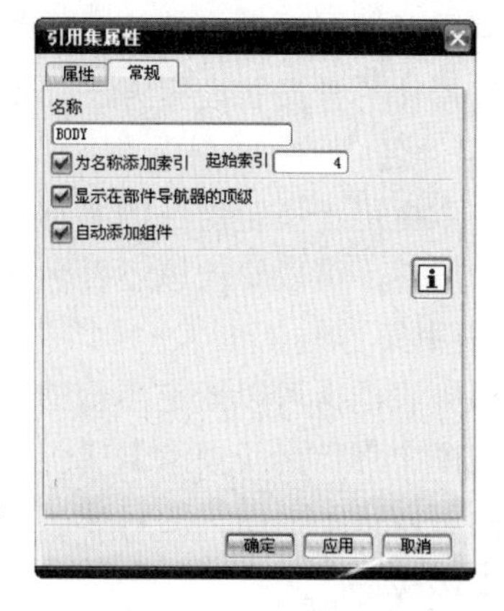

图 11-16 【引用集属性】对话框

6. 编辑属性

可对引用集的属性进行相应的编辑操作。选择某一引用集并单击按钮，将打开【引用集属性】对话框，如图 11-16 所示。在该对话框中输入属性的名称和属性值，单击【确定】按钮，即可执行属性的编辑操作。

11.3 自顶向下装配

自顶向下装配是一种全新的装配方法，主要是基于有些模型需根据实际的情况来判断要装配件的位置和形状，也就是说只能等其他组件装配完毕后，通过这些组件来定位其形状和位置。自顶向下装配方法主要用在上下文设计，即在装配中参照其他零部件对当前的工作部件进行设计。

11.3.1 装配方法 1

该自顶向下装配方法是建立一个不包含任何几何对象的空组件再对其进行建模，即首先在装配中建立一个几何模型，然后创建一个新组件，同时将该几何模型链接到新建组件中。具体装配建模方法介绍如下。

1. 打开一个文件

执行该装配方法，首先打开的是一个含有组件或装配件的文件，或先在该文件中建立一个或多个组件。

2. 新建组件

单击【装配】工具栏中的【新建组件】按钮，在打开的对话框中单击【确定】按钮，将打开【新建组件】对话框，如图 11-17 所示。此时如果单击【选择对象】按钮，即可选取相应的图形对象作为新建组件。但由于该装配方法只创建一个空的组件文件，因此该处不需要选择几何对象。

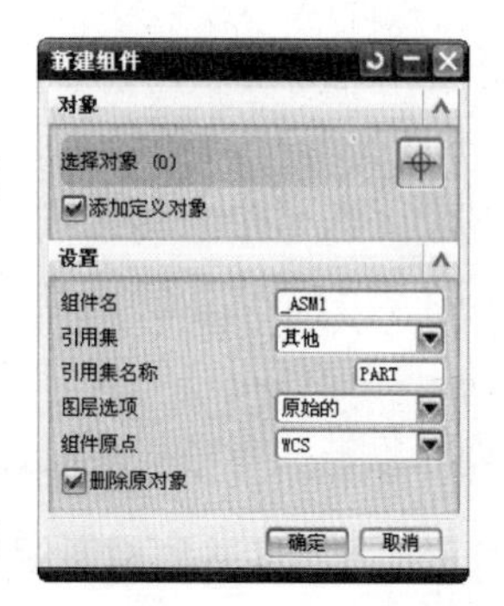

图 11-17 【新建组件】对话框

接着展开该对话框中的【设置】面板，该面板中包含了多个列表框以及文本框和复选框，其具体的含义和设置方法如下所述。

❑ 组件名

该文本框用于指定组件的名称。一般情况下，系统默认为组件的存盘文件名。如果新建多个组件，可以修改该组件名便于区分其他组件。

❑ 引用集

在该列表框中可以指定当前的引用集类型，如果在此之前已经创建了多个引用集，则该列表框中将包括【模型】、【仅整个部件】和【其他】列表项。如果选择【其他】列表项，则可以指定引用集的名称。

❑ 图层选项

该列表框用于设置产生的组件添加到装配部件中的哪一层。选择【工作】选项表示将新组件添加到装配组件的工作层；选择【原先的】选项表示新组件保持原来的层位置；选择【按指定的】选项表示将新组件添加到装配组件的指定层。

❑ 组件原点

该列表框用于指定组件原点采用的坐标系。如果选择【WCS】选项，将设置组件原点为工作坐标；如果选择【绝对】选项，将设置组件原点为绝对坐标。

❑ 删除原对象

启用该复选框，则在装配过程中将删除所选的对象。

设置新组件的相关信息后，单击该对话框中的【确定】按钮，即可在装配中产生一个含所选部件的新组件，并把相应的几何模型加入到新建组件中，然后可以将该组件设置为工作部件，在组件环境中添加并定位已有部件，这样在修改该组件时，可以任意修改组件中添加部件的数量和分布方式。

提 示

自底向上方法添加组件时，可以在列表中选择当前工作环境中现存的组件，但处于该环境中现存的三维实体不会在列表框中显示，不能被当作组件添加。它只是一个几何体，不含有其他的组件信息。若要使其也加入到当前的装配中，就必须使用自顶向下方法进行装配。

11.3.2 装配方法 2

这种装配方法是指先建立一个空的新组件，它不含任何几何对象，然后使其成为工作部件，再在其中建立几何模型。与上一种装配方法不同之处在于：该装配方法打开一个不包含任何部件和组件的新文件，也可以是一个含有部件或装配部件的文件，并且使用链接器将对象链接到当前装配环境中，其设置方法如下所述。

1．打开一个文件并创建新组件

打开一个文件，该文件可以是一个不含任何几何体和组件的新文件，也可以是一个含有几何体或装配部件的文件。然后按照上述创建新组件的方法创建一个新的组件。

新组件产生后，由于其不含任何几何对象，因此装配图形没有什么变化。完成上述步骤以后，类选择器对话框重新出现，再次提示选择对象到新组件中，此时可以选择取消对话框。

2. 建立并编辑新组件几何对象

新组件产生后，可以在其中建立几何对象。首先必须改变工作部件到新组件中，然后执行建模操作，最常用的有以下两种建立几何对象的方法。

❑ **建立几何对象**

如果不要求组件间的尺寸相互关联，则改变工作部件到新组件，直接在新组件中用建模的方法建立和编辑几何对象即可。指定组件后，单击【装配】工具栏中的【设置工作部件】按钮，即可将该组件转换为工作部件。然后新建组件或添加现有组件，并将其定位到指定位置。

❑ **约束几何对象**

如果要求新组件与装配中其他组件有几何链接性，则应在组件间建立链接关系。UG WAVE 技术是一种基于装配建模的相关性参数化设计技术，允许在不同部件之间建立参数之间的相关关系，即所谓的“部件间关联”关系，实现部件之间的几何对象的相关复制。

在组件间建立链接关系的方法是：保持显示组件不变，按照上述设置组件的方法改变工作组件到新组件，然后单击【装配】工具栏中的【WAVE 几何链接器】按钮，将打开如图 11-18 所示的对话框。

图 11-18 【WAVE 几何链接器】对话框

该对话框用于链接其他组件中的点、线、面和体等对象到当前的工作组中。在【类型】列表框中包含了链接几何对象的多种类型，选择不同的类型对应的面板也各不相同。以下简要介绍这些类型的含义和操作方法。

➢ **复合曲线**

用于建立链接曲线。选择该选项后，从其他组件上选择指定的线或边缘，并单击【应用】按钮，即可将所选线或边缘链接到工作部件中。

➢ **点**

用于建立链接点。选择该选项后，在其他组件上选取一点，并单击【应用】按钮，即可将所选点或由所选点连成的线链接到工作部件中。

➢ **基准**

用于建立链接基准平面或基准轴。选择该选项后，从其他组件上选择相应的基准面或基准轴，并单击【应用】按钮，即可将所选择基准面或基准轴链接到工作部件中。

➢ **草图**

用于建立链接草图。选择该选项后，从其他组件上选择相应的草图，并单击【应用】按钮，即可将所选草图链接到工作部件中。

➢ 面

用于建立链接面。选择该选项后，选取一个或多个指定的实体表面，并单击【应用】按钮，即可将所选表面链接到工作部件中，效果如图 11-19 所示。

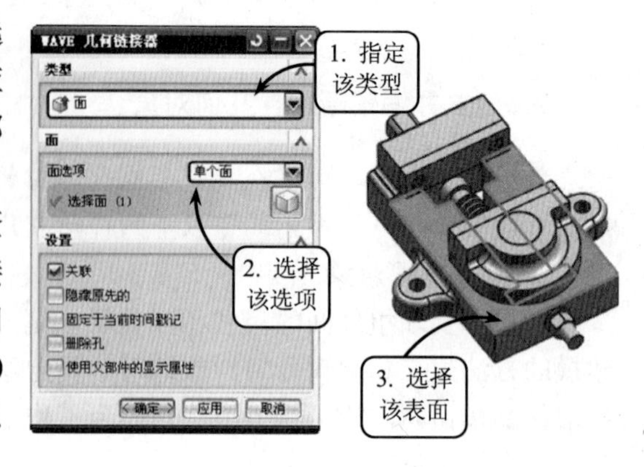

图 11-19 创建面链接方式

为检验 WAVE 几何链接效果，可以查看链接信息，并根据需要编辑相应的链接信息。执行面链接操作后，单击【部件间链接浏览器】按钮，将打开如图 11-20 所示的对话框。在该对话框中，用户可以浏览、编辑或断开所有已链接信息。

提 示

在【WAVE 几何链接器】对话框中，启用【设置】面板下的【固定于前时间戳记】复选框，则在所选链接组件上后续产生的特征将不会体现到用链接特征建立的几何对象上。

➢ 面区域

用于建立链接区域。选择该选项后，单击【种子面】按钮，从其他组件上选取指定的种子面。然后单击【边界面】按钮，指定各边界面。最后单击【应用】按钮，即可将由指定边界包围的区域链接到工作部件中。

图 11-20 【部件间链接浏览器】对话框

➢ 体

用于建立链接实体。选择该选项后，从其他组件上选取指定的实体，并单击【应用】按钮，即可将所选实体链接到工作部件中。

➢ 镜像体

用于建立链接镜像实体。选择该选项后，单击【体】按钮，从其他组件上选取指定的实体。然后单击【镜像平面】按钮，指定镜像平面。最后单击【应用】按钮，即可将所选实体连同通过镜像平面得到的镜像实体一起链接到工作部件中。

➢ 管线布置对象

用于对管线布置对象建立链接。选择该选项后，单击【管线布置对象】按钮，从其他组件上选取相应的对象，并单击【应用】按钮确认操作即可。

11.4 设置装配关联条件

在装配过程中，无论是自底向上还是自顶向下，对现有组件进行定位的方式都是通过设置关联条件为组件之间添加约束来实现的。关联条件是指组件间的装配关系，用来确定组件在装配过程中的相对位置。关联条件可以由一个或多个关联约束组成，而关联约束则用来限制组件在装配中的自由度。

11.4.1 接触对齐约束

在 UG NX 7.5 中，继续将对齐约束和接触约束合为一个约束类型，这两种约束方式都可以指定相应的关联类型，使定位的两个同类对象相一致。下面将详细介绍该约束类型的几约束方式。

1. 首选接触和接触

选择【接触对齐】约束类型后，系统缺省约束方式为【首选接触】。【首选接触】和【接触】属于相同的约束类型，即指定相应的关联类型，使定位的两个同类对象相一致。

其中指定两平面对象为参照时，这两个平面需共面且法线方向相反，如图 11-21 所示；对于锥体，系统首先检查其角度是否相等，如果相等，则对齐其轴线；对于曲面，系统先检验两个面的内外直径是否相等，若相等则对齐两个面的轴线和位置；对于圆柱面，要求相配组件的直径相等才能对齐轴线。对于边缘、线和圆柱表面，接触约束方式类似于对齐约束方式。

2. 对齐约束

使用对齐约束可以对齐相关对象。当对齐平面时，将使这两个表面共面且法向方向相同；当对齐圆柱、圆锥或圆环面等直径相同的轴类实体时，将使其轴线保持一致；当对齐边缘和线时，将使两者共线，如图 11-22 所示。

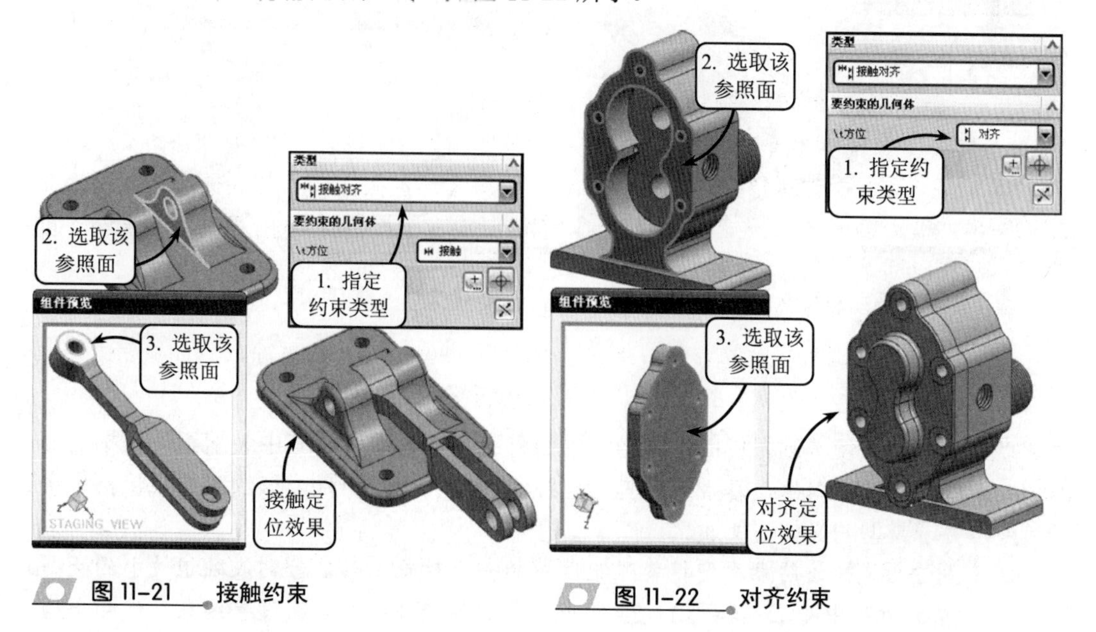

图 11-21 接触约束

图 11-22 对齐约束

注 意

对齐约束与接触约束的不同之处在于：执行对齐约束时，对齐圆柱、圆锥和圆环面并不要求相关联对象的直径相同。

3. 自动判断中心/轴

自动判断中心/轴约束方式是指对于选取的两回转体对象，系统将根据选取的参照自动判断，从而获得接触对齐的约束效果。

指定约束方式为【自动判断中心/轴】，依次选取两个组件对应参照，即可获得该约束效果，如图 11-23 所示。

11.4.2 同心和中心约束

在设置组件之间的约束时，对于具有回转体特征的组件，用户可以将各组件的对应参照设置为同心约束或者中心约束，从而限制组件在整个装配体中的相对位置。

1. 同心约束

同心约束是指定两个具有回转体特征的对象使其在同一条轴线位置。选择约束类型为【同心】，然后依次选取两回转体对象的边界轮廓线，即可获得同心约束效果，如图 11-24 所示。

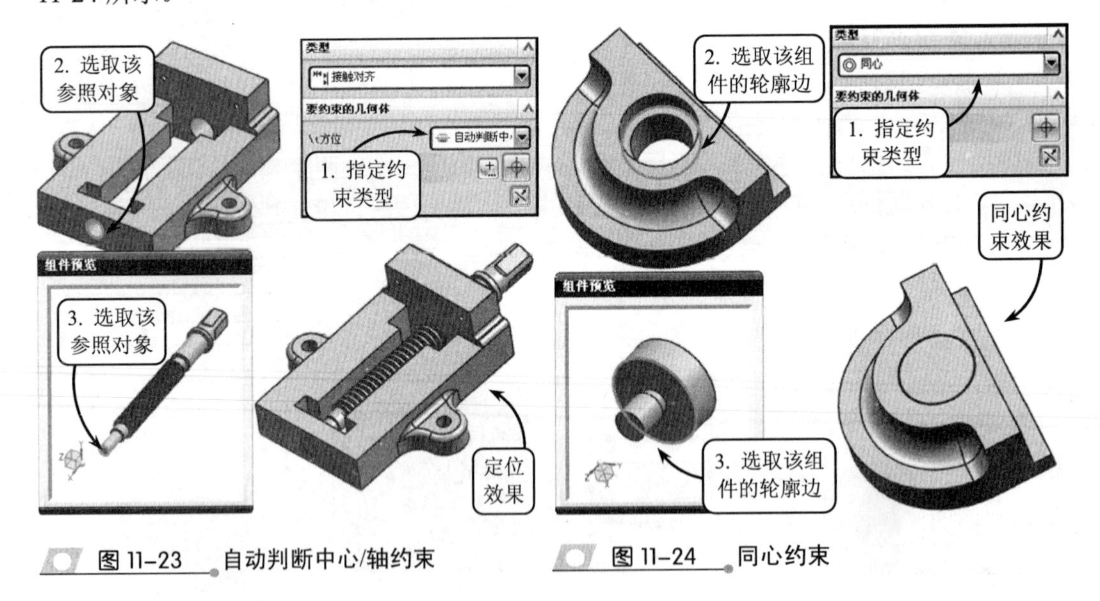

图 11-23 自动判断中心/轴约束

图 11-24 同心约束

2. 中心约束

设置中心约束使基础组件的中心与装配组件对象中心重合。其中装配组件是指需要添加约束进行定位的组件，基础组件是指已经添加完约束的组件。该约束方式包括多个子类型，各子类型的义如下所述。

- **1 对 2** 选择该约束类型将装配组件中的一个对象中心定位到基础组件中的两个对象的对称中心上。如图 11-25 所示，选取两组件的孔表面设置约束，使两个组件在同一条轴线上。

- **2 对 1**　将装配组件中的两个对象的对称中心定位到基础组件的一个对象中心位置处。
- **2 对 2**　将装配组件的两个对象和基础组件的两个对象成对称中心布置。

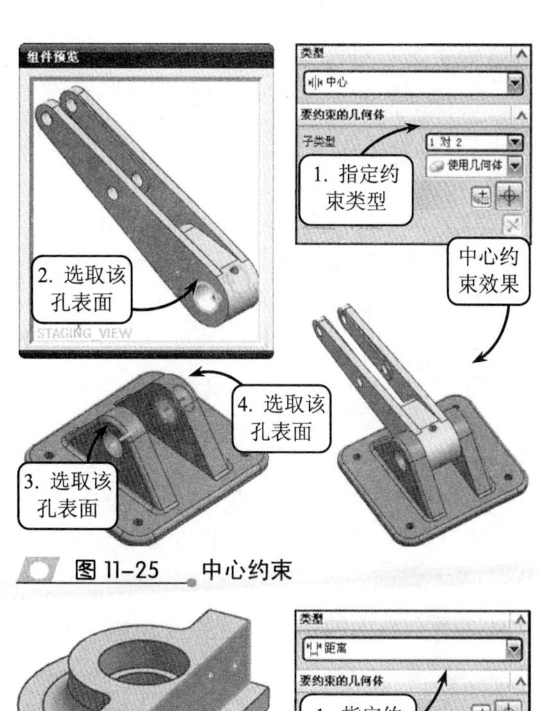

图 11-25　中心约束

11.4.3　距离和平行约束

在设置组件和组件、组件和部件之间的约束方式时，为更准确地显示组件间的关系，用户可以定义面与面之间的距离参数，从而显示组件在装配体中的自由度；为定义两个组件保持平行对立的关系，可以依次选取两组件的对应参照面，使其面与面平行。

1．距离约束

该约束类型用于指定两个组件对应参照面之间的最小距离，距离可以是正值也可以为负值，正负号确定装配组件在基础组件的哪一侧，效果如图 11-26 所示。

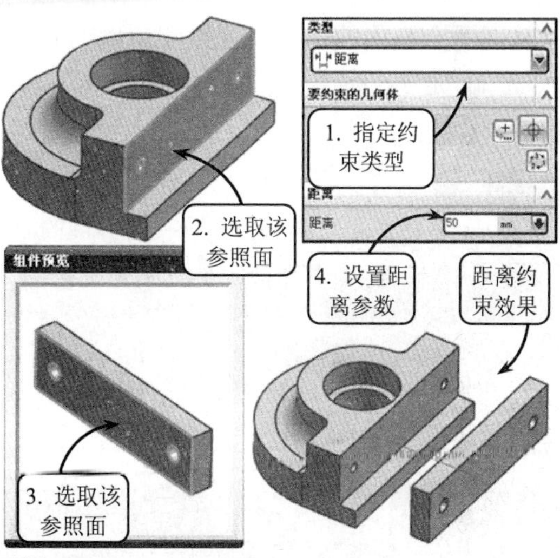

图 11-26　距离约束

2．平行约束

设置平行约束使两组件的装配对象的方向矢量彼此平行。该约束方式与对齐约束相似，不同之处在于：平行约束操作使两平面的法矢量同向，但对齐约束操作不仅使两平面的法矢量同向，而且能够使两平面位于同一个平面上，如图 11-27 所示。

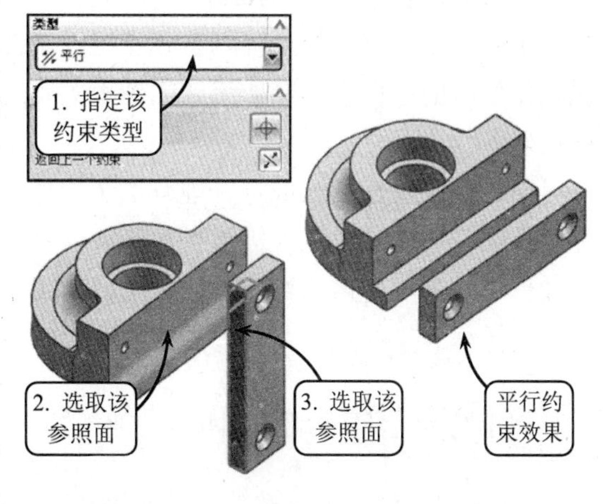

图 11-27　平行约束

11.4.4　垂直和角度约束

在定义组件与组件、组件与部件之间的关联条件时，可以选取两参照面并设置相应的约束角度，从而通过面约束起到限制组件移动约束的目的。其中垂直约束是角度约束的一种特殊形式，用户可以单独设置，也可以按照角度约束设置。

1. 垂直约束

设置垂直约束使两组件的对应参照在矢量方向上互相垂直。如图 11-28 所示，选取两组件的对应表面设置垂直约束。

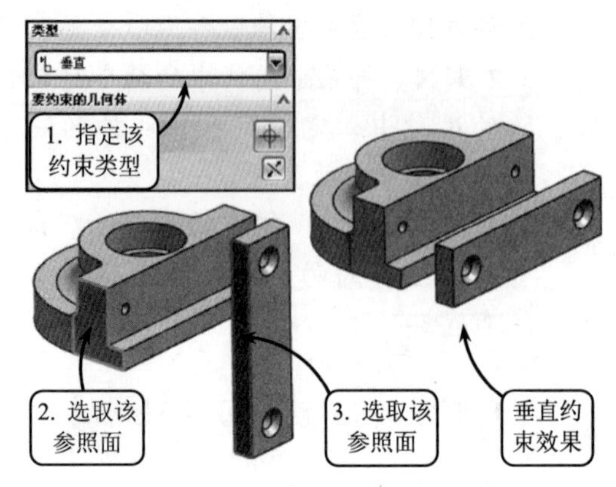

图 11-28 垂直约束

2. 角度约束

该约束类型是在两个对象间设置角度，用于约束装配组件到正确的方位上。角度约束可以在两个具有方向矢量的对象间产生，此时角度就是这两个方向矢量的夹角，且逆时针方向为正。如图 11-29 所示，依次选取两个表面的轮廓线并设置角度为 0，从而确定组件在装配体中的相对位置。

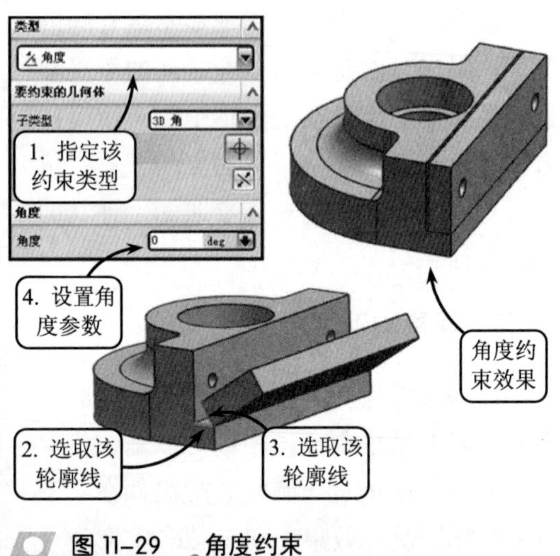

图 11-29 角度约束

注 意

组件在装配过程中，其装配位置并不确定，只是暂时放在某位置上，属于部分约束；有时系统会视装配情况的不同而自动加入假设而成为完全约束；但为了使装配位置达到设计要求的百分百的正确率，可以继续为其加上其他的约束条件，称为过度约束。

11.5 组件编辑

在装配过程中，对于按照圆周或线性分布的组件，以及沿一个基准面对称分布的组件，用户可以使用【组件阵列】和【组件镜像】工具一次获得多个特征。通过阵列或镜像操作生成的组件将按照原组件的约束关系进行相应的定位，可以极大地提高产品装配的准确率。

而在完成组件装配或打开现有的装配体后，为满足其他类似装配的需要，或者现有的组件不符合设计要求，需要进行删除、替换或移动现有组件的操作，这就需要用到装配操作环境中所提供的对应的编辑组件的工具，利用这些工具可以快速地完成相应的组件编辑操作。

11.5.1 组件阵列

在装配设计过程中，经常会遇到包含线性或圆周阵列的螺栓、销钉或螺钉等定位组件进行装配的情况，单独依靠以上章节中介绍的装配方法，很难快速地完成装配工作。而使用【组件阵列】工具可以快速地创建和编辑装配中组件的相关阵列，一次创建多个组件并确定其位置。

1. 创建线性阵列

设置线性阵列可以指定相应的参照并设置行数和列数创建阵列组件特征，也可以创建正交或非正交的组件阵列。

要执行该操作，可以单击【装配】工具栏中的【创建组件阵列】按钮，将打开【类选择】对话框，选取要执行阵列的对象，单击【确定】按钮，即可打开【创建组件阵列】对话框，如图 11-30 所示。

图 11-30 【创建组件阵列】对话框

该对话框提供了【从实例特征】、【线性】和【圆形】3 种组件阵列定义的方法，其中【线性】和【圆形】是最常用的两种方法。选择【线性】单选按钮，并单击【确定】按钮，将打开【创建线性阵列】对话框，如图 11-31 所示。该对话框包含了【面的法向】、【基准平面法向】、【边】和【基准轴】4 种线性阵列的创建方式，现分别介绍如下。

图 11-31 【创建线性阵列】对话框

❑ 面的法向

使用与所需放置面垂直的面来定义 X 和 Y 参考方向。如图 11-32 所示，选取两个法向面，并设置偏置参数即可创建线性阵列组件。

❑ 基准平面法向

使用与所需放置面垂直的基准平面来定义 X 和 Y 参考方向。选取两个方向的基准面，并设置偏置参数即可创建线性阵列组件，效果如图 11-33 所示。

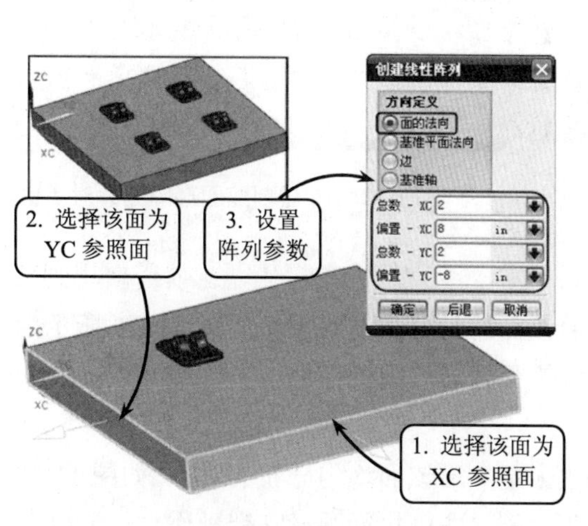

图 11-32 选取法向面创建阵列组件

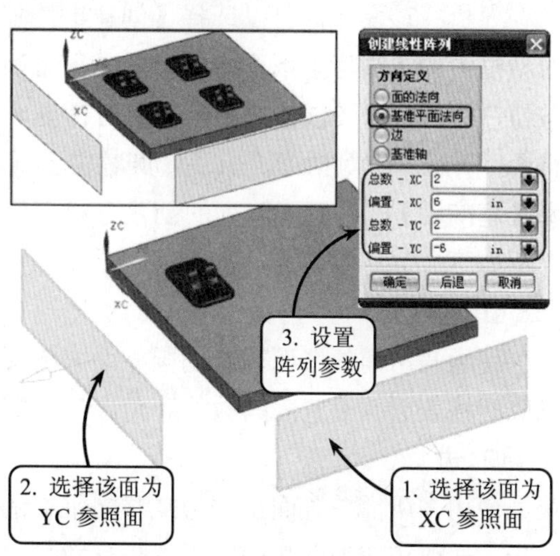

图 11-33 选取基准面创建阵列组件

❑ 边

使用与所需放置面共面的边来定义 X 和 Y 参考方向。如图 11-34 所示，选取两条边缘线，并设置偏置参数即可创建线性阵列组件。

❑ 基准轴

使用与所需放置面共面的基准轴来定义 X 和 Y 参考方向。选取两个方向的基准轴线，并设置偏置参数即可创建线性阵列组件，效果如图 11-35 所示。

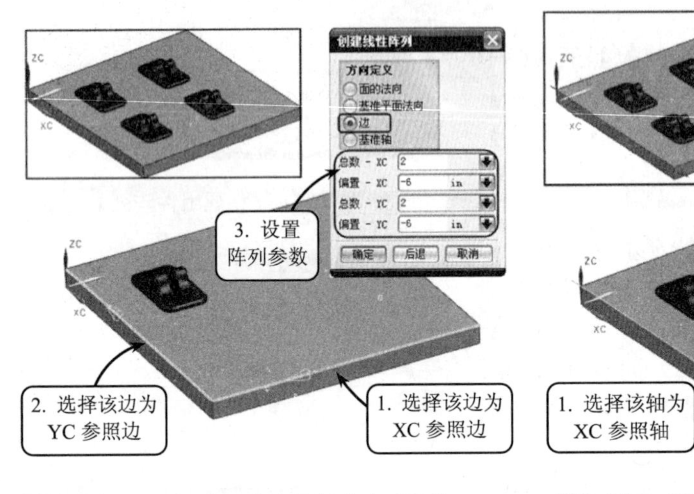

图 11-34 选取边缘线创建阵列组件

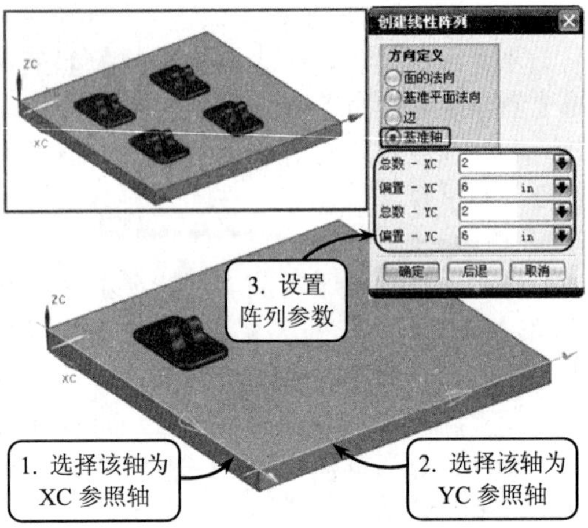

图 11-35 选取基准轴创建阵列组件

2. 创建圆形阵列

设置圆形阵列也可以创建正交或非正交的组件阵列，与线性阵列不同之处在于：圆形阵列是将对象沿轴线执行圆周均匀阵列操作。

要执行该操作，可以选择【创建组件阵列】对话框中的【圆形】单选按钮，并单击【确定】按钮，即可打开【创建圆形阵列】对话框，如图 11-36 所示。该对话框提供了【圆柱面】、【边】和【基准轴】3 种圆形阵列的创建方式，现分别介绍如下。

图 11-36 【创建圆形阵列】对话框

❑ 圆柱面

使用与所需放置面垂直的圆柱面来定义沿该面均匀分布的对象。如图 11-37 所示，选取圆柱表面并设置阵列数量和角度值，即可执行圆形阵列操作。

❑ 边

使用与所需放置面上的边或与之平行的边来定义沿该面均匀分布的对象。如图 11-38 所示，选取相应的圆弧边并设置阵列数量和角度值，即可执行圆形阵列操作。

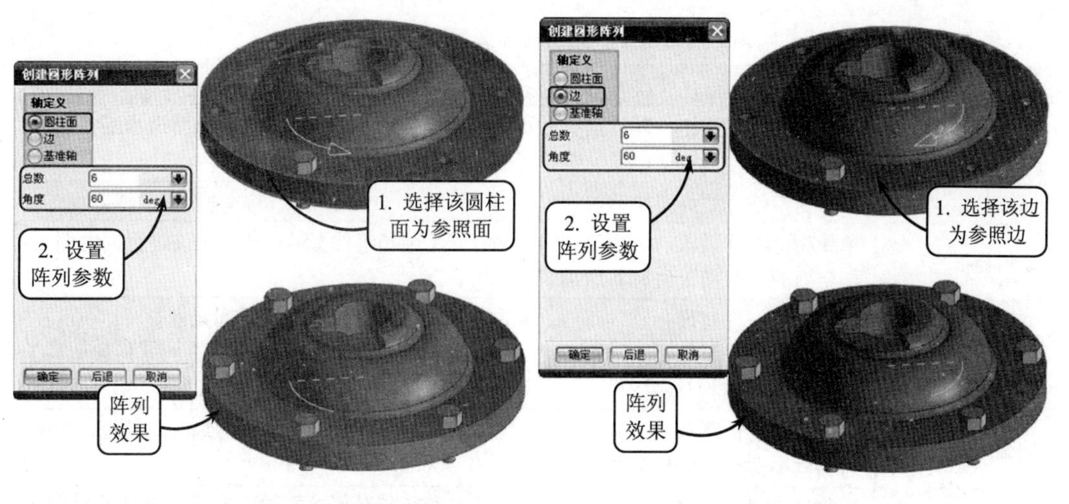

图 11-37 选取圆柱面执行阵列操作　　图 11-38 选取边执行阵列操作

❑ 基准轴

使用基准轴来定义对象使其沿该轴线形成均匀分布的阵列对象。如图 11-39 所示，选取相应的基准轴并设置阵列数量和角度值，即可执行圆形阵列操作。

3. 编辑阵列方式

在装配环境中创建组件阵列之后，仍然可以根据需要对其进行相应的编辑和删除等操作，使之更有效地辅助装配操作。

要执行组件阵列的编辑操作，可以选择【装配】|【组件】|【编辑组件阵列】选项，打开【编辑组件阵列】对话框，如图 11-40 所示。

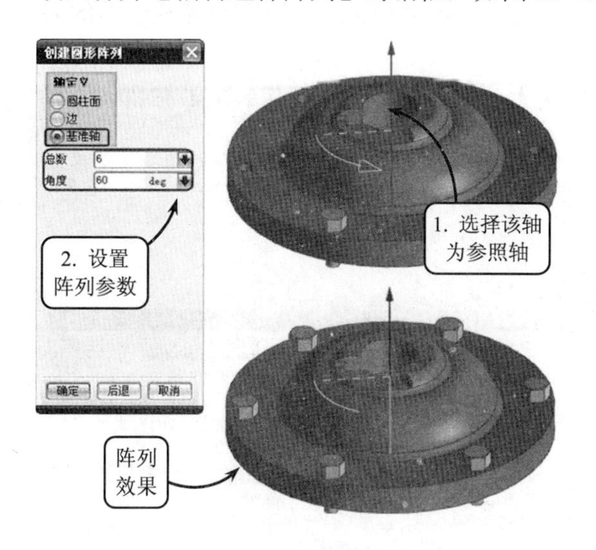

图 11-39 选取基准轴执行阵列操作

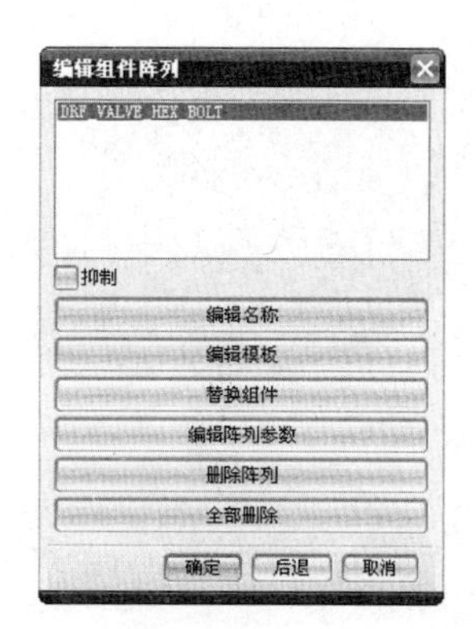

图 11-40 【编辑组件阵列】对话框

该对话框中包含了多个选项，各选项的含义以及设置方法可以参照表 11-3。

表 11-3 【编辑组件阵列】对话框中各选项的含义及设置方法

选　项	含义及设置方法
抑制	抑制任何对选定组件阵列所作的更改，直至禁用该复选框。禁用该复选框后，阵列将更新
编辑名称	重命名组件阵列。单击该按钮，将打开【输入名称】对话框，输入新名称即可
编辑模板	重新指定组件模板。单击该按钮，将打开【选择组件】对话框。在该对话框中即可指定新的组件模板进行重新编辑
替换组件	指定一个组件替换为新的组件。单击该按钮，将打开【替换阵列元素】对话框。在该对话框中选择要替换的组件，并单击【确定】按钮，即可在打开的【替换组件】对话框中进行相应的操作。具体的方法将在后面的章节详细介绍，这里不再赘述
编辑阵列参数	更改选定组件阵列的创建参数。单击该按钮，将打开对应阵列的编辑对话框。在该对话框中即可重新修改相应的参数，获取不同的阵列效果
删除阵列	删除选定组件阵列和阵列的组件，但原始模板组件无法删除。单击该按钮后，将无法再进行编辑组件阵列的操作
全部删除	删除所有的阵列和组件。单击该按钮，将打开【删除阵列和组件】提示框。单击【是】按钮，即可将所有的阵列对象全部删除

例如在【编辑组件阵列】对话框中选取螺钉圆形阵列特征，然后选择【编辑阵列参数】选项，将打开【编辑圆形阵列】对话框。此时修改相应的阵列参数，即可获得编辑后的阵列实体效果，如图 11-41 所示。

11.5.2 组件镜像

组件镜像功能主要用来处理左右对称的装配情况，类似于在建模环境中对单个实体特征的镜像。因此特别适合像汽车底座等这样对称的组件装配，仅仅需要完成一边的装配工作即可。

要执行组件镜像操作，可以首先在【装配】工具栏中单击【镜像装配】按钮，将打开【镜像装配向导】对话框，如图 11-42 所示。

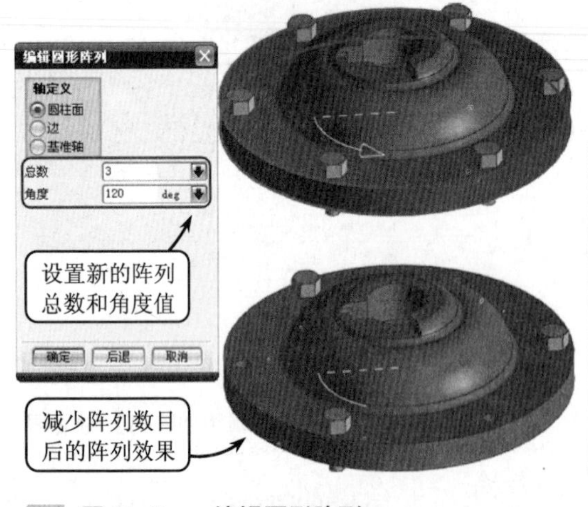

图 11-41 编辑圆形阵列

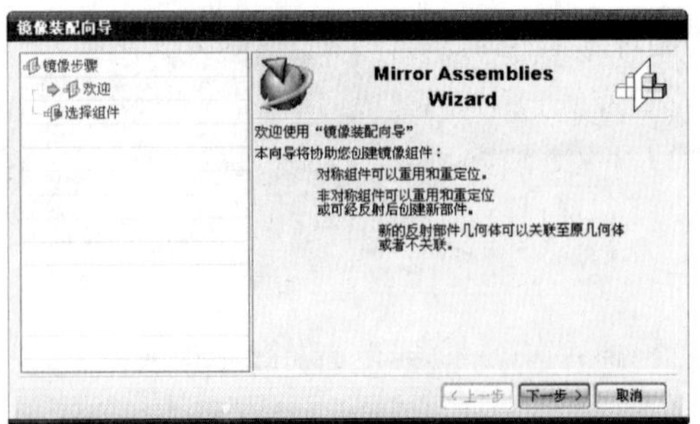

图 11-42 【镜像装配向导】对话框

在该对话框中单击【下一步】按钮，然后在打开的对话框后选取待镜像的组件，其中组件可以是单个或多个，如图 11-43 所示。

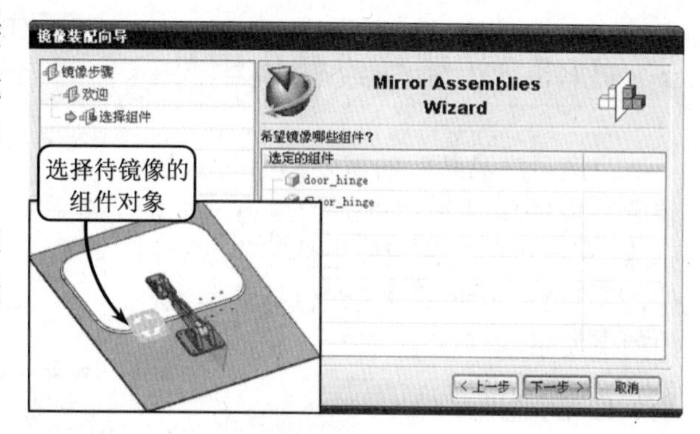

图 11-43　选择镜像对象

接着单击【下一步】按钮，并在打开对话框后选取相应的基准面为镜像平面，如图 11-44 所示。如果没有，可以单击【创建基准平面】按钮，然后在打开的对话框中创建一个基准面作为镜像平面。

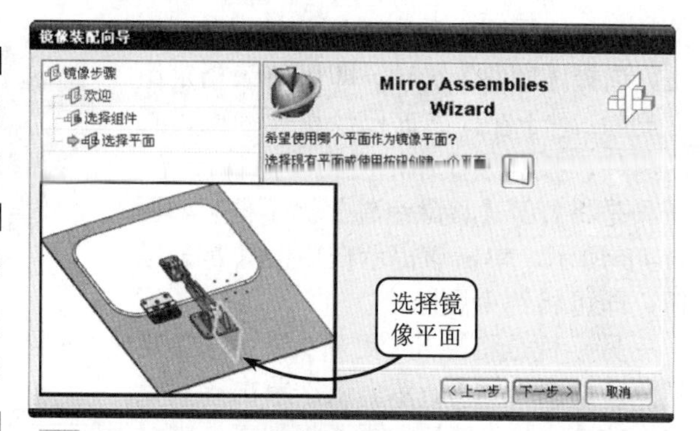

图 11-44　选择镜像平面

完成上述步骤后，单击【下一步】按钮，即可在打开的新对话框中设置镜像类型。此时，用户可以选取相应的镜像组件，然后单击【非关联镜像】按钮或【关联镜像】按钮，选择相应的镜像类型，同时【重用和重定位】按钮将被激活，单击该按钮将可以重新指定镜像类型；单击【排除】按钮，将执行删除指派组件的操作，如图 11-45 所示。

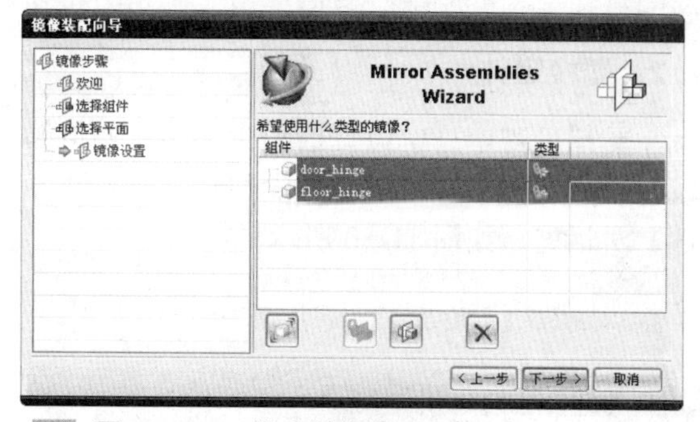

图 11-45　指定镜像类型

设置镜像类型后，单击【下一步】按钮，将打开新的对话框，如图 11-46 所示。在该对话框中，如果对之前的定位方式不满意，可以再次单击【重用和重定位】按钮，指定各个组件的多种定位方式。其中在【定位】列表框中选择各列表项，系统将执行对应的定位操作；也可以通过多次单击【循环重定位解算方案】按钮，来查看相应的定位效果。

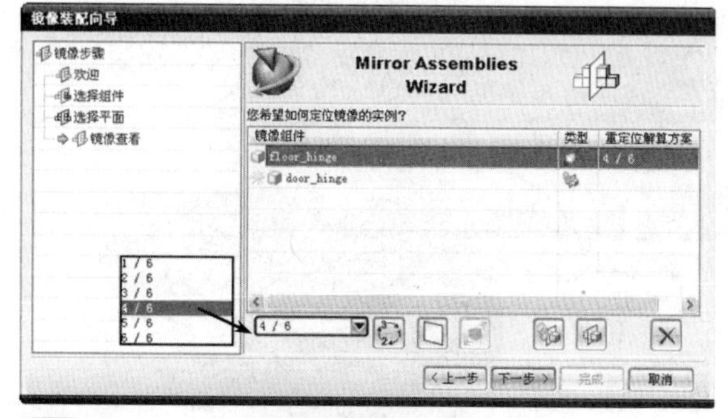

图 11-46　指定镜像定位方式

指定镜像定位方式后，单击【下一步】按钮，将打开新的对话框，如图 11-47 所示。在该对话框中，可以对镜像组件进行命名，并指定相应的保存路径。最后单击【完成】按钮即可获得镜像组件的效果。

11.5.3 删除或替换组件

为满足产品装配的需要，可以将已经装配完成的组件和设置的约束方式同时删除，也可以用其他相似组件替换现有组件，并且可以根据需要仍然保持前续组件的约束关系。

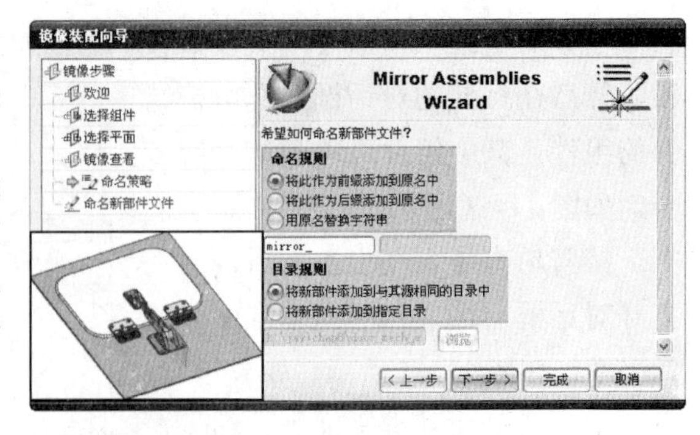

图 11-47 命名镜像组件

1．删除组件

在装配过程中，可以将指定的组件删除掉。在绘图区中选取要删除的对象，右击，选择【删除】选项，即可将该指定组件删除；对于在此之前已经进行约束设置的组件，执行该操作，会出现两种情况。一种是将打开【移除组件】提示框，如图 11-48 所示，单击该提示框中的【是】按钮，即可将约束删除。

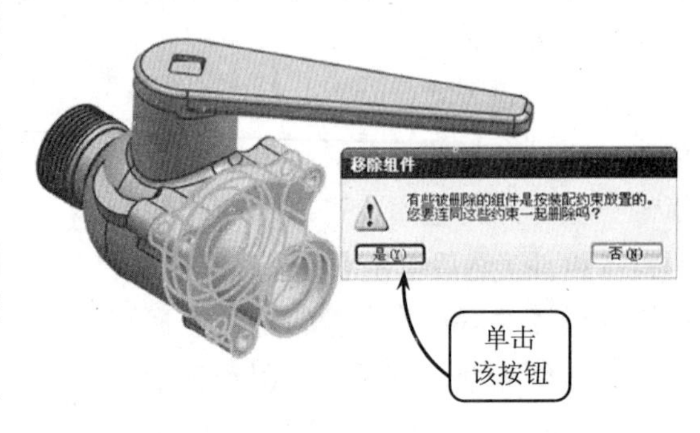

图 11-48 【移除组件】提示框

另一种是将打开【更新失败列表】对话框，如图 11-49 所示。依次单击该对话框中的【删除】按钮，即可将列表框中显示的配对约束相继删除，最后单击【确定】按钮确认操作即可。

2．替换组件

在装配过程中，可以选取指定的组件将其替换为新的组件。要执行替换组件操作，可以在装配环境中选取要替换的组件，然后右击选择【替换组件】选项，将打开【替换组件】对话框，如图 11-50 所示。

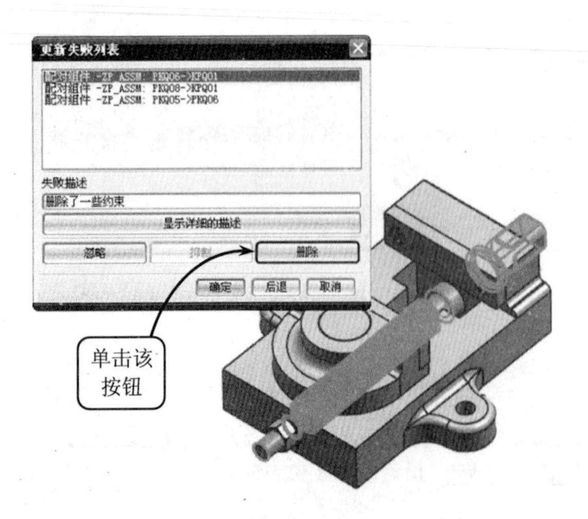

图 11-49 【更新失败列表】对话框

图 11-50 【替换组件】对话框

在该对话框的【替换部件】面板中单击【选择部件】按钮，然后在装配环境中选取替换组件即可；或者单击【浏览】按钮，指定相应的路径打开替换组件；或者在【已加载的部件】和【未加载的部件】列表框中选择相应的组件名称。

指定替换组件后，展开【设置】面板。该面板中包含两个复选框，其含义及设置如下所述。

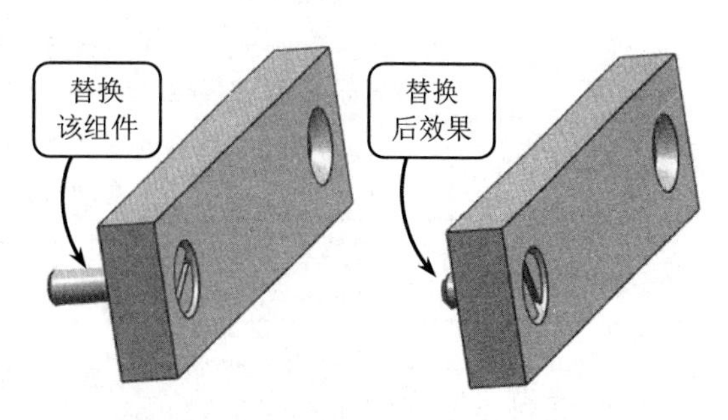

图 11-51　替换组件

- **维持关系**　启用该复选框可以在替换组件时保持装配关系。它是先在装配中移去组件，并在原来位置加入一个新的组件。系统将保留原来组件的装配条件，并沿用到替换的组件上，使替换的组件与其他组件构成关联关系，效果如图 11-51 所示。
- **替换装配中的所有事例**　启用该复选框，则当前装配体中所有重复使用的装配组件都将被替换。

11.5.4　移动组件

在装配过程中或完成装配操作后，如果使用的约束条件不能满足设计者的实际装配需要，还可以利用手动编辑的方式将组件指定到相应的位置处。

图 11-52　【移动组件】对话框

要移动组件，可以首先选取待移动的组件，右击选择【移动】选项，或者选取移动对象后单击【移动组件】按钮，都将打开【移动组件】对话框，如图 11-52 所示。

在该对话框的【变换】面板中，单击【运动】列表框旁边的三角按钮，将打开下拉菜单，该菜单中各按钮的含义及使用方法参照表 11-4。

表 11-14　【运动】列表框中各按钮的含义及使用方法

按　　钮	含义及使用方法
动态	使用动态坐标系移动组件。选择该移动类型后，单击按钮，即可在打开的【点】对话框中指定相应的点移动组件；或者单击按钮，激活坐标系，通过移动或旋转坐标系的方式动态地移动相应的组件
通过约束	使用约束移动组件。选择该移动方式，对话框中将增加【约束】面板。用户可以按照上述创建约束方式的方法移动组件
距离	选择该方式后，指定相应的移动矢量方向，并设置移动的距离参数，即可将组件移动到指定的位置
点到点	用于将所选的组件从一个点移动到另一个点。选择该方式后，依次指定出发点和终止点，即可将该组件移动到终止点位置
增量 XYZ	用于平移所选组件。选择该方式后，在对应的【变换】面板中分别设置组件在 X、Y 和 Z 轴方向的移动距离即可。如果输入值为正，则沿坐标轴正向移动；反之沿负向移动

续表

按　钮	含义及使用方法
角度	用于绕轴线旋转所选的组件。选择该方式后，指定相应的矢量方向和轴点，并设置旋转角度参数，即可将该组件沿选择的旋转轴执行相应的旋转操作
根据三点旋转	选择该方式后，通过指定旋转的轴矢量方向和 3 个参考点，即可将组件执行相应的旋转操作
CSYS 到 CSYS	利用移动坐标系的方式重新定位所选组件。选择该方式后，单击相应的按钮，通过该对话框依次指定起始坐标系和终止坐标系即可
轴到矢量	选择该方式后，通过依次指定起始矢量、终止矢量和相应的枢轴点，即可将组件移动到指定的位置

11.6 查看装配关系

在打开一个现有的装配体时，或者在执行当前组件的装配操作后，用户可以通过使用爆炸视图功能来查看装配体下属的所有组件，以及各组件在子装配体以及总装配中的装配关系。

11.6.1 创建爆炸视图

爆炸图是在装配模型中组件按照装配关系偏离原来的位置的拆分图形，可以方便用户查看装配中的零件及其相互之间的装配关系。其在本质上也是一个视图，与其他用户定义的视图一样，一旦定义和命名就可以被添加到其他图形中。

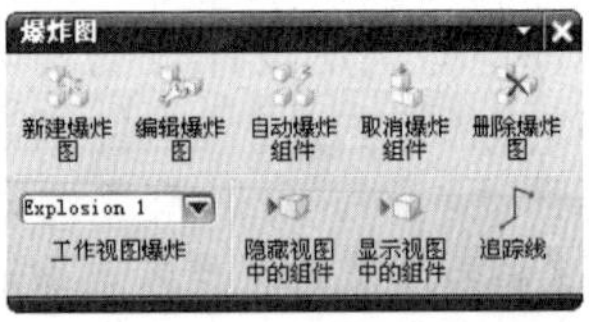

图 11-53 【爆炸图】工具栏

爆炸图与显示部件关联，并存储在显示部件中。用户可以在任何视图中显示爆炸图形，并对该图形进行任何编辑操作，且该操作也将同时影响到非爆炸图中的组件。

要执行建立爆炸视图的操作，可以单击【装配】工具栏中的【爆炸图】按钮，将弹出【爆炸图】工具栏，如图 11-53 所示。

利用该工具栏中相应的工具即可执行创建和编辑爆炸视图的操作，本节将详细介绍自动和手动创建爆炸视图的方法和技巧。

1. 创建爆炸视图

要查看装配实体的爆炸效果，需要首先创建爆炸视图。通常创建该视图的方法是：单击【爆炸图】工具栏中的【新建爆炸图】按钮，将打开【新建爆炸图】对话框，如图 11-54 所示。

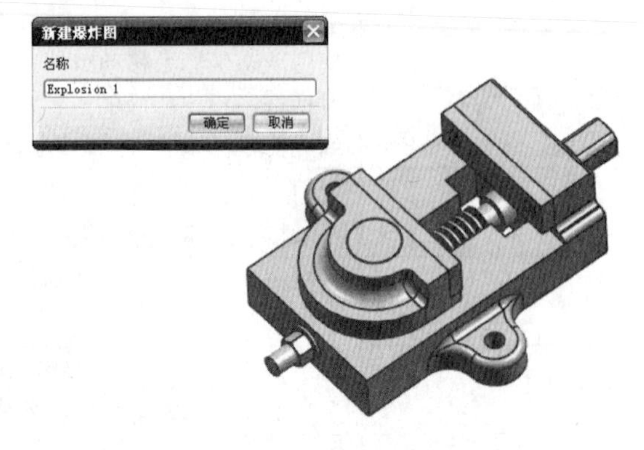

图 11-54 【新建爆炸图】对话框

在该对话框中的【名称】文本框中输

入爆炸图名称，或接受系统的默认名称为 Explosion 1，单击【确定】按钮即可新建一个爆炸图。

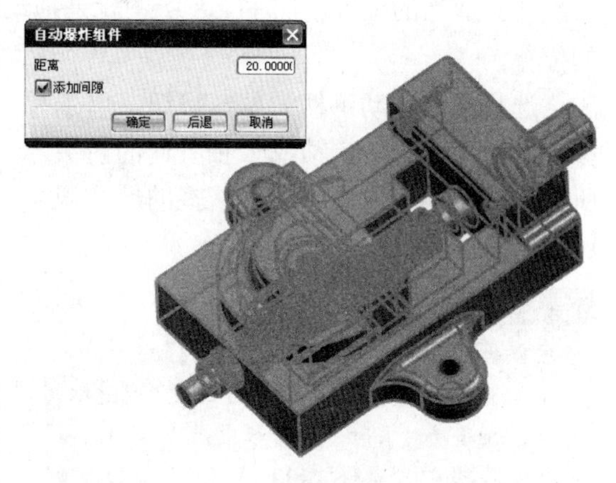

图 11-55 【自动爆炸组件】对话框

2. 自动爆炸组件

UG NX 装配中的组件爆炸方式为自动爆炸，即基于组件之间保持关联条件，沿表面的正交方向自动爆炸组件。

要执行该方式的爆炸操作，可以单击【爆炸图】工具栏中的【自动爆炸组件】按钮，将打开【类选择】对话框。然后在装配环境中选取要进行爆炸的组件，并单击【确定】按钮，即可打开【自动爆炸组件】对话框，如图 11-55 所示。

在该对话框的【距离】文本框中，可以设置组件间执行爆炸操作的距离参数。若启用【添加间隙】复选框，则设置的距离参数为组件相对于关联组件移动的相对距离，如图 11-56 所示；若禁用该复选框，则设置的距离参数为绝对距离，即组件从当前位置移动指定的距离值。

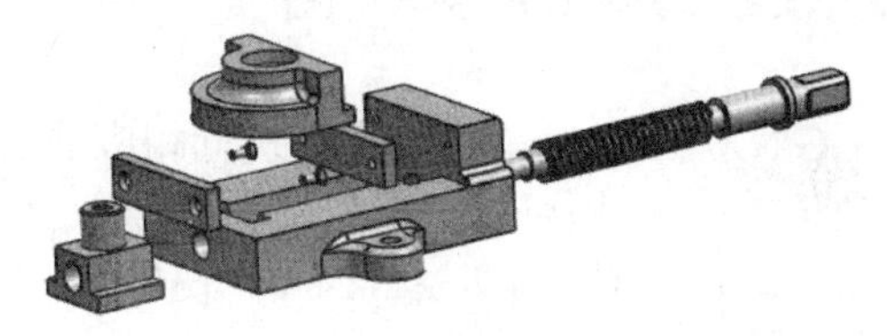

图 11-56 启用【添加间隙】复选框后的爆炸效果

注 意

自动爆炸只能爆炸具有关联条件的组件，对于没有关联条件的组件不能使用该爆炸方式。

3. 手动创建爆炸视图

在执行自动爆炸操作之后，各个零部件的相对位置并非按照正确的规律分布，还需要使用【编辑爆炸图】工具将其调整到最佳的位置。

要执行该操作，可以单击【爆炸图】工具栏中的【编辑爆炸图】按钮，将打开【编辑爆炸图】对话框，如图 11-57 所示。

首先选择【选择对象】单选按钮，直接在绘图区选取将要移动的组件，选取的对象将高亮显示；然后选择【移动对象】单选按钮，即可通过坐标系将该组件移动

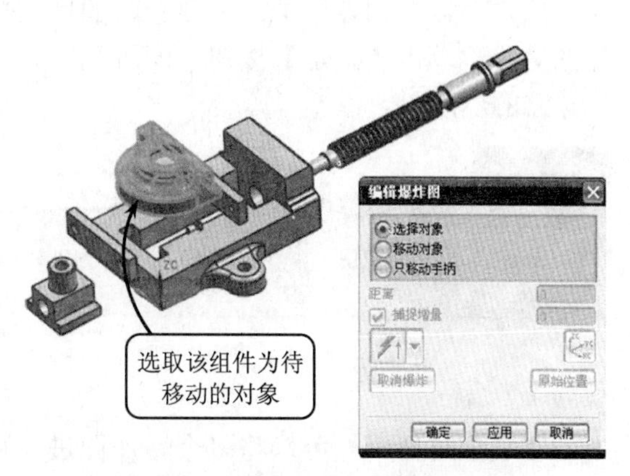

图 11-57 【编辑爆炸图】对话框

或旋转到适当的位置。图 11-58 所示就是拖动坐标系的 Y 轴将活动钳口组件移动至合适的位置。

选择【只移动手柄】单选按钮，用于移动由标注 X 轴、Y 轴或 Z 轴方向的箭头所组成的手柄，以便在组件繁多的爆炸视图中仍然可以移动组件。

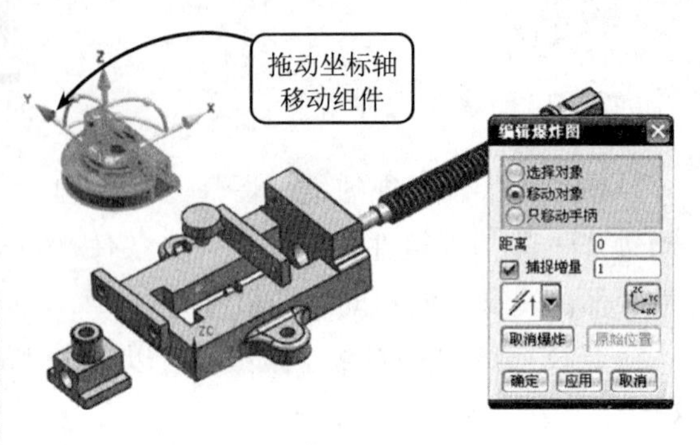

图 11-58　编辑爆炸视图

提　示

在选取要编辑的组件对象时，如果选取错误，可以使用 Shift+鼠标左键，取消对该组件的选取。另外，在移动对象时，对话框中下拉列表框将被激活。用户可以利用其下拉列表框中的选项在视图区中构造一点，并单击【确定】按钮，将所选组件移动到所构造的点的位置。

11.6.2　编辑爆炸视图

在 UG NX 7.5 的装配环境中，执行相应的自动和手动爆炸视图操作，即可获得理想的爆炸效果。另外，还可以对爆炸视图进行位置编辑、复制、删除和切换等操作，使爆炸效果更加清晰、一目了然。

1．删除爆炸图

当不必显示装配体的爆炸效果时，可以执行删除爆炸图的操作将其删除，具体的操作方法是：在【爆炸图】工具栏中单击【删除爆炸图】按钮，将打开【爆炸图】对话框，如图 11-59 所示。

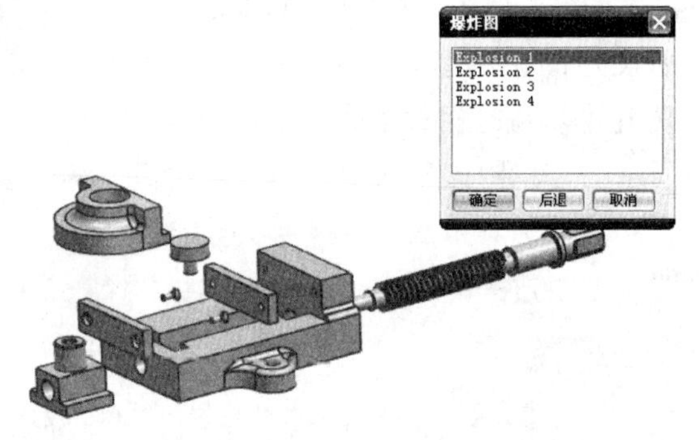

图 11-59　【爆炸图】对话框

该对话框中列出了所有爆炸图的名称，用户可以在列表框中选择要删除的爆炸图名称，单击【确定】按钮，即可删除已建立的爆炸图。

注　意

在图形窗口中显示的爆炸图不能够直接将其删除。如果要删除该视图，需要先将其复位，方可进行删除操作。

2．切换爆炸图

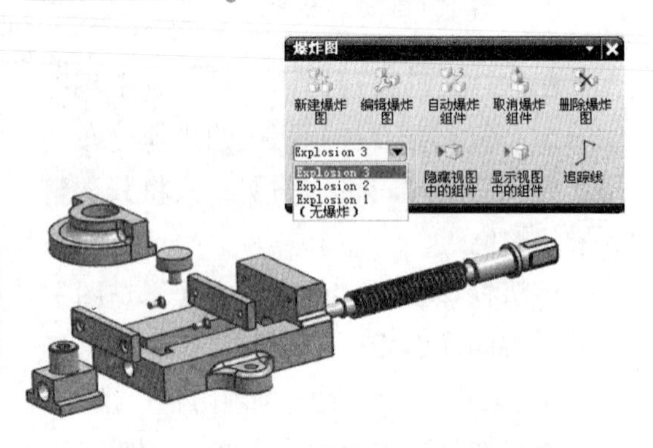

图 11-60　【工作视图爆炸】列表框

在装配过程中，可以将多个爆炸图进行相应的切换。具体的操作方法是：在【爆炸图】工具栏中单击【工作视图爆炸】按钮，将打开如图 11-60 所示的下拉列表框。

该列表框中列出了所创建的和正在编辑的各个爆炸图的名称，用户可以根据需要，在该下拉菜单中选择要在图形窗口中显示的爆炸图，进行爆炸图的切换。

3．隐藏组件

执行隐藏组件操作是将当前图形窗口中的组件隐藏。具体的操作方法是：在【爆炸图】工具栏中单击【隐藏视图中的组件】按钮，将打开【隐藏视图中的组件】对话框，在装配环境中选取要隐藏的组件，单击【确定】按钮即可将其隐藏。此外该工具栏中的【显示视图中的组件】按钮是隐藏组件的逆操作，通过该工具可使已隐藏的组件重新显示在图形窗口中，这里不再赘述。

11.7 典型案例 11-1：创建抽油机装配模型

本实例创建抽油机装配模型，效果如图 11-61 所示。其主要结构包括固定在支座上的桶状缸体，与缸体连接的端盖和三通体结构零件，还有缸体中的拉杆和三通体结构零件中的轴类零件。缸体中的拉杆在别的动力作用下，作往复的直线运动，引起与缸体密封连接的三通体内的空气压力产生变化，油在压力差的作用下，通过三通体底部的接口被吸入，由侧边的接口流出，完成油的抽取。

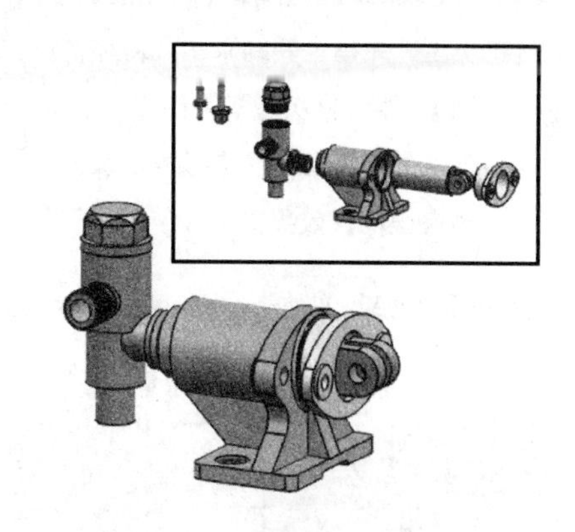

图 11-61 抽油机装配模型

创建该装配模型，主要用到接触、对齐、角度和平行等约束方式。在定位三通体结构的位置时，除了设置接触、对齐约束外，还要通过角度约束，设置两平面间的角度。三通体内部结构的多个零件可以采取从下往上依次定位。而拉杆除了设置与缸体接触、对齐外，还要设置它的顶端侧面与底座的相应侧面为平行约束，才能准确定位。

操作步骤

1 新建一个名称为“Chouyoujizhuangpei.part”的装配文件，打开【添加组件】对话框。然后在该对话框的【部件】面板中单击【打开】按钮，在打开的对话框中打开本书配套光盘文件“pump01.part”，即组件 1。接着选择【放置】面板中的【绝对原点】方式，效果如图 11-62 所示。

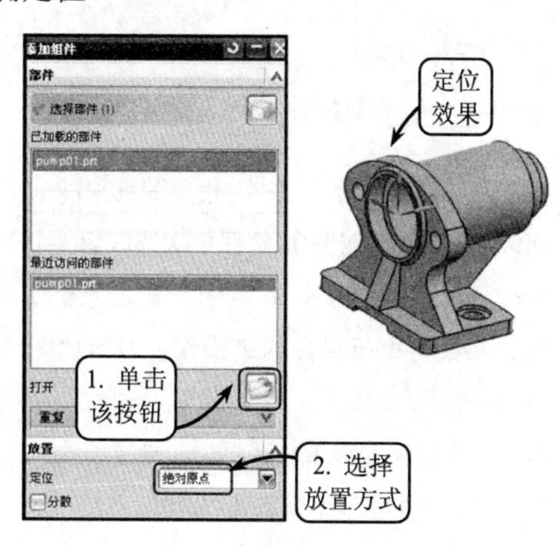

图 11-62 定位组件 1

2 单击【装配】工具栏中的【添加组件】按钮，按照上一步的方法打开本书配套光盘文件“pump02.part”，并设置定位方式为【通过约束】，单击【确定】按钮后出现定位组件 2 的组件预览图，效果如图 11-63 所示。

图 11-63 打开组件 2

3 在【装配约束】对话框中，选择【接触对齐】类型，并指定要约束的几何体的方式为【接触】。然后依次选取组件 2 的底部端面与组件 1 的内孔端面为参照面，系统将执行接触约束操作，效果如图 11-64 所示。

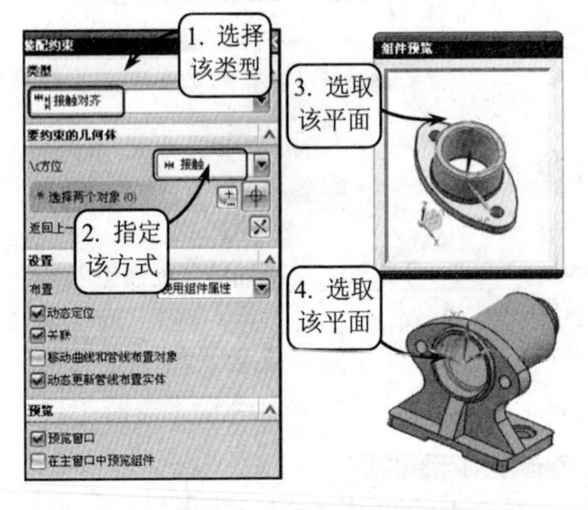

图 11-64 设置接触约束

4 在【装配约束】对话框中，指定要约束的几何体的方位为【对齐】。然后依次选取组件 2 的凸台孔表面与组件 1 的内孔表面为参照面，系统将执行对齐约束操作，效果如图 11-65 所示。

5 继续在【装配约束】对话框中，指定要约束的几何体的方式为【对齐】，依次选取组件 2 底座的孔表面与组件 1 对应孔表面为参照面，单击【确定】按钮即可，效果如图 11-66 所示。

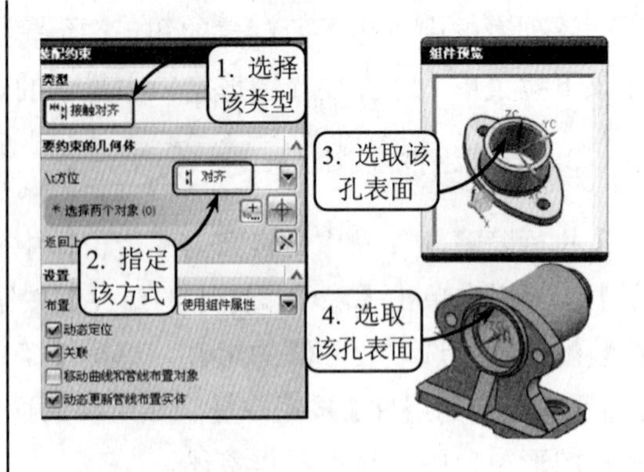

图 11-65 设置对齐约束

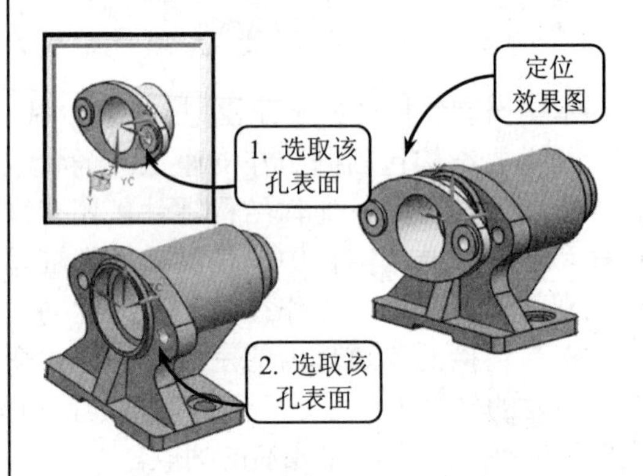

图 11-66 设置对齐约束并定位组件 2

6 单击【添加组件】按钮，按照上面的方法打开光盘文件“pump04.part”，并设置定位方式为【通过约束】。然后在【装配约束】对话框中，指定要约束的几何体的方式为【接触】，依次选取组件 3 与组件 1 的对应平面为参照面，系统将执行接触约束操作，效果如图 11-67 所示。

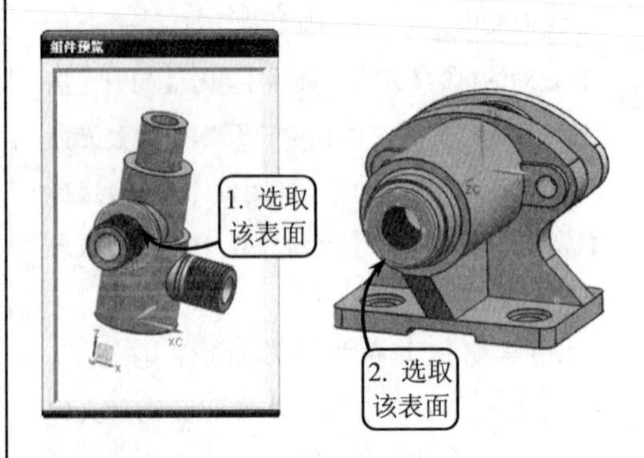

图 11-67 设置接触约束

7 在【装配约束】对话框中，指定要约束的几何体的方式为【对齐】。然后依次选取组件 3 与组件 1 的对应表面为参照面，系统将执行对齐约束操作，效果如图 11-68 所示。

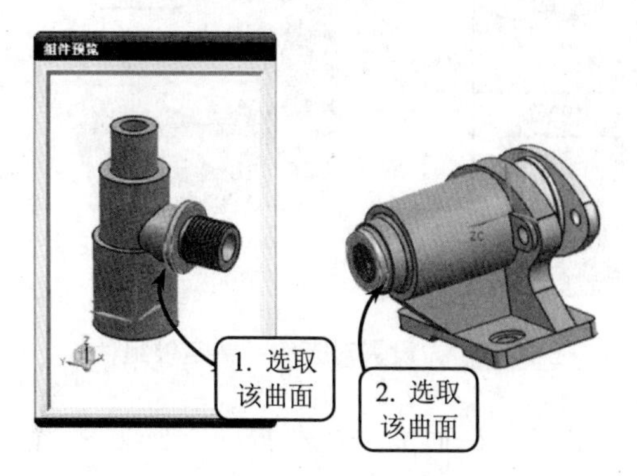

图 11-68 设置对齐约束

8 继续在【装配约束】对话框中，选择约束类型为【角度】。然后依次选取组件 3 的顶端平面与组件 1 的底座侧面为参照面，输入约束角度为 90°，单击【确定】按钮即可定位组件 3，效果如图 11-69 所示。

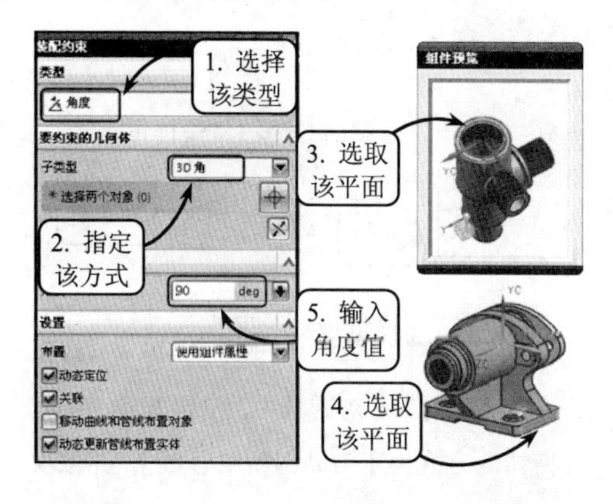

图 11-69 设置角度约束并定位组件 3

9 按照上面的方法打开光盘文件“pump07.part”，即组件 4，并设置定位方式为【通过约束】。然后在【装配约束】对话框中，指定要约束的几何体的方式为【接触】。接着依次选取组件 4 与组件 3 的对应平面为参照面，系统将执行接触约束操作，效果如图 11-70 所示。

10 在【装配约束】对话框中，指定要约束的几何体的方式为【自动判断中心轴】。然后依次选取组件 4 的轴表面和组件 3 的底端孔表面为参照面，系统将执行对齐约束操作。接着单击【确定】按钮即可定位组件 4，效果如图 11-71 所示。

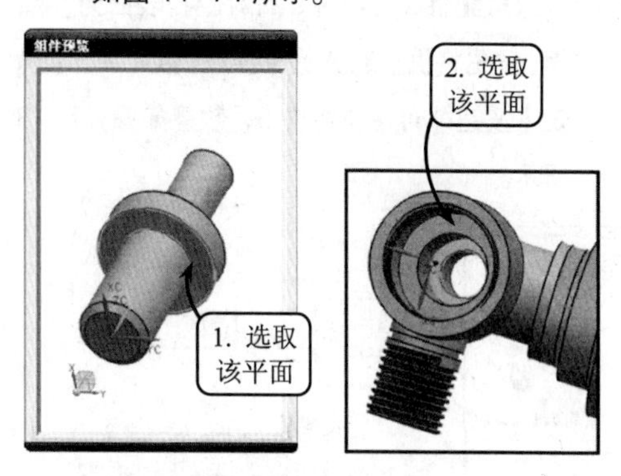

图 11-70 设置接触约束

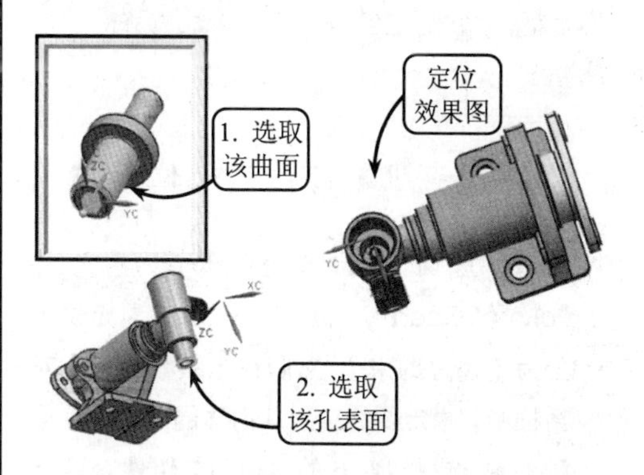

图 11-71 设置对齐约束并定位组件 4

11 按照上面的方法打开光盘文件“pump06.part”，即组件 5，并设置定位类型为【通过约束】。然后在【装配约束】对话框中，指定要约束的几何体的方式为【接触】。接着依次选取组件 5 的圆台底面与组件 3 的对应平面为参照面，系统将执行接触约束操作，效果如图 11-72 所示。

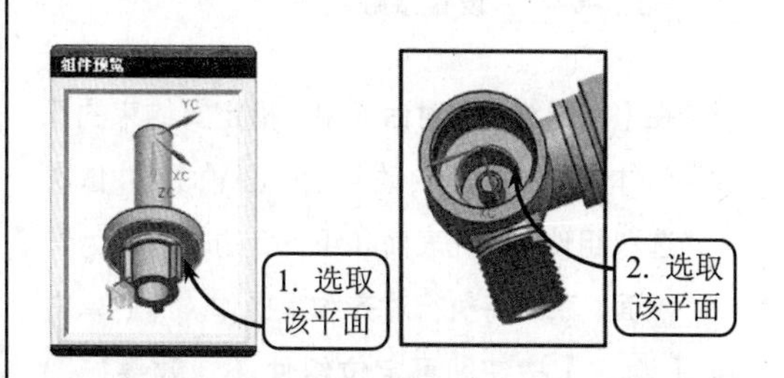

图 11-72 设置接触约束

12 在【装配约束】对话框中，指定要约束的几何体的方式为【自动判断中心轴】。然后依次选取组件5与组件3的对应孔表面为参照面，系统将执行对齐约束操作。接着单击【确定】按钮即可定位组件5，效果如图11-73所示。

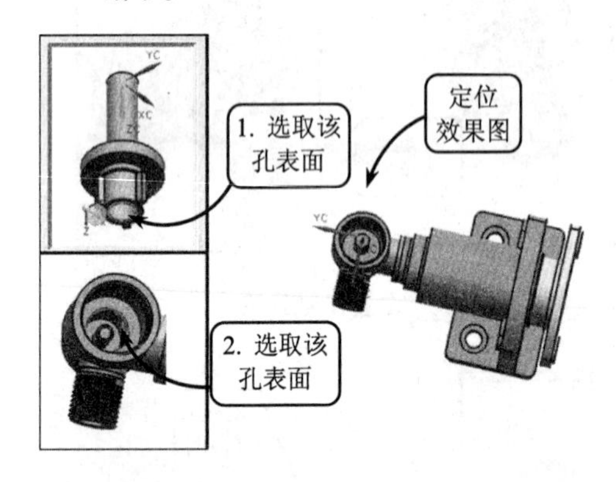

图 11-73　设置对齐约束并定位组件5

13 按照上面的方法打开光盘文件“pump05.part”，即组件6，并设置定位类型为【通过约束】。然后在【装配约束】对话框中，指定要约束的几何体的方式为【接触】，并选取组件6的下表面与组件3的上表面为参照面，系统将执行接触约束操作，效果如图11-74所示。

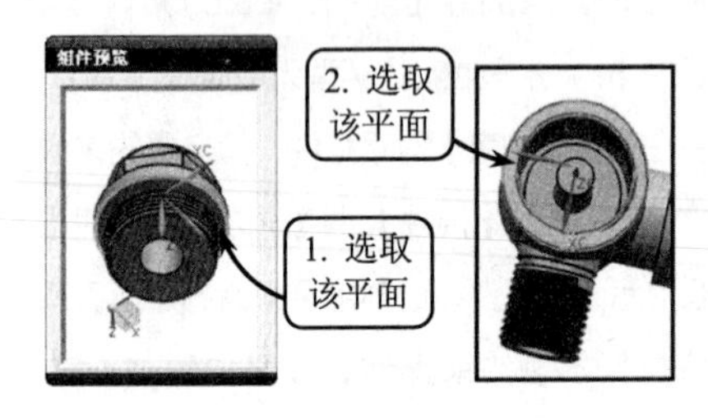

图 11-74　设置接触约束

14 在【装配约束】对话框中，指定要约束的几何体的方式为【自动判断中心轴】，并依次选取组件6的孔表面和组件5的轴表面为参照面，系统将执行对齐约束操作。然后单击【确定】按钮即可定位组件6，效果如图11-75所示。

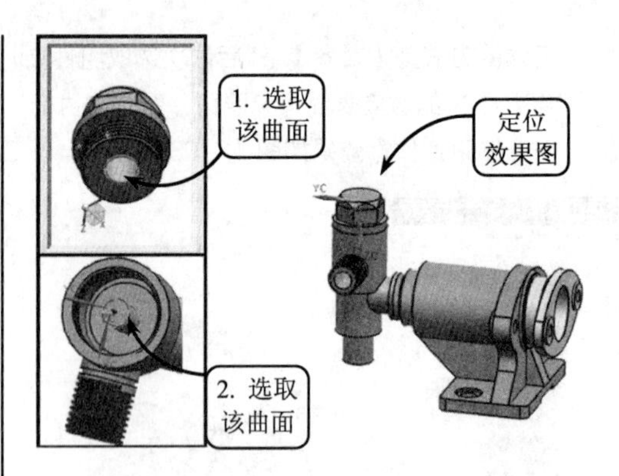

图 11-75　设置对齐约束并定位组件6

15 按照上面的方法打开光盘文件“pump03.part”，即组件7，并设置定位类型为【通过约束】。然后在【装配约束】对话框中，指定要约束的几何体的方式为【接触】，并依次选取组件7的轴端面与组件1的对应面为参照面，系统将执行接触约束操作，效果如图11-76所示。

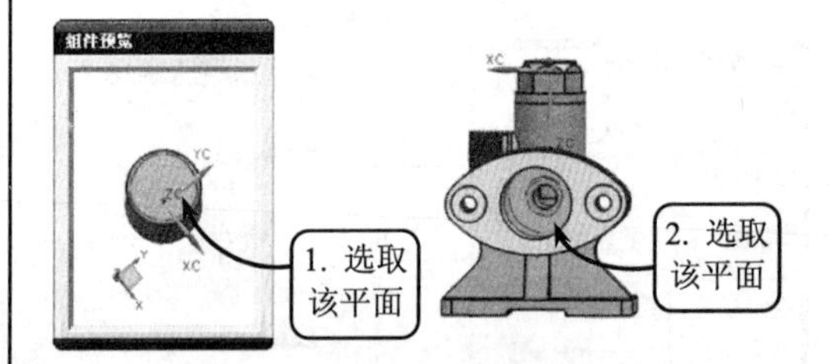

图 11-76　设置接触约束

16 在【装配约束】对话框中，指定要约束的几何体的方式为【自动判断中心轴】，并依次选取组件7的轴表面和组件2的孔表面为参照面，系统将执行对齐约束操作，效果如图11-77所示。

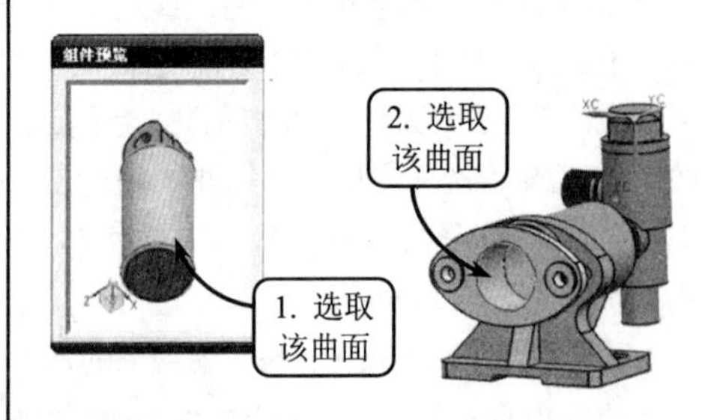

图 11-77　设置对齐约束

17 继续在【装配约束】对话框中，选择约束类型为【平行】。然后依次选取组件 7 的顶端侧面与组件 1 的底座侧面为参照面，单击【确定】按钮即可定位组件 7，效果如图 11-78 所示。

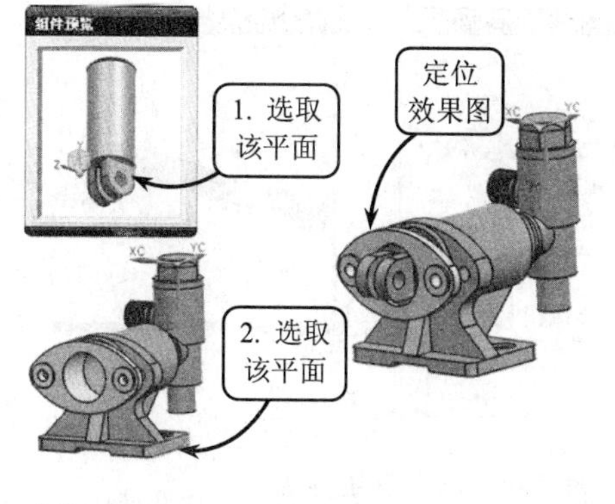

图 11-78 设置平行约束并定位组件 7

11.8 典型案例 11-2：创建平口钳装配模型

本实例创建平口钳装配体并分解，效果如图 11-79 所示。平口钳是钳工加工的重要工具，主要利用螺杆或其他机构使两钳口作相对移动而夹持工件。一般由底座、钳身、固定钳口和活动钳口，以及使活动钳口移动的传动机构组成。其中钳身中间加工有滑轨用于放置活动钳口，螺杆可以通过旋转使活动钳口移动。

在对平口钳实体模型进行装配时，一般以钳身作为基准部件进行自底向上的装配操作。其中对于轴类以及具有圆形端面重合的零件之间的装配，应利用【同心】装配约束类型，而对于具有重合平面的零件之间的装配，则可以利用【接触对齐】约束类型进行装配。当完成平口钳的装配后，可以利用【自动爆炸组件】和【编辑爆炸组件】等爆炸工具对实体模型进行爆炸操作。

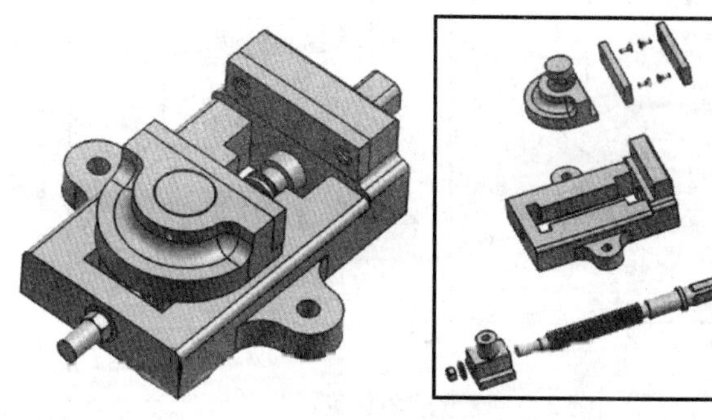

图 11-79 平口钳装配模型

操作步骤

1 新建一个名称为“Pingkouqian.part”的装配文件，打开【添加组件】对话框。然后在该对话框的【部件】面板中单击【打开】按钮，在打开的对话框中打开本书配套光盘文件“PKQ-001”，即组件 1。接着选择【放置】面板中的【选择原点】方式，效果如图 11-80 所示。

2 单击【装配】工具栏中的【添加组件】按钮，按照上一步的方法打开光盘文件“PKQ-007.prt”，即组件 2。然后设置定位方式为【通过约束】，单击【确定】按钮后出现组件 2 的组件预览图，效果如图 11-81 所示。

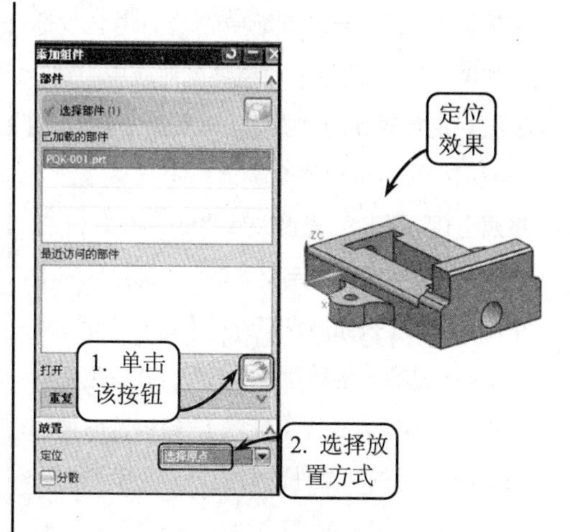

图 11-80 定位组件 1

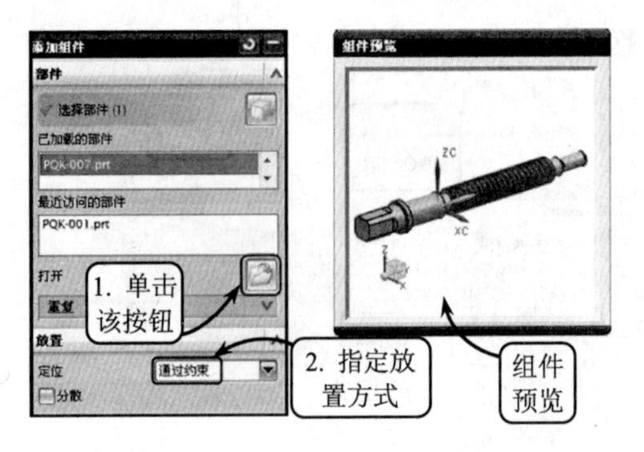

图 11-81 打开组件 2

3 在【装配约束】对话框中，选择【接触对齐】类型，并指定要约束的几何体的方式为【接触】。然后依次选择如图 11-82 所示的两组件的对应表面为参照面，系统将执行接触约束操作。

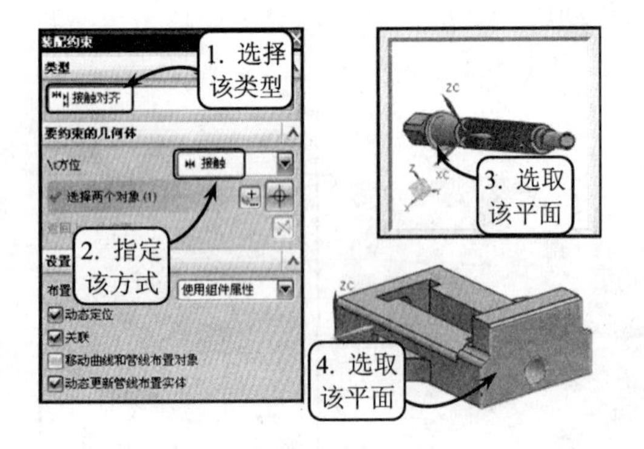

图 11-82 设置接触约束

4 在【装配约束】对话框中，指定要约束的几何体的方式为【自动判断中心轴】，并依次选取如图 11-83 所示的两组件的对应中心线，系统将执行对齐约束操作。然后单击【确定】按钮后即可定位组件 2。

5 按照上述方法打开光盘文件“PKQ-008.prt”，即组件 3。然后设置定位类型为【通过约束】，单击【确定】按钮后在打开的【装配约束】对话框中，选择【接触对齐】类型，并指定要约束的几何体的方式为【接触】。接着选取如图 11-84 所示的两组件的对应表面为参照面，系统将执行接触约束操作。

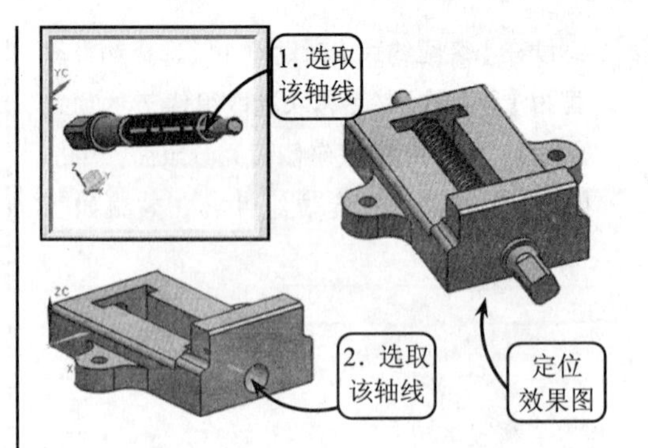

图 11-83 设置对齐约束并定位组件 2

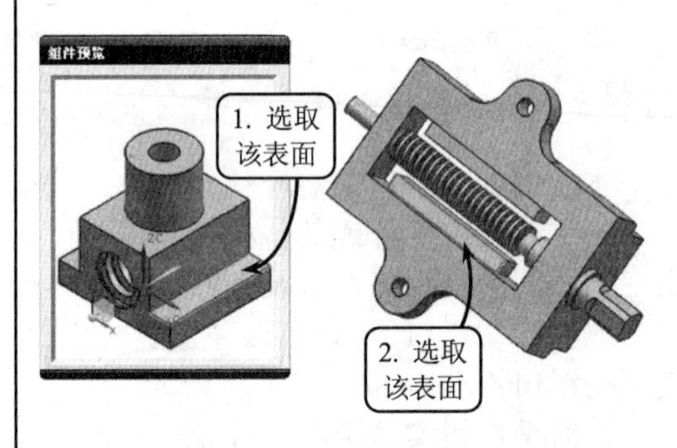

图 11-84 设置接触约束

6 在【装配约束】对话框中，指定要约束的几何体的方式为【自动判断中心轴】，并依次选取组件 3 的中心线和组件 2 的中心线为参考对象，系统将执行对齐约束操作，效果如图 11-85 所示。

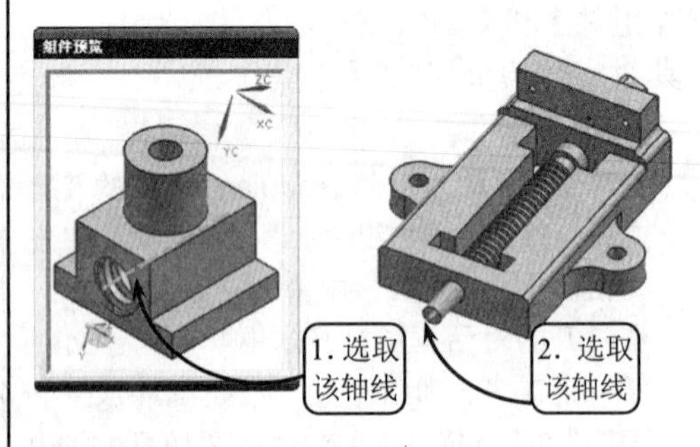

图 11-85 设置对齐约束

7 继续在【装配约束】对话框中，选择约束类型为【距离】。然后依次选取组件 3 和组件 1 的两平行面为参考面，并输入距离参数为 130，系统将执行距离约束操作。接着单击

【确定】按钮即可定位组件 3，效果如图 11-86 所示。

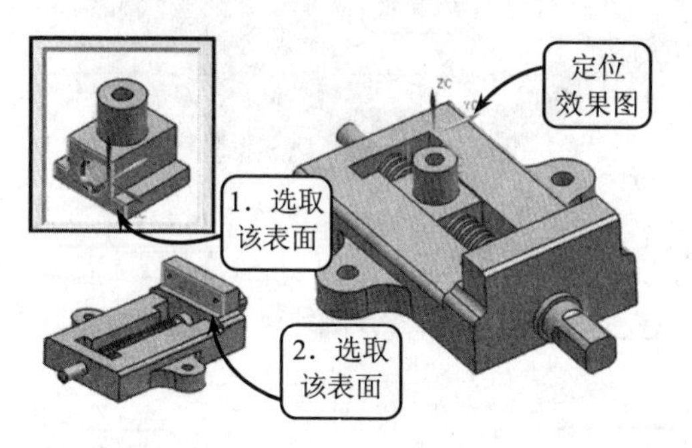

图 11-86 设置距离约束并定位组件 3

8 按照上述方法打开光盘文件“PKQ-004.prt”，即组件 4。然后在【装配约束】对话框中，指定要约束的几何体的方式为【接触】，并依次选取组件 4 和组件 1 的相应表面为参照面，系统将执行接触约束操作，效果如图 11-87 所示。

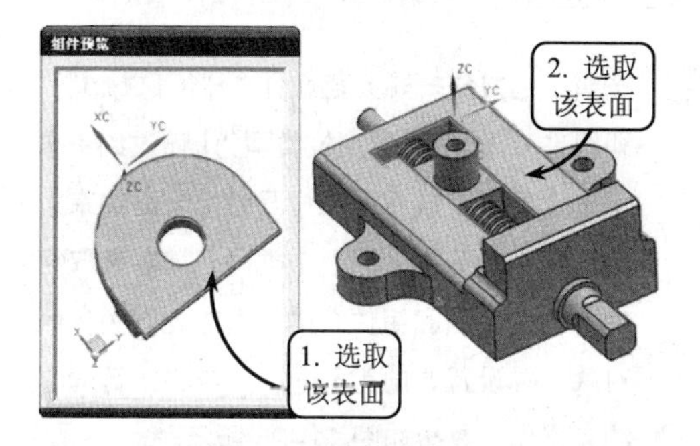

图 11-87 设置接触约束

9 在【装配约束】对话框中，指定要约束的几何体的方式为【自动判断中心轴】，并依次选取组件 4 和组件 3 的中心线为参照对象，系统将执行对齐约束操作，效果如图 11-88 所示。

10 继续在【装配约束】对话框中，选择约束类型为【平行】。然后依次选取组件 4 和组件 1 的相应表面为参考面，系统将执行平行约束操作。接着在【要约束的几何体】面板中单击【反向上一个约束】按钮，即可定位组件 4，效果如图 11-89 所示。

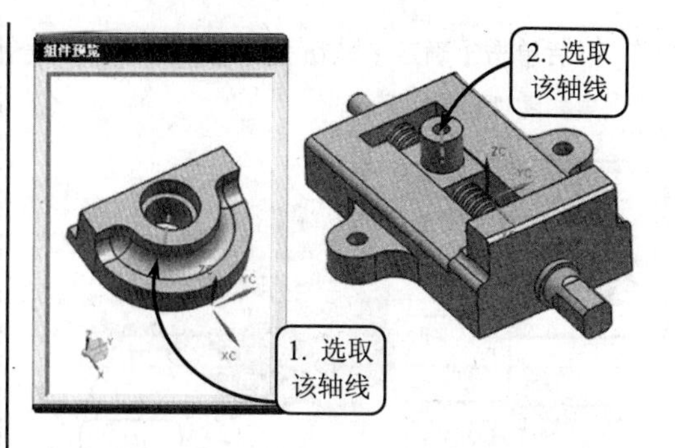

图 11-88 设置对齐约束

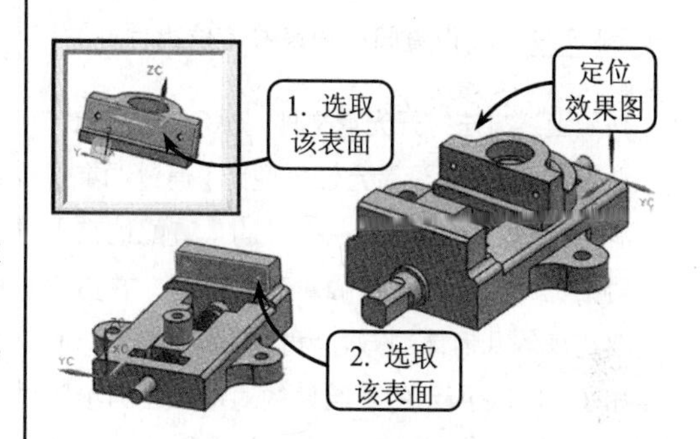

图 11-89 设置平行约束并定位组件 4

11 按照上述方法打开光盘文件“PKQ-003.prt”，即组件 5。然后设置定位类型为【通过约束】，单击【确定】按钮后在打开的【装配约束】对话框中，选择【接触对齐】类型，并指定要约束的几何体的方式为【对齐】。接着选取如图 11-90 所示的两组件的对应表面为参照面，系统将执行对齐约束操作。

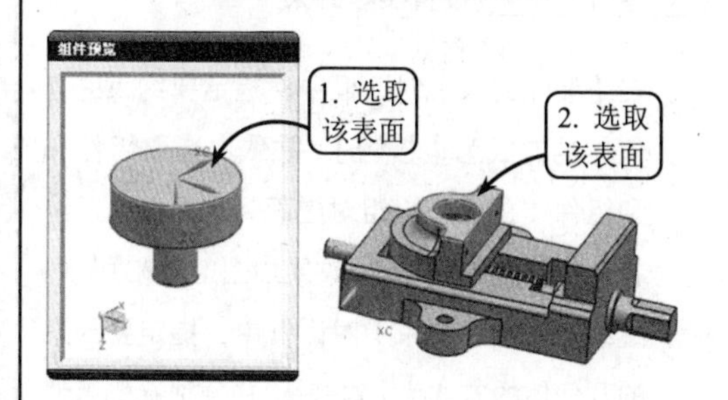

图 11-90 设置对齐约束

12 在【装配约束】对话框中，选择约束类型为【同心】，并依次选取组件 5 和组件 4 的顶部圆为参照对象，系统将执行同心约束操作。

然后单击【确定】按钮即可定位组件 5，效果如图 11-91 所示。

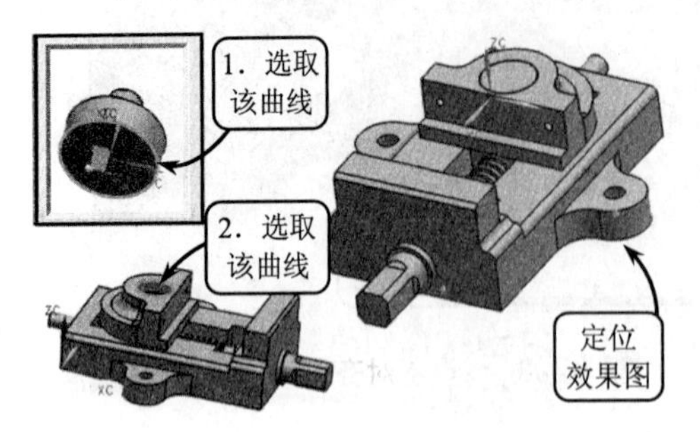

图 11-91 设置同心约束并定位组件 5

13 按照上述方法打开光盘文件“PKQ-002.prt”，即组件 6。然后设置定位类型为【通过约束】，单击【确定】按钮后在打开的【装配约束】对话框中，选择【接触对齐】类型，并指定要约束的几何体的方式为【接触】。接着选取如图 11-92 所示的两组件的对应表面为参照面，系统将执行接触约束操作。

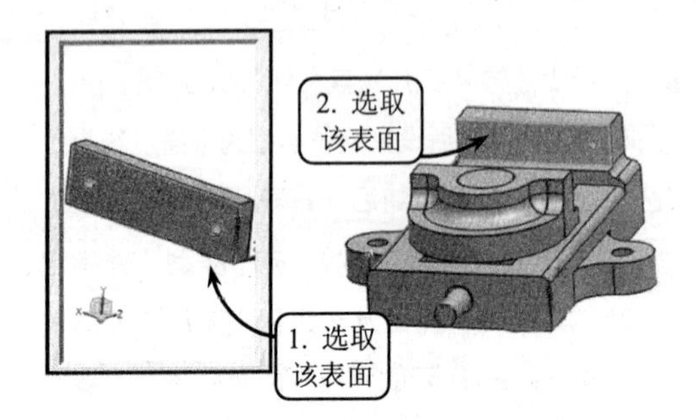

图 11-92 设置接触约束

14 在【装配约束】对话框中，指定要约束的几何体的方式为【接触】，并依次选取组件 6 和组件 1 的另外一组对应面为参照面，系统将执行接触约束操作，效果如图 11-93 所示。

15 继续在【装配约束】对话框中，指定要约束的几何体的方式为【对齐】，并分别选取组件 6 和组件 1 的一组对应面为参照面，系统将执行对齐约束操作。然后单击【确定】按钮即可定位组件 6，利用相同的方法添加组件 7，效果如图 11-94 所示。

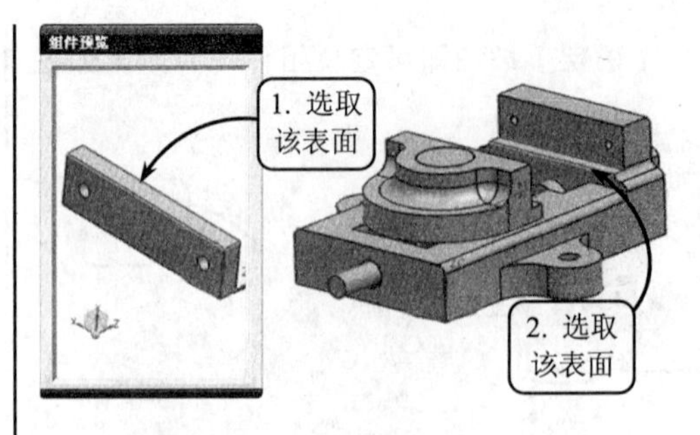

图 11-93 设置接触约束

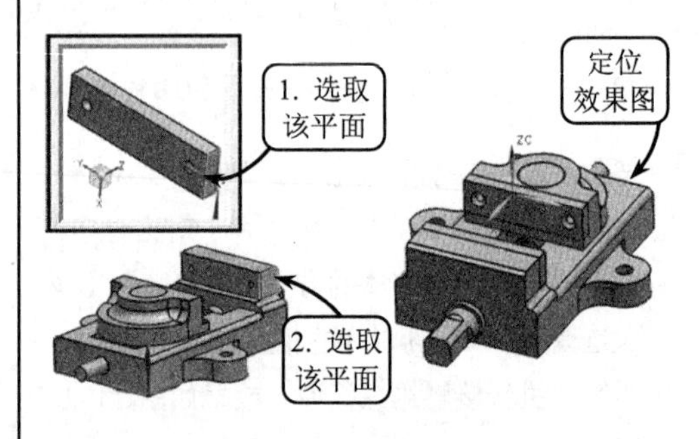

图 11-94 设置对齐约束并定位组件 6 和 7

16 按照上述方法打开光盘文件“PKQ09.prt”，即组件 8。然后设置定位类型为【通过约束】，单击【确定】按钮后在打开的【装配约束】对话框中，选择【同心】类型。接着选取组件 7 的端面圆和组件 6 的端面轴孔圆为参照对象，并设置方向为反向，系统将执行同心约束操作，效果如图 11-95 所示。

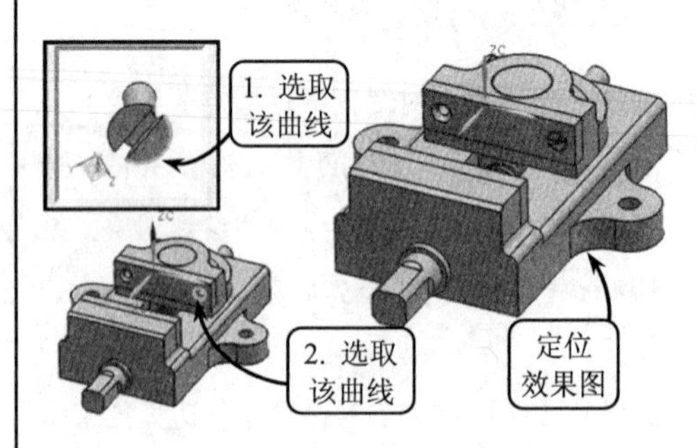

图 11-95 设置同心约束并定位组件 8

17 重复打开“PKQ09.prt”文件，在装配体适当位置添加组件 9、10、11，并在【装配约束】对话框中指定【同心】约束类型，设置方向为反向，效果如图 11-96 所示。

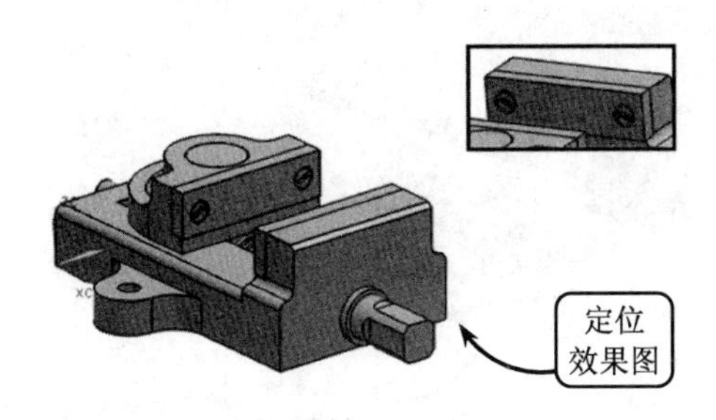

图 11-96 定位组件 9、10、11

18 按照上述方法打开光盘文件“PKQ-006.prt”，即组件 12。然后设置定位类型为【通过约束】，单击【确定】按钮后在打开的【装配约束】对话框中，选择【同心】类型。接着选取组件 12 的端面圆和组件 ? 的端面孔圆为参照对象，并设置方向为反向，系统将执行同心约束操作，效果如图 11-97 所示。

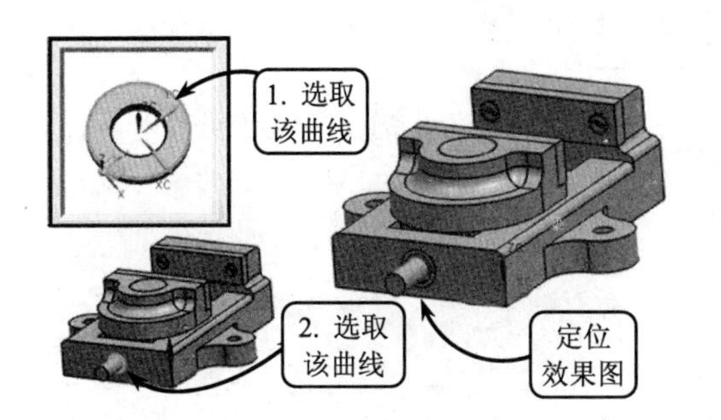

图 11-97 设置同心约束并定位组件 12

19 按照上述方法打开本书配套光盘文件“PKQ-005.prt”，即组件 13。然后设置定位类型为【通过约束】，单击【确定】按钮后在打开的【装配约束】对话框中，选择【同心】类型。接着选取组件 13 的端面圆和组件 12 的外侧端面圆为参照对象，并设置方向为反向即可，效果如图 11-98 所示。

20 单击【装配】工具栏中的【爆炸图】按钮，在弹出的【爆炸图】工具栏中单击【新建爆炸图】按钮，将打开【新建爆炸图】对话框。然后在【名称】文本框中输入爆炸图的名称，效果如图 11-99 所示。

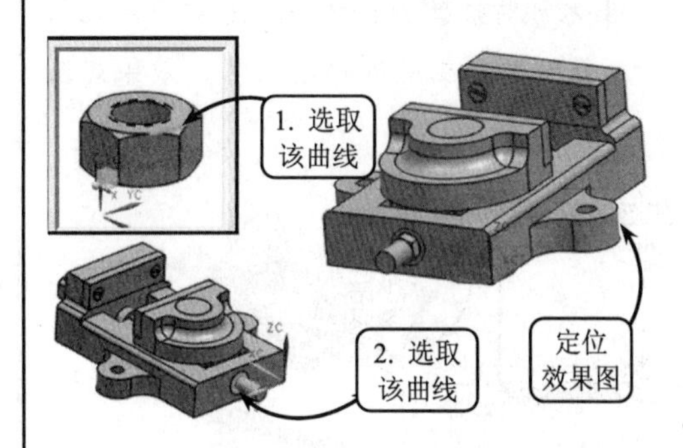

图 11-98 设置同心约束并定位组件 13

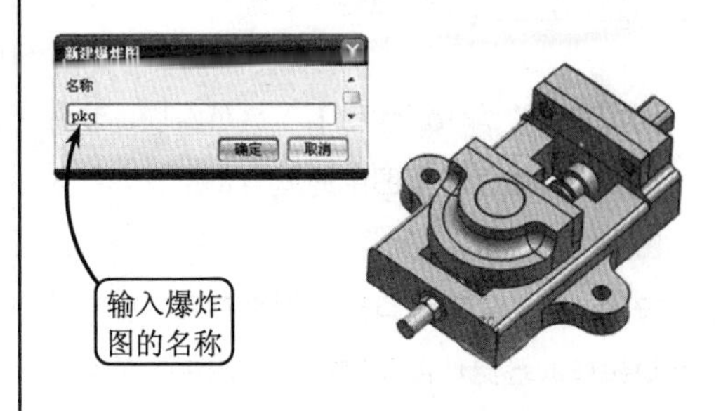

图 11-99 创建爆炸图

21 单击【自动爆炸组件】按钮，将打开【类选择】对话框。然后单击【全选】按钮，并单击【确定】按钮即可打开【自动爆炸组件】对话框。在该对话框中输入距离 30，即可完成爆炸操作，效果如图 11-100 所示。

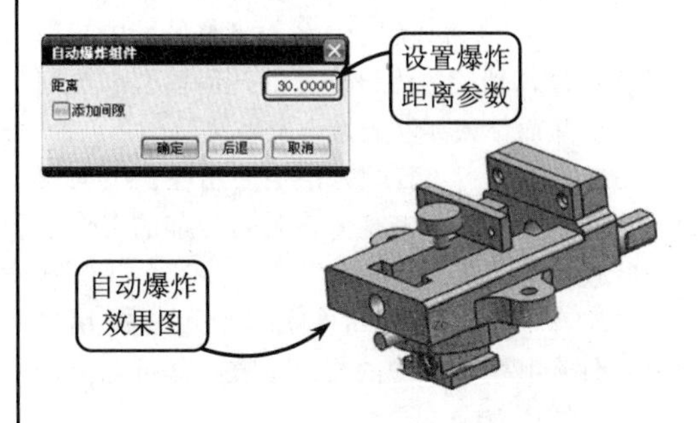

图 11-100 平口钳自动爆炸图

22 单击【编辑爆炸图】按钮，将打开【编辑爆炸图】对话框。然后选取螺杆组件，并选择【移动对象】单选按钮，输入移动距离 150，对组件进行相应的移动操作，效果如图 11-101 所示。

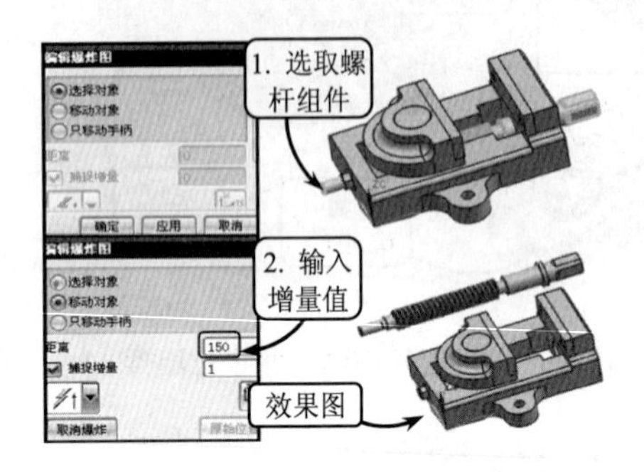

图 11-101 移动组件

23 继续利用【编辑爆炸图】工具将滑块、垫片以及螺母组件移至图中的适当位置，效果如图 11-102 所示。

24 按照上述方法将钳口处的固定钳口垫板、活动钳口的各组件以及螺钉移至图中的适当位置，效果如图 11-103 所示。

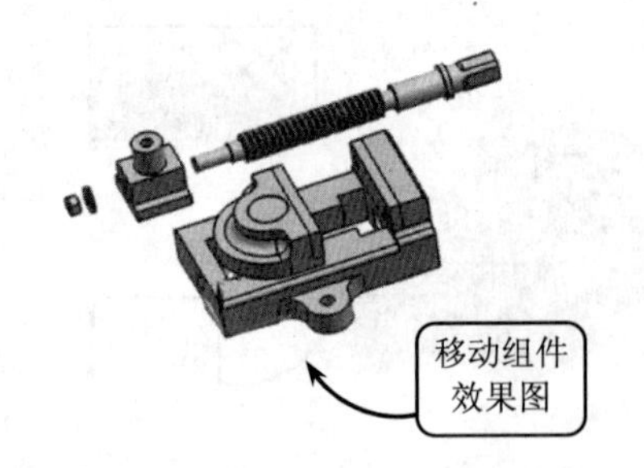

图 11-102 移动螺杆配合组件

图 11-103 移动其他配合组件

11.9 思考与练习

一、填空题

1. ＿＿＿＿＿是最小的装配单元，由一个基准零件上装上一个或若干个零件而构成。

2. ＿＿＿＿＿装配是预先设计好装配中的部件几何模型，然后再将该部件的几何模型添加到装配中，从而使该部件成为一个组件。

3. ＿＿＿＿＿装配方法主要用在上下文设计，即在装配中参照其他零部件对当前的工作部件进行设计的方法。

4. ＿＿＿＿＿是指组件间的装配关系，用来确定组件在装配过程中的相对位置，其可以由一个或多个约束组成。

5. 在装配过程中，对于按照圆周或线性分布的组件，以及沿一个基准面对称分布的组件，用户可以使用＿＿＿＿＿和＿＿＿＿＿工具一次获得多个特征。

6. ＿＿＿＿＿是在装配模型中组件按照装配关系偏离原来的位置的拆分图形，可以方便用户查看装配中的零件及其相互之间的装配关系。

二、选择题

1. 下列选项中＿＿＿＿＿不属于【接触对齐】约束类型的子选项。

A. 首选接触

B. 接触

C. 角度

D. 对齐

2. 在设置组件之间的约束时，对于具有回转体特征的组件，用户可以将各组件的对应参照设置为＿＿＿＿＿，从而限制组件在整个装配体中的相对位置。

A．平行约束

B．角度约束

C．接触对齐约束

D．同心约束

3．在以下创建组件阵列的方式中，__________不属于圆形阵列的创建方式。

A．圆柱面

B．面的法向

C．基准轴

D．边

三、问答题

1．简述自顶向下装配的两个可行方法。

2．简述在设置装配关联条件时最常用的 7 个约束类型。

3．简述创建组件阵列的两种常用方法。

4．简述手动和自动创建爆炸视图的方法。

四、上机练习

1．创建合盖结构装配模型

本练习创建盒子上的自动合盖结构装配模型，如图 11-104 所示。该合盖结构包括：底板、门盖和连接两者之间的合叶，以及固定在其上的支座和支座上的连杆。固定在底板支座上的大连杆拉动固定在门盖支座上的小连杆，连接底板与门盖的合叶随之转动。门盖随着连杆的拉动和合叶的转动被徐徐的打开或关闭，即门盖、合叶、支座、连杆可以处于不同的运动状态。

创建该装配模型，可采取自底向上的装配方法。在装配模型时，主要用到接触、对齐和角度等约束方式。在定位大连杆时，除了设置接触、对齐约束外，还要通过角度约束，设置两平面间的角度。而小连杆设置与支座接触和对齐后，再设置它与大连杆对应孔表面为对齐约束，即可定位。创建好一侧的合叶装配特征之后，利用【镜像装配】工具镜像获得另一侧的合叶装配特征。

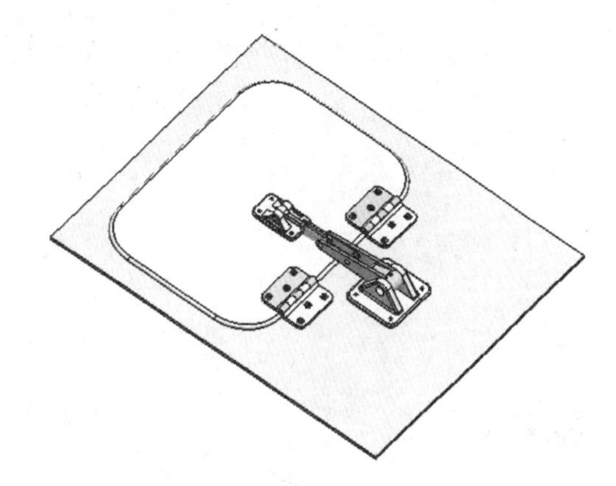

图 11-104 合盖装配模型

2．创建球阀装配模型

本练习创建的是手动球阀装配体，如图 11-105 所示。手动球阀的组成部分有阀体、阀盖、阀柄、球形阀心、阀心两端的衬套，连接阀心、连接体，以及连接体上的中间衬套。我们日常生活中手动球阀用途很广，水管的开关就是很好的例子。球阀的阀体和阀盖是手动球阀的主体结构，而阀体两端的端口用于连接管道。上部的阀柄通过控制连接体转动带动阀心运动，达到控制水流的效果。

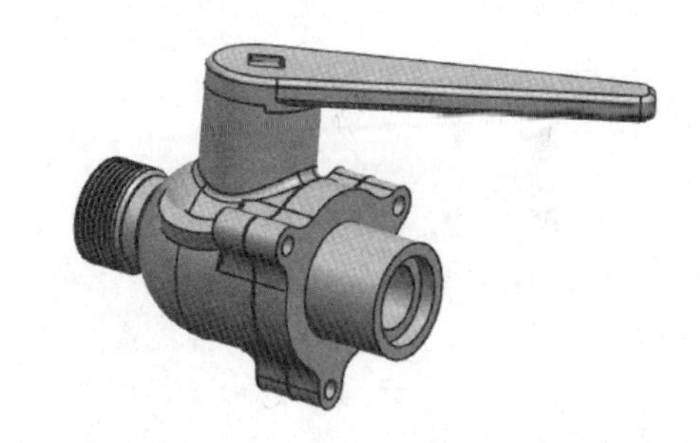

图 11-105 手动球阀装配模型

创建该装配体主要用到的有混合装配的方法和镜像装配法，创建该装配体的重点在于放置定位组件，选择原点固定其位置，以便其他组件参照。值得注意的是要选取已有的基本平面作为镜像平面。